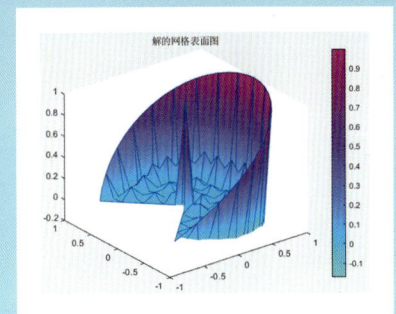

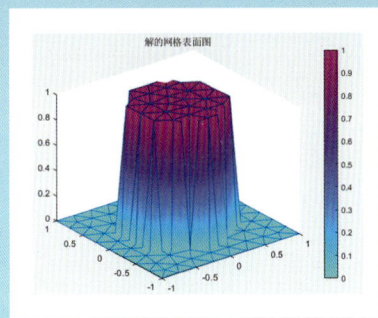

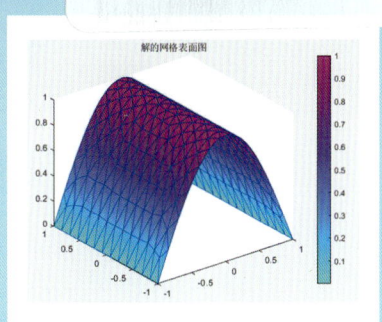

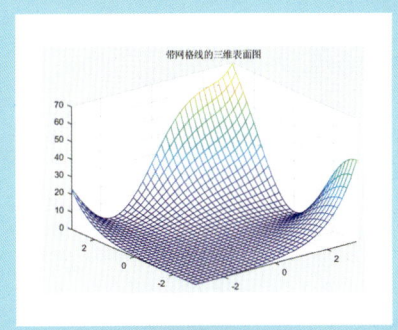

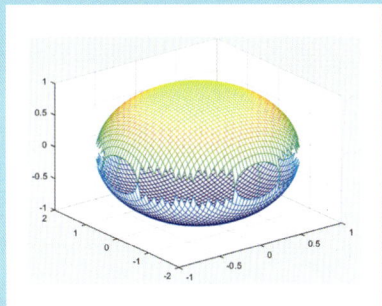

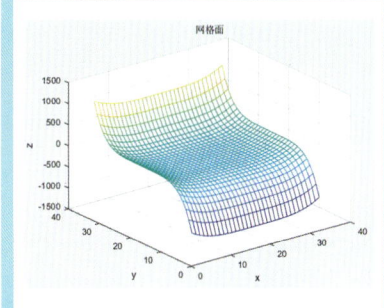

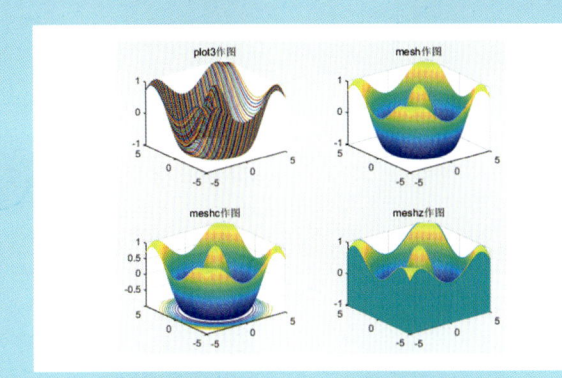

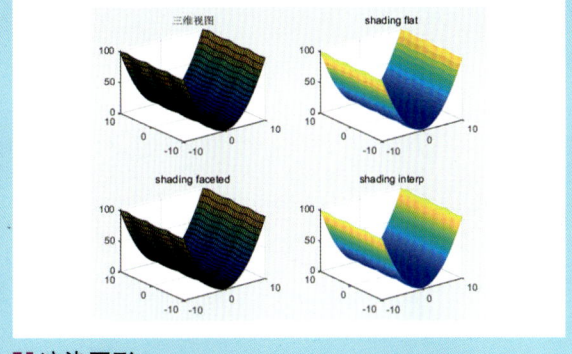

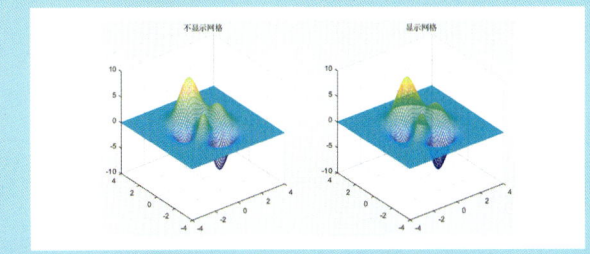

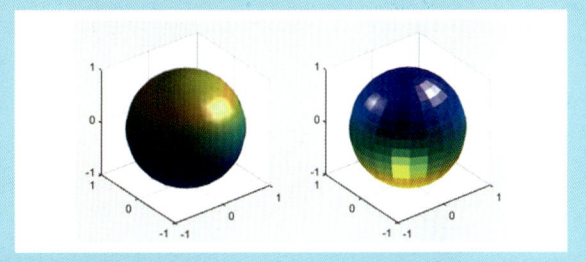

- 求解拉普拉斯方程
- 求解热传导方程
- 求解波动方程
- 绘制符号函数曲面
- 椭球体积分
- 绘制网格面
- 绘制函数曲面
- 渲染图形
- 绘制山峰曲面
- 色彩变幻

中文版MATLAB 2024 从入门到精通（实战案例版）
本书部分案例

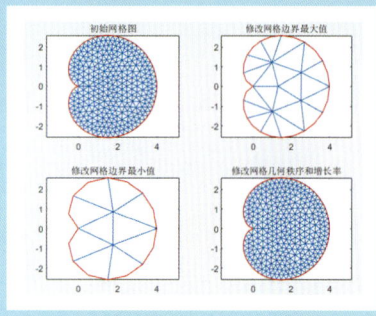

- 心形线网格区域
- 绘制矩阵图形 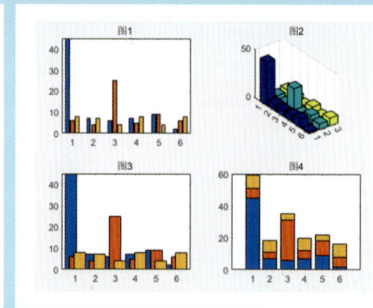
- 各个季度所占盈利总额的比例统计图 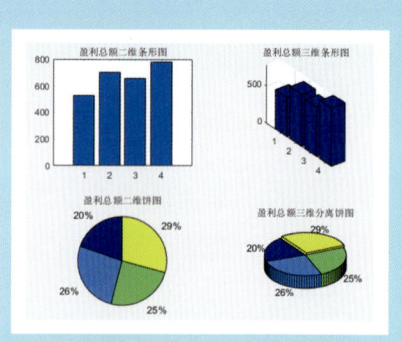
- 三维等值线图 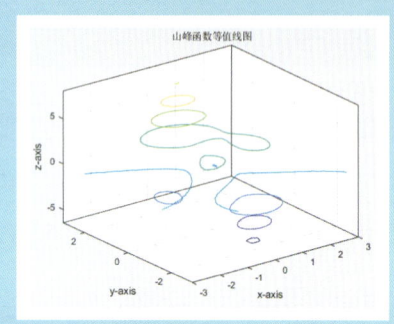
- 绘制等值线 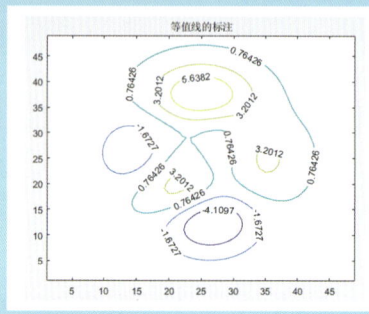
- 绘制箭头图形 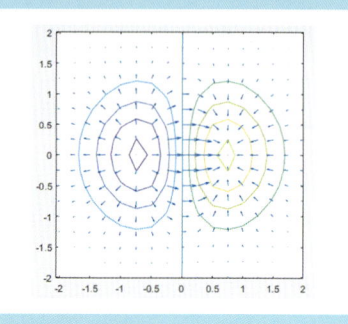
- 曲线属性的设置 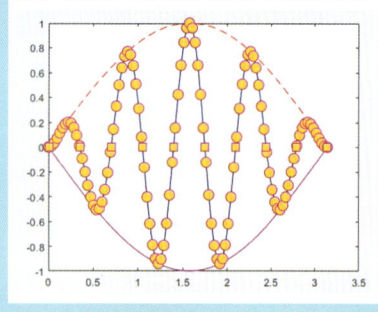
- 直角坐标与极坐标系图形 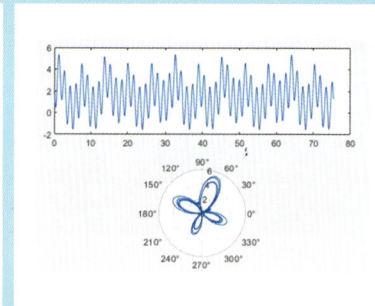
- 函数图形 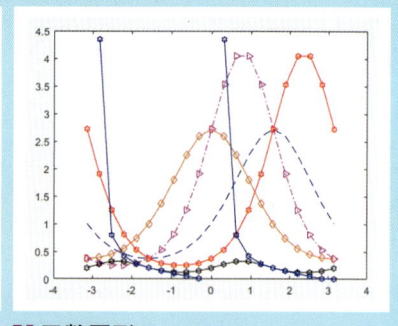
- 绘制柱状图 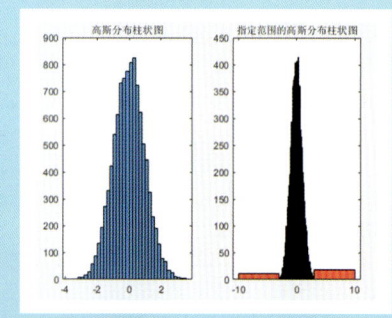
- 罗盘图与羽毛图 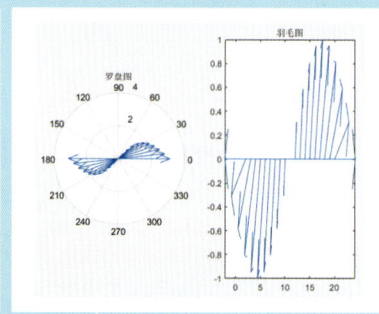
- 随机矩阵图形

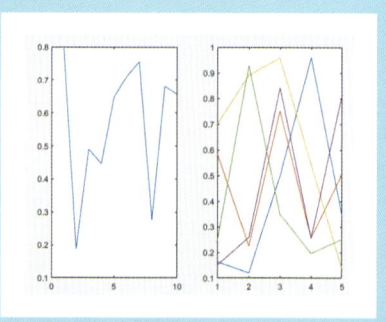

中文版MATLAB 2024
从入门到精通（实战案例版）
本书部分案例

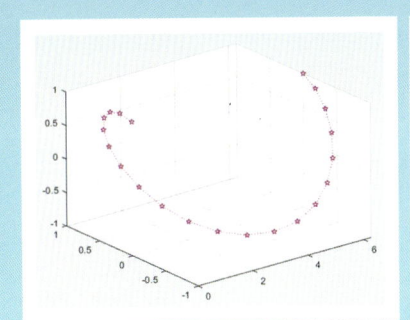

■ 绘制三维曲线

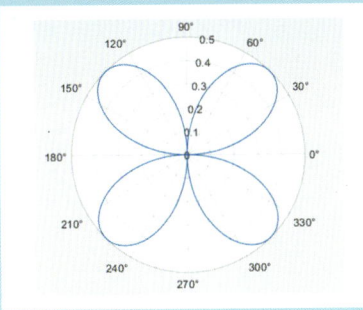

■ 极坐标图形

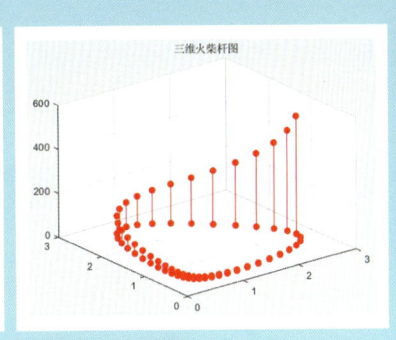

■ 绘制火柴杆图

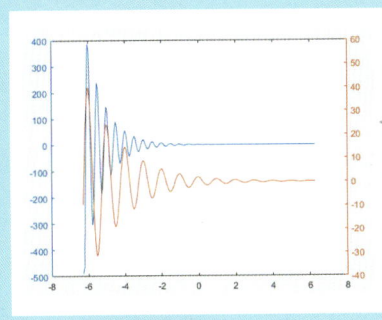

■ 双 y 轴坐标绘图

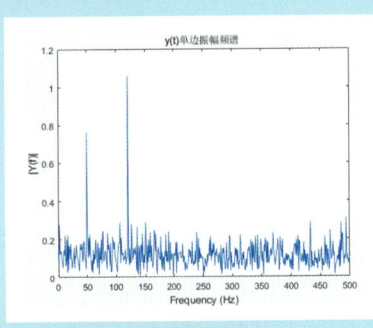

■ 时域信号的频谱分析

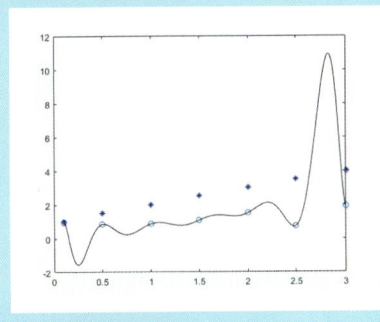

■ 求质点的速度

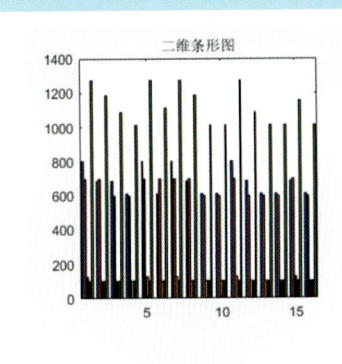

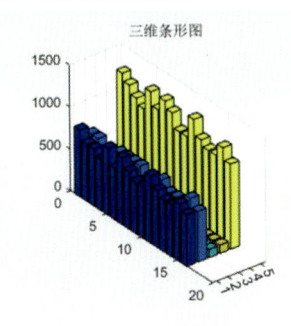

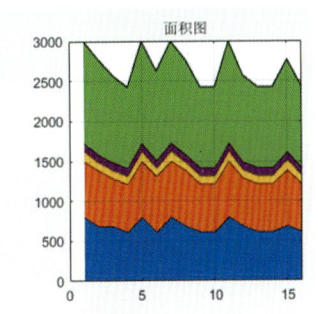

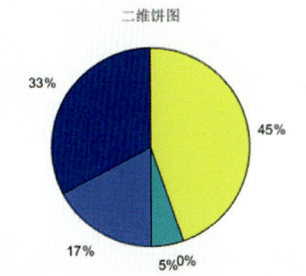

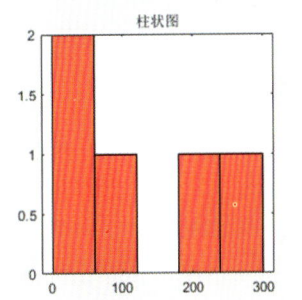

■ 部门工资统计图分析

中文版MATLAB 2024 从入门到精通（实战案例版）
本书部分案例

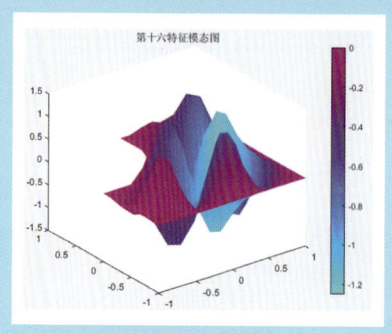

- 计算特征值及特征模态
- 山峰函数插值 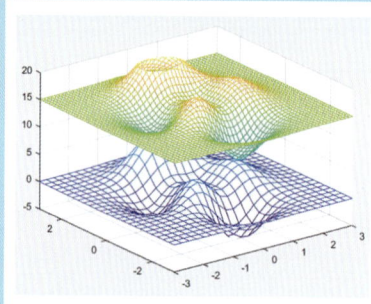
- 绘制函数的三维视图 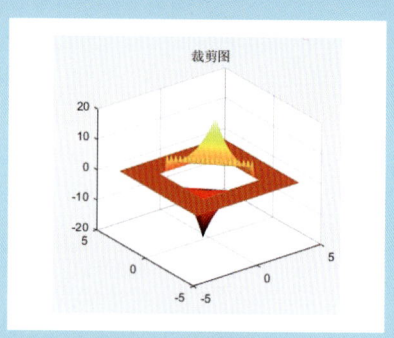
- 绘制参数曲面 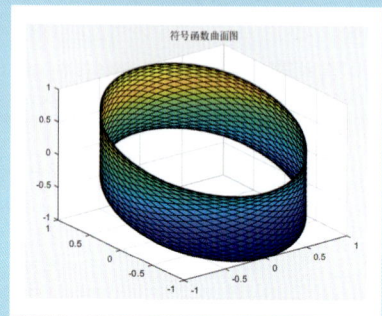
- 绘制柱面 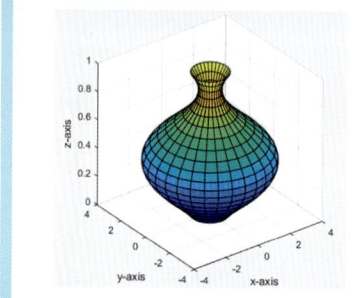
- 绘制带洞孔的山峰表面 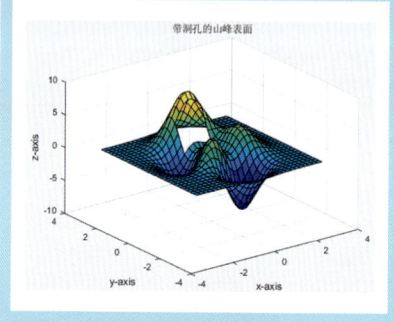
- 三维图形添加光照 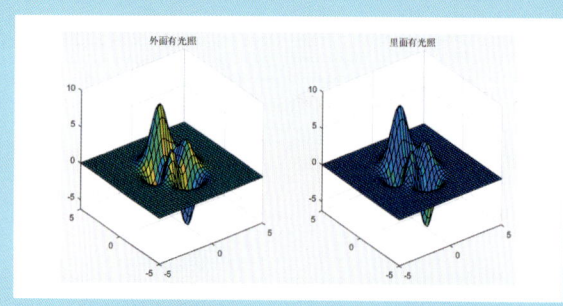
- 映射球面颜色 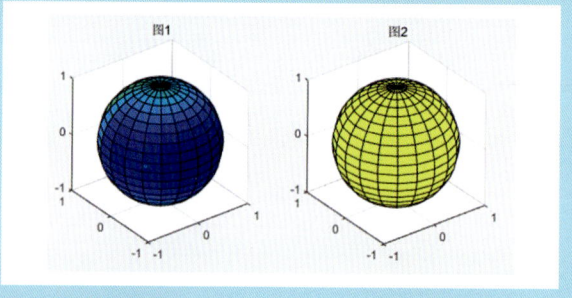
- 函数光照对比图 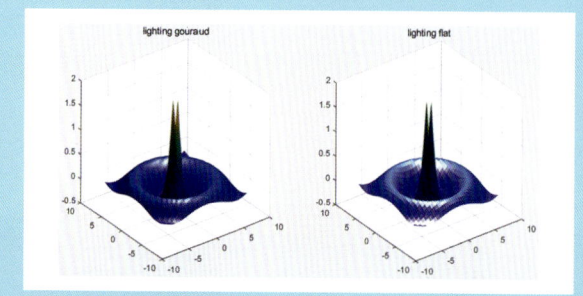
- 绘制带等值线的三维表面图

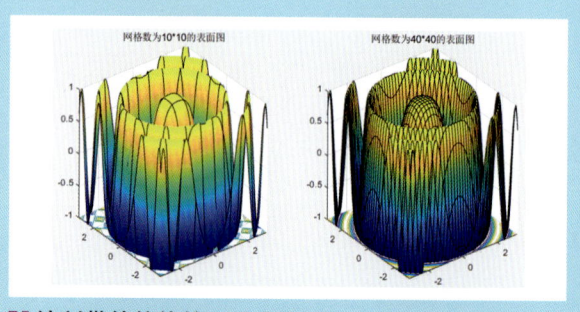

CAD/CAM/CAE/EDA微视频讲解大系

中文版MATLAB 2024 从入门到精通

（实战案例版）

617分钟同步微视频讲解　　402个实例案例分析

☑矩阵运算　☑二维绘图　☑三维绘图　☑程序设计　☑矩阵分析　☑符号运算
☑数列与极限　☑积分　☑数据可视化分析

天工在线　编著

中国水利水电出版社
www.waterpub.com.cn
·北京·

内 容 提 要

《中文版MATLAB 2024从入门到精通（实战案例版）》以目前版本最新、功能最全面的MATLAB 2024软件为基础，详细介绍了MATLAB编程、MATLAB数据分析、MATLAB图像处理、MATLAB智能算法、MATLAB信号处理和Simulink仿真设计等内容，既是一本涉及数学计算和仿真分析的MATLAB教程，也是一本讲解清晰的包含402集同步微视频的MATLAB视频教程。

《中文版MATLAB 2024从入门到精通（实战案例版）》一书共包含21章，详细介绍了MATLAB所有常用知识点，具体内容包括MATLAB用户界面、帮助系统、MATLAB基础知识、向量与多项式、矩阵运算、二维绘图、图形标注、三维绘图、程序设计、矩阵分析、符号运算、数列与极限、积分、方程求解、微分方程、数据可视化分析、回归分析和方差分析、数据拟合与插值、优化设计、GUI程序设计、Simulink仿真设计。为了进一步提高读者的MATLAB使用水平，本书还赠送了7个MATLAB大型工程应用分析实例和大量中小实例，详细介绍了MATLAB在闭环传递函数的响应分析、单摆系统振动系统仿真、控制系统的稳定性分析、求解时滞微分方程组、数字低通信号频谱输出、推测世界人口、希尔伯特矩阵运算设计等中的具体使用方法和技巧。基础知识和经典案例相结合，知识掌握更容易，学习更有目的性。

《中文版MATLAB 2024从入门到精通（实战案例版）》不仅配有402个实例源文件和对应的视频讲解，赠送的7个MATLAB大型工程应用分析实例（包括源文件和视频）还可以拓展读者视野。

《中文版MATLAB 2024从入门到精通（实战案例版）》既可作为MATLAB软件初学者的入门用书，也可作为理工科院校相关专业的教材或辅导用书。MATLAB功能强大，对大数据处理技术、深度学习和虚拟现实感兴趣的读者，也可选择MATLAB图书参考学习相关内容。

图书在版编目（CIP）数据

中文版MATLAB 2024从入门到精通：实战案例版 /
天工在线编著. -- 北京：中国水利水电出版社, 2025.
5. -- (CAD/CAM/CAE/EDA微视频讲解大系). -- ISBN
978-7-5226-3292-6

Ⅰ. TP317
中国国家版本馆CIP数据核字第2025MR0947号

丛 书 名	CAD/CAM/CAE/EDA微视频讲解大系
书 名	中文版MATLAB 2024从入门到精通（实战案例版） ZHONGWENBAN MATLAB 2024 CONG RUMEN DAO JINGTONG (SHIZHAN ANLIBAN)
作 者	天工在线　编著
出版发行	中国水利水电出版社 （北京市海淀区玉渊潭南路 1 号 D 座 100038） 网址：www.waterpub.com.cn E-mail：zhiboshangshu@163.com 电话：（010）62572966-2205/2266/2201（营销中心）
经 售	北京科水图书销售有限公司 电话：（010）68545874、63202643 全国各地新华书店和相关出版物销售网点
排 版	北京智博尚书文化传媒有限公司
印 刷	三河市龙大印装有限公司
规 格	190mm×235mm　16开本　33.5印张　874千字　2插页
版 次	2025年5月第1版　2025年5月第1次印刷
印 数	0001—3000册
定 价	99.80元

凡购买我社图书，如有缺页、倒页、脱页的，本社营销中心负责调换
版权所有·侵权必究

前 言

Preface

MATLAB是美国MathWorks公司出品的一款优秀的商业数学软件，它将数值分析、矩阵计算、数据可视化以及非线性动态系统的建模和仿真等诸多强大功能集成在一个易于使用的视窗环境中，为科学研究、工程设计以及与数值计算相关的众多科学领域提供了一种全面的解决方案，并成为自动控制、应用数学、信息与计算科学等专业大学生与研究生必须掌握的基本技能。

MATLAB功能强大，应用范围广泛，是各大公司和科研机构相关专业的专用软件，也是各高校理工科相关学生必须掌握的专业技能之一。本书以目前功能最全面的MATLAB 2024版本为基础进行编写。

本书特点

➤ 内容合理，适合自学

本书定位以初学者为主。MATLAB功能强大，为了帮助初学者快速掌握MATLAB的使用方法和应用技巧，本书从基础着手，详细地介绍了MATLAB的基本功能；同时根据不同读者的需求，详细地介绍了数学计算、图形绘制、仿真分析、最优化设计和外部接口编程等不同领域的内容，让读者快速入门。

➤ 视频讲解，通俗易懂

为了提高学习效率，书中的大部分实例都录制了教学视频。视频录制时采用模仿实际授课的形式，在各知识点的关键处给出解释、提醒和注意事项。专业知识和经验的提炼让读者在高效学习的同时，能更好地体会MATLAB功能的强大，以及数值计算的魅力与编程的乐趣。

➤ 内容全面，实例丰富

本书在有限的篇幅内，尽可能地介绍MATLAB 2024的常用功能，包括MATLAB的用户界面、帮助系统、MATLAB基础知识、向量与多项式、矩阵运算、二维绘图、图形标注、三维绘图、程序设计、矩阵分析、符号运算、数列与极限、积分、方程求解、微分方程、数据可视化分析、回归分析和方差分析、数据拟合与插值、优化设计、GUI程序设计和Simulink仿真设计。知识点全面、够用。在介绍知识点时，辅以大量中小型实例（共402个），并提供具体的分析和设计过程，以帮助读者快速理解并掌握MATLAB的知识要点和使用技巧。为了进一步提高读者的MATLAB使用能力，本书还赠送控制系统分析、Excel外部程序接口、希尔伯特矩阵运算、输出反馈控制器、数字低通信号频谱分析、供应中心选址、函数最优化解7个MATLAB大型工程应用分析实例（包括对应电子书、视频讲解和源文件）。

本书显著特色

➡ **体验好，随时随地学习**

二维码扫一扫，随时随地看视频。书中大部分实例都提供了二维码，读者朋友可以通过手机微信扫一扫，随时随地观看相关的教学视频（若个别手机不能播放，请参考下面的"本书资源获取方式"，下载后在计算机上观看。）

➡ **实例多，用实例学习更高效**

实例多，覆盖范围广泛，用实例学习更高效。为方便读者学习，针对本书实例专门制作了402集配套教学视频，读者可以先看视频，像看电影一样轻松、愉悦地学习本书内容，然后对照课本加以实践和练习，可以大大提高学习效率。

➡ **入门易，全力为初学者着想**

遵循学习规律，入门与实战相结合。编写模式采用"基础知识+中小实例+综合实例+大型案例"的形式，内容由浅入深，循序渐进，入门与实战相结合。

➡ **服务快，让你学习无后顾之忧**

提供QQ群在线服务，随时随地可交流。提供微信公众号、QQ群等多渠道贴心服务。

本书资源获取方式

📢 **注意：**

本书附带视频和源文件、赠送的7个MATLAB大型工程应用分析实例的视频和源文件及对应电子书，但本书不附带光盘，所有资源均需通过下面的方法下载后使用。

（1）读者朋友可以扫描下面的二维码，或在微信公众号中搜索"设计指北"，关注后发送MAT3292到公众号后台，获取本书资源的下载链接。

（2）读者可加入QQ群561063943（若群满，会创建新群，请注意加群时的提示，并根据提示加入相应的群），作者在线提供本书学习疑难解答，让读者无障碍地快速学习本书。

（3）如果在图书写作上有好的建议，可将您的意见或建议发送至邮箱961254362@qq.com，我们将根据您的意见或建议在后续图书中酌情进行调整，以更方便读者学习。

📢 **注意：**

在学习本书或按照本书中的实例进行操作之前，请先在计算机中安装 MATLAB 2024 操作软件，您可以在 MathWorks 中文官网下载 MATLAB 软件试用版本（或购买正版），也可在当地电脑城、软件经销商处购买软件。

关于作者

本书由天工在线组织编写。天工在线是一个CAD/CAM/CAE/EDA技术研讨、工程开发、培训咨询和图书创作的工程技术人员协作联盟，包含40多位专职和众多兼职CAD/CAM/CAE/EDA工程技术专家。其创作的很多教材成为国内具有引导性的旗帜作品，在国内相关专业方向的图书创作领域具有良好的影响力。

本书具体编写人员有张亭、井晓翠、解江坤、刘昌丽、康士廷、毛瑢、王敏、王玮、王艳池、王培合、王义发、王玉秋、张红松、王佩楷、陈晓鸽、左昉、李瑞、刘浪、张俊生、郑传文、赵志超、张辉、赵黎黎、朱玉莲、徐声杰、卢园、杨雪静、孟培、闫聪聪、李兵、甘勤涛、孙立明、李亚莉、王敏、宫鹏涵等，在此对他们的付出表示真诚的感谢！

致谢

MATLAB功能强大，本书虽然内容全面，但是也仅涉及MATLAB在各方面应用的一小部分，就是这一小部分内容为读者使用MATLAB的无限延伸提供了各种可能。本书在写作过程中虽然几经求证、求解、求教，但仍难免有个别疏漏之处。在此，本书作者恳切期望得到各方面专家和广大读者的指教。

本书所有实例均由作者在计算机上验证通过。

本书能够顺利出版，是作者、编辑和所有审校人员共同努力的结果，在此表示深深的感谢。同时，祝福所有读者在学习过程中一帆风顺。

作 者

目 录

Contents

第1章 MATLAB 用户界面 1
视频讲解：11分钟

1.1 MATLAB 中的科学计算概述 1
   1.1.1 MATLAB 的发展历程 2
   1.1.2 MATLAB 系统 3
   1.1.3 MATLAB 的特点 3
1.2 MATLAB 2024 的工作界面 4
   1.2.1 标题栏 5
   动手练一练——熟悉工作界面 5
   1.2.2 功能区 5
   1.2.3 工具栏 6
   1.2.4 命令行窗口 7
   1.2.5 命令历史记录窗口 9
   实例——显示命令历史记录窗口 9
   1.2.6 当前文件夹窗口 10
   实例——设置目录 10
   实例——设置文件路径 11
   动手练一练——环境设置 11
   1.2.7 工作区窗口 11
   实例——变量赋值 11
   1.2.8 图形窗口 14
   实例——绘制函数图形 14

第2章 帮助系统 15
视频讲解：7分钟

2.1 MATLAB 内容及查找 15
   2.1.1 MATLAB 的搜索路径 16
   实例——显示文件路径 16
   实例——显示搜索路径字符串 17

   2.1.2 扩展 MATLAB 的搜索路径 17
   实例——添加文件路径 17
2.2 MATLAB 的帮助系统 19
   2.2.1 联机帮助系统 19
   2.2.2 帮助命令 20
   实例——打开帮助文档 20
   实例——查询函数 eig() 21
   实例——搜索函数 quadratic() 23
   2.2.3 联机演示系统 23
   2.2.4 网络资源 25

第3章 MATLAB 基础知识 26
视频讲解：15分钟

3.1 MATLAB 命令的组成 26
   3.1.1 基本符号 27
   3.1.2 功能符号 28
   3.1.3 常用指令 29
   实例——清除内存变量 30
3.2 数据类型 30
   3.2.1 变量与常量 31
   实例——显示圆周率 pi 的值 31
   实例——改变圆周率初始值 32
   3.2.2 数值 32
   实例——显示十进制数字 33
   实例——指数的显示 33
   实例——复数的显示 34
   实例——显示长整型圆周率 35
   动手练一练——对比数值的显示
                   格式 35

3.3 运算符 35
　　3.3.1 算术运算符 36
　　　实例——计算乘法 36
　　　实例——立方运算 37
　　　实例——计算平方根 37
　　3.3.2 关系运算符 37
　　　实例——比较变量大小 38
　　3.3.3 逻辑运算符 38
　　　动手练一练——数值的逻辑运算
　　　练习 39
3.4 函数运算 40
　　3.4.1 复数运算 40
　　3.4.2 三角函数运算 42

第 4 章 向量与多项式 43
　🎬 视频讲解：20分钟

4.1 向量 43
　　4.1.1 向量的生成 44
　　　实例——直接输入生成向量 44
　　　实例——使用冒号法创建向量 44
　　　实例——利用函数生成向量 45
　　　实例——生成对数分隔向量 45
　　4.1.2 向量元素的引用 45
　　　实例——抽取向量元素 45
　　4.1.3 向量运算 46
　　　实例——向量的四则运算 46
　　　实例——向量的点积运算 47
　　　实例——向量的叉积运算 47
　　　实例——向量的混合积运算 48
4.2 多项式 48
　　4.2.1 多项式的创建 48
　　　实例——输入符号多项式 48
　　　实例——构建多项式 49
　　4.2.2 数值多项式四则运算 49
　　　动手练一练——多项式的计算 49
　　　实例——构造多项式 50

　　　实例——多项式的四则运算 50
　　4.2.3 多项式导数运算 50
　　　动手练一练——创建导数多项式 51
4.3 特殊变量 51
　　4.3.1 单元型变量 51
　　　实例——生成单元数组 51
　　　实例——引用单元型变量 52
　　　实例——图形显示单元型变量 53
　　4.3.2 结构型变量 54
　　　实例——创建结构型变量 54

第 5 章 矩阵运算 56
　🎬 视频讲解：49分钟

5.1 矩阵 56
　　5.1.1 矩阵定义 56
　　　实例——创建矩阵 57
　　　实例——创建复数矩阵 58
　　5.1.2 矩阵的生成 58
　　　实例——M 文件矩阵 58
　　　实例——创建生活用品矩阵 59
　　　动手练一练——创建成绩单 59
　　5.1.3 创建特殊矩阵 60
　　　实例——生成特殊矩阵 60
　　5.1.4 矩阵元素的运算 62
　　　实例——新矩阵的生成 62
　　　实例——矩阵维度修改 62
　　　实例——矩阵的变向 63
　　　实例——矩阵抽取 64
　　　动手练一练——创建新矩阵 64
5.2 矩阵数学运算 65
　　5.2.1 矩阵的加法运算 65
　　　实例——验证加法法则 65
　　　实例——矩阵求和 66
　　　实例——矩阵求差 66
　　5.2.2 矩阵的乘法运算 67
　　　实例——矩阵乘法运算 68

5.2.3 矩阵的除法运算 69
　　　实例——验证矩阵的除法 70
　　　实例——矩阵的除法 70
　　　动手练一练——矩阵四则运算 71
5.3 矩阵的基本运算 71
　　5.3.1 幂函数 71
　　　实例——矩阵的幂运算 72
　　5.3.2 矩阵的逆 73
　　　实例——随机矩阵求逆 73
　　　实例——矩阵更新 74
　　5.3.3 矩阵的条件数 76
　　5.3.4 矩阵的范数 76
　　　实例——矩阵的范数与行列式 76
　　　动手练一练——矩阵一般运算 77
5.4 矩阵分解 77
　　5.4.1 楚列斯基分解 77
　　　实例——分解正定矩阵 78
　　5.4.2 LU 分解 79
　　　实例——矩阵的三角分解 79
　　5.4.3 LDM^T 与 LDL^T 分解 80
　　　实例——矩阵的 LDM^T 分解 81
　　　实例——矩阵的 LDL^T 分解 82
　　5.4.4 QR 分解 83
　　　实例——随机矩阵的 QR 分解 83
　　　动手练一练——矩阵变换分解 84
　　5.4.5 SVD 分解 85
　　　实例——随机矩阵的奇异值分解 85
　　5.4.6 舒尔分解 86
　　　实例——矩阵的舒尔分解 86
　　　实例——矩阵的复舒尔分解 87
　　5.4.7 海森伯格分解 87
　　　实例——求解变换矩阵 88
5.5 综合实例——方程组的求解 88
　　5.5.1 利用矩阵的逆求解 90
　　5.5.2 利用矩阵分解求解 90

第 6 章　二维绘图 95
　　🎥 视频讲解：32 分钟
6.1 二维绘图简介 95
　　6.1.1 plot 绘图命令 96
　　　实例——实验数据曲线 96
　　　实例——窗口分割 98
　　　实例——随机矩阵图形 99
　　　实例——图形窗口布局应用 99
　　　实例——摩擦系数变化曲线 101
　　　实例——正弦图形 102
　　　实例——正弦余弦图形 102
　　　实例——数据点图形 104
　　　实例——图形的重叠 105
　　　实例——曲线属性的设置 106
　　　实例——函数图形 107
　　6.1.2 fplot 绘图命令 108
　　　实例——绘制函数曲线 108
　　　实例——绘制符号函数图形 109
　　　动手练一练——绘制函数图形 110
6.2 不同坐标系下的绘图命令 110
　　6.2.1 在极坐标系下绘图 110
　　　实例——极坐标图形 111
　　　实例——直角坐标与极坐标系图形 ... 111
　　6.2.2 在半对数坐标系下绘图 112
　　　实例——半对数坐标系绘图 112
　　6.2.3 在双对数坐标系下绘图 113
　　　实例——双对数坐标系绘图 113
　　6.2.4 双 y 轴坐标 114
　　　实例——双 y 轴坐标绘图 114
　　　动手练一练——绘制不同坐标系函
　　　　　　数图形 115
6.3 图形窗口 115
　　6.3.1 图形窗口的创建 115
　　6.3.2 工具条的使用 118
6.4 综合实例——绘制函数曲线 120

第7章 图形标注 ... 123
视频讲解：33分钟
7.1 图形属性设置 ... 124
7.1.1 坐标系与坐标轴 ... 124
实例——坐标系与坐标轴转换 ... 125
7.1.2 图形注释 ... 126
实例——正弦波填充图形 ... 126
实例——余弦波图形 ... 127
实例——正弦函数图形 ... 129
实例——倒数函数图形 ... 130
实例——图例标注函数 ... 131
实例——分隔线显示函数 ... 132
动手练一练——幂函数图形显示 ... 133
7.2 特殊图形 ... 133
7.2.1 统计图形 ... 133
实例——绘制矩阵图形 ... 135
实例——各个季度所占盈利总额的比例统计图 ... 137
实例——绘制柱状图 ... 138
7.2.2 离散数据图形 ... 139
实例——绘制铸件尺寸误差棒图 ... 139
实例——绘制火柴杆图 ... 141
实例——绘制阶梯图 ... 142
7.2.3 向量图形 ... 142
实例——罗盘图与羽毛图 ... 143
实例——绘制箭头图形 ... 144
动手练一练——绘制函数的罗盘图与羽毛图 ... 145
7.3 综合实例——部门工资统计图分析 ... 146

第8章 三维绘图 ... 151
视频讲解：63分钟
8.1 三维绘图简介 ... 152
8.1.1 三维曲线绘图命令 ... 152
实例——绘制空间直线 ... 152
实例——绘制三维曲线 ... 153
动手练一练——圆锥螺线 ... 153
8.1.2 三维网格命令 ... 154
实例——绘制网格面 ... 155
实例——绘制山峰曲面 ... 156
实例——绘制函数曲面 ... 156
实例——绘制符号函数曲面 ... 158
动手练一练——函数网格面的绘制 ... 158
8.1.3 三维曲面命令 ... 159
实例——绘制山峰表面 ... 159
实例——绘制带洞孔的山峰表面 ... 160
实例——绘制参数曲面 ... 161
8.1.4 柱面与球面 ... 162
实例——绘制柱面 ... 162
实例——绘制球面 ... 163
8.1.5 三维图形等值线 ... 164
实例——三维等值线图 ... 164
实例——绘制二维等值线图 ... 165
实例——绘制二维等值线图及颜色填充 ... 166
实例——绘制等值线 ... 168
实例——绘制符号函数等值线图 ... 169
实例——绘制带等值线的三维表面图 ... 170
动手练一练——多项式的不同网格数的表面图 ... 170
8.2 三维图形修饰处理 ... 171
8.2.1 视角处理 ... 171
实例——绘制网格面视图 ... 171
实例——绘制函数转换视角的三维图 ... 172
8.2.2 颜色处理 ... 173
实例——映射球面颜色 ... 174
实例——渲染图形 ... 175
实例——颜色映像 ... 176
8.2.3 光照处理 ... 177

实例——三维图形添加光照 178
实例——色彩变幻 179
实例——函数光照对比图 180
8.3 图像处理及动画演示 181
  8.3.1 图像的读写 181
  实例——转换电路图片信息 181
  8.3.2 图像的显示及信息查询 182
  实例——设置电路图图片颜色显示 ... 183
  实例——转换灰度图 184
  实例——显示图形 184
  实例——显示图片信息 185
  动手练一练——办公中心图像的
              处理 186
  8.3.3 动画演示 186
  实例——球体旋转动画 187
  动手练一练——正弦波传递动画 187
8.4 综合实例——绘制函数的三维视图 188

第9章 程序设计 190
  视频讲解：52分钟
9.1 M 文件 190
  9.1.1 命令文件 191
  实例——矩阵的加法运算 191
  9.1.2 函数文件 192
  实例——分段函数 192
  实例——10 的阶乘 192
  实例——阶乘求和运算 194
  实例——阶乘函数 194
9.2 MATLAB 程序设计 195
  9.2.1 程序结构 195
  实例——矩阵求差运算 195
  实例——魔方矩阵 196
  实例——由小到大排列 198
  实例——数组排列 199
  实例——矩阵变换 200
  实例——判断数值正负 200

实例——方法判断 201
实例——成绩评定 202
实例——矩阵的乘积 203
  9.2.2 程序的流程控制 204
  实例——数值最大值循环 204
  实例——绘制平方曲线 205
  实例——阶乘循环 206
  实例——矩阵之和 207
  实例——查看内存 208
  实例——底数函数 209
  9.2.3 交互式输入 211
  实例——赋值输入 211
  实例——修改矩阵数值 211
  实例——选择颜色 212
  9.2.4 程序调试 212
  实例——程序测试 215
9.3 函数句柄 215
  9.3.1 函数句柄的创建与显示 215
  实例——创建保存函数 215
  实例——显示保存函数 216
  9.3.2 函数句柄的调用与操作 216
  实例——差值计算 216
9.4 综合实例——比较函数曲线 217

第10章 矩阵分析 220
  视频讲解：19分钟
10.1 特征值与特征向量 220
  10.1.1 标准特征值与特征向量
          问题 221
  实例——矩阵特征值与特征向量 221
  实例——矩阵特征值 223
  10.1.2 广义特征值与特征向量
          问题 223
  实例——广义特征值和广义特征
          向量 224
  10.1.3 部分特征值问题 224

　　　　实例——按模最大与最小特征值 225
　　　　实例——最大与最小的两个广义
　　　　　　　特征值 226
10.2 矩阵对角化 226
　　10.2.1 预备知识 226
　　　　实例——矩阵对角化 227
　　　　动手练一练——判断矩阵是否可以
　　　　　　　对角化 227
　　10.2.2 具体操作 228
10.3 若尔当标准形 228
　　10.3.1 若尔当标准形介绍 228
　　10.3.2 jordan命令 229
　　　　实例——若尔当标准形及变换
　　　　　　　矩阵 229
　　　　实例——若尔当标准形 230
10.4 矩阵的反射与旋转变换 230
　　10.4.1 两种变换介绍 230
　　10.4.2 豪斯霍尔德反射变换 231
　　　　实例——豪斯霍尔德矩阵 232
　　10.4.3 吉文斯旋转变换 233
　　　　实例——吉文斯变换 233
　　　　实例——下海森伯格矩阵的下三角
　　　　　　　矩阵变换 234
10.5 综合实例——帕斯卡矩阵 235

第11章 符号运算 240
　　📹 视频讲解：24分钟
11.1 符号与数值 240
　　11.1.1 符号与数值间的转换 241
　　　　实例——数值与符号转换 241
　　11.1.2 符号表达式与数值表达式
　　　　　的精度设置 241
　　　　实例——魔方矩阵的数值解 242
　　　　实例——稀疏矩阵的数值解 242
　　　　实例——伴随矩阵的数值解 242
　　　　实例——托普利兹矩阵的数值解 243

11.2 符号矩阵 243
　　11.2.1 符号矩阵的创建 243
　　　　实例——创建符号矩阵 244
　　　　实例——显示精度 245
　　　　实例——函数符号矩阵 245
　　　　实例——符号矩阵赋值 246
　　　　动手练一练——符号矩阵运算 246
　　11.2.2 符号矩阵的其他运算 246
　　　　实例——符号矩阵的转置 247
　　　　实例——符号矩阵的行列式 247
　　　　实例——符号矩阵的逆运算 248
　　　　实例——符号矩阵的求秩 248
　　11.2.3 符号多项式的简化 249
　　　　实例——表达式因式分解 249
　　　　实例——符号矩阵因式分解 250
　　　　实例——幂函数的展开 250
　　　　实例——提取表达式的分子和分母 251
　　　　实例——秦九韶型 251
　　　　动手练一练——多项式运算 252
11.3 综合实例——符号矩阵 252

第12章 数列与极限 255
　　📹 视频讲解：32分钟
12.1 数列 255
　　12.1.1 数列求和 256
　　　　实例——三角形点阵数列求和 261
　　　　实例——数列类型转换 262
　　　　实例——数列其余项求和 262
　　12.1.2 数列求积 263
　　　　实例——累计积运算 265
　　　　实例——随机矩阵的和与积 266
　　　　实例——随机矩阵阶乘 267
12.2 极限和导数 268
　　12.2.1 极限 268
　　　　实例——函数1求极限 268
　　　　实例——函数2求极限 268

实例——函数 3 求极限 269
实例——函数 4 求极限 269
实例——函数 5 求极限 269
实例——函数 6 求极限 270
实例——函数 7 求极限 270
动手练一练——计算极限值 270
12.2.2 　导数 271
实例——求函数 1 阶导数 271
实例——求函数 2 阶导数 271
实例——求函数 3 阶导数 271
实例——求函数 5 阶导数 272
实例——求函数导数 272
动手练一练——求多阶偏导数 273
12.3 　级数求和 273
12.3.1 　有限项级数求和 274
实例——等比数列与等差数列求和 ... 274
实例——三角函数列求和 274
实例——幂数列求和运算 275
12.3.2 　无穷级数求和 275
实例——无穷数列 1 求和 275
实例——无穷数列 2 求和 276
动手练一练——级数求和 276
12.4 　综合实例——极限函数图形 277

第 13 章　积分 278

　　📹 视频讲解：54 分钟

13.1 　积分简介 279
13.1.1 　定积分与广义积分 279
实例——函数 1 求积分 279
实例——函数 2 求积分 280
实例——函数 3 求积分 280
实例——函数 4 求积分 280
实例——函数 5 求积分 281
动手练一练——表达式定积分 281
13.1.2 　不定积分 281
实例——函数 1 求不定积分 282

实例——函数 2 求不定积分 282
实例——函数 3 求不定积分 282
实例——函数 4 求不定积分 282
实例——函数 5 求不定积分 283
动手练一练——表达式不定积分 ... 283
13.2 　多重积分 283
13.2.1 　二重积分 283
实例——函数 1 求二重积分 284
实例——函数 2 求二重积分 284
动手练一练——表达式二重积分 ... 285
13.2.2 　三重积分 286
实例——椭球体积分 286
13.3 　泰勒展开 288
13.3.1 　泰勒定理 288
13.3.2 　MATLAB 实现方法 288
实例——6 阶麦克劳林型近似展开 ... 289
实例——5 阶麦克劳林型近似展开 ... 289
实例——函数展开 289
实例——4 阶泰勒展开 290
13.4 　傅里叶展开 290
实例——平方函数傅里叶系数 291
实例——平方函数傅里叶系数 2 ... 291
动手练一练——表达式傅里叶系数 ... 292
13.5 　积分变换 292
13.5.1 　傅里叶变换 292
实例——傅里叶变换 1 292
实例——傅里叶变换 2 293
实例——傅里叶变换 3 293
实例——傅里叶变换 4 293
13.5.2 　傅里叶逆变换 293
实例——傅里叶逆变换 1 294
实例——傅里叶逆变换 2 294
实例——傅里叶逆变换 3 294
实例——傅里叶逆变换 4 295
13.5.3 　快速傅里叶变换 295

实例——快速卷积 296
13.5.4 拉普拉斯变换 296
　　实例——拉普拉斯变换 1 297
　　实例——拉普拉斯变换 2 297
　　实例——拉普拉斯变换 3 297
　　实例——拉普拉斯变换 4 298
　　实例——拉普拉斯变换 5 298
　　实例——拉普拉斯变换 6 298
13.5.5 拉普拉斯逆变换 298
　　实例——拉普拉斯逆变换 1 299
　　实例——拉普拉斯逆变换 2 299
　　实例——拉普拉斯逆变换 3 299
　　实例——拉普拉斯变换与逆变换 300
　　实例——拉普拉斯逆变换 4 300
　　实例——拉普拉斯逆变换 5 300
　　实例——拉普拉斯逆变换 6 300
　　实例——拉普拉斯逆变换 7 301
13.6 综合实例——时域信号的频谱分析 ... 301

第 14 章 方程求解 303
　　📹 视频讲解：30 分钟
14.1 方程组简介 303
14.2 线性方程组求解 304
　　14.2.1 利用矩阵除法求解 305
　　　实例——方程组求解 1 305
　　　实例——方程组求解 2 305
　　14.2.2 判断线性方程组解 306
　　　实例——方程组求解 3 307
　　14.2.3 利用矩阵的逆（伪逆）与
　　　　　　除法求解 308
　　　实例——方程组求解 4 308
　　　实例——比较求逆法与除法 309
　　14.2.4 利用行阶梯形求解 310
　　　实例——方程组求解 5 310
　　14.2.5 利用矩阵分解法求解 311
　　　实例——LU 分解法求方程组 312

实例——"病态"矩阵 313
实例——QR 分解法求方程组 315
实例——楚列斯基分解法求方程组 ... 316
14.2.6 非负最小二乘解 317
实例——最小二乘解求解方程组 317
14.3 方程与方程组的优化解 318
　　14.3.1 非线性方程基本函数 318
　　　实例——函数零点值 319
　　　实例——一元二次方程根求解 319
　　　实例——函数零点求解 320
　　　实例——一元三次方程函数零点
　　　　　　求解 320
　　14.3.2 非线性方程组基本函数 321
　　　实例——方程求解 322
　　　实例——非线性方程组求解 1 322
　　　实例——非线性方程组求解 2 323
　　　实例——电路电流求解 325
14.4 综合实例——带雅可比矩阵的
　　非线性方程组求解 326

第 15 章 微分方程 329
　　📹 视频讲解：30 分钟
15.1 微分方程简介 329
　　实例——微分方程求解 330
　　实例——微分方程求通解 330
　　实例——微分方程边值求解 331
15.2 常微分方程的数值解法 332
　　15.2.1 欧拉方法 332
　　　实例——欧拉方法求解初值 1 332
　　　实例——欧拉方法求解初值 2 333
　　15.2.2 龙格-库塔方法 334
　　　实例——计算二氧化碳的百分比 ... 336
　　　实例——R-K 方法求解方程组 1 ... 337
　　　实例——R-K 方法求解范德波尔
　　　　　　方程 338
　　　实例——R-K 方法求解方程组 2 ... 339

　　　　实例——R-K方法求解方程组3 341
　　15.2.3 龙格-库塔方法解刚性问题 ... 342
　　　　实例——求解松弛振荡方程 342
15.3 偏微分方程 343
　　15.3.1 偏微分方程简介 343
　　15.3.2 区域设置及网格化 345
　　　　实例——绘制心形线区域 345
　　　　实例——心形线网格区域 347
　　15.3.3 边界条件设置 348
　　15.3.4 PDE求解 349
　　　　实例——求解拉普拉斯方程 349
　　　　实例——求解热传导方程 350
　　　　实例——求解波动方程 351
　　15.3.5 解特征值方程 352
　　　　实例——计算特征值及特征模态 352

第16章 数据可视化分析 354
　　🎬 视频讲解：20分钟
16.1 样本空间 354
16.2 数据可视化 355
　　16.2.1 离散情况 355
　　　　实例——游标卡尺测量结果 356
　　　　实例——城市居民家庭消费情况 356
　　　　实例——尼古丁含量测试结果 357
　　16.2.2 连续情况 358
　　　　实例——三角函数曲线 358
　　　　实例——幂函数曲线 358
　　　　实例——连续函数曲线 359
　　　　实例——参数方程曲线 359
　　　　动手练一练——设置曲线的连续
　　　　　区间 360
16.3 正交试验分析 360
　　16.3.1 正交试验的极差分析 361
　　　　实例——油泵柱塞组合件质量极差
　　　　　分析 362
　　16.3.2 正交试验的方差分析 363

　　　　实例——农作物品种试验结果极
　　　　　方差分析 364
　　　　实例——生产率因素极方差分析 365
16.4 综合实例——盐泉的钾性判别 366

第17章 回归分析和方差分析 371
　　🎬 视频讲解：38分钟
17.1 回归分析 371
　　17.1.1 一元线性回归 372
　　　　实例——钢材消耗与国民经济线性
　　　　　回归分析 372
　　　　实例——药剂喷洒含量与苗高线性
　　　　　回归分析 373
　　　　实例——城市居民家庭线性回归
　　　　　分析 374
　　　　实例——硝酸钠溶解量线性回归
　　　　　分析 375
　　17.1.2 多元线性回归 376
　　　　实例——健康女性的测量数据线性
　　　　　回归 377
　　　　实例——质量指标线性回归 379
　　17.1.3 部分最小二乘回归 381
　　　　实例——男子的体能数据部分最小
　　　　　二乘回归分析 384
　　　　实例——碳酸岩标本数据部分最小
　　　　　二乘回归分析 386
17.2 MATLAB数理统计基础 387
　　17.2.1 样本均值 387
　　　　实例——材料应力平均值 387
　　　　实例——样本均值分析 389
　　17.2.2 样本方差与标准差 391
　　　　实例——电线寿命分析 392
　　17.2.3 协方差和相关系数 392
　　　　实例——存活时间协方差分析 393
　　　　动手练一练——钢材消耗量与国民
　　　　　收入样本均值与
　　　　　方差 393

17.3 多元数据相关分析 393
 17.3.1 主成分分析 394
  实例——健康女性的测量数据主成分
    分析 395
 17.3.2 典型相关分析 395
  实例——男子的体能典型相关分析 396
17.4 方差分析 398
 17.4.1 单因素方差分析 398
  实例——布的缩水率方差分析 399
  实例——碳酸岩标本数据方差分析 400
 17.4.2 双因素方差分析 401
  实例——燃料种类方差分析 403
17.5 综合实例——白炽灯测量数据分析 405

第 18 章　数据拟合与插值 416
  视频讲解：35分钟

18.1 数值插值 416
 18.1.1 拉格朗日插值 417
  实例——拉格朗日插值 417
 18.1.2 埃尔米特插值 418
  实例——求质点的速度 419
  实例——求机器鉴别效率 420
 18.1.3 分段线性插值 421
  实例——比较拉格朗日插值和分段
    线性插值 1 422
  实例——余弦函数插值 422
  实例——指数函数分段插值 423
  实例——函数分段插值 423
  动手练一练——比较拉格朗日插值
    和分段线性插值 2 424
 18.1.4 三次样条插值 424
  实例——三次样条插值 1 425
  实例——三次样条插值 2 425
  实例——三次样条插值 3 426
  实例——三次样条插值 4 426
 18.1.5 多维插值 427
  实例——函数二维插值 428
  实例——山峰函数插值 428
18.2 曲线拟合 429
 18.2.1 多项式拟合 429
  实例——5 阶多项式最小二乘拟合 429
  动手练一练——多项式拟合 430
 18.2.2 直线的最小二乘拟合 430
  实例——4 阶指数函数最小二乘
    拟合 431
  实例——直线拟合 431
  实例——函数线性组合拟合 432
 18.2.3 最小二乘法曲线拟合 434
  实例——金属材料应力拟合数据 434
  实例——二次多项式拟合数据 435
  实例——正弦函数拟合 436
18.3 综合实例——飞机速度拟合分析 437

第 19 章　优化设计 441
  视频讲解：9分钟

19.1 优化问题概述 441
 19.1.1 最优化问题的步骤 442
 19.1.2 模型输入时需要注意的
   问题 443
19.2 MATLAB 中的工具箱 444
 19.2.1 MATLAB 中常用的工具箱 444
 19.2.2 工具箱和工具箱函数的
   查询 445
  实例——优化工具箱 445
19.3 优化工具箱中的函数 448
19.4 优化函数的变量 450
19.5 参数设置 453
 19.5.1 函数 optimoptions() 453
 19.5.2 函数 optimset() 453
  实例——设置优化选项 1 455
  实例——设置优化选项 2 456
  实例——设置优化选项 3 458

19.5.3　函数 optimget() 458
　　　实例——optimget()使用示例 1 459
　　　实例——optimget()使用示例 2 459
19.6　优化算法简介 459
　　　19.6.1　参数优化问题 459
　　　19.6.2　无约束优化问题 460
　　　19.6.3　拟牛顿法实现 462
　　　19.6.4　最小二乘优化 462
　　　19.6.5　非线性最小二乘实现 463
　　　19.6.6　约束优化 464
　　　19.6.7　SQP 实现 464
19.7　综合实例——建设费用计算 465

第 20 章　GUI 程序设计 468
　　　　　视频讲解：10分钟
20.1　图形用户界面概述 468
　　　20.1.1　图形用户界面对象 469
　　　20.1.2　预置的图形用户界面 470
　　　20.1.3　启动 App 设计工具 471
　　　实例——打开现有应用程序文件 473
20.2　设计图形用户界面 474
　　　20.2.1　放置组件 474
　　　20.2.2　设置组件属性 475
　　　20.2.3　布局组件 476
　　　实例——设计公司执勤表界面 478
20.3　组件行为编程 481
　　　20.3.1　代码视图编辑环境 481
　　　20.3.2　管理回调 483
　　　20.3.3　回调参数 484
　　　20.3.4　辅助函数 485
　　　实例——旋转 MATLAB 启动界面 485

第 21 章　Simulink 仿真设计 488
　　　　　视频讲解：36分钟
21.1　Simulink 简介 489
　　　21.1.1　Simulink 模型的特点 490
　　　实例——演示模型仿真 490
　　　21.1.2　Simulink 的数据类型 491
　　　实例——信号冲突 492
　　　实例——输出复数 493
21.2　Simulink 模块库ㅤㅤㅤㅤㅤㅤㅤㅤ495
　　　21.2.1　常用模块子库 495
　　　21.2.2　子系统及其封装 497
　　　实例——封装信号选择输出 500
21.3　模块的创建 501
　　　21.3.1　创建模块文件 501
　　　21.3.2　模块的基本操作 503
　　　21.3.3　模块参数设置 504
　　　实例——滤波信号输出 505
　　　实例——正弦波信号输出 506
　　　21.3.4　模块的连接 508
　　　实例——最大值、最小值输出 510
　　　实例——信号输出 510
　　　动手练一练——创建线性定常离散
　　　　　　　　　时间系统 511
21.4　仿真分析 512
　　　21.4.1　仿真参数设置 512
　　　21.4.2　仿真的运行和分析 513
　　　21.4.3　仿真错误诊断 514
21.5　回调函数 514
21.6　综合实例——轴系扭转振动仿真 516

第 1 章　MATLAB 用户界面

内容简介

MATLAB 是 Matrix Laboratory（矩阵实验室）的缩写。它是以线性代数软件包（LINPACK）和特征值计算软件包（EISPACK）中的子程序为基础发展起来的一种开放式程序设计语言，是一种高性能的工程计算语言，其基本的数据单位是没有维数限制的矩阵。本章主要介绍 MATLAB 中的科学计算概述及 MATLAB 的用户界面。

内容要点

- MATLAB 中的科学计算概述
- MATLAB 2024 的工作界面

案例效果

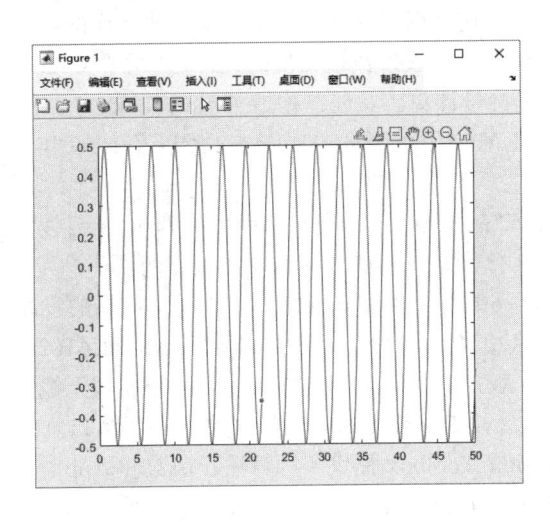

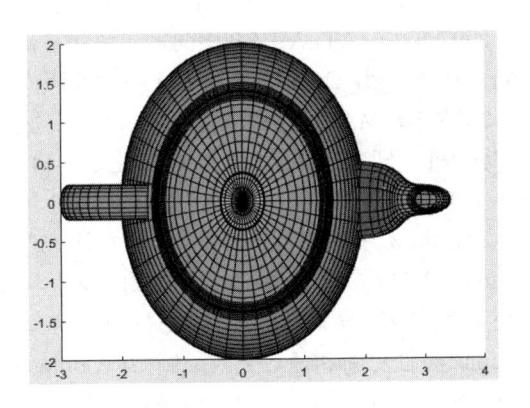

1.1　MATLAB 中的科学计算概述

MATLAB 是一款功能非常强大的科学计算软件。在正式使用 MATLAB 之前，用户应该对它有一个整体的认识。

MATLAB 的指令表达式与数学、工程中常用的表达式形式十分相似，所以用 MATLAB 来计算问题要比用仅支持标量的非交互式的编程语言（如 C、FORTRAN 等）简洁得多，尤其是解决了包含矩阵和向量的工程技术问题。MATLAB 是大学里很多数学类、工程类和科学类的初等与高等课程的标准指导工具，也是工业中产品研究、开发和分析经常选用的工具。

1.1.1 MATLAB 的发展历程

20 世纪 70 年代中期，Cleve Moler 教授及其同事在美国国家科学基金的资助下，开发了调用 EISPACK 和 LINPACK 的 FORTRAN 子程序库。EISPACK 是求解特征值的 FORTRAN 程序库，LINPACK 是求解线性方程的程序库。当时，这两个程序库代表矩阵运算的最高水平。

20 世纪 70 年代后期，美国新墨西哥大学计算机科学系主任 Cleve Moler 教授在给学生讲授线性代数课程时，想教学生使用 EISPACK 和 LINPACK 程序库，但他发现学生用 FORTRAN 编写接口程序很费时间。为减轻学生编程负担，他设计了一组调用 LINPACK 和 EISPACK 程序库的"通俗易用"的接口，即用 FORTRAN 编写的萌芽状态的 MATLAB。在此后的数年里，MATLAB 在多所大学里作为教学辅助软件被使用，并成为面向大众广为流传的免费软件。

1983 年，Cleve Moler 教授、John Little 工程师和 Steve Bangert 一起用 C 语言开发了第二代专业版 MATLAB，使 MATLAB 同时具备了数值计算和数据图示化的功能。

1984 年，Cleve Moler 和 John Little 成立了 MathWorks 公司，正式把 MATLAB 推向市场，并继续进行 MATLAB 的研究和开发。从这时起，MATLAB 的内核采用 C 语言编写。

1993 年，MathWorks 公司推出 MATLAB 4.0 版，从此告别 DOS 版。MATLAB 4.x 版在继承和发展其原有的数值计算与图形可视能力的同时，出现了几个重要变化：推出了交互式操作的动态系统建模、仿真、分析集成环境——Simulink；开发了与外部进行直接数据交换的组件，打通了 MATLAB 进行实时数据分析、处理和硬件开发的道路；推出了符号计算工具包；构造了 Notebook。

1997 年，MATLAB 5.0 版问世，紧接着是 MATLAB 5.1 版、MATLAB 5.2 版以及 1999 年春的 MATLAB 5.3 版。2003 年，MATLAB 7.0 版问世。

2006 年，MATLAB 分别在 3 月和 9 月进行两次产品发布，3 月发布的版本称为 a，9 月发布的版本称为 b，即 R2006a 和 R2006b。之后，MATLAB 分别在每年的 3 月和 9 月进行两次产品发布，每次发布都涵盖产品家族中的所有模块，包含已有产品的新特性和 bug 修订，以及新产品的发布。

2024 年 3 月 20 日，MathWorks 公司正式发布了 R2024a 版 MATLAB（以下简称 MATLAB 2024）和 Simulink 产品系列版本 2024（R2024a）。R2024a 版推出的新功能能够简化人工智能和无线通信系统工程师与研究人员的工作流。与上一版本相比，MATLAB R2024a 带来数百项 MATLAB 和 Simulink 特性更新和函数更新。例如，Computer Vision Toolbox 提供多种算法、函数和 App，可用于设计和测试计算机视觉、三维视觉及视频处理系统；Deep Learning Toolbox 包含一系列算法、预训练模型和 App，可为用户设计和实现深度神经网络提供框架；Instrument Control Toolbox 可将 MATLAB 直接连接到各种仪器，如示波器、函数生成器、信号分析器、电源设备和分析仪器；Satellite Communications Toolbox 可支持卫星通信工程师对场景进行建模，并提供基于标准的工具来设计、仿真和验证卫星通信系统与链路。

1.1.2 MATLAB 系统

MATLAB 系统主要包括以下 5 个部分。

（1）桌面工具和开发环境：MATLAB 由一系列工具组成，这些工具大部分是图形用户界面，方便用户使用 MATLAB 的函数和文件，包括 MATLAB 桌面、命令行窗口、编辑器和调试器、代码分析器及用于浏览帮助、工作空间、文件的浏览器。

（2）数学函数库：MATLAB 数学函数库提供了大量的计算算法，从初等函数（如加法、正弦、余弦等）到复杂的高等函数（如矩阵求逆、矩阵特征值、贝塞尔函数和快速傅里叶变换等）。

（3）语言：MATLAB 语言是一种高级的基于矩阵/数组的语言，具有程序流控制、函数、数据结构、输入/输出和面向对象编程等特色。用户可以在命令行窗口中将输入语句与执行命令同步，以迅速创立快速抛弃型程序，也可以先编写一个较大的复杂的 M 文件后再一起运行，以创立完整的大型应用程序。

（4）图形处理：MATLAB 具有方便的数据可视化功能，将向量和矩阵用图形表现出来，并且可以对图形进行标注和打印。其高层次作图包括二维和三维的可视化、图像处理、动画及表达式作图；低层次作图包括完全定制图形的外观，以及建立基于用户的 MATLAB 应用程序的完整图形用户界面。

（5）外部接口：外部接口是一个使 MATLAB 能与 C/C++、Java、Python 等其他高级编程语言进行交互的函数库，包括从 MATLAB 中调用程序（动态链接）、调用 MATLAB 为计算引擎和读写 mat 文件的设备。

1.1.3 MATLAB 的特点

MATLAB 自产生之日起，就以其强大的功能和良好的开放性在科学计算等软件中独占鳌头。学会 MATLAB 可以方便地处理包括矩阵变换及运算、多项式运算、微积分运算、线性与非线性方程求解、常微分方程求解、偏微分方程求解、插值与拟合、统计及优化等问题。

在进行数学计算时，最难处理的就是算法的选择。在 MATLAB 中，这一问题迎刃而解。MATLAB 中许多功能函数都带有算法的自适应能力，且算法先进，大大解决了用户的后顾之忧，同时也弥补了 MATLAB 程序因为非可执行文件而影响其速度的缺陷。另外，MATLAB 提供了一套完善的图形可视化功能，为向用户展示自己的计算结果提供了广阔的空间。图 1-1～图 1-3 所示就是用 MATLAB 绘制的茶壶图形。

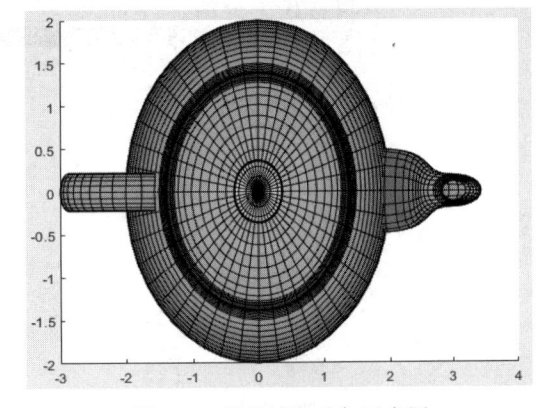

图 1-1 茶壶填充对象示意图

对于一种语言来说，无论其功能多么强大，如果操作非常艰难，那么它绝对算不上成功的语言。而 MATLAB 是成功的，它允许用户以数学形式的语言编写程序，比 BASIC、FORTRAN 和 C 等语言更接近于书写计算公式的思维方式。

图1-2 茶壶三维平面图　　　　图1-3 茶壶三维映射图

MATLAB 能发展到今天这种程度，其可扩充性和可开发性起着不可估量的作用。MATLAB 本身就像一个解释系统，以一种解释执行的方式执行其中的函数程序。这样的最大好处是 MATLAB 完全成了一个开放的系统，用户可以看到函数的源程序，也可以开发自己的程序，甚至创建自己的工具箱。另外，MATLAB 还提供了与 FORTRAN、C/C++、Python 等语言的接口，以充分利用各种资源。

任何字处理程序都能对 MATLAB 进行编写和修改，从而使程序易于调试，使人机交互性更强。

1.2　MATLAB 2024 的工作界面

本节主要介绍 MATLAB 2024 的工作界面，使读者初步认识工作界面各组成部分，并掌握其操作方法。

如果是第一次使用 MATLAB 2024，启动后将进入其默认设置的工作界面，如图 1-4 所示。

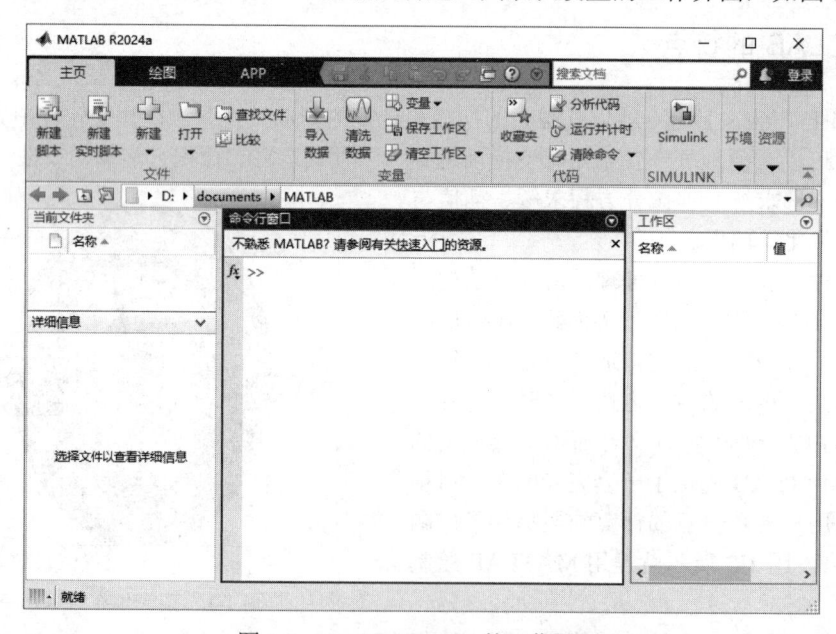

图 1-4　MATLAB 2024 的工作界面

MATLAB 2024 的工作界面形式简洁，主要由标题栏、功能区、工具栏、当前文件夹窗口、命令行窗口和工作区窗口等组成。

1.2.1 标题栏

标题栏位于工作界面的顶部，如图 1-5 所示。

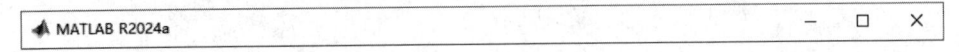

图 1-5 标题栏

在标题栏中，左侧为软件图标及名称；右侧有 3 个按钮，用于控制工作界面的显示。其中，单击"最小化"按钮 −，将最小化显示工作界面；单击"最大化"按钮 □，将最大化显示工作界面，该按钮显示为"向下还原" □，单击可以还原工作界面大小；单击"关闭"按钮 ×，将关闭工作界面。

> **提示：**
> 在命令行窗口中输入 exit 或 quit 命令，或按快捷键 Alt+F4，同样可以关闭 MATLAB 2024。

动手练一练——熟悉工作界面

> **思路点拨：**
> 打开 MATLAB 2024，熟悉工作界面。
> 了解工作界面各部分的功能，掌握不同的操作命令，能够熟练地打开、关闭文件。

1.2.2 功能区

有别于传统的菜单栏形式，MATLAB 以功能区的形式显示各种常用的功能命令。它将所有的功能命令分类别放置在 3 个选项卡中，下面分别介绍这 3 个选项卡。

1. "主页"选项卡

选择标题栏下方的"主页"选项卡，显示基本的文件、变量、代码及路径设置等操作命令，如图 1-6 所示。

图 1-6 "主页"选项卡

2. "绘图"选项卡

选择标题栏下方的"绘图"选项卡，显示关于图形绘制的编辑命令，如图 1-7 所示。

图 1-7 "绘图"选项卡

单击"绘图"列表框的下拉按钮，弹出如图1-8所示的下拉列表，从中可以选择不同的绘制命令。

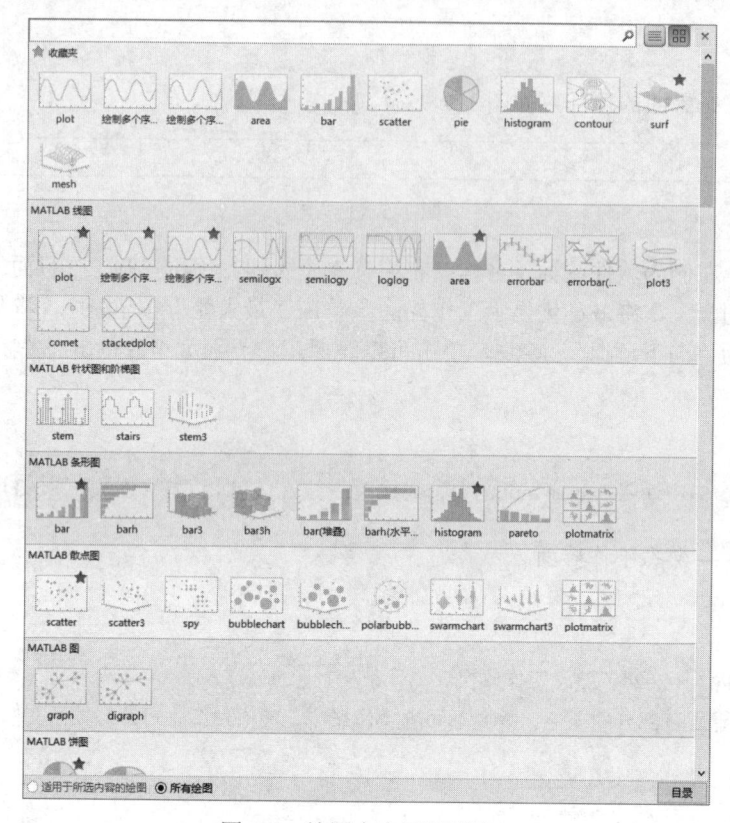

图1-8 绘图命令下拉列表

3. APP（应用程序）选项卡

选择标题栏下方的APP选项卡，显示多种应用程序命令，如图1-9所示。

图1-9 APP选项卡

1.2.3 工具栏

工具栏分为两部分，其中一部分以图标的形式汇集了常用的操作命令，位于功能区上方；另一部分位于功能区下方，用于设置工作路径。下面简要介绍工具栏中部分常用按钮的功能。

- ：保存M文件。
- 、 、 ：剪切、复制或粘贴已选中的对象。
- 、 ：撤销或恢复上一次操作。
- ：切换窗口。

- ：打开 MATLAB 帮助系统。
- ：向前、向后、向上一级、浏览路径文件夹。
- D: ▶ documents ▶ MATLAB：当前路径设置栏。

1.2.4 命令行窗口

MATLAB 的使用方法和界面形态多种多样，但命令行窗口指令操作是最基本的，也是入门时首先要掌握的。

1．基本界面

MATLAB 命令行窗口的基本表现形式和操作方式如图 1-10 所示。在该窗口中可以进行各种计算操作，也可以使用命令打开各种 MATLAB 工具，还可以查看各种命令的帮助说明等。

2．基本操作

在命令行窗口中，通过选择相应的命令可以进行清空命令行窗口、全选、查找、打印、页面设置、最小化、最大化、取消停靠等一系列基本操作。单击右上角的"显示命令行窗口操作"按钮，弹出如图 1-11 所示的下拉菜单。在该下拉菜单中，选择" 最小化"命令，可将命令行窗口最小化到主窗口左侧，以标签（或称选项卡）形式存在，当将鼠标指针移到上面时，显示窗口内容。此时在 下拉菜单中选择" 还原"命令，即可恢复显示。

在如图 1-11 所示的下拉菜单中选择"页面设置"命令，弹出如图 1-12 所示的"页面设置：命令行窗口"对话框。该对话框中包括 3 个选项卡，分别用于对打印当前命令行窗口中的布局、标题、字体进行设置。

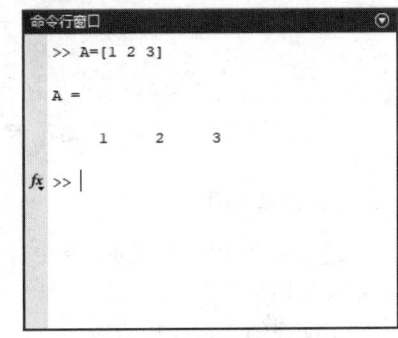

图 1-10　命令行窗口

图 1-11　下拉菜单

图 1-12　"页面设置：命令行窗口"对话框

（1）"布局"选项卡：用于对打印对象的标题、行号及语法高亮颜色进行设置。

（2）"标题"选项卡：用于对打印的页码、边框样式及布局进行设置，如图 1-13 所示。

（3）"字体"选项卡：选择使用当前命令行中的字体，或使用自定义字体样式显示打印对象，如图 1-14 所示。

图 1-13 "标题"选项卡    图 1-14 "字体"选项卡

3. 快捷操作

选中命令行窗口中的命令并右击，在弹出的如图1-15所示的快捷菜单中选择所需命令，即可进行相应的操作。

下面介绍几种常用命令。

（1）执行所选内容：对选中的命令进行操作。

（2）打开所选内容：执行该命令，查找所选内容所在的文件，并在命令行窗口中显示该文件中的内容。

（3）关于所选内容的帮助：执行该命令，弹出关于所选内容的相关帮助窗口，如图1-16所示。

图 1-15 快捷菜单 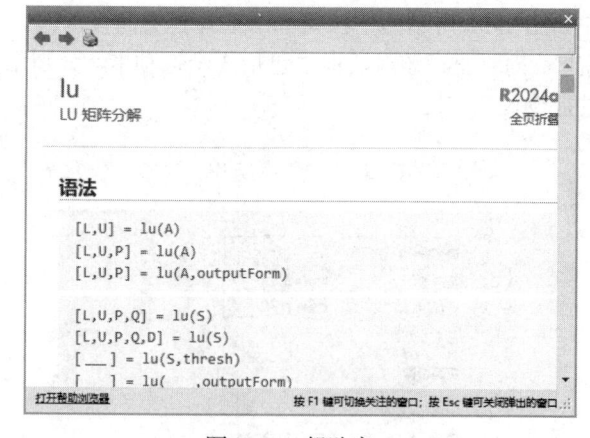   图 1-16 帮助窗口

（4）函数浏览器：执行该命令，弹出如图1-17所示的函数窗口。在该窗口中可以选择编程所需的函数，并对该函数进行安装与介绍。

（5）剪切：剪切选中的文本。

（6）复制：复制选中的文本。

（7）粘贴：粘贴选中的文本。

（8）全选：将显示在命令行窗口中的文本全部选中。

（9）查找：执行该命令后，弹出"查找"对话框，如图1-18所示。在"查找内容"文本框中输入要查找的文本关键词，即可在庞大的命令程序历史记录中迅速定位所需对象的位置。

（10）清空命令行窗口：删除命令行窗口中显示的所有命令程序。

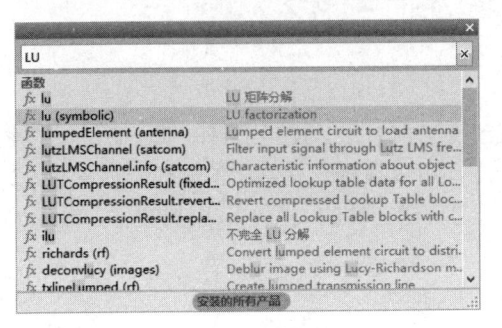

图1-17　函数窗口

图1-18　"查找"对话框

1.2.5　命令历史记录窗口

命令历史记录窗口主要用于记录所有执行过的命令。在默认条件下，它会保存自安装以来所有运行过的命令的历史记录，并记录运行时间，以方便查询。

在"主页"选项卡中单击"布局"按钮，选择"命令历史记录"→"停靠"命令，如图1-19所示，可在工作界面中固定显示命令历史记录窗口。

在命令历史记录窗口中双击某一命令，即可在命令行窗口中执行该命令。

实例——显示命令历史记录窗口

在工作界面中显示命令历史记录窗口，如图1-20所示。

图1-19　"命令历史记录"命令

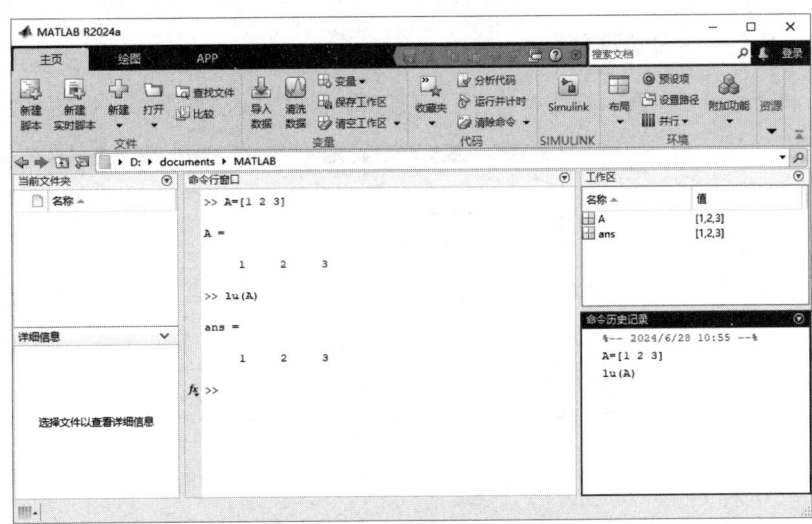

图1-20　显示命令历史记录窗口

【操作步骤】

选择"命令历史记录"→"停靠"命令，在工作界面中固定显示命令历史记录窗口，如图 1-19 所示。

1.2.6 当前文件夹窗口

在如图 1-21 所示的当前文件夹窗口中，可显示或改变当前目录，在当前目录或子目录下搜索文件。单击 ⊙ 按钮，在弹出的下拉菜单中选择相应的命令，可以执行一些常用的操作，如图 1-22 所示。例如，在当前目录下新建文件或文件夹（还可以指定新建文件的类型）、查找文件、显示/隐藏文件信息、将当前目录按某种方式排序和分组等。

图 1-21　当前文件夹窗口 　　　　　　图 1-22　下拉菜单

MATLAB 提供了搜索路径的设置命令，下面分别进行介绍。

实例——设置目录

通过设置目录，在命令行窗口中显示 MATLAB 文件路径，如图 1-23 所示。

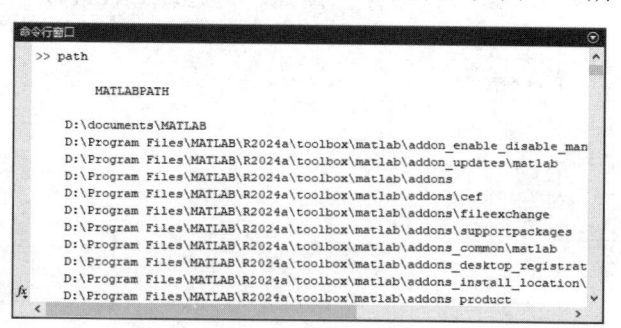

图 1-23　设置目录

【操作步骤】

在命令行窗口中输入 path，按 Enter 键，即可在命令行窗口中显示如图 1-23 所示的目录。

实例——设置文件路径

通过设置搜索路径，在命令行窗口中显示 MATLAB 文件路径，如图 1-24 所示。

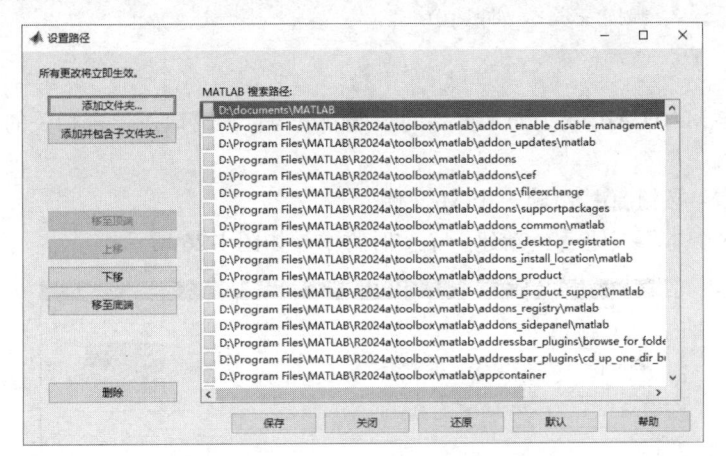

图 1-24 "设置路径"对话框

【操作步骤】

在命令行窗口中输入 pathtool，弹出"设置路径"对话框，如图 1-24 所示。

单击"添加文件夹"按钮，进入文件夹浏览对话框，把某一目录下的文件包含进搜索范围而忽略子目录；单击"添加并包含子文件夹"按钮，进入文件夹浏览对话框，将子目录也包含进来。建议选择后者，以避免一些可能的错误。

动手练一练——环境设置

演示 MATLAB 2024 软件的基本操作。

思路点拨：

（1）调出命令历史记录窗口。
（2）切换文件目录。

1.2.7 工作区窗口

在工作区窗口中，显示目前内存中所有的 MATLAB 变量名、数据结构、字节数与类型。不同的变量类型有不同的变量名图标。

实例——变量赋值

源文件：yuanwenjian\ch01\bianliangfuzhi.m

在 MATLAB 中创建变量 a、b，并给其赋值，同时将整个语句保存在计算机的一段内存中，也就是工作区中，如图 1-25 所示。

解：MATLAB 程序如下。

图 1-25 工作区窗口

```
>> a=2            %创建变量a，并赋值为2
a = 
     2
>> b=5            %创建变量b，并赋值为5
b = 
     5
```

功能区面板是 MATLAB 一个非常重要的数据分析与管理窗口，与之相关的一些主要按钮功能如下。

➢ "新建脚本"按钮：新建一个 M 文件。
➢ "新建实时脚本"按钮：新建一个实时脚本，如图 1-26 所示。

图 1-26　实时编辑器窗口

➢ "打开"按钮：打开选中的不同格式的文件。
➢ "导入数据"按钮：将数据文件导入工作空间。
➢ "清洗数据"按钮：该功能提供了一个数据清洗器应用程序，能以交互方式识别和清洗混乱的时间表数据。单击该按钮，即可打开如图 1-27 所示的数据清洗器窗口，导入文本文件、电子表格文件或工作区的时间表（图 1-28），然后单击"导入所选内容"按钮，即可启动数据清洗器对导入的数据进行清洗，如图 1-29 所示。如果工作区的表不是时间表，可使用函数 table2timetable()将表转换为时间表。
➢ "新建变量"按钮：创建一个变量。
➢ "打开变量"按钮：打开选择的变量对象。单击该按钮后，功能区新增一个名为"变量"的选项卡，并弹出变量编辑窗口，如图 1-30 所示，在这里可以对变量进行各种编辑操作。

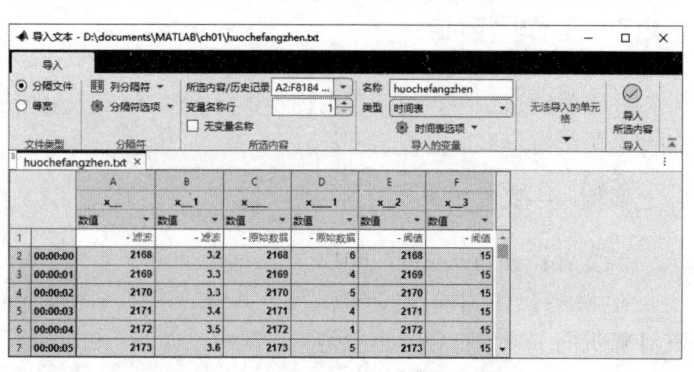

图 1-27　数据清洗器窗口　　　　　　　　　图 1-28　导入文本文件中的数据

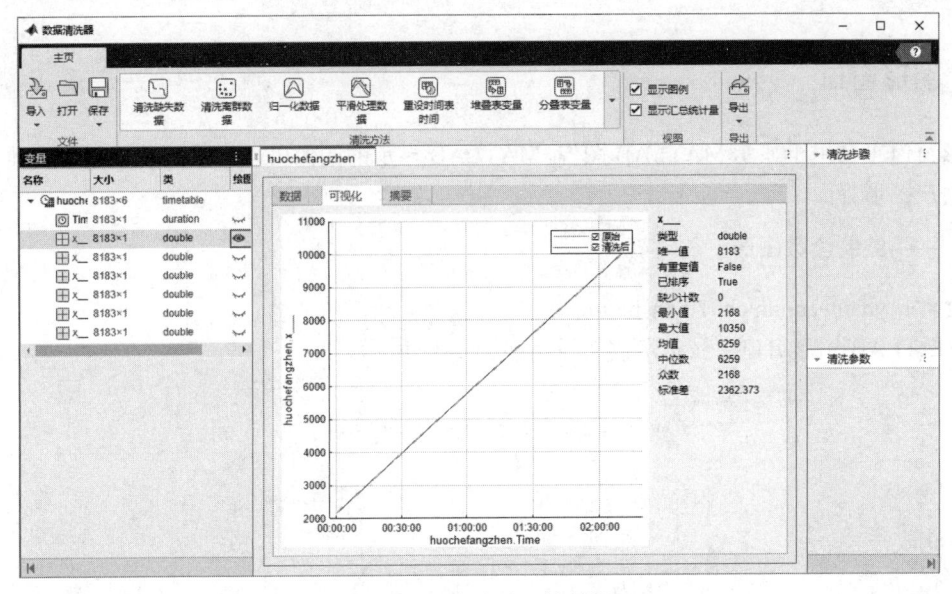

图 1-29 清洗导入的数据

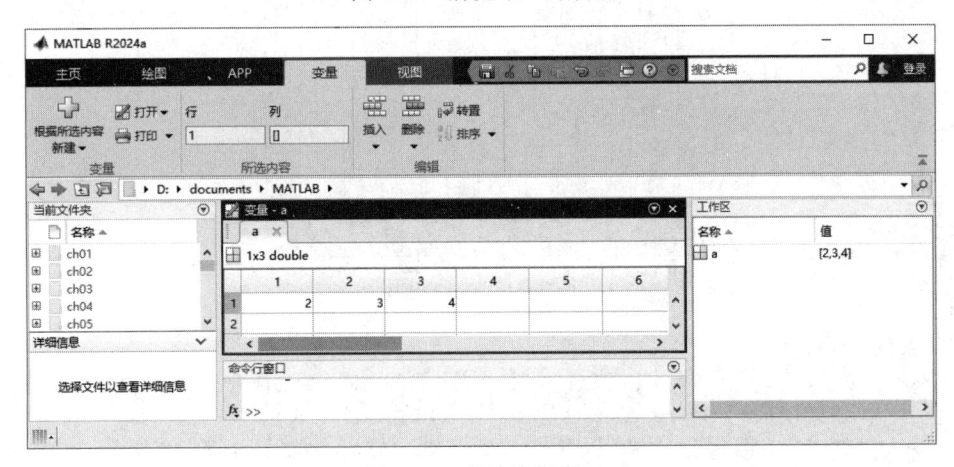

图 1-30 变量编辑窗口

> "保存工作区"按钮：保存工作区数据。
> "清空工作区"按钮：删除变量。
> "收藏夹"按钮：为了方便记录，当调试 M 文件时在不同工作区之间进行切换。MATLAB 在执行 M 文件时，会把 M 文件的数据保存到其对应的工作区中，并将该工作区添加到"收藏夹"文件夹中。
> "分析代码"按钮：打开代码分析器主窗口。
> Simulink 按钮：打开 Simulink 主窗口。
> "布局"按钮：用于调整 MATLAB 主窗口的布局。

1.2.8 图形窗口

图形窗口主要用于显示 MATLAB 图像。MATLAB 显示的图像可以是数据的二维或三维坐标图、图片或用户图形界面。

实例——绘制函数图形

源文件：yuanwenjian\ch01\hanshu.m

在 MATLAB 图形窗口中显示函数曲线，如图 1-31 所示。

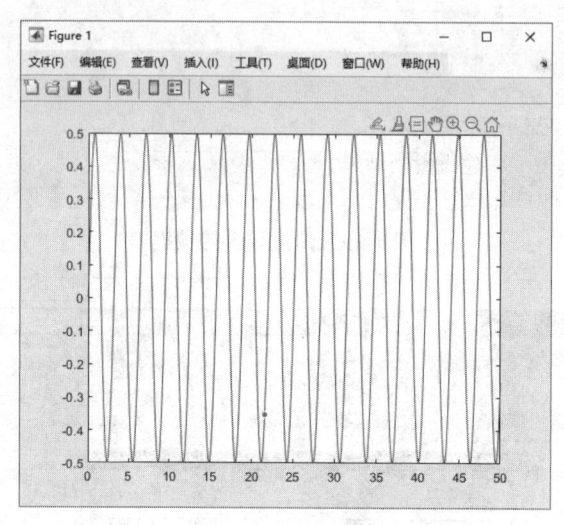

图 1-31 函数图形

解：MATLAB 程序如下。

```
>> x=0:0.1:50;              %定义一个 0 到 50 的线性间隔值组成的向量 x，间隔值为 0.1
>> y=sin(x).*cos(x);        %定义以向量 x 为自变量的函数表达式 y
>> plot(x,y)                %绘制以向量 x 为横坐标，函数值 y 为纵坐标的二维线图
```

弹出如图 1-31 所示的图形窗口，显示程序绘制的函数曲线。

利用图形窗口中的菜单命令或工具按钮保存图形文件，这样在程序中需要使用该图形时，就无须再输入上面的程序，而只需将该图形文件拖放到命令行窗口中就可以执行文件。

第 2 章 帮 助 系 统

内容简介

MATLAB 的一切操作都是在它的搜索路径（包括当前路径）中进行的，需要把程序所在的目录扩展成 MATLAB 的搜索路径。若调用的函数在搜索路径之外，MATLAB 则认为此函数并不存在。

本章详细讲解 MATLAB 相关内容的查找和搜索路径的扩展，最后介绍 MATLAB 应用中比较实用的帮助系统。

内容要点

- MATLAB 内容及查找
- MATLAB 的帮助系统

案例效果

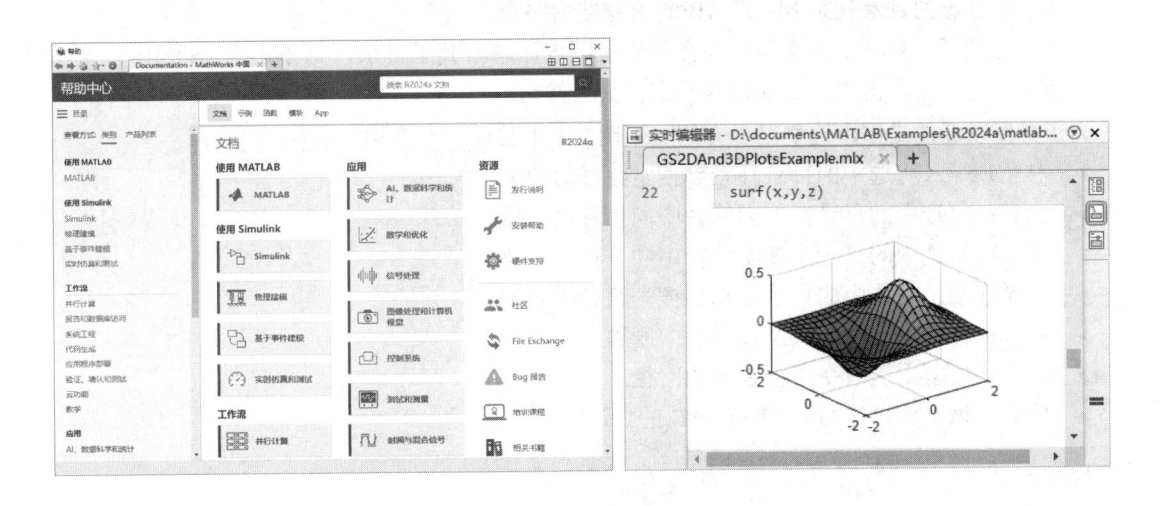

2.1 MATLAB 内容及查找

MATLAB 的功能是通过指令来实现的，MATLAB 包括数千条指令。对大多数用户来说，全部掌握这些指令是不可能的，但在特殊情况下，当用到某个指令时，则需要对指令进行查找。在此之前，首先需要设置的是搜索路径，方便查找。

2.1.1 MATLAB 的搜索路径

在 MATLAB 主窗口中的"主页"选项卡中单击"设置路径"按钮 设置路径，打开"设置路径"对话框，如图 2-1 所示。

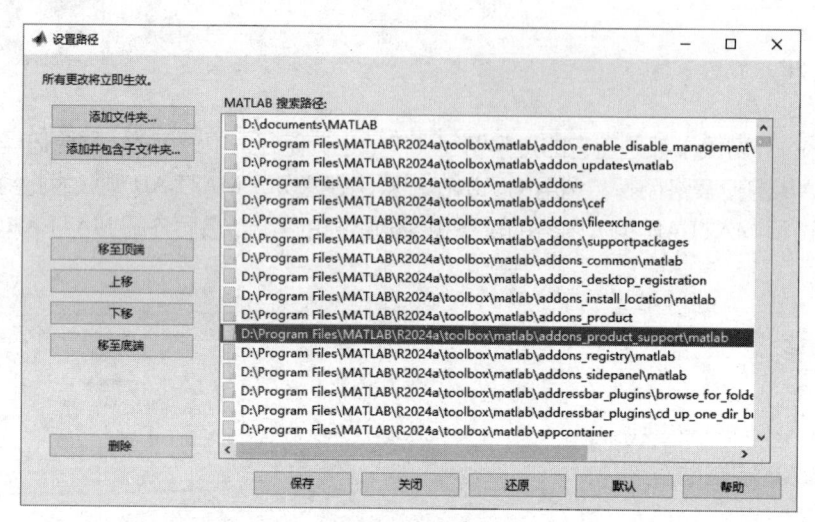

图 2-1 "设置路径"对话框

列表框中列出的目录就是 MATLAB 的所有搜索路径。

如果只想把某一目录下的文件包含在搜索范围内而忽略其子目录，则单击对话框中的"添加文件夹"按钮；否则，单击"添加并包含子文件夹"按钮。

为了方便以后的操作，这里简单介绍一下图 2-1 中其他几个常用按钮的作用。

- 移至顶端：将选中的目录移动到搜索路径的顶端。
- 上移：将选中的目录在搜索路径中向上移动一位。
- 下移：将选中的目录在搜索路径中向下移动一位。
- 移至底端：将选中的目录移动到搜索路径的底部。
- 删除：将选中的目录从搜索路径中删除。
- 还原：恢复上次改变路径之前的路径。
- 默认：恢复到最原始的 MATLAB 的默认路径。

知识拓展：

> 在 MATLAB 命令行窗口中输入 pathtool 命令，也可以打开如图 2-1 所示的"设置路径"对话框。

实例——显示文件路径

源文件： yuanwenjian\ch02\wenjianlujing.m

本实例演示使用 path 命令得到 MATLAB 的所有搜索路径。

解：MATLAB 程序如下。

```
>> path
    MATLABPATH
 D:\documents\MATLAB
 D:\Program Files\MATLAB\R2024a\toolbox\matlab\addon_enable_disable_management\matlab
 D:\Program Files\MATLAB\R2024a\toolbox\matlab\addon_updates\matlab
 D:\Program Files\MATLAB\R2024a\toolbox\matlab\addons
 D:\Program Files\MATLAB\R2024a\toolbox\matlab\addons\cef
 D:\Program Files\MATLAB\R2024a\toolbox\matlab\addons\fileexchange
 D:\Program Files\MATLAB\R2024a\toolbox\matlab\addons\supportpackages
 D:\Program Files\MATLAB\R2024a\toolbox\matlab\addons_common\matlab
 D:\Program Files\MATLAB\R2024a\toolbox\matlab\addons_desktop_registration
 D:\Program Files\MATLAB\R2024a\toolbox\matlab\addons_install_location\matlab
 D:\Program Files\MATLAB\R2024a\toolbox\matlab\addons_product
 ...
```

其中的"…"表示由于版面限制而省略的多行内容，全书余同。

实例——显示搜索路径字符串

源文件：yuanwenjian\ch02\lujingzifuchuan.m

本实例演示使用 genpath 命令将 MATLAB 所有搜索路径连接成一个长字符串。

解：MATLAB 程序如下。

```
>> genpath
ans =
    'D:\Program Files\MATLAB\R2024a\toolbox;D:\Program Files\MATLAB\R2024a\toolbox\5g;D:\Program Files\MATLAB\R2024a\toolbox\5g\5g;D:\Program Files\MATLAB\R2024a\toolbox\5g\5g\en;D:\Program Files\MATLAB\R2024a\toolbox\DesignCostEstimation;D:\Program Files\MATLAB\R2024a\toolbox\DesignCostEstimation\Presentations;D:\Program Files\MATLAB\R2024a\toolbox\DesignCostEstimation\Presentations\Report;D:\Program Files\MATLAB\R2024a\tool... 输出已截断。文本超出命令行窗口显示的最大行长度。
```

2.1.2　扩展 MATLAB 的搜索路径

由于路径设置错误，即使看到自己编写的程序在某个路径下，MATLAB 也找不到，并报告此函数不存在。这是初学者常犯的一个错误，需要把程序所在的目录扩展成 MATLAB 的搜索路径。

1．使用"设置路径"对话框设置搜索路径

在 MATLAB 主窗口的"主页"选项卡中单击"设置路径"按钮，打开如图 2-1 所示的"设置路径"对话框。如果只想把某一目录下的文件包含在搜索范围内而忽略其子目录，则单击对话框中的"添加文件夹"按钮；否则，单击"添加并包含子文件夹"按钮，打开浏览文件夹的对话框。

实例——添加文件路径

本实例演示添加 MATLAB 文件路径，如图 2-2 所示。

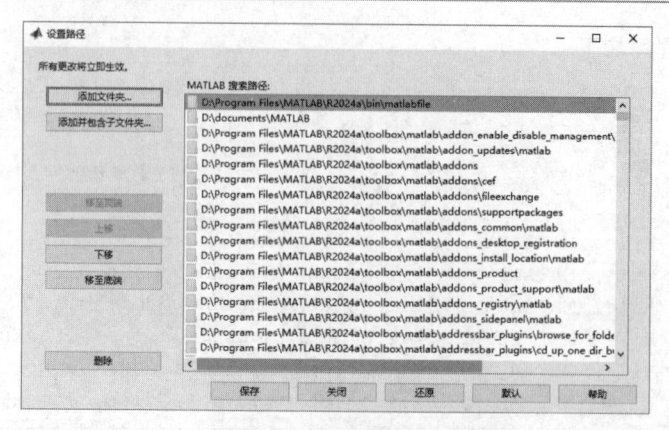

图 2-2　添加搜索路径

【操作步骤】

在 MATLAB 主窗口的"主页"选项卡中单击"设置路径"按钮，打开"设置路径"对话框。

单击"添加文件夹"按钮，打开如图 2-3 所示的"将文件夹添加到路径"对话框。选择名为 matlabfile 的文件夹，要把此文件夹包含在 MATLAB 的搜索路径中。

图 2-3　"将文件夹添加到路径"对话框

单击"选择文件夹"按钮，新的目录出现在搜索路径的列表中，如图 2-2 所示，单击"保存"按钮保存新的搜索路径，单击"关闭"按钮关闭对话框。新的搜索路径设置完毕。

2. 使用 path 命令扩展目录

使用 path 命令也可以扩展 MATLAB 的搜索路径。例如，把 D:\matlabfile 扩展到搜索路径的方法是在 MATLAB 的命令行窗口中输入：

```
>> path(path,'D:\matlabfile')
```

3. 使用 addpath 命令扩展目录

在早期的 MATLAB 版本中，用得最多的扩展目录命令是 addpath，如果要把 D:\matlabfile 添加到整个搜索路径的开始，使用命令：

```
>> addpath D:\matlabfile -begin
```

如果要把 D:\matlabfile 添加到整个搜索路径的末尾，使用命令：

```
>> addpath D:\matlabfile -end
```

4. 使用 pathtool 命令扩展目录

在 MATLAB 命令行窗口中输入 pathtool 命令，打开"设置路径"对话框。然后参照使用"设置路径"对话框设置搜索路径的方法扩展目录。

2.2 MATLAB 的帮助系统

MATLAB 的帮助系统非常完善，这与其他科学计算软件相比是一个突出的特点，要熟练掌握 MATLAB，就必须熟练掌握 MATLAB 帮助系统的应用。所以，用户在学习 MATLAB 的过程中，理解、掌握和熟练应用 MATLAB 帮助系统是非常重要的。

2.2.1 联机帮助系统

MATLAB 的联机帮助系统非常全面，进入联机帮助系统的方法有以下几种。

➢ 单击 MATLAB 主窗口中的"帮助"按钮 ❓。
➢ 在命令行窗口中执行 doc 命令。
➢ 在 MATLAB 主窗口的"主页"选项卡中单击"资源"功能组中的"帮助"按钮 ❓，打开如图 2-4 所示的下拉菜单。选中前 3 项中的任何一项，即可打开 MATLAB 联机帮助系统窗口。

联机帮助系统窗口如图 2-5 所示，在上面的搜索文档文本框中输入想要查询的内容，下面将显示帮助内容。

图 2-4 "帮助"下拉菜单

图 2-5 联机帮助系统窗口

2.2.2 帮助命令

为了使用户更快捷地获得帮助，MATLAB 提供了一些帮助命令，包括 help 系列命令、lookfor 命令和其他常用的帮助命令。

1．help 系列命令

help 系列的帮助命令有 help、help+函数（类）名、helpwin，其中 helpwin 用于调用 MATLAB 联机帮助系统窗口。

2．help 命令

help 命令是最常用的帮助命令。在命令行窗口中直接输入 help 命令，可以显示最近使用的帮助命令（图 2-6），或打开在线帮助文档，进入帮助中心。

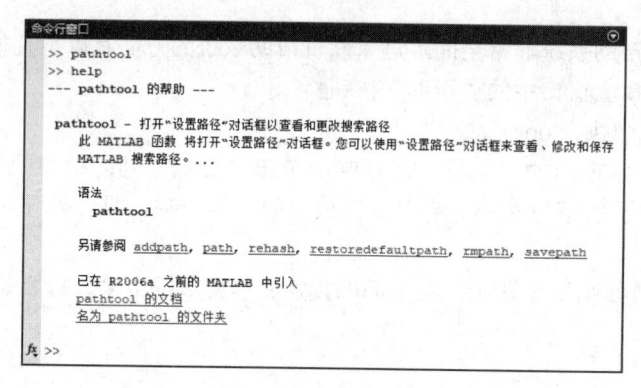

图 2-6　显示帮助信息

实例——打开帮助文档

源文件：yuanwenjian\ch02\sousuowenjian.m

本实例介绍如何打开帮助文档。启动 MATLAB 后，如果没有在命令行窗口中执行任何命令，这种情况下可以使用 help 命令打开帮助文档。

解：MATLAB 程序如下。

```
>> help
不熟悉 MATLAB?请参阅有关快速入门的资源。

要查看文档，请打开帮助浏览器。
```

单击"快速入门"超链接，即可打开帮助文档，并定位到"MATLAB 快速入门"的相关资源，如图 2-7 所示。

单击"打开帮助浏览器"超链接，即可进入如图 2-8 所示的帮助中心。

图 2-7　帮助文档

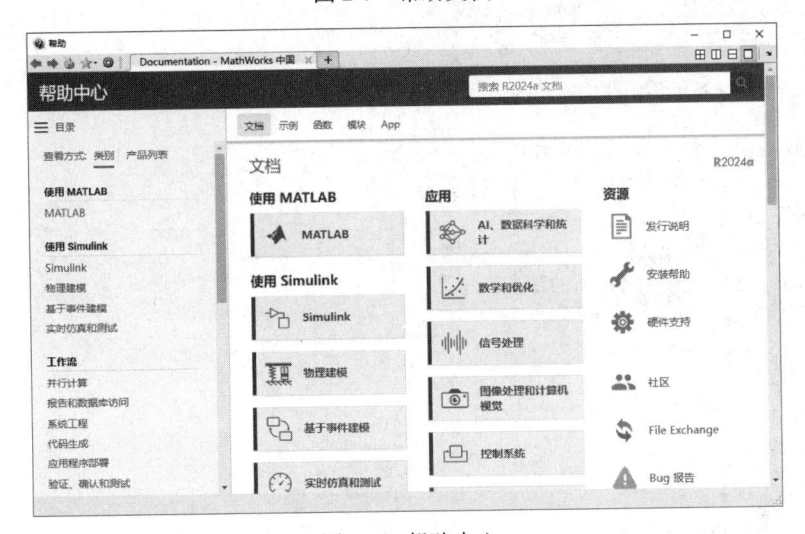

图 2-8　帮助中心

3．help+函数（类）名

如果准确知道所要求助的主题词或指令名称，那么使用 help 系列命令是获得在线帮助的最简单有效的途径，能最快、最好地解决用户在使用过程中碰到的问题。调用格式为

```
>> help 函数（类）名
```

实例——查询函数 eig()

源文件： yuanwenjian\ch02\sousuohanshu1.m
本实例演示如何查询函数 eig()。
解： MATLAB 程序如下。

```
>> help eig
eig - 特征值和特征向量
    此 MATLAB 函数返回一个列向量，其中包含方阵 A 的特征值。
```

语法
```
e = eig(A)
[V,D] = eig(A)
[V,D,W] = eig(A)

e = eig(A,B)
[V,D] = eig(A,B)
[V,D,W] = eig(A,B)

[___] = eig(A,balanceOption)
[___] = eig(A,B,algorithm)

[___] = eig(___,outputForm)
```

输入参数
  A – 输入矩阵
    方阵
  B – 广义特征值问题输入矩阵
    方阵
  balanceOption – 均衡选项
    "balance"（默认值）| "nobalance"
  algorithm – 广义特征值算法
    "chol"（默认值）| "qz"
  outputForm – 特征值的输出格式
    "vector" | "matrix"

输出参数
  e – 特征值（以向量的形式返回）
    列向量
  V – 右特征向量
    方阵
  D – 特征值（以矩阵的形式返回）
    对角矩阵
  W – 左特征向量
    方阵

示例
  矩阵特征值
  矩阵的特征值和特征向量
  排序的特征值和特征向量
  左特征向量
  不可对角化（亏损）矩阵的特征值
  广义特征值
  病态矩阵使用 QZ 算法得出广义特征值
  一个矩阵为奇异矩阵的广义特征值

> 另请参阅 eigs,polyeig,balance,condeig,cdf2rdf,hess,schur,qz
>
> 已在 R2006a 之前的 MATLAB 中引入
> eig 的文档
> eig 的其他用法

4．lookfor 命令

如果知道某个函数的函数名但是不知道该函数的具体用法，help 系列命令足以解决这些问题。然而，用户在很多情况下还不知道某个函数的确切名称，这时就需要用到 lookfor 命令。

实例——搜索函数 quadratic()

源文件：yuanwenjian\ch02\sousuohanshu2.m
本实例使用 lookfor 命令查询关键字 quadratic，搜索相关函数。
解：MATLAB 程序如下。

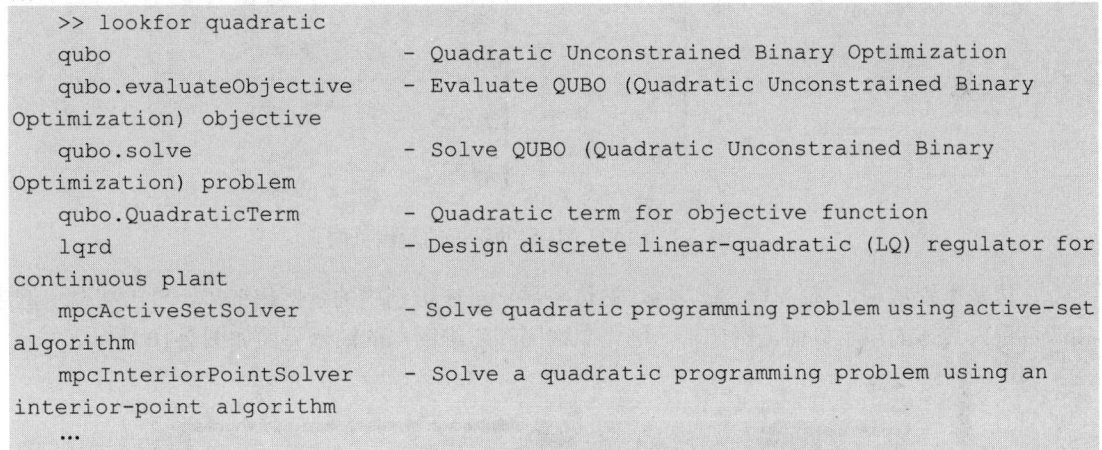

```
>> lookfor quadratic
    qubo                       - Quadratic Unconstrained Binary Optimization
    qubo.evaluateObjective     - Evaluate QUBO (Quadratic Unconstrained Binary
Optimization) objective
    qubo.solve                 - Solve QUBO (Quadratic Unconstrained Binary
Optimization) problem
    qubo.QuadraticTerm         - Quadratic term for objective function
    lqrd                       - Design discrete linear-quadratic (LQ) regulator for
continuous plant
    mpcActiveSetSolver         - Solve quadratic programming problem using active-set
algorithm
    mpcInteriorPointSolver     - Solve a quadratic programming problem using an
interior-point algorithm
    ...
```

执行 lookfor 命令后，它对 MATLAB 搜索路径中每个 M 文件注释区的第一行进行扫描，发现此行中包含有所查询的字符串，则将该函数名和第一行注释全部显示在显示器上。当然，用户最好在自己的 M 文件中加入在线注释。

5．其他的帮助命令

MATLAB 中还有许多其他的常用查询帮助命令，如下所示。
- who：列出工作区中的变量。
- whos：列出工作区中的变量及大小和类型。
- what：列出给定目录中的文件列表。
- which：确定函数和文件的路径。
- exist：检查变量、脚本、函数、文件夹或类的存在情况。

2.2.3 联机演示系统

除了在使用时查询帮助，对 MATLAB 或某个工具箱的初学者来说，最好的学习办法是查看它的联机演示系统。MATLAB 一向重视演示软件的设计，因此无论 MATLAB 旧版还是新版，都随带各自的演示程序，只是新版内容更丰富了。

选择 MATLAB 主窗口功能区的"资源"→"帮助"→"示例"选项，或者直接在 MATLAB 联机帮助系统窗口中选择"示例"选项卡，或者直接在命令行窗口中输入 demos，将进入 MATLAB 帮助系统的示例页面，如图 2-9 所示。

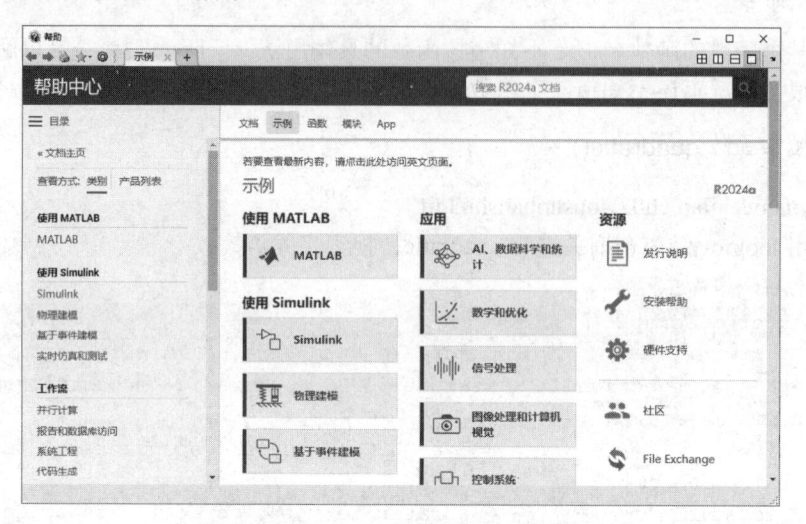

图 2-9　MATLAB 帮助系统的示例页面

左边是类别选项，选择任一选项后，右边将显示对应类别中的示例超链接，单击某个示例超链接即可进入具体的演示界面。例如，示例"二维图和三维图"的演示界面如图 2-10 所示。

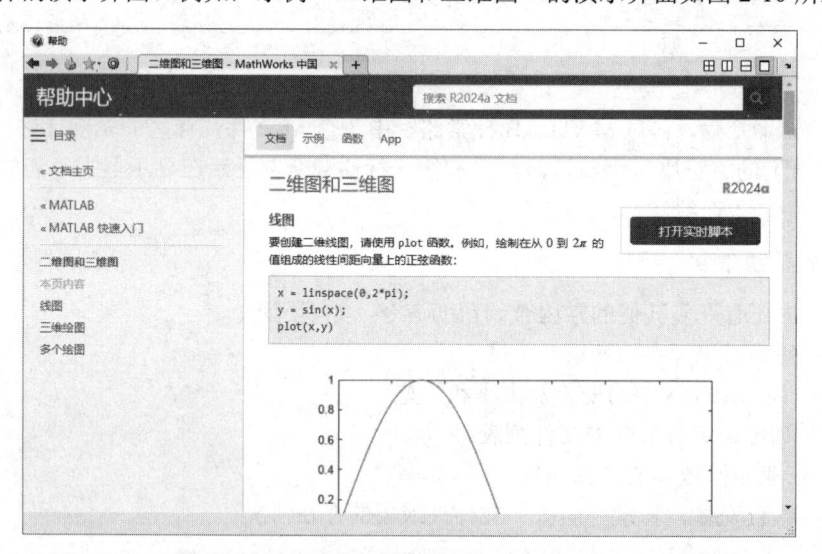

图 2-10　二维图和三维图的具体演示界面（位于 MATLAB 选项中）

单击界面中的"打开实时脚本"按钮，将在实时编辑器中打开该示例，如图 2-11 所示。运行该示例可以得到绘图结果，如图 2-12 所示。

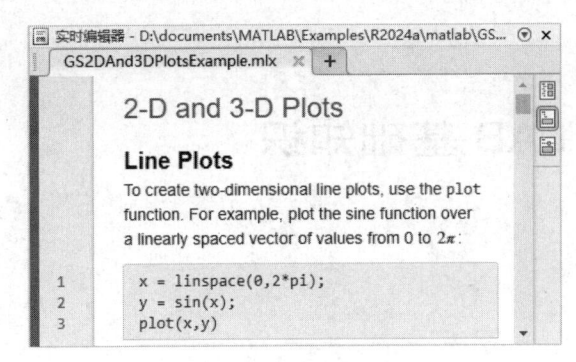

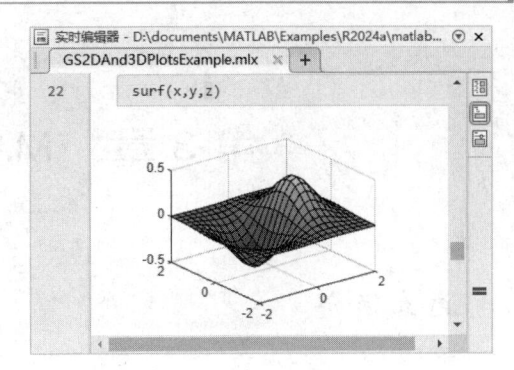

图 2-11　实时编辑器　　　　　　　　　　　图 2-12　运行结果

2.2.4　网络资源

在前面已经介绍过，开发 MATLAB 软件的初衷是为了方便矩阵运算。随着商业软件的推广，MATLAB 不断升级。如今，为了使 MATLAB 能够处理更多的数学、工程和科学问题，MathWorks 公司和全球 MATLAB 用户社区提供了包括产品、App、工具箱和支持包在内的各种网络资源。这些网络资源通常称为附加功能，它们通过为特定任务和应用程序提供额外功能（如连接到硬件设备、其他算法和交互式应用程序）来扩展 MATLAB 的功能。

要查找、安装和管理这些附加功能，读者可以在 MATLAB 2024 的"主页"选项卡中单击"环境"功能组中的"附加功能"按钮，将弹出如图 2-13 所示的下拉菜单。通过该下拉菜单，用户除了可以获取、管理附加功能之外，还可以创建自己的附加功能（包括工具箱和 App）。

图 2-13　下拉菜单

第 3 章　MATLAB 基础知识

内容简介

本章简要介绍 MATLAB 的基本组成部分：数值、符号、函数。这三部分既可单独运行，又可组合运行，在 MATLAB 中根据不同的操作实现数值计算、符号计算和图形处理的目的。

内容要点

- MATLAB 命令的组成
- 数据类型
- 运算符
- 函数运算

案例效果

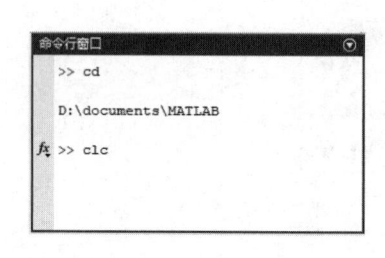

3.1　MATLAB 命令的组成

MATLAB 语言是基于 C++语言开发的，因此语法特征与 C++语言极为相似，而且更加简单，更加符合科技人员对数学表达式的书写格式，从而使其更便于非计算机专业的科技人员使用。同时，这种语言可移植性好、可拓展性极强。

在 MATLAB 中，不同的数字、字符、符号代表不同的含义，能组成极为丰富的表达式，以满足用户的各种应用需求，如图 3-1 所示。本节将按照命令不同的生成方法简要介绍各种符号的功能。

图 3-1 命令表达式

3.1.1 基本符号

命令行以命令输入提示符"＞＞"开头，它是自动生成的，表示 MATLAB 处于准备就绪状态，如图 3-2 所示。为方便读者运行本书实例的源文件命令，所附实例的源文件用 MATLAB 的 M-book 写成，而在 M-book 中运行的命令前没有提示符。

如果在提示符后输入一条命令或一段程序后按 Enter 键，MATLAB 将给出相应的结果，并将结果保存在工作区窗口中，然后再次显示一个命令输入提示符，为下一段程序的输入做准备。

在 MATLAB 命令行窗口中输入命令时，在中文状态下输入的括号和标点等不被认为是命令的一部分，因此在输入命令时一定要在英文状态下进行。

图 3-2 命令行窗口

下面介绍命令输入过程中几种常见的错误及显示的警告与错误信息。

（1）输入的括号为中文格式。

```
>> sin（）
 sin（）
    ↑
错误：文本字符无效。请检查不受支持的符号、不可见的字符或非 ASCII 字符的粘贴。
```

（2）函数使用格式错误。

```
>> sin( )
错误使用 sin
输入参数的数目不足。
```

（3）缺少步骤，未定义变量。

```
>> sin(x)
函数或变量 'x'无法识别。
```

以下是格式正确的命令。

```
>> x=1
x =
     1
>> sin(x)
ans =
    0.8415
```

3.1.2 功能符号

除了必需的符号，MATLAB 为解决命令输入过于烦琐、复杂的问题，采取了分号、续行符及插入变量等方法，见表 3-1 和表 3-2。

表 3-1 键盘按键

键盘按键	说　　明	键盘按键	说　　明
←	向前移一个字符	Esc	清除一行
→	向后移一个字符	Delete	删除光标处字符
Ctrl+←	左移一个字	Backspace	删除光标前的一个字符
Ctrl+→	右移一个字	Alt+Backspace	删除光标所在行的所有字符

表 3-2 标点表

标　点	定　　义	标　点	定　　义
:	冒号：具有多种功能	.	小数点：小数点及域访问符
;	分号：区分行及取消运行显示等	…	续行符
,	逗号：区分列及函数参数分隔符等	%	百分号：注释标记
( )	圆括号：指定运算过程中的优先顺序	!	叹号：调用操作系统运算
[ ]	方括号：矩阵定义的标志	=	等号：赋值标记
{ }	大括号：用于构成单元数组	'	单引号：字符串标记符

1. 分号

一般情况下，在 MATLAB 命令行窗口中输入命令，系统随即根据命令给出计算结果。命令显示如下：

```
>> A=[1 2;3 4]
A =
     1     2
     3     4
>> B=[5 6;7 8]
B =
     5     6
     7     8
```

若不想让 MATLAB 每次都显示运算结果，只需在运算式最后加上分号（;）。命令显示如下：

```
>> A=[1 2;3 4];
>> 
>> B=[5 6;7 8];
>> 
```

2. 续行符

如果命令太长，或出于某种需要，命令行必须多行书写时，需要使用特殊符号"…"来处理，如图 3-3 所示。

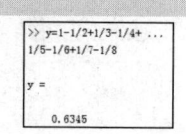

图 3-3 多行输入

MATLAB 用 3 个或 3 个以上的连续黑点表示"续行",即表示下一行是上一行的继续。

3. 插入变量

在需要解决的问题比较复杂,直接输入比较麻烦,即使添加分号依旧无法解决的情况下,可引入变量,赋予变量名称与数值,最后进行计算。

变量定义之后才可以使用,如果未定义就会出错,显示警告信息(字体为红色)。

```
>> x
函数或变量 'x' 无法识别。
```

存储变量可以不必定义,随时需要随时定义。但是如果变量很多,则需要提前声明,同时也可以直接赋予 0 值,并且注释,这样方便以后区分,避免混淆。

```
>> a=1
a =
    1
>> b=2
b =
    2
```

直接输入"x=4*3",则自动在命令行窗口中显示结果。

```
>> x=4*3
x =
    12
```

在上面的命令中包含赋值号"=",因此表达式的计算结果被赋给了变量 x。指令执行后,变量 x 被保存在 MATLAB 的工作区中,以备后用。

若输入"x=4*3;",则按 Enter 键后不显示输出结果。命令显示如下:

```
>> x=4*3;
>>
```

3.1.3 常用指令

在使用 MATLAB 语言编制程序时,掌握常用的操作命令和技巧,可以达到事半功倍的效果。下面详细介绍其中常用的一些命令。

1. cd:显示或改变工作目录

```
>> cd
D:\documents\MATLAB              %显示工作目录
```

2. clc:清除命令行窗口

在命令行窗口中输入 clc,按 Enter 键执行该命令,则自动清除命令行窗口中的所有程序,如图 3-4 所示。

图 3-4 清除命令前、后的命令行窗口

实例——清除内存变量

源文件： yuanwenjian\ch03\neicun.m

本实例通过给变量 a 赋值 1，然后清除赋值，来演示如何清除内存变量。

在命令行窗口中输入 clear，按 Enter 键，执行该命令，则自动清除内存中变量的定义。

解： MATLAB 程序如下。

```
>> a=1              %创建变量a，并赋值为1
a =
     1
>> clear a          %清除变量a
>> a                %输出变量a
函数或变量 'a' 无法识别。
```

除了上述 3 个命令，在使用 MATLAB 2024 编制程序时，还经常用到一些其他命令，见表 3-3。

表 3-3　其他常用的操作命令

命　令	说　明	命　令	说　明
clf	清除图形窗口	hold	保持图形
diary	日志文件	load	加载指定文件的变量
dir	显示当前目录下的文件	ls	列出文件夹内容
disp	显示变量或文字内容	path	显示搜索目录
echo	命令行窗口信息显示开关	quit	退出 MATLAB 2024
save	保存内存变量指定文件	type	显示文件内容

在命令行窗口中，还有一些键盘按键被赋予了特殊的意义。下面介绍常用的几种键盘按键操作技巧，见表 3-4。

表 3-4　键盘按键操作技巧

键盘按键	说　明	键盘按键	说　明
↑	重新调用前一行命令	Home	移动到当前行行首
↓	重新调用下一行命令	End	移动到当前行行尾

3.2　数据类型

MATLAB 的数据类型主要包括矩阵、向量、数字、字符串、单元型数据及结构型数据。矩阵是 MATLAB 语言中最基本的数据类型，从本质上讲它是数组；向量可以看作只有一行或一列的矩阵（或数组）；数字也可以看作矩阵，即一行一列的矩阵；字符串也可以看作矩阵（或数组），即字符矩阵（或数组）；而单元型数据和结构型数据都可以看作以任意形式的数组为元素的多维数组，只不过结构型数据的元素具有属性名。

本书中，在不需要强调向量的特殊性时，向量和矩阵统称为矩阵（或数组）。

3.2.1 变量与常量

1. 变量

变量是任何程序设计语言的基本元素之一，MATLAB 语言当然也不例外。与常规的程序设计语言不同的是，MATLAB 并不要求事先对所使用的变量进行声明，也不需要指定变量类型，而是会自动依据所赋予变量的值或对变量所进行的操作来识别变量的类型。在赋值过程中，如果赋值变量已存在，则 MATLAB 将使用新值代替旧值，并以新值类型代替旧值类型。在 MATLAB 中，变量的命名应遵循如下规则。

- 变量名必须以字母开头，之后可以是任意的字母、数字或下划线。
- 变量名区分字母的大小写。
- 变量名的最大长度为 namelengthmax 命令返回的值。
- 尽量不要使用某个函数的名称作为变量名。

与其他的程序设计语言相同，在 MATLAB 语言中也存在变量作用域的问题。在未加特殊说明的情况下，MATLAB 语言将所识别的一切变量视为局部变量，即仅在其使用的 M 文件内有效。若要将变量定义为全局变量，则应当对变量进行声明，即在该变量前加关键字 global。如果要从所有工作区中清除全局变量，则使用 clear global 命令；如果要从当前工作区而不从其他工作区中清除全局变量，则使用 clear 命令。

2. 常量

MATLAB 语言本身也提供了一些预定义的变量，这些特殊的变量称为常量。MATLAB 语言中经常使用的一些常量见表 3-5。

表 3-5　MATLAB 中的常量

常量名称	说明
ans	MATLAB 中的默认变量
pi	圆周率
eps	浮点运算的相对精度
inf	无穷大，如 1/0
NaN	不定值，如 0/0、∞/∞、0*∞
i（j）	复数中的虚数单位
realmin	最小正浮点数
realmax	最大正浮点数

实例——显示圆周率 pi 的值

源文件：yuanwenjian\ch03\yuanzhoulv.m

本实例演示如何显示圆周率 pi 的默认值。

解：MATLAB 程序如下。

在命令输入提示符 ">>" 后输入 pi，然后按 Enter 键，出现以下内容。

```
>> pi        %输出预定义变量pi的值
ans =
    3.1416
```

这里的 ans 是指当前的计算结果，若计算时用户没有对表达式设定变量，系统自动将当前结果赋给 ans 变量。

在定义变量时应避免与常量名相同，以免改变这些常量的值。如果已经改变了某个常量的值，可以通过 "clear+常量名" 命令恢复该常量的初始设定值。当然，重新启动 MATLAB 也可以恢复这些常量值。

实例——改变圆周率初始值

源文件：yuanwenjian\ch03\gaibianchuzhi.m

本实例演示给圆周率 pi 赋值 1，然后恢复。

解：MATLAB 程序如下。

```
>> pi=1            %将预定义变量pi赋值为1
pi =
    1
>> clear pi        %清除变量，恢复预定义变量的初始值
>> pi              %输出预定义变量pi
ans =
    3.1416
```

✐ 小技巧：

若不想让 MATLAB 每次都显示运算结果，只需在运算式最后加上分号（;）即可；若要显示变量 a 的值，直接输入 a 即可，即>>a。

3.2.2 数值

MATLAB 以矩阵为基本运算单元，而构成矩阵的基本单元是数值。为了更好地学习和掌握矩阵的运算，首先简单介绍数值的基本知识。

1. 数值类型

（1）整型。整型数据是不包含小数部分的数值型数据，用字母 I 表示。整型数据只用来表示整数，以二进制形式存储。下面介绍整型数据的分类。

- int8：有符号 8 位整数，值的范围为 $-2^7 \sim 2^7-1$，占用 1 字节。
- int16：有符号 16 位整数，值的范围为 $-2^{15} \sim 2^{15}-1$，占用 2 字节。
- int32：有符号 32 位整数，值的范围为 $-2^{31} \sim 2^{31}-1$，占用 4 字节。
- int64：有符号 64 位整数，值的范围为 $-2^{63} \sim 2^{63}-1$，占用 8 字节。
- uint8：无符号 8 位整数，值的范围为 $0 \sim 2^8-1$，占用 1 字节。

- uint16：无符号 16 位整数，值的范围为 $0\sim2^{16}-1$，占用 2 字节。
- uint32：无符号 32 位整数，值的范围为 $0\sim2^{32}-1$，占用 4 字节。
- uint64：无符号 64 位整数，值的范围为 $0\sim2^{64}-1$，占用 8 字节。

实例——显示十进制数字

源文件：yuanwenjian\ch03\shijinzhi.m

本实例练习十进制数字的显示。

解：MATLAB 程序如下。

```
>> 3.00000          %显示十进制整数
ans =
     3
>> 3
ans =
     3
>> .3               %显示十进制小数，整数部分为 0 时，输入时可以省略整数部分
ans =
    0.3000
>> .06
ans =
    0.0600
```

（2）浮点型。浮点型数据只采用十进制，有两种形式，即十进制数形式和指数形式。

1）十进制数形式：由数字 0～9 和小数点组成，如 0.0、0.25、5.789、0.13、5.0、300、−267.8230。

2）指数形式：由十进制数加阶码标志 e 或 E 以及阶码（只能为整数，可以带符号）组成。其一般形式为

$$a\,E\,n$$

其中，a 为十进制数；n 为十进制整数，表示的值为 $a*10^n$。

例如，2.1E5 等于 $2.1*10^5$，3.7E−2 等于 $3.7*10^{-2}$，0.5E7 等于 $0.5*10^7$，−2.8E−2 等于 $-2.8*10^{-2}$。

实例——指数的显示

源文件：yuanwenjian\ch03\zhishuxianshi.m

本实例练习指数的显示。

解：MATLAB 程序如下。

```
>> 3E6              %表示 3*106
ans =
     3000000
>> 3e6              %阶码标志不区分大小写，等同于 3E6
ans =
     3000000
>> 4e0              %表示 4*100
ans =
     4
>> 0.5e5            %表示 0.5*105
ans =
     50000
```

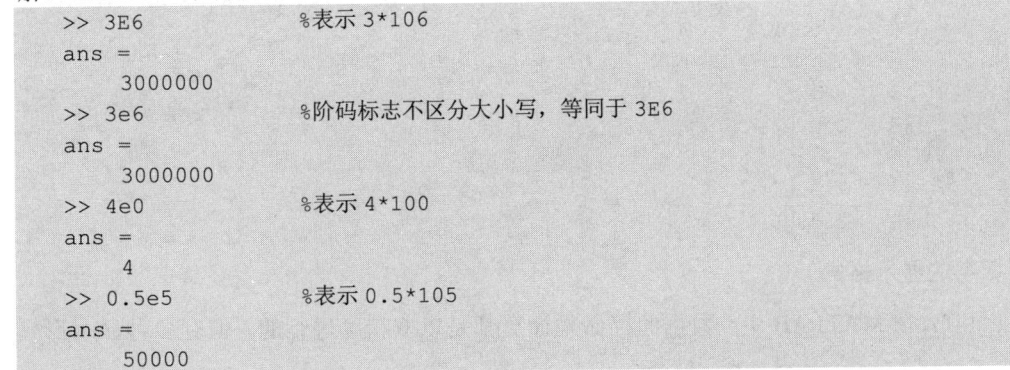

下面介绍常见的不合法的实数形式。
- E7：阶码标志 E 之前无数字。
- 53.-E3：负号位置不对。
- 2.7E：无阶码。

浮点型变量还可分为两类：单精度型和双精度型。MATLAB 默认以双精度表示浮点数。
- single：单精度型，占 4 字节（32 位）内存空间，其数值范围为 $-3.4028E38 \sim 3.4028E38$，只能提供 7 位有效数字。
- double：双精度型，占 8 字节（64 位）内存空间，其数值范围为 $-1.7977E308 \sim 1.7977E308$，可提供 16 位有效数字。

（3）复数类型。把形如 $a+bi$（a、b 均为实数）的数称为复数。其中，a 称为复数 z 的实部（real part），记作 $Rez=a$；b 称为复数 z 的虚部（imaginary part），记作 $Imz=b$；i 称为虚数单位。

当虚部等于 0（即 $b=0$），这个复数可以视为实数；当复数 z 的虚部不等于 0，实部等于 0（即 $a=0$ 且 $b\neq0$）时，$z=bi$，常称 z 为纯虚数。

复数的四则运算规定如下。
- 加法法则：$(a+bi)+(c+di)=(a+c)+(b+d)i$。
- 减法法则：$(a+bi)-(c+di)=(a-c)+(b-d)i$。
- 乘法法则：$(a+bi)\times(c+di)=(ac-bd)+(bc+ad)i$。
- 除法法则：$(a+bi)/(c+di)=(ac+bd)/(c^2+d^2)+(bc-ad)i/(c^2+d^2)$。

实例——复数的显示

源文件： yuanwenjian\ch03\fushuxianshi.m

本实例练习复数的显示。

解： MATLAB 程序如下。

```
>> 1+2i         %直接输入复数
ans =
   1.0000 + 2.0000i
>> 2-3i
ans =
   2.0000 - 3.0000i
>> 5+6i
ans =
   5.0000 + 6.0000i
>> 2i           %实部为 0，称为纯虚数
ans =
   0.0000 + 2.0000i
>> -3i
ans =
   0.0000 - 3.0000i
```

2. 数字的显示格式

一般而言，在 MATLAB 中，数据的存储与计算都是以双精度进行的，但有多种显示形式。在

默认情况下，若数据为整数，就以整数表示；若数据为实数，则以保留小数点后 4 位的精度近似表示。用户可以改变数字显示格式。控制数字显示格式的命令是 format，其调用格式见表 3-6。

表 3-6　format 命令的调用格式

调 用 格 式	说　　明
format short	短固定十进制小数点格式，小数点后包含 4 位数（默认值）
format long	长固定十进制小数点格式，双精度值的小数点后包含 15 位数，单精度值的小数点后包含 7 位数
format shortE	短科学记数法，小数点后包含 4 位数
format longE	长科学记数法，双精度值的小数点后包含 15 位数，单精度值的小数点后包含 7 位数
format shortG	短固定十进制小数点格式或科学记数法（取更紧凑的一个）
format longG	长固定十进制小数点格式或科学记数法（取更紧凑的一个）
format hex	二进制双精度数字的十六进制表示形式
format +	正/负格式，对正、负和零元素分别显示+、-和空白字符
format bank	货币格式，小数点后包含 2 位数
format rational	以有理数形式输出结果
format compact	变量之间没有空行
format loose	变量之间有空行

实例——显示长整型圆周率

源文件：yuanwenjian\ch03\changzhengxing.m

本实例演示如何控制数字显示格式。

解：MATLAB 程序如下。

```
>> format long,pi          %以长固定十进制小数点格式显示预定义变量 pi
ans =
3.141592653589793
>> format                  %还原显示格式
```

动手练一练——对比数值的显示格式

本练习演示长整型与短整型数字的显示。

📝 **思路点拨：**

源文件：yuanwenjian\ch03\shuzhixianshi.m

使用 format long 与 format short 演示整型数字与小数数字的显示结果。

3.3　运　算　符

MATLAB 提供了丰富的运算符，能满足用户的各种应用需求。这些运算符包括算术运算符、关系运算符和逻辑运算符。本节将简要介绍各种运算符的功能。

3.3.1 算术运算符

MATLAB 语言的算术运算符见表 3-7。

表 3-7 MATLAB 语言的算术运算符

运算符	说明
+	算术加
-	算术减
*	算术乘
.*	点乘
^	算术乘方
.^	点乘方
\	算术左除
.\	点左除
/	算术右除
./	点右除
'	矩阵转置。当矩阵是复数时，求矩阵的共轭转置
.'	矩阵转置。当矩阵是复数时，不求矩阵的共轭转置

其中，算术运算符加、减、乘及乘方与传统意义上的加、减、乘及乘方类似，用法基本相同。而点乘、点乘方等运算有其特殊的一面，点运算是指元素点对点的运算，即矩阵内元素对元素之间的运算。点运算要求参与运算的变量在结构上必须是相似的。

MATLAB 的除法运算较为特殊。对于简单数值而言，算术左除与算术右除也不同，算术右除与传统的除法相同，即 $a/b=a\div b$；而算术左除则与传统的除法相反，即 $a\backslash b=b\div a$。对矩阵而言，算术右除 A/B 相当于求解线性方程 $X*B=A$ 的解；算术左除 $A\backslash B$ 相当于求解线性方程 $A*X=B$ 的解。点左除和点右除与上面的点运算相似，是变量对应于元素进行点除。

在 MATLAB 中进行简单数值运算，只需在提示符（>>）之后直接输入运算式，并按 Enter 键即可。

实例——计算乘法

源文件：yuanwenjian\ch03\shuzhichengfa.m

本实例计算 145 与 25 的乘积。

解：MATLAB 程序如下。

可以直接输入：

```
>> 145*25          %直接输入表达式进行计算，将运算结果存储在预定义变量 ans 中
ans =
    3625
```

用户也可以输入：

```
>> x=145*25        %将运算结果存储在指定的变量 x 中
```

```
x =
    3625
```

实例——立方运算

源文件：yuanwenjian\ch03\shuzhilifang.m
本实例计算 57^3。

解：MATLAB 程序如下。

```
>> x= 57^3              %直接输入表达式进行计算，将运算结果存储在变量 x 中
x =
   185193
```

实例——计算平方根

源文件：yuanwenjian\ch03\shuzhipingfanggen.m
本实例计算 $\sqrt{57^5+6}$。

解：MATLAB 程序如下。

```
>> format long          %以长固定十进制小数点格式显示数据
>> x= 57^5+6            %直接输入表达式进行计算，将运算结果存储在预定义变量 x 中
x =
    601692063
>> y= sqrt(x)           %使用函数 sqrt() 计算 x 的平方根
y =
    2.452941220249682e+04
>> format short,y       %用短固定十进制小数点格式显示计算结果
y =
    2.4529e+04
>> format               %还原显示格式
```

3.3.2 关系运算符

关系运算符主要用于对矩阵与数、矩阵与矩阵进行比较，返回表示二者关系的由逻辑值 0 和 1 组成的矩阵，0 和 1 分别表示不满足和满足指定关系。

MATLAB 语言的关系运算符见表 3-8。

表 3-8 MATLAB 语言的关系运算符

运 算 符	说　　明
==	等于
~=	不等于
>	大于
>=	大于等于
<	小于
<=	小于等于

实例——比较变量大小

源文件：yuanwenjian\ch03\bijiaobianliang.m

本实例比较 x 与 y 赋值后的大小。

解：MATLAB 程序如下。

```
>> x=1                %定义变量x，赋值为1
x =
    1
>> y=2                %定义变量y，赋值为2
y =
    2
>> x>=y               %输入关系表达式，判断x是否大于等于y
ans =
  logical
    0                 %结果为逻辑值0（假），即输入的关系表达式不成立
```

3.3.3 逻辑运算符

MATLAB 语言进行逻辑判断时，所有非零数值均被认为真，而零为假。在逻辑判断结果中，判断为真时输出 1，判断为假时输出 0。

MATLAB 语言的逻辑运算符见表 3-9。

表 3-9 MATLAB 语言的逻辑运算符

运算符	说明
&或 and	逻辑与。当两个操作数同时为逻辑真时，结果为1，否则为0
|或 or	逻辑或。当两个操作数同时为逻辑假时，结果为0，否则为1
~或 not	逻辑非。当操作数为逻辑假时，结果为1，否则为0
xor	逻辑异或。当两个操作数相同时，结果为0，否则为1
any	有非零元素则为真
all	所有元素均非零则为真

在算术、关系、逻辑 3 种运算符中，算术运算符优先级最高，关系运算符次之，而逻辑运算符优先级最低。在逻辑运算符中，"非"的优先级最高，"与"和"或"有相同的优先级。

下面结合实例，详细介绍 MATLAB 语言的逻辑运算符。

（1）and 或&：逻辑"与"。

```
>> 1&1                %两个操作数同时为逻辑真，与运算结果为真
ans =
  logical
    1
>> and(5,0)           %两个操作数中有一个为逻辑假，与运算结果为假
ans =
  logical
    0
```

（2）|或 or：逻辑"或"。

```
>> 0|0                    %两个操作数同时为逻辑假，或运算结果为假
ans =
  logical
   0
>> or(0,0)                %使用函数or()计算两个操作数的或运算
ans =
  logical
   0
>> or(0,1)                %两个操作数中有一个为逻辑真，或运算结果为真
ans =
  logical
   1
```

（3）xor：逻辑"异或"。输入格式为 C＝xor(A,B)。

```
>> xor(0,1)               %两个操作数的逻辑值不相同，异或运算结果为真
ans =
  logical
   1
```

（4）any：检测矩阵中是否有非零元素，有则返回1，否则返回0。输入格式为 B = any(A)；B = any(A,dim)。

```
>> any(15)                          %操作数为非零元素，运算结果为真
ans =
  logical
   1
>> any(logical(5),logical(5))       %操作数均为非零元素，运算结果为真
ans =
  logical
   1
```

（5）all：检测矩阵中是否全为非零元素，如果是，则返回1，否则返回0。输入格式为 B = all(A)；B = all(A,dim)。

```
>> all(15)                %操作数中的所有元素均为非零元素，运算结果为真
ans =
  logical
   1
```

动手练一练——数值的逻辑运算练习

本练习主要练习逻辑运算符的应用。

思路点拨：

源文件：yuanwenjian\ch03\luojiyunsuan.m
练习使用逻辑运算符。

3.4 函数运算

简单数学运算除了基本的四则运算，还包括复数运算、三角函数运算、指数运算等。本节将介绍简单数学运算所用到的运算符及函数。

3.4.1 复数运算

MATLAB 提供的复数函数包括以下 9 种。
- abs：模。
- angle：复数的相角。
- complex：用实部和虚部构造一个复数。
- conj：复数的共轭。
- imag：复数的虚部。
- real：复数的实部。
- unwrap：平移相位角。
- isreal：判断数组是否使用复数存储。
- cplxpair：把复数矩阵排列成复共轭对。

1. 复数的四则运算

如果复数 $c_1 = a_1 + b_1 \text{i}$ 和复数 $c_2 = a_2 + b_2 \text{i}$，那么它们的加、减、乘、除运算定义如下。

$$c_1 + c_2 = (a_1 + a_2) + (b_1 + b_2)\text{i}$$

$$c_1 - c_2 = (a_1 - a_2) + (b_1 - b_2)\text{i}$$

$$c_1 \times c_2 = (a_1 a_2 - b_1 b_2) + (a_1 b_2 + b_1 a_2)\text{i}$$

$$\frac{c_1}{c_2} = \frac{(a_1 a_2 + b_1 b_2)}{(a_2^2 + b_2^2)} + \frac{(b_1 a_2 - a_1 b_2)}{(a_2^2 + b_2^2)}\text{i}$$

两个复数进行二元运算时，MATLAB 将会用上面的法则进行加法、减法、乘法和除法运算。

```
>> A=1+2i;
>> B=3+5i;              %创建两个复数 A 和 B
>> C=A+B                %复数的加法运算
C =
   4.0000 + 7.0000i
>> C=A-B                %复数的减法运算
C =
  -2.0000 - 3.0000i
>> C=A*B                %复数的乘法运算
C =
  -7.0000 +11.0000i
>> C=A/B                %复数的除法运算
C =
   0.3824 + 0.0294i
```

2. 复数的模

复数除基本表达方式外，在平面内还有另一种表达方式，即用极坐标表示为

$$z = a + bi = z\angle\theta$$

其中，z 代表向量的模；θ 代表辐角。直角坐标中的 a、b 和极坐标 z、θ 之间的关系为

$$z = a\cos\theta$$
$$z = b\sin\theta$$
$$z = \sqrt{a^2 + b^2}$$
$$\theta = \tan^{-1}\frac{b}{a}$$

这里，调用函数 abs() 可直接得到复数的模。

```
>> A=1+2i;
>> B=angle(A)                %得到复数的幅角 θ
B =
    1.1071
>> C=abs(A)                  %得到复数的模
C =
    2.2361
```

3. 复数的共轭

如果复数 $c=a+bi$，那么该复数的共轭复数为 $d=a-bi$。

```
>> A=1+2i;
>> B=real(A)                 %得到复数的实数部分
B =
    1
>> C=imag(A)                 %得到复数的虚数部分
C =
    2
>> D=conj(A)                 %得到复数的共轭复数
D =
    1.0000 - 2.0000i
```

4. 构造复数

直接输入 $a+bi$ 形式的数值，得到该复数；使用函数 complex(a,b)，同样可得到相同的复数。

```
>> complex(1,3)              %函数构造复数
ans =
    1.0000 + 3.0000i
>> 1+3i                      %直接输入复数
ans =
    1.0000 + 3.0000i
```

5. 实数矩阵

若单个复数或复数矩阵中的元素虚部为 0，即显示为

$$c = a + bi$$

其中，b=0，可以简写为

$$c = a$$

符合这种条件的复数矩阵，称为实数矩阵。调用函数 isreal(X) 显示结果为 1，反之显示为 0。

```
>> A=1+2i;              %创建复数 A
>> isreal(A)            %判断 A 是否为实数矩阵
ans =
  logical
    0
>> M=1                  %创建实数 M
M =
    1
>> isreal(M)            %判断 M 是否为实数矩阵
ans =
  logical
    1
```

3.4.2 三角函数运算

三角函数是以角度为自变量的函数，一般用于计算三角形中未知长度的边和未知的角度。如图 3-5 所示，当平面上的 3 点 A、B、C 的连线 AB、AC、BC 构成一个直角三角形，其中∠ACB 为直角时，对∠BAC 而言，对边 a=BC、斜边 c=AB、邻边 b=AC，则存在如表 3-10 所列的关系。

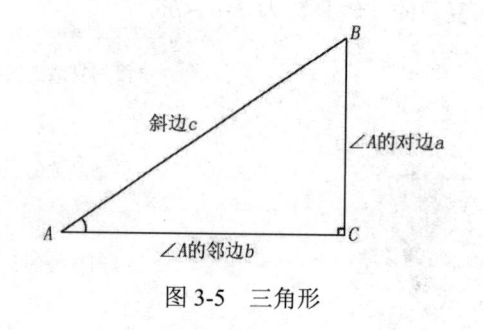

图 3-5 三角形

表 3-10 三角函数

基本函数	缩 写	表 达 式	
正弦函数 sine	sin	a/c	∠A 的对边比斜边
余弦函数 cosine	cos	b/c	∠A 的邻边比斜边
正切函数 tangent	tan	a/b	∠A 的对边比邻边
余切函数 cotangent	cot	b/a	∠A 的邻边比对边
正割函数 secant	sec	c/b	∠A 的斜边比邻边
余割函数 cosecant	csc	c/a	∠A 的斜边比对边

第 4 章　向量与多项式

内容简介

在 MATLAB 中，系统能自动识别并运行在程序中直接使用的数字及一些特殊常量。但大多数情况下，数据需要先进行定义，才能进行使用，包括本章讲解的向量、多项式及特殊变量；否则，不能被识别，将显示警告信息，同时程序不能运行。

内容要点

➥ 向量
➥ 多项式
➥ 特殊变量

案例效果

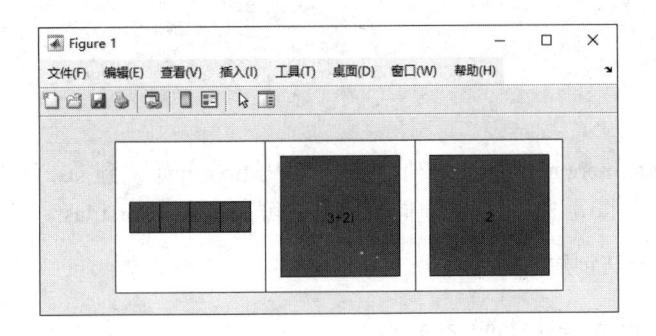

4.1　向　　量

向量是由 n 个数 $a_1, a_2, \cdots, a_n$ 组成的有序数组，记成

$$\boldsymbol{a} = \begin{pmatrix} a_1 \\ a_2 \\ \cdots \\ a_n \end{pmatrix} \text{ 或 } \boldsymbol{a}^T = (a_1, a_2, \cdots, a_n)$$

称作 n 维向量，向量 $\boldsymbol{a}$ 的第 i 个分量称为 a_i。

4.1.1 向量的生成

向量的生成有直接输入法、冒号法和利用函数创建3种方法。

(1) 直接输入法。生成向量最直接的方法就是在命令行窗口中直接输入。格式要求如下：
- 向量元素需要用"[ ]"括起来。
- 元素之间可以用空格、逗号或分号分隔。

说明：

用空格和逗号分隔生成行向量，用分号分隔生成列向量。

实例——直接输入生成向量

源文件：yuanwenjian\ch04\xiangliang1.m
本实例利用直接输入法生成向量。
解：MATLAB 程序如下。

```
>> x=[2 4 6 8]              %用空格分隔生成行向量
x =
    2    4    6    8
```

又如：

```
>> x=[1;2;3]                %用分号分隔生成列向量
x =
    1
    2
    3
```

(2) 冒号法。

基本格式是 x=first:increment:last，表示创建一个从 first 开始，到 last 结束，数据元素的增量为 increment 的向量。若增量为1，上面创建向量的方式可简写为 x=first:last。

实例——使用冒号法创建向量

源文件：yuanwenjian\ch04\xiangliang2.m
本实例创建一个从 0 开始，增量为 2，到 10 结束的向量 *x*。
解：MATLAB 程序如下。

```
>> x=0:2:10
x =
    0    2    4    6    8    10
```

(3) 利用函数 linspace()创建向量。

函数 linspace()通过直接定义数据元素个数，而不是数据元素之间的增量来创建向量。此函数的调用格式如下：

```
linspace(first_value,last_value,number)
```

该调用格式表示创建一个从 first_value 开始，到 last_value 结束，包含 number 个元素的向量。

实例——利用函数生成向量

源文件：yuanwenjian\ch04\xiangliang3.m
本实例创建一个从 0 开始，到 10 结束，包含 6 个数据元素的向量 *x*。
解：MATLAB 程序如下。

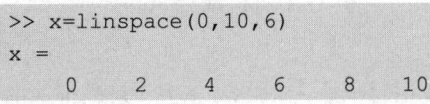

```
>> x=linspace(0,10,6)
x =
     0     2     4     6     8    10
```

（4）利用函数 logspace()创建一个对数分隔的向量。
与函数 linspace()一样，函数 logspace()也通过直接定义向量元素个数，而不是数据元素之间的增量来创建数组。函数 logspace()的调用格式如下：

```
logspace(first_value,last_value,number)
```

表示创建一个从 10^{first_value} 开始，到 10^{last_value} 结束，包含 number 个数据元素的向量。

实例——生成对数分隔向量

源文件：yuanwenjian\ch04\xiangliang4.m
本实例创建一个从 10 开始，到 10^3 结束，包含 3 个数据元素的向量 *x*。
解：MATLAB 程序如下。

```
>> x=logspace(1,3,3)
x =
          10         100        1000
```

4.1.2 向量元素的引用

向量元素引用的方式见表 4-1。

表 4-1 向量元素引用的方式

格　　式	说　　明
x(n)	表示向量 x 中的第 n 个元素
x(n1:n2)	表示向量 x 中的第 n1 至 n2 个元素

实例——抽取向量元素

源文件：yuanwenjian\ch04\xiangliang5.m
本实例演示如何抽取向量元素。
解：MATLAB 程序如下。

```
>> x=[1 2 3 4 5];        %创建向量 x
>> x(1:3)                %抽取向量 x 的第 1 个到第 3 个元素
ans =
     1     2     3
```

4.1.3 向量运算

向量可以看成是一种特殊的矩阵,因此矩阵的运算对向量同样适用。除此以外,向量还是矢量运算的基础,所以还有一些特殊的运算,主要包括向量的点积、叉积和混合积。

1. 向量的四则运算

向量的四则运算与一般数值的四则运算相同,相当于将向量中的元素拆开,分别进行四则运算,最后将运算结果重新组合成向量。

(1) 对向量定义、赋值。

```
>> a=logspace(0,5,6)    %创建从1开始,到10^5结束,包含6个元素的对数分隔向量a
a =
         1        10       100      1000     10000    100000
```

(2) 进行向量加法运算。

```
>> a+10
ans =
        11        20       110      1010     10010    100010
```

(3) 进行向量减法运算。

```
>> a-1
ans =
         0         9        99       999      9999     99999
```

(4) 进行乘法运算。

```
>> a*5
ans =
         5        50       500      5000     50000    500000
```

(5) 进行除法运算。

```
>> a/2
ans =
  1.0e+04 *
    0.0001    0.0005    0.0050    0.0500    0.5000    5.0000
```

(6) 进行简单加减运算。

```
>> a-2+5
ans =
         4        13       103      1003     10003    100003
```

实例——向量的四则运算

源文件: yuanwenjian\ch04\jiajian.m

本实例演示向量的四则运算。

解: MATLAB 程序如下。

```
>> a=logspace(0,5,6);    %创建从1开始,到10^5结束,包含6个元素的对数分隔向量a
>> a+5-(a+1)             %先计算a+1,再计算a+5与a+1的差
ans =
     4     4     4     4     4     4
```

2. 向量的点积运算

在 MATLAB 中，对于向量 ***a***、***b***，其点积可以利用 sum(conj(a).*b) 得到，也可以直接用函数 dot() 算出。函数 dot() 的调用格式见表 4-2。

表 4-2 函数 dot() 的调用格式

调用格式	说明
dot(a,b)	返回向量 a 和 b 的点积。需要说明的是，a 和 b 必须同维。另外，当 a、b 都是列向量时，dot(a,b) 等同于 a'*b
dot(a,b,dim)	返回向量 a 和 b 在 dim 维的点积

实例——向量的点积运算

源文件：yuanwenjian\ch04\dianji.m
本实例演示向量的点积运算。
解：MATLAB 程序如下。

```
>> a=[2 4 5 3 1];
>> b=[3 8 10 12 13];        %创建向量 a 和 b
>> c=dot(a,b)               %计算向量 a 和 b 的点积，这两个向量必须同维
c =
     137
```

3. 向量的叉积运算

在空间解析几何学中，两个向量叉积的结果是一个过两相交向量交点且垂直于两向量所在平面的向量。在 MATLAB 中，向量的叉积运算可由函数 cross() 来实现。函数 cross() 的调用格式见表 4-3。

表 4-3 函数 cross() 的调用格式

调用格式	说明
cross(a,b)	返回向量 a 和 b 的叉积。需要说明的是，a 和 b 必须是长度为 3 的向量
cross(a,b,dim)	返回向量 a 和 b 在 dim 维的叉积。需要说明的是，a 和 b 必须有相同的维数，size(a,dim) 和 size(b,dim) 的结果必须为 3

实例——向量的叉积运算

源文件：yuanwenjian\ch04\chaji.m
本实例演示向量的叉积运算。
解：MATLAB 程序如下。

```
>> a=[2 3 4];
>> b=[3 4 6];        %创建向量 a 和 b
>> c=cross(a,b)      %计算向量 a 和 b 的叉积，这两个向量的长度必须都为 3
c =
     2    0   -1
```

4. 向量的混合积运算

在 MATLAB 中，向量的混合积运算可由函数 dot() 和函数 cross() 共同实现。

实例——向量的混合积运算

源文件：yuanwenjian\ch04\hunheji.m

本实例演示向量的混合积运算。

解：MATLAB 程序如下。

```
>> a=[2 3 4];
>> b=[3 4 6];
>> c=[1 4 5];              %创建长度均为 3 的向量 a、b、c
>> d=dot(a,cross(b,c))     %先计算向量 b 和 c 的叉积，再计算结果与 a 的点积
d =
    -3
```

4.2 多项式

式是指代数式，是由数字和字母组成的，如 1、5a、sdef、ax^n+b。式又分为单项式和多项式。

- 单项式是数字与字母的积，单独的一个数字或字母也是单项式，如 $3ab$。
- 几个单项式的和称为多项式，如 $3ab+5cd$。

在高等代数中，多项式一般可表示为 $a_0x^n+a_1x^{n-1}+\cdots+a_{n-1}x+a_n$ 的形式，这是一个 n（$n>0$）次多项式，a_0、a_1 等是多项式的系数。在 MATLAB 中，多项式的系数组成的向量表示为 $p=[a_0,a_1,\cdots,a_{n-1},a_n]$，如 $2x^3-x^2+3 \leftrightarrow [2,-1,0,3]$。

系数中的 0 不能省略。

将对多项式运算转化为对向量的运算，是数学中最基本的运算之一。

4.2.1 多项式的创建

构造带字符多项式的基本方法是直接输入，主要由 26 个英文字母及空格等一些特殊符号组成。

实例——输入符号多项式

源文件：yuanwenjian\ch04\duoxiangshi1.m

本实例演示输入符号多项式 ax^n+bx^{n-1}。

解：MATLAB 程序如下。

```
>>'a*x^n+b*x^(n-1)'         %输入的表达式包含在单引号中
  ans =
      'a*x^n+b*x^(n-1)'
```

构造带数值多项式最简单的方法就是直接输入向量。这种方法通过函数 poly2sym() 来实现。其调用格式如下：

```
poly2sym(p)
```

其中，p 为多项式的系数向量。

实例——构建多项式

源文件：yuanwenjian\ch04\duoxiangshi2.m
本实例利用向量 $\boldsymbol{p}=[3,-2,4,6,8]$ 构建多项式 $3x^4-2x^3+4x^2+6x+8$。
解：MATLAB 程序如下。

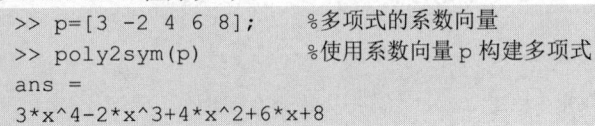

```
>> p=[3 -2 4 6 8];        %多项式的系数向量
>> poly2sym(p)            %使用系数向量p构建多项式
ans =
3*x^4-2*x^3+4*x^2+6*x+8
```

4.2.2 数值多项式四则运算

MATLAB 没有提供专门针对多项式加、减运算的函数，多项式的四则运算实际上是多项式对应的系数的四则运算。

多项式的四则运算是指多项式的加、减、乘、除运算。需要注意的是，相加、相减的两个向量必须大小相等。阶次不同时，低阶多项式必须用 0 填补，使其与高阶多项式有相同的阶次。多项式的加、减运算直接用"+""−"来实现。

1．乘法运算

多项式的乘法用函数 conv(p1,p2)来实现，相当于执行两个数组的卷积。

```
>> p1=(1:5);
>> p2=(2:6);              %输入两个多项式的系数向量 p1 和 p2
>> p1+p2                  %两个向量进行加法运算
ans =
     3     5     7     9    11
>> conv(p1,p2)            %两个向量进行卷积运算，得到多项式乘法计算结果的系数向量
ans =
     2     7    16    30    50    58    58    49    30
```

2．除法运算

多项式的除法用函数 deconv(p1,p2)来实现，相当于执行两个数组的解卷。调用格式如下：

$$[k,r]=\text{deconv}(p,q)$$

其中，k 返回的是多项式 p 除以 q 的商；r 是余式。

$$[k,r]=\text{deconv}(p,q) \Leftrightarrow p=\text{conv}(q,k)+r$$

```
>> deconv(p1,p2)          %计算多项式 p1 除以 p2 的商
ans =
    0.5000
```

动手练一练——多项式的计算

本练习演示计算多项式 $2x^3-x^2+3$ 和 $2x+1$ 的加、减、乘、除。

思路点拨：

源文件：yuanwenjian\ch04\duoxiangshijisuan.m

（1）输入系数向量。
（2）创建两个多项式。
（3）计算多项式的四则运算。

实例——构造多项式

源文件：yuanwenjian\ch04\duoxiangshi3.m
本实例演示由多项式的根构造多项式。
解：MATLAB 程序如下。

```
>> root=[-5 3+2i 3-2i];          %输入三阶多项式的根
>> p=poly(root)                  %使用函数poly()求以向量root为解的多项式系数
p =
     1    -1   -17    65
>> poly2sym(p)                   %根据系数向量p构建多项式
 ans =
x^3-x^2-17*x+65
```

实例——多项式的四则运算

源文件：yuanwenjian\ch04\duoxiangshiyunsuan.m
本实例演示多项式的四则运算。
解：MATLAB 程序如下。

```
>> p1=[2 3 4 0 -2];
>> p2=[0 0 8 -5 6];              %输入两个多项式的系数向量，系数中的0不能省略
>> p=p1+p2;                      %两个多项式的系数向量相加
>> poly2sym(p)                   %根据系数向量得到两个多项式相加的结果
ans =
2*x^4+3*x^3+12*x^2-5*x+4
>> q=conv(p1,p2)                 %通过卷积计算多项式乘法
q =
     0    0   16   14   29   -2    8   10  -12
>> poly2sym(q)                   %根据系数向量q得到两个多项式相乘的结果
ans =
16*x^6+14*x^5+29*x^4-2*x^3+8*x^2+10*x-12
```

4.2.3 多项式导数运算

多项式导数运算用函数 polyder() 来实现。其调用格式如下：

```
polyder(p)
```

其中，p 为多项式的系数向量。

```
>> p=[2 3 8 -5 6];
>> a=poly2sym(p)                                              %根据系数向量p构建多项式a
a =
2*x^4 + 3*x^3 + 8*x^2 - 5*x + 6
>> q=polyder(p)                                               %导数系数
```

```
q =
     8    9   16   -5
>> b=poly2sym(q)                                        %导数多项式
b =
8*x^3 + 9*x^2 + 16*x - 5
```

动手练一练——创建导数多项式

利用向量（1:10）创建多项式，并求解多项式的 1 阶导数、2 阶导数和 3 阶导数多项式。

思路点拨：

> 源文件：yuanwenjian\ch04\daoshuduoxiangshi.m
> （1）利用冒号生成向量。
> （2）利用函数 poly2sym()生成多项式。
> （3）利用函数 polyder()求 1 阶导数的系数向量。
> （4）利用函数 poly2sym()生成 1 阶导数多项式。
> （5）使用同样的方法创建 2 阶导数、3 阶导数多项式。

4.3 特殊变量

本节介绍的特殊变量包括单元型变量和结构型变量。这两种数据类型的特点是允许用户将不同但相关的数据类型集成一个单一的变量，方便数据的管理。

4.3.1 单元型变量

单元型变量是以单元为元素的数组，每个元素称为单元，每个单元可以包含其他类型的数组，如实数矩阵、字符串、复数向量。单元型变量通常由"{}"创建，其数据通过数组下标来引用。

1．单元型变量的创建

单元型变量的定义有两种方式，一种是用赋值语句直接定义，另一种是由函数 cell()预先分配存储空间，然后对单元元素逐个赋值。

（1）赋值语句直接定义。在直接赋值过程中，与在矩阵的定义中使用中括号不同，单元型变量的定义需要使用大括号，同一行的元素之间由逗号隔开，行之间由分号隔开。

实例——生成单元数组

源文件：yuanwenjian\ch04\shuzu1.m
创建一个 2×2 的单元型数组。
解：MATLAB 程序如下。

```
>> A=[1 2;3 4];
>> B=3+2*i;
>> C='efg';
```

```
>> D=2;            %创建单元型数组的4个单元A、B、C、D，类型各不相同
>> E={A,B;C,D}     %定义2×2单元型变量E
E =
  2×2 cell 数组
    {2×2 double}    {[3.0000 + 2.0000i]}
    {'efg'     }    {[                2]}
```

MATLAB 语言会根据显示的需要决定是将单元元素完全显示，还是只显示存储量来代替。

（2）对单元的元素逐个赋值。该方法的操作方式是先预分配单元型变量的存储空间，然后对变量中的元素逐个进行赋值。实现预分配存储空间的函数是 cell()。

在 MATLAB 中，可以用函数 cell()生成单元数组，具体的应用形式如下：
- cell(*N*)生成一个 *n*×*n* 阶置空的单元数组。
- cell(*M,N*)或者 cell([*M,N*])生成一个 *m*×*n* 阶置空的单元数组。
- cell(*M,N,P*,…)或者 cell([*M,N,P*,…])生成 *m*×*n*×*p*×…阶置空的单元数组。
- cell(size(*A*))生成与 *A* 同形式的单元型的置空矩阵。

例如，以下程序定义一个 1×3 的单元型变量 *E*。

```
>> E=cell(1,3);
>> E{1,1}=[1:4];
>> E{1,2}=3+2*i;
>> E{1,3}=2;
>> E
E=
1×3 cell 数组
    {[1 2 3 4]}    {[3.0000 + 2.0000i]}    {[2]}
```

2．单元型变量的引用

单元型变量的引用应当采用大括号作为下标的标识，而小括号作为下标标识符则只显示该元素的压缩形式。

实例——引用单元型变量

源文件：yuanwenjian\ch04\shuzu2.m

本实例演示单元型变量的引用。

解：MATLAB 程序如下。

```
>> E{1}         %引用单元型变量的第一个单元，显示该单元的具体值
ans =
     1     2     3     4
>> E(1)         %引用单元型变量的第一个单元，显示该单元的压缩形式
ans =
1×1 cell 数组
    {[1 2 3 4]}
```

3．MATLAB 语言中有关单元型变量的函数

MATLAB 语言中有关单元型变量的函数见表 4-4。

表 4-4 MATLAB 语言中有关单元型变量的函数

函 数 名	说 明
cell()	生成单元型变量
cellfun()	对单元型变量中的元素作用的函数
celldisp()	显示单元型变量的内容
cellplot()	用图形显示单元型变量的内容
num2cell()	将数组转换成单元型变量
deal()	输入/输出处理
cell2struct()	将单元型变量转换成结构型变量
struct2cell()	将结构型变量转换成单元型变量
iscell()	判断是否为单元型变量
reshape()	改变单元数组的结构

（1）函数 celldisp()。函数 celldisp()可以显示单元型变量的内容，具体应用形式如下：

- celldisp(*C*)显示单元型变量 *C* 的内容。
- celldisp(*C*,'name')在窗口中显示的单元型变量的内容名称为 name，而不是通常显示的传统名称 ans。

（2）函数 cellplot()。函数 cellplot()使用彩色的图形来显示单元型变量的结构形式，具体应用形式如下：

- H=cellplot(*C*)返回一个向量，这个向量综合体现了表面、线和句柄。
- H=cellplot(*C*,'legend')返回一个向量，这个向量综合体现了表面、线和句柄，并有图形注释 legend。

实例——图形显示单元型变量

源文件： yuanwenjian\ch04\danyuanxingbianliang.m、图形显示单元型变量.fig

本实例判断单元型变量 *E* 中的元素是否为逻辑变量，如图 4-1 所示。

解：MATLAB 程序如下。

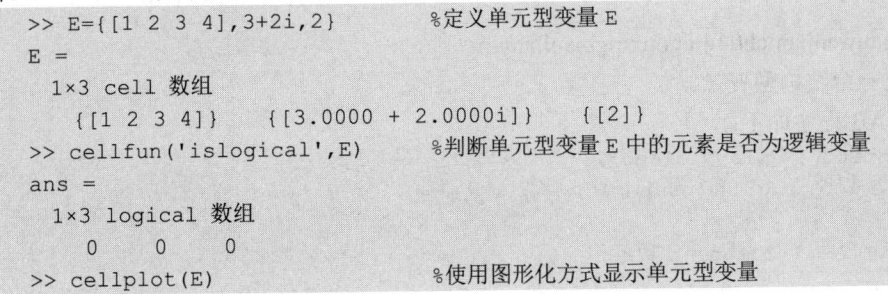

```
>> E={[1 2 3 4],3+2i,2}          %定义单元型变量E
E =
  1×3 cell 数组
    {[1 2 3 4]}    {[3.0000 + 2.0000i]}    {[2]}
>> cellfun('islogical',E)        %判断单元型变量E中的元素是否为逻辑变量
ans =
  1×3 logical 数组
     0   0   0
>> cellplot(E)                   %使用图形化方式显示单元型变量
```

结果如图 4-1 所示。

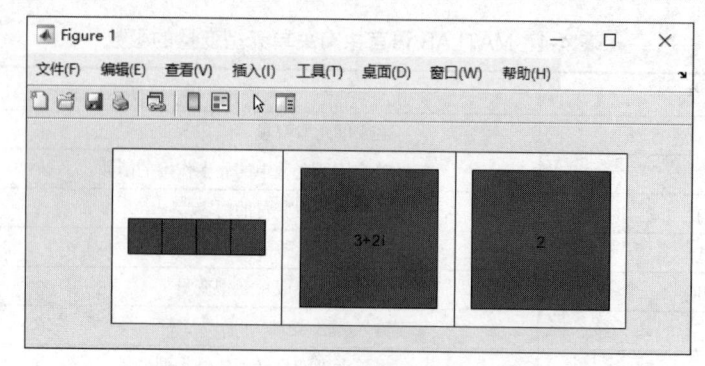

图 4-1 单元变量的图形结构形式

4.3.2 结构型变量

1．结构型变量的创建和引用

结构型变量是根据属性名（field）组织起来的不同数据类型的集合。结构的任何一个属性可以包含不同的数据类型，如字符串、矩阵等。结构型变量用函数 struct()创建，其调用格式见表 4-5。

结构型变量数据通过属性名来引用。

表 4-5 函数 struct()的调用格式

调 用 格 式	说　　　明
s = struct	创建不包含任何字段的标量（1×1）结构体
s = struct(field,value)	创建具有指定字段和值的结构体数组
s = struct([])	创建不包含任何字段的（0×0）空结构体
s=struct(field1,value1,…,fieldN,valueN)	创建包含多个字段的结构体数组
s = struct(obj)	创建包含与 obj 的属性对应的字段名称和值的标量结构体

实例——创建结构型变量

源文件： yuanwenjian\ch04\jiegouxingbianliang.m

本实例创建一个结构型变量。

解： MATLAB 程序如下。

```
>> mn=struct('color',{'red', 'black'},'number',{1,2})
%创建包含属性'color'和'number'的结构型变量 mn
mn =
包含以下字段的 1×2 struct 数组:
    color
    number
>> mn(1)                    %引用结构型变量的第一个元素
ans =
  包含以下字段的 struct:
    color: 'red'
```

```
      number: 1
>> mn(2)                    %引用结构型变量的第二个元素
ans =
  包含以下字段的 struct:
    color: 'black'
    number: 2
>> mn(2).color              %引用第二个元素的 color 属性值
ans =
  'black'
```

2. 结构型变量的相关函数

MATLAB 语言中有关结构型变量的函数见表 4-6。

表 4-6 MATLAB 语言中有关结构型变量的函数

函 数 名	说　　明
struct()	创建结构型变量
fieldnames()	得到结构型变量的属性名
getfield()	得到结构型变量的属性值
setfield()	设定结构型变量的属性值
rmfield()	删除结构型变量的属性
isfield()	判断是否为结构型变量的属性
isstruct()	判断是否为结构型变量

第 5 章 矩阵运算

内容简介

MATLAB 中所有的数值功能都是以矩阵为基本单元进行的，其矩阵运算功能十分全面和强大。本章将对矩阵及其运算进行详细介绍。

内容要点

- 矩阵
- 矩阵数学运算
- 矩阵的基本运算
- 矩阵分解
- 综合实例——方程组的求解

案例效果

5.1 矩 阵

MATLAB 在处理矩阵问题上的优势十分明显。本节主要介绍如何用 MATLAB 来进行"矩阵实验"，即如何生成矩阵，如何对已知矩阵进行各种变换等。

5.1.1 矩阵定义

MATLAB 以矩阵作为数据操作的基本单位，这使矩阵运算变得非常简洁、方便、高效。

矩阵是由 $m \times n$ 个数 a_{ij} $(i = 1,2,\cdots,m; j = 1,2,\cdots,n)$ 排成的 m 行 n 列数表，记成

$$A = \begin{pmatrix} a_{11} & a_{12} & \cdots & a_{1n} \\ a_{21} & a_{22} & \cdots & a_{2n} \\ \cdots & \cdots & \ddots & \cdots \\ a_{m1} & a_{m2} & \cdots & a_{mn} \end{pmatrix}$$

称为 $m \times n$ 矩阵，也可以记成 a_{ij} 或 $A_{m \times n}$。其中，i 表示行数，j 表示列数。若 $m=n$，则该矩阵为 n 阶矩阵（n 阶方阵）。

注意：

> 由有限个向量所组成的向量组可以构成矩阵，如果 $A=(a_{ij})$ 是 $m \times n$ 矩阵，那么 A 有 m 个 n 维行向量；有 n 个 m 维列向量。
>
> 矩阵的生成主要有直接输入法、M 文件生成法和文本文件生成法等。

在键盘上直接按行方式输入矩阵是最方便、最常用的创建数值矩阵的方法，尤其适合较小的简单矩阵。在用此方法创建矩阵时，应当注意以下几点。

- 输入矩阵时要以"[ ]"为其标识符号，矩阵的所有元素必须都在括号内。
- 矩阵同行元素之间由空格（个数不限）或逗号","分隔，行与行之间用分号";"或 Enter 键分隔。
- 矩阵大小不需要预先定义。
- 矩阵元素可以是运算表达式。
- 若"[ ]"中无元素，表示空矩阵。
- 如果不想显示中间结果，可以用";"结束。

实例——创建矩阵

源文件： yuanwenjian\ch05\juzhen.m

本实例演示创建元素均是 15 的 3×3 矩阵。

解： MATLAB 程序如下。

```
>> a=[15 15 15;15 15 15;15 15 15]         %使用分号分隔行
a =
    15    15    15
    15    15    15
    15    15    15
```

注意：

> 在输入矩阵时，MATLAB 允许方括号里还有方括号，如下面的语句是合法的。
> ```
> >> [[1 2 3];[2 4 6];7 8 9]
> ans =
>      1     2     3
>      2     4     6
>      7     8     9
> ```
> 结果是一个三维矩阵。

实例——创建复数矩阵

源文件：yuanwenjian\ch05\fushujuzhen.m

本实例演示创建包含复数的矩阵 A，其中，$A = \begin{bmatrix} 1 & 1+i & 2 \\ 2 & 3+2i & 1 \end{bmatrix}$。

解：MATLAB 程序如下。

```
>> A=[[1,1+i,2];[2,3+2i,1]]              %使用方括号标记每一行的元素
A =
   1.0000 + 0.0000i   1.0000 + 1.0000i   2.0000 + 0.0000i
   2.0000 + 0.0000i   3.0000 + 2.0000i   1.0000 + 0.0000i
```

5.1.2 矩阵的生成

矩阵的生成除了直接输入法，还可以利用 M 文件生成法和文本文件生成法等。

1. 利用 M 文件创建

当矩阵的规模比较大时，直接输入法就显得笨拙，出了差错也不易修改。为了解决这些问题，可以将要输入的矩阵按格式先写入一个文本文件中，并将此文件以 m 为其扩展名保存，即 M 文件。

M 文件是一种可以在 MATLAB 环境下运行的文本文件，它可以分为命令式文件和函数式文件两种。主要用到的是命令式 M 文件，可以用简单形式创建大型矩阵。在 MATLAB 命令行窗口中输入 M 文件名，所要输入的大型矩阵即可被输入到内存中。

实例——M 文件矩阵

源文件：yuanwenjian\ch05\sample.m、Mjuzhen.m

本实例演示利用 M 文件创建矩阵。

解：MATLAB 程序如下。

（1）在 M 文件编辑器中编制一个名为 sample.m 的 M 文件，定义一个名为 gmatrix 的矩阵。

```
%sample.m
%创建一个 M 文件，用以输入大规模矩阵
gmatrix=[378 89 90 83 382 92 29;
3829 32 9283 2938 378 839 29;
388 389 200 923 920 92 7478;
3829 892 66 89 90 56 8980;
7827 67 890 6557 45 123 35]
```

（2）将 M 文件保存在搜索路径下。

📢 注意：

M 文件中的变量名与文件名不能相同，否则会造成变量名和函数名的混乱。运行 M 文件时，需要先将 M 文件 sample.m 复制到当前目录文件夹下，否则运行时无法调用。

```
>> sample
```

函数或变量 'sample' 无法识别。

上述提示表明在当前文件夹或 MATLAB 路径中未找到 'sample',需要更改 MATLAB 当前文件夹或将其文件夹添加到 MATLAB 路径。

(3) 运行 M 文件。在 MATLAB 命令行窗口中输入文件名,得到下面结果。

```
>> sample
gmatrix =
     378     89     90     83    382     92     29
    3829     32   9283   2938    378    839     29
     388    389    200    923    920     92   7478
    3829    892     66     89     90     56   8980
    7827     67    890   6557     45    123     35
```

在通常的使用中,上例中的矩阵还不算"大型"矩阵,此处只是借例说明。

2. 利用文本文件创建

MATLAB 中的矩阵还可以由文本文件创建,即在搜索路径下建立 txt 文件,在命令行窗口中直接调用此文件名即可。

实例——创建生活用品矩阵

源文件:yuanwenjian\ch05\goods.txt、yongpin.m

日用商品在三家商店中有不同的价格,其中,毛巾有 3.5 元、4 元、5 元;洗脸盆有 10 元、15 元、20 元;单位量的售价(以某种货币单位计)用矩阵表示(行表示商品,列表示商店)。用文本文件创建矩阵 goods。

解:MATLAB 程序如下。

(1) 首先在记事本中建立矩阵。

```
3.5    4     5
10    15    20
```

(2) 以 goods.txt 保存在搜索路径下,在 MATLAB 命令行窗口中输入。

```
>> load goods.txt        %加载文本文件,在工作区创建一个与文件同名的变量
>> goods                 %输入变量名称显示文件内容
goods =
    3.5000    4.0000    5.0000
   10.0000   15.0000   20.0000
```

由此创建商品矩阵 goods。

注意:

运行 M 文件时,需要先将文本文件 goods.txt 复制到 MATLAB 的搜索路径下,否则运行时无法调用。

动手练一练——创建成绩单

将某班期末成绩单保存成文件演示。

思路点拨：

源文件：yuanwenjian\ch05\qimo.txt、chengjidan.m

（1）创建文本文件 qimo.txt，如图 5-1 所示，分别输入数学、语文、英语的成绩，并将该文件保存在系统默认目录下。

（2）使用函数 qimo()导入到命令行窗口中。

图 5-1　文本文件

5.1.3　创建特殊矩阵

用户可以直接调用函数来生成某些特定的矩阵，常用的函数如下。

- eye(*n*)：创建 *n*×*n* 单位矩阵。
- eye(*m*,*n*)：创建 *m*×*n* 单位矩阵。
- eye(size(*A*))：创建与 *A* 维数相同的单位矩阵。
- ones(*n*)：创建 *n*×*n* 全 1 矩阵。
- ones(*m*,*n*)：创建 *m*×*n* 全 1 矩阵。
- ones(size(*A*))：创建与 *A* 维数相同的全 1 矩阵。
- zeros(*m*,*n*)：创建 *m*×*n* 全 0 矩阵。
- zeros(size(*A*))：创建与 *A* 维数相同的全 0 矩阵。
- rand(*n*)：在区间[0,1]内创建一个 *n*×*n* 均匀分布的随机矩阵。
- rand(*m*,*n*)：在区间[0,1]内创建一个 *m*×*n* 均匀分布的随机矩阵。
- rand(size(*A*))：在区间[0,1]内创建一个与 *A* 维数相同的均匀分布的随机矩阵。
- compan(*P*)：创建系数向量是 *P* 的多项式的伴随矩阵。
- diag(*v*)：创建以向量 *v* 中的元素为对角元素的对角矩阵。
- hilb(*n*)：创建 *n*×*n* 的 Hilbert 矩阵。
- magic(*n*)：生成 *n* 阶魔方矩阵。
- sparse(*A*)：将矩阵 *A* 转化为稀疏矩阵形式，即由 *A* 的非零元素和下标构成稀疏矩阵 *S*。若 *A* 本身为稀疏矩阵，则返回 *A* 本身。

实例——生成特殊矩阵

源文件：yuanwenjian\ch05\teshujuzhen.m

本实例演示生成特殊矩阵。

解：MATLAB 程序如下。

```
>> zeros(3)          %创建 3 阶全 0 矩阵
ans =
     0     0     0
     0     0     0
     0     0     0
>> zeros(3,2)        %创建 3 行 2 列的全 0 矩阵
ans =
     0     0
     0     0
     0     0
>> ones(3,2)         %创建 3 行 2 列的全 1 矩阵
ans =
     1     1
     1     1
     1     1
>> ones(3)           %创建 3 阶全 1 矩阵
ans =
     1     1     1
     1     1     1
     1     1     1
>> rand(3)           %创建 3×3 的随机矩阵，元素值在区间 (0,1) 内均匀分布
ans =
    0.8147    0.9134    0.2785
    0.9058    0.6324    0.5469
    0.1270    0.0975    0.9575
>> rand(3,2)         %创建 3×2 的随机矩阵
ans =
    0.9649    0.9572
    0.1576    0.4854
    0.9706    0.8003
>> magic(3)          %创建 3 阶魔方矩阵
ans =
     8     1     6
     3     5     7
     4     9     2
>> hilb(3)           %创建 3 阶 Hilbert 矩阵
ans =
    1.0000    0.5000    0.3333
    0.5000    0.3333    0.2500
    0.3333    0.2500    0.2000
>> invhilb(3)        %创建 3 阶 Hilbert 矩阵的逆矩阵
ans =
     9   -36    30
   -36   192  -180
    30  -180   180
```

5.1.4 矩阵元素的运算

矩阵中的元素与向量中的元素一样，可以进行抽取引用、编辑修改等操作。

1. 矩阵元素的修改

矩阵建立之后，还需要对其元素进行修改。表 5-1 列出了常用的矩阵元素修改命令。

表 5-1 矩阵元素修改命令

命 令 名	说 明
D=[A;B C]	A 为原矩阵，B、C 中包含要扩充的元素，D 为扩充后的矩阵
A(m,:)=[]	删除 A 的第 m 行
A(:,n)=[]	删除 A 的第 n 列
A(m,n)=a; A(m,:)=[a b…]; A(:,n)=[a b…]	对 A 的第 m 行第 n 列的元素赋值；对 A 的第 m 行赋值；对 A 的第 n 列赋值

实例——新矩阵的生成

源文件：yuanwenjian\ch05\yuansu.m

本实例演示修改矩阵元素，创建新矩阵。

解：MATLAB 程序如下。

```
>> A=[1 2 3;4 5 6];      %定义 2 行 3 列的矩阵 A
>> B=eye(2);             %定义 2×2 的单位矩阵 B
>> C=zeros(2,1);         %定义 2×1 的全 0 矩阵 C
>> D=[A;B C]             %使用矩阵 B 和 C 扩充矩阵 A 的行，得到矩阵 D
D =
     1     2     3
     4     5     6
     1     0     0
     0     1     0
```

2. 矩阵的变维

矩阵的变维可以用冒号法和 reshape() 函数法。函数 reshape() 的调用形式如下。

reshape(X,m,n)：将已知矩阵 X 变维成 m 行 n 列的矩阵。

实例——矩阵维度修改

源文件：yuanwenjian\ch05\bianwei.m

本实例演示矩阵的维度变换。

解：MATLAB 程序如下。

```
>> A=1:12;               %定义 1 到 12 的线性间隔值组成的行向量，元素间隔值为 1
>> B=reshape(A,2,6)      %将行向量 A 变维为 2 行 6 列
B =
     1     3     5     7     9    11
     2     4     6     8    10    12
```

```
>> C=zeros(3,4);              %用冒号法前必须先设定修改后矩阵的形状
>> C(:)=A(:)                  %将矩阵 A 变维为 3 行 4 列得到矩阵 C
C =
     1     4     7    10
     2     5     8    11
     3     6     9    12
```

3. 矩阵的变向

常用的矩阵变向命令见表 5-2。

表 5-2 常用的矩阵变向命令

命 令 名	说 明
rot90(A)	将 A 逆时针方向旋转 90°
rot90(A,k)	将 A 逆时针方向旋转 90°*k，k 可为正整数或负整数
fliplr(X)	将 X 左右翻转
flipud(X)	将 X 上下翻转
flip(X,dim)	dim=1 时对行翻转，dim=2 时对列翻转

实例——矩阵的变向

源文件：yuanwenjian\ch05\bianxiang.m

本实例演示矩阵的变向操作。

解：MATLAB 程序如下。

```
>> A=1:12;                    %定义 1 到 12 的线性间隔值组成的行向量，元素间隔值为 1
>> C=zeros(3,4);              %指定修改后矩阵的维度大小
>> C(:)=A(:)                  %将矩阵 A 变维为 3 行 4 列
C =
     1     4     7    10
     2     5     8    11
     3     6     9    12
>> flipdim(C,1)               %上下翻转矩阵 C 的行
ans =
     3     6     9    12
     2     5     8    11
     1     4     7    10
>> flipdim(C,2)               %左右翻转矩阵 C 的列
ans =
    10     7     4     1
    11     8     5     2
    12     9     6     3
```

4. 矩阵的抽取

对矩阵元素的抽取主要是指对角元素和上（下）三角阵的抽取。对角矩阵和三角矩阵的抽取命令见表 5-3。

表 5-3 对角矩阵和三角矩阵的抽取命令

命令名	说明
diag(X,k)	抽取矩阵 X 的第 k 条对角线上的元素向量。k 为 0 时抽取主对角线，k 为正整数时抽取上方第 k 条对角线上的元素，k 为负整数时抽取下方第 k 条对角线上的元素
diag(X)	抽取矩阵 X 主对角线上的元素向量
diag(v,k)	使得 v 为所得矩阵第 k 条对角线上的元素向量
diag(v)	使得 v 为所得矩阵主对角线上的元素向量
tril(X)	抽取矩阵 X 的主下三角部分
tril(X,k)	抽取矩阵 X 的第 k 条对角线下面的部分（包括第 k 条对角线）
triu(X)	抽取矩阵 X 的主上三角部分
triu(X,k)	抽取矩阵 X 的第 k 条对角线上面的部分（包括第 k 条对角线）

实例——矩阵抽取

源文件：yuanwenjian\ch05\chouqu.m

本实例演示矩阵的抽取操作。

解：MATLAB 程序如下。

```
>> A=magic(4)          %创建 4 阶魔方矩阵 A
A =
    16     2     3    13
     5    11    10     8
     9     7     6    12
     4    14    15     1
>> v=diag(A,2)         %抽取矩阵 A 第 2 条对角线上的元素
v =
     3
     8
>> tril(A,-1)          %抽取矩阵 A 主对角线下方的元素
ans =
     0     0     0     0
     5     0     0     0
     9     7     0     0
     4    14    15     0
>> triu(A)             %抽取矩阵 A 的上三角部分
ans =
    16     2     3    13
     0    11    10     8
     0     0     6    12
     0     0     0     1
```

动手练一练——创建新矩阵

通过修改矩阵元素，将一个旧矩阵 $A = \begin{pmatrix} 5 & 1 & 1 & 9 \\ 1 & 3 & 8 & 1 \\ 1 & 1 & 3 & 1 \\ 1 & 1 & 1 & 3 \end{pmatrix}$ 变成一个新矩阵 $D = \begin{pmatrix} 1 & 1 & 9 \\ 3 & 1 & 1 \\ 1 & 3 & 1 \\ 1 & 1 & -1 \end{pmatrix}$。

> **思路点拨：**
>
> 源文件：yuanwenjian\ch05\xinjuzhen.m
> （1）创建旧矩阵 A。
> （2）删除矩阵多余的列元素。
> （3）对矩阵元素进行重新赋值得到新矩阵 D。

5.2 矩阵数学运算

本节主要介绍矩阵的一些基本运算，如矩阵的四则运算、空矩阵，下面将分别介绍这些运算。

矩阵的基本运算包括加、减、乘、数乘、点乘、乘方、左除、右除、求逆等。其中加、减、乘与线性代数中的定义是一样的，相应的运算符为"＋""－""＊"。

矩阵的除法运算是 MATLAB 所特有的，分为左除和右除，相应运算符为"\"和"/"。一般情况下，线性方程 $A*X=B$ 的解是 $X=A\backslash B$，而线性方程 $X*B=A$ 的解是 $X=A/B$。

对于上述的四则运算，需要注意的是，矩阵的加、减、乘运算的维数要求与线性代数中的要求一致。

5.2.1 矩阵的加法运算

设 $A=(a_{ij})$，$B=(b_{ij})$ 都是 $m×n$ 矩阵，矩阵 A 与 B 的和记成 $A+B$，规定为

$$A+B = \begin{pmatrix} a_{11}+b_{11} & a_{12}+b_{12} & \cdots & a_{1n}+b_{1n} \\ a_{21}+b_{21} & a_{22}+b_{22} & \cdots & a_{2n}+b_{2n} \\ \cdots & \cdots & \cdots & \cdots \\ a_{m1}+b_{m1} & a_{m2}+b_{m2} & \cdots & a_{mn}+b_{mn} \end{pmatrix}$$

（1）交换律：$A+B=B+A$。
（2）结合律：$(A+B)+C=A+(B+C)$。

实例——验证加法法则

源文件：yuanwenjian\ch05\jiafa.m
本实例验证矩阵加法的交换律与结合律。
解：MATLAB 程序如下。

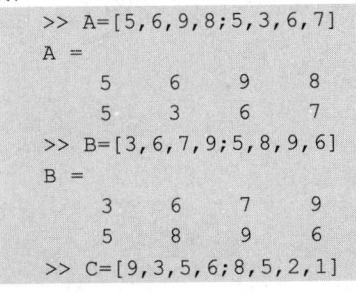

```
>> A=[5,6,9,8;5,3,6,7]
A =
     5     6     9     8
     5     3     6     7
>> B=[3,6,7,9;5,8,9,6]
B =
     3     6     7     9
     5     8     9     6
>> C=[9,3,5,6;8,5,2,1]
```

```
C =
     9     3     5     6
     8     5     2     1                %创建三个 2 行 4 列的矩阵 A、B、C
>> A+B                                   %计算 A+B
ans =
     8    12    16    17
    10    11    15    13
>> B+A                                   %计算 B+A，比较结果验证矩阵加法的交换律
ans =
     8    12    16    17
    10    11    15    13
>> (A+B)+C                               %计算 (A+B)+C
ans =
    17    15    21    23
    18    16    17    14
>> A+(B+C)                               %计算 A+(B+C)，比较结果验证矩阵加法的结合律
ans =
    17    15    21    23
    18    16    17    14
>> D=[1,5,6;2,5,6]                       %定义 2 行 3 列的矩阵 D
D =
     1     5     6
     2     5     6
>> A+D                                   %计算 A+D
对于此运算，数组的大小不兼容。            %只有相同维度的矩阵才能进行计算
相关文档
```

如果要进行矩阵的减法运算，例如 **A**-**B**，可转换为 **A**+(-**B**)的形式进行计算。

实例——矩阵求和

源文件：yuanwenjian\ch05\qiuhe.m

本实例求解矩阵之和 $\begin{pmatrix} 1 & 2 & 3 \\ -1 & 5 & 6 \end{pmatrix} + \begin{pmatrix} 0 & 1 & -3 \\ 2 & 1 & -1 \end{pmatrix}$。

解：MATLAB 程序如下。

```
>> [1 2 3;-1 5 6]+[0 1 -3;2 1 -1]    %直接输入两个矩阵的加法运算表达式进行计算
ans =
     1     3     0
     1     6     5
```

实例——矩阵求差

源文件：yuanwenjian\ch05\qiucha.m

本实例求解矩阵的减法运算。

解：MATLAB 程序如下。

```
>> A=[5,6,9,8;5,3,6,7];
```

```
>> B=[3,6,7,9;5,8,9,6];          %创建两个维度大小相同的矩阵A和B
>> -B                            %将矩阵B的符号反向
ans =
    -3    -6    -7    -9
    -5    -8    -9    -6
>> A-B                           %计算两个矩阵的减法
ans =
     2     0     2    -1
     0    -5    -3     1
>> A+(-B)
ans =
     2     0     2    -1
     0    -5    -3     1
```

5.2.2 矩阵的乘法运算

1. 数乘运算

数 λ 与矩阵 $A=(a_{ij})_{m \times n}$ 的乘积记成 λA 或 $A\lambda$，规定为

$$\lambda A = \begin{pmatrix} \lambda a_{11} & \lambda a_{12} & \cdots & \lambda a_{1n} \\ \lambda a_{21} & \lambda a_{22} & \cdots & \lambda a_{2n} \\ \vdots & \vdots & \ddots & \vdots \\ \lambda a_{m1} & \lambda a_{m2} & \cdots & \lambda a_{mn} \end{pmatrix}$$

同时，矩阵还满足下面的规律。

$$\lambda(\mu A)=(\lambda\mu)A$$
$$(\lambda+\mu)A=\lambda A+\mu A$$
$$\lambda(A+B)=\lambda A+\lambda B$$

其中，λ、μ 为数；A、B 为矩阵。

```
>> A=[1 2 3;0 3 3;7 9 5];
>> A*5
ans =
     5    10    15
     0    15    15
    35    45    25
```

2. 乘运算

若 3 个矩阵有相乘关系，设 $A=(a_{ij})$ 是一个 $m \times s$ 矩阵，$B=(b_{ij})$ 是一个 $s \times n$ 矩阵，规定 A 与 B 的积为一个 $m \times n$ 矩阵 $C=(c_{ij})$，

$$c_{ij} = a_{i1}b_{1j} + a_{i2}b_{2j} + \cdots + a_{is}b_{sj}$$
$$i=1,2,\cdots,m \;;\quad j=1,2,\cdots,n$$

即 $C=AB$，需要满足以下 3 个条件。

> 矩阵 A 的列数与矩阵 B 的行数相同。

- 矩阵 *C* 的行数等于矩阵 *A* 的行数，矩阵 *C* 的列数等于矩阵 *B* 的列数。
- 矩阵 *C* 的第 *m* 行 *n* 列元素值等于矩阵 *A* 的 *m* 行元素与矩阵 *B* 的 *n* 列元素对应值积的和。

$$i行\rightarrow \begin{pmatrix} a_{i1} & a_{i2} & \cdots & \cdots & a_{is} \end{pmatrix} \begin{pmatrix} b_{1j} \\ b_{2j} \\ \vdots \\ \vdots \\ b_{sj} \end{pmatrix} = \begin{pmatrix} c_{ij} \end{pmatrix}$$
$$j列$$

```
>> A=[1 2 3;0 3 3;7 9 5];
>> B=[8 3 9;2 8 1;3 9 1];
>> A*B
ans =
    21    46    14
    15    51     6
    89   138    77
```

📢 注意：

AB ≠ BA，即矩阵的乘法不满足交换律。

$$\begin{pmatrix} a_1 \\ a_2 \\ a_3 \end{pmatrix} \begin{pmatrix} b_1 & b_2 & b_3 \end{pmatrix} = \begin{pmatrix} a_1b_1 & a_1b_2 & a_1b_3 \\ a_2b_1 & a_2b_2 & a_2b_3 \\ a_3b_1 & a_3b_2 & a_3b_3 \end{pmatrix} \Leftrightarrow A_{3\times 1}B_{1\times 3} = C_{3\times 3}$$

$$\begin{pmatrix} b_1 & b_2 & b_3 \end{pmatrix} \begin{pmatrix} a_1 \\ a_2 \\ a_3 \end{pmatrix} = b_1a_1 + b_2a_2 + b_3a_3 \Leftrightarrow A_{1\times 3}B_{3\times 1} = C_{1\times 1}$$

若矩阵 *A*、*B* 满足 *AB* = 0，未必有 *A*=0 或 *B*=0 的结论。

3. 点乘运算

点乘运算是指将两个矩阵中相同位置的元素进行相乘运算，将积保存在原位置组成新矩阵。

```
>> A=[1 2 3;0 3 3;7 9 5];
>> B=[8 3 9;2 8 1;3 9 1];
>> A.*B
ans =
     8     6    27
     0    24     3
    21    81     5
```

实例——矩阵乘法运算

源文件：yuanwenjian\ch05\chengfa.m

解：MATLAB 程序如下。

```
>> A=[0 0;1 1]
A =
     0     0
     1     1
>> B=[1 0;2 0]
B =
     1     0
     2     0                %创建两个维度大小相同的矩阵 A 和 B
>> 6*A - 5*B                %先进行数乘运算,再对数乘运算结果进行减法运算
ans =
    -5     0
    -4     6
>> A*B-A                    %先进行矩阵相乘运算,A 的列数与矩阵 B 的行数应相同;再进行矩阵减法运算
ans =
     0     0
     2    -1
>> B*A-A                    %先进行矩阵相乘运算,B 的列数与矩阵 A 的行数应相同;再进行矩阵减法运算
ans =
     0     0
    -1    -1
>> A.*B-A                   %先进行两个矩阵的点乘运算,再进行矩阵减法运算
ans =
     0     0
     1    -1
>> B.*A-A
ans =
     0     0
     1    -1
```

5.2.3 矩阵的除法运算

计算左除 $A \backslash B$ 时,A 的行数要与 B 的行数一致,计算右除 A/B 时,A 的列数要与 B 的列数一致。

1. 左除运算

由于矩阵的特殊性,$A*B$ 通常不等于 $B*A$,除法也一样。因此除法要区分左右。

线性方程组 $D*X=B$,如果 D 非奇异,即它的逆矩阵 inv(D)存在,则其解用 MATLAB 表示为

$$X=\text{inv}(D)*B=D \backslash B$$

符号"\"称为左除,即分母放在左边。

左除的条件:B 的行数等于 D 的阶数(D 的行数和列数相同,简称阶数)。

```
>> A=[1 2 3;0 3 3;7 9 5];
>> B=[8 3 9;2 8 1;3 9 1];
>> B.\A
ans =
    0.1250    0.6667    0.3333
         0    0.3750    3.0000
```

```
    2.3333    1.0000    5.0000
```

实例——验证矩阵的除法

源文件：yuanwenjian\ch05\chufa1.m

解：MATLAB 程序如下。

计算除法结果与除数的乘积和被除数是否相同。

```
>> A=[1 2 3;5 8 6];
>> B=[8 6 9;4 3 7];           %创建两个维度大小相同的矩阵 A 和 B
>> C=A.\B                     %计算 A 与 B 的点左除
C =
    8.0000    3.0000    3.0000
    0.8000    0.3750    1.1667
>> D= A .*C                   %计算 A 与 C 的点乘,验证矩阵的除法
D =
     8     6     9
     4     3     7
```

2. 右除运算

若方程组表示为 $X*D=B$，D 非奇异，即它的逆阵 inv(D) 存在，则其解为

$$X=B*\text{inv}(D)=B/D$$

符号"/"称为右除。

右除的条件：B 的列数等于 D 的阶数（D 的行数和列数相同，简称阶数）。

```
>> A=[1 2 3;0 3 3;7 9 5];
>> B=[8 3 9;2 8 1;3 9 1];
>> A./B
ans =
    0.1250    0.6667    0.3333
         0    0.3750    3.0000
    2.3333    1.0000    5.0000
```

实例——矩阵的除法

源文件：yuanwenjian\ch05\chufa2.m

求解矩阵左除与右除。

解：MATLAB 程序如下。

```
>> A=[1 2 3;5 8 6];
>> B=[8 6 9;4 3 7];           %创建两个维度大小相同的矩阵 A 和 B
>> A.\B                       %计算 A 左除 B
ans =
    8.0000    3.0000    3.0000
    0.8000    0.3750    1.1667
>> A./B                       %计算 A 右除 B
ans =
    0.1250    0.3333    0.3333
```

```
    1.2500    2.6667    0.8571
```

动手练一练——矩阵四则运算

若 $A = \begin{pmatrix} 6 & 3 \\ 8 & 2 \\ -1 & 8 \end{pmatrix}$, $B = \begin{pmatrix} 0 & 1 \\ 3 & 9 \\ 0 & -1 \end{pmatrix}$, 求 $-B$, $A-B$, $5*A$, $A*6$。

思路点拨：

源文件：yuanwenjian\ch05\sizeyunsuan.m
（1）输入矩阵。
（2）使用算术符号计算矩阵。

5.3 矩阵的基本运算

本节主要介绍矩阵的一些基本运算，如矩阵的逆以及求矩阵的条件数与范数等。下面将分别介绍这些运算。

MATLAB 常用的矩阵函数见表 5-4。

表 5-4 MATLAB 常用的矩阵函数

函 数 名	说 明	函 数 名	说 明
cond()	矩阵的条件数值	diag()	对角变换或获取矩阵的对角元素向量
condest()	1-范数矩阵条件数值	expm()	矩阵的指数运算
det()	矩阵的行列式值	logm()	矩阵的对数运算
eig()	矩阵的特征值和特征向量	sqrtm()	矩阵的开方运算
inv()	矩阵的逆	cdf2rdf()	复数对角矩阵转换成实数块对角矩阵
norm()	矩阵的范数值	rref()	转换成逐行递减的阶梯矩阵
normest()	矩阵的 2-范数估值	rsf2csf()	实数块对角矩阵转换成复数对角矩阵
rank()	矩阵的秩	rot90()	矩阵逆时针方向旋转 90°
orth()	矩阵的正交化运算	fliplr()	左、右翻转矩阵
rcond()	矩阵的逆条件数值	flipud()	上、下翻转矩阵
trace()	矩阵的迹	reshape()	改变矩阵的维数
triu()	上三角变换	funm()	一般的矩阵函数
tril()	下三角变换		

5.3.1 幂函数

A 是一个 n 阶矩阵，k 是一个正整数，规定

$$A^k = \underbrace{AA\cdots A}_{k\text{个}}$$

称为矩阵的幂。其中 k、l 为正整数。

矩阵的幂运算是将矩阵中的每个元素进行乘方运算，即

$$\begin{pmatrix} \lambda_1 & 0 & \cdots & 0 \\ 0 & \lambda_2 & \cdots & 0 \\ \vdots & \vdots & \ddots & \vdots \\ 0 & 0 & \cdots & \lambda_n \end{pmatrix}^k = \begin{pmatrix} \lambda_1^k & 0 & \cdots & 0 \\ 0 & \lambda_2^k & \cdots & 0 \\ \vdots & \vdots & \ddots & \vdots \\ 0 & 0 & \cdots & \lambda_n^k \end{pmatrix}$$

在 MATLAB 中，幂运算就是在乘方符号"`.^`"后面输入幂的次数。

对于单个 n 阶矩阵 A

$$A^k A^l = A^{k+l}, \quad \left(A^k\right)^l = A^{kl}$$

```
>> A=[1 2 3;0 3 3;7 9 5];
>> A.^2
ans =
     1     4     9
     0     9     9
    49    81    25
```

对于两个 n 阶矩阵 A 与 B，

$$(AB)^k \neq A^k B^k$$

实例——矩阵的幂运算

源文件：yuanwenjian\ch05\miyunsuan.m

本实例演示矩阵的幂运算。

解：MATLAB 程序如下。

```
>> A=[1 2 3;0 3 3;7 9 5];
>> B=[5,6,8;6,0,5;4,5,6];      %创建两个维度大小相同的矩阵A和B
>> (A*B)^5                      %先计算A与B的乘积，再计算乘积的5次方
ans =
   1.0e+11 *
    0.3047    0.1891    0.3649
    0.2785    0.1728    0.3335
    1.0999    0.6825    1.3173
>> A^5*B^5                      %先分别计算A与B的5次方，再计算两个矩阵的乘积
ans =
   1.0e+10 *
    2.5561    2.1096    3.3613
    2.5561    2.1095    3.3613
    6.8284    5.6354    8.9793
```

另外，常用的运算还有指数函数、对数函数、平方根函数等。用户可查看相应的帮助获得使用方法和相关信息。

5.3.2 矩阵的逆

对于 n 阶方阵 A，如果有 n 阶方阵 B 满足 **AB**=**BA**=*I*，则称矩阵 A 为可逆的，称方阵 B 为 A 的逆矩阵，记为 A^{-1}。

逆矩阵的性质如下：

- 若 A 可逆，则 A^{-1} 是唯一的。
- 若 A 可逆，则 A^{-1} 也可逆，并且 $(A^{-1})^{-1}=A$。
- 若 n 阶方阵 A 与 B 都可逆，则 **AB** 也可逆，且 $(AB)^{-1}=B^{-1}A^{-1}$。
- 若 A 可逆，则 $|A^{-1}|=|A|^{-1}$。

把满足 $|A|\neq 0$ 的方阵 A 称为非奇异的，否则就称为奇异的。

使用函数 inv()求解矩阵的逆，调用格式如下：

```
Y=inv(X)
```

实例——随机矩阵求逆

源文件：yuanwenjian\ch05\qiuni.m

本实例求解随机矩阵的逆矩阵。

解：MATLAB 程序如下。

```
>> A=rand(3)          %创建3阶随机矩阵，元素值在0～1均匀分布
A =
    0.9649    0.9572    0.1419
    0.1576    0.4854    0.4218
    0.9706    0.8003    0.9157
>> B = inv(A)         %求矩阵A的逆矩阵B
B =
    0.3473   -2.4778    1.0874
    0.8607    2.4223   -1.2490
   -1.1203    0.5093    1.0310
```

提示：

逆矩阵必须使用方阵，如 2×2、3×3，即 n×n 格式的矩阵，否则弹出警告信息。

```
>> A=[1 -1;0 1;2 3];
>> B=inv(A)
错误使用 inv
矩阵必须为方阵。
```

求解矩阵的逆条件数值使用函数 rcond()，调用格式如下：

```
C=rcond(A)
```

例如，下面的程序计算 3 阶随机矩阵的逆条件数。

```
>> A=rand(3)
A =
    0.0540    0.9340    0.4694
    0.5308    0.1299    0.0119
```

```
         0.7792    0.5688    0.3371
>> C = rcond(A)
C =
0.0349
```

实例——矩阵更新

源文件：yuanwenjian\ch05\gengxin.m

在编写算法或处理工程、优化等问题时，经常会碰到一些矩阵更新的情况，这时读者必须弄清楚矩阵的更新步骤，这样才能编写出相应的更新算法。下面来看一个关于矩阵逆的更新问题：对于一个非奇异矩阵 A，如果用某一列向量 b 替换其第 p 列，那么如何在 A^{-1} 的基础上更新出新矩阵的逆呢？

解：首先分析一下上述问题，设 $A = [a_1 \ a_2 \ \cdots \ a_p \ \cdots \ a_n]$，其逆为 A^{-1}，则有 $A^{-1}A = [A^{-1}a_1 \ A^{-1}a_2 \ \ldots \ A^{-1}a_p \ \ldots \ A^{-1}a_n] = I$。设 A 的第 p 列 a_p 被列向量 b 替换后的矩阵为 $\overline{A}$，即 $\overline{A} = [a_1 \ \ldots \ a_{p-1} \ b \ a_{p+1} \ \ldots \ a_n]$。令 $d = A^{-1}b$，则有

$$A^{-1}\overline{A} = [A^{-1}a_1 \ \ldots \ A^{-1}a_{p-1} \ A^{-1}b \ A^{-1}a_{p+1} \ \ldots \ A^{-1}a_n]$$

$$= \begin{bmatrix} 1 & & & d_1 & & & \\ & 1 & & d_2 & & & \\ & & 0 & \ldots & & & \\ & & & d_p & & & \\ & & & d_{p+1} & 1 & & \\ & & & \ldots & & 0 & \\ & & & d_{n-1} & & & 1 \\ & & & d_n & & & & 1 \end{bmatrix}$$

如果 $d_p \neq 0$，则可以通过初等行变换将上式的右端化为单位矩阵，然后将相应的变换作用到 A^{-1}，那么得到的矩阵即为 A^{-1} 的更新。事实上行变换矩阵即为

$$P = \begin{bmatrix} 1 & & -d_1/d_p & & \\ & \ddots & \vdots & & \\ & & d_p^{-1} & & \\ & & \vdots & \ddots & \\ & & -d_n/d_p & & 1 \end{bmatrix}$$

该问题具体的矩阵更新函数 updateinv.m 如下：

```
function invA=updateinv(invA,p,b)
%此函数用来计算A中的第p列被另一列b代替后,其逆的更新
 [n,n]=size(invA);
d=invA*b;
if abs(d(p))<eps        %若d(p)=0,则说明替换后的矩阵是奇异的
```

```
        warning('替换后的矩阵是奇异的!');
        newinvA=[];
        return;
    else
        %对A的逆作相应的行变换
        invA(p,:)=invA(p,:)/d(p);
        if p>1
            for i=1:p-1
                invA(i,:)=invA(i,:)-d(i)*invA(p,:);
            end
        end
        if p<n
            for i=p+1:n
                invA(i,:)=invA(i,:)-d(i)*invA(p,:);
            end
        end
    end
end
```

已知矩阵 $A = \begin{bmatrix} 1 & 2 & 3 & 4 \\ 5 & 6 & 1 & 0 \\ 0 & 1 & 1 & 0 \\ 1 & 1 & 2 & 3 \end{bmatrix}$,$b = \begin{bmatrix} 1 \\ 0 \\ 1 \\ 0 \end{bmatrix}$,求 A^{-1},并在 A^{-1} 的基础上求矩阵 A 的第 2 列被 b 替换后的逆矩阵。验证上面所编函数的正确性。

解：MATLAB 程序如下。

```
>> A=[1 2 3 4;5 6 1 0;0 1 1 0;1 1 2 3];
>> b=[1 0 1 0]';                        %创建矩阵A和列向量b
>> invA=inv(A)                          %求矩阵A的逆矩阵invA
invA =
   -1.5000    0.1000    0.4000    2.0000
    1.5000    0.1000   -0.6000   -2.0000
   -1.5000   -0.1000    1.6000    2.0000
    1.0000         0   -1.0000   -1.0000
>> newinvA=updateinv(invA,2,b)          %调用自定义函数updateinv()计算矩阵A中的第2
                                        %列被列向量b代替后,所得新矩阵的逆矩阵
newinvA =
    0.3333    0.2222   -0.3333   -0.4444
    1.6667    0.1111   -0.6667   -2.2222
   -1.6667   -0.1111    1.6667    2.2222
    1.0000         0   -1.0000   -1.0000
>> A(:,2)=b                             %显示A的第2列被b替换后的矩阵
A =
     1     1     3     4
     5     0     1     0
     0     1     1     0
     1     0     2     3
>> inv(A)                               %求新矩阵的逆,与newinvA比较(结果是一样的)
ans =
```

0.3333	0.2222	-0.3333	-0.4444
1.6667	0.1111	-0.6667	-2.2222
-1.6667	-0.1111	1.6667	2.2222
1.0000	0	-1.0000	-1.0000

5.3.3 矩阵的条件数

矩阵的条件数在数值分析中是一个重要的概念，在工程计算中也是必不可少的，它用于描述一个矩阵的"病态"程度。

对于非奇异矩阵 A，其条件数的定义为 $\text{cond}(A)_v = \| A^{-1} \|_v \| A \|_v$，其中 $v = 1, 2, \cdots, F$。

它是一个大于或等于 1 的实数，当 A 的条件数相对较大，即 $\text{cond}(A)_v \gg 1$ 时，矩阵 A 是"病态"的，反之是"良态"的。

5.3.4 矩阵的范数

范数是数值分析中的一个概念，它是向量或矩阵大小的一种度量，在工程计算中有着重要的作用。对于向量 $x \in R^n$，常用的向量范数有以下几种。

- x 的 ∞-范数：$\| x \|_\infty = \max\limits_{1 \leqslant i \leqslant n} | x_i |$。

- x 的 1-范数：$\| x \|_1 = \sum\limits_{i=1}^{n} | x_i |$。

- x 的 2-范数（欧氏范数）：$\| x \|_2 = (x^T x)^{\frac{1}{2}} = \left(\sum\limits_{i=1}^{n} x_i^2 \right)^{\frac{1}{2}}$。

- x 的 p-范数：$\| x \|_p = \left(\sum\limits_{i=1}^{n} | x_i |^p \right)^{\frac{1}{p}}$。

对于矩阵 $A \in R^{m \times n}$，常用的矩阵范数有以下几种。

- A 的行范数（∞-范数）：$\| A \|_\infty = \max\limits_{1 \leqslant i \leqslant m} \sum\limits_{j=1}^{n} | a_{ij} |$。

- A 的列范数（1-范数）：$\| A \|_1 = \max\limits_{1 \leqslant j \leqslant n} \sum\limits_{i=1}^{m} | a_{ij} |$。

- A 的欧氏范数（2-范数）：$\| A \|_2 = \sqrt{\lambda_{\max}(A^T A)}$，其中 $\lambda_{\max}(A^T A)$ 表示 $A^T A$ 的最大特征值。

- A 的 Forbenius 范数（F-范数）：$\| A \|_F = \left(\sum\limits_{i=1}^{m} \sum\limits_{j=1}^{n} a_{ij}^2 \right)^{\frac{1}{2}} = \text{trace}\left(A^T A \right)^{\frac{1}{2}}$。

实例——矩阵的范数与行列式

源文件：yuanwenjian\ch05\hanshuyunsuan.m

本实例演示矩阵函数示例。

解：MATLAB 程序如下。

```
>> A=[3 8 9;0 3 3;7 9 5];
>> B=[8 3 9;2 8 1;3 9 1];
>> norm(A)            %求矩阵 A 的 2-范数或最大奇异值
ans =
    17.5341
>> normest(A)         %求矩阵 A 的 2-范数估值
ans =
    17.5341
>> det(A)             %计算矩阵 A 的行列式
ans =
    -57.0000
```

动手练一练——矩阵一般运算

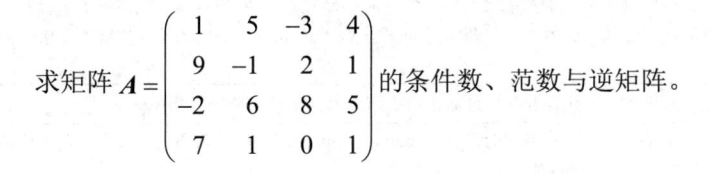

求矩阵 $A = \begin{pmatrix} 1 & 5 & -3 & 4 \\ 9 & -1 & 2 & 1 \\ -2 & 6 & 8 & 5 \\ 7 & 1 & 0 & 1 \end{pmatrix}$ 的条件数、范数与逆矩阵。

思路点拨：

源文件：yuanwenjian\ch05\yibanyunsuan.m
（1）直接生成矩阵。
（2）利用函数 cond()求解矩阵条件数。
（3）利用函数 condest()求解矩阵范数。
（4）利用函数 inv()求解矩阵逆矩阵。

5.4 矩阵分解

矩阵分解是矩阵分析的一个重要工具。例如，求矩阵的特征值和特征向量、求矩阵的逆以及矩阵的秩等都要用到矩阵分解。在工程实际中，尤其是在电子信息理论和控制理论中，矩阵分析尤为重要。本节主要讲述如何利用 MATLAB 来实现矩阵分析中常用的一些矩阵分解。

5.4.1 楚列斯基分解

楚列斯基（Cholesky）分解是专门针对对称正定矩阵的分解。设 $A = (a_{ij}) \in R^{n \times n}$ 是对称正定矩阵，$A = R^T R$ 称为矩阵 A 的楚列斯基分解，其中 $R \in R^{n \times n}$ 是一个具有正的对角元上三角矩阵，即

$$R = \begin{bmatrix} r_{11} & r_{12} & r_{13} & r_{14} \\ 0 & r_{22} & r_{23} & r_{24} \\ 0 & 0 & r_{33} & r_{34} \\ 0 & 0 & 0 & r_{44} \end{bmatrix}$$

这种分解是唯一存在的。

在 MATLAB 中，实现这种分解的命令是 chol，其调用格式见表 5-5。

表 5-5 chol 命令的调用格式

调 用 格 式	说 明
R= chol(A)	返回楚列斯基分解因子 R
R = chol(A,triangle)	使用指定的三角因子 triangle 对矩阵 A 进行分解。triangle 的取值有 lower 和 upper（默认值）
[R,flag] = chol(…)	使用上述语法中的任何输入参数组合，返回楚列斯基分解因子 R 和对称正定标志 flag。若 A 为正定矩阵，则 flag=0，分解成功；若 A 非正定，则 flag 为分解失败的主元位置的索引，但不生成错误
[R,flag,P] = chol(S)	分解稀疏输入矩阵 S，必须为方阵和对称正定矩阵。返回稀疏矩阵的置换矩阵 P
[R,flag,P] = chol(…,outputForm)	使用上述语法中的任何输入参数组合，参数 outputForm 指定是以矩阵还是向量形式返回置换信息 P，取值为 matrix（默认值）或 vector

实例——分解正定矩阵

源文件： yuanwenjian\ch05\zhengding.m

将正定矩阵 $A = \begin{bmatrix} 1 & 1 & 1 & 1 \\ 1 & 2 & 3 & 4 \\ 1 & 3 & 6 & 10 \\ 1 & 4 & 10 & 20 \end{bmatrix}$ 进行楚列斯基分解。

解： MATLAB 程序如下。

```
>> A=[1 1 1 1;1 2 3 4;1 3 6 10;1 4 10 20];%创建对称正定矩阵 A，是一个方阵
>> R=chol(A)         %求矩阵 A 的楚列斯基分解因子 R，是一个上三角矩阵
R =
     1     1     1     1
     0     1     2     3
     0     0     1     3
     0     0     0     1
>> R'*R              %验证 A=R'*R
ans =
     1     1     1     1
     1     2     3     4
     1     3     6    10
     1     4    10    20
```

5.4.2 LU 分解

矩阵的 LU 分解又称矩阵的三角分解，它的目的是将一个矩阵分解成一个下三角矩阵 **L** 和一个上三角矩阵 **U** 的乘积，即 **A=LU**。这种分解在解线性方程组、求矩阵的逆等计算中有着重要的作用。

在 MATLAB 中，实现 LU 分解的命令是 lu，其调用格式见表 5-6。

表 5-6 lu 命令的调用格式

调用格式	说 明
[L,U] = lu(A)	对矩阵 A 进行 LU 分解，其中 L 为单位下三角矩阵或其变换形式，U 为上三角矩阵
[L,U,P] = lu(A)	对矩阵 A 进行 LU 分解，其中 L 为单位下三角矩阵，U 为上三角矩阵，P 为置换矩阵，满足 LU=PA
[L,U,P]=lu(A,outputForm)	以 outputForm 指定的格式（matrix 或 vector）返回 P
[L,U,P,Q] = lu(S)	将稀疏矩阵 S 分解为一个单位下三角矩阵 L、一个上三角矩阵 U、一个行置换矩阵 P 以及一个列置换矩阵 Q，并满足 P*S*Q = L*U
[L,U,P,Q,D] = lu(S)	在上一调用格式的基础上，还返回一个对角缩放矩阵 D，并满足 P*(D\S)*Q=L*U。行缩放通常会使分解更为稀疏和稳定 […]
[...] = lu(S,thresh)	使用指定的主元消去策略的阈值进行 LU 分解，返回上述任意输出参数组合。根据指定的输出参数的数量，对 thresh 输入的要求及其默认值会有所不同
[...] = lu(...,outputForm)	以 outputForm 指定的格式返回输出参数

实例——矩阵的三角分解

源文件：yuanwenjian\ch05\sanjiaofenjie.m

使用两种调用格式对矩阵 $A = \begin{bmatrix} 1 & 2 & 3 & 4 \\ 5 & 6 & 7 & 8 \\ 2 & 3 & 4 & 1 \\ 7 & 8 & 5 & 6 \end{bmatrix}$ 进行 LU 分解，比较二者的不同。

解：MATLAB 程序如下。

```
>> A=[1 2 3 4;5 6 7 8;2 3 4 1;7 8 5 6];
>> [L,U]=lu(A)        %使用第一种调用格式对矩阵 A 进行 LU 分解，返回下三角矩阵 L，上三角矩阵 U
L =
    0.1429    1.0000         0         0
    0.7143    0.3333    1.0000         0
    0.2857    0.8333    0.2500    1.0000
    1.0000         0         0         0
U =
    7.0000    8.0000    5.0000    6.0000
         0    0.8571    2.2857    3.1429
         0         0    2.6667    2.6667
         0         0         0   -4.0000
>> [L,U,P]=lu(A)      %使用第二种调用格式对矩阵 A 进行 LU 分解，返回置换矩阵 P，满足 LU=PA
L =
```

```
          1.0000         0         0         0
          0.1429    1.0000         0         0
          0.7143    0.3333    1.0000         0
          0.2857    0.8333    0.2500    1.0000
U =
          7.0000    8.0000    5.0000    6.0000
               0    0.8571    2.2857    3.1429
               0         0    2.6667    2.6667
               0         0         0   -4.0000
P =
               0         0         0         1
               1         0         0         0
               0         1         0         0
               0         0         1         0
```

> 📢 **注意：**
> 在实际应用中，一般都使用第二种格式的 lu 分解命令，因为第一种调用格式输出的矩阵 **L** 并不一定是下三角矩阵（见上例），这对于分析和计算都是不利的。

5.4.3 LDM^T 与 LDL^T 分解

对于 n 阶方阵 **A**，所谓的 LDM^T 分解就是将 **A** 分解为 3 个矩阵的乘积——LDM^T。其中，**L**、**M** 是单位下三角矩阵，**D** 为对角矩阵。事实上，这种分解是 *LU* 分解的一种变形，因此这种分解可以将 *LU* 分解稍作修改得到，也可以根据三个矩阵的特殊结构直接计算出来。

下面给出通过直接计算得到 **L**、**D**、**M** 的算法源程序 ldm.m。

```
function [L,D,M]=ldm(A)
%此函数用来求解矩阵A的LDM'分解
%其中，L、M均为单位下三角矩阵，D为对角矩阵
[m,n]=size(A);
if m~=n
    error('输入矩阵不是方阵，请正确输入矩阵!');
    return;
end
D(1,1)=A(1,1);
for i=1:n
    L(i,i)=1;
    M(i,i)=1;
end
L(2:n,1)=A(2:n,1)/D(1,1);
M(2:n,1)=A(1,2:n)'/D(1,1);

for j=2:n
    v(1)=A(1,j);
    for i=2:j
        v(i)=A(i,j)-L(i,1:i-1)*v(1:i-1)';
```

```
        end
        for i=1:j-1
            M(j,i)=v(i)/D(i,i);
        end
        D(j,j)=v(j);
        L(j+1:n,j)=(A(j+1:n,j)-L(j+1:n,1:j-1)*v(1:j-1)')/v(j);
    end
```

实例——矩阵的 LDM^T 分解

源文件：yuanwenjian\ch05\yufenjie.m

利用上面的函数对矩阵 $A = \begin{bmatrix} 1 & 2 & 3 & 4 \\ 4 & 6 & 10 & 2 \\ 1 & 1 & 0 & 1 \\ 0 & 0 & 2 & 3 \end{bmatrix}$ 进行 LDM^T 分解。

解：MATLAB 程序如下。

```
>> A=[1 2 3 4;4 6 10 2;1 1 0 1;0 0 2 3];
>> [L,D,M]=ldm(A) %调用自定义函数ldm()对A进行分解，返回单位下三角矩阵L和M及对角矩阵D
L =
    1.0000         0         0         0
    4.0000    1.0000         0         0
    1.0000    0.5000    1.0000         0
         0         0   -1.0000    1.0000
D =
     1     0     0     0
     0    -2     0     0
     0     0    -2     0
     0     0     0     7
M =
     1     0     0     0
     2     1     0     0
     3     1     1     0
     4     7    -2     1
>> L*D*M'                                                    %验证分解是否正确
ans =
     1     2     3     4
     4     6    10     2
     1     1     0     1
     0     0     2     3
```

如果 A 是非奇异对称矩阵，那么在 LDM^T 分解中有 $L=M$，此时 LDM^T 分解中的有些步骤是多余的，下面给出实对称矩阵 A 的 LDL^T 分解的算法源程序。

```
function [L,D]=ldlt(A)
%此函数用来求解实对称矩阵A的LDL'分解
%其中，L为单位下三角矩阵，D为对角矩阵
```

```
    [m,n]=size(A);
    if m~=n | ~isequal(A,A')
        error('请正确输入矩阵!');
        return;
    end
    D(1,1)=A(1,1);
    for i=1:n
        L(i,i)=1;
    end
    L(2:n,1)=A(2:n,1)/D(1,1);
    for j=2:n
        v(1)=A(1,j);
        for i=1:j-1
            v(i)=L(j,i)*D(i,i);
        end
        v(j)=A(j,j)-L(j,1:j-1)*v(1:j-1)';
        D(j,j)=v(j);
        L(j+1:n,j)=(A(j+1:n,j)-L(j+1:n,1:j-1)*v(1:j-1)')/v(j);
    end
```

实例——矩阵的 LDL^T 分解

源文件：yuanwenjian\ch05\LDLfenjie.m

利用上面的函数将对称矩阵 $A = \begin{bmatrix} 1 & 2 & 3 & 4 \\ 2 & 5 & 7 & 8 \\ 3 & 7 & 6 & 9 \\ 4 & 8 & 9 & 1 \end{bmatrix}$ 进行 LDL^T 分解。

解：MATLAB 程序如下。

```
>> clear
>> A=[1 2 3 4;2 5 7 8;3 7 6 9;4 8 9 1];
>> [L,D]=ldlt(A)             %调用的 ldlt.m 函数文件必须保存在搜索路径下，否则程序运行报错
L =
    1.0000         0         0         0
    2.0000    1.0000         0         0
    3.0000    1.0000    1.0000         0
    4.0000         0    0.7500    1.0000    %单位下三角矩阵
D =
    1.0000         0         0         0
         0    1.0000         0         0
         0         0   -4.0000         0
         0         0         0  -12.7500    %对角矩阵
>> L*D*L'                                   %验证分解是否正确
ans =
     1     2     3     4
     2     5     7     8
```

3	7	6	9
4	8	9	1

5.4.4 QR 分解

矩阵 A 的 QR 分解也叫正交三角分解,即将矩阵 A 表示成一个正交矩阵 Q 与一个上三角矩阵 R 的乘积形式。这种分解在工程中是应用最广泛的一种矩阵分解。

在 MATLAB 中,矩阵 A 的 QR 分解命令是 qr,其调用格式见表 5-7。

表 5-7 qr 命令的调用格式

调 用 格 式	说 明
[Q,R] = qr(A)	返回正交矩阵 Q 和上三角矩阵 R,Q 和 R 满足 A=QR;若 A 为 $m×n$ 矩阵,则 Q 为 $m×m$ 矩阵,R 为 $m×n$ 矩阵
[Q,R,E] = qr(A)	求得正交矩阵 Q 和上三角矩阵 R,E 为置换矩阵,使得 R 的对角线元素按绝对值大小降序排列,满足 AE=QR
[Q,R] = qr(A,0)	产生矩阵 A 的"经济型"分解,即若 A 为 $m×n$ 矩阵,且 m>n,则返回 Q 的前 n 列,R 为 $n×n$ 矩阵;否则该命令等价于[Q,R] = qr(A)
[Q,R,E] = qr(A, outputForm)	指定置换信息 E 是以矩阵还是向量形式返回。例如,如果 outputForm 的取值为 vector,则 A(:,E)=Q*R。outputForm 的默认值是 matrix,满足 A*E=Q*R
R = qr(A)	对稀疏矩阵 A 进行分解,只产生一个上三角矩阵 R,R 为 A^TA 的 Cholesky 分解因子,即满足 $R^TR=A^TA$
[C,R]=qr(A,b)	计算 C=Q'*b 和上三角矩阵 R。此命令用来计算方程组 Ax=b 的最小二乘解
[C,R,E] = qr(A,b)	在上一种调用格式的基础上还返回置换矩阵 E。使用 C、R 和 E 可以计算稀疏线性方程组 A*x=b 和 x=E*(R\C)的最小二乘解
[...] = qr(A,b,0)	使用上述任意输出参数组合对稀疏矩阵 A 进行精简分解
[C,R,E] = qr(A,b, outputForm)	指定置换信息 E 是以矩阵还是向量形式返回

实例——随机矩阵的 QR 分解

源文件: yuanwenjian\ch05\QRfenjie.m

随机矩阵的 QR 分解示例。

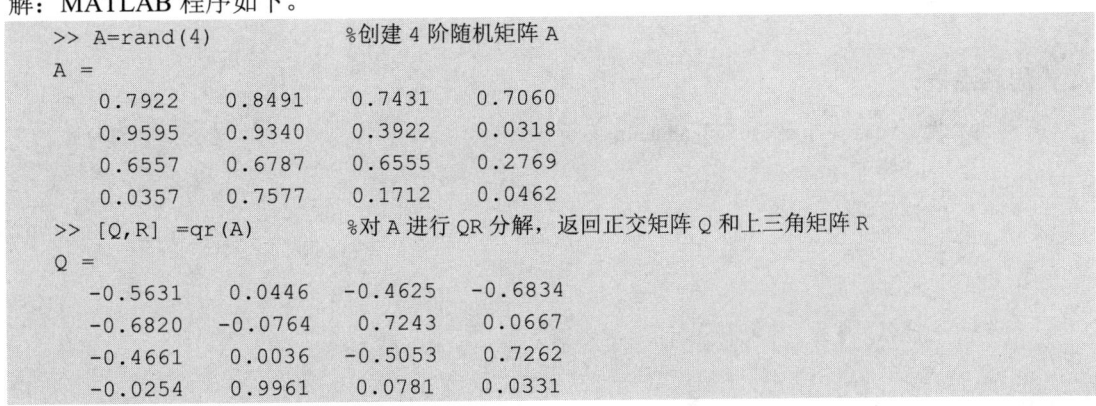

解: MATLAB 程序如下。

```
>> A=rand(4)             %创建 4 阶随机矩阵 A
A =
    0.7922    0.8491    0.7431    0.7060
    0.9595    0.9340    0.3922    0.0318
    0.6557    0.6787    0.6555    0.2769
    0.0357    0.7577    0.1712    0.0462
>> [Q,R] =qr(A)          %对 A 进行 QR 分解,返回正交矩阵 Q 和上三角矩阵 R
Q =
   -0.5631    0.0446   -0.4625   -0.6834
   -0.6820   -0.0764    0.7243    0.0667
   -0.4661    0.0036   -0.5053    0.7262
   -0.0254    0.9961    0.0781    0.0331
```

```
R =
   -1.4069   -1.4506   -0.9958   -0.5495
         0    0.7238    0.1761    0.0761
         0         0   -0.3775   -0.4398
         0         0         0   -0.2777
```

下面介绍在实际的数值计算中经常要用到的两个命令：qrdelete 命令与 qrinsert 命令。前者用来求当矩阵 A 去掉一行或一列时，在其原有 QR 分解基础上更新出新矩阵的 QR 分解；后者用来求当 A 增加一行或一列时，在其原有 QR 分解基础上更新出新矩阵的 QR 分解。例如，在解二次规划的算法时就要用到这两个命令，利用它们来求增加或去掉某行（列）时 A 的 QR 分解要比直接应用 qr 命令节省时间。

qrdelete 命令与 qrinsert 命令的调用格式分别见表 5-8 和表 5-9。

表 5-8 qrdelete 命令的调用格式

调用格式	说明
[Q1,R1]=qrdelete(Q,R,j)	返回去掉 A 的第 j 列后，新矩阵的 QR 分解矩阵。其中 Q、R 为原来 A 的 QR 分解矩阵
[Q1,R1]=qrdelete(Q,R,j,'col')	同上
[Q1,R1]=qrdelete(Q,R,j,'row')	返回去掉 A 的第 j 行后，新矩阵的 QR 分解矩阵。其中 Q、R 为原来 A 的 QR 分解矩阵

表 5-9 qrinsert 命令的调用格式

调用格式	说明
[Q1,R1]=qrinsert(Q,R,j,x)	返回在 A 的第 j 列前插入向量 x 后，新矩阵的 QR 分解矩阵。其中 Q、R 为原来 A 的 QR 分解矩阵
[Q1,R1]=qrinsert(Q,R,j,x,'col')	同上
[Q1,R1]=qrinsert(Q,R,j,x,'row')	返回在 A 的第 j 行前插入向量 x 后，新矩阵的 QR 分解矩阵。其中 Q、R 为原来 A 的 QR 分解矩阵

动手练一练——矩阵变换分解

对矩阵 $A = \begin{bmatrix} 1 & 2 & 3 \\ 4 & 5 & 6 \\ 1 & 0 & 1 \\ 0 & 1 & 1 \end{bmatrix}$ 进行 QR 分解，去掉矩阵第 3 行，求新矩阵的 QR 分解。

思路点拨：

源文件：yuanwenjian\ch05\bianhuan.m

（1）生成矩阵 A。

（2）分解矩阵。

（3）抽取矩阵运算，生成新矩阵。

（4）分解新矩阵。

（5）去掉其第 3 行，求新得矩阵的 QR 分解。

5.4.5 SVD 分解

奇异值（SVD）分解是现代数值分析（尤其是数值计算）的最基本和最重要的工具之一，因此在实际工程中有着广泛的应用。

所谓 SVD 分解，是指将 $m \times n$ 矩阵 A 表示为 3 个矩阵乘积形式 USV^T，其中，U 为 $m \times m$ 酉矩阵；V 为 $n \times n$ 酉矩阵；S 为对角矩阵，其对角线元素为矩阵 A 的奇异值且满足 $s_1 \geq s_2 \geq \cdots \geq s_r > s_{r+1} = \cdots = s_n = 0$，$r$ 为矩阵 A 的秩。在 MATLAB 中，这种分解是通过 svd 命令来实现的。

svd 命令的调用格式见表 5-10。

表 5-10 svd 命令的调用格式

调用格式	说 明
s = svd (A)	返回矩阵 A 的奇异值向量 s
[U,S,V] = svd (A)	返回矩阵 A 的奇异值分解因子 U、S、V
[U,S,V] = svd (A,0)	返回 m×n 矩阵 A 的"经济型"奇异值分解，若 m>n，则只计算出矩阵 U 的前 n 列，矩阵 S 为 n×n 矩阵，否则同[U,S,V] = svd (A)
[...] = svd(A,"econ")	使用上述任一输出参数组合生成 A 的精简分解
[...] = svd(...,outputForm)	在上述调用格式的基础上，还可以指定奇异值的输出格式（vector 或 matrix）

实例——随机矩阵的奇异值分解

源文件：yuanwenjian\ch05\qiyifenjie.m

矩阵的奇异值分解示例。

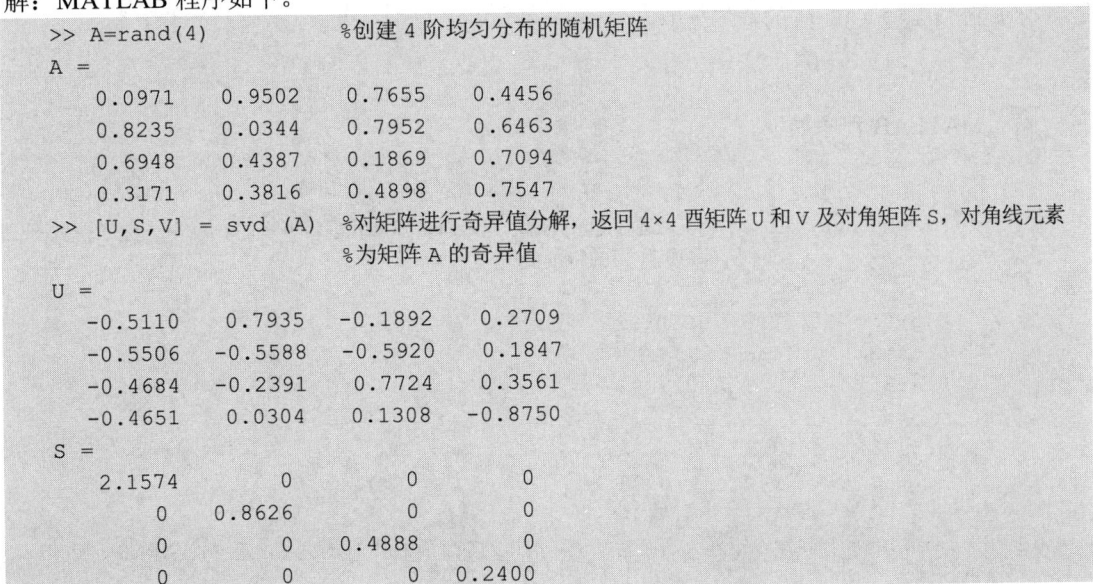

解：MATLAB 程序如下。

```
>> A=rand(4)              %创建 4 阶均匀分布的随机矩阵
A =
    0.0971    0.9502    0.7655    0.4456
    0.8235    0.0344    0.7952    0.6463
    0.6948    0.4387    0.1869    0.7094
    0.3171    0.3816    0.4898    0.7547
>> [U,S,V] = svd (A)      %对矩阵进行奇异值分解，返回 4×4 酉矩阵 U 和 V 及对角矩阵 S，对角线元素
                          %为矩阵 A 的奇异值
U =
   -0.5110    0.7935   -0.1892    0.2709
   -0.5506   -0.5588   -0.5920    0.1847
   -0.4684   -0.2391    0.7724    0.3561
   -0.4651    0.0304    0.1308   -0.8750
S =
    2.1574         0         0         0
         0    0.8626         0         0
         0         0    0.4888         0
         0         0         0    0.2400
```

```
V =
   -0.4524   -0.6254    0.1481    0.6183
   -0.4114    0.7436    0.3861    0.3588
   -0.5304    0.1546   -0.8329   -0.0323
   -0.5872   -0.1788    0.3679   -0.6985
```

5.4.6 舒尔分解

舒尔（Schur）分解是 Schur 于 1909 年提出的矩阵分解，它是一种典型的酉相似变换，这种变换的最大好处是能够保持数值稳定，因此在工程计算中也是重要工具之一。

对于矩阵 $A \in C^{n \times n}$，所谓舒尔分解，是指找一个酉矩阵 $U \in C^{n \times n}$，使得 $U^H A U = T$，其中 T 为上三角矩阵，称为舒尔矩阵，其对角元素为矩阵 A 的特征值。在 MATLAB 中，这种分解是通过 schur 命令来实现的。

schur 命令的调用格式见表 5-11。

表 5-11 schur 命令的调用格式

调用格式	说明
T = schur(A)	返回舒尔矩阵 T，若 A 有复数特征值，则相应的对角元以 2×2 的块矩阵形式给出
T = schur(A,flag)	若 A 有复数特征值，则 flag='complex'；否则 flag='real'
[U,T] = schur(A,…)	返回酉矩阵 U 和舒尔矩阵 T

实例——矩阵的舒尔分解

源文件：yuanwenjian\ch05\shuerfenjie.m

求矩阵 $A = \begin{bmatrix} 1 & 2 & 3 \\ 2 & 3 & 1 \\ 1 & 3 & 0 \end{bmatrix}$ 的舒尔分解。

解：MATLAB 程序如下。

```
>> clear
>> A=[1 2 3;2 3 1;1 3 0];
>> [U,T]=schur(A)   %对矩阵 A 进行舒尔分解，返回酉矩阵 U 和舒尔矩阵 T，是一个上三角矩阵，其对角
                    %元素为矩阵 A 的特征值
U =
    0.5965   -0.8005   -0.0582
    0.6552    0.4438    0.6113
    0.4635    0.4028   -0.7893
T =
    5.5281    1.1062    0.7134
         0   -0.7640    2.0905
         0   -0.4130   -0.7640
>> lambda=eig(A)    %矩阵 A 有复特征值，所以对应上面的 T 在对角线上有一个 2 阶块矩阵
lambda =
```

```
    5.5281 + 0.0000i
   -0.7640 + 0.9292i
   -0.7640 - 0.9292i
```

对于上面这种有复特征值的矩阵，可以利用[U,T] = schur(A,'copmlex')来求其舒尔分解，也可利用 rsf2csf 命令将上例中的 U、T 转化为复矩阵。下面再用这两种方法求上例中矩阵 A 的复舒尔分解。

实例——矩阵的复舒尔分解

源文件：yuanwenjian\ch05\fushuerfenjie.m

求上例中的矩阵 A 的复舒尔分解。

解：MATLAB 程序如下。

（1）方法 1。

```
>> A=[1 2 3;2 3 1;1 3 0];
>> [U,T]=schur(A,'complex')     %对矩阵 A 进行舒尔分解，第二个参数用于返回复矩阵
U =
   0.5965 + 0.0000i   0.0236 - 0.7315i  -0.3251 + 0.0532i
   0.6552 + 0.0000i  -0.2483 + 0.4056i   0.1803 - 0.5586i
   0.4635 + 0.0000i   0.3206 + 0.3681i   0.1636 + 0.7212i
T =
   5.5281 + 0.0000i  -0.2897 + 1.0108i   0.4493 - 0.6519i
   0.0000 + 0.0000i  -0.7640 + 0.9292i  -1.6774 + 0.0000i
   0.0000 + 0.0000i   0.0000 + 0.0000i  -0.7640 - 0.9292i
```

（2）方法 2。

```
>> [U,T]=schur(A);              %使用函数对矩阵 A 进行舒尔分解
>> [U,T]=rsf2csf(U,T)           %将酉矩阵 U 和舒尔矩阵 T 转化为复矩阵
U =
   0.5965 + 0.0000i   0.0236 - 0.7315i  -0.3251 + 0.0532i
   0.6552 + 0.0000i  -0.2483 + 0.4056i   0.1803 - 0.5586i
   0.4635 + 0.0000i   0.3206 + 0.3681i   0.1636 + 0.7212i
T =
   5.5281 + 0.0000i  -0.2897 + 1.0108i   0.4493 - 0.6519i
   0.0000 + 0.0000i  -0.7640 + 0.9292i  -1.6774 + 0.0000i
   0.0000 + 0.0000i   0.0000 + 0.0000i  -0.7640 - 0.9292i
```

5.4.7 海森伯格分解

如果矩阵 *H* 的第一子对角线下元素都是 0，则 *H*（或其转置形式）称为上（下）海森伯格（Hessenberg）矩阵。这种矩阵在零元素所占比例及分布上都接近三角矩阵，虽然它在特征值等性质方面不如三角矩阵那样简单，但在实际应用中，应用相似变换将一个矩阵化为海森伯格矩阵是可行的，而化为三角矩阵则不易实现；而且通过化为海森伯格矩阵来处理矩阵计算问题能够大大节省计算量，因此在工程计算中，海森伯格分解也是常用的工具之一。在 MATLAB 中，可以通过 hess 命令来得到这种形式。hess 命令的调用格式见表 5-12。

表 5-12　hess 命令的调用格式

调用格式	说明
H = hess(A)	返回矩阵 A 的海森伯格形式
[P,H] = hess(A)	返回一个海森伯格矩阵 H 以及一个矩阵 P，满足 A = PHP' 且 P'P = I
[H,T,Q,U] = hess(A,B)	对于方阵 A、B，返回海森伯格矩阵 H，上三角矩阵 T 以及酉矩阵 Q、U，使得 QAU=H 且 QBU=T

实例——求解变换矩阵

源文件：yuanwenjian\ch05\bianhuanjuzhen.m

将矩阵 $A = \begin{bmatrix} -1 & 2 & 3 & 0 \\ 0 & -2 & 3 & 4 \\ 1 & 0 & 4 & 5 \\ 1 & 2 & 9 & -3 \end{bmatrix}$ 转换为海森伯格形式，并求出变换矩阵 P。

解：MATLAB 程序如下。

```
>> clear
>> A=[-1 2 3 0;0 -2 3 4;1 0 4 5;1 2 9 -3];
>> [P,H]=hess(A)    %对矩阵A进行海森伯格分解，返回变换矩阵P和A的上海森伯格矩阵H，第一子对
                    %角线下元素都是0
P =
    1.0000         0         0         0
         0         0    0.9570    0.2900
         0   -0.7071    0.2051   -0.6767
         0   -0.7071   -0.2051    0.6767
H =
   -1.0000   -2.1213    2.5293   -1.4501
   -1.4142    7.5000   -2.9485    4.8535
         0   -5.1720   -2.9673    1.7777
         0         0    2.4848   -5.5327
```

5.5　综合实例——方程组的求解

源文件：yuanwenjian\ch05\fangchengzuqiujie.m

无论是工程应用问题还是数学计算问题，方程都是问题转化的重要途径之一，通过将复杂的问题简单转化成矩阵的求解问题，最后在 MATLAB 中进行函数计算。本节通过对一个方程组的应用来介绍方程组的求解问题。

对于四元一次线性方程组 $\begin{cases} 2x_1 + x_2 - 5x_3 + x_4 = 8 \\ x_1 - 3x_2 - 6x_4 = 9 \\ 2x_2 - x_3 + 2x_4 = -5 \\ x_1 + 4x_2 - 7x_3 + 6x_4 = 0 \end{cases}$，利用 MATLAB 中求解多元方程组的不同方

法进行求解。

上面的方程符合 $Ax = b$，首先需要确定方程组解的信息。

【操作步骤】

(1) 创建方程组系数矩阵 A、b。

```
>> A=[2 1 -5 1;1 -3 0 -6;0 2 -1 2;1 4 -7 6]
A =
     2    1   -5    1
     1   -3    0   -6
     0    2   -1    2
     1    4   -7    6
>> b=[8 9 -5 0]'
b =
     8
     9
    -5
     0
```

(2) 判断方程是否有解，方法包括两种。

➢ 方法1

① 编写函数 isexist.m 如下。

```
function y=isexist(A,b)
%该函数用来判断线性方程组 Ax=b 的解的存在性
%若方程组无解则返回 0，若有唯一解则返回 1，若有无穷多解则返回 Inf
[m,n]=size(A);
[mb,nb]=size(b);
if m~=mb
    error('输入有误!');
    return;
end
r=rank(A);
s=rank([A,b]);
if r==s &&r==n
    y=1;
elseif r==s&&r<n
    y=Inf;
else
    y=0;
end
```

② 调用函数。

```
>> y=isexist(A,b)
y =
     1
```

方程返回1，则确定有唯一解

➢ 方法2

① 求方程组的秩。

```
>> r=rank(A)
r =
    4                                               %秩 r=n=4，A 为非奇异矩阵
```

② 创建增广矩阵 **B**。

```
>> B=[A,b]
B =
    2    1   -5    1    8
    1   -3    0   -6    9
    0    2   -1    2   -5
    1    4   -7    6    0
>> s=rank(B)                                        %求增广矩阵的秩
s =
    4
```

这里 r=s=n=4，则该非齐次线性方程组有唯一解。

5.5.1 利用矩阵的逆求解

```
>> x0=pinv(A)*b                                     %利用矩阵的逆求解
x0 =
    3.0000
   -4.0000
   -1.0000
    1.0000
>> b0=A*x0                                          %验证解的正确性
b0 =
    8.0000
    9.0000
   -5.0000
    0.0000
```

得出的结果 b0 与矩阵 b 相同，求解正确。

5.5.2 利用矩阵分解求解

利用矩阵分解来求解线性方程组，是工程计算中最常用的技术。下面分别利用不同的分解法求解四元一次方程。

1．LU 分解法

LU 分解法是先将系数矩阵 **A** 进行 LU 分解，得到 **LU**=**PA**，然后解 **Ly**=**Pb**，最后再解 **Ux**=**y** 得到原方程组的解。

（1）编写利用 LU 分解法求解线性方程组 **Ax**=**b** 的函数文件 solvebyLU.m。

```
function x=solvebyLU(A,b)
%该函数利用 LU 分解法求线性方程组 Ax=b 的解
flag=isexist(A,b);          %调用函数 isexist()判断方程组解的情况
if flag==0
    disp('该方程组无解!');
```

```
        x=[];
        return;
    else
        r=rank(A);
        [m,n]=size(A);
        [L,U,P]=lu(A);
        b=P*b;
            %解 Ly=b
        y(1)=b(1);
        if m>1
            for i=2:m
                y(i)=b(i)-L(i,1:i-1)*y(1:i-1)';
            end
        end
        y=y';
            %解 Ux=y 得原方程组的一个特解
        x0(r)=y(r)/U(r,r);
        if r>1
            for i=r-1:-1:1
                x0(i)=(y(i)-U(i,i+1:r)*x0(i+1:r)')/U(i,i);
            end
        end
        x0=x0';
         if flag==1                         %若方程组有唯一解
            x=x0;
            return;
        else                                %若方程组有无穷多解
            format rat;
            Z=null(A,'r');                  %求出对应齐次方程组的基础解系
            [mZ,nZ]=size(Z);
            x0(r+1:n)=0;
            for i=1:nZ
                t=sym(char([107 48+i]));
                k(i)=t;                     %取 k=[k1,k2,…]
            end
            x=x0;
            for i=1:nZ
                x=x+k(i)*Z(:,i);            %将方程组的通解表示为特解加对应齐次通解形式
            end
        end
    end
end
```

(2) 调用函数。

```
>> x2=solvebyLU(A,b)                %调用自定义函数求解方程组
x2 =
   3.0000
  -4.0000
  -1.0000
```

```
         1.0000
>> b2=A*x2                           %验证解的正确性
b2 =
         8.0000
         9.0000
        -5.0000
         0.0000
```

得出的结果 b2 与矩阵 b 相同，求解正确。

2．QR 分解法

利用 QR 分解法先将系数矩阵 *A* 进行 QR 分解 *A*=*QR*，然后解 *Qy*=*b*，最后解 *Rx*=*b* 得到原方程组的解。

（1）编写求解线性方程组 *Ax*=*b* 的函数文件 solvebyQR.m。

```
function x=solvebyQR(A,b)
%该函数利用 QR 分解法求线性方程组 Ax=b 的解
flag=isexist(A,b);                   %调用函数 isexist()判断方程组解的情况
if flag==0
    disp('该方程组无解!');
    x=[];
    return;
else
    r=rank(A);
    [m,n]=size(A);
    [Q,R]=qr(A);
    b=Q'*b;
    %解 Rx=b 得原方程组的一个特解
    x0(r)=b(r)/R(r,r);
    if r>1
        for i=r-1:-1:1
            x0(i)=(b(i)-R(i,i+1:r)*x0(i+1:r)')/R(i,i);
        end
    end
    x0=x0';
    if flag==1                       %若方程组有唯一解
        x=x0;
        return;
    else                             %若方程组有无穷多解
        format rat;
        Z=null(A,'r');               %求出对应齐次方程组的基础解系
        [mZ,nZ]=size(Z);
        x0(r+1:n)=0;
        for i=1:nZ
            t=sym(char([107 48+i]));
            k(i)=t;                  %取 k=[k1,…,kr]
        end
        x=x0;
```

```
            for i=1:nZ
                x=x+k(i)*Z(:,i);              %将方程组的通解表示为特解加对应齐次通解形式
            end
        end
    end
```

(2) 调用函数。

```
>> x3=solvebyQR(A,b)
x3 =
    3.0000
   -4.0000
   -1.0000
    1.0000
>> b3=A*x3                                    %验证解的正确性
b3 =
    8.0000
    9.0000
   -5.0000
         0
```

得出的结果 b3 与矩阵 b 相同，求解正确。

知识拓展：

楚列斯基分解法只适用于系数矩阵 A 是对称正定的情况，本节中的四元一次方程组系数 A 不是对称正定，运行结果显示如下：

```
>> x4=solvebyCHOL(A,b)
该方法只适用于对称正定的系数矩阵！
x4 =
    []
```

3．选择分解法

本节介绍通过输入参数来选择用哪种矩阵分解法求解线性方程组。

（1）编写函数文件 solvelineq.m。

```
function x=solvelineq(A,b,flag)
%该函数是矩阵分解法汇总，通过 flag 的取值来调用不同的矩阵分解
%若 flag='LU'，则调用 LU 分解法
%若 flag='QR'，则调用 QR 分解法
%若 flag='CHOL'，则调用楚列斯基分解法
if strcmp(flag,'LU')
    x=solvebyLU(A,b);
elseif strcmp(flag,'QR')
    x=solvebyQR(A,b);
elseif strcmp(flag,'CHOL')
    x=solvebyCHOL(A,b);
else
    error('flag 的值只能为 LU,QR,CHOL!');
end
```

（2）调用函数。

```
>> solvelineq(A,b,'LU')              %调用 LU 分解法求解
ans =
    3.0000
   -4.0000
   -1.0000
    1.0000
>> solvelineq(A,b,'QR')              %调用 QR 分解法求解
ans =
    3.0000
   -4.0000
   -1.0000
    1.0000
>> solvelineq(A,b,'CHOL')            %调用楚列斯基分解法求解
该方法只适用于对称正定的系数矩阵！
ans =
     []
```

第 6 章 二维绘图

内容简介

二维曲线是将平面上的数据连接起来的平面图形，数据点可以用向量或矩阵来表示。MATLAB 通过大量数据计算为二维曲线提供了应用平台，这也是 MATLAB 有别于其他科学计算的地方，它实现了数据结果的可视化，具有强大的图形功能。

本章将介绍 MATLAB 的图形窗口和二维图形的绘制。希望通过本章的学习，读者能够使用 MATLAB 进行二维绘图。

内容要点

- 二维绘图简介
- 不同坐标系下的绘图命令
- 图形窗口
- 综合实例——绘制函数曲线

案例效果

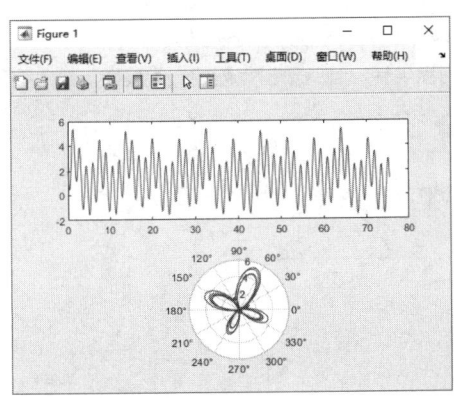

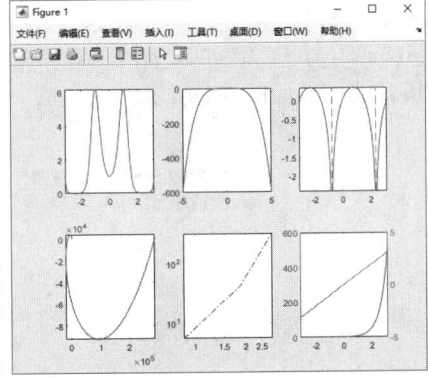

6.1 二维绘图简介

本节内容是学习用 MATLAB 作图最重要的部分，也是学习后面内容的一个基础。本节将会详细介绍一些常用的绘图命令。

6.1.1 plot 绘图命令

plot 命令是最基本的绘图命令，也是最常用的一个绘图命令。当执行 plot 命令时，系统会自动创建一个新的图形窗口。若之前已经打开了图形窗口，那么系统会将图形画在最近打开过的图形窗口上，原有图形也将被覆盖。本节将详细讲述该命令的各种用法。

plot 命令主要有下面几种使用格式。

1. plot(x)

plot(x)函数格式的功能如下。

- 当 x 是实向量时，则绘制出以该向量元素的下标（即向量的长度，可用 MATLAB 函数 length() 求得）为横坐标，以该向量元素的值为纵坐标的一条连续曲线。
- 当 x 是实矩阵时，按列绘制出每列元素值相对其下标的曲线，曲线数等于 x 的列数。
- 当 x 是复矩阵时，按列分别绘制出以元素实部为横坐标，以元素虚部为纵坐标的多条曲线。

实例——实验数据曲线

源文件：yuanwenjian\ch06\shiyanquxian.m、实验数据曲线.fig

从实验中得到 y 与 x 的一组数据，见表 6-1。

表 6-1 实验数据

x	5	10	20	30	40	50	60	70	90	120
y	6	10	13	16	17	19	23	25	29	460

解：MATLAB 程序如下。

```
>> x=[5 10 20 30 40 50 60 70 90 120];
>> y=[6 10 13 16 17 19 23 25 29 460];   %输入测量数据矩阵 x 和 y
>> plot(x,y)       %以 x 为横坐标、以 y 为纵坐标，绘制数据矩阵的二维线图，线条颜色默认为蓝色
```

运行后所得的图像如图 6-1 所示。

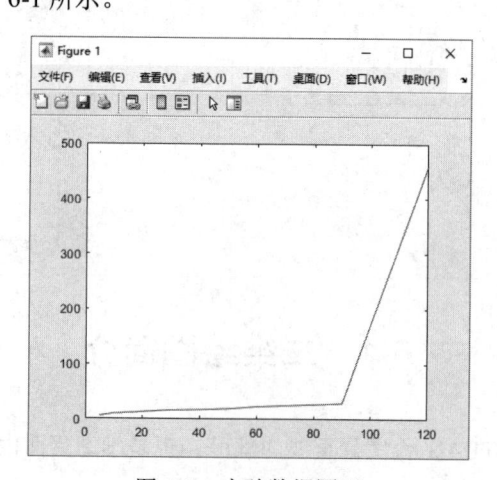

图 6-1 实验数据图形

2. 多图形显示

在实际应用中，为了进行不同数据的比较，有时需要在同一个视窗下观察不同的图像，就需要用不同的操作命令进行设置。

（1）如果要在同一图形窗口中分割出所需要的几个窗口来，可以使用 subplot 命令。subplot 命令的调用格式见表 6-2。

表 6-2　subplot 命令的调用格式

调用格式	说明
subplot(m,n,p)	将当前窗口分割成 m×n 个视图区域，并指定第 p 个视图为当前视图
subplot(m,n,p,'replace')	删除位置 p 处的现有坐标区并创建新坐标区
subplot(m,n,p,'align')	创建新坐标区，以便对齐图框。此选项为默认行为
subplot(m,n,p,ax)	将现有坐标区 ax 转换为同一图形窗口中的子图
subplot('Position',pos)	在 pos 指定的自定义位置创建坐标区。指定 pos 作为[left bottom width height]形式的四元素向量，如果新坐标区与现有坐标区重叠，新坐标区将替换现有坐标区
subplot(…,Name,Value)	使用一个或多个名称-值对组参数修改坐标区属性
ax = subplot(…)	返回创建的 Axes 对象、PolarAxes 对象或 GeographicAxes 对象。可以使用 ax 修改坐标区
subplot(ax)	将 ax 指定的坐标区设为父图形窗口的当前坐标区。如果父图形窗口不是当前图形窗口，此选项不会使父图形窗口成为当前图形窗口

需要注意的是，这些子图的编号是按行来排列的，例如，第 s 行第 t 个视图区域的编号为 $(s-1) \times n + t$。如果在此命令之前并没有任何图形窗口被打开，那么系统将会自动创建一个图形窗口，并将其割成 $m \times n$ 个视图区域。

（2）函数 tiledlayout()创建分块图布局用于显示当前图形窗口中的多个绘图。如果没有图形窗口，则 MATLAB 创建一个图形窗口并按照设置进行布局；如果当前图形窗口包含一个现有布局，MATLAB 使用新布局替换该布局。tiledlayout 命令的调用格式见表 6-3。

表 6-3　tiledlayout 命令的调用格式

调用格式	说明
tiledlayout(m,n)	将当前窗口分割成 m×n 个视图区域，默认状态下，只有一个空图块填充整个布局。当调用 nexttile()函数创建新的坐标区域时，布局都会根据需要进行调整以适应新坐标区，同时保持所有图块的纵横比约为 4:3
tiledlayout(arrangement)	创建一个可以容纳任意数量坐标区的布局。arrangement 的可选参数为 flow、vertical 和 horizontal。flow 表示为坐标区网格创建布局，该布局可以根据图窗的大小和坐标区的数量调整；vertical 表示为坐标区的垂直堆叠创建布局；horizontal 表示为坐标区的水平堆叠创建布局
tiledlayout(…,Name,Value)	使用一个或多个名称-值对组参数指定布局属性
tiledlayout(parent,…)	在指定的父容器（可指定为 Figure、Panel 或 Tab 对象）中创建布局
t = tiledlayout(…)	返回 TiledChartLayout 对象 t，使用 t 配置布局的属性

分块图布局包含覆盖整个图形窗口或父容器的不可见图块网格，每个图块可以包含一个用于显示绘图的坐标区。创建布局后，调用函数 nexttile()将坐标区对象放置到布局中，然后调用绘图函数在该坐标区中绘图。函数 nexttile()的调用格式见表 6-4。

表 6-4 函数 nexttile()的调用格式

调 用 格 式	说 明
nexttile	创建一个坐标区对象,再将其放入当前图形窗口中的分块图布局的下一个空图块中
nexttile(tilelocation)	指定要在其中放置坐标区的图块的编号,图块编号从 1 开始,按从左到右、从上到下的顺序递增。如果图块中有坐标区或图对象,nexttile 会将该对象设为当前坐标区
nexttile(span)	创建一个占据多行或多列的坐标区对象,指定 span 作为[r c]形式的向量。坐标区占据 r(行)× c(列)的图块,坐标区的左上角位于第一个空的 r×c 区域的左上角
nexttile(tilelocation,span)	创建一个占据多行或多列的坐标区对象,将坐标区的左上角放置在 tilelocation 指定的图块中
nexttile(t,…)	在 t 指定的分块图布局中放置坐标区对象
ax = nexttile(…)	返回坐标区对象 ax,使用 ax 对坐标区设置属性

实例——窗口分割

源文件:yuanwenjian\ch06\duochuangkou.m、窗口分割.fig

本实例显示 2×2 图形分割。

解:MATLAB 程序如下。

```
>> subplot(2,2,1)          %显示第一个图形,如图 6-2 所示
>> subplot(2,2,2)          %显示第二个图形,如图 6-3 所示
>> subplot(2,2,3)          %显示第三个图形,如图 6-4 所示
>> subplot(2,2,4)          %显示第四个图形,如图 6-5 所示
```

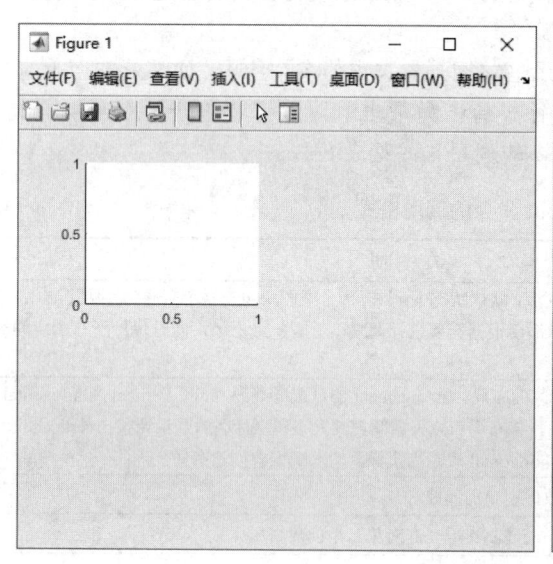

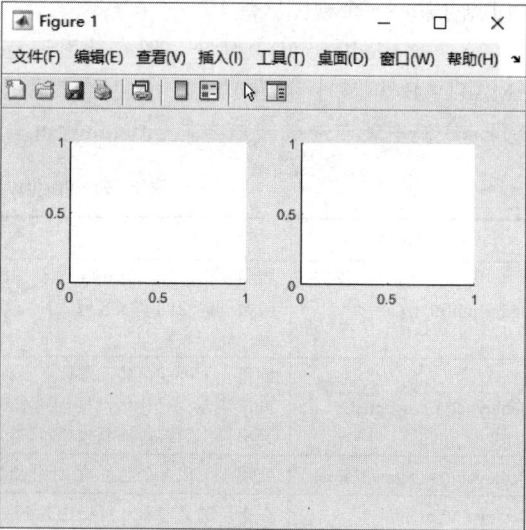

图 6-2 视图 1

图 6-3 视图 2

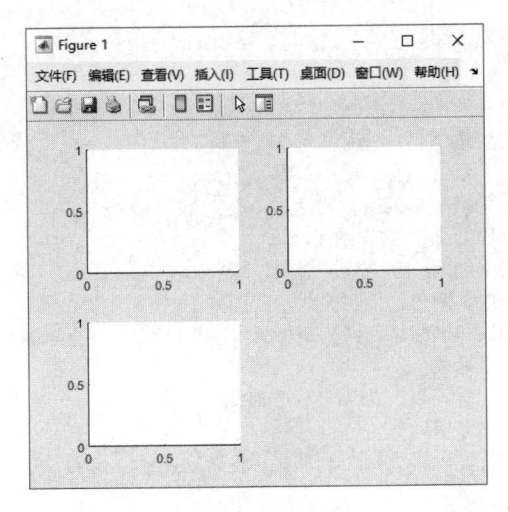

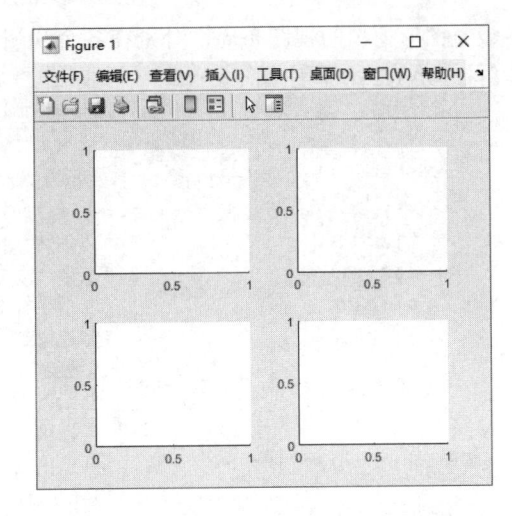

图 6-4 视图 3　　　　　　　　　　　　图 6-5 视图 4

实例——随机矩阵图形

源文件：yuanwenjian\ch06\suijituxing.m、随机矩阵图形.fig

随机生成一个行向量 *a* 以及一个矩阵 *b*，用 plot 画图命令作出 *a*、*b* 的图像。

解：MATLAB 程序如下。

```
>> a=rand(1,10);           %创建 1×10 的随机数向量 a
>> b=rand(5,5);            %创建 5×5 的随机矩阵 b
>> subplot(1,2,1),plot(a)  %将视窗分割为 1 行 2 列两个并排的子图，绘制向量 a 的曲线
>> subplot(1,2,2),plot(b)  %在第二个子图中，绘制矩阵 b 每一列的曲线，曲线条数等于 b 的列数
```

运行后所得的图像如图 6-6 所示。

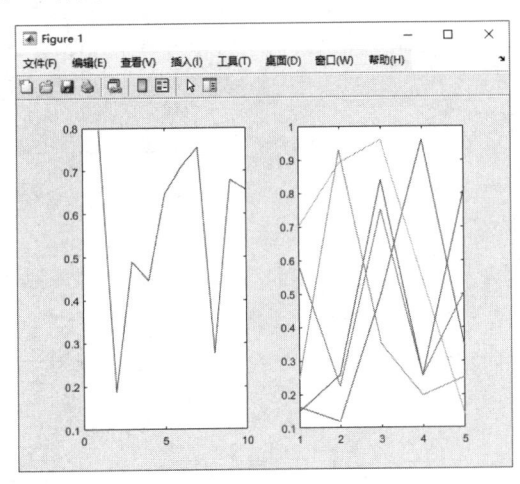

图 6-6 随机矩阵图形

实例——图形窗口布局应用

源文件：yuanwenjian\ch06\tuchuangbuju.m、图形窗口布局应用.fig

设置图形窗口的视图布局，分别在各个视图区域绘图。

解：MATLAB 程序如下。

```
>> close all              %关闭当前已打开的文件
>> clear                  %清除工作区的变量
>> x = linspace(-pi,pi);  %创建-π～π 的向量 x，默认元素个数为 100
>> y = cos(x);            %定义以向量 x 为自变量的函数表达式 y
>> tiledlayout(2,2)       %将当前窗口布局为 2×2 的视图区域
>> nexttile              %在第一个图块中创建一个坐标区对象，如图 6-7（a）所示
>> plot(x)                %在新坐标区中绘制图形，绘制曲线，在图 6-7（b）中显示图形 1
>> nexttile              %创建第二个图块和坐标区，并在新坐标区中绘制图形，在图 6-7（c）
                          %中显示新建的坐标区
>> plot(x,y)              %显示以 x 为横坐标、以 y 为纵坐标的曲线，在图 6-7（d）新建的
                          %坐标区中绘制图形
>> nexttile([1 2])        %创建第三个图块，占据 1 行 2 列的坐标区，在图 6-7（e）中显示新
                          %建的坐标区
>> plot(x,y)              %在新坐标区中绘制图形，显示以 x 为横坐标、以 y 为纵坐标的曲线，
                          %在图 6-7（f）新建的坐标区中绘制图形
```

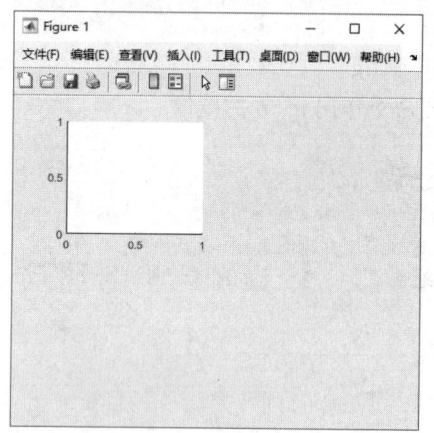

（a）创建坐标区 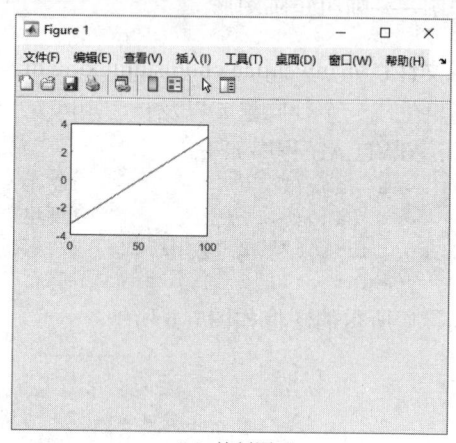　　　　　　　　　　　　　　（b）绘制图形

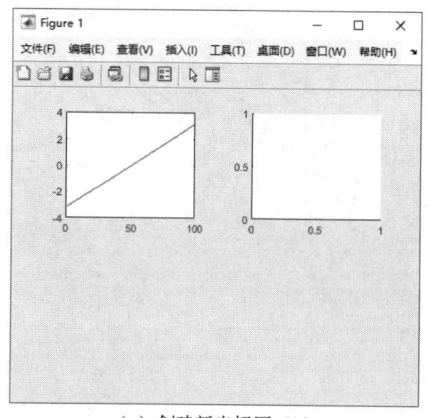

（c）创建新坐标区（1） 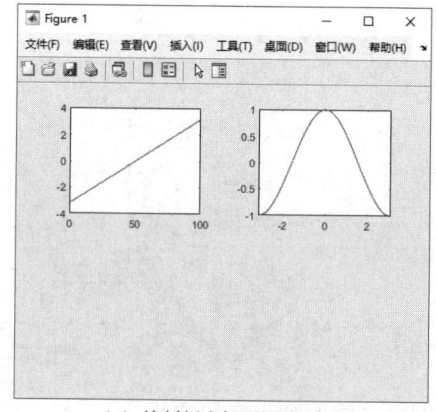　　　　　　　　　　　（d）绘制新坐标区图形（1）

图 6-7　图窗布局

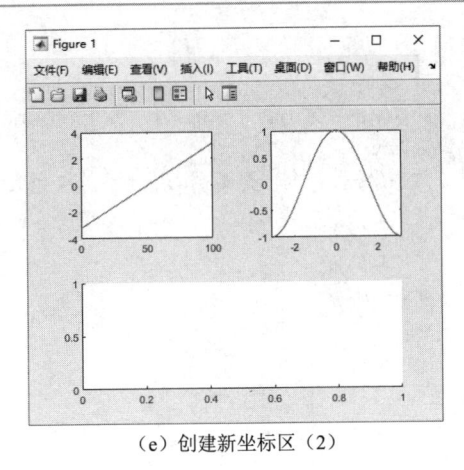

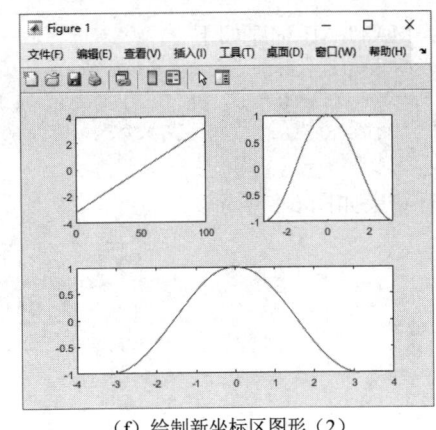

（e）创建新坐标区（2）　　　　　　　　　　（f）绘制新坐标区图形（2）

图 6-7　图窗布局（续）

3. plot(x,y)

plot(x,y)函数格式的功能如下：

- 当 x、y 是同维向量时，绘制以 x 为横坐标、以 y 为纵坐标的曲线。
- 当 x 是向量，y 是有一维与 x 等维的矩阵时，绘制出多条不同颜色的曲线，曲线数等于 y 矩阵的另一维数，x 作为这些曲线的横坐标。
- 当 x 是矩阵，y 是向量时，同上，但以 y 为横坐标。
- 当 x、y 是同维矩阵时，以 x 对应的列元素为横坐标，以 y 对应的列元素为纵坐标，分别绘制曲线，曲线数等于矩阵的列数。

实例——摩擦系数变化曲线

源文件：yuanwenjian\ch06\xishubianhua.m、摩擦系数变化曲线.fig

在某次物理实验中，测得不同摩擦系数情况下路程与时间的数据见表 6-5。在同一图中作出不同摩擦系数情况下路程随时间变化的曲线。

表 6-5　不同摩擦系数情况下路程与时间的数据

时间/s	路程 1/m	路程 2/m	路程 3/m	路程 4/m
0	0	0	0	0
0.2	0.58	0.31	0.18	0.08
0.4	0.83	0.56	0.36	0.19
0.6	1.14	0.89	0.62	0.30
0.8	1.56	1.23	0.78	0.36
1.0	2.08	1.52	0.99	0.49

此问题可以将时间 t 表示为一个列向量，相应测得的路程 s 的数据表示为一个 6×4 的矩阵，然后利用 plot 命令即可。

解:MATLAB 程序如下。

```
>> x=0:0.2:1;                          %时间列向量 x
>> y=[0 0 0 0;0.58 0.31 0.18 0.08;0.83 0.56 0.36 0.19;1.14 0.89 0.62 0.30;1.56
1.23 0.78 0.36;2.08 1.52 0.99 0.49];   %路程测量数据 y
>> plot(x,y)                           %绘制以 x 为横坐标、y 每一列数据为纵坐标的 4 条曲线
```

运行结果如图 6-8 所示。

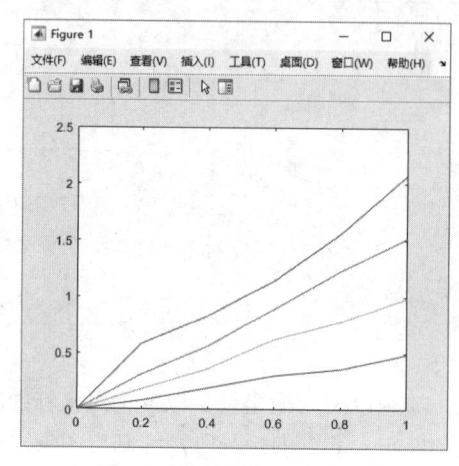

图 6-8 摩擦系数变化曲线

4. plot(x1,y1,x2,y2,…)

plot(x1,y1,x2,y2,…)函数格式的功能是绘制多条曲线。在这种用法中,(xi,yi)必须是成对出现的,上面的命令等价于逐次执行 plot(xi,yi)命令,其中 i=1,2,…。

实例——正弦图形

源文件: yuanwenjian\ch06\zhengxian.m、正弦图形.fig

在同一个图上画出 $y = \sin x$、$y = \sin\left(x + \dfrac{\pi}{4}\right)$、$y = \sin\left(x - \dfrac{\pi}{4}\right)$ 的图像。

解:MATLAB 程序如下。

```
>> x=linspace(0,2*pi,100);  %创建 0~2π 的线性分隔值向量 x,元素个数为 100
>> y1=sin(x);
>> y2=sin(x+pi/4);
>> y3=sin(x-pi/4);          %输入三个以 x 为自变量的函数表达式
>> plot(x,y1,x,y2,x,y3)     %在同一个图窗中绘制以 x 为横坐标、以函数值为纵坐标的三个正弦函数图像
```

运行结果如图 6-9 所示。

实例——正弦余弦图形

源文件: yuanwenjian\ch06\zhengxianyuxian.m、正弦余弦图形.fig

在同一个图上画出 $y = \sin x$、$y = 5\cos\left(x - \dfrac{\pi}{4}\right)$ 的图像。

解：MATLAB 程序如下。

```
>> x1=linspace(0,2*pi,100);      %创建0~2π的线性分隔值向量x，元素个数为100
>> x2=x1-pi/4;                   %定义余弦函数的自变量x2
>> y1=sin(x1);
>> y2=5*cos(x2);                 %输入函数表达式y1、y2
>> plot(x1,y1,x2,y2)             %分别以x1和x2为横坐标、以y1和y2为纵坐标，绘制函数曲线
```

运行结果如图 6-10 所示。

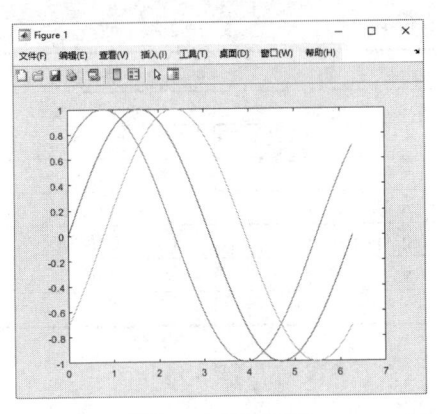

图 6-9　正弦图形 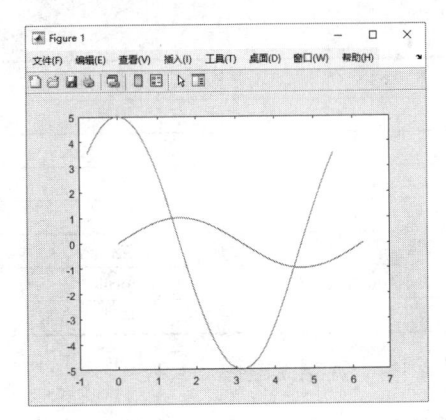　　　　　　　　　　图 6-10　正弦余弦图形

注意：

上面的 linspace 命令用于将已知的区间[0,2π]等分为 100 份。这个命令的具体使用格式为 linspace(a,b,n)，作用是将已知区间[a,b]等分为 n 份，返回值为各节点的坐标。

5．plot(x,y,LineSpec)

plot(x,y,LineSpec)中的 x、y 为向量或矩阵，LineSpec 为用单引号标记的字符串，用于设置所画数据点的类型、大小、颜色以及数据点之间连线的类型、粗细、颜色等。实际应用中，LineSpec 是某些字母或符号的组合，这些字母和符号会在后续章节介绍。LineSpec 可以省略，此时将由 MATLAB 系统默认设置，即曲线一律采用"实线"线型，不同曲线将按表 6-6 所列出的 8 种颜色（蓝、绿、红、青、品红、黄、黑、白）顺序着色。

表 6-6　颜色控制字符表

字　符	颜　色	RGB 值
b（blue）	蓝色	001
g（green）	绿色	010
r（red）	红色	100
c（cyan）	青色	011
m（magenta）	品红	101
y（yellow）	黄色	110
k（black）	黑色	000
w（white）	白色	111

LineSpec 的合法设置参见表 6-7 和表 6-8。

表 6-7 线型符号及说明

线 型 符 号	符 号 含 义	线 型 符 号	符 号 含 义
-	实线（默认值）	:	点线
--	虚线	-.	点画线

表 6-8 线型控制字符表

字　　符	数 据 点	字　　符	数 据 点
+	加号	>	向右三角形
o	小圆圈	<	向左三角形
*	星号	s（square）	正方形
.	实点	h（hexagram）	正六角形
x	交叉号	p（pentagram）	正五角形
d（diamond）	菱形	v	向下三角形
^	向上三角形		

实例——数据点图形

源文件：yuanwenjian\ch06\shujudian.m、数据点图形.fig

任意描一些数据点，熟悉 plot 命令中参数的用法。

解：MATLAB 程序如下。

```
>> x=0:pi/10:2*pi;       %创建 0～2π 的线性分隔值向量 x 作为取值点，元素间隔值为 π/10
>> y1=sin(x);
>> y2=cos(x);
>> y3=x;
>> y4=x.^2;              %输入以 x 为自变量的 4 个函数表达式
>> hold on               %打开保持命令，保留当前图窗中的绘图，以在同一图窗中绘制多个图形
>> plot(x,y1,'r*')       %绘制 y1 的数据点，颜色为红色，标记符号为星号
>> plot(x,y2,'kp')       %绘制 y2 的数据点，颜色为黑色，标记符号为正五角星
>> plot(x,y3,'bd')       %绘制 y3 的数据点，颜色为蓝色，标记符号为菱形
>> plot(x,y4,'m--')      %绘制 y4 的数据点，颜色为品红，标记符号为虚线
>> hold off              %关闭保持命令
```

运行结果如图 6-11 所示。

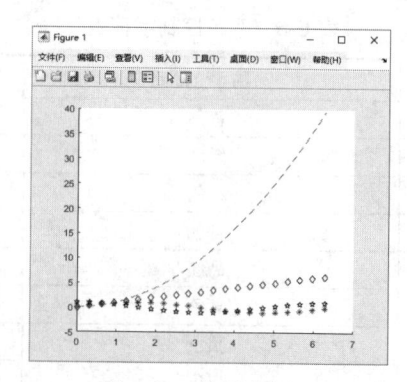

图 6-11 数据点图形

说明：

hold on 命令用于使当前轴及图形保持不变，准备接收此后 plot 所绘制的新曲线；hold off 命令使当前轴及图形不再保持上述性质。

实例——图形的重叠

源文件：yuanwenjian\ch06\chongdietuxing.m、图形的重叠.fig

本实例演示保持命令的应用。

解：MATLAB 程序如下。

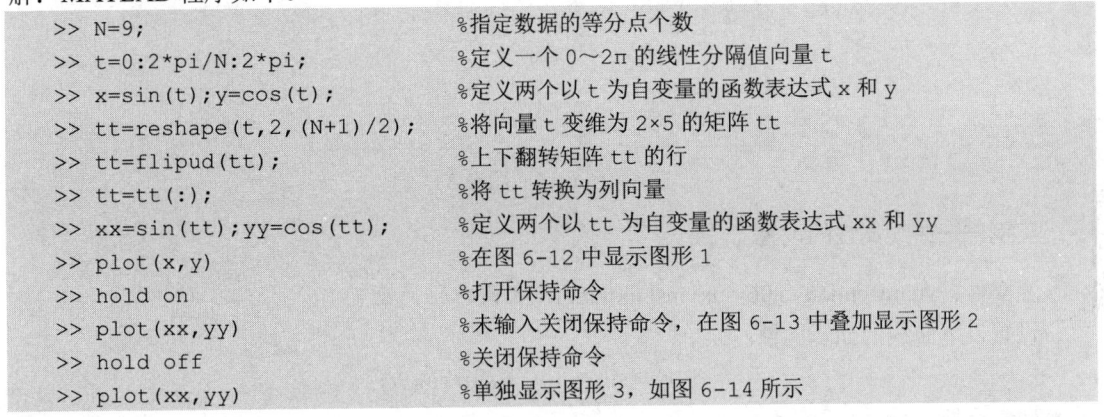

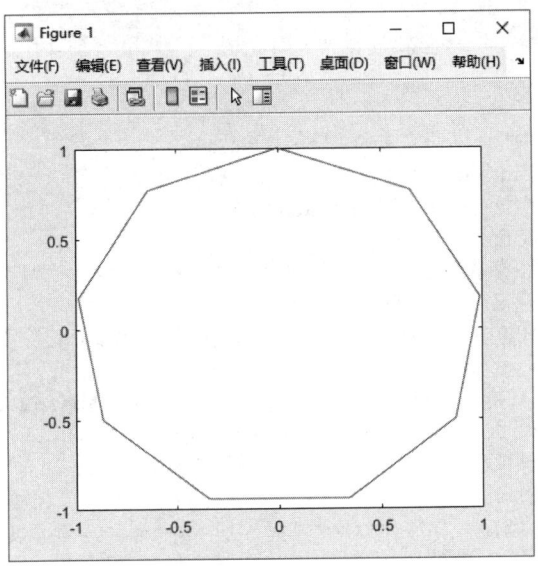

```
>> N=9;                              %指定数据的等分点个数
>> t=0:2*pi/N:2*pi;                  %定义一个 0~2π 的线性分隔值向量 t
>> x=sin(t);y=cos(t);                %定义两个以 t 为自变量的函数表达式 x 和 y
>> tt=reshape(t,2,(N+1)/2);          %将向量 t 变维为 2×5 的矩阵 tt
>> tt=flipud(tt);                    %上下翻转矩阵 tt 的行
>> tt=tt(:);                         %将 tt 转换为列向量
>> xx=sin(tt);yy=cos(tt);            %定义两个以 tt 为自变量的函数表达式 xx 和 yy
>> plot(x,y)                         %在图 6-12 中显示图形 1
>> hold on                           %打开保持命令
>> plot(xx,yy)                       %未输入关闭保持命令，在图 6-13 中叠加显示图形 2
>> hold off                          %关闭保持命令
>> plot(xx,yy)                       %单独显示图形 3，如图 6-14 所示
```

图 6-12　图形 1

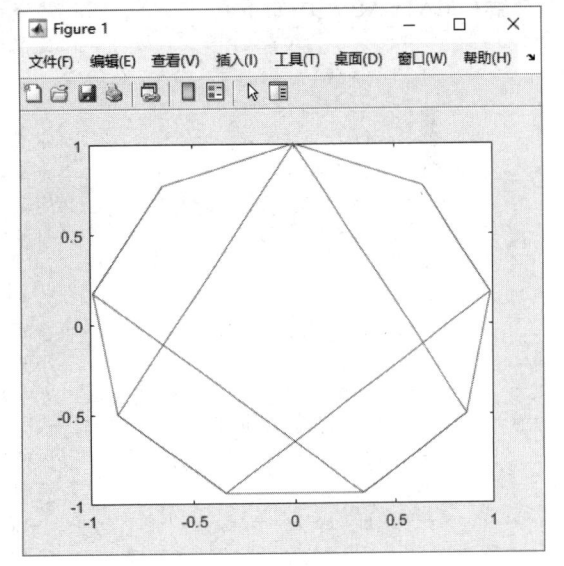

图 6-13　图形 2

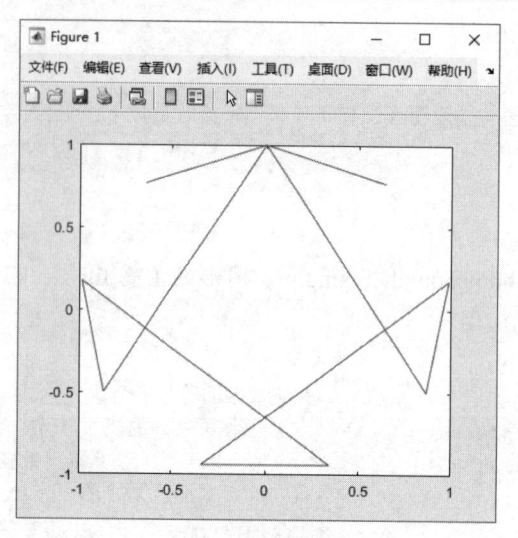

图 6-14 图形 3

实例——曲线属性的设置

源文件：yuanwenjian\ch06\quxianshuxing.m、曲线属性的设置.fig

设置以下曲线的显示属性：

$$y_1 = \sin t, \quad y_2 = \sin t \sin(9t)$$

解：MATLAB 程序如下。

```
>> t=(0:pi/100:pi)';          %定义一个 0~π 的线性分隔值列向量 t
>> y1=sin(t);
>> y2=-sin(t);
>> y3=sin(t).*sin(9*t);       %定义以向量 t 为自变量的三个函数表达式
>> t3=pi*(0:9)/9;             %定义第四个函数的取值点向量 t3
>> y4=sin(t3).*sin(9*t3);     %定义以向量 t3 为自变量的函数表达式
>> hold on                    %打开保持命令
>> plot(t,y1,'r:',t,y2,'-bo') %在同一图窗中绘制 y1 和 y2 的曲线，y1 为红色点线，y2 为蓝色
                              %实线，标记符号为圆圈
>> plot(t,y3,'-bo',t3,y4,'s') %在同一图窗中绘制 y3 和 y4 的曲线，y3 为蓝色实线，标记符号为
                              %小圆圈，y4 标记符号为正方形
>> plot(t3,y4,'s','markersize',10,'markeredgecolor',[0,1,0],'markerfacecolor',
[1,0.8,0])    %绘制 y4 的曲线，标记符号为正方形，大小为 10，轮廓颜色为绿色，填充色为[1,0.8,0]
>> axis([0,pi,-1,1])          %调整坐标轴范围，x 轴为 0~π，y 轴为-1~1
>> hold off                   %关闭保持命令
>> plot(t,y1,'r--',t,y2,'m-',t,y3,'-bo',t3,y4,'s','markersize',10,'markeredgecolor',
[1,0,1],'markerfacecolor',[1,0.8,0])    %在同一图窗中分别绘制 y1、y2、y3 和 y4 的曲线，
%y1 为红色虚线；y2 为品红色实线；y3 为蓝色实线，标记符号为小圆圈；y4 标记符号为正
%方形，大小为 10，轮廓颜色为品红色，填充色为[1,0.8,0]
```

运行结果如图 6-15 所示。

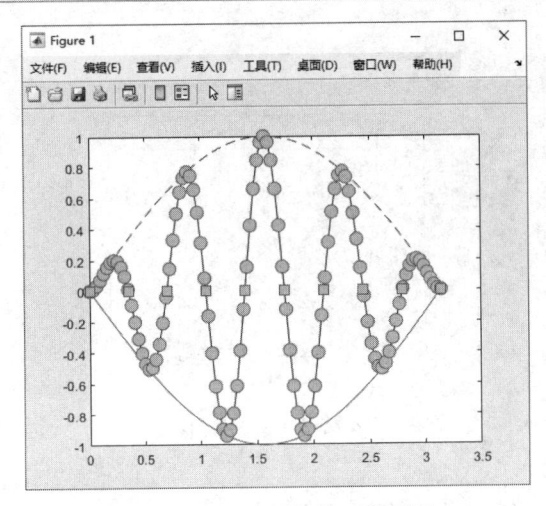

图 6-15　设置属性的函数图形

6．plot(x1,y1,LineSpec1,x2,y2,LineSpec2,…)

plot(x1,y1,LineSpec1,x2,y2,LineSpec2,…)格式的用法与用法 4 相似，不同之处是此格式有参数的控制，执行此命令等价于依次执行 plot(xi,yi,LineSpec$i$)，其中 i=1,2,…。

实例——函数图形

源文件：yuanwenjian\ch06\hanshutuxing.m、函数图形.fig

在同一坐标系中画出下面函数在 $[-\pi, \pi]$ 上的简图。

$$y_1 = e^{\sin x},\ y_2 = e^{\cos x},\ y_3 = e^{\sin x + \cos x},\ y_4 = e^{\sin x - \cos x},\ y_5 = 0.2e^{\sin x \times \cos x},\ y_6 = 0.2e^{\cos x \div \sin x}$$

解：MATLAB 程序如下。

```
>> x=-pi:pi/10:pi;                          %定义取值点向量 x，范围为-π～π
>> y1=exp(sin(x));
>> y2=exp(cos(x));
>> y3=exp(sin(x)+cos(x));
>> y4=exp(sin(x)-cos(x));
>> y5=0.2*exp(sin(x).*cos(x));
>> y6=0.2*exp(cos(x)./sin(x));              %定义 6 个以 x 为自变量的函数表达式
>> plot(x,y1,'b--',x,y2,'d-',x,y3,'m>-.',x,y4,'rh-',x,y5,'kh-',x,y6,'bh-')
%在同一图窗中绘制 6 个函数的曲线。y1 为蓝色虚线；y2 为带菱形标记的实线；y3 为品红色点画线，
%标记符号为向右三角形；y4 为红色实线，标记符号为正六角形；y5 为黑色实线，标记符号为正六角形；
%y6 为蓝色实线，标记符号为正六角形
```

运行结果如图 6-16 所示。

✍ 小技巧：

如果读者不知道 hold on 命令及用法，但又想在当前坐标下画出后续图像时，便可以使用 plot 命令的此种用法。

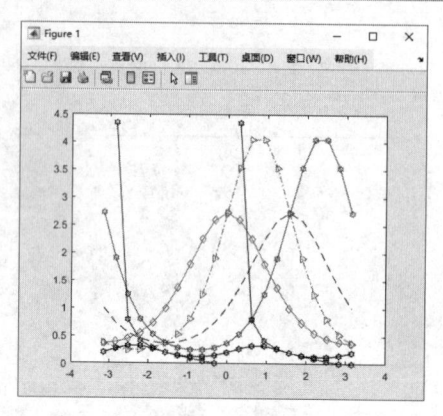

图 6-16 函数图形

6.1.2 fplot 绘图命令

fplot 命令也是 MATLAB 提供的一个画图命令,它是一个专门用于绘制一元函数图像的命令。既然 plot 命令也可以绘制一元函数图像,为什么还要引入 fplot 命令呢?这是因为 plot 命令是依据给定的数据点来作图的,而在实际情况中,一般并不清楚函数的具体情况,因此依据所选取的数据点绘制的图像可能会忽略真实函数的某些重要特性,给科研工作造成不可估计的损失。MATLAB 提供了专门绘制一元函数图像的 fplot 命令用于指导数据点的选取,通过其内部自适应算法,在函数变化比较平稳处选取的数据点就会相对稀疏一点,在函数变化明显处选取的数据点就会自动密一些,因此用 fplot 命令作出的图像要比用 plot 命令作出的图像光滑准确。

fplot 命令的调用格式见表 6-9。

表 6-9 fplot 命令的调用格式

调用格式	说明
fplot(f)	在 x 的默认区间[-5,5]内绘制由函数 y = f(x)定义的曲线
fplot(f,xinterval)	在指定的范围 xinterval 内画出一元函数 f 的图形
fplot(funx,funy)	在 t 的默认间隔[-5,5]上绘制由 x=funx(t)和 y=funy(t)定义的曲线
fplot(funx,funy,tinterval)	在指定的时间间隔内绘制。将间隔指定为[tmin tmax]形式的二元向量
fplot(…,LineSpec)	指定线条样式、标记符号和线条颜色。例如,- r 表示绘制一条红线。在前面语法中的任何输入参数组合之后使用此选项
fplot(…,Name,Value)	使用一个或多个名称-值对参数指定行属性
fplot(ax,…)	绘制到由 ax 指定的坐标区中,而不是当前坐标区(gca)中。指定坐标区作为第一个输入参数
fp = fplot(…)	根据输入返回函数行对象或参数化函数行对象。使用 fp 查询和修改特定行的属性
[X,Y] = fplot(…)	返回横坐标与纵坐标的值给变量 X 和 Y,不绘制图形

实例——绘制函数曲线

源文件: yuanwenjian\ch06\hanshuquxian.m、绘制函数曲线.fig

分别用 fplot 命令与 plot 命令作出函数 $y = \sin\dfrac{1}{x}, x \in [0.01, 0.02]$ 的图像。

解：MATLAB 程序如下。

```
>> x=linspace(0.01,0.02,50);      %将取值区间[0.01,0.02]等分为50份
>> y=sin(1./x);                    %以x为自变量的函数表达式
>> subplot(2,1,1),plot(x,y)        %将图窗分割为2×1两个上下排列的子图，使用plot命令在第一个
                                   %子图中绘制函数图像
>> subplot(2,1,2),fplot(@(x)sin(1./x),[0.01,0.02])   %在第二个子图中使用fplot命令在指
                                   %定区间[0.01,0.02]绘制函数图像
```

运行结果如图 6-17 所示。

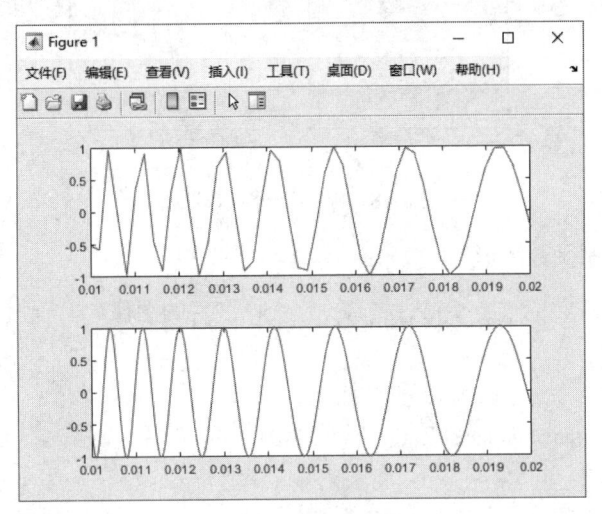

图 6-17　绘制函数曲线

还可以输入下面的程序得到图 6-17 所示的图像。

```
>> x=linspace(0.01,0.02,50);
>> y=sin(1./x);
>> y1=@(x)sin(1./x);               %定义以x为自变量的函数句柄y1
>> subplot(2,1,1),plot(x,y)
>> subplot(2,1,2),fplot(y1,[0.01,0.02])
```

从图 6-17 中可以明显地看出，用 fplot 命令所作的图要比用 plot 命令所作的图光滑且精确。这主要是因为分点取得太少，即对区间的划分还不够精细。读者往往以为将长度为 0.01 的区间等分为 50 份已经够精细了，事实上这远不能精确地描述原函数。

实例——绘制符号函数图形

源文件：yuanwenjian\ch06\fuhaohanshu.m、绘制符号函数图形.fig

绘制符号函数 $f_1(x) = e^{2x}$, $f_2(x) = \sin(2x), x \in (-\pi, \pi)$ 的图像。

解：MATLAB 程序如下。

```
>> syms x          %定义符号变量x
>> subplot(1,2,1),fplot(@(x)exp(2*x),[-pi,pi])    %在第一个子图中绘制第一个函数图像
>> subplot(1,2,2),fplot(@(x)sin(2*x),[-pi,pi])    %在第二个子图中绘制第二个函数图像
```

运行结果如图 6-18 所示。

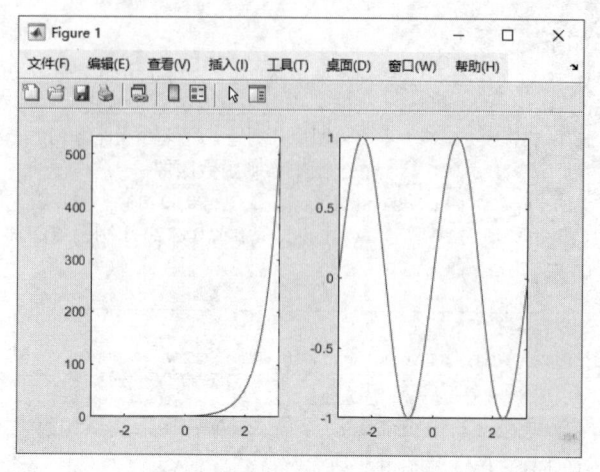

图 6-18 绘制符号函数图形

动手练一练——绘制函数图形

在同一张图中绘制 $y = e^x$，$y = \cos x + \sin(2x)$，$x \in [-\pi, \pi]$ 的图像。

> 🔆 思路点拨：
>
> 源文件：yuanwenjian\ch06\hanshu.m、绘制函数图形.fig
> （1）定义变量区域。
> （2）输入参数表达式。
> （3）使用 fplot 命令绘制函数曲线。

6.2 不同坐标系下的绘图命令

前面所讲的绘图命令使用的都是笛卡儿坐标系，而在实际工程中，往往会涉及不同坐标系下的图像问题，如常用的极坐标。下面简单介绍几个工程计算中常用的其他坐标系下的绘图命令。

6.2.1 在极坐标系下绘图

在 MATLAB 中，polarplot 命令用于绘制极坐标系下的函数图像。polarplot 命令的调用格式见表 6-10。

表 6-10 polarplot 命令的调用格式

调用格式	说明
polarplot(theta,rho)	在极坐标系下绘图，theta 代表弧度，rho 代表每个点的半径值，输入必须是长度相等的向量或大小相等的矩阵
polarplot(theta,rho,LineSpec)	在极坐标系下绘图，参数 LineSpec 的内容与 plot 命令中的参数 LineSpec 相似，用于设置线条的线型、标记符号和颜色

实例——极坐标图形

源文件：yuanwenjian\ch06\zuobiao1.m、极坐标图形.fig

在极坐标系下绘制以下函数的图像：

$$r = |\sin t \cos t|$$

解：MATLAB 程序如下。

```
>> t=0:0.01:4*pi;              %定义函数的取值范围及间隔值
>> r=abs(sin(t).*cos(t));      %定义函数表达式
>> polarplot(t,r)              %以 t 为弧度、r 为每个点的半径值，绘制极坐标下的函数图像
```

运行结果如图 6-19 所示。

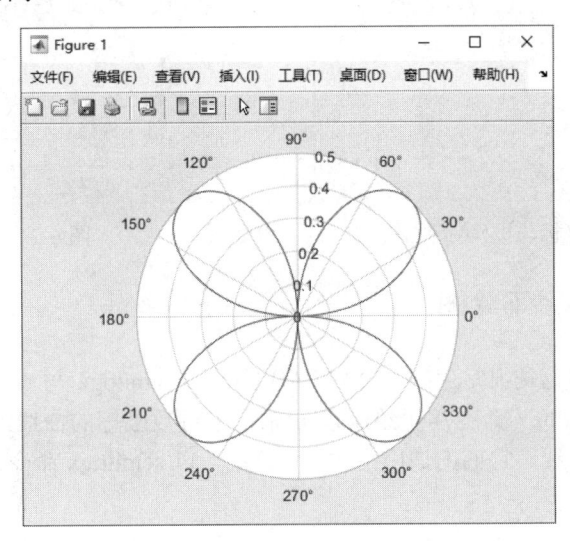

图 6-19 极坐标图形

实例——直角坐标与极坐标系图形

源文件：yuanwenjian\ch06\zuobiao2.m、直角坐标与极坐标系图形 1.fig/直角坐标与极坐标系图形 2.fig

在直角坐标系与极坐标系下绘制以下函数的图像：

$$r = e^{\sin t} - 2\sin 4t + (\cos\frac{t}{5})^6$$

解：MATLAB 程序如下。

```
>> t=linspace(0,24*pi,1000);                    %定义取值点
>> r=exp(sin(t))-2*sin(4.*t)+(cos(t./5)).^6;    %定义函数表达式
>> subplot(2,1,1),plot(t,r)                     %在第一个子图中绘制函数在直角坐标系下的图形
>> subplot(2,1,2),polarplot(t,r)                %在第二个子图中绘制函数在极坐标系下的图形
```

运行结果如图 6-20 所示。

如果还想看一下此图在直角坐标系下的图像，那么借助 pol2cart 命令，可以将相应的极坐标或柱坐标数据点转换成二维笛卡儿坐标系或 x-y 坐标系下的数据点，具体的步骤如下。

```
>> [x,y]=pol2cart(t,r);        %将极坐标系下的数据点转换为直角坐标系下的数据点
>> figure                       %新建图窗
>> plot(x,y)                    %绘制直角坐标系下的图形
```

运行结果如图 6-21 所示。

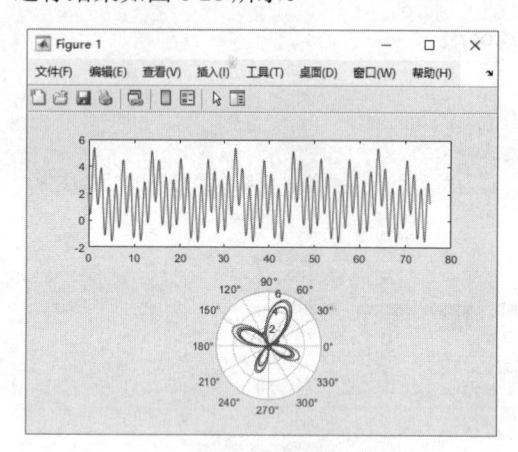

图 6-20　直角坐标与极坐标系图形

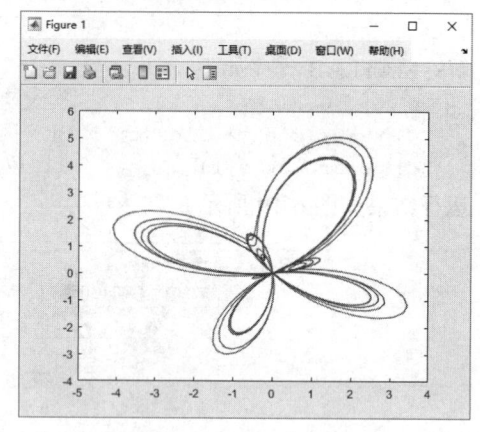

图 6-21　运行结果

6.2.2　在半对数坐标系下绘图

半对数坐标在工程中也是很常用的，MATLAB 提供的 semilogx 与 semilogy 命令可以很容易地实现这种作图方式。semilogx 命令用于绘制以 x 轴为半对数坐标的曲线，semilogy 命令用于绘制以 y 轴为半对数坐标的曲线，它们的调用格式是一样的。以 semilogx 命令为例，其常用的调用格式见表 6-11。

表 6-11　semilogx 命令常用的调用格式

调用格式	说　　明
semilogx(Y)	绘制以 10 为基数的对数刻度的 x 轴和线性刻度的 y 轴的半对数坐标曲线，若 Y 为实矩阵，则按列绘制每列元素值相对其下标的曲线图；若 Y 为复矩阵，则等价于 semilogx(real(Y),imag(Y)) 命令
semilogx(Y,LineSpec)	在上一种调用格式的基础上，可指定线型、标记和颜色
semilogx(X1,Y1,…)	对坐标对(Xi,Yi) (i=1,2,…)，绘制所有的曲线，如果(Xi,Yi)是矩阵，则以(Xi,Yi)对应的行或列元素为横纵坐标绘制曲线
semilogx(X1,Y1,LineSpec,…)	对坐标对(Xi,Yi) (i=1,2,…)，绘制所有的曲线，其中 LineSpec 是控制曲线线型、标记和颜色的参数
semilogx(…,Name,Value)	设置所有用 semilogx 命令生成的图形对象的属性
semilogx(ax,…)	在由 ax 指定的坐标区中创建线条
h = semilogx(…)	返回 Line 图形句柄向量，每条线对应一个句柄

实例——半对数坐标系绘图

源文件：yuanwenjian\ch06\zuobiao3.m、半对数坐标系绘图.fig
比较函数 $y=10^x$ 在半对数坐标系与直角坐标系下的图形。

解：MATLAB 程序如下。

```
>> close all                          %关闭打开的 MATLAB 文件
>> x=0:0.01:1;                        %定义取值点
>> y=10.^x;                           %定义以 x 为自变量的函数表达式 y
>> subplot(1,2,1),semilogy(x,y)       %将图窗分割为左右并排的两个子图,在第一个子图中绘制 y
                                      %轴为对数刻度的函数图形
>> subplot(1,2,2),plot(x,y)           %在第二个子图中绘制函数在直角坐标系下的图形
```

运行结果如图 6-22 所示。

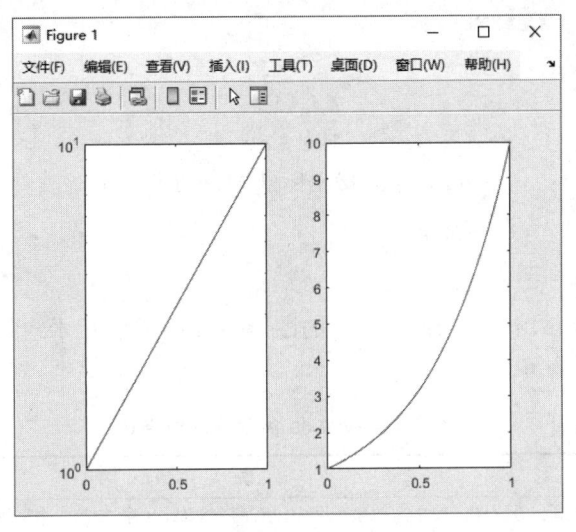

图 6-22　半对数坐标图与直角坐标图比较

6.2.3　在双对数坐标系下绘图

除了半对数坐标系下的绘图命令，MATLAB 还提供了双对数坐标系下的绘图命令 loglog，它的调用格式与 semilogx 相同，这里不再详细说明，只给出一个例子。

实例——双对数坐标系绘图

源文件：yuanwenjian\ch06\zuobiao4.m、双对数坐标系绘图.fig
比较函数 $y = e^x + e^{-x}$ 在双对数坐标系与直角坐标系下的图形。

解：MATLAB 程序如下。

```
>> close all
>> x=0:0.01:1;                        %定义取值范围和取值点
>> y=exp(x)+exp(-x);                  %定义以 x 为自变量的函数表达式 y
>> subplot(1,2,1),loglog(x,y)         %将图窗分割为左右并排的两个子图,在第一个子图中绘制函数在
                                      %双对数坐标系下的图形
>> subplot(1,2,2),plot(x,y)           %在第二个子图中绘制函数在直角坐标系下的图形
```

运行结果如图 6-23 所示。

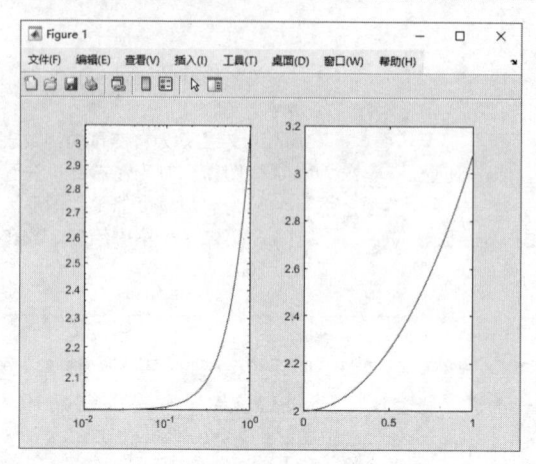

图 6-23　双对数坐标图与直角坐标图比较

6.2.4　双 y 轴坐标

双 y 轴坐标在实际中常用于比较两个函数的图形，yyaxis 命令用于绘制具有两个 y 轴的数据图。yyaxis 命令的调用格式见表 6-12。

表 6-12　yyaxis 命令的调用格式

调用格式	说明
yyaxis left	用左边的 y 轴画出数据图。如果当前坐标区中没有两个 y 轴，将添加第二个 y 轴；如果没有坐标区，则首先创建坐标区
yyaxis right	用右边的 y 轴画出数据图
yyaxis(ax,…)	指定 ax 坐标区（而不是当前坐标区）的活动侧为左或右。如果坐标区中没有两个 y 轴，将添加第二个 y 轴。指定坐标区作为第一个输入参数，使用单引号将 left 和 right 引起来

实例——双 y 轴坐标绘图

源文件：yuanwenjian\ch06\zuobiao5.m、双 y 轴坐标绘图.fig

用不同标度在同一坐标内绘制曲线 $y_1 = e^{-x} \cos 4\pi x$ 和 $y_2 = 2e^{-0.5x} \cos 2\pi x$。

解：MATLAB 程序如下。

```
>> close all
>> x=linspace(-2*pi,2*pi,200);          %定义取值范围和取值点
>> y1=exp(-x).*cos(4*pi*x);             %定义以 x 为自变量的函数表达式 y1
>> yyaxis left                          %激活左侧，使后续图形函数作用于该侧
>> plot(x,y1)                           %绘制函数 y1 的曲线
>> y2=2*exp(-0.5*x).*cos(2*pi*x);       %定义以 x 为自变量的函数表达式 y2
>> yyaxis right                         %激活右侧，使后续图形函数作用于该侧
>> plot(x,y2)                           %绘制函数 y2 的曲线
>> ylim([-40 60])                       %为右侧 y 轴设置范围
```

运行结果如图 6-24 所示。

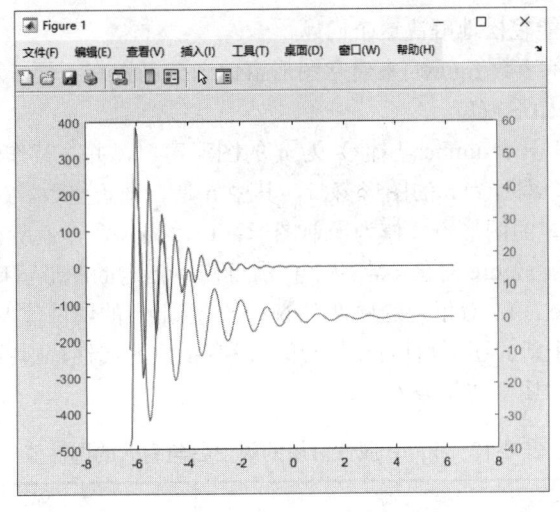

图 6-24　yyaxis 作图

动手练一练——绘制不同坐标系函数图形

在不同坐标系下绘制 $y=\log x+\sin\left(x+\dfrac{\pi}{5}\right)$ 在 $\left[0,\dfrac{\pi}{2}\right]$ 上的图形。

📋 **思路点拨：**

> 源文件：yuanwenjian\ch06\zuobiao6.m、绘制不同坐标系函数图形.fig
> （1）定义变量区域。
> （2）输入参数表达式。
> （3）在极坐标系、对数坐标系下绘图。

6.3　图形窗口

MATLAB 不但有与矩阵相关的数值运算，同时它还具有强大的图形功能，这是其他用于科学计算的编程语言所无法比拟的。利用 MATLAB 可以很方便地实现大量数据计算结果的可视化，而且可以很方便地修改和编辑图形界面。

图形窗口是 MATLAB 数据可视化的平台，这个窗口和命令行窗口是相互独立的。如果能熟练掌握图形窗口的各种操作，读者便可以根据自己的需要来获得各种高质量的图形。

6.3.1　图形窗口的创建

在 MATLAB 的命令行窗口中输入绘图命令（如 plot 命令）时，系统会自动建立一个图形窗口。有时，在输入绘图命令之前已经打开了图形窗口，这时绘图命令会自动将图形输出到当前窗口。当前窗口通常是最后一个使用的图形窗口，这个窗口的图形也将被覆盖掉，而用户往往不希望这样。

学完本小节内容，读者便能轻松地解决这个问题。

在 MATLAB 中，使用函数 figure()来建立图形窗口。该函数有下面 5 种用法。

- figure：创建一个图形窗口。
- figure(n)：查找编号（Number 属性）为 n 的图形窗口，并将其作为当前图形窗口。如果不存在，则创建一个编号为 n 的图形窗口，其中 n 是一个正整数。
- figure(f)：将 f 指定的图形窗口作为当前图形窗口，显示在其他所有图形窗口之上。
- f=figure(…)：返回 Figure 对象，常用于查询可修改指定的图形窗口属性。
- figure(Name,Value,…)：对指定的属性名 Name，用指定的属性值 Value（属性名与属性值成对出现）创建一个新的图形窗口；对于那些没有指定的属性，则用默认值。figure 属性常用的属性名与有效的属性值见表 6-13。

表 6-13 figure 属性常用的属性名与有效的属性值

属性名	说明	有效值	默认值
Position	图形窗口的位置与大小	四维向量[left,bottom, width,height]	取决于显示
Units	属性 Position 的度量单位	inches（英寸）、centimeters（厘米）、normalized（标准化单位认为窗口长宽为 1）、points（点）、pixels（像素）、characters（字符）	pixels
Color	窗口的背景颜色	ColorSpec（有效的颜色参数）	取决于颜色表
Menubar	转换图形窗口菜单条的"开"与"关"	none、figure	figure
Name	显示图形窗口的标题	任意字符串	"（空字符串）
NumberTitle	标题栏中是否显示 Figure n,其中 n 为图形窗口的编号	on、off	on
Resize	指定图形窗口是否可以通过鼠标改变大小	on、off	on
SelectionHighlight	当图形窗口被选中时，是否突出显示	on、off	on
Visible	确定图形窗口是否可见	on、off	on
WindowStyle	指定窗口样式	normal（标准窗口）、modal（典型窗口）、docked（停靠窗口）	normal
Colormap	图形窗口的色图	$m \times 3$ 的 RGB 颜色矩阵	parula
Alphamap	图形窗口的 α 色图，用于设定透明度	m 维向量，每一分量的取值范围为[0,1]	64 维向量
Renderer	用于屏幕和图片的渲染模式	painters、opengl	opengl
Children	显示于图形窗口中的任意对象句柄	句柄向量	[]
FileName	guide 命令使用的文件名	字符串	无
Parent	图形窗口的父对象：根屏幕	总是 0（即根屏幕）	0
Selected	是否显示窗口的"选中"状态	on、off	off
Tag	用户指定的图形窗口标签	任意字符串	"（空字符串）
Type	图形对象的类型（只读类型）	figure	figure
UserData	用户指定的数据	任一矩阵	[]（空矩阵）

续表

属性名	说 明	有 效 值	默 认 值
RendererMode	默认的或用户指定的渲染程序	auto、manual	auto
CurrentAxes	在图形窗口中当前坐标轴的句柄	坐标轴句柄	[]
CurrentCharacter	在图形窗口中最后一个输入的字符	单个字符	''（空字符串）
CurrentObject	图形窗口中当前对象的句柄	图形对象句柄	[]
CurrentPoint	图形窗口中最后单击的按钮的位置	二维向量[x-coord,y-coord]	[0,0]
SelectionType	鼠标选取类型	normal、extended、alt、open	normal
BusyAction	指定如何处理中断调用程序	cancel、queue	queue
ButtonDownFcn	当在窗口中空闲处按下鼠标左键时执行的回调程序	字符串	''（空字符串）
CloseRequestFcn	当执行关闭命令时，定义一个回调程序	字符串	closereq
CreateFcn	当打开一个图形窗口时，定义一个回调程序	字符串	''（空字符串）
DeleteFcn	当删除一个图形窗口时，定义一个回调程序	字符串	''（空字符串）
Interruptible	定义回调程序是否可中断	on、off	on（可以中断）
KeyPressFcn	当在图形窗口中按下时，定义一个回调程序	字符串	''（空字符串）
ResizeFcn	当改变图形窗口的大小时，定义一个回调程序	字符串	''（空字符串）
ContextMenu	定义与图形窗口相关的菜单	属性 ContextMenu 的句柄	空 GraphicsPlaceholder 数组
WindowButtonDownFcn	当在图形窗口中按下鼠标时，定义一个回调程序	字符串	''（空字符串）
WindowButtonMotionFcn	当将鼠标指针移进图形窗口中时，定义一个回调程序	字符串	''（空字符串）
WindowButtonUpFcn	当在图形窗口中松开按钮时，定义一个回调程序	字符串	''（空字符串）
IntegerHandle	指定使用整数或非整数图形句柄	on、off	on（整数句柄）
HitTest	定义图形窗口是否能变成当前对象（参见图形窗口属性 CurrentObject）	on、off	on
NextPlot	在图形窗口中定义如何显示另外的图形	new、replacechildren、add、replace	add
Pointer	选取鼠标记号	crosshair、arrow、topr、watch、topl、botl、botr、circle、cross、fleur、left、right、top、bottom、ibeam、custom	arrow
PointerShapeCData	定义鼠标外形的数据	16×16 矩阵、32×32 矩阵	16×16 矩阵
PointerShapeHotSpot	设置鼠标活跃的点	二维向量[row,column]	[1,1]

MATLAB 提供了查阅表 6-13 中属性和属性值的函数 set()和 get()，它们的调用格式如下。

➢ set(n)：返回关于图形窗口 Figure(n)的所有图形属性的名称和属性值所有可能的取值。

➢ get(n)：返回关于图形窗口 Figure(n)的所有图形属性的名称和当前属性值。

需要注意的是，figure 命令产生的图形窗口的编号是在原有编号基础上加 1。有时，作图是为了进行不同数据的比较，需要在同一个视窗中观察不同的图像，这时可用 MATLAB 提供的 subplot 命令来完成这项任务。

如果用户想关闭图形窗口，可以使用 close 命令。如果用户不想关闭图形窗口，仅是想将该窗口的内容清除，可以使用函数 clf()实现。另外，clf('rest')命令除了能够消除当前图形窗口的所有内容以外，还可以将该图形除位置和单位属性外的所有属性都恢复为默认状态。当然，也可以通过使用图形窗口中的菜单项来实现相应的功能，这里不再赘述。

6.3.2 工具条的使用

在 MATLAB 的命令行窗口中输入 figure，将打开一个如图 6-25 所示的图形窗口。

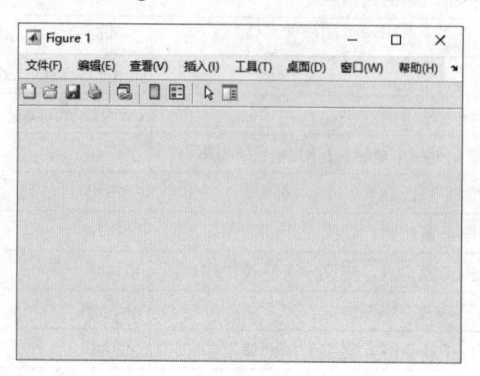

图 6-25　新建的图形窗口

工具条中包含多个工具图标，其功能分别介绍如下。

- ▷ ：单击此图标将新建一个图形窗口，该窗口不会覆盖当前的图形窗口，编号紧接着当前窗口最后一个。
- ▷ ：打开图形窗口文件（扩展名为.fig）。
- ▷ ：将当前的图形以.fig 文件的形式保存到用户所希望的目录下。
- ▷ ：打印图形。
- ▷ ：链接/取消链接绘图。例如，在如图 6-26（a）所示的图窗中单击该图标，将在图形上方显示链接的变量或表达式，并弹出如图 6-26（b）所示的对话框，用于指定数据源属性。一旦在变量与图形之间建立了实时链接，对变量的修改将即时反映到图形上。

（a）　　　　　　　　　　　　　　　（b）

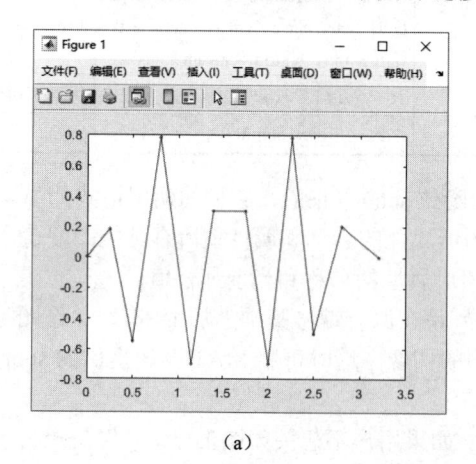

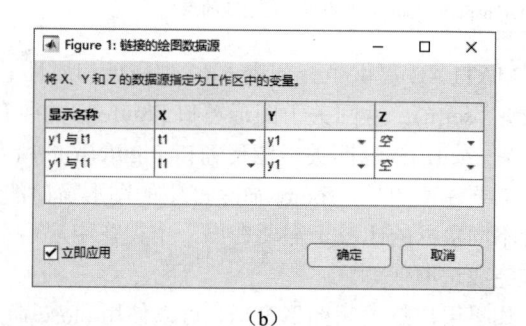

图 6-26　链接绘图

- ⬛：插入颜色栏。单击此图标后会在图形的右边出现一个色轴（图 6-27），这会给用户在编辑图形色彩时带来很大的方便。
- ⬛：此图标用于给图形添加标注。单击此图标后，会在图形的右上角显示图例，双击框内数据名称所在的区域，可以将 t 改为读者所需要的数据。
- ⬛：编辑绘图。单击此图标后，双击图形对象，打开如图 6-28 所示的"属性检查器"对话框，可以对图形进行相应的编辑。

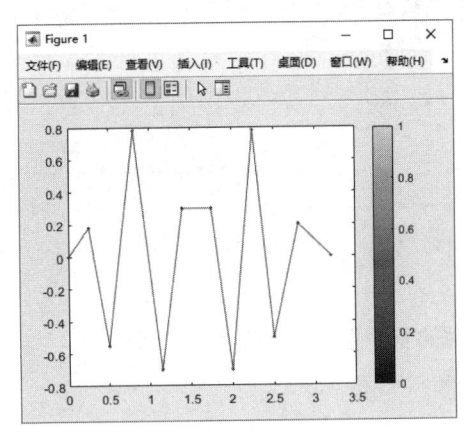

图 6-27 插入颜色栏 　　　　　　　　　图 6-28 "属性检查器"对话框

- ⬛：此图标用于打开"属性检查器"对话框。

将鼠标指针移到绘图区，绘图区右上角会显示一个工具条，其中罗列了各编辑工具，如图 6-29 所示。

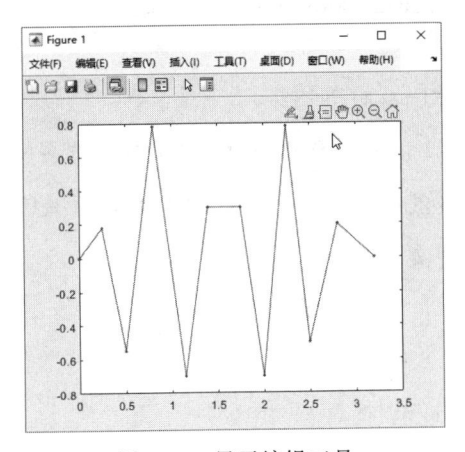

图 6-29 显示编辑工具

- ⬛：将图形另存为图片，或者复制为图像或向量图。
- ⬛：选中此工具后，在图形上按住鼠标左键拖动，所选区域将默认以红色刷亮显示，如图 6-30 所示。

➢ ▤：数据提示。单击此图标后，光标会变为空心十字形状 ✥，单击图形的某一点，显示该点在所在坐标系中的坐标值，如图 6-31 所示。

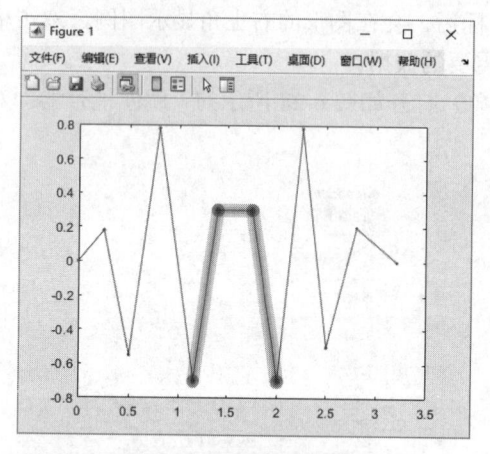

图 6-30　刷亮/选择数据 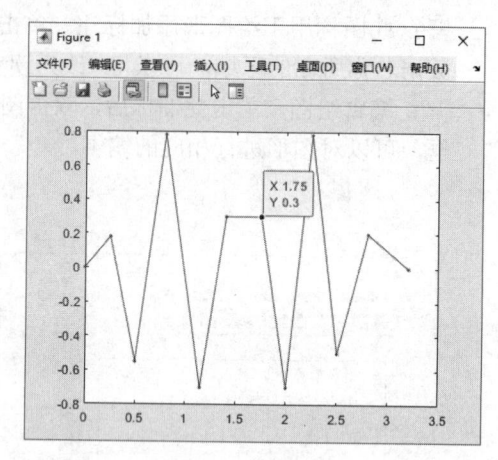　　　　　　　　图 6-31　数据提示

➢ ✋：按住鼠标左键平移图形。
➢ 🔍+：单击或框选图形，可以放大图形窗口中的整个图形或图形的一部分。
➢ 🔍-：缩小图形窗口中的图形。
➢ 🏠：将视图还原到缩放、平移之前的状态。

6.4　综合实例——绘制函数曲线

源文件：yuanwenjian\ch06\hanshuzuquxian.m、函数曲线.fig
按要求绘制以下函数的图像。

（1）绘制 $f_1(x) = e^{2x\sin 2x}, x \in (-\pi, \pi)$ 的图像。

（2）绘制隐函数 $f_2(x, y) = x^2 - x^4 = 0$ 在 $x \in (-2\pi, 2\pi)$ 上的图像。

（3）绘制隐函数 $f_3(x, y) = \log(|\sin x + \cos y|)$ 在 $x \in (-\pi, \pi), y \in (0, 2\pi)$ 上的图像。

（4）绘制以下参数曲线的图像。

$$\begin{cases} X = e^t \cos t \\ Y = e^t \sin t \end{cases} \quad t \in (-4\pi, 4\pi)$$

（5）绘制函数 $f_4(x) = |e^{2x}|$ 的图像。

【操作步骤】
（1）定义变量。

```
>> clear                    %清除工作区的变量
>> syms x t                 %定义符号变量 x 和 t
```

(2) 定义表达式。
```
>> f1=exp(2*x*sin(2*x));
>> f2=x^2-x^4;
>> f3=log(abs(sin(x)+cos(y)));    %定义函数 f1 和隐函数 f2、f3 的表达式
>> X=exp(t)*cos(t);               %定义 x 坐标的参数化函数 X
>> Y=exp(t)*sin(t);               %定义 y 坐标的参数化函数 Y
```

(3) 绘制函数曲线。
```
>> subplot(2,3,1),fplot(f1,[-pi,pi])    %将图窗分割为 2×3 六个子图,在第一个子图中绘制函数
                                        %f1 在指定区间[-pi,pi]的图形
>> subplot(2,3,2),fplot(f2)             %在第二个子图中绘制 f2 在默认区间[-5,5]的图形
>> subplot(2,3,3),fplot(f3,[-pi,pi])    %在第三个子图中绘制 f3 在指定区间[-pi,pi]的图形
>> subplot(2,3,4),fplot(X,Y,[-4*pi,4*pi])  %在第四个子图中绘制参数化函数在指定区间
                                        %[-4pi,4pi]的图形
```

运行结果如图 6-32 所示。

(4) 显示对数坐标系。
```
>> x=(-pi:pi);        %定义指数函数的取值范围为-π~π
>> subplot(2,3,5),loglog(x,abs(exp(2*x)),'-.r')    %在第五个子图中绘制指数函数在双对数
                                                   %坐标系下的图形,线型样式为红色点画线
```

在图形窗口中显示对数坐标系中的函数曲线,如图 6-33 所示。

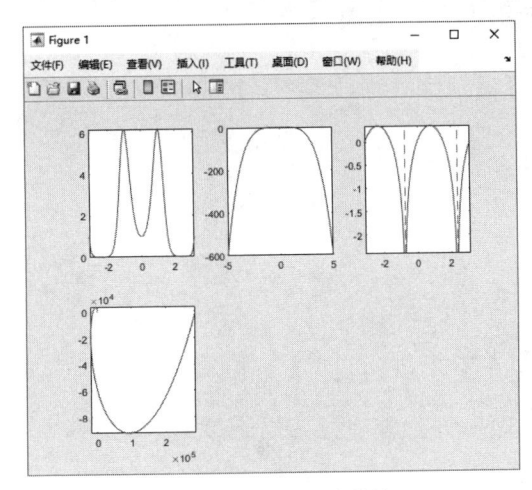

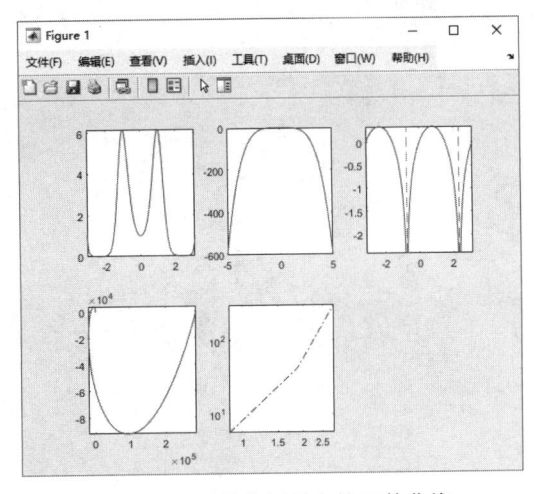

图 6-32 绘制函数曲线　　　　图 6-33 对数坐标系中的函数曲线

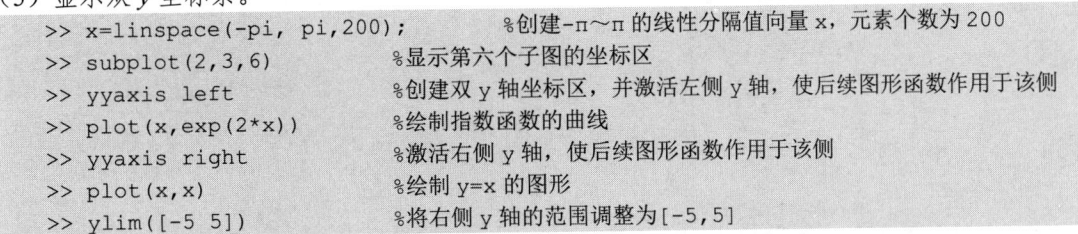

(5) 显示双 y 坐标系。
```
>> x=linspace(-pi, pi,200);      %创建-π~π 的线性分隔值向量 x,元素个数为 200
>> subplot(2,3,6)                %显示第六个子图的坐标区
>> yyaxis left                   %创建双 y 轴坐标区,并激活左侧 y 轴,使后续图形函数作用于该侧
>> plot(x,exp(2*x))              %绘制指数函数的曲线
>> yyaxis right                  %激活右侧 y 轴,使后续图形函数作用于该侧
>> plot(x,x)                     %绘制 y=x 的图形
>> ylim([-5 5])                  %将右侧 y 轴的范围调整为[-5,5]
```

在图形窗口中显示函数曲线,如图 6-34 所示。

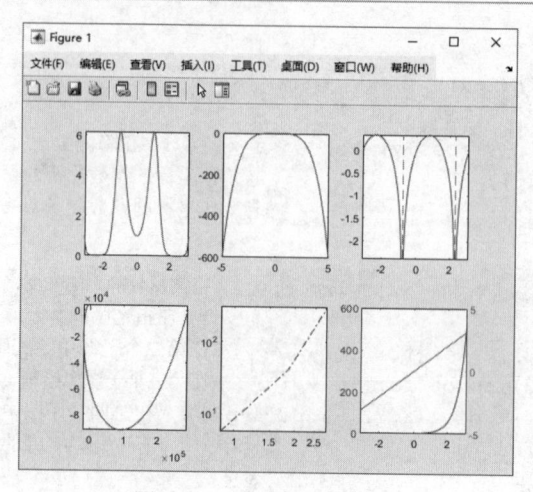

图 6-34　双 y 轴函数曲线

第 7 章 图 形 标 注

内容简介

图形可以将庞大的数字数据直接转换成图示,以便让人们更好地理解。数值计算与符号计算无论多么正确,都无法直接从大量的数值与符号中感受分析结果的内在本质。MATLAB 提供了大量的绘图函数、命令,可以很好地将各种数据表现出来,供用户解决问题。本章将介绍二维图形的修饰及特殊图形的绘制。

内容要点

- 图形属性设置
- 特殊图形
- 综合实例——部门工资统计图分析

案例效果

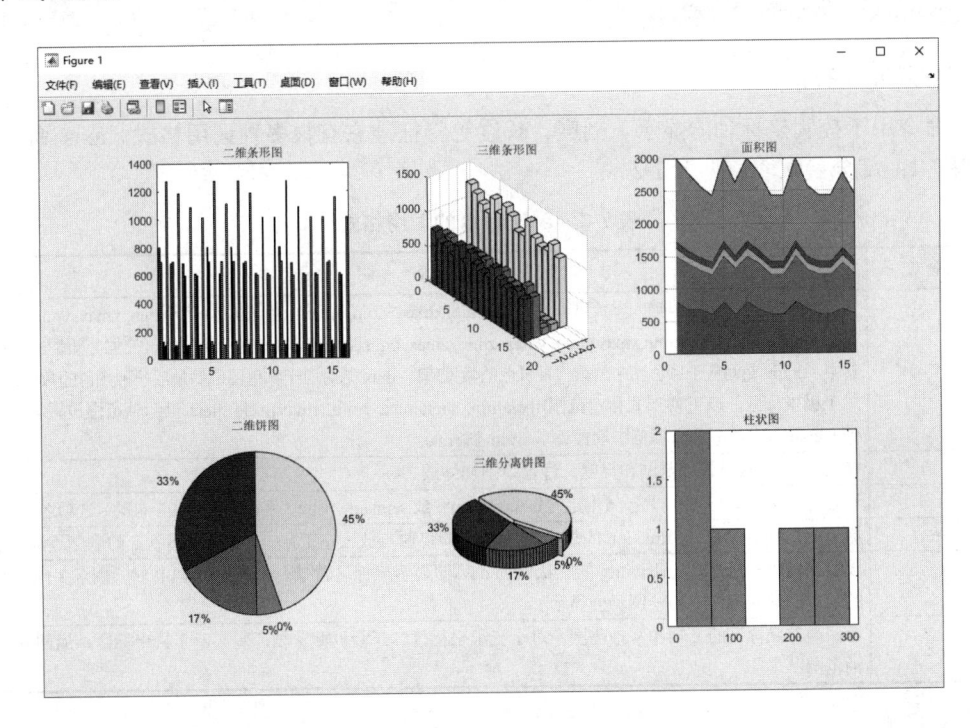

7.1 图形属性设置

本节内容是学习用 MATLAB 绘图最重要的部分，也是学习后面内容的一个基础。本节将会详细介绍图形标注的相关内容。

7.1.1 坐标系与坐标轴

在工程实际中，往往会涉及不同坐标系或坐标轴下的图像问题，一般情况下绘图命令使用的都是笛卡儿（直角）坐标系，下面简单介绍几个工程计算中常用的其他坐标系下的绘图命令。

1. 坐标系的调整

MATLAB 的绘图函数可根据要绘制的曲线数据的范围自动选择合适的坐标系，使曲线尽可能清晰地显示出来。所以，一般情况下用户不必自己选择绘图坐标系。但对于有些图形，如果用户感觉自动选择的坐标系不合适，则可以利用函数 axis()选择新的坐标系。

函数 axis()的调用格式为

```
axis(xmin,xmax,ymin,ymax,zmin,zmax)
```

其功能是设置 x、y、z 坐标的最小值和最大值。函数输入参数可以是 4 个，也可以是 6 个，分别对应于二维或三维坐标系的最小值和最大值。

📢 **注意：**

相应的最小值必须小于最大值。

2. 坐标轴的控制

axis 命令用于控制坐标轴的显示、刻度、长度等特征，它有很多种调用格式。axis 命令的调用格式见表 7-1；部分参数取值见表 7-2。

表 7-1 axis 命令的调用格式

调用格式	说 明
axis(limits)	指定当前坐标区的范围。输入参数可以是 4 个[xmin, xmax, ymin, ymax]，也可以是 6 个[xmin, xmax, ymin, ymax, zmin, zmax]，还可以是 8 个[xmin,xmax,ymin, ymax, zmin, zmax, cmin, cmax]，分别对应于二维、三维或四维坐标区的范围。其中，cmin 是对应于颜色图中的第一种颜色的数据值；cmax 是对应于颜色图中的最后一种颜色的数据值。对于极坐标区，以下列形式指定范围[thetamin, thetamax, rmin, rmax]：将 theta 坐标轴范围设置为从 thetamin 到 thetamax。将 r 坐标轴范围设置为从 rmin 到 rmax
axis style	使用 style 样式设置轴范围和尺度，进行限制和缩放
axis mode	设置是否自动选择范围。将模式指定为 manual、auto 或 semiautomatic（手动、自动或半自动）选项之一，如 auto x
axis ydirection	原点放在轴的位置。ydirection 的默认值为 xy，即将原点放在左下角。y 值按从下到上的顺序逐渐增加
axis visibility	设置坐标轴的可见性。visibility 的默认值为 on，即显示坐标区背景。visibility 为 off 时，表示关闭坐标区背景的显示，但坐标区中的绘图仍会显示
lim = axis	返回当前坐标区的 x 轴和 y 轴范围。对于三维坐标区，还会返回 z 轴范围。对于极坐标区，返回 theta 轴和 r 轴范围

续表

调用格式	说明
[m,v,d] = axis('state')	返回坐标轴范围选择、坐标区可见性和 y 轴方向的当前设置
…= axis(ax,…)	使用 ax 指定的坐标区或极坐标区

表 7-2 部分参数取值

参 数	可 能 取 值
mode	manual、auto、auto x、auto y、auto z、auto xy、auto xz、auto yz
visibility	on 或 off
ydirection	xy 或 ij

实例——坐标系与坐标轴转换

源文件：yuanwenjian\ch07\zuobiaozhuanhuan.m、坐标系与坐标轴转换.fig

本实例演示坐标系与坐标轴转换。

解：MATLAB 程序如下。

```
>> t=0:2*pi/99:2*pi;                %定义取值区间和取值点
>> x=1.15*cos(t);y=3.25*sin(t);     %定义以 t 为参数的参数化函数表达式
>> subplot(2,3,1),plot(x,y),axis normal,grid on,%将图窗分割为 2×3 六个子图，在第一个
%子图中绘制函数图形，坐标轴范围和尺度为默认模式，并显示分格线
>> title('Normal and Grid on')      %添加图形标题
>> subplot(2,3,2),plot(x,y),axis equal,grid on,title('Equal')  %在第二个子图中绘制函
%数图形，沿每个坐标轴使用相同的数据单位长度，并显示分格线和标题
>> subplot(2,3,3),plot(x,y),axis square,grid on,title('Square')
%在第三个子图中绘制函数图形，沿每个坐标轴使用相同长度的坐标轴线，并显示分格线和标题
>> subplot(2,3,4),plot(x,y),axis image,box off,title('Image and Box off')
%在第四个子图中绘制函数图形，坐标区框紧密围绕数据，并显示分格线和标题
>> subplot(2,3,5),plot(x,y),axis image fill,box off      %在第五个子图中绘制函数图
%形，沿每个坐标区使用相同的数据单位长度，不显示坐标区轮廓
>> title('Image and Fill')          %添加图形标题
>> subplot(2,3,6),plot(x,y),axis tight,box off,title('Tight')    %在第六个子图中绘
%制函数图形，坐标轴范围设置为数据范围，不显示坐标区轮廓，然后添加标题
```

运行结果如图 7-1 所示。

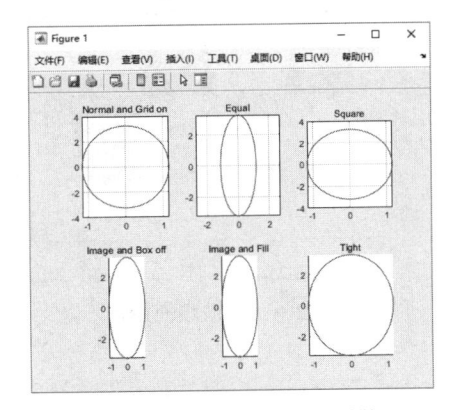

图 7-1 坐标系与坐标轴转换

7.1.2 图形注释

MATLAB 提供了一些常用的图形标注函数，利用这些函数可以添加图形标题、标注图形的坐标轴、为图形加图例，也可以把说明、注释等文本放到图形的任何位置。

1. 填充图形

函数 fill()用于填充二维封闭多边形。其函数格式如下所示。

- fill(X,Y,C)：根据 X 和 Y 中的数据创建填充的多边形，顶点颜色由颜色图索引的向量或矩阵 C 指定。如果该多边形不是封闭的，函数 fill()可将最后一个顶点与第一个顶点相连以闭合多边形。
- fill(X1,Y1,C1,X2,Y2,C2,…)：同时填充指定的多个二维多边形。
- fill(...,Name,Value)：为补片图形对象指定属性名称和值。
- fill(ax,...)：在由 ax 指定的坐标区（不是当前坐标区）中创建多边形。
- h = fill(...)：返回由补片对象构成的向量。

实例——正弦波填充图形

源文件：yuanwenjian\ch07\zhengxianbo.m、正弦波填充图形.fig

本实例演示如何绘制正弦波填充图形。

解：MATLAB 程序如下。

```
>> x=-2*pi:0.01*pi:2*pi;    %创建-2π～2π 的线性分隔值向量 x，元素间隔值为 0.01π
>> y=sin(x);
>> fill(x,y,'c')            %绘制正弦图形，并使用青色填充二维封闭区域
```

运行结果如图 7-2 所示。

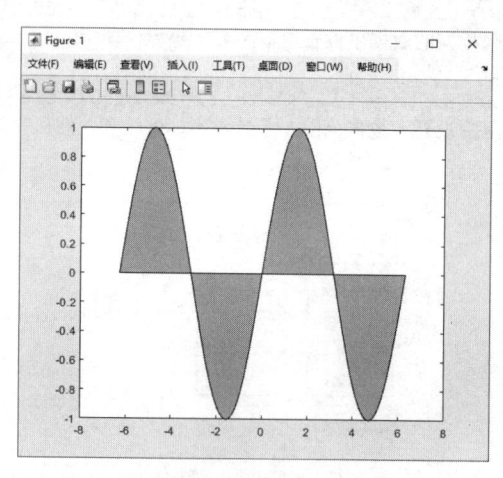

图 7-2 正弦波填充图形

2. 添加图形标题及轴名称

在 MATLAB 绘图命令中，title 命令用于给图形对象添加标题，其调用格式也非常简单，见表 7-3。

表 7-3　title 命令的调用格式

调 用 格 式	说　　明
title(titletext)	在当前坐标轴上方正中央放置 titletext 指定的字符串作为图形标题
title(titletext,subtitletext)	在标题 titletext 下添加副标题 subtitletext
title(…,Name,Value)	使用一个或多个名称-值对组参数修改标题外观
title(target,…)	将标题字符串添加到指定的目标对象
t = title(…)	返回作为标题的文本对象 t
[t,s] = title(…)	返回用于标题（t）和副标题（s）的对象

✍ 说明：

可以利用 gcf 与 gca 来获取当前图形窗口与当前坐标轴的句柄。

对坐标轴进行标注，相应的命令为 xlabel、ylabel、zlabel，作用分别是对 x 轴、y 轴、z 轴添加标签，它们的调用格式都是一样的，下面以 xlabel 为例进行说明，见表 7-4。

表 7-4　xlabel 命令的调用格式

调 用 格 式	说　　明
xlabel(txt)	在当前轴对象中的 x 轴上标注 txt 指定的说明语句
xlabel(target,txt)	为指定的目标对象 target 添加标签
xlabel(…,Name,Value)	指定轴对象中要控制的属性名和要改变的属性值
t = xlabel(…)	返回用作 x 轴标签的文本对象 t

实例——余弦波图形

源文件： yuanwenjian\ch07\yuxianbo.m、余弦波图形.fig

本实例演示如何绘制余弦波图形。

解： MATLAB 程序如下。

```
>> x=linspace(0,10*pi,100);    %创建 0~10π 的线性分隔值向量 x，元素个数为 100
>> fill(x,cos(x),'g')          %绘制余弦波，并填充为绿色
>> title('余弦波')              %添加图形标题
>> xlabel('x 坐标')
>> ylabel('y 坐标')             %标注坐标轴
```

运行结果如图 7-3 所示。

3．图形标注

在给所绘制的图形进行详细标注时，最常用的两个命令是 text 与 gtext，它们均可在图形的具体部位进行标注。

4．text 命令

text 命令的调用格式见表 7-5；text 命令的属性列表见表 7-6。

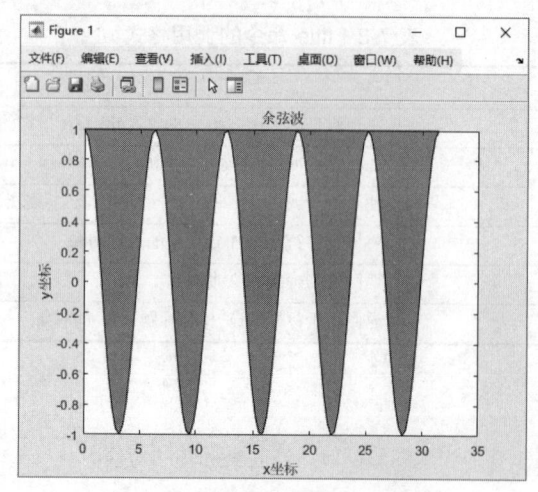

图 7-3 绘制并填充余弦波图形

表 7-5 text 命令的调用格式

调用格式	说明
text(x,y,txt)	在图形中的指定位置(x,y)显示由 txt 指定的文本
text(x,y,z,txt)	在三维图形空间中的指定位置(x,y,z)显示由 txt 指定的文本
text(…,Name, Value)	使用指定的属性设置文本说明，常用的属性名、含义及属性值的有效值与默认值见表 7-6
text(ax,…)	在由 ax 指定的坐标区中创建文本标注
t = text(…)	返回一个或多个文本对象 t，使用 t 修改所创建的文本对象的属性

表 7-6 text 命令的属性列表

属性名	含义	有效值	默认值
Editing	能否对文字进行编辑	on、off	off
Interpreter	tex 字符是否可用	tex、latex、none	tex
Extent	text 对象的范围（位置与大小）	[left bottom width height]	随机
HorizontalAlignment	文字水平方向的对齐方式	left、center、right	left
Position	文本的位置	[x y] 形式的二元素向量或 [x y z] 形式的三元素向量	[0 0 0]
Rotation	文字对象的方位角度	标量［单位为度（°）］	0
Units	文字范围与位置的单位	data、normalized、inches、centimeters、characters、points、pixels	data
VerticalAlignment	文字垂直方向的对齐方式	top（文本外框顶上对齐）、cap（文本字符顶上对齐）、middle（文本外框中间对齐）、baseline（文本字符底线对齐）、bottom（文本外框底线对齐）	middle
FontAngle	设置斜体文字模式	normal（正常字体）、italic（斜体字）	normal
FontName	设置文字字体名称	用户系统支持的字体名或字符串 FixedWidth	取决于具体操作系统和区域设置
FontSize	文字字体大小	大于 0 的标量值	取决于具体操作系统和区域设置

续表

属 性 名	含 义	有 效 值	默 认 值
FontUnits	设置属性 FontSize 的单位	points（1 points =1/72inches）、normalized（把父对象坐标轴作为单位长的一个整体；当改变坐标轴的尺寸时，系统会自动改变字体的大小）、inches、centimeters、pixels	points
FontWeight	设置文字字体的粗细	normal（正常字体）、bold（粗体字）	normal
Clipping	设置坐标轴中矩形的剪辑模式	on：当文本超出坐标轴的矩形时，超出的部分不显示；off：当文本超出坐标轴的矩形时，超出的部分显示	off
SelectionHighlight	设置选中文字是否突出显示	on、off	on
Visible	设置文字是否可见	on、off	on
Color	设置文字颜色	RGB 三元组、十六进制颜色代码、颜色名称或短名称	[0 0 0]
HandleVisibility	设置文字对象句柄对其他函数是否可见	on、callback、off	on
HitTest	设置文字对象能否成为当前对象	on、off	on
Selected	设置文字是否显示出"选中"状态	on、off	off
Tag	设置用户指定的标签	''、字符向量、字符串标量	''（空字符串）
Type	设置图形对象的类型	字符串'text'	
UserData	设置用户指定数据	任何矩阵	[]（空矩阵）
BusyAction	设置如何处理对文字回调过程中断的句柄	cancel、queue	queue
ButtonDownFcn	设置当在文字上单击时，程序做出的反应	''、函数句柄、元胞数组、字符向量	''（空字符串）
CreateFcn	设置当文字被创建时，程序做出的反应	''、函数句柄、元胞数组、字符向量	''（空字符串）
DeleteFcn	设置当文字被删除（通过关闭或删除操作）时，程序做出的反应	''、函数句柄、元胞数组、字符向量	''（空字符串）

表 7-6 中的这些属性及相应的值都可以通过 get 命令来查看、通过 set 命令来修改。

实例——正弦函数图形

源文件：yuanwenjian\ch07\zhengxianhanshu.m、正弦函数图形.fig

绘制正弦函数在 $[0,2\pi]$ 上的图像，标出 $\sin\dfrac{3\pi}{4}$、$\sin\dfrac{5\pi}{4}$ 在图像上的位置，并在曲线上标出函数名。

解：MATLAB 程序如下。

```
>> x=0:pi/50:2*pi;                %创建 0~2π 的线性分隔值向量 x，元素间隔值为 π/50
>> plot(x,sin(x))                 %绘制正弦波
>> title('正弦函数图形')           %添加标题
>> xlabel('x Value'),ylabel('sin(x)')      %标注 x 轴和 y 轴
>> text(3*pi/4,sin(3*pi/4),'<---sin(3pi/4)')    %在指定位置标注函数
>> text(5*pi/4,sin(5*pi/4),'sin(5pi/4)\rightarrow','HorizontalAlignment','right')
                                  %在指定位置标注函数，标注文字水平方向右对齐
```

text 命令中的'\rightarrow'是 tex 字符串。在 MATLAB 中，tex 中的一些希腊字母、常用数学符号、二元运算符号、关系符号及箭头符号都可以直接使用。

运行结果如图7-4所示。

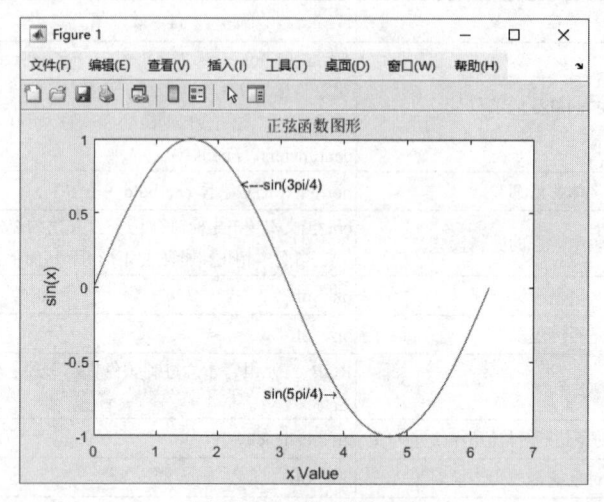

图7-4 正弦函数图形

5. gtext命令

gtext命令可以实现在图形的任意位置进行标注。它的调用格式如下：

```
gtext(str,Name,Value)
```

调用这个函数后，图形窗口中的光标会变成十字形，通过移动鼠标来进行定位，即将光标移到预定位置后按下鼠标左键或键盘上的任意键都会在光标位置显示 str 指定的文本。由于要用鼠标操作，该函数只能在 MATLAB 命令行窗口中进行。

实例——倒数函数图形

源文件：yuanwenjian\ch07\daoshu.m、倒数函数图形.fig

绘制倒数函数 $y = \dfrac{1}{x}$ 在[0, 2]上的图形，标出 $\dfrac{1}{4}$、$\dfrac{1}{2}$ 在图形上的位置，并在曲线上标出函数名。

解：MATLAB 程序如下。

```
>> x=0:0.1:2;                                      %创建 0~2 的线性分隔值向量 x，元素间隔值为 0.1
>> plot(x,1./x)                                    %绘制倒数函数的图形
>> title('倒数函数')                               %添加图形标题
>> xlabel('x'),ylabel('1./x')                      %标注坐标轴
>> text(0.25, 1./0.25,'<---1./0.25')               %在 x=1/4 的位置添加标注文本
>> text(0.5, 1./0.5,'1./0.5\rightarrow','HorizontalAlignment','right')
%在 x=1/2 的位置添加标注文本，且文本水平右对齐
>> gtext('y=1./x')                                 %在要添加标注的位置单击，添加指定的标注文本
```

运行结果如图 7-5（a）所示，光标显示为十字形。单击即可在指定的位置添加函数名，如图 7-5（b）所示。

(a)　　　　　　　　　　　　　　　　　(b)

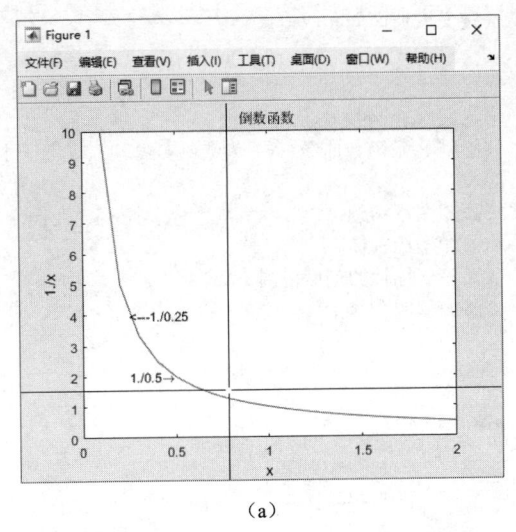

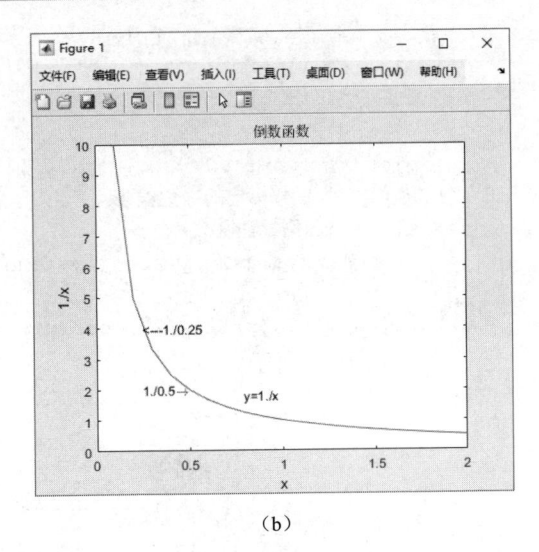

图 7-5　倒数函数图形

6. 图例标注

当在一张图中出现多种曲线时，用户可以根据自己的需要，利用 legend 命令对不同的图例进行说明。legend 命令的调用格式见表 7-7。

表 7-7　legend 命令的调用格式

调用格式	说　　明
legend(label1,label2,…)	用指定的文字 label1,label2,… 在当前坐标轴中对所给数据的每一部分显示一个图例
legend(subset,…)	仅在图例中包括 subset 中列出的数据序列的项。subset 以图形对象向量的形式指定
legend(labels)	使用字符向量元胞数组、字符串数组或字符矩阵设置每一行字符串作为标签
legend(target,…)	在 target 指定的坐标区或图中添加图例
legend(vsbl)	控制图例的可见性，vsbl 可以设置为 hide、show 或 toggle
legend(bkgd)	删除图例背景和轮廓（将 bkgd 设为 boxoff）。bkgd 的默认值为 boxon，即显示图例背景和轮廓
legend('off')	从当前的坐标轴中移除图例
legend	为每个绘制的数据序列创建一个带有描述性标签的图例
legend(…,Name,Value)	使用一个或多个名称-值对组参数来设置图例属性。设置属性时，必须使用元胞数组{}指定标签
legend(…,'Location',lcn)	设置图例位置。Location 指定放置位置，包括 north、south、east、west、northeast 等
legend(…,'Orientation',ornt)	ornt 指定图例放置方向，其默认值为 vertical，即垂直堆叠图例项；horizontal 表示并排显示图例项
lgd = legend(…)	返回 Legend 对象，常用于在创建图例后查询和设置图例属性

实例——图例标注函数

源文件：yuanwenjian\ch07\tulibiaozhu.m、图例标注函数.fig

在同一个图形窗口内绘制函数 $y_1 = \sin x, y_2 = \dfrac{x}{2}, y_3 = \cos x$ 的图形，并作出相应的图例标注。

解：MATLAB 程序如下。

```
>> x=linspace(0,2*pi,100);                    %定义取值区间和取值点
>> y1=sin(x);
>> y2=x/2;
>> y3=cos(x);                                  %定义3个函数表达式
>> plot(x,y1,'-r',x,y2,'+b',x,y3,'*g')         %绘制3条函数曲线，y1 为红色实线，y2 为加号标记
                                               的蓝色线条，y3 为星号标记的绿色线条
>> title('图例标注函数')                        %添加图形标题
>> xlabel('xValue'),ylabel('yValue')           %添加坐标轴标注
>> axis([0,7,-2,3])                            %调整坐标轴的刻度范围
>> legend('sin(x)','x/2','cos(x)')             %添加图例
```

运行结果如图 7-6 所示。

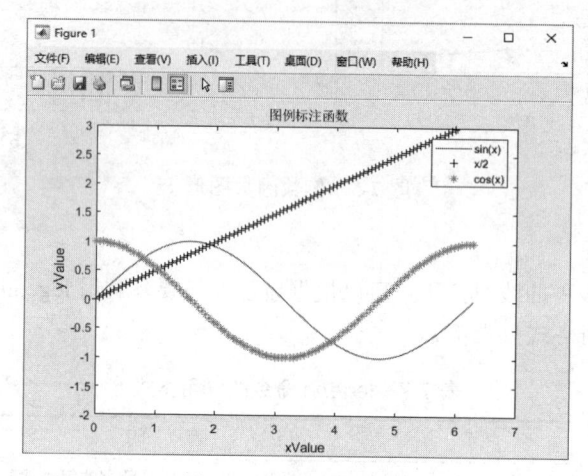

图 7-6 图例标注函数

7. 分隔线控制

为了使图形的可读性更强，可以利用 grid 命令给二维图形或三维图形的坐标面增加分隔线。grid 命令的调用格式见表 7-8。

表 7-8 grid 命令的调用格式

调 用 格 式	说　　明
grid on	显示当前坐标区或图上的主网格线
grid off	删除当前坐标区或图上的所有网格线
grid	转换主网格线显示与否的状态
grid minor	切换改变次网格线的可见性，次网格线出现在刻度线之间。并非所有类型的图都支持次网格线
grid(target,…)	使用由 target 指定的坐标区或图，而不是当前坐标区或图。其他输入参数应使用单引号引起来

实例——分隔线显示函数

源文件：yuanwenjian\ch07\fegehanshu.m、分隔线显示函数.fig

在同一个图形窗口内绘制正弦和余弦函数的图形，并加入分隔线。

解：MATLAB 程序如下。

```
>> x=linspace(0,2*pi,100);        %定义取值区间和取值点
>> y1=sin(x);
>> y2=cos(x);                     %定义2个函数表达式
>> h=plot(x,y1,'-r',x,y2,'.k');   %绘制正弦和余弦曲线,返回由图形线条对象组成的列向量h
>> title('格线控制')              %显示图形标题
>> legend(h,'sin(x)','cos(x)')    %为指定的图形添加图例
>> grid on                        %显示分隔线
```

运行结果如图 7-7 所示。

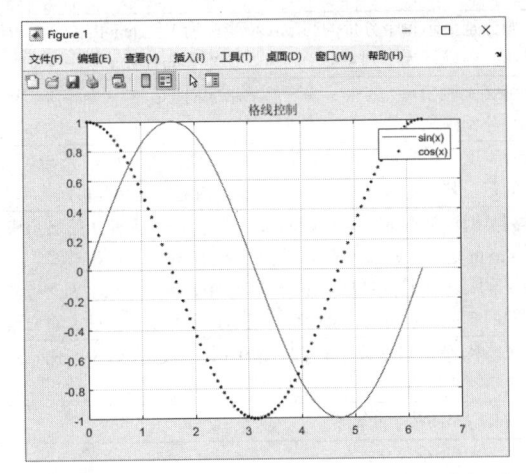

图 7-7　分隔线显示函数

动手练一练——幂函数图形显示

本练习演示绘制函数 $y=x$、$y=x^2$、$y=x^3$、$y=x^4$ 的图形并标注图形。

思路点拨：

源文件：yuanwenjian\ch07\duotuxingxianshi.m、幂函数图形显示.fig
（1）输入表达式。
（2）添加标题注释。
（3）添加函数图例显示。

7.2　特殊图形

为了满足用户的各种需求，MATLAB 还提供了绘制条形图、面积图、饼图、阶梯图、火柴杆图等特殊图形的命令。本节将介绍这些命令的具体用法。

7.2.1　统计图形

MATLAB 提供了很多在统计中经常用到的图形绘制命令，本小节主要介绍几个常用命令。

1. 条形图

绘制条形图可分为二维和三维两种情况，其中绘制二维条形图的命令为 bar（竖直条形图）与 barh（水平条形图）；绘制三维条形图的命令为 bar3（竖直条形图）与 bar3h（水平条形图）。它们的调用格式都是一样的，因此只介绍 bar 命令的调用格式，见表 7-9。

表 7-9 bar 命令的调用格式

调用格式	说明
bar(y)	若 y 为向量，则分别显示每个分量的高度，横坐标为 1 到 length（y）；若 y 为矩阵，则 bar 把 y 分解成行向量，再分别画出，横坐标为 1 到 size（y,1），即矩阵的行数
bar(x,y)	在指定的横坐标 x 上画出 y，其中 x 为严格单增的向量；若 y 为矩阵，则 bar 把矩阵分解成几个行向量，在指定的横坐标处分别画出
bar(…,width)	设置条形的相对宽度和控制在一组内条形的间距，默认值为 0.8，所以，如果用户没有指定 x，则同一组内的条形有很小的间距，若设置 width 为 1，则同一组内的条形相互接触
bar(…,style)	指定条形的排列类型，类型有 group 和 stack，其中 group 为默认的显示模式，它们的含义如下所示。 group：若 Y 为 n×m 矩阵，则 bar 显示 n 组，每组有 m 个垂直条形图。 stack：将矩阵 Y 的每一个行向量显示在一个条形中，条形的高度为该行向量中的分量和，其中同一条形中的每个分量用不同的颜色显示出来，从而可以显示每个分量在向量中的分布
bar(…,Name,Value)	使用一个或多个名称-值对组参数指定条形图的属性。仅使用默认 grouped 或 stacked 样式的条形图支持设置条形属性
bar(…,color)	用指定的颜色 color 显示所有的条形
bar(ax,…)	将图形绘制到 ax 指定的坐标区中
b = bar(…)	返回一个或多个 Bar 对象。如果 y 是向量，则创建一个 Bar 对象；如果 y 是矩阵，则为每个序列返回一个 Bar 对象。显示条形图后，使用 b 设置条形的属性

2. 面积图

面积图在实际中可以表现不同部分对整体的影响。在 MATLAB 中，绘制面积图的命令是 area，其调用格式见表 7-10。

表 7-10 area 命令的调用格式

调用格式	说明
area(Y)	绘制向量 Y 或将矩阵 Y 中每一列作为单独曲线绘制并堆叠显示
area(X,Y)	绘制 Y 对 X 的图，并填充 0 和 Y 之间的区域。如果 Y 是向量，则将 X 指定为由递增值组成的向量，其长度等于 Y；如果 Y 是矩阵，则将 X 指定为由递增值组成的向量，其长度等于 Y 的行数
area(…,basevalue)	指定区域填充的基值 basevalue，默认为 0
area(…,Name,Value)	使用一个或多个名称-值对组参数修改区域图
area(ax,…)	将图形绘制到 ax 坐标区中，而不是当前坐标区中
a=area(…)	返回一个或多个 Area 对象。函数 area()将为向量输入参数创建一个 Area 对象；为矩阵输入参数的每一列创建一个对象

3. 饼图

饼图用于显示向量或矩阵中各元素所占的比例，它可以用在一些统计数据可视化中。在二维情况下，创建饼图的命令是 pie；在三维情况下，创建饼图的命令是 pie3，两者的调用格式也非常相似，因此下面只介绍 pie 命令的调用格式，见表 7-11。

表 7-11　pie 命令的调用格式

调用格式	说　明
pie(X)	用 X 中的数据画一个饼图，X 中的每一个元素代表饼图中的一部分，X 中的元素 X(i)所代表的扇形大小通过 X(i)/sum(X)的大小来决定。若 sum(X)=1，则 X 中元素就直接指定所在部分的大小；若 sum(X)<1，则画出一个不完整的饼图
pie(X,explode)	将扇区从饼图偏移一定位置。explode 是一个与 X 同维的矩阵，当所有元素为 0 时，饼图的各个部分将连在一起组成一个圆，而其中存在非零元素时，X 中相对应的元素在饼图中对应的扇形将向外移出一些以突出显示
pie(X,labels)	指定扇区的文本标签。X 必须是数值数据类型；标签数必须等于 X 中的元素数
pie(X,explode,labels)	偏移扇区并指定文本标签。X 可以是数值或分类数据类型，当 X 是数值数据类型时，标签数必须等于 X 中的元素数；当 X 是分类数据类型时，标签数必须等于分类数
pie(ax,…)	将图形绘制到 ax 指定的坐标区中，而不是当前坐标区（gca）中
p = pie(…)	返回一个由补片和文本图形对象组成的向量

实例——绘制矩阵图形

源文件：yuanwenjian\ch07\juzhentuxing.m、矩阵图形 1.fig、矩阵图形 2.fig

对于矩阵

$$Y = \begin{pmatrix} 45 & 6 & 8 \\ 7 & 4 & 7 \\ 6 & 25 & 4 \\ 7 & 5 & 8 \\ 9 & 9 & 4 \\ 2 & 6 & 8 \end{pmatrix}$$

绘制 4 种不同的条形图与面积图。

解：MATLAB 程序如下。

（1）绘制条形图。

```
>> Y=[45 6 8;7 4 7;6 25 4;7 5 8;9 9 4;2 6 8];
>> subplot(2,2,1)
>> bar(Y)                    %绘制矩阵 Y 各个行向量的二维条形图，横坐标为 1 到矩阵的行数 6
>> title('图1')
>> subplot(2,2,2)
>> bar3(Y),title('图2')      %绘制矩阵 Y 各个行向量的三维条形图，并添加标题
>> subplot(2,2,3)
>> bar(Y,2.5)                %绘制矩阵 Y 的二维条形图，条形的相对宽度为 2.5
>> title('图3')
>> subplot(2,2,4)
>> bar(Y,'stack'),title('图4')   %绘制矩阵 Y 的二维堆积条形图，然后添加标题
```

运行结果如图 7-8 所示。

（2）绘制面积图。

```
>> close                     %关闭图窗
>> area(Y)                   %绘制矩阵 Y 的面积图，每一列作为单独曲线绘制并堆叠显示
>> grid on                   %添加分隔线
>> set(gca,'layer','top')    %将坐标区图层上移到所绘图形的顶层
```

```
>> title('面积图')                    %添加标题
```
运行结果如图 7-9 所示。

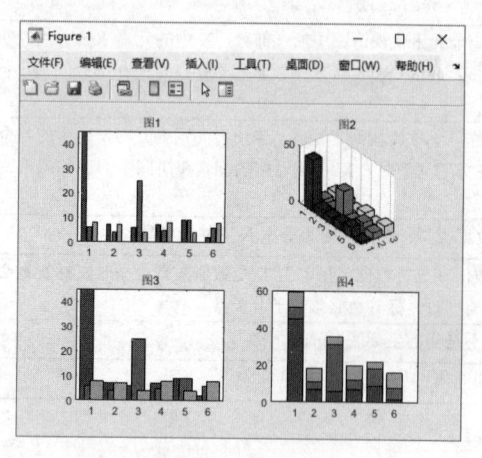

图 7-8　条形图

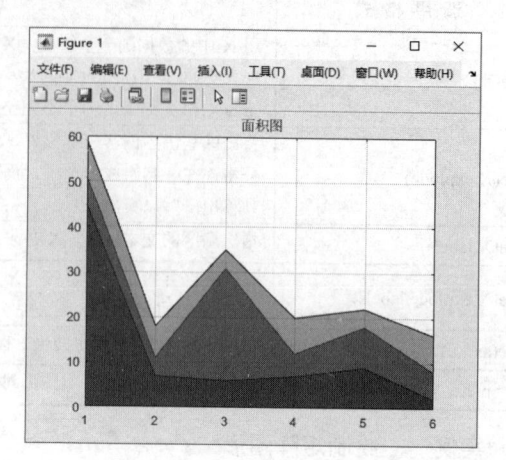

图 7-9　面积图

4．柱状图

柱状图是数据分析中用得较多的一种图形。例如，在一些预测彩票结果的网站中，把各期中奖数字记录下来，然后制作成柱状图，这可以让彩民清楚地了解到各个数字在中奖号码中出现的概率。在 MATLAB 中，绘制柱状图的命令有两个。

- histogram 命令：用于绘制直角坐标系下的柱状图。
- polarhistogram 命令：用于绘制极坐标系下的柱状图。

（1）histogram 命令的调用格式见表 7-12。

表 7-12　histogram 命令的调用格式

调 用 格 式	说　　明
histogram(X)	基于 X 创建柱状图，使用均匀宽度的 bin 涵盖 X 中的元素范围并显示分布的基本形状
histogram(X,nbins)	使用标量 nbins 指定 bin 的数量
histogram(X,edges)	将 X 划分到由向量 edges 指定 bin 边界的 bin 内。除了同时包含两个边界的最后一个 bin 外，每个 bin 都包含左边界，但不包含右边界
histogram('BinEdges',edges, 'BinCounts',counts)	指定 bin 边界和关联的 bin 计数
histogram(C)	通过为分类数组 C 中的每个类别绘制一个条形来绘制柱状图
histogram(C,Categories)	仅绘制 Categories 指定的类别的子集
histogram('Categories',Categories, 'BinCounts',counts)	指定类别和关联的 bin 计数
histogram(…,Name,Value)	使用一个或多个名称-值对组参数设置柱状图的属性
histogram(ax,…)	将图形绘制到 ax 指定的坐标区中，而不是当前坐标区中
h = histogram(…)	返回 Histogram 对象，常用于检查并调整柱状图的属性

（2）polarhistogram 命令的调用格式与 histogram 命令非常相似，具体见表 7-13。

表 7-13 polarhistogram 命令的调用格式

调用格式	说明
polarhistogram(theta)	显示参数 theta 的数据在 20 个区间或更少区间内的分布，向量 theta 中的角度单位为 rad，用于确定每一区间与原点的角度，每一区间的长度反映出输入参量的元素落入该区间的个数
polarhistogram(theta,nbins)	用正整数参量 nbins 指定 bin 数目
polarhistogram(theta,edges)	将 theta 划分为由向量 edges 指定 bin 边界的 bin。所有 bin 都有左边界，但只有最后一个 bin 有右边界
polarhistogram('BinEdges',edges,'BinCounts',counts)	使用指定的 bin 边界和关联的 bin 计数
polarhistogram(…,Name,Value)	使用指定的一个或多个名称-值对组参数设置图形属性
polarhistogram(pax,…)	在 pax 指定的极坐标区（而不是当前坐标区）中绘制图形
h = polarhistogram(…)	返回 Histogram 对象，常用于检查并调整图形的属性

实例——各个季度所占盈利总额的比例统计图

源文件：yuanwenjian\ch07\yinglizonge.m、盈利总额的比例统计图.fig

某企业四个季度的盈利额分别为 528 万元、701 万元、658 万元和 780 万元，试用条形图、饼图绘制各个季度所占盈利总额的比例统计图。

解：MATLAB 程序如下。

```
>> X=[528 701 658 780];              %四个季度的盈利额向量 X
>> subplot(2,2,1)
>> bar(X)                            %绘制各列元素的二维条形图
>> title('盈利总额二维条形图')
>> subplot(2,2,2)
>> bar3(X),title('盈利总额三维条形图')   %绘制各列元素的三维条形图
>> subplot(2,2,3)
>> pie(X)%绘制二维饼图，每个扇区代表 X 中的一个元素，大小由对应的元素值占元素值之和的比决定
>> title('盈利总额二维饼图')
>> subplot(2,2,4)
>> explode=[0 0 0 1];                %指定第四个扇区从饼图中心偏移一定距离
>> pie3(X,explode)                   %绘制向量 X 的三维饼图，并将第四个元素值对应的扇区从中心偏移
>> title('盈利总额三维分离饼图')
```

运行结果如图 7-10 所示。

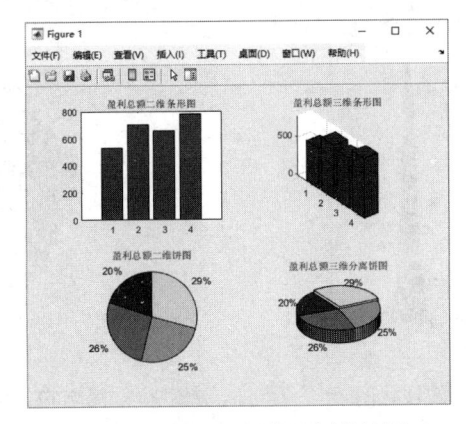

图 7-10 盈利总额的比例统计图

> **注意：**
> 饼图的标注比较特别，其标签是作为文本图形对象来处理的，如果要修改标注文本字符串或位置，则首先要获取相应对象的字符串及其范围，然后再加以修改。

实例——绘制柱状图

源文件：yuanwenjian\ch07\zhuzhuangtu.m、柱状图 1.fig、柱状图 2.fig

创建服从高斯分布的数据柱状图，再将这些数据分到范围为指定的若干个相同的柱状图中和极坐标系下的柱状图。

解：MATLAB 程序如下。

（1）绘制直角坐标系下指定的若干个相同的柱状图。

```
>> close all
>> Y=randn(10000,1);              %创建正态分布的随机矩阵 Y，大小为10000×1
>> subplot(1,2,1)
>> histogram(Y)                   %基于数据矩阵创建直角坐标系下的柱状图
>> title('高斯分布柱状图')
>> x=[-10 -3:0.1:3 10];           %定义边界向量，并捕获绝对值不小于 3 的离群值
>> subplot(1,2,2)
>> p=histogram(Y,x);              %绘制指定边界宽度的柱状图
>> set(p,'FaceColor','r')         %改变柱状图的颜色为红色
>> title('指定范围的高斯分布柱状图')
```

运行结果如图 7-11 所示。

（2）绘制极坐标系下的柱状图。

```
>> close
>> theta=Y*pi;                    %定义要划分到等间距的分类条形的数据
>> polarhistogram(theta);         %在极坐标系下创建柱状图，指定弧度值
>> title('极坐标系下的柱状图')
```

运行结果如图 7-12 所示。

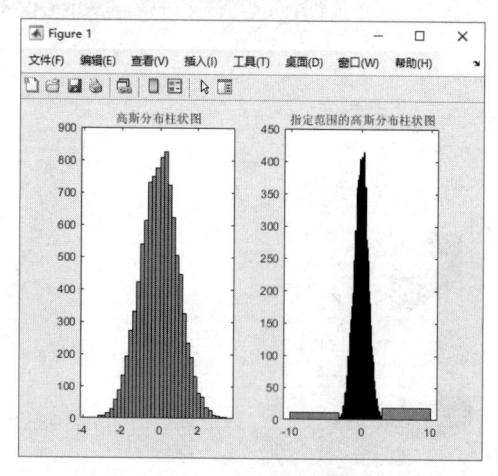

图 7-11 直角坐标系下的柱状图

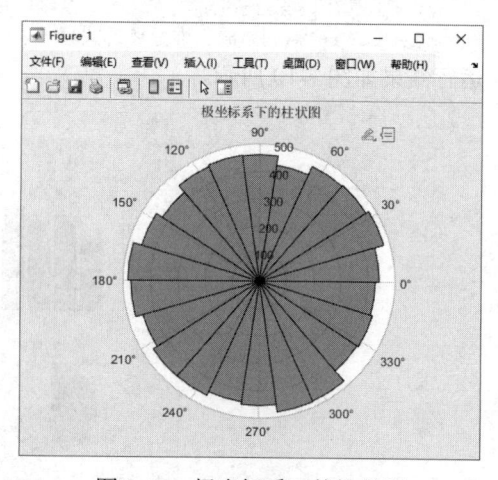

图 7-12 极坐标系下的柱状图

7.2.2 离散数据图形

除了前面提到的统计图形外，MATLAB 还提供了一些在工程计算中常用的离散数据图形，如误差棒图、火柴杆图与阶梯图等。下面来看一下它们的用法。

1. 误差棒图

MATLAB 中绘制误差棒图的命令为 errorbar，其调用格式见表 7-14。

表 7-14 errorbar 命令的调用格式

调用格式	说　明
errorbar(y,err)	创建 y 中数据的线图，并在每个数据点处绘制一个垂直误差条。err 中的值用于确定数据点上方和下方的每个误差条的长度，因此，总误差条长度是 err 值的两倍
errorbar(x,y,err)	绘制 y 对 x 的图，并在每个数据点处绘制一个垂直误差条
errorbar(…,ornt)	设置误差条的方向。ornt 的默认值为 vertical，表示绘制垂直误差条；为 horizontal 表示绘制水平误差条；为 both 表示绘制水平和垂直误差条
errorbar(x,y,neg,pos)	在每个数据点处绘制一个垂直误差条，其中 neg 用于确定数据点下方的长度，pos 用于确定数据点上方的长度
errorbar(x,y,yneg,ypos, xneg,xpos)	绘制 y 对 x 的图，并同时绘制水平和垂直误差条。yneg 和 ypos 分别用于设置垂直误差条下部和上部的长度；xneg 和 xpos 分别用于设置水平误差条左侧和右侧的长度
errorbar(…,LineSpec)	绘制用 LineSpec 指定线型、标记符号、颜色等的误差棒图
errorbar(…,Name,Value)	使用一个或多个名称-值对组参数修改线和误差条的外观
errorbar(ax,…)	在由 ax 指定的坐标区（而不是当前坐标区）中绘制图形
e = errorbar(…)	返回所创建的 ErrorBar 对象 e，以便后续查询或修改其属性

实例——绘制铸件尺寸误差棒图

源文件：yuanwenjian\ch07\zhujianwuchabang.m、铸件尺寸误差棒图.fig

甲、乙两个铸造厂生产同种铸件，相同型号的铸件尺寸测量如下，绘制表 7-15 所列数据的误差棒图。

表 7-15 铸件尺寸给定数据

甲	93.3	92.1	94.7	90.1	95.6	90.0	94.7
乙	95.6	94.9	96.2	95.1	95.8	96.3	94.1

解：MATLAB 程序如下。

```
>> close all
>> x=[93.3 92.1 94.7 90.1 95.6 90.0 94.7];    %甲厂生产的铸件尺寸
>> y=[95.6 94.9 96.2 95.1 95.8 96.3 94.1];    %乙厂生产的铸件尺寸
>> e=abs(x-y);                                 %数据点上方和下方的误差条长度
>> errorbar(y,e)                               %创建乙厂铸件尺寸的误差棒图
>> title('铸件误差棒图')
>> axis([0 8 88 106])                          %调整坐标轴的范围
```

运行结果如图 7-13 所示。

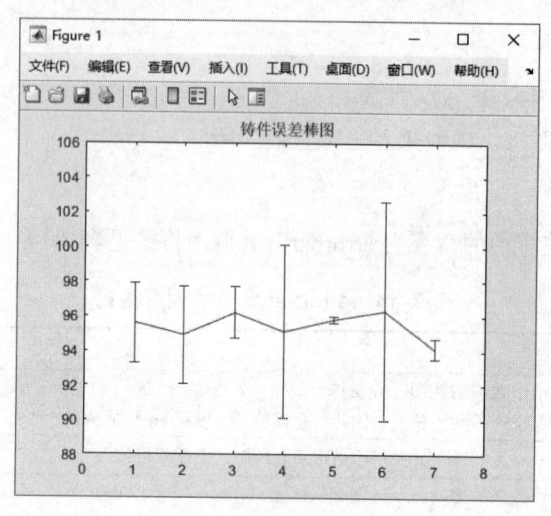

图 7-13 误差棒图

2. 火柴杆图

用线条显示数据点与 x 轴的距离，用一小圆圈（默认标记）或用指定的其他标记符号与线条相连，并在 y 轴上标记数据点的值，这样的图形称为火柴杆图。在二维情况下，实现这种操作的命令是 stem，其调用格式见表 7-16。

表 7-16 stem 命令的调用格式

调用格式	说 明
stem(Y)	按 Y 元素的顺序绘制火柴杆图，在 x 轴上，火柴杆之间的距离相等；若 Y 为矩阵，则把 Y 分成几个行向量，在同一横坐标的位置绘制一个行向量的火柴杆图
stem(X,Y)	在 X 指定的值的位置绘制列向量 Y 的火柴杆图，其中 X 与 Y 为同型的向量或矩阵，X 可以是行或列向量，Y 必须是包含 length(X) 行的矩阵
stem(…,'filled')	对火柴杆末端的圆形"火柴头"填充颜色
stem(…,LineSpec)	用参数 LineSpec 指定的线型、标记符号和火柴头的颜色绘制火柴杆图
stem(…,Name,Value)	使用一个或多个名称-值对组参数修改火柴杆图
stem(ax,…)	在 ax 指定的坐标区中，而不是当前坐标区（gca）中绘制图形
h = stem(…)	返回由 Stem 对象构成的向量

在三维情况下，也有相应的绘制火柴杆图的命令 stem3，其调用格式见表 7-17。

表 7-17 stem3 命令的调用格式

调用格式	说 明
stem3(Z)	用火柴杆图显示 Z 中数据与 x-y 平面的高度。若 Z 为行向量，则 x 与 y 将自动生成，stem3 将在与 x 轴平行的方向上等距的位置绘制 Z 的元素；若 Z 为列向量，stem3 将在与 y 轴平行的方向上等距的位置绘制 Z 的元素
stem3(X,Y,Z)	在参数 X 与 Y 指定的位置绘制 Z 的元素，其中 X、Y、Z 必须为同型的向量或矩阵

续表

调用格式	说 明
stem3(…,'filled')	填充火柴杆图末端的火柴头
stem3(…,LineSpec)	用参数 LineSpec 指定的线型、标记符号和火柴头的颜色绘制火柴杆图
stem3(…,Name,Value)	使用一个或多个名称-值对组参数修改火柴杆图
stem3(ax,…)	在 ax 指定的坐标区中，而不是当前坐标区（gca）中绘制图形
h = stem3(…)	返回 Stem 对象 h

实例——绘制火柴杆图

源文件：yuanwenjian\ch07\huochaigan.m、火柴杆图.fig

绘制以下函数的火柴杆图。

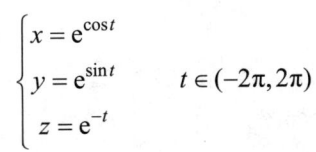

$$\begin{cases} x = e^{\cos t} \\ y = e^{\sin t} \\ z = e^{-t} \end{cases} \quad t \in (-2\pi, 2\pi)$$

解：MATLAB 程序如下。

```
>> close all
>> t=-2*pi:pi/20:2*pi;            %取值区间和取值点
>> x=exp(cos(t));
>> y=exp(sin(t));
>> z=exp(-t);                     %以 t 为参数的 x、y、z 坐标的参数化函数
>> stem3(x,y,z,'fill','r')        %绘制参数化函数的三维火柴杆图，填充为红色
>> title('三维火柴杆图')
```

运行结果如图 7-14 所示。

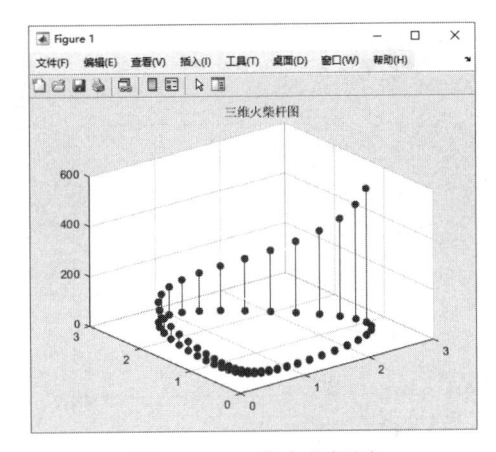

图 7-14　三维火柴杆图

3．阶梯图

阶梯图在电子信息工程及控制理论中用得非常多。在 MATLAB 中，绘制阶梯图的命令是 stairs，其调用格式见表 7-18。

表 7-18 stairs 命令的调用格式

调用格式	说 明
stairs(Y)	用参量 Y 的元素绘制阶梯图,若 Y 为向量,则横坐标 x 的范围从 1 到 m=length(Y);若 Y 为 $m×n$ 矩阵,则对 Y 的每一行绘制阶梯图,其中 x 的范围为 1～n
stairs(X,Y)	结合 X 与 Y 绘制阶梯图,其中要求 X 与 Y 为同型的向量或矩阵。此外,X 可以为行向量或列向量,且 Y 为有 length(X)行的矩阵
stairs(…,LineSpec)	用参数 LineSpec 指定的线型、标记符号和颜色绘制阶梯图
stairs(…,Name,Value)	使用一个或多个名称-值对组参数修改阶梯图
stairs(ax,…)	将图形绘制到 ax 指定的坐标区中,而不是当前坐标区(gca)中
h = stairs(…)	返回一个或多个 Stair 对象
[xb,yb] = stairs(…)	该命令不绘制图形,而是返回大小相等的矩阵 xb 与 yb,可以用命令 plot(xb,yb)绘制阶梯图

实例——绘制阶梯图

源文件:yuanwenjian\ch07\jietitu.m、绘制阶梯图.fig

本实例演示如何绘制指数波的阶梯图。

解:MATLAB 程序如下。

```
>> close all
>> x=-2:0.1:2;              %取值区间和取值点
>> y=exp(x);                %以 x 为自变量的指数函数表达式 y
>> stairs(x,y)              %绘制指数函数的阶梯图
>> hold on                  %保留当前图窗中的绘图
>> plot(x,y,'--*')          %使用带星号标记的虚线绘制指数函数的二维线图
>> hold off                 %关闭保持命令
>> text(-1.8,1.8,'指数波的阶梯图','FontSize',14)  %在指定坐标位置添加标注文本,字号为 14
```

运行结果如图 7-15 所示。

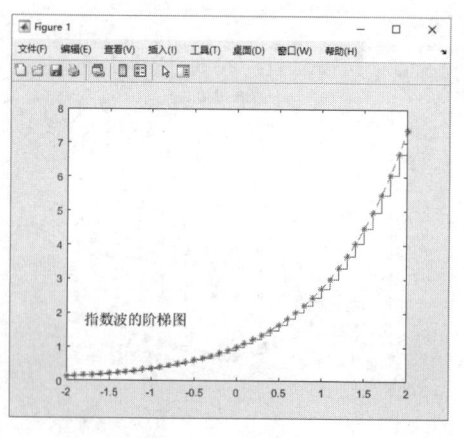

图 7-15 阶梯图

7.2.3 向量图形

物理等学科需要在实际工作中绘制一些带方向的图形,即向量图。对于这种图形的绘制,

MATLAB 中也有相关的命令，本小节就来学习几个常用的命令。

1．罗盘图

罗盘图即起点为坐标原点的二维或三维向量，同时还在坐标系中显示圆形的分隔线。绘制罗盘图的命令是 compass，其调用格式见表 7-19。

表 7-19　compass 命令的调用格式

调用格式	说　　明
compass(U,V)	参量 U 与 V 为 n 维向量，显示 n 个箭头，箭头的起点为原点，箭头的位置为[U(i),V(i)]
compass(Z)	参量 Z 为 n 维复数向量，显示 n 个箭头，箭头的起点为原点，箭头的位置为[real(Z), imag(Z)]
compass(…,LineSpec)	用参量 LineSpec 指定罗盘图的线型、标记符号、颜色等属性
compass(ax,…)	在带有句柄 ax 的坐标区中绘制图形，而不是在当前坐标区（gca）中绘制
c = compass(…)	返回 Line 对象的句柄给 c

2．羽毛图

羽毛图是在横坐标上等距地显示向量的图形，看起来就像鸟的羽毛一样。绘制羽毛图的命令是 feather，其调用格式见表 7-20。

表 7-20　feather 命令的调用格式

调用格式	说　　明
feather(U,V)	显示由参量 U 与 V 确定的向量，其中 U 包含作为相对坐标系中的 x 成分，Y 包含作为相对坐标系中的 y 成分
feather(Z)	显示复数参量 Z 确定的向量，等价于 feather(real(Z),imag(Z))
feather(…,LineSpec)	用参量 LineSpec 指定的线型、标记符号、颜色等属性绘制羽毛图
feather(ax,…)	在带有句柄 ax 的坐标区中绘制图形，而不是在当前坐标区（gca）中绘制
f = feather(…)	返回 Line 对象组成的向量 f

实例——罗盘图与羽毛图

源文件：yuanwenjian\ch07\luopanyumaotu.m、罗盘图与羽毛图.fig
本实例演示如何绘制正弦函数的罗盘图与羽毛图。

解：MATLAB 程序如下。

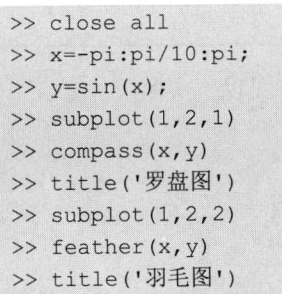

```
>> close all
>> x=-pi:pi/10:pi;            %取值区间和取值点
>> y=sin(x);                  %函数表达式
>> subplot(1,2,1)
>> compass(x,y)               %以坐标原点为起点，绘制正弦函数值的二维向量图
>> title('罗盘图')
>> subplot(1,2,2)
>> feather(x,y)               %绘制以 x 为横坐标，等距地显示 y 的向量图
>> title('羽毛图')
>> axis([-inf inf -inf inf])  %自动调整坐标轴范围
```

运行结果如图 7-16 所示。

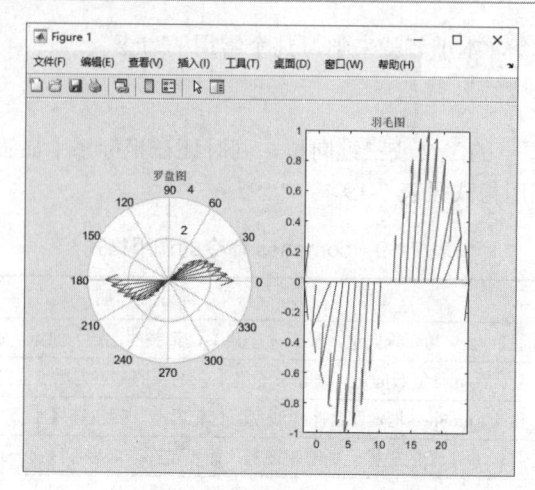

图 7-16　罗盘图与羽毛图

3. 箭头图

前面两个命令绘制的图形也可以称为箭头图，但接下来要讲的箭头图比前面两个箭头图更像数学中的向量，即它的箭头方向为向量方向，箭头的长短表示向量的大小。这种图形的绘制命令包括 quiver 与 quiver3，前者绘制的是二维图形，后者绘制的是三维图形。它们的调用格式也十分相似，只是后者比前者多一个坐标参数，因此这里只介绍 quiver 命令的调用格式，见表 7-21。

表 7-21　quiver 命令的调用格式

调用格式	说　　明
quiver(U,V)	其中 U、V 为 $m×n$ 矩阵，画出在范围为 $x=1$:n 和 $y=1$:m 的坐标系中由 U 和 V 定义的向量
quiver(X,Y,U,V)	若 X 为 n 维向量，Y 为 m 维向量，U、V 为 $m×n$ 矩阵，则画出由 X、Y 确定的每一个点处由 U 和 V 定义的向量
quiver(…,scale)	自动对向量的长度进行处理，使之不会重叠。可以对 scale 进行取值，若 scale=2，则向量长度伸长 2 倍；若 scale=0，则如实绘制向量图
quiver(…,LineSpec)	用 LineSpec 指定的线型、标记符号、颜色等绘制向量图
quiver(…,LineSpec,'filled')	对用 LineSpec 指定的标记符号进行填充
quiver(…,Name,Value)	为该函数创建的箭头图对象指定属性名称-值对组
quiver(ax,…)	将图形绘制到 ax 坐标区中，而不是当前坐标区（gca）中
q = quiver(…)	返回每个向量图的句柄

quiver 与 quiver3 这两个命令经常与其他的绘图命令配合使用，见以下实例。

实例——绘制箭头图形

源文件：yuanwenjian\ch07\jiantoutuxing.m、箭头图形.fig

本实例演示如何绘制函数 $z = xe^{(-x^2-y^2)}$ 上的法线方向向量。

解：MATLAB 程序如下：

```
>> close all
```

```
>> x=-2:0.25:2;              %创建-2～2 的线性分隔值向量 x，元素间隔值为 0.25
>> y=x;                      %创建与 x 相同的向量 y
>> [X,Y]=meshgrid(x,y);      %基于向量 x、y 创建二维网格数据矩阵 X 和 Y。矩阵 X 的每一行是向量 x
                             %的一个副本；矩阵 Y 的每一列是向量 y 的一个副本
>> Z=X.*exp(-X.^2-Y.^2);     %输入函数表达式 Z
>> [U,V]=gradient(Z,2,2);    %设置矩阵 Z 每个方向上的点之间的间距为 2，返回数值梯度
>> contour(X,Y,Z)            %以 X、Y 为坐标，绘制矩阵 Z 的等高线图
>> hold on                   %保留当前图窗的绘图
>> quiver(X,Y,U,V)           %在 X 和 Y 包含的位置坐标处，将 U 和 V 包含的速度向量绘制为箭头
>> hold off                  %关闭保持命令
>> axis image                %将坐标轴调整为图形大小
```

运行结果如图 7-17 所示。

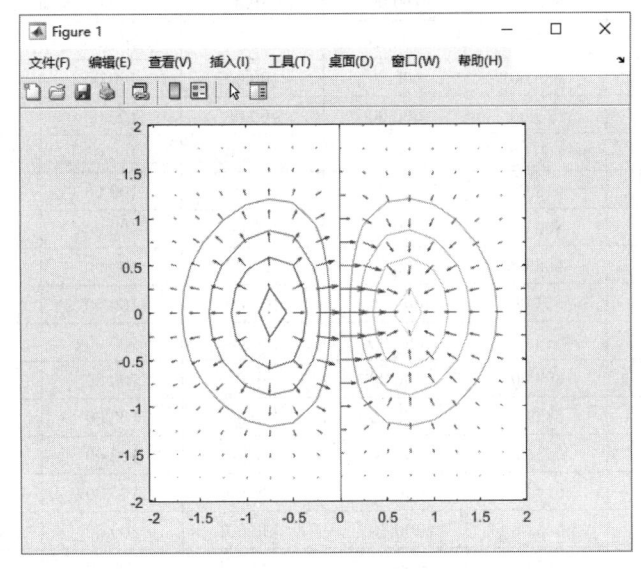

图 7-17　箭头图形

动手练一练——绘制函数的罗盘图与羽毛图

绘制以下函数的罗盘图与羽毛图。

$$Z=\frac{\sin\sqrt{x^2+y^3}}{\sqrt{x^2+y}} \quad (-7.5 \leqslant x,y \leqslant 7.5)$$

思路点拨：

源文件：yuanwenjian\ch07\hanshuxiangliangtu.m、函数向量图.fig
（1）输入变量范围。
（2）输入表达式。
（3）绘制罗盘图与羽毛图。
（4）添加标题。

7.3 综合实例——部门工资统计图分析

源文件：yuanwenjian\ch07\bumengongzitongjitu.m、部门工资统计图.fig

表 7-22 所列为某单位各部门工资统计表，利用具有统计功能的图形便于分析各部门工资的平均水平，包括基本工资和实发工资，如图 7-18 所示。

表 7-22 某单位各部门工资统计表

部 门	姓 名	基本工资	奖 金	住房基金	保险费	实发工资	级 别
办公室	陈鹏	800.00	700.00	130.00	100.00	1270.00	8
办公室	王卫平	685.00	700.00	100.00	100.00	1185.00	7
办公室	张晓寰	685.00	600.00	100.00	100.00	1085.00	7
办公室	杨宝春	613.00	600.00	100.00	100.00	1013.00	6
人事处	许东东	800.00	700.00	130.00	100.00	1270.00	8
人事处	王川	613.00	700.00	100.00	100.00	1113.00	6
财务处	连威	800.00	700.00	130.00	100.00	1270.00	8
人事处	艾芳	685.00	700.00	100.00	100.00	1185.00	7
人事处	王小明	613.00	600.00	100.00	100.00	1013.00	6
人事处	胡海涛	613.00	600.00	100.00	100.00	1013.00	6
统计处	庄凤仪	800.00	700.00	130.00	100.00	1270.00	8
统计处	沈奇峰	685.00	600.00	100.00	100.00	1085.00	7
统计处	沈克	613.00	600.00	100.00	100.00	1013.00	6
统计处	岳晋生	613.00	600.00	100.00	100.00	1013.00	6
后勤处	林海	685.00	700.00	130.00	100.00	1155.00	7
后勤处	刘学燕	613.00	600.00	100.00	100.00	1013.00	6

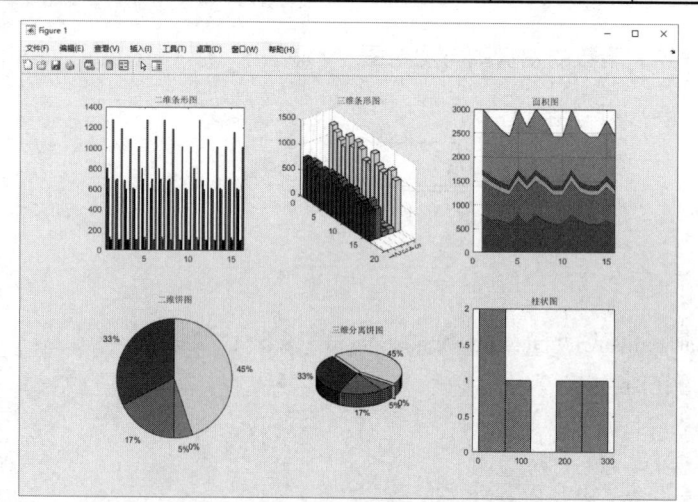

图 7-18 图形显示

【操作步骤】

（1）创建统计工资对应的矩阵。

```
>> jb=[800;685;685;613;800;613;800;685;613;613;800;685;613;613;685;613]    %基本工资统计

jb =
   800
   685
   685
   613
   800
   613
   800
   685
   613
   613
   800
   685
   613
   613
   685
   613
>> jj=[700;700;600;600;700;700;700;700;600;600;700;600;600;600;700;600];%奖金统计
>> zf=[130;100;100;100;130;100;130;100;100;100;130;100;100;100;130;100];
                                                                       %住房基金统计
>> bx=100*ones(16);
>> bx=bx(:,1)                                                          %保险费统计
bx =
   100
   100
   100
   100
   100
   100
   100
   100
   100
   100
   100
   100
   100
   100
   100
   100
>> SF=jb+jj-zf-bx                                                      %实发工资结果
SF =
        1270
        1185
```

```
                    1085
                    1013
                    1270
                    1113
                    1270
                    1185
                    1013
                    1013
                    1270
                    1085
                    1013
                    1013
                    1155
                    1013
>> Z=[jb jj zf bx SF]                                           %工资清单统计结果
Z =
         800         700         130         100        1270
         685         700         100         100        1185
         685         600         100         100        1085
         613         600         100         100        1013
         800         700         130         100        1270
         613         700         100         100        1113
         800         700         130         100        1270
         685         700         100         100        1185
         613         600         100         100        1013
         613         600         100         100        1013
         800         700         130         100        1270
         685         600         100         100        1085
         613         600         100         100        1013
         613         600         100         100        1013
         685         700         130         100        1155
         613         600         100         100        1013
```

（2）绘制条形图。

```
>> subplot(2,3,1)
>> bar(Z)                    %将矩阵 Z 按行分组,绘制工资清单的二维条形图,分别显示每一行的数据
>> title('二维条形图')
>> subplot(2,3,2)
>> bar3(Z),title('三维条形图')      %绘制工资清单的三维条形图,然后添加标题
```

运行结果如图 7-19 所示。

（3）绘制面积图。

```
>> subplot(2,3,3)
>> area(Z)                   %以堆叠方式绘制工资清单各项统计数据的面积图
>> grid on
>> set(gca,'layer','top')    %将坐标区图层移到顶层
>> title('面积图')
```

运行结果如图 7-20 所示。

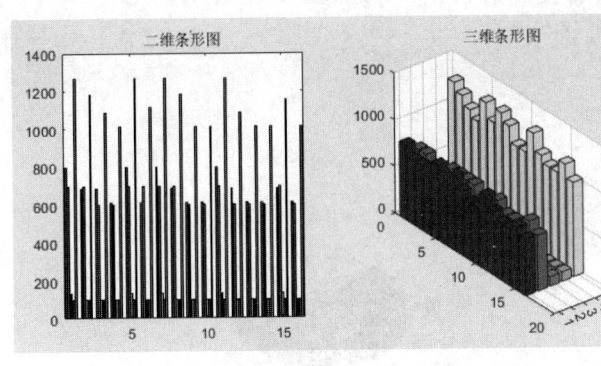

图 7-19 条形图 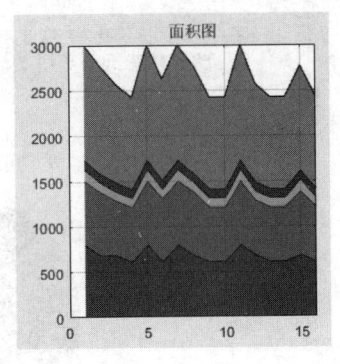　　　　　　　　　　　图 7-20 面积图

（4）对工资进行排序。

```
>> max(Z)                                              %求每一项的最大值
ans =
         800    700    130    100    1270
>> sort(Z)                                             %从低到高对工资进行排序
ans =
         613    600    100    100    1013
         613    600    100    100    1013
         613    600    100    100    1013
         613    600    100    100    1013
         613    600    100    100    1013
         613    600    100    100    1013
         613    600    100    100    1085
         685    600    100    100    1085
         685    700    100    100    1113
         685    700    100    100    1155
         685    700    100    100    1185
         685    700    130    100    1185
         800    700    130    100    1270
         800    700    130    100    1270
         800    700    130    100    1270
         800    700    130    100    1270
>> mad(Z)                                              %求绝对差分平均值
ans =
         60.5938   50.0000   12.8906   0   93.1094
>> M=range(Z)                                          %求工资差
M =
         187    100    30    0    257
```

（5）绘制饼图。

```
>> subplot(2,3,4)
>> pie(M)                    %使用完整饼图显示工资清单中各个统计项最大值与最小值差值的占比
>> title('二维饼图')
>> subplot(2,3,5)
>> explode=[0 0 0 1 1];      %设置第四个扇区和第五个扇区从饼图中心偏移
```

```
>> pie3(M,explode)          %绘制三维分离饼图
>> title('三维分离饼图')
```

运行结果如图 7-21 所示。

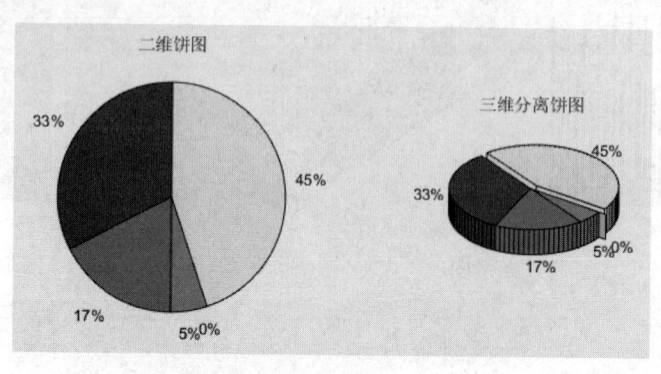

图 7-21　饼图

（6）绘制柱状图。

```
>> subplot(2,3,6)
>> h=histogram(M,5);           %使用 5 个分类条形分别显示各个工资统计项的差值
>> set(h,'FaceColor','r');     %设置分类条形的填充色为红色
>> title('柱状图')
```

运行结果如图 7-22 所示。

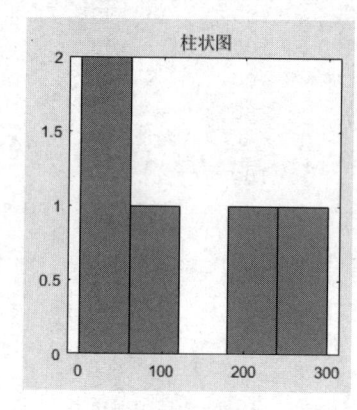

图 7-22　柱状图

第 8 章 三 维 绘 图

内容简介

MATLAB 三维绘图比二维绘图涉及的内容多。例如，三维曲线绘图与三维曲面绘图、三维曲面绘图的曲面网线绘图或曲面色图、如何构造绘图坐标数据、三维曲面的观察角度等。本章详细讲解三维绘图、三维图形修饰处理、图像处理及动画演示功能。

内容要点

- 三维绘图简介
- 三维图形修饰处理
- 图像处理及动画演示
- 综合实例——绘制函数的三维视图

案例效果

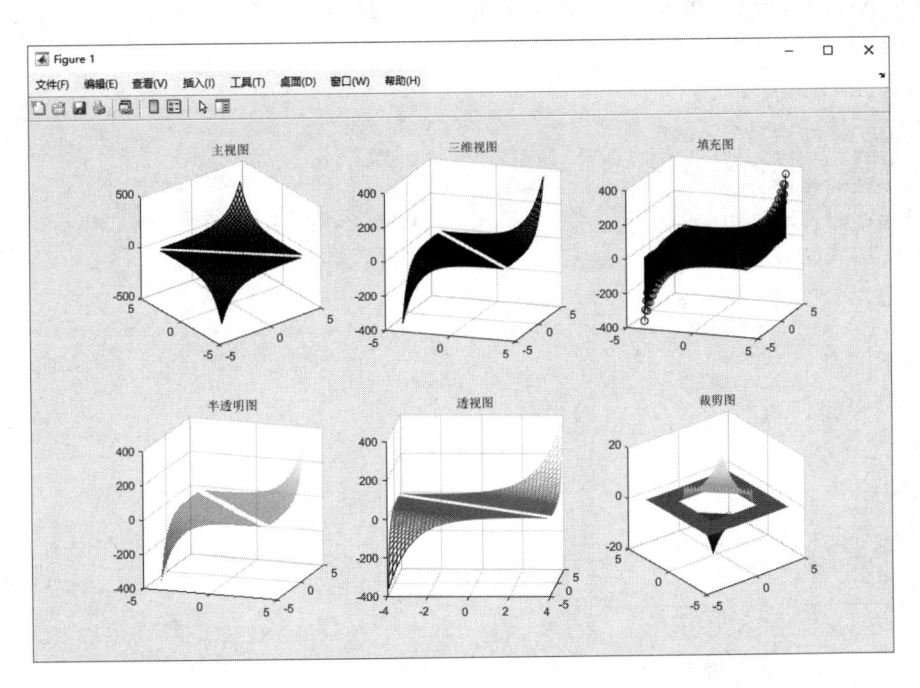

8.1　三维绘图简介

在实际的工程设计中，二维绘图功能在某些场合往往无法更直观地表示数据的分析结果，此时就需要将结果表示成三维图形。为此，MATLAB 提供了相应的三维绘图功能。与二维绘图功能相同的是，在用于三维绘图的 MATLAB 高级绘图函数中，对于上述许多问题都设置了默认值，应尽量使用默认值，必要时可以认真阅读联机帮助。

为了显示三维图形，MATLAB 提供了各种函数来实现在三维空间中画线、画曲面与线格框架等功能。另外，颜色可以用于代表第四维。当颜色以这种方式使用时，它不再具有像照片中那样显示色彩的自然属性，也不具有基本数据的内在属性，所以称为彩色。本章主要介绍三维图形的作图方法和效果。

8.1.1　三维曲线绘图命令

1. plot3 命令

plot3 命令是二维绘图命令 plot 的扩展，因此它们的调用格式也基本相同，只是在参数中多加了第三维的信息。例如，plot(x,y,s)与 plot3(x,y,z,s)的意义是一样的，前者绘制的是二维图形，后者绘制的是三维图形，参数 s 用于控制曲线的类型、粗细、颜色等。因此，这里不再讲解其具体调用格式，读者可以按照 plot 命令的调用格式来学习。

实例——绘制空间直线

源文件： yuanwenjian\ch08\kongjianzhixian.m、二维图形.fig、空间直线.fig

本实例演示如何绘制二维曲线与三维曲线。

解： MATLAB 程序如下。

```
>> x=1:0.1:10;              %定义 x
>> y=sin(x);                %定义 y
>> z=cos(x);                %定义 z
>> plot(y,z)                %绘制二维图形，如图 8-1 所示
>> plot3(x,y,z)             %绘制三维图形，如图 8-2 所示
```

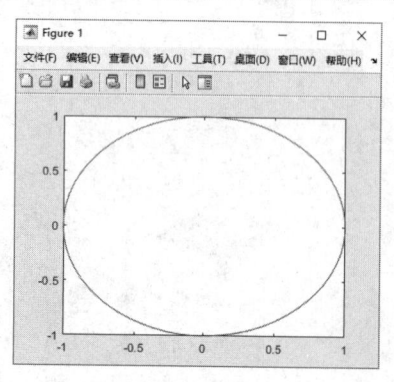

图 8-1　二维图形

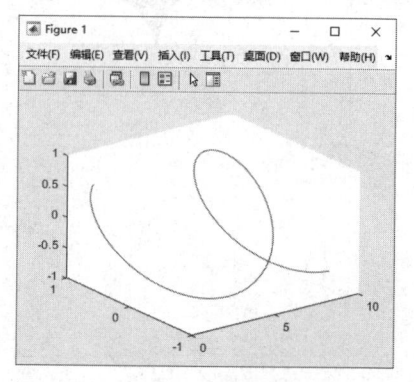

图 8-2　三维图形

实例——绘制三维曲线

源文件：yuanwenjian\ch08\sanweiquxian.m、绘制三维曲线.fig

本实例绘制方程 $\begin{cases} x = t \\ y = \sin(t) \\ z = \cos(t) \end{cases}$ 在 $t = [0, 2\pi]$ 区间的三维曲线。

解：MATLAB 程序如下。

```
>> close all
>> x=0:pi/10:2*pi;              %定义取值区间和取值点
>> y1=sin(x);
>> y2=cos(x);                   %定义以 x 为参数的 y 坐标和 z 坐标的参数化函数表达式 y1 和 y2
>> plot3(x,y1,y2,'m:p')         %绘制指定坐标的三维线图，线型为品红点线，标记符号为五角形
>> grid on
```

运行结果如图 8-3 所示。

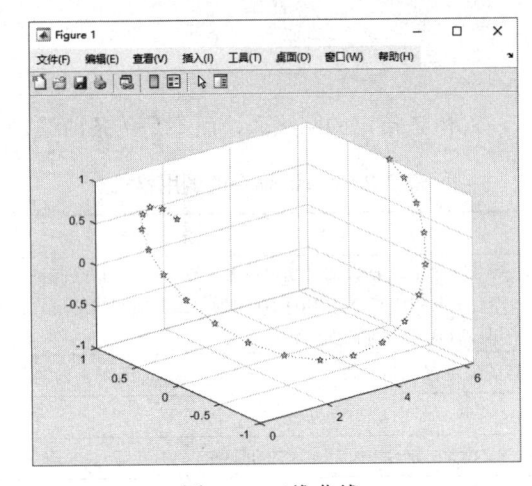

图 8-3　三维曲线

动手练一练——圆锥螺线

绘制以下函数的圆锥螺线。

$$\begin{cases} x = t\cos t \\ y = t\sin t \\ z = t \end{cases} \quad t \in [0, 10\pi]$$

思路点拨：

源文件：yuanwenjian\ch08\yuanzhuiluoxian.m、圆锥螺线.fig

（1）输入表达式。

（2）绘制三维图形。

（3）添加图形标注。

2. fplot3 命令

同二维情况一样,三维绘图中也有一个绘制符号函数的命令,即 fplot3,其调用格式见表 8-1。

表 8-1 fplot3 命令的调用格式

调用格式	说明
fplot3(funx,funy,funz)	在参数 t 默认的区间[-5,5]绘制参数化曲线 x=funx(t)、y=funy(t)和 z=funz(t)的图形
fplot3(funx,funy,funz,tinterval)	绘制上述参数化曲线在指定区域 tinterval 上的三维网格图
fplot3 (…,LineSpec)	设置线型、标记符号和线条颜色
fplot3(…,Name,Value)	使用一个或多个名称-值对组参数指定线条的属性
fplot3(ax,…)	将图形绘制到 ax 指定的坐标区中,而不是当前坐标区中
fp = fplot3(…)	返回 ParameterizedFunctionLine 对象,可使用此对象查询和修改特定线条的属性

8.1.2 三维网格命令

1. mesh 命令

mesh 命令生成的是由 X、Y 和 Z 指定的网线面,而不是单条曲线,其调用格式见表 8-2。

表 8-2 mesh 命令的调用格式

调用格式	说明
mesh(X,Y,Z)	绘制三维网格图,颜色和曲面的高度相匹配。若 X 与 Y 均为向量,且 length(X)=n, length(Y)=m,而[m,n]=size(Z),空间中的点(X(j),Y(i),Z(i,j))为所画曲面网线的交点;若 X 与 Y 均为矩阵,则空间中的点(X(i,j),Y(i,j),Z(i,j))为所画曲面网线的交点
mesh(Z)	生成的网格图满足 X =1:n 与 Y=1:m, [m,n] = size(Z),其中 Z 为定义在矩形区域上的单值函数
mesh(Z,C)	同 mesh(Z),并进一步由 C 指定边的颜色
mesh(…,C)	同 mesh(X,Y,Z),并进一步由 C 指定边的颜色
mesh(ax,…)	将图形绘制到 ax 指定的坐标区中,而不是当前坐标区中
mesh(…,Name,Value)	对指定的属性名 Name 设置属性值 Value,可以在同一语句中对多个属性进行设置
s = mesh(…)	返回图形对象句柄

在给出例题之前,先来学一个常用的命令,即 meshgrid。meshgrid 命令用于生成二元函数 z = f(x,y)中 x-y 平面上的矩形定义域中的数据点矩阵 X 和 Y,或三元函数 u = f(x,y,z)中立方体定义域中的数据点矩阵 X、Y 和 Z。meshgrid 命令的调用格式也非常简单,见表 8-3。

表 8-3 meshgrid 命令的调用格式

调用格式	说明
[X,Y] = meshgrid(x,y)	向量 X 为 x-y 平面上矩形定义域的矩形分割线在 x 轴的值,向量 Y 为 x-y 平面上矩形定义域的矩形分割线在 y 轴的值。输出向量 X 为 x-y 平面上矩形定义域的矩形分割点的横坐标值矩阵,输出向量 Y 为 x-y 平面上矩形定义域的矩形分割点的纵坐标值矩阵
[X,Y] = meshgrid(x)	等价于形式 [X,Y] = meshgrid(x,x)

续表

调 用 格 式	说 明
[X,Y,Z] = meshgrid(x,y,z)	向量 X 为立方体定义域在 x 轴上的值，向量 Y 为立方体定义域在 y 轴上的值，向量 Z 为立方体定义域在 z 轴上的值。输出向量 X 为立方体定义域中分割点的 x 轴坐标值，输出向量 Y 为立方体定义域中分割点的 y 轴坐标值，输出向量 Z 为立方体定义域中分割点的 z 轴坐标值
[X,Y,Z] = meshgrid(x)	等价于形式[X,Y,Z] = meshgrid(x,x,x)

实例——绘制网格面

源文件：yuanwenjian\ch08\wanggemian.m、绘制网格面.fig

本实例演示如何绘制网格面 $z = x^4 + y^5$。

解：MATLAB 程序如下。

```
>> close all
>> x=-4:0.25:4;
>> y=x;                            %定义两个相同的向量 x 和 y
>> [X,Y]=meshgrid(x,y);            %基于向量 x 和 y 创建二维网格数据矩阵 X 和 Y
>> Z=X.^4+Y.^5;                    %使用函数表达式定义矩阵 Z
>> mesh(Z)                         %创建矩阵 Z 的网格面
>> title('网格面')
>> xlabel('x'),ylabel('y'),zlabel('z')%添加坐标轴标注
```

运行结果如图 8-4 所示。

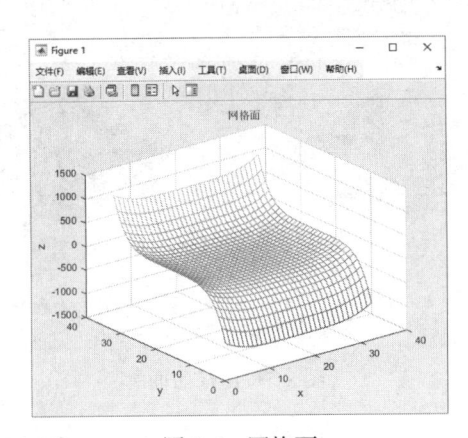

图 8-4　网格面

对于一个三维网格图，用户有时不想显示背后的网格，可以利用 hidden 命令来实现这种要求。hidden 命令的调用格式也非常简单，见表 8-4。

表 8-4　hidden 命令的调用格式

调 用 格 式	说 明
hidden on	对当前网格图启用隐线消除模式，将网格设为不透明状态
hidden off	对当前网格图禁用隐线消除模式，将网格设为透明状态
hidden	切换隐线消除模式
hidden(ax,…)	修改由 ax 指定的坐标区而不是当前坐标区上的曲面对象

实例——绘制山峰曲面

源文件：yuanwenjian\ch08\shanfengqumian.m、绘制山峰曲面.fig

函数 peaks()用于绘制山峰曲面。本实例利用该函数绘制两张图，一张不显示其背后的网格，一张显示其背后的网格。

解：MATLAB 程序如下。

```
>> close all
>> t=-4:0.1:4;                  %定义向量 t
>> [X,Y]=meshgrid(t);           %基于向量 t 创建二维网格数据矩阵 X 和 Y
>> Z=peaks(X,Y);                %在给定的 X 和 Y 处计算山峰函数，并返回与之大小相同的矩阵 Z
>> subplot(1,2,1)
>> mesh(X,Y,Z),hidden on        %绘制三维曲面网格图，然后将网格设为不透明状态
>> title('不显示网格')
>> subplot(1,2,2)
>> mesh(X,Y,Z),hidden off       %绘制三维曲面网格图，将网格设为透明状态
>> title('显示网格')
```

运行结果如图 8-5 所示。

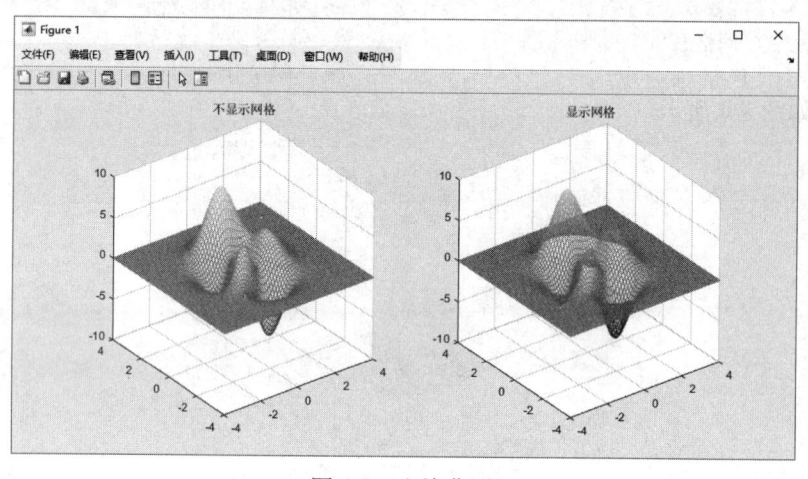

图 8-5　山峰曲面

MATLAB 还有两个同类的函数：meshc()与 meshz()。函数 meshc()用于绘制图形的网格图加基本的等高线图，函数 meshz()用于绘制图形的网格图与零平面的网格图。

实例——绘制函数曲面

源文件：yuanwenjian\ch08\hanshuqumian.m、绘制函数曲面.fig

本实例演示分别用 plot3()、mesh()、meshc()和 meshz()绘制以下函数的曲面图形。

$$z = \cos\sqrt{x^2 + y^2} \quad (-5 \leq x, y \leq 5)$$

解：MATLAB 程序如下。

```
>> close all
>> x=-5:0.1:5;                  %定义线性分隔值向量 x
```

```
>> [X,Y]=meshgrid(x);              %基于向量 x 创建二维网格数据矩阵 X 和 Y
>> Z=cos(sqrt(X.^2+Y.^2));         %定义函数表达式 Z
>> tiledlayout(2,2)                %创建 2×2 分块图布局,用于显示当前图窗中的多个绘图
>> nexttile                        %在第一个图块中创建分块图布局和坐标区对象
>> plot3(X,Y,Z)                    %在第一个图块中绘制函数的三维线图
>> title('plot3 作图')              %添加标题
>> nexttile                        %在下一个分块图布局中创建坐标区
>> mesh(X,Y,Z)                     %绘制三维曲面网格图
>> title('mesh 作图')               %添加标题
>> nexttile                        %在下一个分块图布局中创建坐标区
>> meshc(X,Y,Z)                    %创建三维曲面网格图,下方显示等高线图
>> title('meshc 作图')              %添加标题
>> nexttile                        %在下一个分块图布局中创建坐标区
>> meshz(X,Y,Z)                    %创建三维曲面网格图,且网格周围显示帷幕
>> title('meshz 作图')              %添加标题
```

运行结果如图 8-6 所示。

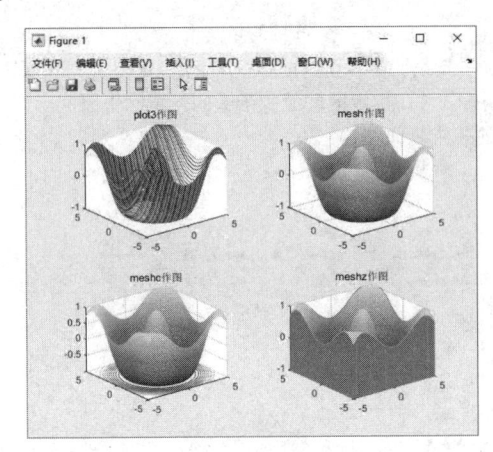

图 8-6 函数曲面图形对比

2. fmesh 命令

fmesh 命令专门用于绘制三维网格图,其调用格式见表 8-5。

表 8-5 fmesh 命令的调用格式

调用格式	说明
fmesh(f)	绘制表达式 f(x,y)在 x 和 y 的默认区间[-5,5]内的三维网格图
fmesh (f,xyinterval)	绘制 f 在 x 和 y 的指定区域 xyinterval 内的三维网格图。要对 x 和 y 使用相同的区间,将 xyinterval 指定为 [min max] 形式的二元素向量;要使用不同的区间,则指定 [xmin xmax ymin ymax] 形式的四元素向量
fmesh (funx,funy,funz)	绘制参数曲面 x=funx(u,v)、y=funy(u,v)、z=funz(u,v)在系统默认的区域[-5,5](对于 u 和 v)内的三维网格图
fmesh (funx,funy,funz,uvinterval)	在指定区间 uvinterval 内绘制参数曲面 x=funx(u,v)、y=funy(u,v)、z=funz(u,v)的三维网格图。要对 u 和 v 使用相同的区间,将 uvinterval 指定为 [min max] 形式的二元素向量;要使用不同的区间,则指定 [umin umax vmin vmax] 形式的四元素向量

续表

调用格式	说　　明
fmesh(…,LineSpec)	设置网格的线型、标记符号和颜色
fmesh(…,Name,Value)	使用一个或多个名称-值对组参数指定网格的属性
fmesh(ax,…)	将图形绘制到 ax 指定的坐标区中，而不是当前坐标区（gca）中
fs = fmesh(…)	返回 FunctionSurface 对象或 ParameterizedFunctionSurface 对象，具体情况取决于输入

实例——绘制符号函数曲面

源文件：yuanwenjian\ch08\fuhaohanshuqumian.m、绘制符号函数曲面.fig

本实例演示如何绘制以下函数的三维网格表面图。

$$f(x,y) = e^y \sin x - e^x \cos y + e^x + e^y \quad (-\pi < x, y < \pi)$$

解：MATLAB 程序如下。

```
>> close all
>> syms x y                    %定义符号变量 x 和 y
>> f=sin(x)*exp(y)-cos(y)*exp(x)+ exp(x)+ exp(y);   %定义符号函数表达式 f
>> fmesh(f,[-pi,pi])   %在指定区间绘制函数的三维网格图
>> title('带网格线的三维表面图')
```

运行结果如图 8-7 所示。

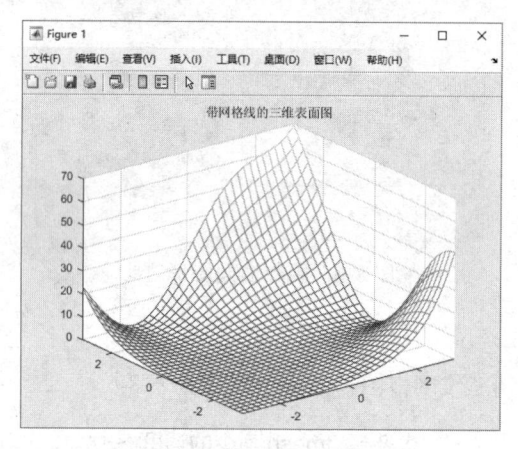

图 8-7　fmesh 作图

动手练一练——函数网格面的绘制

绘制以下函数的图像。

$$z = x^2 + y^2 + \sin(x+y) + e^{x+y}, x \in (-1,1)$$

📋 思路点拨：

源文件：yuanwenjian\ch08\hanshuwanggemian.m、函数网格面的绘制.fig

（1）定义变量取值范围。

（2）使用 plot3 命令绘制三维曲线。

（3）输入函数表达式。

（4）使用 mesh、meshc 和 meshz 命令绘制三维网格图。

8.1.3 三维曲面命令

曲面图是在网格图的基础上，在小网格之间用颜色填充。它的一些特性正好与网格图相反，线条是黑色的，线条之间有颜色；而在网格图中，线条之间没有颜色，而线条有颜色。在曲面图中，用户不必考虑像网格图一样隐藏线条，但要考虑用不同的方法为表面加色彩。

1．surf 命令

surf 命令的调用格式与 mesh 命令完全相同，这里不再详细说明，读者可以参考 mesh 命令的调用格式。下面给出几个例子。

实例——绘制山峰表面

源文件：yuanwenjian\ch08\shanfengbiaomian.m、绘制山峰表面.fig

本实例演示如何使用 MATLAB 内部函数 peaks()绘制山峰表面图。

解：MATLAB 程序如下。

```
>> close all
>> [X,Y,Z]=peaks(30);           %使用山峰函数返回30×30的矩阵Z，以及用于参数绘图的矩阵X和Y
>> surf(X,Y,Z)                  %使用指定的坐标矩阵创建三维表面图
>> title('山峰表面')
>> xlabel('x-axis'),ylabel('y-axis'),zlabel('z-axis')         %标注坐标轴
>> grid off                     %隐藏分隔线
```

运行结果如图 8-8 所示。

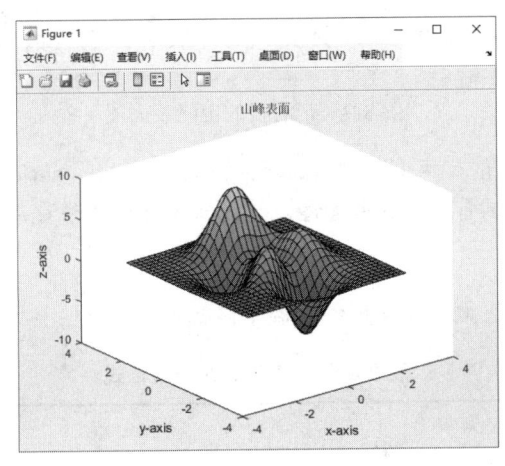

图 8-8　surf 作图

如果想查看曲面背后图形的情况，可以在曲面的相应位置打个洞孔，也就是说，将数据设置为 NaN，所有的 MATLAB 作图函数都会忽略 NaN 的数据点，在该点出现的地方留下一个洞孔。

实例——绘制带洞孔的山峰表面

源文件：yuanwenjian\ch08\daidongkongshanfeng.m、带洞孔的山峰表面.fig

本实例演示如何观察山峰曲面在 $x \in (-0.6, 0.5)$，$y \in (0.8, 1.2)$ 时曲面背后的情况。

解：MATLAB 程序如下。

```
>> close all
>> [X,Y,Z]=peaks(30);            %使用山峰函数返回30×30的矩阵Z，以及用于参数绘图的矩阵X和Y
>> x=X(1,:);                     %提取矩阵X的第一行
>> y=Y(:,1);                     %提取矩阵Y的第一列
>> i=find(y>0.8 & y<1.2);        %在提取的列向量中查找大于0.8小于1.2的元素，返回查找结果的索引
>> j=find(x>-.6 & x<.5);         %在提取的行向量中查找大于-0.6小于0.5的元素，返回查找结果的索引
>> Z(i,j)=nan*Z(i,j);            %将查找结果对应的元素值设置为NaN
>> surf(X,Y,Z);                  %使用指定的坐标矩阵创建三维表面图
>> title('带洞孔的山峰表面');
>> xlabel('x-axis'),ylabel('y-axis'),zlabel('z-axis')   %标注坐标轴
```

运行结果如图 8-9 所示。

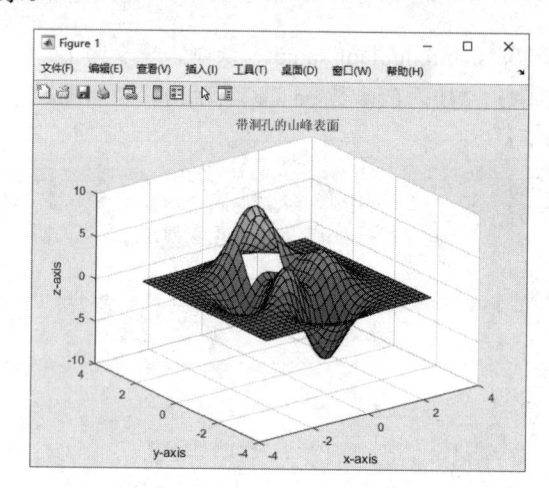

图 8-9 带洞孔的山峰表面图

与 mesh 命令一样，surf 也有两个同类的命令：surfc 与 surfl。surfc 命令用于绘制有基本等高线的曲面图；surfl 命令用于绘制有亮度的曲面图。这两个命令的用法在后面进行讲解。

2. fsurf 命令

fsurf 命令专门用于绘制三维曲面图形，其调用格式见表 8-6。

表 8-6 fsurf 命令的调用格式

调用格式	说明
fsurf(f)	绘制函数 f(x,y) 在 x、y 的默认区间[-5, 5]内的三维表面图
fsurf(f,xyinterval)	绘制 f 在 x、y 的指定区域 xyinterval 内的三维曲面。要对 x 和 y 使用相同的区间，将 xyinterval 指定为[min max]形式的二元素向量；要使用不同的区间，则指定[xmin xmax ymin ymax]形式的四元素向量

续表

调用格式	说 明
fsurf(funx,funy,funz)	绘制参数曲面 x=funx(u,v)、y=funy(u,v)、z=funz(u,v)在系统默认的区域[-5,5]（对于 u 和 v）内的三维曲面
fsurf(funx,funy,funz,uvinterval)	在指定区间 uvinterval 内绘制参数曲面 x=funx(u,v)、y=funy(u,v)、z=funz(u,v)的三维曲面。要对 u 和 v 使用相同的区间，将 uvinterval 指定为 [min max] 形式的二元素向量；要使用不同的区间，则指定 [umin umax vmin vmax] 形式的四元素向量
fsurf(…,LineSpec)	设置线型、标记符号和曲面颜色
fsurf(…,Name,Value)	使用一个或多个名称-值对组参数指定曲面的属性
fsurf(ax,…)	将图形绘制到 ax 指定的坐标区中，而不是当前坐标区（gca）中
fs = fsurf(…)	返回 FunctionSurface 对象或 ParameterizedFunctionSurface 对象，具体情况取决于输入

实例——绘制参数曲面

源文件：yuanwenjian\ch08\canshuqumian.m、绘制参数曲面.fig

本实例演示如何绘制以下函数的参数曲面图像。

$$\begin{cases} x = \cos(s+t) \\ y = \sin(s+t) \\ z = \sin s * \cos t \end{cases} \quad (-\pi < s, t < \pi)$$

解：MATLAB 程序如下。

```
>> close all
>> syms s t                  %定义符号变量 s 和 t
>> x=cos(s+t);
>> y=sin(s+t);
>> z=sin(s)*cos(t);          %定义参数曲面的坐标函数表达式
>> fsurf(x,y,z,[-pi,pi])     %在指定区间绘制参数化函数的三维曲面图
>> title('符号函数曲面图')
```

运行结果如图 8-10 所示。

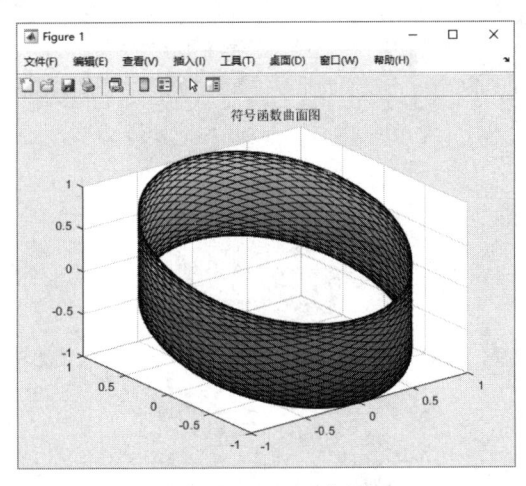

图 8-10 fsurf 作图

8.1.4 柱面与球面

在 MATLAB 中，有专门绘制柱面与球面的命令，即 cylinder 与 sphere，它们的调用格式也非常简单。首先来看 cylinder 命令，其调用格式见表 8-7。

表 8-7　cylinder 命令的调用格式

调 用 格 式	说　　明
[X,Y,Z] = cylinder	返回一个半径为 1、高度为 1 的圆柱体的 x 轴、y 轴、z 轴的坐标值（三个 2×21 矩阵），圆柱体的圆周有 20 个距离相同的点
[X,Y,Z] = cylinder(r,n)	返回一个沿圆柱体单位高度的等距高度的半径为 r、高度为 1 的圆柱体的 x 轴、y 轴、z 轴的坐标值，圆柱体的圆周有 n 个距离相同的点
[X,Y,Z] = cylinder(r)	与 [X,Y,Z] = cylinder(r,20) 等价
cylinder(ax,…)	将图形绘制到带有句柄 ax 的坐标区中，而不是当前坐标区（gca）中
cylinder(…)	没有任何输出参数，直接使用 surf 命令绘制圆柱体

实例——绘制柱面

源文件： yuanwenjian\ch08\zhumian.m、绘制柱面.fig

本实例演示如何绘制一个半径变化的柱面。

解： MATLAB 程序如下。

```
>> close all
>> t=0:pi/10:2*pi;            %定义线性分隔值向量 t
>> [X,Y,Z]=cylinder(2+sin(t)-cos(t),30);     %返回圆柱体的 x 轴、y 轴、z 轴的坐标值 X、Y、Z，
%圆柱体半径为以 t 为自变量的函数表达式，高度为 1，圆柱体的圆周有 30 个等距点
>> surf(X,Y,Z)                %使用指定的坐标矩阵创建三维表面图
>> axis square                %调整坐标轴，使用相同长度的坐标轴线
>> xlabel('x-axis'),ylabel('y-axis'),zlabel('z-axis')   %添加坐标轴标注
```

运行结果如图 8-11 所示。

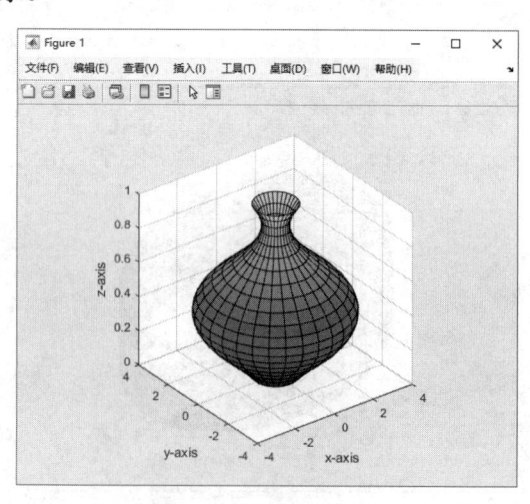

图 8-11　cylinder 作图

小技巧：

用 cylinder 命令可以绘制棱柱图形。例如，运行 cylinder(2,6)可以绘制底面为正六边形、半径为 2 的棱柱。

sphere 命令用于生成三维直角坐标系中的球面，其调用格式见表 8-8。

表 8-8 sphere 命令的调用格式

调 用 格 式	说　　明
sphere	绘制单位球面，该单位球面由 20×20 个面组成，半径为 1
sphere(n)	在当前坐标系中绘制由 n×n 个面组成的球面，半径为 1
sphere(ax,…)	在由 ax 指定的坐标区中，而不是在当前坐标区中创建球形
[X,Y,Z]=sphere(…)	不绘制球面，在三个大小为(n+1)×(n+1)的矩阵中返回 n×n 球面的坐标

实例——绘制球面

源文件：yuanwenjian\ch08\qiumian.m、绘制球面.fig

本实例演示如何绘制棱柱、由 64 个面组成的球面与由 400 个面组成的球面。

解：MATLAB 程序如下。

```
>> close all
>> [X1,Y1,Z1]=sphere(8);         %绘制由 8×8 个面组成的球面，并返回球面坐标
>> [X2,Y2,Z2]=sphere(20);        %绘制由 20×20 个面组成的球面，并返回球面坐标
>> subplot(1,3,1)
>> cylinder(2,8)                 %绘制棱柱，底面为八边形，半径为 2，高度默认为 1
>> axis equal                    %沿每个坐标轴使用相等的数据单位长度
>> title('底面为正八边形的棱柱')
>> subplot(1,3,2)
>> surf(X1,Y1,Z1)                %绘制由 8×8 个面组成的球面的三维表面图
>> axis equal
>> title('64 个面组成的球面')
>> subplot(1,3,3)
>> surf(X2,Y2,Z2)                %绘制由 20×20 个面组成的球面的三维表面图
>> axis equal
>> title('400 个面组成的球面')
```

运行结果如图 8-12 所示。

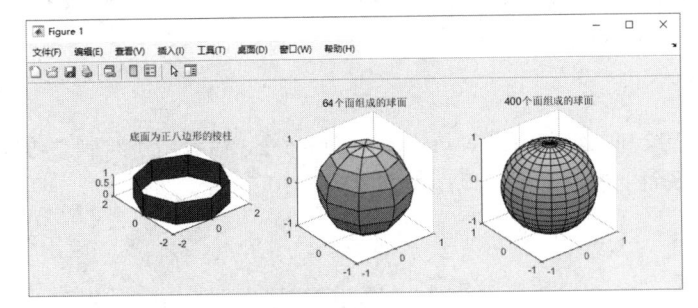

图 8-12　sphere 作图

8.1.5 三维图形等值线

在军事、地理等学科中经常会用到等值线。在 MATLAB 中有许多绘制等值线的命令，主要介绍以下几个。

1. contour3 命令

contour3 是 MATLAB 用于三维绘图的常用命令之一。该命令用于在三维空间中绘制等值线图。该命令会在定义的矩形网格上生成一个曲面的三维等值线图，其调用格式见表 8-9。

表 8-9 contour3 命令的调用格式

调用格式	说明
contour3(Z)	绘制在三维空间角度观看矩阵 Z 的等值线图，其中 Z 的元素被认为是距离 x-y 平面的高度，矩阵 Z 至少为 2 阶。等值线的条数与高度是自动选择的。若[m,n]=size(Z)，则 x 轴的范围为[1,n]，y 轴的范围为[1,m]
contour3(X,Y,Z)	绘制指定 x 和 y 坐标的 Z 的等值线的三维等值线图
contour3(…,levels)	将要显示的等值线指定为上述任一语法中的最后一个参数。将 levels 指定为标量值 n，以在 n 个自动选择的层级（高度）上显示等值线
contour3(…,LineSpec)	指定等值线的线型和颜色
contour3(…,Name,Value)	使用一个或多个名称-值对组参数指定等值线图的其他选项
contour3(ax,…)	在指定的坐标区中显示等值线图
M = contour3(…)	返回包含每个层级的顶点的(x, y)坐标等值线矩阵
[M,c] = contour3(…)	返回等值线矩阵 M 和等值线对象 c，显示等值线图后，使用 c 设置属性

实例——三维等值线图

源文件：yuanwenjian\ch08\sanweidengzhixian.m、三维等值线图.fig
本实例演示如何绘制山峰函数 peaks()的等值线图。
解：MATLAB 程序如下。

```
>> close all
>> [x,y,z]=peaks(30);   %使用山峰函数返回 30×30 的矩阵 z，以及用于参数绘图的矩阵 X 和 Y
>> contour3(x,y,z);     %绘制指定 x 和 y 坐标的 z 的三维等值线图
>> title('山峰函数等值线图');
>> xlabel('x-axis'),ylabel('y-axis'),zlabel('z-axis')   %添加坐标轴标注
```

运行结果如图 8-13 所示。

2. contour 命令

contour3 命令用于绘制二维图时就等价于 contour 命令，后者用于绘制二维等值线图，可以看作一个三维曲面向 x-y 平面上的投影，其调用格式见表 8-10。

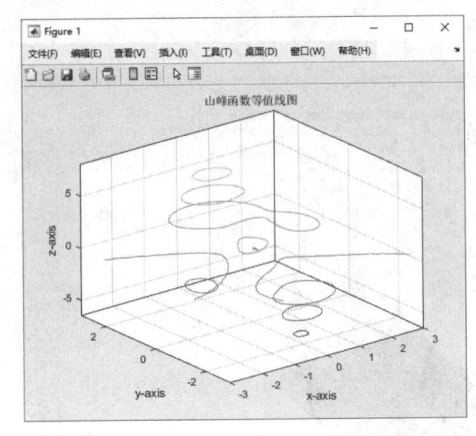

图 8-13　contour3 作图

表 8-10　contour 命令的调用格式

调 用 格 式	说　　明
contour(Z)	把矩阵 Z 中的值作为一个二维函数的值，等值线是一个平面的曲线，平面的高度 v 是 MATLAB 自动选取的
contour(X,Y,Z)	(X,Y)是平面 Z=0 上点的坐标矩阵，Z 为相应点的高度值矩阵
contour(…,levels)	将要显示的等值线指定为上述任一语法中的最后一个参数。将 levels 指定为标量值 n，以在 n 个自动选择的层级（高度）上显示等值线
contour(…,LineSpec)	指定等值线的线型和颜色
contour(…,Name,Value)	使用一个或多个名称-值对组参数指定等值线图的其他选项
contour(ax,…)	在指定的坐标区中显示等值线图
M = contour(…)	返回包含每个层级的顶点的(x, y)坐标等值线矩阵
[M,c] = contour(…)	返回等值线矩阵 M 和等值线对象 c，显示等值线图后，使用 c 设置属性

实例——绘制二维等值线图

源文件： yuanwenjian\ch08\erweidengzhixian.m、绘制二维等值线图.fig

本实例演示如何绘制曲面 $z = xe^{x-\cos x + \sin y}$ 在 $x \in [-2\pi, 2\pi]$，$y \in [-2\pi, 2\pi]$ 的图形及其在 x-y 平面的等值线图。

解： MATLAB 程序如下。

```
>> close all
>> x=linspace(-2*pi,2*pi,100);
>> y=x;                              %创建两个相同的线性分隔值向量 x 和 y
>> [X,Y]=meshgrid(x,y);              %基于向量 x 和 y 创建二维网格坐标矩阵 X 和 Y
>> Z=X.*exp(X-cos(X)+sin(Y));        %输入曲面表达式 Z
>> subplot(1,2,1);
>> surf(X,Y,Z);                      %创建三维表面图
>> title('曲面图像');
>> subplot(1,2,2);
>> contour(X,Y,Z);                   %绘制三维曲面的二维等值线
>> title('二维等值线图')
```

运行结果如图 8-14 所示。

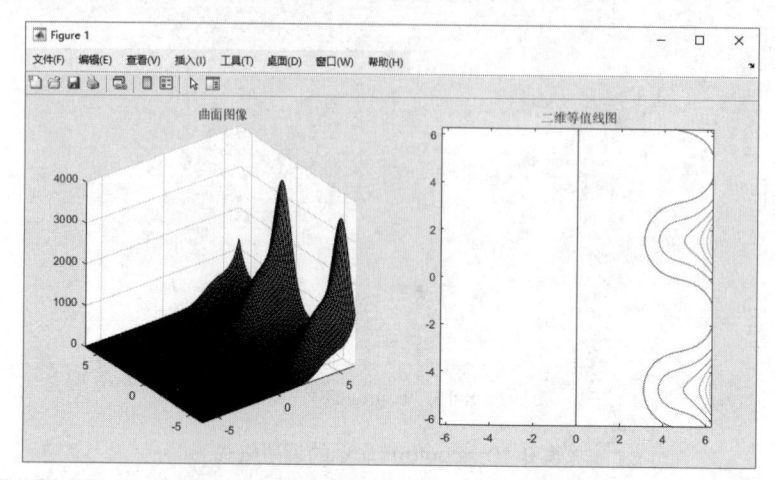

图 8-14 contour 作图

3. contourf 命令

contourf 命令用于填充二维等值线图，即先绘制不同的等值线，然后将相邻的等值线之间用同一种颜色进行填充，填充用的颜色取决于当前的色图颜色。

contourf 命令的调用格式见表 8-11。

表 8-11 contourf 命令的调用格式

调用格式	说明
contourf (Z)	绘制矩阵 Z 的等值线图，其中 Z 理解成距平面 x-y 的高度矩阵。Z 至少为 2 阶，等值线的条数与高度是自动选择的
contourf (X,Y,Z)	绘制矩阵 Z 的等值线图，其中 X 与 Y 用于指定 x 轴与 y 轴的范围。若 X 与 Y 为矩阵，则必须与 Z 同型；若 X 或 Y 有不规则的间距，使用规则的间距计算等值线，然后将数据转变给 X 或 Y
contourf (…,levels)	将要显示的等值线指定为上述任一语法中的最后一个参数。将 levels 指定为标量值 n，以在 n 个自动选择的层级（高度）上显示等值线
contourf (…,LineSpec)	指定等值线的线型和颜色
contourf (…,Name,Value)	使用一个或多个名称-值对组参数指定等值线图的其他选项
contourf (ax,…)	在指定的坐标区中显示等值线图
M = contourf (…)	返回包含每个层级的顶点的(x, y)坐标等值线矩阵
[M,c] = contourf (…)	返回等值线矩阵 M 和等值线对象 c

实例——绘制二维等值线图及颜色填充

源文件：yuanwenjian\ch08\erweidengzhixiantianchong.m、绘制二维等值线图及颜色填充.fig

本实例演示如何绘制山峰函数 peaks()的二维等值线图。

解：MATLAB 程序如下。

```
>> close all
>> Z=peaks;                %使用山峰函数创建一个 49×49 的矩阵 Z
```

```
>> [C,h]=contourf(Z,10);    %在10个自动选择的高度上绘制填充的二维等值线图。返回等值线矩阵C
                             %和等值线对象h
>> colormap gray;            %应用灰度颜色图
>> title('二维等值线图及颜色填充')
```

运行结果如图 8-15 所示。

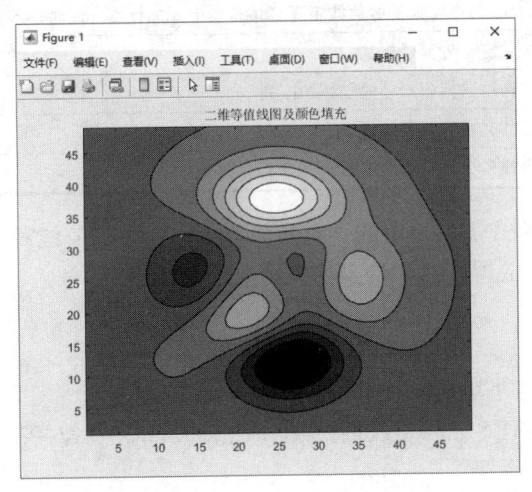

图 8-15　contourf 作图

4．contourc 命令

contourc 命令用于计算等值线矩阵 M，该矩阵可用于命令 contour、contour3 和 contourf 等。矩阵 Z 中的数值可以确定平面上的等值线高度值，等值线的计算结果是由矩阵 Z 的维数决定的间隔宽度。

contourc 命令的调用格式见表 8-12。

表 8-12　contourc 命令的调用格式

调 用 格 式	说　　明
M = contourc(Z)	从矩阵 Z 中计算等值线矩阵，其中 Z 的维数至少为 2 阶，等值线为矩阵 Z 中数值相等的单元，等值线的数目和相应的高度值是自动选择的
M = contourc(x,y,Z)	在矩阵 Z 中，参数 x、y 确定的坐标轴范围内计算等值线
M=contourc(…,levels)	levels 参数用于控制等值线的数量和位置。将 levels 指定为标量值 n，可以在 n 个自动选择的层级（高度）上计算等值线。要在某些特定高度计算等值线，需要将 levels 指定为单调递增值的向量；要在高度 k 处计算等值线，需要将 levels 指定为[k k]

5．clabel 命令

clabel 命令用于在二维等值线图中添加高度标签，其调用格式见表 8-13。

表 8-13　clabel 命令的调用格式

调 用 格 式	说　　明
clabel(C,h)	把标签旋转到恰当的角度，再插入等值线中，只有等值线之间有足够的空间时才加入，这取决于等值线的尺度，其中 C 为等值线矩阵，h 为等值线对象
clabel(C,h,v)	在指定的高度 v 上显示标签 h

续表

调用格式	说明
clabel(C,h,'manual')	手动设置标签。用户用鼠标左键或空格键在指定位置放置标签，然后按 Enter 键结束该操作
t = clabel(C,h,'manual')	返回创建的文本对象
clabel(C)	在从 contour 命令生成的等值线矩阵 C 的位置上添加标签。此时标签的放置位置是随机的
clabel(C,v)	在给定的位置 v 上显示标签
clabel(C,'manual')	允许用户通过鼠标来给等值线添加标签
tl = clabel(…)	返回创建的文本和线条对象
clabel(…,Name,Value)	使用一个或多个名称-值对组参数修改标签外观

对表 8-13 所列的调用格式需要说明的一点是，若命令中有等值线对象 h，则会对标签进行恰当的旋转；否则，标签会竖直放置，且在恰当的位置显示一个"+"号。

实例——绘制等值线

源文件：yuanwenjian\ch08\dengzhixian.m、绘制等值线.fig

本实例演示如何绘制具有 5 条等值线的山峰函数 peaks()，然后对各条等值线进行标注，并给所画的图加上标题。

解：MATLAB 程序如下。

```
>> close all
>> Z=peaks;              %使用山峰函数创建一个 49×49 的矩阵 Z
>> [C,h]=contour(Z,5);   %在 5 个自动选择的高度上绘制填充的二维等值线图。返回等值线矩阵 C 和等
                         %值线对象 h
>> clabel(C,h);          %为指定的等值线图添加标签文本
>> title('等值线的标注')
```

运行结果如图 8-16 所示。

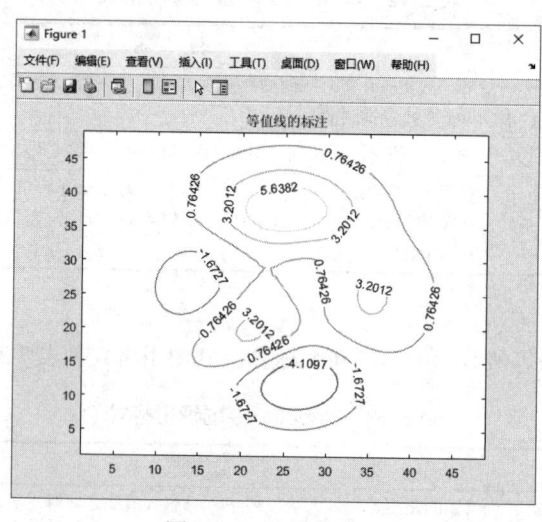

图 8-16 绘制等值线

6. fcontour 命令

fcontour 命令用于绘制符号函数 f(x,y)（f 是关于 x、y 的数学函数的字符串表示）的等值线图。fcontour 命令的调用格式见表 8-14。

表 8-14 fcontour 命令的调用格式

调用格式	说明
fcontour (f)	绘制 z=f(x,y)在 x 和 y 的默认区间[-5, 5]的固定级别值的等值线图
fcontour (f,xyinterval)	绘制 f 在 x 和 y 的指定区域 xyinterval 内的三维曲面。要对 x 和 y 使用相同的区间，将 xyinterval 指定为[min max]形式的二元素向量；要使用不同的区间，则指定[xmin xmax ymin ymax]形式的四元素向量
fcontour(…,LineSpec)	设置等值线的线型和颜色
fcontour(…,Name,Value)	使用一个或多个名称-值对组参数指定线条的属性
fcontour(ax,…)	将图形绘制到 ax 指定的坐标区中，而不是当前坐标区（gca）中
fc = fcontour(…)	返回 FunctionContour 对象

实例——绘制符号函数等值线图

源文件：yuanwenjian\ch08\fuhaohanshudengzhixian.m、绘制符号函数等值线图.fig

本实例演示如何绘制以下函数的等值线图。

$$f(x,y) = \frac{\cos(x^2+y^2)}{x^2+y^2} \quad (-\pi<x,y<\pi)$$

解：MATLAB 程序如下。

```
>> close all
>> syms x y                          %定义符号变量 x 和 y
>> f=cos(x^2+y^2)/(x^2+y^2);         %定义符号函数的表达式 f
>> fcontour(f,[-pi,pi])              %在指定区间绘制符号函数 f 的等值线图
>> title('符号函数等值线图')
```

运行结果如图 8-17 所示。

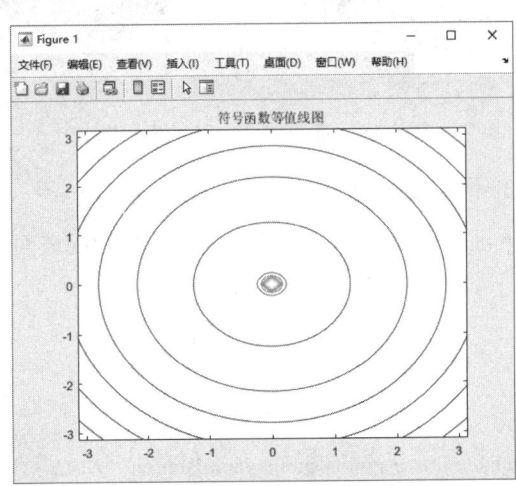

图 8-17 fcontour 作图

实例——绘制带等值线的三维表面图

源文件：yuanwenjian\ch08\dengzhixiansanweibiaomiantu.m、绘制带等值线的三维表面图.fig

本实例演示如何在区域 $x \in [-\pi, \pi]$，$y \in [-\pi, \pi]$ 上绘制以下函数的带等值线的三维表面图。

$$f(x,y) = \cos(x^2 + y^2)$$

解：MATLAB 程序如下。

```
>> close all
>> syms x y                %定义符号变量 x 和 y
>> f=cos(x^2+y^2);          %定义符号函数的表达式
>> subplot(1,2,1);          %将图窗分割为左右并排的两个子图,显示第一个子图
>> fsurf(f,[-pi,pi],'MeshDensity',10,'ShowContours','on');%在指定区间绘制符号函数
%的三维曲面图,每个方向上的计算点数为 10,并在绘图下显示等值线图
>> title('网格数为10*10 的表面图');   %添加标题
>> subplot(1,2,2);                    %显示第二个子图
>> fsurf(f,[-pi,pi],'MeshDensity',40,'ShowContours','on');%在指定区间绘制符号函数
%的三维曲面图,每个方向上的计算点数为 40,并在绘图下显示等值线图
>> title('网格数为40*40 的表面图')
```

运行结果如图 8-18 所示。

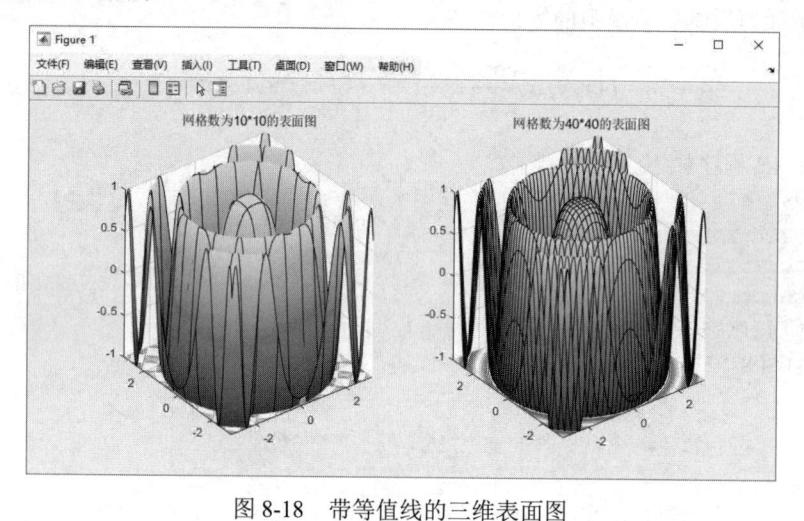

图 8-18 带等值线的三维表面图

动手练一练——多项式的不同网格数的表面图

在区域 $x \in [-\pi, \pi]$，$y \in [-\pi, \pi]$ 上绘制以下函数的不同网格数的表面图。

$$f(x,y) = \frac{e^{(x+y)}}{x^2 + y^2}$$

> **思路点拨**：
>
> **源文件**：yuanwenjian\ch08\butongwanggeshudebiaomiantu.m、多项式的不同网格数的表面图.fig
>
> （1）定义变量。

（2）输入表达式。
（3）绘制不同网格数的表面图。

8.2 三维图形修饰处理

本节主要讲解常用的三维图形修饰处理命令，前面已经讲解了一些二维图形修饰处理命令，这些命令在三维图形中同样适用。下面介绍三维图形中特有的图形修饰处理命令。

8.2.1 视角处理

在现实空间中，从不同角度或位置观察某一事物会有不同的效果。三维图形表现的正是空间内的图形，因此在不同视角或位置都会有不同的效果，这在工程实际中也是经常遇到的。MATLAB 提供的 view 命令能够很好地满足这种需要。

view 命令用于控制三维图形的观察点和视角，其调用格式见表 8-15。

表 8-15 view 命令的调用格式

调用格式	说明
view(az,el)	给三维空间图形设置观察点的方位角 az 与仰角 el
view(v)	根据二元素或三元素数组 v 设置视线。二元素数组的值分别是方位角和仰角；三元素数组的值是从图框中心点到照相机位置所形成向量的 x、y 和 z 坐标
view(dim)	对二维（dim 为 2）或三维（dim 为 3）绘图使用默认视线
view(ax,…)	指定目标坐标区的视线
[az,el] = view(…)	返回当前的方位角 az 与仰角 el

对于这个命令需要说明的是，方位角 az 与仰角 el 为两个旋转角度。做一个经过视点与 z 轴平行的平面，与 x-y 平面有一条交线，该交线与 y 轴的反方向的、按逆时针方向（从 z 轴的方向观察）计算的夹角，就是观察点的方位角 az；若角度为负值，则按顺时针方向计算。在通过视点与 z 轴的平面上，用一条直线连接视点与坐标原点，该直线与 x-y 平面的夹角就是观察点的仰角 el；若仰角为负值，则观察点转移到曲面下方。

实例——绘制网格面视图

源文件：yuanwenjian\ch08\wanggemianshitu.m、绘制网格面视图.fig

本实例演示如何在同一窗口中绘制网格面 $z = -x^4 + y^5$ 函数的各种视图。

解：MATLAB 程序如下。

```
>> [X,Y]=meshgrid(-5:0.25:5);   %基于向量创建二维网格数据矩阵 X 和 Y，行数和列数为向量的长度
>> Z=-X.^4+Y.^5;                %使用函数定义矩阵 Z
>> subplot(2,2,1)               %将图窗分割为 2 行 2 列 4 个子图，显示第一个子图
>> surf(X,Y,Z),title('三维视图') %绘制三维曲面图，添加标题
```

```
>> subplot(2,2,2)              %显示第二个子图
>> surf(X,Y,Z),view(90,0)      %绘制三维曲面图,以方位角为 90 度、仰角为 0 度的视角显示绘图
>> title('侧视图')              %添加标题
>> subplot(2,2,3)              %显示第三个子图
>> surf(X,Y,Z),view(0,0)       %绘制三维曲面图,以方位角为 0 度、仰角为 0 度的视角显示绘图
>> title('正视图')              %添加标题
>> subplot(2,2,4)              %显示第四个子图
>> surf(X,Y,Z),view(0,90)      %绘制三维曲面图,以方位角为 0 度、仰角为 90 度的视角显示绘图
>> title('俯视图')              %添加标题
```

运行结果如图 8-19 所示。

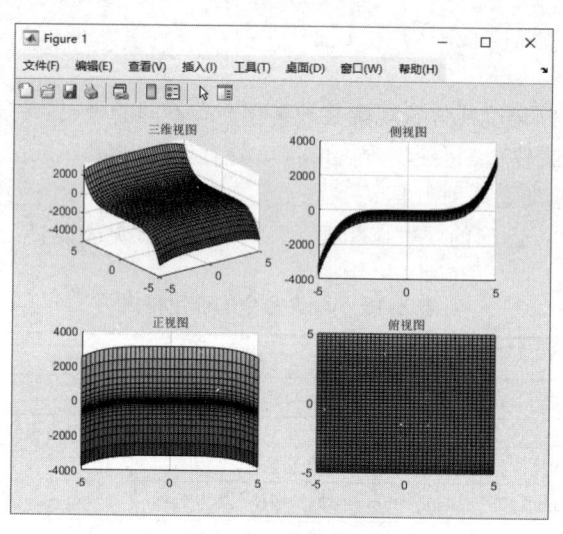

图 8-19 网格面视图

实例——绘制函数转换视角的三维图

源文件：yuanwenjian\ch08\hanshuzhuanhuanshijiaosanweitu.m、绘制函数转换视角的三维图.fig

本实例演示如何在区域 $x \in [-\pi, \pi]$，$y \in [-\pi, \pi]$ 上绘制以下函数转换视角的三维表面图。

$$f(x,y) = \frac{e^{\sin(x+y)}}{x^2 + y^2}$$

解：MATLAB 程序如下。

```
>> close all                           %关闭所有打开的 MATLAB 文件
>> [X,Y]= meshgrid(-pi:0.01*pi:pi);    %基于向量创建二维网格数据矩阵 X 和 Y
>> Z=exp(sin(X+Y))./(X.^2+Y.^2);       %使用函数定义矩阵 Z
>> subplot(2,2,1)                      %将图窗分割为 2 行 2 列 4 个子图,显示第一个子图
>> surf(X,Y,Z),title('三维视图')        %绘制三维表面图,然后添加标题
>> subplot(2,2,2)                      %显示第二个子图
>> surf(X,Y,Z),view(90,0)              %绘制三维表面图,以方位角为 90 度、仰角为 0 度的视角显示绘图
>> title('侧视图')                      %添加标题
>> subplot(2,2,3)                      %显示第三个子图
>> surf(X,Y,Z),view(0,0)               %绘制三维表面图,以方位角为 0 度、仰角为 0 度的视角显示绘图
```

```
>> title('正视图')              %添加标题
>> subplot(2,2,4)              %显示第四个子图
>> surf(X,Y,Z),view(0,90)     %绘制三维表面图，以方位角为 0 度、仰角为 90 度的视角显示绘图
>> title('俯视图')              %添加标题
```

运行结果如图 8-20 所示。

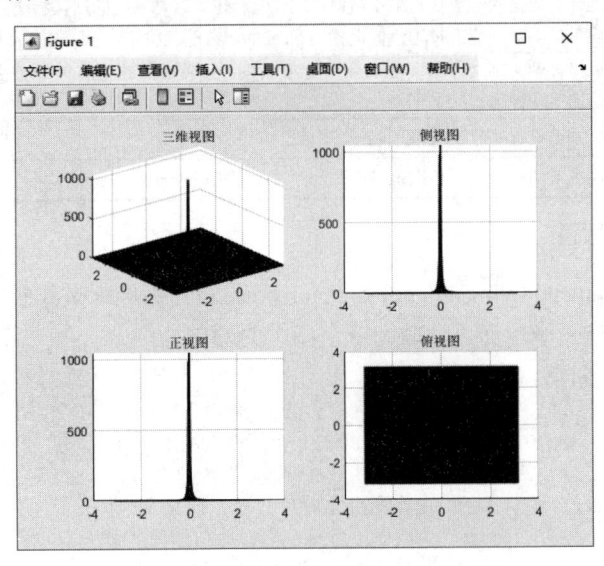

图 8-20 函数转换视角的三维表面图

8.2.2 颜色处理

下面针对三维图形讲解几个颜色处理命令。

1．色图明暗控制

在 MATLAB 中，控制色图明暗的命令是 brighten，其调用格式见表 8-16。

表 8-16 brighten 命令的调用格式

调 用 格 式	说　　明
brighten(beta)	增强或减弱色图的色彩强度，若 0<beta<1，则增强色图强度；若-1<beta<0，则减弱色图强度
brighten(map,beta)	增强或减弱指定为 map 的颜色图的色彩强度
newmap=brighten(…)	返回一个比当前色图增强或减弱的新的色图
brighten(f,beta)	变换为图窗 f 指定的颜色图的强度。其他图形对象（如坐标区、坐标区标签和刻度）的颜色也会受到影响

2．色轴刻度

clim 命令控制着对应色图的数据值的映射图。它通过将被变址的颜色数据（CData）与颜色数据映射（CDataMapping）设置为 scaled，影响着任何的表面、块、图像。该命令还可以改变坐标轴图形对象的属性 Clim 与 ClimMode。

clim 命令的调用格式见表 8-17。

表 8-17　clim 命令的调用格式

调用格式	说　　明
clim(limits)	将颜色的刻度范围设置为 limits（即[cmin cmax]）。数据中小于 cmin 或大于 cmax 的，将分别映射于 cmin 与 cmax；处于 cmin 与 cmax 之间的数据将线性地映射于当前色图
clim('auto')	让系统自动地计算数据的最大值与最小值对应的颜色范围，这是系统的默认状态。数据中的 Inf 对应于最大颜色值；-Inf 对应于最小颜色值；带颜色值设置为 NaN 的面或边界将不显示。clim auto 命令是此语法的另一种形式
clim('manual')	冻结当前颜色坐标轴的刻度范围。当 hold 设置为 on 时，可使后面的图形命令使用相同的颜色范围。clim manual 命令是此语法的另一种形式
clim(target,...)	为特定坐标区或图设置颜色图范围
lims = clim	返回当前坐标区或图的当前颜色图范围，是一个二维向量 lims=[cmin cmax]

实例——映射球面颜色

源文件：yuanwenjian\ch08\yingsheqiumianbiaoliyanse.m、映射球面颜色.fig

本实例演示如何创建一个球面，并映射颜色图中的颜色。

解：MATLAB 程序如下。

```
>> close all                    %关闭所有打开的 MATLAB 文件
>> [X,Y,Z]=sphere;              %返回 20×20 个面组成的单位球面上点的坐标矩阵 X、Y、Z
>> C=cos(X)+sin(Y).^3;          %通过矩阵 X、Y 定义函数表达式，得到三维颜色矩阵 C
>> subplot(1,2,1);              %将图窗分割为 1 行 2 列 2 个子图，显示第一个子图
>> surf(X,Y,Z,C);               %绘制三维球面图，颜色矩阵 C 指定球面的颜色
>> axis equal                   %沿每个坐标轴使用相同的数据单位长度
>> title('图1');                %添加标题
>> subplot(1,2,2);              %显示第二个子图
>> surf(X,Y,Z,C),clim([-1 0]);  %设置球面颜色图范围，小于-1 或大于 0 的颜色数据分别映射为-1
                                %与 0；-1 与 0 之间的数据线性地映射到当前色图中
>> axis equal                   %沿每个坐标轴使用相同的数据单位长度
>> title('图2')                 %添加标题
```

运行结果如图 8-21 所示。

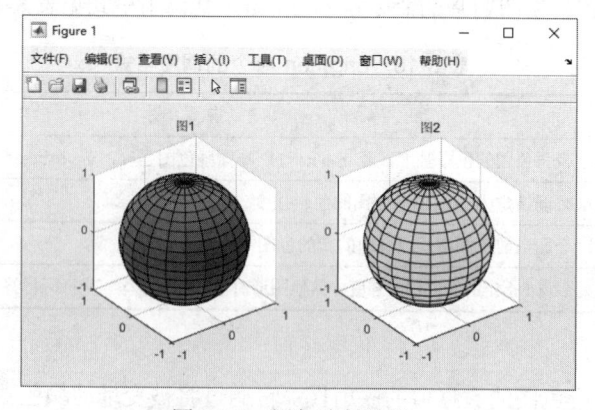

图 8-21　颜色映射效果

在 MATLAB 中，还有一个绘制色轴的命令，即 colorbar，这个命令在图形窗口的工具条中有对应的图标。colorbar 命令的调用格式见表 8-18。

表 8-18　colorbar 命令的调用格式

调 用 格 式	说　　明
colorbar	在当前坐标区或图的右侧显示一个垂直色轴
colorbar(location)	在特定位置显示色轴
colorbar(…,Name,Value)	使用一个或多个名称-值对组参数修改色轴外观
c=colorbar(…)	返回一个指向色轴的句柄
colorbar('off')	删除与当前坐标区或图关联的所有色轴
colorbar(target,…)	在 target 指定的坐标区或图上添加一个色轴
colorbar(target,'off')	删除与目标坐标区或图关联的所有色轴

3. 颜色渲染设置

shading 命令用于控制曲面与补片等图形对象的颜色渲染，同时设置当前坐标轴中所有曲面与补片图形对象的属性 EdgeColor 与 FaceColor。

shading 命令的调用格式见表 8-19。

表 8-19　shading 命令的调用格式

调 用 格 式	说　　明
shading flat	使网格图上的每一条线段与每一个曲面有相同颜色，该颜色由该线段的端点或该面的角边处具有最小索引的颜色值确定
shading faceted	用重叠的黑色网格线来达到渲染效果。这是默认的渲染模式
shading interp	在每一条线段与曲面上显示不同的颜色，该颜色通过在每条线段或曲面中对颜色图索引或真彩色值进行插值得到
shading(axes_handle,…)	将着色类型应用于 axes_handle 指定的坐标区而非当前坐标区中的对象。使用函数形式时，可以使用单引号，如 shading(gca,'flat')

实例——渲染图形

源文件：yuanwenjian\ch08\xuanrantuxing.m、渲染图形.fig

本实例针对以下函数比较 3 种渲染模式的图形效果。

$$z = x^2 + e^{\sin y} \quad (-10 \leqslant x,\ y \leqslant 10)$$

解：MATLAB 程序如下。

```
>> [X,Y]=meshgrid(-10:0.5:10);      %基于向量创建二维网格数据矩阵 X 和 Y
>> Z=X.^2+exp(sin(Y));              %使用函数定义矩阵 Z
>> subplot(2,2,1);                  %将图窗分割为 2 行 2 列 4 个子图，显示第一个子图
>> surf(X,Y,Z);                     %绘制函数的三维表面图
>> title('三维视图');                %添加标题
>> subplot(2,2,2), surf(X,Y,Z),shading flat;   %在第二个子图中利用网格颜色渲染三维
%表面图，使每一条线段与每一个曲面的颜色相同，该颜色由线段末端的颜色确定
>> title('shading flat');           %添加标题
>> subplot(2,2,3), surf(X,Y,Z),shading faceted;%在第三个子图中用重叠的黑色网格线渲染
%三维表面图，这是默认的渲染模式
>> title('shading faceted');        %添加标题
```

```
>> subplot(2,2,4), surf(X,Y,Z),shading interp;%在第四个子图中利用插值颜色渲染三维表
%面图，通过对线段两边或曲面之间色图的索引或真彩色值进行内插值得到线段与曲面的颜色
>> title('shading interp')                  %添加标题
```

运行结果如图8-22所示。

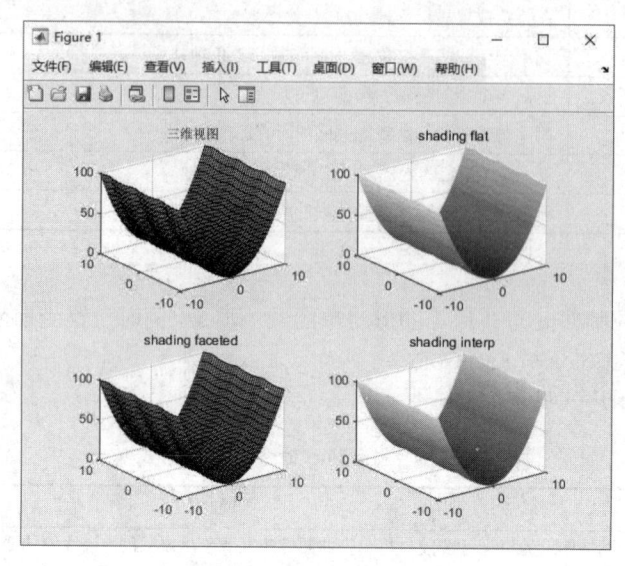

图8-22 颜色渲染控制图

4．颜色映像使用

语句colormap(M)将矩阵M作为当前图形窗口所用的颜色映像。例如，colormap(cool)装入了一个有64个输入项的cool颜色映像；colormap default装入了默认的颜色映像（hsv）。

函数plot()、plot3()、contour()和contour3()不使用颜色映像，而是使用表6-6中的颜色。而大多数其他绘图函数（如mesh()、surf()、fill()、pcolor()和它们的各种变形函数）使用当前的颜色映像。

接收颜色参数的绘图函数中的颜色参数通常采用以下3种形式之一。

（1）字符串。代表表6-6中的一种颜色，如r代表红色。

（2）3个输入的行向量。代表一个单独的RGB值，如[.25 .50 .75]。

（3）矩阵。如果颜色参数是一个矩阵，其元素做了调整，并把它们用作当前颜色映像的下标。

实例——颜色映像

源文件：yuanwenjian\ch08\yanseyingxiang.m、颜色映像.fig

本实例演示如何创建一个矩阵，并显示颜色映像。

解：MATLAB程序如下。

```
>> close all
>> pcolor(hadamard(20))    %创建一个20×20的哈达玛矩阵，然后使用矩阵中的值创建一个伪彩图
>> colormap(gray(2))       %将包含2种颜色的灰度颜色图设置为当前颜色图
>> axis ij                 %反转坐标轴的y轴
>> axis square             %沿每个坐标轴使用相同长度的坐标轴线
```

运行结果如图8-23所示。

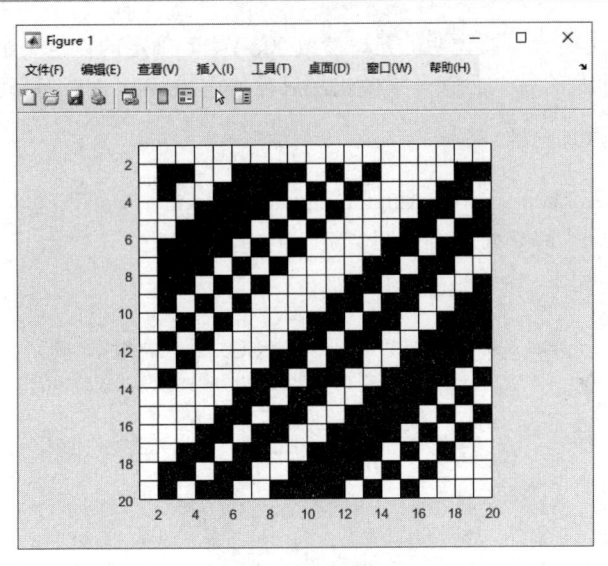

图 8-23 颜色映像图

8.2.3 光照处理

在 MATLAB 中绘制三维图形时，不仅可以绘制带光照模式的曲面，还能在绘图时指定光线的来源。

1．带光照模式的三维曲面

surfl 命令用于绘制带光照模式的三维曲面图，该命令显示一个带阴影的曲面，结合了周围的、散射的和镜面反射的光照模式。想获得较平滑的颜色过渡，则需要使用有线性强度变化的色图（如 gray、copper、bone、pink 等）。

surfl 命令的调用格式见表 8-20。

表 8-20 surfl 命令的调用格式

调用格式	说　　明
surfl(Z)	以向量 Z 的元素生成一个三维的带阴影的曲面，其中阴影模式中的默认光源方位为从当前视角开始，逆时针旋转 45°
surfl(X,Y,Z)	以矩阵 X、Y、Z 生成一个三维的带阴影的曲面，其中阴影模式中的默认光源方位为从当前视角开始，逆时针旋转 45°
surfl(…,'light')	用一个 MATLAB 光照对象（light object）生成一个带颜色、带光照的曲面，这与用默认光照模式产生的效果不同
surfl(…,s)	指定光源与曲面之间的方位 s，其中 s 为一个二维向量[azimuth elevation]，或者三维向量[sx sy sz]，默认光源方位为从当前视角开始，逆时针旋转 45°
surfl(X,Y,Z,s,k)	指定反射常系数 k，其中 k 为一个定义环境光（ambient light）系数（0≤ka≤1）、漫反射（diffuse reflection）系数（0≤kb≤1）、镜面反射（specular reflection）系数（0≤ks≤1）与镜面反射亮度（以像素为单位）等的四维向量[ka kd ks shine]，默认值为 k=[0.55 0.6 0.4 10]
surfl(ax,…)	将图形绘制到 ax 指定的坐标区中，而不是当前坐标区中
s = surfl(…)	返回一个曲面图形句柄向量 s

对于这个命令的调用格式需要说明的是，参数 X、Y、Z 确定的点定义了参数曲面的"里面"和"外面"。若用户想让曲面的另一面有光照模式，只需使用 surfl(X',Y',Z')即可。

实例——三维图形添加光照

源文件：yuanwenjian\ch08\sanweituxingtianjiaguangzhao.m、三维图形添加光照.fig

本实例演示如何绘制山峰函数在有光照情况下的三维图形。

解：MATLAB 程序如下。

```
>> close all
>> [X,Y]=meshgrid(-5:0.25:5);   %基于向量创建二维网格数据矩阵 X 和 Y
>> Z=peaks(X,Y);                %在给定的 X 和 Y 处计算山峰函数并返回大小相同的矩阵 Z
>> subplot(1,2,1)
>> surfl(X,Y,Z)                 %创建带光照的三维曲面图，默认光源方位为从当前视角开始，逆时针旋转 45°
>> title('外面有光照')
>> subplot(1,2,2)
>> surfl(X',Y',Z')              %转置坐标矩阵，创建里面带光照模式的曲面
>> title('里面有光照')
```

运行结果如图 8-24 所示。

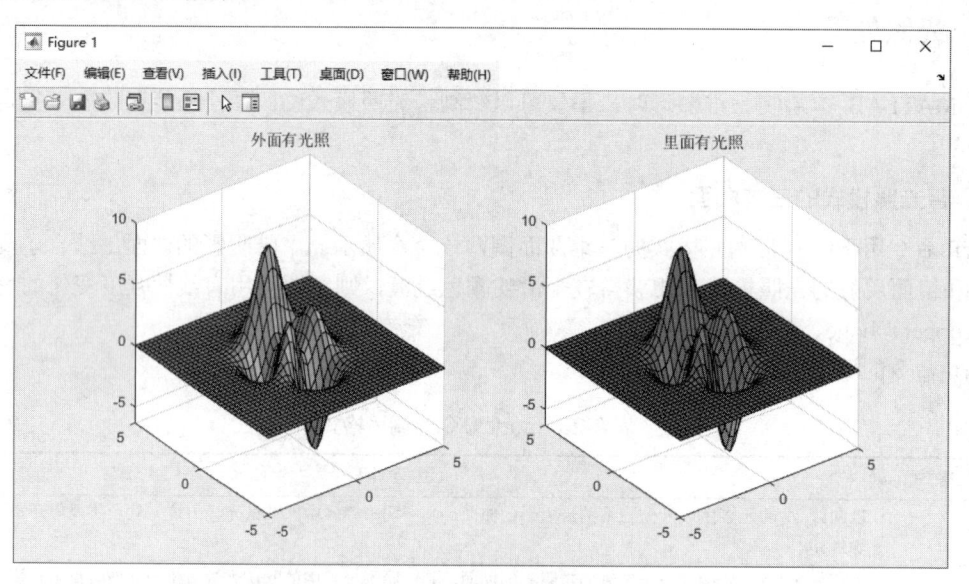

图 8-24 光照控制图比较

2. 光源位置及照明模式

在绘制带光照的三维图形时，可以利用 light 命令与 lightangle 命令来确定光源位置，其中 light 命令的调用格式非常简单，即 light('color',s1,'style',s2,'position',s3)，其中，color、style 与 position 的位置可以互换；s1、s2、s3 为相应的可选值。例如，light('position',[1 0 0])表示光源从无穷远处沿 x 轴向原点照射过来。

lightangle 命令的调用格式见表 8-21。

表 8-21 lightangle 命令的调用格式

调用格式	说明
lightangle(az,el)	在由方位角 az 和仰角 el 确定的位置放置光源
lightangle(ax,az,el)	在 ax 指定的坐标区而不是当前坐标区中创建光源
lgt=lightangle(…)	创建一个光源位置并在 lgt 里返回 light 的句柄
lightangle(lgt,az,el)	设置由 lgt 确定的光源位置
[az,el]=lightangle(lgt)	返回由 lgt 确定的光源位置的方位角和仰角

在确定了光源位置后，用户可能还会用到一些照明模式，这一点可以利用 lighting 命令来实现。lighting 命令的调用格式见表 8-22。

表 8-22 lighting 命令的调用格式

调用格式	说明
lighting method	指定 Light 对象在当前坐标区中照亮曲面和补片时使用的方法。method 值可以为 flat、gouraud 或 none。flat 表示在对象的每个面上产生均匀分布的光照，可查看分面着色对象；gouraud 表示计算顶点法向量并在各个面中线性插值，可查看曲面；none 表示关闭光照
lighting(ax,method)	使用 ax 指定的坐标区，而不是当前坐标区（gca）

实例——色彩变幻

源文件：yuanwenjian\ch08\secaibianhuan.m、色彩变幻.fig

本实例演示球体的色彩变换。

解：MATLAB 程序如下。

```
>> close all
>> [x,y,z]=sphere;                      %返回20×20个面组成的球面坐标
>> subplot(1,2,1);
>> surf(x,y,z),shading interp           %绘制球面图，利用插值颜色渲染图形
>> light('position',[2,-2,2],'style','local')   %在指定位置创建白色点光源
>> lighting gouraud                     %设置照明模式
>> axis equal                           %沿每个坐标轴使用相同的数据单位长度
>> subplot(1,2,2)
>> surf(x,y,z,-z),shading flat          %绘制球面图，球面颜色矩阵为-z，利用网格颜色渲染图形
>> light,lighting flat                  %在无穷远处放置白色光源，发射三元素向量[1 0 1]指定
%方向的平行光，在曲面对象的每个面上产生均匀分布的光照
>> light('position',[-1 -1 -2],'color','y')%在无穷远处放置黄色光源，发射指定方向的平行光
>> light('position',[-1,0.5,1],'style','local','color','w')    %在指定坐标位置创
%建向所有方向发射的白色点光源
>> axis equal                           %沿每个坐标轴使用相同的数据单位长度
```

运行结果如图 8-25 所示。

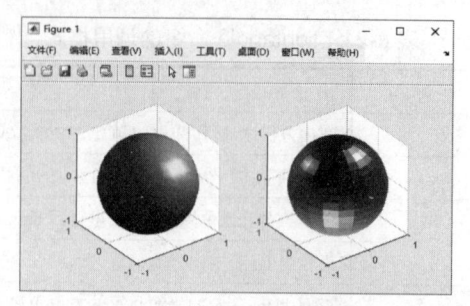

图 8-25　光源控制图比较

实例——函数光照对比图

源文件：yuanwenjian\ch08\hanshuguangzhaotu.m、函数光照对比图.fig

本实例演示如何针对以下函数比较使用不同光源和光照模式的图形效果。

$$Z = \frac{\cos\sqrt{X^2 + Y^2}}{\sqrt{X^2 + Y^2}} \quad (-7.5 \leqslant X, Y \leqslant 7.5)$$

解：MATLAB 程序如下。

```
>> [X,Y]=meshgrid(-7.5:0.5:7.5);              %基于向量创建二维网格数据矩阵 X 和 Y
>> Z=cos(sqrt(X.^2+Y.^2))./sqrt(X.^2+Y.^2);   %使用函数定义矩阵 Z
>> subplot(1,2,1);
>> surf(X,Y,Z),shading interp                 %绘制函数的三维表面图,插值颜色渲染图形
>> light('position',[2,-2,2],'style','local') %在指定位置创建白色点光源
>> lighting gouraud                           %设置照明模式
>> title('lighting gouraud');
>> subplot(1,2,2), surf(X,Y,Z), shading flat  %在第二个子图中用网格颜色渲染三维表面图
>> light,lighting flat %在无穷远处创建白色平行光源,在曲面对象的每个面上产生均匀分布的光照
>> light('position',[-1 -1 -2],'color','y')   %在无穷远处创建从三元向量指定的方向
%发射的黄色平行光源
>> light('position',[-1,0.5,1],'style','local','color','w')    %在指定坐标位置创
%建白色点光源
>> title('lighting flat');
```

运行结果如图 8-26 所示。

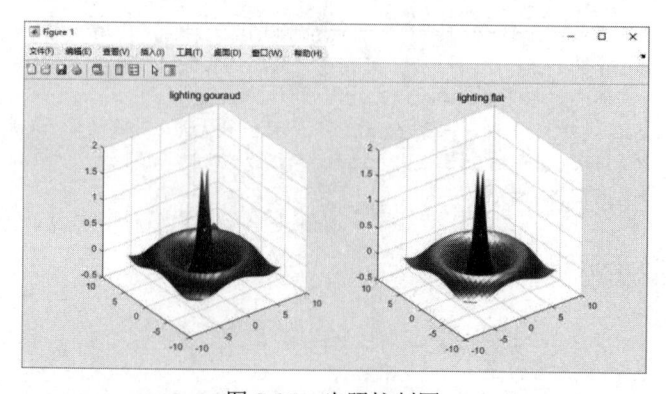

图 8-26　光照控制图

8.3 图像处理及动画演示

MATLAB 还可以进行一些简单的图像处理与动画制作，本节将介绍这些方面的基本操作方法。关于这些功能的详细介绍，感兴趣的读者可以参考其他相关书籍。

8.3.1 图像的读写

MATLAB 支持的图像格式有*.bmp、*.cur、*.gif、*.hdf、*.ico、*.jpg（或*.jpeg）、*.jp2（或*.jpx）、*.pbm、*.pcx、*.pgm、*.png、*.ppm、*.ras、*.tiff 及*.xwd。对于这些格式的图像文件，MATLAB 提供了相应的读写命令，下面简单介绍这些命令的基本用法。

1．图像读入命令

在 MATLAB 中，imread 命令用于读入各种图像文件，其调用格式见表 8-23。

表 8-23　imread 命令的调用格式

调用格式	说明
A=imread(filename)	从 filename 指定的文件中读取图像，从其内容推断图像格式
A=imread(filename, fmt)	参数 fmt 用于指定图像格式，图像格式可以与文件名写在一起，默认的文件目录为当前工作目录
A=imread(…, idx)	读取多帧图像文件中的一帧，idx 为帧号。仅适用于 GIF、PGM、PBM、PPM、CUR、ICO、TIF、SVS 和 HDF4 文件
A=imread(…, Name,Value)	使用一个或多个名称-值对组参数以及前面语法中的任何输入参数指定特定于格式的选项
[A, map]=imread(…)	将 filename 中的索引图像读入 A，并将其关联的颜色图读入 map。图像文件中的颜色图值会自动重新调整到范围 [0,1] 中
[A,map,transparency]=imread(…)	在[A, map]=imread(…)的基础上返回图像透明度，仅适用于 PNG、CUR 和 ICO 文件。对于 PNG 文件，transparency 会返回 Alpha 通道（如果存在）

2．图像写入命令

在 MATLAB 中，imwrite 命令用于写入各种图像文件，其调用格式见表 8-24。

表 8-24　imwrite 命令的调用格式

调用格式	说明
imwrite(A, filename)	将图像的数据 A 写入文件 filename 中，并从扩展名推断出图像格式
imwrite(A, map, filename)	将图像矩阵 A 中的索引图像及颜色映像矩阵写入文件 filename 中
imwrite(…, Name,Value)	使用一个或多个名称-值对组参数，以指定 GIF、HDF、JPEG、PBM、PGM、PNG、PPM 和 TIFF 文件输出的其他参数
imwrite(…, fmt)	以 fmt 指定的格式写入图像，无论 filename 中的文件扩展名如何

实例——转换电路图片信息

源文件：yuanwenjian\ch08\tupianxinxi.m、cengcidianlu.png、cengcidianlu_grayscale.bmp
本实例演示如何读取图 8-27 所示的图像信息并保存转换图像格式。

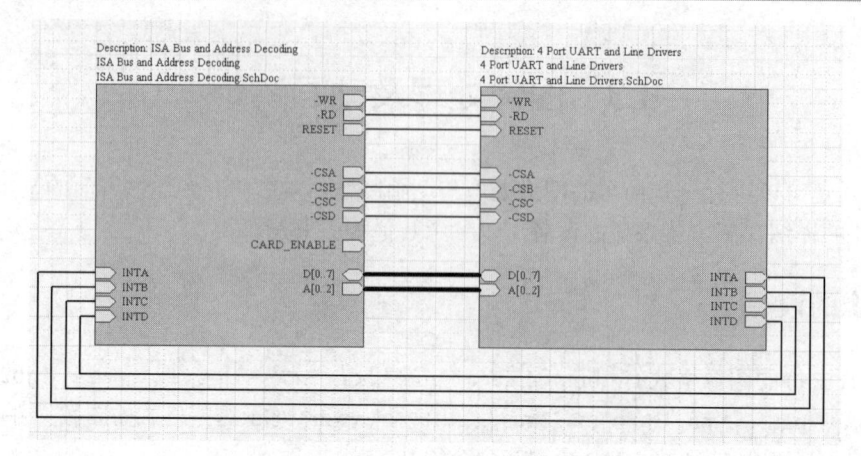

图 8-27　图像信息

解：MATLAB 程序如下。

```
>> A=imread('cengcidianlu.png');              %读取一个 24 位 PNG 图像
>> imwrite(A,'cengcidianlu.bmp','bmp');       %将图像.png 格式保存为.bmp 格式
>> B=rgb2gray(A);                             %将图像 A 转换为灰度图像
>> imwrite(B,'cengcidianlu_grayscale.bmp','bmp');  %将灰度图像保存为.bmp 格式
```

注意：

当调用 imwrite 命令保存图像时，MATLAB 默认的保存方式为 unit8 的数据类型，如果图像矩阵是 double 型，则 imwrite 在将矩阵写入文件之前，先对其进行偏置，即写入的是 unit8(X-1)。

8.3.2　图像的显示及信息查询

通过 MATLAB 窗口可以将图像显示出来，并且可以对图像的一些基本信息进行查询。下面详细介绍这些命令及相应用法。

1. 图像显示命令

MATLAB 中常用的图像显示命令有 image 命令、imagesc 命令及 imshow 命令。image 命令有两种调用格式：一种是通过调用 newplot 命令来确定在什么位置绘制图像，并设置相应轴对象的属性；另一种是不调用任何命令，直接在当前窗口中绘制图像，这种用法的参数列表只能包括名称-值对组参数。image 命令的调用格式见表 8-25。

表 8-25　image 命令的调用格式

调用格式	说　　明
image(C)	将矩阵 C 中的值以图像形式显示出来
image(x,y,C)	指定图像位置，其中 x、y 为二维向量，分别定义了 x 轴与 y 轴的范围
image(…, Name,Value)	在绘制图像前需要调用 newplot 命令，后面的参数定义了名称-值对组参数
image(ax, …)	在由 ax 指定的坐标区中而不是当前坐标区（gca）中创建图像
im= image(…)	返回所生成的图像对象的句柄

实例——设置电路图图片颜色显示

源文件：yuanwenjian\ch08\tupianyanse.m、设置电路图图片颜色显示.fig

本实例演示如何设置电路图图片颜色显示。

解：MATLAB 程序如下。

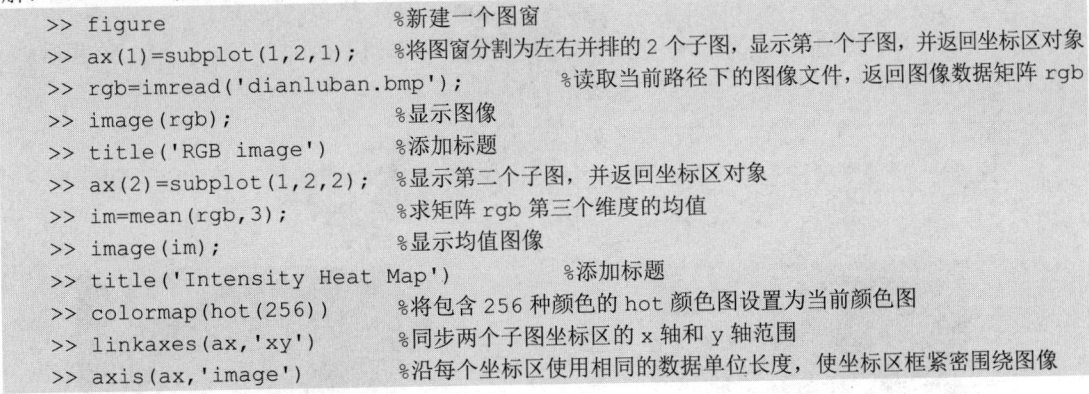

```
>> figure                            %新建一个图窗
>> ax(1)=subplot(1,2,1);             %将图窗分割为左右并排的2个子图，显示第一个子图，并返回坐标区对象
>> rgb=imread('dianluban.bmp');      %读取当前路径下的图像文件，返回图像数据矩阵rgb
>> image(rgb);                       %显示图像
>> title('RGB image')                %添加标题
>> ax(2)=subplot(1,2,2);             %显示第二个子图，并返回坐标区对象
>> im=mean(rgb,3);                   %求矩阵rgb第三个维度的均值
>> image(im);                        %显示均值图像
>> title('Intensity Heat Map')       %添加标题
>> colormap(hot(256))                %将包含256种颜色的hot颜色图设置为当前颜色图
>> linkaxes(ax,'xy')                 %同步两个子图坐标区的x轴和y轴范围
>> axis(ax,'image')                  %沿每个坐标区使用相同的数据单位长度，使坐标区框紧密围绕图像
```

运行结果如图 8-28 所示。

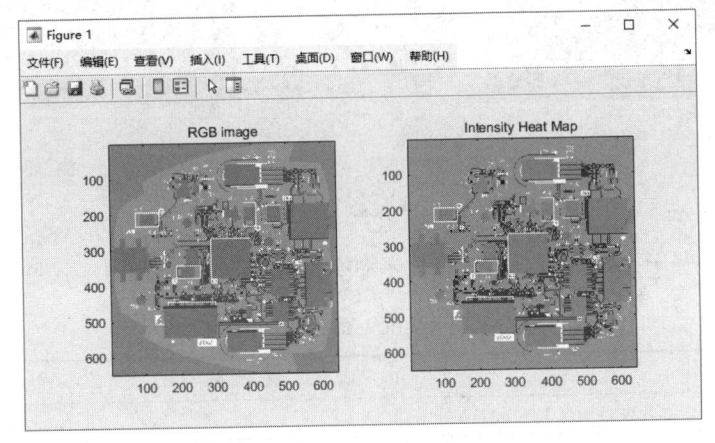

图 8-28 设置电路图图片颜色显示

imagesc 命令与 image 命令非常相似，主要区别在于前者可以自动调整值域范围。imagesc 命令的调用格式见表 8-26。

表 8-26 imagesc 命令的调用格式

调用格式	说明
imagesc(C)	将矩阵 C 中的值以图像形式显示出来
imagesc(x,y,C)	x、y 为二维向量，分别定义了 x 轴与 y 轴的范围
imagesc(…, Name, Value)	使用一个或多个名称-值对组参数指定图像属性
imagesc(…, clims)	clims 为二维向量，它限制了矩阵中元素的取值范围
imagesc(ax,…)	在由 ax 指定的坐标区中而不是当前坐标区（gca）中创建图像
im = imagesc(…)	返回所生成的图像对象的句柄

实例——转换灰度图

源文件：yuanwenjian\ch08\huidutu.m、原色图.fig、灰度图.fig

本实例演示如何应用 imagesc 命令。

解：MATLAB 程序如下。

```
>> imagesc                            %显示图8-29（a）所示的图形
>> colormap(gray)                     %应用灰度颜色图，显示图8-29（b）所示的图形
```

运行结果如图 8-29 所示。

（a）　　　　　　　　　　　　　　　　　（b）

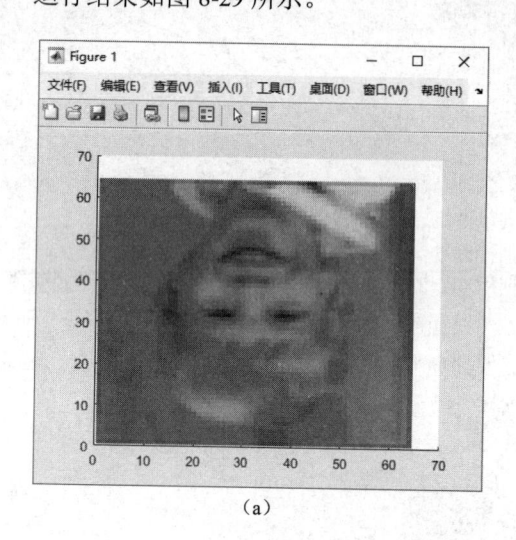

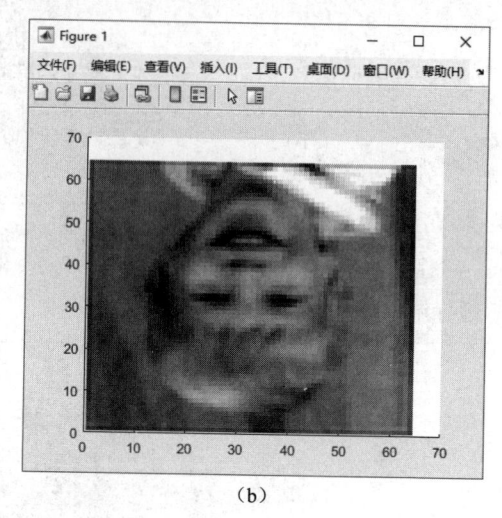

图 8-29　imagesc 命令应用举例

在实际应用中，另一个经常用到的图像显示命令是 imshow，其调用格式见表 8-27。

表 8-27　imshow 命令的调用格式

调 用 格 式	说　　明
imshow(I)	显示灰度图像 I
imshow(I, [low high])	显示灰度图像 I，其值域为[low high]
imshow(I,[])	根据 I 中的像素值范围对显示进行转换，显示灰度图像
imshow(RGB)	显示真彩色图像
imshow(BW)	显示二进制图像
imshow(X,map)	显示索引色图像，X 为图像矩阵，map 为调色板
imshow(filename)	显示 filename 文件中的图像
himage = imshow(…)	返回所生成的图像对象的句柄
imshow(…,Name, Value)	根据参数及相应的值来显示图像，对于其中参数及相应的取值，读者可以参考 MATLAB 的帮助文档

实例——显示图形

源文件：yuanwenjian\ch08\xianshituxing.m、显示图形.fig

本实例演示如何应用 imshow 命令。

解：MATLAB 程序如下。

```
>> subplot(1,2,1)
>> I=imread('bird.jpg');        %读取当前路径下的图像文件,返回图像数据矩阵 I
>> imshow(I,[0 80])             %在图窗中显示值域为 0~80 的灰度图像
>> subplot(1,2,2)
>> imshow('bird.jpg')           %显示当前路径下的图像
```

运行结果如图 8-30 所示。

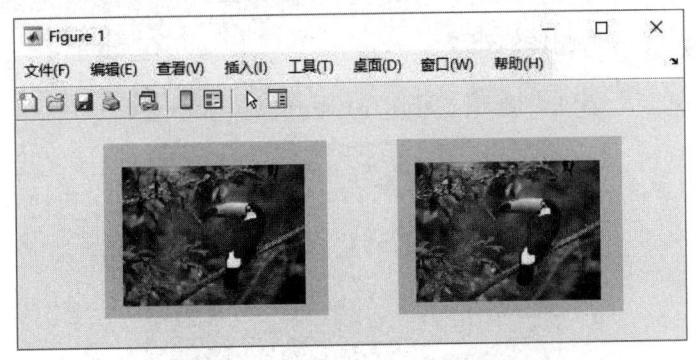

图 8-30 imshow 命令应用举例

2．图像信息查询

在利用 MATLAB 进行图像处理时，可以利用 imfinfo 命令查询图像文件的相关信息。这些信息包括文件名、文件最后一次修改的时间、文件大小、文件格式、文件格式的版本号、图像的宽度与高度、每个像素的位数以及图像类型等。imfinfo 命令的调用格式见表 8-28。

表 8-28 imfinfo 命令的调用格式

调 用 格 式	说　　明
info=imfinfo(filename)	查询图像文件 filename 的信息
info=imfinfo(filename,fmt)	查询图像文件 filename 的信息。如果找不到名为 filename 的文件，则查找名为 filename.fmt 的文件

实例——显示图片信息

源文件：yuanwenjian\ch08\xianshitupianxinxi.m

本实例演示如何查询图 8-30 所示的图片信息。

解：MATLAB 程序如下。

```
>> info=imfinfo('bird.jpg')
info = 
  包含以下字段的 struct:
         Filename: 'D:\documents\MATLAB\ch08\bird.jpg'
      FileModDate: '27-Apr-2024 11:22:56'
         FileSize: 12454
           Format: 'jpg'
    FormatVersion: ''
            Width: 260
```

```
            Height: 202
           BitDepth: 24
          ColorType: 'truecolor'
    FormatSignature: ''
    NumberOfSamples: 3
       CodingMethod: 'Huffman'
      CodingProcess: 'Sequential'
            Comment: {'LEAD Technologies Inc. V1.01'}
```

动手练一练——办公中心图像的处理

读取图 8-31 所示的办公中心图像信息并保存转换图像格式。

图 8-31 办公中心图像

思路点拨：

源文件：yuanwenjian\ch08\bangongzhongxin.m、办公中心图像彩色.fig、办公中心图像灰度.fig

（1）查看图像文件信息。
（2）读取彩色图像。
（3）将图像转换为灰度图像格式。
（4）读取灰度图像。
（5）将灰度图像保存到图像文件。

8.3.3 动画演示

MATLAB 还可以进行一些简单的动画演示，实现这种操作的主要命令包括 moviein 命令、getframe 命令及 movie 命令。动画演示的步骤如下：

（1）利用 moviein 命令对内存进行初始化，创建一个足够大的矩阵，使其能够容纳基于当前坐标轴大小的一系列指定的图形（帧）；moviein(n)可以创建一个足够大的 n 列矩阵。

（2）利用 getframe 命令生成每个帧。

（3）利用 movie 命令按照指定的速度和次数运行该动画，movie(M, n)可以播放由矩阵 M 所定义的画面 n 次，默认只播放一次。

实例——球体旋转动画

源文件：yuanwenjian\ch08\qiutixuanzhuandonghua.m、球体旋转动画.fig

本实例演示如何制作球体绕 z 轴旋转的动画。

解：MATLAB 程序如下。

```
>> [X,Y,Z]= sphere;              %返回由 20×20 个面组成的球面坐标
>> surf(X,Y,Z)                   %绘制三维球面
>> axis([-3,3,-3,3,-1,1])        %调整坐标轴范围
>> axis off                      %关闭坐标系
>> shading interp                %利用插值颜色渲染图形
>> colormap(hot)                 %将颜色图 hot 设置为当前颜色图
>> M=moviein(20);                %建立一个 20 列的大矩阵
>> for i=1:20
view(-37.5+24*(i-1),30)          %改变视点
M(:,i)=getframe;                 %将图形保存到 M 矩阵
end
>> movie(M,3)                    %播放画面 3 次
```

图 8-32 所示为动画的一帧。

动手练一练——正弦波传递动画

制作图 8-33 所示的正弦波传递动画。

图 8-32　球体旋转动画 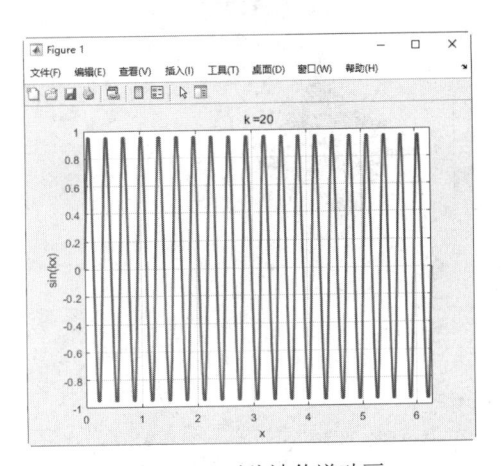　　　　　　图 8-33　正弦波传递动画

思路点拨：

源文件：yuanwenjian\ch08\zhengxianbochuandidonghua.m、正弦波传递动画.fig

（1）定义变量范围。

（2）绘制正弦波图形。

（3）固定 x、y 范围，显示曲线变化。

（4）保存当前绘制。
（5）播放画面，图8-33所示为动画的一帧。

8.4　综合实例——绘制函数的三维视图

源文件：yuanwenjian\ch08\hanshusanweishitu.m、函数的三维视图.fig

函数方程为 $z = \dfrac{e^{|X+Y|}}{X+Y}$ （$-4 \leqslant X,Y \leqslant 4$），绘制该函数方程的三维视图。

【操作步骤】

（1）绘制三维图形。

```
>> [X,Y]=meshgrid(-4:0.2:4);          %基于给定向量创建二维网格坐标矩阵X、Y
>> Z=exp(abs(X+Y))./(X+Y);            %定义函数表达式，得到二维矩阵Z
>> subplot(2,3,1)
>> surf(X,Y,Z),title('主视图')         %绘制函数的三维表面图，添加标题
```

运行结果如图8-34所示。

（2）转换视图。

```
>> subplot(2,3,2)
>> surf(X,Y,Z),view(20,15),title('三维视图')    %方位角为20度，仰角为15度
```

运行结果如图8-35所示。

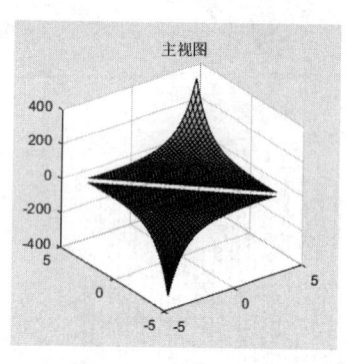

图8-34　主视图 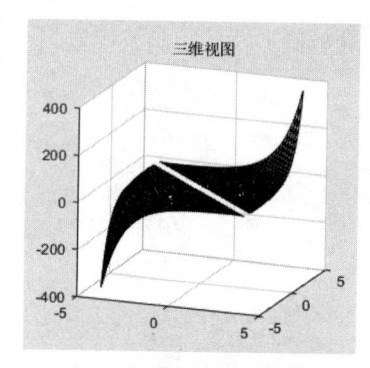　　　　图8-35　三维视图

（3）填充图形。

```
>> subplot(2,3,3)
>> colormap(hot)      %设置颜色图
>> stem3(X,Y,Z,'bo'),view(20,15),title('填充图')    %绘制函数的三维火柴杆图，线条颜色
%为蓝色，线条样式为小圆圈。以20度的方位角和15度的仰角显示图形，然后添加标题
```

运行结果如图8-36所示。

（4）绘制半透明图。

```
>> subplot(2,3,4)
>> surf(X,Y,Z),view(20,15)    %绘制函数的三维曲面图，以20度的方位角和15度的仰角显示图形
>> shading interp             %利用插值颜色渲染图形
```

```
>> alpha(0.5)              %图形透明度为0.5
>> title('半透明图')
```
运行结果如图 8-37 所示。

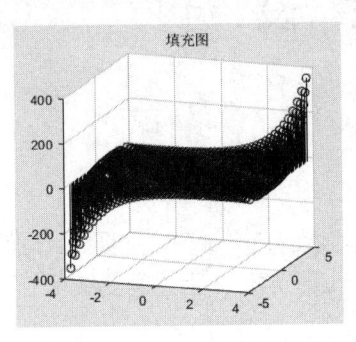

图 8-36　填充图 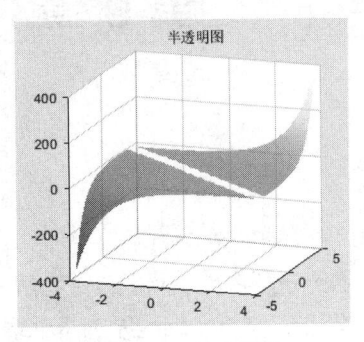　　　　　　　图 8-37　半透明图

（5）绘制透视图。
```
>> subplot(2,3,5)
>> surf(X,Y,Z),view(5,10)   %绘制函数的三维曲面图，以 5 度的方位角和 10 度的仰角显示图形
>> shading interp           %利用插值颜色渲染图形
>> hold on,mesh(X,Y,Z)      %打开图形保持命令，创建三维网格图
>> hold off                 %关闭保持命令
>> title('透视图')
```
转换坐标系后的运行结果如图 8-38 所示。

（6）裁剪处理。
```
>> subplot(2,3,6)
>> surf(X,Y,Z), view(20,15)      %绘制函数的三维曲面图，以 20 度的方位角和 15 度的仰角显示图形
>> ii=find(abs(X)>2|abs(Y)>2);   %在 X、Y 中查找绝对值大于 2 的元素，返回其索引组成数组 ii
>> Z(ii)=zeros(size(ii));        %将查找到的元素赋值为 0
>> surf(X,Y,Z),shading interp    %绘制曲面图，利用插值颜色渲染图形，然后设置颜色图
>> light('position',[0,-15,1]);lighting flat %在指定位置添加局部光源，在每个面上均
%匀照亮曲面图
>> material([0.8,0.8,0.5,10,0.5]) %设置被照亮对象的环境、漫反射、镜面反射强度、镜面反
%射指数和镜面反射颜色等反射属性
>> title('裁剪图')
```
运行结果如图 8-39 所示。

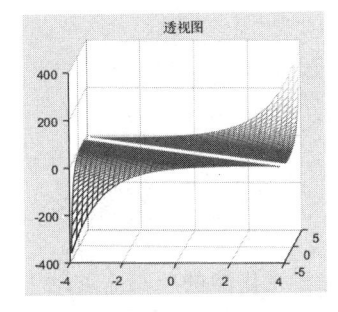

图 8-38　透视图 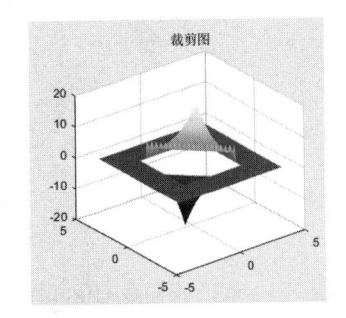　　　　　　　图 8-39　裁剪图

第 9 章 程 序 设 计

内容简介

MATLAB 提供特有的函数功能,虽然可以解决许多复杂的科学计算、工程设计问题,但在有些情况下利用函数无法解决复杂问题,或者解决问题的方法过于烦琐,因此需要编写专门的程序。本章以 M 文件为基础,详细介绍程序的基本编写流程。

内容要点

- M 文件
- MATLAB 程序设计
- 函数句柄
- 综合实例——比较函数曲线

案例效果

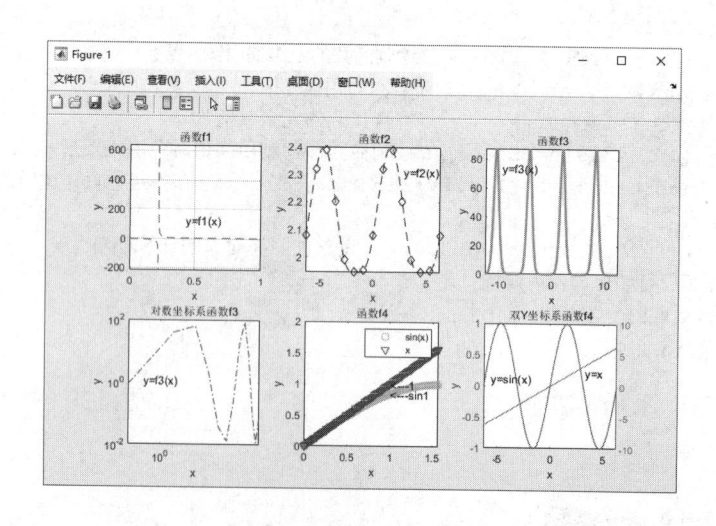

9.1 M 文件

在实际应用中,直接在命令行窗口中输入简单的命令无法满足用户的所有需求,因此 MATLAB 提供了另一种工作方式,即利用 M 文件编程。本节主要介绍这种工作方式。

M 文件因其扩展名为.m 而得名，它是一个标准的文本文件，因此可以在任何文本编辑器中进行编辑、存储、修改和读取。M 文件的语法类似于一般的高级语言，是一种程序化的编程语言，但它又比一般的高级语言简单，且程序容易调试、交互性强。MATLAB 在初次运行 M 文件时将其代码保存到内存中，再次运行该文件时直接从内存中取出代码运行，因此会大大提高程序的运行速度。

M 文件有两种形式：一种是命令文件［有的书中又称脚本文件（Script）］；另一种是函数文件（Function）。下面分别来了解一下这两种形式。

9.1.1 命令文件

在实际应用中，如果需要经常重复输入较多的命令，就可以利用 M 文件来实现。当需要运行这些命令时，只需在命令行窗口中输入 M 文件的文件名，系统会自动逐行地运行 M 文件中的命令。命令文件中的语句可以直接访问 MATLAB 工作区（Workspace）中的所有变量，并且在运行过程中产生的变量均为全局变量。这些变量一旦生成，就一直保存在内存中，用 clear 命令可以将它们清除。

M 文件可以在任何文本编辑器中进行编辑，MATLAB 也提供了相应的 M 文件编辑器。通过在命令行窗口中输入 edit，直接进入 M 文件编辑器；也可以在"主页"选项卡中依次选择"新建"→"脚本"命令；或者直接单击"主页"选项卡中的"新建脚本"图标按钮，进入 M 文件编辑器。

实例——矩阵的加法运算

源文件： yuanwenjian\ch09\jiafa.m、juzhenjiafa.m

本实例编写矩阵的加法文件。

解： MATLAB 程序如下。

（1）在命令行窗口中输入 edit 直接进入 M 文件编辑器，并将其保存为 jiafa.m。

（2）在 M 文件编辑器中输入程序，创建简单矩阵及加法运算。

```
A=[1 5 6;34 -45 7;8 7 90];      %输入矩阵 A
B=[1 -2 6;2 8 74;9 3 60];       %输入矩阵 B
C=A+B                            %两个矩阵相加
```

结果如图 9-1 所示。

（3）在 MATLAB 命令行窗口中输入文件名，得到下面的结果。

```
>> jiafa
C =
     2     3    12
    36   -37    81
    17    10   150
```

在工作区显示变量值，如图 9-2 所示。

图 9-1　输入程序　　　　　　　　　图 9-2　工作区变量

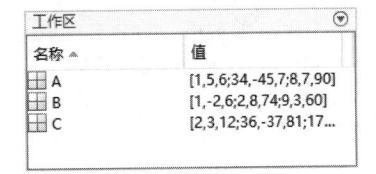

> 说明：
>
> M 文件中的符号"%"用于对程序进行注释，在实际运行时并不执行，这相当于 Basic 语言中的"\"或 C 语言中的"/*"和"*/"。编辑完文件后，一定要将其保存在当前工作路径下。

9.1.2 函数文件

函数文件的第一行一般都以 function 开始，它是函数文件的标志。函数文件是为了实现某种特定功能而编写的。例如，MATLAB 工具箱中的各种命令实际上都是函数文件，由此可见函数文件在实际应用中的作用。

函数文件与命令文件的主要区别在于：函数文件要定义函数名，一般都带参数和返回值（有一些函数文件不带参数和返回值），函数文件的变量仅在函数的运行期间有效，一旦函数运行完毕，其所定义的一切变量都会被系统自动清除；命令文件一般不需要带参数和返回值（有的命令文件也带参数和返回值），并且其中的变量在执行后仍会保存在内存中，直到被 clear 命令清除。

实例——分段函数

源文件：yuanwenjian\ch09\fenduanhanshu.m、f.m

本实例编写一个求分段函数 $f(x)=\begin{cases}3x+2, & x<-1\\ x, & -1\leqslant x\leqslant 1\\ 2x+3, & x>1\end{cases}$ 的程序，并用它来求 $f(0)$ 的值。

解：MATLAB 程序如下。

（1）创建函数文件 f.m。

```
function y=f(x)
%此函数用于求分段函数 f(x)的值
%当 x<-1 时，f(x)=3x+2
%当-1<=x<=1 时，f(x)=x
%当 x>1 时，f(x)=2x+3
    if x<-1
    y=3*x+2;
elseif (x>=-1)&(x<=1)
    y=x;
else
    y=2*x+3;
end
```

（2）求 $f(0)$。

```
>> y=f(0)
y =
    0
```

实例——10 的阶乘

源文件：yuanwenjian\ch09\jiecheng.m、jiecheng10.m

本实例编写一个求任意非负整数阶乘的函数，并用它来求 10 的阶乘。

解：MATLAB 程序如下。

创建函数文件 jiecheng.m（必须与函数名相同），输入下面的程序。

```
function s=jiecheng(n)
%此函数用于求非负整数 n 的阶乘
%参数 n 可以为任意的非负整数
if n<0
%若用户将输入参数误写成负值，则报错
    error('输入参数不能为负值！');
    return;
else
    if n==0    %若 n 为 0，则其阶乘为 1
        s=1;
    else
        s=1;
        for i=1:n
            s=s*i;
        end
    end
end
```

将上面的函数文件保存在当前文件夹目录下，然后在命令行窗口中求 10 的阶乘，操作如下：

```
>> s=jiecheng(10)
s =
    3628800
```

在编写函数文件时，要养成添加注释的习惯，这样可以使程序更加清晰易懂，同时也可以为后面的维护起到指导作用。利用 help 命令可以查到关于函数的一些注释信息。例如：

```
>> help jiecheng
  此函数用于求非负整数 n 的阶乘
  参数 n 可以为任意的非负整数
```

◆ 注意：

在应用 help 命令时需要注意，它只能显示 M 文件注释语句中的第一个连续块；如果注释语句被空行或其他语句分隔开，且位于第一个连续块之外，那么这些注释语句将不会被显示出来。lookfor 命令同样可以显示一些注释信息，不过它显示的只是文件的第一行注释。因此，在编写 M 文件时，应该在第一行注释中尽可能多地包含函数特征信息。

在编辑函数文件时，MATLAB 也允许对函数进行嵌套调用和递归调用。被调用的函数必须为已经存在的函数，包括 MATLAB 的内部函数及用户自己编写的函数。下面分别讲解这两种调用格式。

1. 函数的嵌套调用

所谓函数的嵌套调用，即指一个函数文件可以调用任意其他函数，被调用的函数还可以继续调用其他函数，这样可以大大降低函数的复杂性。

实例——阶乘求和运算

源文件：yuanwenjian\ch09\sum_jiecheng.m、sum_jiecheng10.m

本实例编写一个求 $1+\dfrac{1}{2!}+\dfrac{1}{3!}+\cdots+\dfrac{1}{n!}$ 的函数，其中 n 由用户输入。

解：MATLAB 程序如下。

创建函数文件 sum_jiecheng.m（必须与函数名相同），输入下面的程序。

```matlab
function s=sum_jiecheng(n)
%此函数用于求 1+1/2!+…+1/n!的值
%参数 n 为任意正整数
if n<=0
%若用户将输入参数误写成负值或 0，则报错
    disp('输入参数不能为负值或 0!');
    return;
else
    s=0;
    for i=1:n
        s=s+1/jiecheng(i);         %调用求 n 的阶乘的函数 jiecheng()
    end
end
```

将上面的函数文件保存在当前文件夹目录下，在命令行窗口中求 $1+\dfrac{1}{2!}+\dfrac{1}{3!}+\cdots+\dfrac{1}{n!}$ 的值。

```matlab
>> s=sum_jiecheng(10)          %调用自定义函数，代入参数 10 进行计算
s =
    1.7183
```

2．函数的递归调用

所谓函数的递归调用，即指在调用一个函数的过程中直接或间接地调用函数本身。这种用法在解决很多实际问题时是非常有效的，但若使用不当，容易导致死循环。因此，一定要掌握跳出递归的语句，这需要读者平时多多练习并注意积累经验。

实例——阶乘函数

源文件：yuanwenjian\ch09\factorial_1.m、factorial10.m

本实例利用函数的递归调用编写求阶乘的函数。

解：MATLAB 程序如下。

```matlab
function s=factorial_1(n)
%此函数利用递归来求阶乘
%参数 n 为任意非负整数
if n<0
%若用户将输入参数误写成负值，则报错
    disp('输入参数不能为负值!');
    return;
end
```

```
    if n==0||n==1
        s=1;
    else
        s=n*factorial_1(n-1);              %对函数本身进行递归调用
    end
```

利用这个函数求 10! 如下。

```
>> s=factorial_1(10)              %调用自定义函数，代入参数 10 计算 10!
s =
    3628800
```

> **注意：**
> M 文件的文件名或 M 函数的函数名应尽量避免与 MATLAB 的内置函数和工具箱中的函数重名，否则可能会在程序执行过程中出现错误；M 函数的文件名必须与函数名一致。

9.2　MATLAB 程序设计

本节着重讲解 MATLAB 中的程序结构及相应的流程控制。在 9.1 节中，已经强调了 M 文件的重要性，要想编好 M 文件，就必须学好 MATLAB 程序设计。

9.2.1　程序结构

一般的程序设计语言的程序结构大致可以分为顺序结构、循环结构与分支结构 3 种。MATLAB 程序设计语言也不例外，但它要比其他程序设计语言简单易学，因为其语法不像 C 语言那样复杂，并且具有功能强大的工具箱，这使它成为科研工作者及学生最易掌握的软件之一。下面分别介绍上述 3 种程序结构。

1．顺序结构

顺序结构是一种最简单易学的程序结构，它由多个 MATLAB 语句顺序构成，各语句之间用分号";"隔开（若不加分号，则必须分行编写），程序执行也是按照由上至下的顺序进行。下面来看一个顺序结构的例子。

实例——矩阵求差运算

源文件： yuanwenjian\ch09\dif.m

本实例求解矩阵的差值。

解： MATLAB 程序如下。

（1）创建 M 函数文件 dif.m。

```
    disp('求解矩阵的差值');
    disp('矩阵 A、B 分别为');
    A=[1 2;3 4];
    B=[5 6;7 8];
    A,B
```

```
    disp('A 与 B 的差为: ');
    C=A-B
```

(2) 运行结果如下。

```
>> dif
求解矩阵的差值
矩阵 A、B 分别为
A =
     1     2
     3     4
B =
     5     6
     7     8
A 与 B 的差为
C =
    -4    -4
    -4    -4
```

2. 循环结构

在利用 MATLAB 进行数值实验或工程计算时，用得最多的是循环结构。在循环结构中，被重复执行的语句组称为循环体。常用的循环结构有 for-end 循环与 while-end 循环两种。下面分别简要介绍相应的用法。

➢ for-end 循环

在 for-end 循环中，循环次数一般情况下是已知的，除非用其他语句提前终止循环。这种循环以 for 开头、以 end 结束，其一般形式如下：

```
for  变量=表达式
    可执行语句 1
    ...
    可执行语句 n
end
```

其中，"表达式"通常为形如 $m:s:n$（s 的默认值为 1）的向量，即变量的取值从 m 开始，以间隔 s 递增到 n，变量每取一次值，循环便执行一次。这种循环在 9.1 节中已经用到。下面来看一个特别的 for-end 循环示例。

实例——魔方矩阵

源文件：yuanwenjian\ch09\ magverifier.m

本实例验证魔方矩阵的奇妙特性。

解：MATLAB 程序如下。

（1）将设计的函数命名为 magverifier.m。

```
function f=magverifier(n)
%此文件用于验证魔方矩阵的特性
%使用 MATLAB 中的魔方函数达到验证目的
if n>2
    x=magic(n)
```

```
            for j=1:n
                rowval=0;
                for i=1:n
                    rowval=rowval+x(j,i);          %计算各行元素之和
                end
                rowval
            end
            for i=1:n
                colval=0;
                for j=1:n
                    colval=colval+x(i,j);          %计算各列元素之和
                end
                colval
            end
            diagval=sum(diag(x))                   %计算对角线元素之和
        else
            disp('魔方矩阵的阶数必须大于等于3!')
        end
```

（2）在命令行窗口中输入函数名之后的结果如下。

```
>> magverifier(4)         %调用自定义函数，代入参数4验证4阶魔方矩阵的特性
x =
    16     2     3    13
     5    11    10     8
     9     7     6    12
     4    14    15     1
colval =
    34
colval =
    34
colval =
    34
colval =
    34
rowval =
    34
rowval =
    34
rowval =
    34
rowval =
    34
diagval =
    34
```

说明各行元素的和、各列元素的和还有对角线上元素的和均为34。

> while-end 循环

如果不知道所需要的循环到底要执行多少次，那么可以选择 while-end 循环。这种循环以 while

开头、以 end 结束，其一般形式如下：

```
while 表达式
    可执行语句 1
    ...
    可执行语句 n
end
```

其中，"表达式"即循环控制语句，一般是由逻辑运算、关系运算及一般运算组成的表达式。若表达式的值非零，则执行一次循环；否则停止循环。这种循环方式在编写某一数值算法时用得非常多。一般来说，for-end 循环能实现的程序用 while-end 循环也能实现，程序如下例所示。

实例——由小到大排列

源文件：yuanwenjian\ch09\mm3.m

本实例利用 while-end 循环实现数值由小到大排列。

解：MATLAB 程序如下。

（1）编写名为 mm3.m 的 M 文件。

```
function f=mm3(a,b)
%此文件专门用于演示 while-end 的用法
%此文件的函数可对 a 和 b 的数值从小到大进行排序
while a>b
    t=a;
    a=b;
    b=t;                %将较小的参数存储在 a 中，将较大的参数存储在 b 中
end
a
b                       %输出排序后 a、b 的值
```

（2）在命令行窗口中运行，结果如下。

```
>> mm3(2,3)             %从小到大排序 2 和 3
a =
    2
b =
    3
>> mm3(7,3)             %从小到大排序 7 和 3
a =
    3
b =
    7
```

3. 分支结构

分支结构又称选择结构，即根据表达式值的情况来选择执行哪些语句。在编写较复杂的算法时一般都会用到此结构。MATLAB 编程语言提供了 if-else-end、switch-case-end 和 try-catch-end 3 种分支结构。其中较常用的是前两种。下面分别介绍这 3 种分支结构的用法。

➢ if-else-end 结构

if-else-end 结构也是复杂结构中最常用的一种分支结构，具有以下 3 种形式。

（1）形式 1。

```
if      表达式
        语句组
end
```

说明：

若表达式的值非零，则执行 if 与 end 之间的语句组，否则直接执行 end 后面的语句。

（2）形式 2。

```
if      表达式
        语句组 1
else
        语句组 2
end
```

说明：

若表达式的值非零，则执行语句组 1，否则执行语句组 2。

实例——数组排列

源文件：yuanwenjian\ch09\mm4.m
本实例编写对数组进行特殊排列的程序。
解：MATLAB 程序如下。
首先编写名为 mm4.m 的 M 文件。

```
function f=mm4
%此文件专门用于演示 if-else-end 结构的用法
%此文件的函数可对数组进行特殊排列
for i=1:9
    if i<=5
        a(i)=i;
    else
        a(i)=10-i;
    end
end
a
```

接着在命令行窗口中运行，结果如下：

```
>> mm4
a =
     1     2     3     4     5     4     3     2     1
```

（3）形式 3。

```
if      表达式 1
        语句组 1
```

```
    elseif       表达式2
                 语句组2
    elseif       表达式3
                 语句组3
    ...
    else
                 语句组n
    end
```

✍ 说明：

程序执行时先判断表达式1的值，若非零则执行语句组1，然后执行end后面的语句；否则判断表达式2的值，若非零则执行语句组2，然后执行end后面的语句，以此类推。如果所有的表达式都不成立，则执行else与end之间的语句组n。

实例——矩阵变换

源文件：yuanwenjian\ch09\mm5.m

本实例编写一个根据要求处理矩阵的程序。

解：MATLAB程序如下。

（1）编写名为mm5.m的M文件。

```
function f=mm5
%此文件专门用于演示if-elseif-end结构的用法
%此文件的函数可对矩阵进行特殊处理
A=[1 2 4;8 9 3;2 4 7];
i=3;j=3;
if i==j
    A(i,j)=0;           %由于i==j==3，所以将A(3,3)修改为0，后面的判断语句不执行
elseif abs(i-j)==2
    A((i-1),(j-1))=-1;
else
    A(i,j)=-10;
end
A                       %输出修改后的矩阵A
```

（2）在命令行窗口中运行，结果如下。

```
>> mm5
A =
     1     2     4
     8     9     3
     2     4     0
```

实例——判断数值正负

源文件：yuanwenjian\ch09\ifo.m

本实例编写一个判断数值正负的程序。

解：MATLAB程序如下。

(1) 编写 ifo.m 函数文件。

```
function ifo(x)
  if x>0
    fprintf('%f 是一个正数\n',x);
  else
    fprintf('%f 不是一个正数\n',x);
  end
```

(2) 输入数值验证程序。

```
>> ifo(5)
5.000000 是一个正数
>> ifo(-5)
-5.000000 不是一个正数
```

➢ switch-case-end 结构

一般来说，这种分支结构也可以由 if-else-end 结构实现，但那样会使程序变得更加复杂且不易维护。switch-case-end 结构一目了然，而且更便于后期维护。这种结构的形式如下：

```
switch     变量或表达式
case       常量表达式 1
           语句组 1
case       常量表达式 2
           语句组 2
...
case       常量表达式 n
           语句组 n
otherwise
           语句组 n+1
end
```

其中，switch 后面的"变量或表达式"可以是任何类型的变量或表达式。如果变量或表达式的值与其后某个 case 后的常量表达式的值相等，就执行这个 case 和下一个 case 之间的语句组；否则，就执行 otherwise 后面的语句组 n+1。执行完一个语句组，程序便退出该分支结构，执行 end 后面的语句。下面来看一个这种结构的例子。

实例——方法判断

源文件：yuanwenjian\ch09\mm6.m

本实例编写一个使用方法判断的程序。

解：MATLAB 程序如下。

(1) 编写名为 mm6.m 的 M 文件。

```
function f=mm6(METHOD)
%此文件专门用于演示 switch-case-end 结构的用法
%此文件的函数可判断所使用的方法
switch METHOD
    case {'linear','bilinear'},disp('we use the linear method')
    case 'quadratic',disp('we use the quadratic method')
    case 'interior point',disp('we use the interior point method')
    otherwise, disp('unknown')
end
```

(2) 在命令行窗口中运行，结果如下。

```
>> mm6('quadratic')
we use the quadratic method
```

实例——成绩评定

源文件： yuanwenjian\ch09\grade_assess.m

本实例编写一个学生成绩评定函数，要求若该生考试成绩在 85～100 分之间，则评定为"优"；若在 70～84 分之间，则评定为"良"；若在 60～69 分之间，则评定为"及格"；若在 60 分以下，则评定为"不及格"。

解： MATLAB 程序如下。

(1) 建立名为 grade_assess.m 的 M 文件。

```matlab
function grade_assess(Name,Score)
%此函数用于评定学生的成绩
%Name、Score 为参数，需要用户输入
%Name 中的元素为学生姓名
%Score 中的元素为学生成绩

%统计学生人数
n=length(Name);

%将分数区间划开：优（85～100 分）、良（70～84 分）、及格（60～69 分）、不及格（60 分以下）
for i=0:15
    A_level{i+1}=85+i;
    if i<=14
        B_level{i+1}=70+i;
        if i<=9
            C_level{i+1}=60+i;
        end
    end
end

%创建存储成绩等级的数组
Level=cell(1,n);

%创建结构体 S
S=struct('Name',Name,'Score',Score,'Level',Level);

%根据学生成绩，给出相应的等级
for i=1:n
    switch S(i).Score
        case A_level
            S(i).Level='优';                          %分数在 85～100 分之间为"优"
        case B_level
            S(i).Level='良';                          %分数在 70～84 分之间为"良"
        case C_level
```

```
            S(i).Level='及格';              %分数在60~69分之间为"及格"
        otherwise
            S(i).Level='不及格';            %分数在60分以下为"不及格"
    end
end

%显示所有学生的成绩等级评定
disp(['学生姓名',blanks(4),'得分',blanks(4),'等级']);
for i=1:n
    disp([S(i).Name,blanks(8),num2str(S(i).Score),blanks(6),S(i).Level]);
end
```

(2) 构造一个姓名名单以及相应的分数，来看一下程序的运行结果。

```
>> Name={'赵一','王二','张三','李四','孙五','钱六'};
>> Score={90,46,84,71,62,100};
>> grade_assess(Name,Score)
学生姓名    得分    等级
赵一        90      优
王二        46      不及格
张三        84      良
李四        71      良
孙五        62      及格
钱六        100     优
```

> try-catch-end 结构

有些 MATLAB 参考书中没有提到这种结构，因为上述两种分支结构足以处理实际应用中的各种情况。但是因为这种结构在程序调试时很有用，所以在这里简单介绍一下这种分支结构。其一般形式如下：

```
try
    语句组 1
catch
    语句组 2
end
```

在程序不出错的情况下，这种结构只有语句组 1 被执行；若程序出现错误，那么错误信息将被捕获，并存放在 lasterr 变量中，然后执行语句组 2；若在执行语句组 2 时，程序又出现错误，那么程序将自动终止，除非相应的错误信息被另一个 try-catch-end 结构所捕获。下面来看一个例子。

实例——矩阵的乘积

源文件： yuanwenjian\ch09\xiangcheng.m

本实例利用 try-catch-end 结构调试 M 文件，验证两个矩阵的乘积。

解： MATLAB 程序如下。

（1）在命令行窗口中输入下面的程序。

```
>> X=magic(4);              %创建一个4阶魔方矩阵X
>> Y=ones(3,3);             %定义一个3阶全1矩阵Y
>> try
    Z=X*Y;                  %计算两个矩阵的乘积，如果不出错，只执行这条语句
```

```
    catch
        Z=nan;                    %如果出错,则捕获错误信息,将变量 Z 赋值为 nan,并显示出错信息
        disp('X and Y is not conformable');
    end
```
显示程序运行结果:
```
X and Y is not conformable
```
(2) 在命令行窗口中输入下面的程序。
```
>> X=magic(3);              %创建一个 3 阶魔方矩阵 X
>> Y=ones(3,3);             %定义一个 3 阶全 1 矩阵 Y
>> try
       Z=X*Y
   catch
       Z=nan;
       disp('X and Y is not conformable');
   end
```
显示程序运行结果:
```
Z =
    15    15    15
    15    15    15
    15    15    15
```

9.2.2 程序的流程控制

在利用 MATLAB 编程解决实际问题时,可能需要提前终止 for 与 while 等循环结构、显示必要的出错或警告信息、显示批处理文件的执行过程等,而实现这些特殊要求就需要用到本小节所要讲述的程序流程控制命令,如 break、pause、continue、return、echo、warning 与 error 等。下面介绍一下这些命令的用法。

1. break 命令

break 命令一般用于终止 for 或 while 循环,通常与 if 条件语句结合在一起使用,如果条件满足,则利用 break 命令将循环终止。在多层循环嵌套中,break 命令只终止最内层的循环。

实例——数值最大值循环

源文件:yuanwenjian\ch09\xunhuan.m

本实例演示 break 命令的用法。

解:MATLAB 程序如下。

(1) 编写 M 文件 xunhuan.m。
```
%此程序段用于演示 break 命令的用法
s=1;
for i=1:100
    i=s+i;
    if i>50           %如果数据大于 50,则显示一条文本信息,终止循环,然后输出数据 i
        disp('i 已经大于 50,终止循环!');
        break;
```

```
        end
    end
    i
```

（2）运行结果如下：

```
>> xunhuan
i 已经大于 50，终止循环!
i =
    51
```

2．pause 命令

pause 命令用于使程序暂停运行，然后根据用户的设定来选择何时继续运行。该命令经常用在程序的调试中，其调用格式见表 9-1。

表 9-1　pause 命令的调用格式

调 用 格 式	说　　明
pause	暂停执行 M 文件，当用户按下任意键后继续执行
pause(n)	暂停执行 M 文件，n 秒后继续
pause(state)	启用、禁用或显示当前暂停设置。例如，pause('on')允许其后的暂停命令起作用；pause('off')不允许其后的暂停命令起作用
oldState = pause(state)	返回当前暂停设置并如 state 所示设置暂停状态

实例——绘制平方曲线

源文件： yuanwenjian\ch09\pingfang.m、绘制平方曲线.fig

本实例演示 pause 命令的用法。

解： MATLAB 程序如下。

（1）建立名为 pingfang.m 的 M 文件。

```
%此程序段用于演示 pause 命令的用法
x=0:0.05:6;         %定义线性分隔值向量 x
y=x.^2;
z=-x.^2;
r=y+z+5;            %定义三个函数表达式 y、z 和 r
plot(x,y)           %绘制平方函数 y 的二维线图
pause               %暂停程序运行
plot(x,z)           %绘制负平方函数 z 的二维线图
pause(10)           %等待 10s
plot(x,r)           %绘制函数 r 的二维线图
```

从上述程序中可以看出，程序主要功能是绘制曲线。开始绘制平方函数，然后进入 pause 状态；当用户按 Enter 键时，绘制负平方函数；然后进入 pause(n)状态，等待 n s 后，系统进入函数和的曲线绘制。

（2）运行结果如下：

```
>> pingfang
%显示如图 9-3 所示的图形；此时按任意键，显示如图 9-4 所示的图形；等待 10s 后，显示如图 9-5 所示
%的图形
```

图 9-3　平方曲线 1

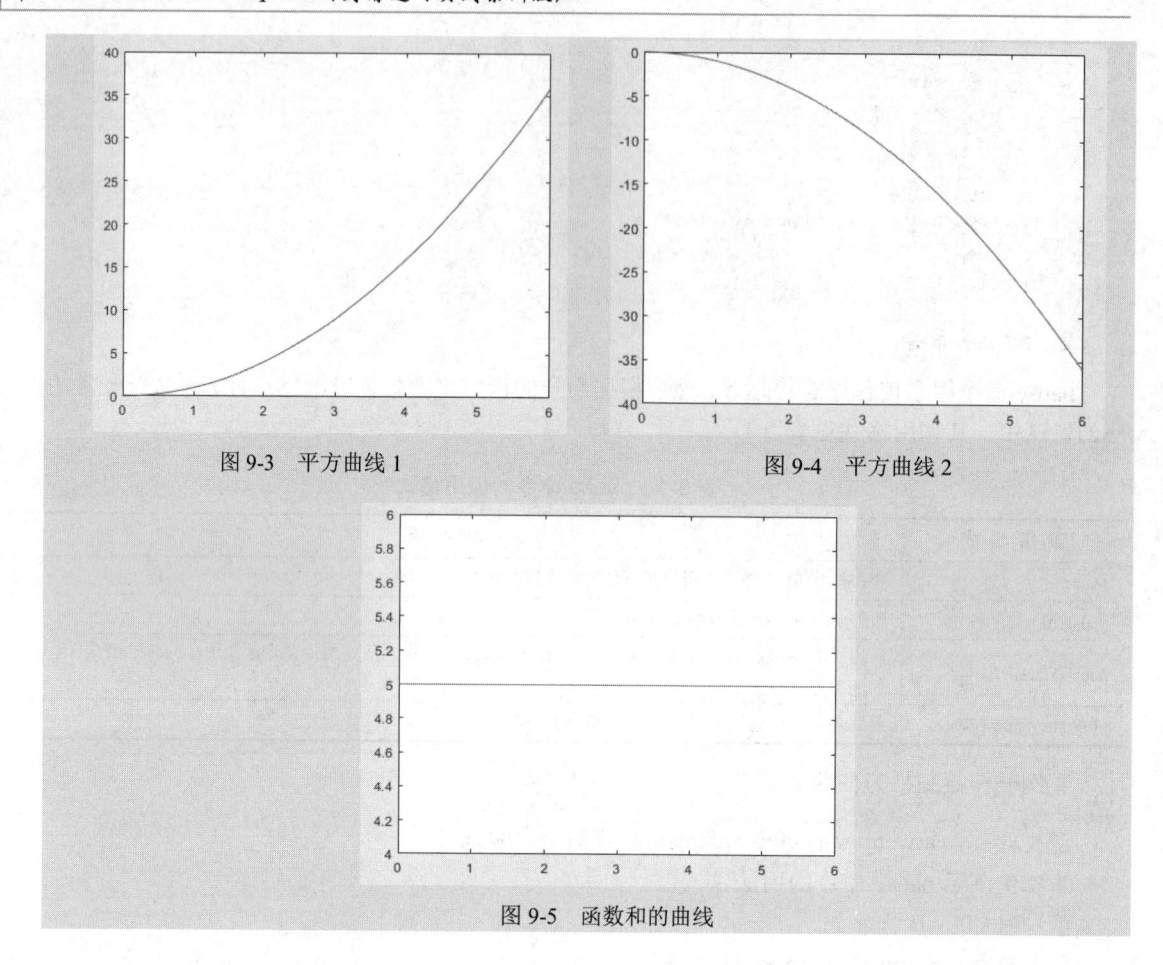

图 9-4　平方曲线 2

图 9-5　函数和的曲线

3. continue 命令

continue 命令通常用在 for 或 while 循环结构中，并与 if 一起使用，其作用是结束本次循环，即跳过其后的循环语句而直接进行下一次循环是否执行的判断。

实例——阶乘循环

源文件：yuanwenjian\ch09\jiechengxunhuan.m

本实例演示 continue 命令的用法。

解：MATLAB 程序如下。

（1）编写 jiechengxunhuan.m 文件。

```
%此 M 文件用于演示 continue 命令的用法
s=1;
for i=1:4
    if i==4
        continue;            %若没有该语句，则该程序求的是 4!，加上就变成了求 3!
    end
    s=s*i;                   %当 i=4 时该语句得不到执行
```

```
    end
s                            %显示s的值，应当为3！
i
```

（2）运行结果如下：

```
>> jiechengxunhuan
s =
    6
i =
    4
```

4．return 命令

return 命令使正在运行的函数正常结束并返回调用它的函数或命令行窗口。

实例——矩阵之和

源文件：yuanwenjian\ch09\sumAB.m、sumABjz.m

本实例编写一个求两个矩阵之和的程序。

解：MATLAB 程序如下。

（1）编写 sumAB.m 文件。

```
function C=sumAB(A,B)
%此函数用于求矩阵A、B的和
[m1,n1]=size(A);
[m2,n2]=size(B);
%若A、B中有一个为空矩阵或两者维数不一致则返回空矩阵，并给出警告信息
if isempty(A)
    warning('A 为空矩阵!');
    C=[];
    return;
elseif isempty(B)
    warning('A 为空矩阵!');
    C=[];
    return;
elseif m1~=m2||n1~=n2
    warning('两个矩阵维数不一致!');
    C=[];
    return;
else
    for i=1:m1
        for j=1:n1
            C(i,j)=A(i,j)+B(i,j);
        end
    end
end
```

（2）选取两个矩阵 A、B，运行结果如下：

```
>> A=[];
>> B=[3 4];
```

```
>> C=sumAB(A,B)          %调用自定义函数计算两个矩阵的和
警告: A 为空矩阵!
> 位置: sumAB (第 7 行)
C =
    []
```

5. echo 命令

echo 命令用于控制 M 文件在执行过程中显示与否,通常应用在对程序的调试与演示中。echo 命令的调用格式见表 9-2。

表 9-2 echo 命令的调用格式

调用格式	说 明
echo on	显示 M 文件每一行语句的执行过程
echo off	不显示 M 文件执行过程
echo	在上面两个命令之间切换
echo filename on	显示名为 filename 的函数文件的执行过程
echo filename off	不显示名为 filename 的函数文件的执行过程
echo filename	在上面两个命令间切换
echo on all	显示所有函数文件的执行过程
echo off all	不显示所有函数文件的执行过程

注意:

echo 命令中涉及的函数文件必须是当前内存中的函数文件,对于那些不在内存中的函数文件,echo 命令将不起作用。实际操作时,可以利用 inmem 命令来查看当前内存中有哪些函数文件。

实例——查看内存

源文件: yuanwenjian\ch09\inmem_demo.m

本实例显示函数的执行过程。

解: MATLAB 程序如下。

```
>> inmem                 %查看当前内存中的函数
ans =
  {'pathdef'  }
  ...
  {'sumAB'    }          %发现有上例中的函数文件,若没有发现则运行一次函数 sumAB() 即可
  ...
>> echo sumAB on         %显示名为 sumAB 的函数文件的执行过程
>> A=[];
>> B=[3 4];              %创建两个要进行求和的矩阵 A 和 B
>> C=sumAB(A,B);         %调用自定义函数求矩阵之和,按 Enter 键即可看到该函数的执行过程
function C=sumAB(A,B)
%此函数用于求矩阵 A、B 的和
[m1,n1]=size(A);
[m2,n2]=size(B);
```

```
%若 A、B 中有一个为空矩阵或两者维数不一致则返回空矩阵,并给出警告信息
if isempty(A)
    warning('A 为空矩阵!');
警告: A 为空矩阵!
> 位置: sumAB (第 7 行)
    C=[];
    return;
```

6. warning 命令

warning 命令用于在程序运行时给出必要的警告信息,这在实际应用中是非常必要的。因为一些人为因素或其他不可预知的因素可能会使某些数据输入有误,如果编程者在编程时能够考虑到这些因素,并设置相应的警告信息,那么就可以大大降低因数据输入有误而导致程序运行失败的可能性。

warning 命令的调用格式见表 9-3。

表 9-3 warning 命令的调用格式

调用格式	说明
warning(msg)	显示警告信息,msg 为文本信息
warning(msg,A)	显示警告信息 msg,其中包含转义字符,且每个转义字符的值将被转换为 A 中的一个值
warning(warnID,...)	将警告标识符附加至警告消息
warning(state)	启用、禁用或显示所有警告的状态:on、off 或 query
warning(state,warnID)	处理指定警告的状态
warning	显示所有警告的状态,等效于 warning('query')
warnStruct = warning	返回一个结构体或一个包含有关启用和禁用哪些警告信息的结构体数组
warning(warnStruct)	按照结构体数组 warnStruct 中的说明设置当前警告设置
warning(state,mode)	控制 MATLAB 是否显示堆栈跟踪或有关警告的其他信息
warnStruct=warning(state,mode)	返回一个结构体,其中一个包含 mode 的 identifier 字段和一个包含 mode 当前状态的 state 字段

实例——底数函数

源文件: yuanwenjian\ch09\log_3.m

本实例编写一个求 $y = \log_3 x$ 的函数。

解: MATLAB 程序如下。

(1) 编写名为 log_3 的 M 文件。

```
function y=log_3(x)
%该函数用于求以 3 为底的 x 的对数
a1='负数';
a2=0;
if x<0                                  %如果输入的参数小于 0,将函数值赋值为空
    y=[];
    warning('x 的值不能为%s!',a1);       %输出一条警告信息
    return;                             %结束程序,输出值
elseif x==0                             %如果输入的参数等于 0,将函数值赋值为空
    y=[];
```

```
        warning('x的值不能为%d!',a2);    %输出一条警告信息
        return;                           %结束程序，输出值
    else
        y=log(x)\log(3);                  %如果输入的参数大于0，则执行计算
    end
```

（2）函数的运行结果如下：

```
>> y=log_3(-1)
警告: x的值不能为负数!
> 位置: log_3 (第7行)
y =
    []
>> y=log_3(0)
警告: x的值不能为0!
> 位置: log_3 (第11行)
y =
    []
>> y=log_3(4)
y =
    0.7925
```

7. error命令

error命令用于显示错误信息，同时返回键盘控制。error命令的调用格式见表9-4。

表9-4　error命令的调用格式

调用格式	说　明
error(msg)	终止程序并显示错误信息msg
error(msg,A)	终止程序并显示错误信息msg，其中包含转义字符，且每个转义字符的值将被转换为A中的一个值
error(errID,…)	包含此异常中的用于区分错误的错误标识符
error(errorStruct)	使用标量结构体中的字段抛出错误
error(correction,…)	为异常提供建议修复

error命令的用法与warning命令非常相似，读者可以试着将上例函数中的warning改为error并运行，对比一下两者的不同。

初学者可能会对break、continue、return、warning、error几个命令产生混淆。因此，为便于读者理解它们的区别，在表9-5中列举了它们各自的特点。

表9-5　5种命令的区别

命　令	特　点
break	执行此命令后，程序立即退出最内层的循环，进入外层循环
continue	执行此命令后，程序立即结束本次循环，即跳过其后的循环语句而直接进行下一次是否执行循环的判断
return	该命令可用在任意位置，执行后使正常运行的函数正常结束并返回调用它的函数或命令行窗口
warning	该命令可用在任意位置，但不影响程序的正常运行
error	该命令可用在任意位置，执行后立即终止程序的运行

9.2.3 交互式输入

在利用 MATLAB 编写程序时，可以通过交互的方式来协调程序的运行。常用的交互命令有 input、keyboard 及 menu 等。下面主要介绍它们的用法及作用。

1. input 命令

input 命令用于提示用户从键盘输入数值、字符串或表达式，并将相应的值赋给指定的变量。input 命令的调用格式见表 9-6。

表 9-6 input 命令的调用格式

调用格式	说明
x=input(prompt)	在屏幕上显示提示信息 prompt，待用户输入信息后，将相应的值赋给变量 x；若无输入，则返回空矩阵
txt=input(prompt, 's')	在屏幕上显示提示信息 prompt，并将用户输入的信息以字符串的形式赋给变量 txt；若无输入，则返回空矩阵

实例——赋值输入

源文件：yuanwenjian\ch09\apple.m

本实例编写一个输入信息的程序。

解：MATLAB 程序如下。

（1）编写没有输入参数的函数 apple.m。

```
R=input('您有多少个苹果？ \n')
```

（2）运行结果如下：

```
>> apple
您有多少个苹果？
45      %用户输入
R =
    45
```

小技巧：

在 message 中可以出现一个或若干个 "\n"，表示在输入的提示信息后有一个或若干个换行。若想在提示信息中出现 "\"，输入 "\\" 即可。

2. keyboard 命令

keyboard 命令是一个键盘调用命令，即在一个 M 文件中运行该命令后，该文件将停止执行并将 "控制权" 交给键盘，产生一个以 K 开头的提示符（K>>），用户可以通过键盘输入各种 MATLAB 的合法命令。

实例——修改矩阵数值

源文件：yuanwenjian\ch09\key.m

本实例演示 keyboard 命令的用法。

解：MATLAB 程序如下。

```
>> a=[2 3]                %创建向量 a
a =
     2     3
>> keyboard               %使用键盘调用命令暂停执行正在运行的程序
K>> a=[3 4];              %在 K 提示符下修改 a
K>> dbcont                %返回原命令行窗口
>> a                      %查看 a 的值是否被修改
a =
     3     4
```

3. menu 命令

menu 命令用于产生一个菜单供用户选择，其调用格式如下：

```
choice=menu('message','opt1',…,'optn')
```

以上命令产生一个标题为 message 的菜单，菜单选项为 opt1～optn。若用户选择第 i 个选项 opti，则 choice 的值取 i。

实例——选择颜色

源文件：yuanwenjian\ch09\color.m

本实例演示 menu 命令的用法。

解：MATLAB 程序如下。

（1）编写名为 color.m 的 M 文件。

```
k = menu('选择一个颜色','红色','绿色','蓝色')
%第一个参数为菜单的标题，后面三个参数为三个菜单选项
```

运行得到如图 9-6 所示的菜单。

```
>> color
```

（2）单击其中的"红色"按钮，在命令行窗口中得到如下结果。

```
k =
     1
```

图 9-6 menu 演示

9.2.4 程序调试

如果 MATLAB 程序出现运行错误或者输入结果与预期结果不一致，那么就需要对所编写的程序进行调试。最常用的调试方式有两种：一种是根据程序运行时系统给出的错误信息或警告信息进行相应的修改；另一种是通过用户设置断点来对程序进行调试。

1. 根据系统提示来调试

根据系统提示来调试程序是最容易的。例如，要调试下面的 M 文件。

```
%M 文件名为 test.m，功能为求 A*B 以及 C+D
A=[1 2 4;3 4 6];
B=[1 2;3 4];
E=A*B;
C=[4 5 6 7;3 4 5 1];
D=[1 2 3 4;6 7 8 9];
```

```
        F=C+D;
```
在 MATLAB 命令行窗口中运行该 M 文件时，系统会给出如下提示。
```
>> test
错误使用  *
用于矩阵乘法的维度不正确。请检查并确保第一个矩阵中的列数与第二个矩阵中的行数匹配。要单独对矩
阵的每个元素进行运算，请使用 TIMES (.*)执行按元素相乘。
出错 test (第 4 行)
E=A*B;

相关文档
```

通过上面的提示可知，在程序的第 4 行出现错误，错误为两个矩阵相乘时不符合维数要求。这时，只需将 A 改为 A'即可。

2．通过设置断点来调试

若程序在运行时没有出现警告或错误提示，但输出结果与预期的目标相差甚远，这时就需要用设置断点的方式来调试。所谓断点，是指用于临时中断 M 文件执行的一个标志。通过中断程序运行，可以观察一些变量在程序运行到断点时的值，并与预期的值进行比较，以此来找出程序的错误。

（1）设置断点。设置断点有 3 种方法：第一种方法是在 M 文件编辑器中，将光标放在某一行，然后按 F12 键，便在这一行设置了一个断点；第二种方法是在 M 文件编辑器中选择"断点"→"设置/清除"命令，便会在光标所在行设置一个断点；第三种方法是利用 dbstop 命令设置断点，其调用格式见表 9-7。

表 9-7 dbstop 命令的调用格式

调 用 格 式	说 明
dbstop in file	在 M 文件 file.m 的第一个可执行代码行位置设置断点
dbstop in file at location	在 M 文件 file.m 的指定位置设置断点，location 为行号、匿名函数编号所在的行号或局部函数的名称
dbstop in file if expression	在文件的第一个可执行代码行位置设置条件断点。仅在 expression 的计算结果为 true (1) 时暂停执行
dbstop in file at location if expression	在指定位置设置条件断点。仅在 expression 计算结果为 true 时，于该位置处或该位置前暂停执行
dbstop if condition	在满足指定的 condition（如 error 或 naninf）的行位置处暂停执行
dbstop(b)	用于恢复之前保存到 b 的断点。包含保存的断点的文件必须位于搜索路径中或当前文件夹中。MATLAB 按行号分配断点，因此，文件中的行数必须与保存断点时的行数相同

（2）清除断点。与设置断点一样，清除断点同样有 3 种实现方法：第一种方法是将光标放在断点所在行，然后按 F12 键，便可清除断点；第二种方法同样是选择"断点"→"设置/清除"命令；第三种方法是利用 dbclear 命令来清除断点，其调用格式见表 9-8。

表 9-8 dbclear 命令的调用格式

调 用 格 式	说 明
dbclear all	清除所有 M 文件的所有断点
dbclear in file	清除 M 文件 file.m 中第一个可执行处的断点

续表

调用格式	说　　明
dbclear in file at location	清除在指定文件中的指定位置设置的断点
dbclear if condition	清除使用指定的 condition（如 error、naninf、warning）设置的所有断点

（3）列出全部断点。在调试 M 文件（尤其是一些大的程序）时，有时需要列出用户所设置的全部断点。这可以通过 dbstatus 命令来实现，其调用格式见表 9-9。

表 9-9　dbstatus 命令的调用格式

调用格式	说　　明
dbstatus	列出包括错误、警告以及 naninf 在内的所有断点
dbstatus file	列出 M 文件 mfile.m 中的所有断点
dbstatus -completenames	为每个断点显示包含该断点的函数或文件的完全限定名称
dbstatus file -completenames	为指定文件中的每个断点显示包含该断点的函数或文件的完全限定名称
b = dbstatus(…)	以 m×1 结构体形式返回断点信息，常用于保存当前断点，以便以后使用 dbstop(b)还原它们

（4）从断点处执行程序。若调试时发现当前断点以前的程序没有任何错误，那么就需要从当前断点处继续执行该文件。dbstep 命令可以实现这种操作，其调用格式见表 9-10。

表 9-10　dbstep 命令的调用格式

调用格式	说　　明
dbstep	执行当前文件中的下一个可执行代码行，跳过在当前行所调用的函数中设置的任何断点
dbstep nlines	将执行指定的可执行代码行数。MATLAB 将在它遇到的任何断点处暂停执行
dbstep in	执行当前 M 文件断点处的下一行，若该行包含对另一个 M 文件的调用，则从被调用的 M 文件的第一个可执行代码行继续执行；若没有调用其他 M 文件，则其功能与 dbstep 相同
dbstep out	运行当前函数的其余代码，并在退出函数后立即暂停

dbcont 命令也可以实现此功能，它可以执行所有行程序直至遇到下一个断点或到达 M 文件的末尾。

（5）断点的调用关系。在调试程序时，MATLAB 还提供了查看导致断点产生的调用函数及具体行号的命令，即 dbstack 命令，其调用格式见表 9-11。

表 9-11　dbstack 命令的调用格式

调用格式	说　　明
dbstack	显示导致当前断点产生的调用函数的名称及行号，并按它们的执行次序将其列出
dbstack(n)	在显示中省略前 n 个堆栈帧
dbstack(…,'-completenames')	将输出堆栈中每个函数的完全限定名称
ST = dbstack(…)	以 m×1 结构体（ST）形式返回堆栈跟踪信息
[ST,I]=dbstack(…)	使用 ST 来返回调用信息，并用 I 来返回当前的工作空间索引

（6）进入与退出调试模式。在设置好断点后，按 F5 键便开始进入调试模式。在调试模式下，提示符变为"K>>"，此时可以访问函数的局部变量，但不能访问 MATLAB 工作区中的变量。当程序

出现错误时，系统会自动退出调试模式；若要强行退出调试模式，则需要输入 dbquit 命令。

实例——程序测试

源文件：yuanwenjian\ch09\test.m、test1.m

本实例利用前面所讲的知识调试 test.m 文件。

解：MATLAB 程序如下。

利用前面所讲的 3 种方法之一在第 3 行设置断点，此时第 3 行将出现一个红框（如下）作为断点标志，并按 F5 键进入调试模式。

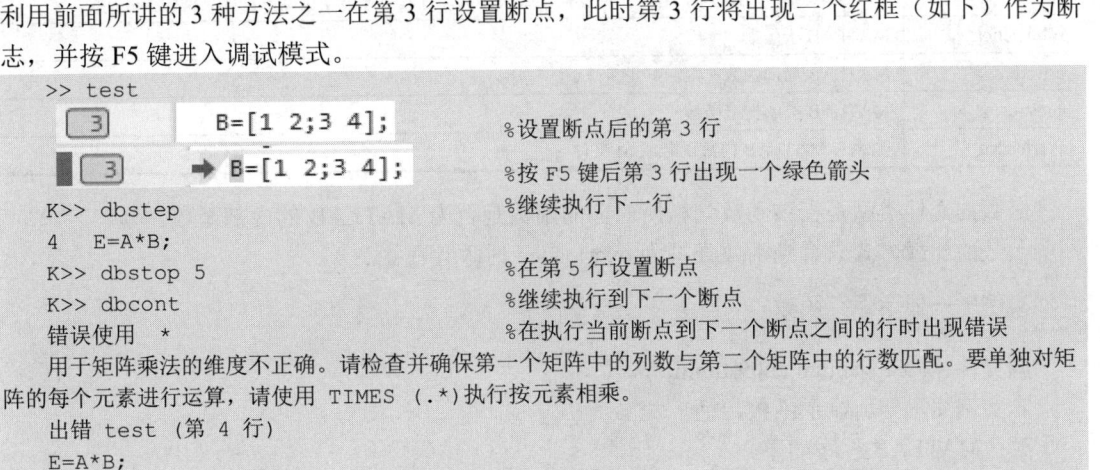

```
>> test
   3    B=[1 2;3 4];                  %设置断点后的第 3 行
   3  → B=[1 2;3 4];                  %按 F5 键后第 3 行出现一个绿色箭头
K>> dbstep
4   E=A*B;
K>> dbstop 5                          %在第 5 行设置断点
K>> dbcont                            %继续执行到下一个断点
错误使用  *                           %在执行当前断点到下一个断点之间的行时出现错误
用于矩阵乘法的维度不正确。请检查并确保第一个矩阵中的列数与第二个矩阵中的行数匹配。要单独对矩
阵的每个元素进行运算，请使用 TIMES (.*)执行按元素相乘。
出错 test (第 4 行)
E=A*B;

相关文档
>>                                    %系统自动返回 MATLAB 命令行窗口
```

9.3 函 数 句 柄

函数句柄是 MATLAB 中用于间接调用函数的一种语言结构，可以在函数使用过程中保存函数的相关信息，尤其是关于函数执行的信息。

9.3.1 函数句柄的创建与显示

函数句柄的创建可以通过特殊符号@引导函数名来实现。函数句柄实际上就是一个结构数组。

实例——创建保存函数

源文件：yuanwenjian\ch09\savehandle.m

本实例演示如何创建函数句柄。

解：MATLAB 程序如下。

```
>> fun_handle=@save              %创建了函数 save()的函数句柄
fun_handle =
包含以下值的 function handle:
    @save
```

函数句柄的内容可以通过函数 functions()来显示,将会返回函数句柄所对应的函数名、类型、文件类型及加载方式。函数句柄常见的信息字段见表 9-12。

表 9-12 函数句柄常见的信息字段

信息字段	说明
function	显示关于函数句柄的信息
simple	未加载的 MATLAB 内部函数、M 文件,或只在执行过程中才能用函数 type()显示内容的函数
subfunction	MATLAB 子函数
private	MATLAB 局部函数
constructor	MATLAB 类的构造函数
overloaded	加载的 MATLAB 内部函数或 M 文件

函数的文件类型是指该函数句柄所对应的函数是否为 MATLAB 的内部函数。

函数的加载方式只有当函数类型为 overloaded 时才存在。

实例——显示保存函数

源文件: yuanwenjian\ch09\fun.m

本实例演示如何显示函数句柄。

解: MATLAB 程序如下。

```
>> functions(fun_handle)         %显示函数句柄 fun_handle 的内容
ans = 
  包含以下字段的 struct:
    function: 'save'
        type: 'simple'
        file: 'MATLAB built-in function'
```

9.3.2 函数句柄的调用与操作

函数句柄的操作可以通过函数 feval()进行,格式如下:

[y1,…,yN] = feval(fun,x1,…,xM)

其中,fun 为函数名称或其句柄;x1,…,xM 为参数列表。

这种调用相当于执行以参数列表为输入变量的函数句柄所对应的函数。

实例——差值计算

源文件: yuanwenjian\ch09\test2.m、chazhijisuan.m

本实例演示如何调用函数句柄。

解: MATLAB 程序如下。

(1) 创建一个函数文件 test2.m,实现差的计算功能。

```
function f=test2(x,y)
f=x-y;
```

(2) 创建函数 test2()的函数句柄。

```
>> fhandle=@test2          %通过特殊符号@引导函数名,创建函数句柄
fhandle =
  包含以下值的 function handle:
      @test2
>> functions(fhandle)      %显示函数句柄对应的函数名、类型和文件类型
ans =
  包含以下字段的 struct:
      function: 'test2'
          type: 'simple'
          file: 'D:\documents\MATLAB\ch09\test2.m'
```

(3) 调用该句柄。

```
>> feval(fhandle,4,3)
ans =
     1
```

这种操作相当于以函数名作为输入变量的 feval 操作。

```
>> feval('test2',4,3)
ans =
     1
```

9.4 综合实例——比较函数曲线

源文件：yuanwenjian\ch09\bijiaohanshuquxian.m

按要求分别绘制以下函数的图形。

(1) $f_1(x) = \dfrac{\sin x}{x^2-x+0.5} + \dfrac{\cos x}{x^2+2x-0.5}$, $x \in [0,1]$,在直角坐标系中,曲线为红色虚线。

(2) $f_2(x) = \ln(\sin^2 x + 2\sin x + 8)$, $x \in [-2\pi, 2\pi]$,在直角坐标系中,曲线为蓝色,标记符号为菱形。

(3) $f_3(x) = e^{4\sin x - 2\cos x}$, $x \in [-4\pi, 4\pi]$,在对数坐标系中,曲线为绿色,曲线线宽为 2。

(4) $\begin{cases} y_1 = \sin x \\ y_2 = x \end{cases}$, $x \in \left[0, \dfrac{\pi}{2}\right]$, $y \in [0,2]$,使用双 y 轴坐标系。

并在最后的视图中叠加显示所有曲线。

【操作步骤】

1. 编写函数

```
>> syms x                                                    %定义变量 x
```

(1) 创建函数 f1。

```
>> f1=sin(x)/(x^2-x+0.5)+cos(x)/(x^2+2*x-0.5);
```

(2) 创建函数 f2。

```
>> f2=log(sin(x)^2+2*sin(x)+8);
```

(3) 创建函数 f3。

```
>> f3=exp(4*sin(x)-2*cos(x));
```

2. 绘制函数 f1 的曲线

```
>> subplot(2,3,1),fplot(x,sin(x)/(x^2-x+0.5)+cos(x)/(x^2+2*x-0.5),[0,1],'r--')
%将图窗分割为2行3列6个子图，在第一个子图中绘制第一个函数的曲线，区间为0～1，线型为红色虚线
>> title('函数f1')                          %添加标题
>> xlabel('x')                              %添加坐标轴注释
>> ylabel('y')
>> grid on                                  %添加网格线
>> gtext('y=f1(x)')                         %添加曲线名称
```

在图形窗口中显示函数 f1 的曲线，如图 9-7 所示。

3. 绘制函数 f2 的曲线

```
>> subplot(2,3,2),fplot(x,log(sin(x)^2+2*sin(x)+8),[-2*pi,2*pi],'bd')
%在第二个子图中绘制第二个函数的曲线，区间为-2π～2π，颜色为蓝色，标记符号为菱形
>> title('函数f2')                          %添加标题
>> xlabel('x')                              %添加坐标轴注释
>> ylabel('y')
>> hold on                                  %打开保持命令
>> fplot(x,log(sin(x)^2+2*sin(x)+8),[-2*pi,2*pi],'--b')    %叠加显示不同线型曲线
>> gtext('y=f2(x)')                         %添加曲线名称
>> hold off                                 %关闭保持命令
```

在图形窗口中显示函数 f2 的曲线，如图 9-8 所示。

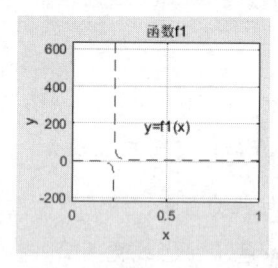

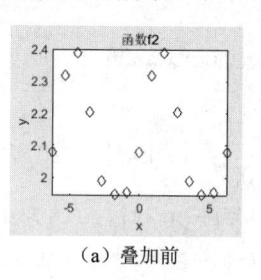

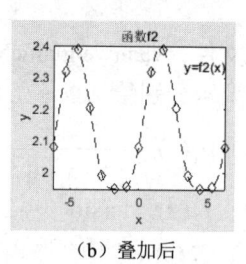

图 9-7 函数 f1 的曲线

（a）叠加前　　　　（b）叠加后

图 9-8 函数 f2 的曲线

4. 绘制函数 f3 的曲线

（1）直角坐标系。

```
>> subplot(2,3,3),fplot(x,exp(4*sin(x)-2*cos(x)),[-4*pi,4*pi],'g','Linewidth',2)
%在第三个子图中绘制第三个函数的曲线，区间为-4π～4π，颜色为绿色，线宽为2
>> title('函数f3')                          %添加标题
>> xlabel('x')                              %添加坐标轴注释
>> ylabel('y')
>> gtext('y=f3(x)')                         %添加曲线名称
```

在图形窗口中显示函数 f3 的曲线，如图 9-9 所示。

（2）对数坐标系。

```
>> x=(-4*pi:4*pi);                          %定义向量x作为取值点序列
>> subplot(2,3,4),loglog(x,exp(4*sin(x)-2*cos(x)),'-.r')
%在第四个子图中绘制第三个函数在双对数坐标系下的图形，线型为红色点画线
>> title('对数坐标系函数f3')                %添加标题
```

```
>> xlabel('x')                          %添加坐标轴注释
>> ylabel('y')
>> gtext('y=f3(x)')                     %添加曲线名称
```

在图形窗口中显示对数坐标系中的函数 f3 的曲线，如图 9-10 所示。

5．绘制函数 f4 的曲线

（1）显示两条曲线。

```
>> x=linspace(0,pi/2,100);              %定义取值区间和取值点
>> subplot(2,3,5),plot(x,sin(x),'co',x,x,'rv')
%在第五个子图中同时绘制正弦波和直线 y=x，正弦波线型为青色小圆圈标记，直线为红色下三角标记
>> axis([0 pi/2 0 2])                   %调整坐标轴范围
>> title('函数f4')                       %添加标题
>> xlabel('x')                          %添加坐标轴注释
>> ylabel('y')
>> text(1, sin(1),'<---sin1');
>> text(1, 1,'<---1');                  %添加曲线注释
>> legend('sin(x)','x')                 %添加图例
```

在图形窗口中显示函数 f4 的曲线，如图 9-11 所示。

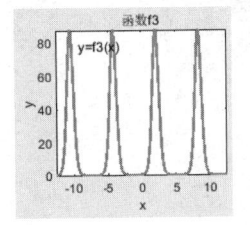

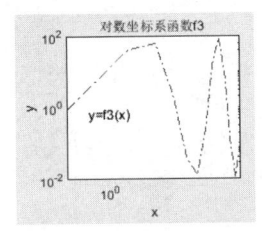

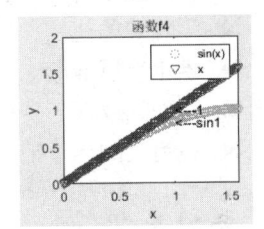

图 9-9　函数 f3 的曲线　　　　图 9-10　对数坐标系中的函数 f3 的曲线　　　　图 9-11　函数 f4 的曲线

（2）显示双 y 轴坐标系。

```
>> x=linspace(-2*pi,2*pi,200);          %定义取值区间和取值点
>> subplot(2,3,6),plotyy(x,sin(x),x,x,'plot')
%在第 6 个子图中，使用 plot 绘图函数绘制双 y 轴坐标系下的函数图形
>> title('双 y 坐标系函数 f4')            %添加标题
>> xlabel('x')                          %添加坐标轴注释
>> ylabel('y')
>> gtext('y=sin(x)')                    %添加曲线名称
>> gtext('y=x')                         %添加曲线名称
```

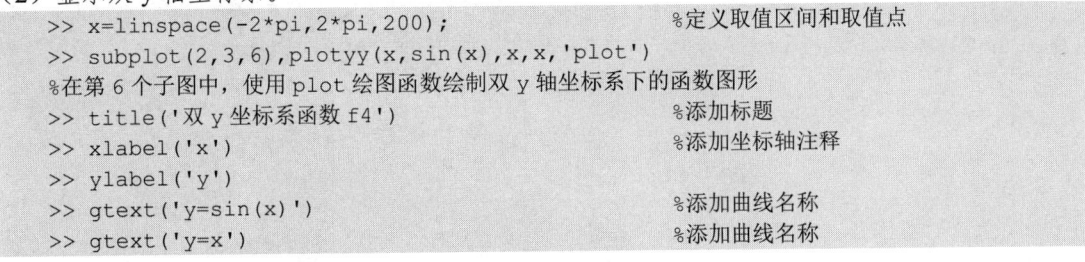

在图形窗口中显示函数 f4 的曲线，如图 9-12 所示。

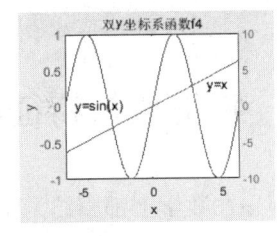

图 9-12　双 y 轴函数 f4 的曲线

第 10 章 矩阵分析

内容简介

矩阵分析是线性代数中极其重要的部分。通过第 5 章的学习，已经知道了如何利用 MATLAB 对矩阵进行一些基本的运算，本章主要学习如何使用 MATLAB 来求解矩阵的特征值与特征向量、对角化、反射与旋转变换。

内容要点

- 特征值与特征向量
- 矩阵对角化
- 若尔当标准形
- 矩阵的反射与旋转变换
- 综合实例——帕斯卡矩阵

案例效果

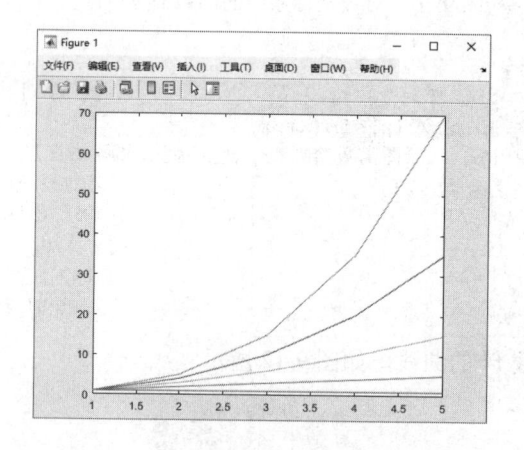

10.1 特征值与特征向量

物理、力学和工程技术中的很多问题在数学上都归结为求矩阵的特征值问题，如振动问题（桥梁的振动、机械的振动、电磁振荡、地震引起的建筑物的振动等）、物理学中某些临界值的确定等。

10.1.1 标准特征值与特征向量问题

对于矩阵 $A \in R^{n \times n}$，多项式

$$f(\lambda) = \det(\lambda I - A)$$

称为 A 的特征多项式，它是关于 λ 的 n 次多项式。方程 $f(\lambda)=0$ 的根称为矩阵 A 的特征值。设 λ 为 A 的一个特征值，方程组

$$(\lambda I - A)x = 0$$

的非零解（即 $Ax = \lambda x$ 的非零解）x 称为矩阵 A 对应于特征值 λ 的特征向量。

在 MATLAB 中求矩阵特征值与特征向量的命令是 eig，其调用格式见表 10-1。

表 10-1 eig 命令的调用格式

调用格式	说明
e=eig(A)	返回由矩阵 A 的所有特征值组成的列向量 e
[V,D]=eig(A)	求矩阵 A 的特征值与特征向量，其中 D 为对角矩阵，其对角元素为 A 的特征值，相应的特征向量为 V 的相应列向量
[V,D,W]=eig(A)	返回特征值的对角矩阵 D 和 V，以及满矩阵 W
[...]=eig(A,balanceOption)	在求解矩阵特征值与特征向量之前，是否进行平衡处理。balanceOption 的默认值是 'balance'，表示进行平衡处理
[...]=eig(...,outputForm)	以 outputForm 指定的形式返回特征值。outputForm 指定为 vector 可返回列向量中的特征值；指定为 matrix 可返回对角矩阵中的特征值

对于上面的调用格式，需要说明的是参数 balanceOption。所谓平衡处理，是指先求矩阵 A 的一个相似矩阵 B，然后通过求 B 的特征值来得到 A 的特征值（因为相似矩阵的特征值相等）。这种处理可以提高特征值与特征向量的计算精度，但这种处理有时会破坏某些矩阵的特性，这时就可以用上面的 eig 命令来取消平衡处理。

如果用了平衡处理，那么其中的相似矩阵及平衡矩阵可以通过 balance 命令来得到。balance 命令的调用格式见表 10-2。

表 10-2 balance 命令的调用格式

调用格式	说明
[T,B]=balance(A)	求相似变换矩阵 T 和平衡矩阵 B，满足 B=T^{-1}AT
[S,P,B] = balance(A)	单独返回缩放向量 S 和置换向量 P
B = balance(A)	求平衡矩阵 B
B = balance(A,'noperm')	缩放 A，而不会置换其行和列

实例——矩阵特征值与特征向量

源文件：yuanwenjian\ch10\tzz1.m

本实例求矩阵 $A = \begin{bmatrix} 5 & 6 & 4 & 2 \\ 3 & -5 & 8 & 9 \\ 7 & 2 & 8 & -1 \\ 3 & 0 & 8 & 8 \end{bmatrix}$ 的特征值与特征向量，并求出相似矩阵 ***T*** 及平衡矩阵 ***B***。

解：MATLAB 程序如下。

```
>> A=[5 6 4 2;3 -5 8 9;7 2 8 -1;3 0 8 8];
>> [V,D]=eig(A)              %求矩阵A的特征值与特征向量
V =                          %右特征向量矩阵V

   0.4946 + 0.0000i  -0.4990 + 0.2553i  -0.4990 - 0.2553i   0.5557 + 0.0000i
   0.4728 + 0.0000i  -0.1457 - 0.2412i  -0.1457 + 0.2412i  -0.8127 + 0.0000i
   0.4421 + 0.0000i   0.5864 + 0.0000i   0.5864 + 0.0000i  -0.1744 + 0.0000i
   0.5799 + 0.0000i  -0.3974 - 0.3236i  -0.3974 + 0.3236i  -0.0208 + 0.0000i
D =                          %对角矩阵D，对角元素为A的特征值
  16.6574 + 0.0000i   0.0000 + 0.0000i   0.0000 + 0.0000i   0.0000 + 0.0000i
   0.0000 + 0.0000i   2.2237 + 2.7765i   0.0000 + 0.0000i   0.0000 + 0.0000i
   0.0000 + 0.0000i   0.0000 + 0.0000i   2.2237 - 2.7765i   0.0000 + 0.0000i
   0.0000 + 0.0000i   0.0000 + 0.0000i   0.0000 + 0.0000i  -5.1049 + 0.0000i
>> [T,B]=balance(A)          %求相似矩阵T及平衡矩阵B
T =
     1     0     0     0
     0     1     0     0
     0     0     1     0
     0     0     0     1
B =
     5     6     4     2
     3    -5     8     9
     7     2     8    -1
     3     0     8     8
```

因为矩阵的特征值即为其特征多项式的根，所以可以用求多项式根的方法来求特征值。具体的做法是先利用 poly 命令求出矩阵 ***A*** 的特征多项式，再利用多项式的求根命令 roots 求出该多项式的根。

poly 命令的调用格式见表 10-3。

表 10-3　poly 命令的调用格式

调用格式	说　　明
p=poly(A)	返回由 n×n 矩阵 A 的特征多项式系数组成的行向量
p=poly(r)	返回由以向量 r 中元素为根的特征多项式系数组成的行向量

roots 命令的调用格式为

```
r=roots(p)
```

功能：返回由多项式 p 的根组成的列向量。若 p 有 $n+1$ 个元素，则与 p 对应的多项式为 $p_1 x^n + \cdots + p_n x + p_{n+1}$。

实例——矩阵特征值

源文件：yuanwenjian\ch10\tzz2.m

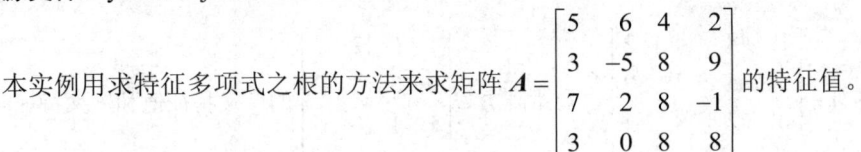

本实例用求特征多项式之根的方法来求矩阵 $A = \begin{bmatrix} 5 & 6 & 4 & 2 \\ 3 & -5 & 8 & 9 \\ 7 & 2 & 8 & -1 \\ 3 & 0 & 8 & 8 \end{bmatrix}$ 的特征值。

解：MATLAB 程序如下。

```
>> A=[5 6 4 2;3 -5 8 9;7 2 8 -1;3 0 8 8];
>> c=poly(A)                            %A 的特征多项式系数组成的行向量
c =
   1.0e+03 *
    0.0010   -0.0160   -0.0210    0.2320   -1.0760
>> lambda=roots(c)                      %求 c 对应的多项式的根
lambda =
   16.6574 + 0.0000i
   -5.1049 + 0.0000i
    2.2237 + 2.7765i
    2.2237 - 2.7765i
```

> **注意**：
> 在实际应用中，如果要求计算精度比较高，那么最好不要用上面的方法求特征值。相同情况下，eig 命令求得的特征值更准确、精度更高。

10.1.2 广义特征值与特征向量问题

上面的特征值与特征向量问题都是《线性代数》中所学的，在《矩阵论》中，还有广义特征值与特征向量的概念。求方程组

$$Ax = \lambda Bx$$

的非零解（其中 A、B 为同阶方阵），其中的 λ 值和向量 x 分别称为广义特征值和广义特征向量。在 MATLAB 中，这种特征值与特征向量同样可以利用 eig 命令求得，只是格式有所不同。

用 eig 命令求广义特征值和广义特征向量的调用格式见表 10-4。

表 10-4 用 eig 命令求广义特征值和广义特征向量的调用格式

调用格式	说明
e = eig(A,B)	返回由矩阵 A 和 B 的广义特征值组成的向量 e
[V,D] = eig(A,B)	返回由广义特征值组成的对角矩阵 D 和满矩阵 V，其列是对应的右特征向量，使得 A*V = B*V*D
[V,D,W]=eig(A,B)	在上一种调用格式的基础上，还返回满矩阵 W，其列是对应的左特征向量，使得 W'*A = D*W'*B
[...]=eig(A,B,algorithm)	algorithm 的默认值取决于 A 和 B 的属性，但通常是 qz，表示使用 QZ 算法，其中 A、B 为非对称或非埃尔米特矩阵。如果 A 为对称埃尔米特矩阵，并且 B 为 Hermitian 正定矩阵，则 algorithm 的默认值为 chol，使用 B 的 Cholesky 分解计算广义特征值

实例——广义特征值和广义特征向量

源文件：yuanwenjian\ch10\tzz3.m

本实例求解矩阵 $A = \begin{bmatrix} 1 & -8 & 4 & 2 \\ 3 & -5 & 7 & 9 \\ 0 & 2 & 8 & -1 \\ 3 & 0 & -4 & 8 \end{bmatrix}$ 以及矩阵 $B = \begin{bmatrix} 1 & 0 & 2 & 3 \\ 0 & 3 & 5 & 2 \\ 1 & 1 & 0 & 6 \\ 5 & 7 & 8 & 2 \end{bmatrix}$ 的广义特征值和广义特征向量。

解：MATLAB 程序如下：

```
>> A=[1 -8 4 2;3 -5 7 9;0 2 8 -1;3 0 -4 8];
>> B=[1 0 2 3;0 3 5 2;1 1 0 6;5 7 8 2];
>> [V,D]=eig(A,B)                %广义特征值和广义特征向量
V =
    0.5936   -1.0000   -1.0000   -0.7083
    0.0379   -0.0205   -0.0579   -0.8560
    0.7317    0.0624    0.4825    1.0000
   -1.0000    0.2940    0.5103    0.5030    %右特征向量矩阵 V
D =
   -1.2907         0         0         0
         0    0.2213         0         0
         0         0    1.6137         0
         0         0         0    3.9798    %对角矩阵 D，对角元素为广义特征值
```

10.1.3 部分特征值问题

在一些工程及物理问题中，通常只需求出矩阵 A 的按模最大的特征值（称为 A 的主特征值）和相应的特征向量，可以利用 eigs 命令来实现这些求部分特征值问题。

eigs 命令的调用格式见表 10-5。

表 10-5　eigs 命令的调用格式

调用格式	说　　明
d=eigs(A)	求矩阵 A 的 6 个模最大的特征值，并以向量 d 形式存放
d = eigs(A,k)	返回矩阵 A 的 k 个模最大的特征值
d = eigs(A,k,sigma)	根据 sigma 的取值来求 A 的 k 个特征值，其中 sigma 的取值及相关说明见表 10-6
d = eigs(A,k,sigma,Name,Value)	使用一个或多个名称-值对组参数指定其他选项
d = eigs(A,k,sigma,opts)	使用结构体指定选项
d = eigs(A,B,…)	解算广义特征值问题 A*V = B*V*D
d = eigs(Afun,n,…)	指定函数句柄 Afun，而不是矩阵。第二个输入参数 n 可求出 Afun 中使用的矩阵 A 的大小
[V,D] = eigs(…)	返回包含主对角线上的特征值的对角矩阵 D 和各列中包含对应的特征向量的矩阵 V
[V,D,flag] = eigs(…)	返回对角矩阵 D 和矩阵 V，以及一个收敛标志。如果 flag 为 0，表示已收敛所有特征值

表 10-6 sigma 的取值及相关说明

sigma 的取值	说 明
标量（实数或复数，包括 0）	求最接近数字 sigma 的特征值
'largestabs'或'lm'	默认值，求按模最大的特征值
'smallestabs'或'sm'	与 sigma = 0 相同，求按模最小的特征值
'largestreal'或'lr'、'la'	求最大实部特征值
'smallestreal'或'sr'、'sa'	求最小实部特征值
'bothendsreal'或'be'	求具有最大实部和最小实部特征值
'largestimag'或'li'（A 为复数）	对非对称问题求最大虚部特征值
'smallestimag'或'si'（A 为复数）	对非对称问题求最小虚部特征值
'bothendsimag'或'li'（A 为实数）	对非对称问题求最大虚部和最小虚部特征值

实例——按模最大与最小特征值

源文件：yuanwenjian\ch10\tzz4.m

本实例求矩阵 $A = \begin{bmatrix} 1 & 2 & -3 & 4 \\ 0 & -1 & 2 & 1 \\ -2 & 0 & 3 & 5 \\ 1 & 1 & 0 & 1 \end{bmatrix}$ 的按模最大与最小特征值。

解：MATLAB 程序如下。

```
>> A=[1 2 -3 4;0 -1 2 1;-2 0 3 5;1 1 0 1];
>> d_max=eigs(A,1)                    %求按模最大特征值
d_max =
    3.9402
>> d_min=eigs(A,1,'sm')               %求按模最小特征值
d_min =
   -1.2260
```

同 eig 命令一样，eigs 命令也可用于求部分广义特征值，其调用格式见表 10-7。

表 10-7 用 eigs 命令求部分广义特征值的调用格式

调 用 格 式	说 明
d = eigs(A,B)	求矩阵的广义特征值问题，满足 AV=BVD，其中 D 为特征值对角矩阵，V 为特征向量矩阵，B 必须是对称正定或埃尔米特矩阵
d = eigs(A,B,k)	求 A、B 对应的 k 个最大广义特征值
d = eigs(A,B,k,sigma)	根据 sigma 的取值来求 k 个广义特征值，其中 sigma 的取值见表 10-6
d=eigs(A,B,k,sigma,Name,Value)	使用一个或多个名称-值对组参数指定其他选项

实例——最大与最小的两个广义特征值

源文件：yuanwenjian\ch10\tzz5.m

本实例求解矩阵 $A = \begin{bmatrix} 1 & 2 & -3 & 4 \\ 0 & -1 & 2 & 1 \\ -2 & 0 & 3 & 5 \\ 1 & 1 & 0 & 1 \end{bmatrix}$ 以及 $B = \begin{bmatrix} 3 & 1 & 4 & 2 \\ 1 & 14 & -3 & 3 \\ 4 & -3 & 19 & 1 \\ 2 & 3 & 1 & 2 \end{bmatrix}$ 的最大与最小的两个广义特征值。

解：MATLAB 程序如下。

```
>> A=[1 2 -3 4;0 -1 2 1;-2 0 3 5;1 1 0 1];
>> B=[3 1 4 2;1 14 -3 3;4 -3 19 1;2 3 1 2];
>> d1=eigs(A,B,2)            %求 A、B 对应的两个模最大广义特征值
d =
   -8.1022
    1.2643
>> d2=eigs(A,B,2,'sm')        %求 A、B 对应的两个模最小广义特征值
d =
   -0.0965
    0.3744
```

10.2 矩阵对角化

矩阵对角化是《线性代数》中较为重要的内容，因为其在实际应用中可以大大简化矩阵的各种运算，在解线性常微分方程组时，一个重要的方法就是矩阵对角化。为了表述更加清晰，将本节分为两部分：第一部分简单介绍矩阵对角化方面的理论知识；第二部分主要讲解如何利用 MATLAB 将一个矩阵对角化。

10.2.1 预备知识

对于矩阵 $A \in C^{n \times n}$，所谓的矩阵对角化，就是找一个非奇异矩阵 P，使得

$$P^{-1}AP = \begin{bmatrix} \lambda_1 & & \\ & \cdots & \\ & & \lambda_n \end{bmatrix}$$

其中，$\lambda_1, \cdots, \lambda_n$ 为 A 的 n 个特征值。并非每个矩阵都可以对角化，下面的 3 个定理给出矩阵对角化的条件。

定理 1：n 阶矩阵 A 可对角化的充要条件是 A 有 n 个线性无关的特征向量。

定理 2：矩阵 A 可对角化的充要条件是 A 的每一个特征值的几何重复度等于代数重复度。

定理 3：实对称矩阵 A 总可以对角化，且存在正交矩阵 P，使得

$$P^{\mathrm{T}}AP = \begin{bmatrix} \lambda_1 & & \\ & \cdots & \\ & & \lambda_n \end{bmatrix}$$

其中，$\lambda_1,\cdots,\lambda_n$ 为 A 的 n 个特征值。

在矩阵对角化之前，必须要判断这个矩阵是否可以对角化。MATLAB 中没有判断一个矩阵是否可以对角化的程序，可以根据上面的定理 1 来编写一个判断矩阵对角化的函数 isdiag1()。

代码如下：

```
function y=isdiag1(A)
%该函数用于判断矩阵 A 是否可以对角化
%若返回值为 1，则说明 A 可以对角化；若返回值为 0，则说明 A 不可以对角化

[m,n]=size(A);                      %求矩阵 A 的阶数
if m~=n                             %若 A 不是方阵，则肯定不能对角化
    y=0;
    return;
else
    [V,D]=eig(A);
    if rank(V)==n                   %判断 A 的特征向量是否线性无关
        y=1;
        return;
    else
        y=0;
    end
end
```

实例——矩阵对角化

源文件：yuanwenjian\ch10\dj1.m

本实例利用函数 isdiag1() 判断矩阵 $A = \begin{bmatrix} 9 & 8 & 0 & -4 \\ 2 & 0 & 7 & 0 \\ 2 & 9 & 1 & 0 \\ 0 & 1 & 3 & -1 \end{bmatrix}$ 是否可以对角化。

解：MATLAB 程序如下。

```
>> A=[9 8 0 -4;2 0 7 0;2 9 1 0;0 1 3 -1];
>> y=isdiag1(A)             %调用自定义函数 isdiag1() 判断矩阵 A 是否可以对角化
y =
     1
```

由此可知此例中的矩阵可以对角化。

动手练一练——判断矩阵是否可以对角化

判断矩阵 $A = \begin{bmatrix} 5 & 6 & 4 & 2 \\ 3 & -5 & 8 & 9 \\ 7 & 2 & 8 & -1 \\ 3 & 0 & 8 & 8 \end{bmatrix}$ 是否可以对角化。

> **思路点拨：**
> 源文件：yuanwenjian\ch10\dj2.m
> （1）直接生成矩阵。
> （2）利用函数 isdiag1()判断矩阵是否可以对角化。

10.2.2 具体操作

10.2.1 小节主要讲了对角化理论中的一些基本知识，并给出了判断一个矩阵是否可对角化的函数源程序，本小节主要讲解对角化的具体操作。

事实上，这种对角化可以通过 eig 命令来实现。对于一个矩阵 A，用[V,D]=eig(A)求出的特征值矩阵 D 以及特征向量矩阵 V 满足以下关系：

$$AV = DV = VD$$

若矩阵 A 可以对角化，那么矩阵 V 一定是可逆的，因此可以在上式的两边分别左乘 V^{-1}，即有

$$V^{-1}AV = D$$

也就是说，若矩阵 A 可以对角化，那么利用 eig 命令求出的矩阵 V 即为 10.2.1 小节中的矩阵 P。这种方法需要注意的是，求出的矩阵 P 的列向量长度均为 1，读者可以根据实际情况来相应地给这些列乘以一个非零数。下面给出将一个矩阵对角化的函数源代码文件 reduce_diag.m。

```
function [P,D]=reduce_diag(A)
%该函数用于将矩阵 A 对角化
%输出变量为矩阵 P，满足 inv(P)*A*P=diag(lambda_1,...,l.lambda_n)
if ~isdiag(A)                                  %判断矩阵 A 是否可以对角化
    error('该矩阵不能对角化!');
else
    disp('注意：将下面的矩阵 P 的任意列乘以任意非零数所得矩阵仍满足 inv(P)*A*P=D');
    [P,D]=eig(A);
end
```

10.3 若尔当标准形

若尔当（Jordan）标准形在工程计算，尤其是在控制理论中有着重要的作用，因此求一个矩阵的若尔当标准形就显得尤为重要。强大的 MATLAB 提供了求若尔当标准形的命令。

10.3.1 若尔当标准形介绍

称 n_i 阶矩阵

$$J_i = \begin{bmatrix} \lambda_i & 1 & & \\ & \lambda_i & \cdots & \\ & & \cdots & 1 \\ & & & \lambda_i \end{bmatrix}$$

为若尔当块。设 $J_1, J_2, \cdots, J_s$ 为若尔当块，称准对角矩阵

$$J = \begin{bmatrix} J_1 & & & \\ & J_2 & & \\ & & \ddots & \\ & & & J_s \end{bmatrix}$$

为若尔当标准形。所谓求矩阵 A 的若尔当标准形，即找非奇异矩阵 P（不唯一），使得 $P^{-1}AP = J$。

例如，对于矩阵 $A = \begin{bmatrix} 17 & 0 & -25 \\ 0 & 1 & 0 \\ 9 & 0 & -13 \end{bmatrix}$，可以找到矩阵 $P = \begin{bmatrix} 0 & 5 & 2 \\ 1 & 0 & 0 \\ 0 & 3 & 1 \end{bmatrix}$，使得

$$P^{-1}AP = \begin{bmatrix} 1 & 0 & 0 \\ 0 & 2 & 1 \\ 0 & 0 & 2 \end{bmatrix}$$

若尔当标准形之所以在实际中有着重要的应用，因为它具有下面几个特点。

➢ 其对角元即为矩阵 A 的特征值。
➢ 对于给定特征值 λ_i，其对应若尔当块的个数等于 λ_i 的几何重复度。
➢ 对于给定特征值 λ_i，其所对应全体若尔当块的阶数之和等于 λ_i 的代数重复度。

10.3.2 jordan 命令

在 MATLAB 中可利用 jordan 命令将一个矩阵转换为若尔当标准形，其调用格式见表 10-8。

表 10-8 jordan 命令的调用格式

调用格式	说明
J = jordan(A)	求矩阵 A 的若尔当标准形，其中 A 为已知的符号或数值矩阵
[V,J] = jordan(A)	返回若尔当标准形矩阵 J 与相似变换矩阵 V，其中矩阵 V 的列向量为矩阵 A 的广义特征向量，它们满足 V\A*V=J

实例——若尔当标准形及变换矩阵

源文件：yuanwenjian\ch10\bh3.m

本实例求矩阵 $A = \begin{bmatrix} 1 & 2 & 3 \\ 4 & 5 & 6 \\ 7 & 8 & 9 \end{bmatrix}$ 的若尔当标准形及变换矩阵 P。

解：MATLAB 程序如下。

```
>> A=[1 2 3;4 5 6;7 8 9];
>> [P,J]=jordan(A)              %将矩阵A转换为若尔当标准形，满足P'*A*P=J
P =
    1.0000   -1.2833    0.2833
   -2.0000   -0.1417    0.6417
    1.0000    1.0000    1.0000  %相似变换矩阵P
J =
         0         0         0
         0   -1.1168         0
         0         0   16.1168  %若尔当标准形矩阵J
>> inv(P)*A*P                   %验证变换矩阵P
ans =
    0.0000    0.0000   -0.0000
    0.0000   -1.1168   -0.0000
         0    0.0000   16.1168
```

实例——若尔当标准形

源文件：yuanwenjian\ch10\bh4.m

本实例将 λ- 矩阵 $A(\lambda) = \begin{bmatrix} 1-\lambda & \lambda^2 & \lambda \\ \lambda & \lambda & -\lambda \\ 1+\lambda^2 & \lambda^2 & -\lambda^2 \end{bmatrix}$ 转换为若尔当标准形。

解：MATLAB 程序如下。

```
>> syms lambda                  %定义符号变量lambda
>> A=[1-lambda lambda^2 lambda;lambda lambda -lambda;1+lambda^2 lambda^2 -lambda^2];
                                %定义符号矩阵A
>> [P,J]=jordan(A);             %将矩阵A转换为若尔当标准形
>> J                            %输出若尔当标准形矩阵
J =
[ 1,      0,                  0]
[ 0, lambda,                  0]
[ 0,      0, - lambda^2 - lambda]
```

10.4　矩阵的反射与旋转变换

无论是在矩阵分析中，还是在各种工程实际应用中，矩阵变换都是重要的工具之一。本节将讲述如何利用 MATLAB 来实现最常用的两种矩阵变换：豪斯霍尔德（Householder）反射变换与吉文斯（Givens）旋转变换。

10.4.1　两种变换介绍

在正式学习这两种变换方法之前，先以二维情况介绍这两种变换方法。

如果二维正交矩阵 Q 的形式为

$$Q = \begin{bmatrix} \cos\theta & \sin\theta \\ -\sin\theta & \cos\theta \end{bmatrix}$$

则称为旋转变换。如果 $y = Q^\mathrm{T} x$，则 y 是通过将向量 x 顺时针旋转 θ 度得到的。

如果二维矩阵 Q 的形式为

$$Q = \begin{bmatrix} \cos\theta & \sin\theta \\ \sin\theta & -\cos\theta \end{bmatrix}$$

则称为反射变换。如果 $y = Q^\mathrm{T} x$，则 y 是将向量 x 针对由

$$S = \mathrm{span}\left\{ \begin{bmatrix} \cos(\theta/2) \\ \sin(\theta/2) \end{bmatrix} \right\}$$

所定义的直线进行反射得到的。

如果 $x = \begin{bmatrix} 1 & \sqrt{3} \end{bmatrix}^\mathrm{T}$，令

$$Q = \begin{bmatrix} \cos 60° & \sin 60° \\ -\sin 60° & \cos 60° \end{bmatrix} = \begin{bmatrix} 1/2 & \sqrt{3}/2 \\ -\sqrt{3}/2 & 1/2 \end{bmatrix}$$

则 $Qx = \begin{bmatrix} 2 & 0 \end{bmatrix}^\mathrm{T}$，因此顺时针旋转 60° 使 x 的第二个分量化为 0；如果

$$Q = \begin{bmatrix} \cos 60° & \sin 60° \\ \sin 60° & -\cos 60° \end{bmatrix} = \begin{bmatrix} 1/2 & \sqrt{3}/2 \\ \sqrt{3}/2 & -1/2 \end{bmatrix}$$

则 $Qx = \begin{bmatrix} 2 & 0 \end{bmatrix}^\mathrm{T}$，于是将向量 x 针对 30° 的直线进行反射，也使其第二个分量化为 0。

10.4.2 豪斯霍尔德反射变换

豪斯霍尔德变换又称初等反射（elementary reflection），最初是由 Turnbull 与 Aitken 于 1932 年作为一种规范矩阵提出来的。但这种变换成为数值代数的一种标准工具，还要归功于豪斯霍尔德于 1958 年发表的一篇关于非对称矩阵的对角化论文。

设 $v \in R^n$ 是非零向量，形如

$$P = I - \frac{2}{v^\mathrm{T} v} vv^\mathrm{T}$$

的 n 维矩阵 P 称为豪斯霍尔德矩阵，向量 v 称为豪斯霍尔德向量。如果用 P 去乘向量 x，就得到向量 x 关于超平面 $\mathrm{span}\{v\}^\perp$ 的反射。可见豪斯霍尔德矩阵是对称正交的。

不难验证，要使 $Px = \pm \| x \|_2 e_1$，应当选取 $v = x \mp \| x \|_2 e_1$。下面给出一个可以避免上溢的求豪斯霍尔德向量的函数源程序。

```
function [v,beta]=house(x)
%此函数用于计算满足 v(1)=1 的 v 和 beta, 使 P=I-beta*v*v' 是正交矩阵且 P*x=norm(x)*e1

n=length(x);
```

```
    if n==1
        error('请正确输入向量!');
    else
        sigma=x(2:n)'*x(2:n);
        v=[1;x(2:n)];
        if sigma==0
            beta=0;
        else
            mu=sqrt(x(1)^2+sigma);
            if x(1)<=0
                v(1)=x(1)-mu;
            else
                v(1)=-sigma/(x(1)+mu);
            end
            beta=2*v(1)^2/(sigma+v(1)^2);
            v=v/v(1);
        end
    end
```

实例——豪斯霍尔德矩阵

源文件： yuanwenjian\ch10\bh5.m

本实例求一个可以将向量 $x = \begin{bmatrix} 2 & 3 & 4 \end{bmatrix}^T$ 化为 $\|x\|_2 \, e_1$ 的豪斯霍尔德向量，要求该向量的第一个元素为 1，并求出相应的豪斯霍尔德矩阵进行验证。

解： MATLAB 程序如下。

```
>> x=[2 3 4]';                          %输入给定的列向量 x
>> [v,beta]=house(x)                    %求豪斯霍尔德向量 v
v =
    1.0000
   -0.8862
   -1.1816
beta =
    0.6286
>> P=eye(3)-beta*v*v'                   %求豪斯霍尔德矩阵
P =
    0.3714    0.5571    0.7428
    0.5571    0.5063   -0.6583
    0.7428   -0.6583    0.1223
>> a=norm(x)                            %求出 x 的 2-范数以便进行验证
a =
    5.3852
>> P*x                                  %验证 P*x=norm(x)*e1
ans =
    5.3852
    0.0000
         0
```

10.4.3 吉文斯旋转变换

豪斯霍尔德变换对于大量引进零元是非常有用的，然而在许多工程计算中，要有选择地消去矩阵或向量的一些元素，而吉文斯旋转变换就是解决这种问题的工具。利用这种变换可以很容易地将一个向量的某个指定分量化为 0。因为在 MATLAB 中有相应的命令来实现这种操作，因此不再详述其具体变换过程。

MATLAB 中实现吉文斯变换的命令是 planerot，其调用格式如下：

```
[G,y]=planerot(x)
```

功能：返回吉文斯变换矩阵 G，以及列向量 $y=Gx$ 且 $y(2)=0$，其中 x 为二维列向量。

实例——吉文斯变换

源文件：yuanwenjian\ch10\Givens.m、bh6.m

本实例利用吉文斯变换编写一个将任意列向量 x 化为 $\|x\|_2 e_1$ 形式的函数，并利用这个函数将向量 $x = [1\ 2\ 3\ 4\ 5\ 6]^T$ 化为 $\|x\|_2 e_1$ 的形式，以此验证所编函数正确与否。

解：创建函数文件 Givens.m，MATLAB 程序如下。

```
function [P,y]=Givens(x)
%此函数用于将一个 n 维列向量化为 y=[norm(x) 0 ... 0]'
%输出参数 P 为变换矩阵，即 y=P*x
n=length(x);
P=eye(n);
for i=n:-1:2
    [G,x(i-1:i)]=planerot(x(i-1:i));
    P(i-1:i,:)=G*P(i-1:i,:);
end
y=x;
```

下面利用这个函数将题中的 x 化为 $\|x\|_2 e_1$ 的形式。

```
>> x=[1 2 3 4 5 6]';               %输入列向量 x
>> a=norm(x)                       %求出 x 的 2-范数
a =
    9.5394
>> [P,y]=Givens(x)                 %调用自定义函数对 x 进行吉文斯变换
P =
    0.1048    0.2097    0.3145    0.4193    0.5241    0.6290
   -0.9945    0.0221    0.0331    0.0442    0.0552    0.0663
         0   -0.9775    0.0682    0.0909    0.1137    0.1364
         0         0   -0.9462    0.1475    0.1843    0.2212
         0         0         0   -0.8901    0.2918    0.3502
         0         0         0         0   -0.7682    0.6402      %变换矩阵 P
y =
    9.5394
         0
         0
         0
         0
         0
```

```
                       0
                       0
>> P*x                                          %将指定的元素化为 0 之后的列向量 y
ans =                                           %验证所编函数是否正确
    9.5394
    0.0000
    0.0000
    0.0000
         0
    0.0000
```

因为吉文斯变换可以将指定的向量元素化为 0，因此在实际应用中非常有用。下面来看一个吉文斯变换的应用示例。

实例——下海森伯格矩阵的下三角矩阵变换

源文件：yuanwenjian\ch10\reduce_hess_tril.m、bh7.m

本实例利用吉文斯变换编写一个将下海森伯格矩阵转换为下三角矩阵的函数，并利用该函数将

$$H = \begin{bmatrix} 1 & 2 & 0 & 0 \\ 3 & 4 & 5 & 0 \\ 2 & 5 & 8 & 7 \\ 1 & 2 & 8 & 4 \end{bmatrix}$$ 转换为下三角矩阵。

对于一个下海森伯格矩阵，可以按下面的步骤将其化为下三角矩阵。

$$\begin{bmatrix} \times & \times & & \\ \times & \times & \times & \\ \times & \times & \times & \times \\ \times & \times & \times & \times \end{bmatrix} \xrightarrow[\text{利用Givens变换}]{\text{对第一行前两个元素}} \begin{bmatrix} \times & 0 & & \\ \times & \times & \times & \\ \times & \times & \times & \times \\ \times & \times & \times & \times \end{bmatrix} \xrightarrow[\text{利用Givens变换}]{\text{对第二行后两个元素}} \begin{bmatrix} \times & & & \\ \times & \times & 0 & \\ \times & \times & \times & \times \\ \times & \times & \times & \times \end{bmatrix}$$

$$\xrightarrow[\text{利用Givens变换}]{\text{对第三行后两个元素}} \begin{bmatrix} \times & & & \\ \times & \times & 0 & \\ \times & \times & \times & 0 \\ \times & \times & \times & \times \end{bmatrix}$$

解：创建函数文件 reduce_hess_tril.m，MATLAB 程序如下。

```
function [L,P]=reduce_hess_tril(H)
%此函数用于将下海森伯格矩阵转换为下三角矩阵 L
%输出参数 P 为变换矩阵，即 L=H*P
[m,n]=size(H);
if m~=n
    error('输入的矩阵不是方阵!');
else
    P=eye(n);
    for i=1:n-1
        x=H(i,i:i+1);
        [G,y]=planerot(x');
```

```
            H(i,i:i+1)=y';
            H(i+1:n,i:i+1)=H(i+1:n,i:i+1)*G';
            P(:,i:i+1)=P(:,i:i+1)*G';
        end
        L=H;
    end
```

利用上面的函数将题中的下海森伯格矩阵转换为下三角矩阵。

```
>> H=[1 2 0 0;3 4 5 0;2 5 8 7;1 2 8 4];
>> [L,P]=reduce_hess_tril(H)    %调用自定义函数将矩阵转换为下三角矩阵 L 和变换矩阵 P
L =
    2.2361         0         0         0
    4.9193    5.0794         0         0
    5.3666    7.7962    7.2401         0
    2.2361    7.8750    4.2271    0.3405


P =
    0.4472    0.1575   -0.2248   -0.8513
    0.8944   -0.0787    0.1124    0.4256
         0    0.9844    0.0450    0.1703
         0         0    0.9668   -0.2554
>> H*P                          %验证所编函数的正确性
ans =
    2.2361         0         0         0
    4.9193    5.0794         0         0
    5.3666    7.7962    7.2401   -0.0000
    2.2361    7.8750    4.2271    0.3405
```

10.5　综合实例——帕斯卡矩阵

源文件： yuanwenjian\ch10\pskjz.m、帕斯卡矩阵.fig

帕斯卡矩阵的第一行元素和第一列元素都为 1，其余位置处的元素是该元素的左边元素与上一行对应位置元素相加的结果。

元素 $A_{i,j} = A_{i,j-1} + A_{i-1,j}$，其中 $A_{i,j}$ 表示第 i 行第 j 列上的元素。

在 MATLAB 中，帕斯卡矩阵的生成函数为 pascal()，其调用格式见表 10-9。

表 10-9　函数 pascal() 的调用格式

调用格式	说明
P =pascal(n)	创建 n 阶帕斯卡矩阵。P 是一个对称正定矩阵，其整数项来自帕斯卡三角形
P =pascal(n,1)	返回下三角的楚列斯基分解的帕斯卡矩阵
P =pascal(n,2)	返回帕斯卡的转置和变更
P = pascal(…,classname)	使用上述调用格式中的任何输入参数组合返回 classname 指定类型（single 或 double）的矩阵

【操作步骤】

(1) 创建帕斯卡矩阵。

```
>> A=pascal(5)          %创建 5 阶帕斯卡矩阵 A
A =
     1     1     1     1     1
     1     2     3     4     5
     1     3     6    10    15
     1     4    10    20    35
     1     5    15    35    70
>> plot(A)              %绘制 A 中各列元素对其行号的二维线图
```

在图形窗口中显示了绘制的矩阵，如图 10-1 所示。

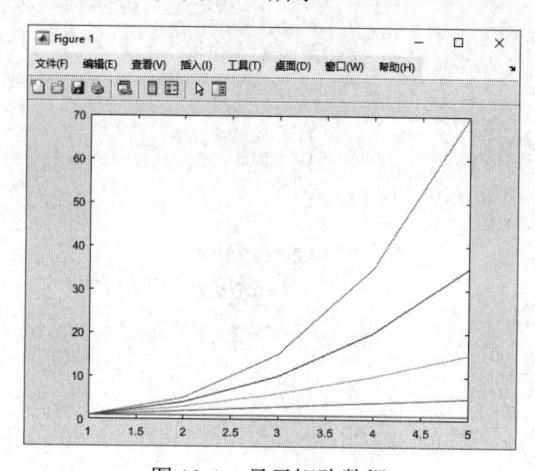

图 10-1　显示矩阵数据

(2) 求逆。

```
>> inv(A)               %求矩阵 A 的逆矩阵
ans =
    5.0000  -10.0000   10.0000   -5.0000    1.0000
  -10.0000   30.0000  -35.0000   19.0000   -4.0000
   10.0000  -35.0000   46.0000  -27.0000    6.0000
   -5.0000   19.0000  -27.0000   17.0000   -4.0000
    1.0000   -4.0000    6.0000   -4.0000    1.0000
```

(3) 求转置。

```
>> A'
ans =
     1     1     1     1     1
     1     2     3     4     5
     1     3     6    10    15
     1     4    10    20    35
     1     5    15    35    70
```

(4) 求秩。

```
>> rank(A)
ans =
```

```
                 5
```

（5）提取矩阵 A 的主上三角部分。

```
>> triu(A)
ans =
     1     1     1     1     1
     0     2     3     4     5
     0     0     6    10    15
     0     0     0    20    35
     0     0     0     0    70
```

（6）提取矩阵 A 的第 3 条对角线上面的部分。

```
>> triu(A,3)
ans =
     0     0     0     1     1
     0     0     0     0     5
     0     0     0     0     0
     0     0     0     0     0
     0     0     0     0     0
```

（7）提取矩阵 A 的主下三角部分。

```
>> tril(A)
ans =
     1     0     0     0     0
     1     2     0     0     0
     1     3     6     0     0
     1     4    10    20     0
     1     5    15    35    70
```

（8）提取矩阵 A 的第 3 条对角线下面的部分。

```
>> tril(A,3)
ans =
     1     1     1     1     0
     1     2     3     4     5
     1     3     6    10    15
     1     4    10    20    35
     1     5    15    35    70
```

（9）进行楚列斯基分解同样可以抽取对角线上的元素。

```
>> R=chol(A)
R =
     1     1     1     1     1
     0     1     2     3     4
     0     0     1     3     6
     0     0     0     1     4
     0     0     0     0     1
>> R'*R                              %验证 R'*R＝A
ans =
     1     1     1     1     1
     1     2     3     4     5
     1     3     6    10    15
```

```
           1     4    10    20    35
           1     5    15    35    70
```

（10）奇异值分解。

```
>> s = svd (A)
s =
   92.2904
    5.5175
    1.0000
    0.1812
    0.0108
```

（11）三角分解。

进行 *LU* 分解，满足 ***LU=PA***。其中，***L*** 为单位下三角矩阵，***U*** 为上三角矩阵，***P*** 为置换矩阵。

```
>> [L,U,P] = lu(A)
L =
    1.0000         0         0         0         0
    1.0000    1.0000         0         0         0
    1.0000    0.5000    1.0000         0         0
    1.0000    0.7500    0.7500    1.0000         0
    1.0000    0.2500    0.7500   -1.0000    1.0000
U =
    1.0000    1.0000    1.0000    1.0000    1.0000
         0    4.0000   14.0000   34.0000   69.0000
         0         0   -2.0000   -8.0000  -20.5000
         0         0         0   -0.5000   -2.3750
         0         0         0         0   -0.2500
P =
     1     0     0     0     0
     0     0     0     0     1
     0     0     1     0     0
     0     0     0     1     0
     0     1     0     0     0
```

（12）*QR* 分解。

若 ***A*** 为 *m×n* 矩阵，***Q*** 和 ***R*** 满足 ***A=QR***，则 ***Q*** 为 *m×m* 矩阵，***R*** 为 *m×n* 矩阵。***Q*** 为正交矩阵，***R*** 为上三角矩阵。

```
>>  [Q,R] = qr(A)
Q =
   -0.4472   -0.6325    0.5345   -0.3162   -0.1195
   -0.4472   -0.3162   -0.2673    0.6325    0.4781
   -0.4472    0.0000   -0.5345    0.0000   -0.7171
   -0.4472    0.3162   -0.2673   -0.6325    0.4781
   -0.4472    0.6325    0.5345    0.3162   -0.1195
R =
   -2.2361   -6.7082  -15.6525  -31.3050  -56.3489
         0    3.1623   11.0680   26.5631   53.1263
         0         0    1.8708    7.4833   19.2428
         0         0         0    0.6325    2.8460
         0         0         0         0   -0.1195
```

(13) 矩阵的特征值、特征向量运算。

```
>> eig(A)
ans =

    0.0108
    0.1812
    1.0000
    5.5175
   92.2904
```

(14) 矩阵 A 的若尔当标准形运算。

```
>> jordan(A)
ans =

    1.0000         0         0         0         0
         0    0.1812         0         0         0
         0         0    5.5175         0         0
         0         0         0    0.0108         0
         0         0         0         0   92.2904
```

第 11 章 符 号 运 算

内容简介

在数学、物理学及力学等各种学科和工程应用中，经常会遇到符号运算的问题。在 MATLAB 中，符号运算是为了得到更高精度的数值解，但数值的运算更容易让读者理解，因此在特定的情况下，分别使用符号或数值表达式进行不同的运算。

内容要点

- 符号与数值
- 符号矩阵
- 综合实例——符号矩阵

案例效果

```
命令行窗口
>> svd(C)

ans =

 (1225*3^(1/2)*(x^2*conj(x)^2)^(1/2) + 2137*x*conj(x) + (x*conj(x)*(5235650*3^(1/2)
 (2137*x*conj(x) - 1225*3^(1/2)*(x^2*conj(x)^2)^(1/2) + (-x*conj(x)*(5235650*3^(1/2)
 (1225*3^(1/2)*(x^2*conj(x)^2)^(1/2) + 2137*x*conj(x) - (x*conj(x)*(5235650*3^(1/2)
 (2137*x*conj(x) - 1225*3^(1/2)*(x^2*conj(x)^2)^(1/2) - (-x*conj(x)*(5235650*3^(1/2)

>> jordan(C)

ans =

[x,
[0, (49*x)/2 - (2^(1/2)*((1225*3^(1/2)*x + 2136*(x^2)^(1/2))*(x^2)^(1/2))^(1/2))/2
[0,
[0,
[0,
fx >>
```

11.1 符号与数值

符号运算是 MATLAB 数值运算的扩展，在运算过程中以符号表达式或符号矩阵为运算对象，实现了符号运算和数值运算的相互结合，使应用更灵活。

11.1.1 符号与数值间的转换

符号表达式与数值表达式的相互转换主要是通过函数 eval()和函数 subs()实现的。其中，函数 eval()用于将符号表达式转换成数值表达式，而函数 subs()用于将数值表达式转换成符号表达式。符号与数值间的转换函数的调用格式见表 11-1。

表 11-1 符号与数值间的转换函数的调用格式

调用格式	说明
eval(expression)	计算 expression 中的 MATLAB 代码。expression 是指含有有效的 MATLAB 表达式的字符串，如果需要在表达式中包含数值，则需要使用函数 int2str()、num2str()或者 sprintf()进行转换
[output1,…,outputN] = eval(expression)	在指定的变量中返回 expression 的输出
subs(s)	直接计算符号表达式与数值表达式的结果
subs(s,new)	输入 new 变量
subs(s,old,new)	将 old 变量替换为 new 变量，直接计算符号表达式与数值表达式的结果

实例——数值与符号转换

源文件：yuanwenjian\ch11\szfh.m
本实例演示数值表达式与符号表达式的相互转换。
解：MATLAB 程序如下。

```
>> p=3.4;              %输入实数
>> q=subs(p)           %将数值 p 转换为符号表达式 q
q =
    17/5
>> m=eval(q)           %将符号表达式 q 转换为数值表达式 m
m =
    3.4000
```

11.1.2 符号表达式与数值表达式的精度设置

符号表达式与数值表达式分别调用函数 digits()和函数 vpa()来进行精度设置。其中，vpa 是算术精度，利用可变精度浮点运算来计算符号表达式的数值解。精度设置函数的调用格式见表 11-2。

表 11-2 精度设置函数的调用格式

调用格式	说明
digits(D)	设置有效数字个数为 D 的近似解精度
d1 = digits	返回 vpa 当前使用的精度
d1 = digits(d)	设置新的精度 d，并返回旧精度
xVpa=vpa(x)	利用可变精度浮点运算（vpa）计算符号表达式 x 的每个元素，计算结果至少保留 32 位有效数字
xVpa=vpa(x,d)	符号表达式 x 是在函数 digits()设置的有效数字个数为 d 的近似解精度下的数值解

实例——魔方矩阵的数值解

源文件：yuanwenjian\ch11\szj1.m

本实例求解魔方矩阵的数值解。

解：MATLAB 程序如下。

```
>> A=magic(4)                %创建 4 阶魔方矩阵 A
A =
    16     2     3    13
     5    11    10     8
     9     7     6    12
     4    14    15     1
>> B=vpa(A)                  %利用可变精度浮点运算（vpa）计算矩阵 A 中每个元素的数值解
 B =
[ 16.0,  2.0,  3.0, 13.0]
[  5.0, 11.0, 10.0,  8.0]
[  9.0,  7.0,  6.0, 12.0]
[  4.0, 14.0, 15.0,  1.0]
```

实例——稀疏矩阵的数值解

源文件：yuanwenjian\ch11\szj2.m

本实例求解稀疏矩阵的数值解。

解：MATLAB 程序如下。

```
>> A = eye(3)                %定义 3 阶单位矩阵
A =
     1     0     0
     0     1     0
     0     0     1
>> B=sparse(A)               %将矩阵 A 转换为稀疏格式
B =
   (1,1)        1
   (2,2)        1
   (3,3)        1
>> C=vpa(B)                  %利用可变精度浮点运算计算矩阵 B 中每个元素的数值解
C =
[ 1.0,   0,   0]
[   0, 1.0,   0]
[   0,   0, 1.0]
```

实例——伴随矩阵的数值解

源文件：yuanwenjian\ch11\szj3.m

本实例求解伴随矩阵的数值解。

解：MATLAB 程序如下。

```
>> A=magic(3)                %创建 3 阶魔方矩阵 A
A =
```

```
              8       1       6
              3       5       7
              4       9       2
>> B=compan(A(1,:))       %创建矩阵 A 第一行元素的伴随矩阵
B =
    -0.1250   -0.7500
     1.0000         0
>> C=vpa(B)               %计算伴随矩阵 B 中每个元素的数值解
C =
[ -0.125, -0.75]
[    1.0,     0]
```

实例——托普利兹矩阵的数值解

源文件：yuanwenjian\ch11\szj4.m

本实例求解托普利兹矩阵的数值解。

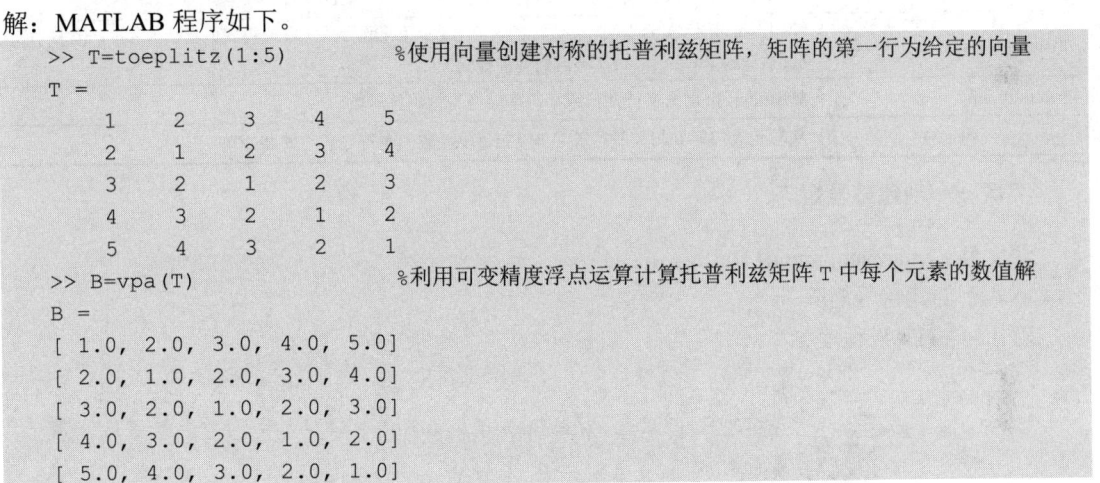

解：MATLAB 程序如下。

```
>> T=toeplitz(1:5)        %使用向量创建对称的托普利兹矩阵，矩阵的第一行为给定的向量
T =
     1     2     3     4     5
     2     1     2     3     4
     3     2     1     2     3
     4     3     2     1     2
     5     4     3     2     1
>> B=vpa(T)               %利用可变精度浮点运算计算托普利兹矩阵 T 中每个元素的数值解
B =
[ 1.0, 2.0, 3.0, 4.0, 5.0]
[ 2.0, 1.0, 2.0, 3.0, 4.0]
[ 3.0, 2.0, 1.0, 2.0, 3.0]
[ 4.0, 3.0, 2.0, 1.0, 2.0]
[ 5.0, 4.0, 3.0, 2.0, 1.0]
```

11.2 符号矩阵

符号矩阵和符号向量中的元素都是符号表达式，符号表达式是由符号变量与数值组成的。

11.2.1 符号矩阵的创建

符号矩阵中的元素是任何不带等号的符号表达式，各符号表达式的长度可以不同。符号矩阵中以空格或逗号分隔的元素指定的是不同列的元素，而以分号分隔的元素指定的则是不同行的元素。

生成符号矩阵的方法有以下 3 种。

1. 直接输入

直接输入符号矩阵时，符号矩阵的每一行都要用方括号括起来，而且要保证同一列的各行元素

字符串的长度相同,因此要在较短的字符串中插入空格来补齐长度,否则程序将会报错。

2. 用函数 sym()创建符号矩阵

用这种方法创建符号矩阵,矩阵元素可以是任何不带等号的符号表达式,各矩阵元素之间用逗号或空格分隔,各行之间用分号分隔,各元素字符串的长度可以不相等。函数 sym()的调用格式见表 11-3。

表 11-3 函数 sym()的调用格式

调 用 格 式	说　　明
x=sym('x')	创建符号变量 x
A=sym('a', [n1 ... nM])	创建一个 n1,...,nM 的符号数组,充满自动生成的元素
A=sym('a', n)	创建一个由 n 个自动生成的元素组成的符号数组
sym(…, set)	通过 set 设置符号变量或数组的额外属性,如 real、positive、integer、rational 等
sym(…,'clear')	创建一个没有额外属性的纯形式上的符号变量或数组
sym(num)	将 num 指定的数字或数字矩阵转换为符号数字或符号矩阵
sym(num,flag)	使用 flag 指定的方法将浮点数转换为符号数,可设置为 r(有理模式,默认)、d(十进制模式)、e(估计误差模式)、f(浮点到有理模式)
sym(strnum)	将 strnum 指定的字符向量或字符串转换为精确符号数
symexpr = sym(h)	从与函数句柄 h 相关联的匿名 MATLAB 函数创建符号表达式或矩阵

实例——创建符号矩阵

源文件: yuanwenjian\ch11\cjfhjz.m

本实例创建符号矩阵。

解: MATLAB 程序如下。

```
>> x = sym('x');                    %创建变量 x、y
>> y = sym('y');
>> a=[x+y,x;y,y+5]                  %创建符号矩阵
a =
[ x + y,     x]
[     y, y + 5]
>> a = sym('a', [1 4])              %用自动生成的元素创建符号向量
a =
[ a1, a2, a3, a4]
>> a = sym('x_%d', [1 4])           %用自动生成的元素创建符号向量,生成的元素的名称使
                                    %格式字符串作为第一个参数
a =
[ x_1, x_2, x_3, x_4]
>> a(1)
ans =
x_1                                 %使用标准访问元素的索引方法
>> a(2:3)
ans =
[ x_2, x_3]
```

创建符号表达式,首先创建符号变量,然后使用变量进行操作。表 11-4 中列出了符号表达式常见的正确格式与错误格式。

表 11-4 符号表达式常见的正确格式与错误格式

正 确 格 式	错 误 格 式
syms x; x + 1	sym('x + 1')
exp(sym(pi))	sym('exp(pi)')
syms f(var1,...,varN)	f(var1,...,varN) = sym('f(var1,...,varN)')

实例——显示精度

源文件：yuanwenjian\ch11\jd.m

本实例计算不同精度的 π 值。

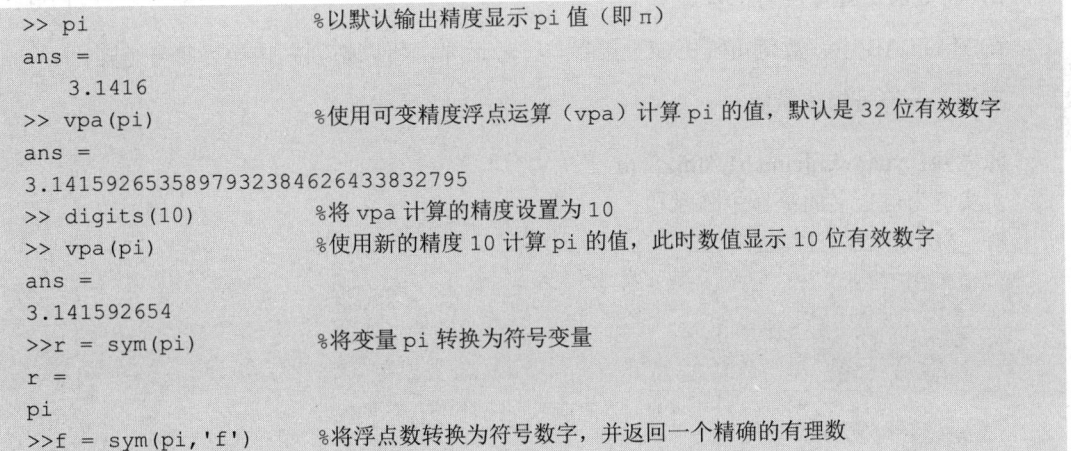

解：MATLAB 程序如下。

```
>> pi                    %以默认输出精度显示pi值（即π）
ans =
    3.1416
>> vpa(pi)               %使用可变精度浮点运算（vpa）计算pi的值，默认是32位有效数字
ans =
3.1415926535897932384626433832795
>> digits(10)            %将vpa计算的精度设置为10
>> vpa(pi)               %使用新的精度10计算pi的值，此时数值显示10位有效数字
ans =
3.141592654
>>r = sym(pi)            %将变量pi转换为符号变量
r =
pi
>>f = sym(pi,'f')        %将浮点数转换为符号数字，并返回一个精确的有理数
 f =
884279719003555/281474976710656
>>d = sym(pi,'d')        %使用十进制模式将浮点数转换为符号数字
 d =
3.141592654
>>e = sym(pi,'e')        %使用估值误差模式将浮点数转换为符号数字
 e =
pi - (198*eps)/359
```

实例——函数符号矩阵

源文件：yuanwenjian\ch11\hsfh.m

本实例根据不同的函数表达式创建符号矩阵。

解：MATLAB 程序如下。

```
>> sm=['[1/(a+b),x^3   ,cos(x)]';'[log(y) ,abs(x),c     ]']  %直接输入符号矩阵sm
sm =
2×23 char 数组
    '[1/(a+b),x^3   ,cos(x)]'
    '[log(y) ,abs(x),c     ]'
>> a= ['[sin(x) ,cos(x)      ]';'[exp(x^2),log(tanh(y))]']   %直接输入符号矩阵a
```

```
          a =
    2×23 char 数组
        '[sin(x)  ,cos(x)       ]'
        '[exp(x^2),log(tanh(y))]'
>> A=[sin(pi/3),cos(pi/4);log(3),tanh(6)]          %创建数值矩阵 A
A =
    0.8660    0.7071
    1.0986    1.0000
>> B=sym(A)                                        %将数值矩阵 A 转换为符号矩阵 B
B =
[                               3^(1/2)/2,                                 2^(1/2)/2]
[ 2473854946935173/2251799813685248, 2251772142782799/2251799813685248]
```

3. 将数值矩阵转换为符号矩阵

在 MATLAB 中，数值矩阵不能直接参与符号运算，所以必须先转换为符号矩阵。

实例——符号矩阵赋值

源文件：yuanwenjian\ch11\fhjzfz.m

本实例为自定义的符号矩阵赋值。

解：MATLAB 程序如下。

```
>> syms x                  %定义符号变量 x
>> f=x+sin(x)              %定义符号表达式 f
f =
 x + sin(x)
>> subs(f,x,6)             %将符号表达式 f 中的所有 x 赋值为 6
ans =
sin(6) + 6
```

动手练一练——符号矩阵运算

创建 $y^2 - x^3 - 2x^2 + \sin x$ 符号矩阵并赋值。

📎 **思路点拨**：

> 源文件：yuanwenjian\ch11\fhjuys.m
> （1）直接生成表达式。
> （2）为表达式赋值。

11.2.2 符号矩阵的其他运算

与数值矩阵一样，符号矩阵可以进行转置、求逆等运算，但符号矩阵的函数与数值矩阵的函数不同。本小节将一一进行介绍。

1. 符号矩阵的转置运算

符号矩阵的转置运算可以通过符号 ".'" 或函数 transpose() 来实现,其调用格式如下:

```
B = A.'
B = transpose(A)
```

实例——符号矩阵的转置

源文件:yuanwenjian\ch11\zz.m

本实例求解符号矩阵的转置。

解:MATLAB 程序如下。

```
>> A = sym('A',[3 4])               %定义符号矩阵A,使用索引值定义矩阵元素下角标
A =
[ A1_1, A1_2, A1_3, A1_4]
[ A2_1, A2_2, A2_3, A2_4]
[ A3_1, A3_2, A3_3, A3_4]
>> A.'                              %求转置矩阵
ans =
[ A1_1, A2_1, A3_1]
[ A1_2, A2_2, A3_2]
[ A1_3, A2_3, A3_3]
[ A1_4, A2_4, A3_4]
>> transpose(A)                     %使用函数求转置矩阵
ans =
[ A1_1, A2_1, A3_1]
[ A1_2, A2_2, A3_2]
[ A1_3, A2_3, A3_3]
[ A1_4, A2_4, A3_4]
```

2. 符号矩阵的行列式运算

符号矩阵的行列式运算可以通过函数 det() 来实现,其中矩阵必须使用方阵,调用格式如下:

```
d = det(A)
```

实例——符号矩阵的行列式

源文件:yuanwenjian\ch11\hls.m

本实例进行符号矩阵的行列式运算。

解:MATLAB 程序如下。

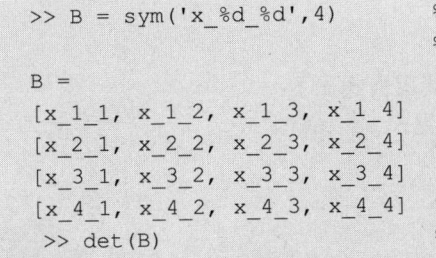

```
>> B = sym('x_%d_%d',4)             %用自动生成的元素创建符号矩阵B,第一个参数指定生成的元素的
                                    %名称格式,第二个参数指定矩阵为4行4列
B =
[x_1_1, x_1_2, x_1_3, x_1_4]
[x_2_1, x_2_2, x_2_3, x_2_4]
[x_3_1, x_3_2, x_3_3, x_3_4]
[x_4_1, x_4_2, x_4_3, x_4_4]
 >> det(B)                          %求矩阵B的行列式
ans =
```

```
      x_1_1*x_2_2*x_3_3*x_4_4 - x_1_1*x_2_2*x_3_4*x_4_3 - x_1_1*x_2_3*x_3_2*x_4_4 +
      x_1_1*x_2_3*x_3_4*x_4_2 + x_1_1*x_2_4*x_3_2*x_4_3 - x_1_1*x_2_4*x_3_3*x_4_2 -
      x_1_2*x_2_1*x_3_3*x_4_4 + x_1_2*x_2_1*x_3_4*x_4_3 + x_1_2*x_2_3*x_3_1*x_4_4 -
      x_1_2*x_2_3*x_3_4*x_4_1 - x_1_2*x_2_4*x_3_1*x_4_3 + x_1_2*x_2_4*x_3_3*x_4_1 +
      x_1_3*x_2_1*x_3_2*x_4_4 - x_1_3*x_2_1*x_3_4*x_4_2 - x_1_3*x_2_2*x_3_1*x_4_4 +
      x_1_3*x_2_2*x_3_4*x_4_1 + x_1_3*x_2_4*x_3_1*x_4_2 - x_1_3*x_2_4*x_3_2*x_4_1 -
      x_1_4*x_2_1*x_3_2*x_4_3 + x_1_4*x_2_1*x_3_3*x_4_2 + x_1_4*x_2_2*x_3_1*x_4_3 -
      x_1_4*x_2_2*x_3_3*x_4_1 - x_1_4*x_2_3*x_3_1*x_4_2 + x_1_4*x_2_3*x_3_2*x_4_1
   >> syms a b c d                    %定义4个符号变量
   >> det([a b;c d])                  %求由符号变量a、b、c、d组成的符号矩阵的行列式
   ans =
   a*d - b*c
```

3. 符号矩阵的逆运算

符号矩阵的逆运算可以通过函数 inv() 来实现，其中矩阵必须使用方阵，调用格式如下：

```
   inv(A)
```

实例——符号矩阵的逆运算

源文件：yuanwenjian\ch11\nys.m

本实例进行符号矩阵的逆运算。

解：MATLAB 程序如下。

```
   >> B = sym('x_%d_%d',4);   %用自动生成的元素创建符号矩阵B，第一个参数使用格式字符串指
                              %定生成的元素的名称，第二个参数指定矩阵为4行4列
   >> inv(B)                  %求逆矩阵
   ans =
   [(x_2_2*x_3_3*x_4_4 - x_2_2*x_3_4*x_4_3 - x_2_3*x_3_2*x_4_4 + x_2_3*x_3_4*x_4_2
   + x_2_4*x_3_2*x_4_3 - x_2_4*x_3_3*x_4_2)/(x_1_1*x_2_2*x_3_3*x_4_4 -
   x_1_1*x_2_2*x_3_4*x_4_3 - x_1_1*x_2_3*x_3_2*x_4_4 + x_1_1*x_2_3*x_3_4*x_4_2 +
   x_1_1*x_2_4*x_3_2*x_4_3 - x_1_1*x_2_4*x_3_3*x_4_2 - x_1_2*x_2_1*x_3_3*x_4_4 +
   x_1_2*x_2_1*x_3_4*x_4_3 + x_1_2*x_2_3*x_3_1*x_4_4 - x_1_2*x_2_3*x_3_4*x_4_1 -
   x_1_2*x_2_4*x_3_1*x_4_3 + x_1_2*x_2_4*x_3_3*x_4_1 + x_1_3*x_2_1*x_3_2*x_4_4 -
   x_1_3*x_2_1*x_3_4*x_4_2 - x_1_3*x_2_2*x_3_1*x_4_4 + x_1_3*x_2_2*x_3_4*x_4_1 +
   x_1_3*x_2_4*x_3_1*x_4_2 - x_1_3*x_2_4*x_3_2*x_4_1 - x_1_4*x_2_1*x_3_2*x_4_3 +
   x_1_4*x_2_1*x_3_3*x_4_2 + x_1_4*x_2_2*x_3_1*x_4_3 - x_1_4*x_2_2*x_3_3*x_4_1 -
   x_1_4*x_2_3*x_3_1*x_4_2 + x_1_4*x_2_3*x_3_2*x_4_1), -(x_1_2*x_3_3*x_4_4 -
   ...
```

此处省略了在 MATLAB 程序中显示的很多内容，这里由于版面限制省略，完整程序请看源文件。

4. 符号矩阵的求秩运算

符号矩阵的求秩运算可以通过函数 rank() 来实现，调用格式如下：

```
   rank(A)
```

实例——符号矩阵的求秩

源文件：yuanwenjian\ch11\qz.m

本实例进行符号矩阵的求秩运算。

解：MATLAB 程序如下。
```
>> A = sym('A',[4 4])      %用自动生成的元素创建符号矩阵 A，第一个参数指定生成的元素名称，
                           %第二个参数使用索引值定义矩阵元素下角标
A =
[A1_1, A1_2, A1_3, A1_4]
[A2_1, A2_2, A2_3, A2_4]
[A3_1, A3_2, A3_3, A3_4]
[A4_1, A4_2, A4_3, A4_4]
>> rank(A)                 %求矩阵 A 的秩
ans =
    4
```

5. 符号矩阵的常用函数运算

➢ 符号矩阵的特征值、特征向量运算：可以通过函数 eig() 实现。
➢ 符号矩阵的奇异值运算：可以通过函数 svd() 实现。
➢ 符号矩阵的若尔当标准形运算：可以通过函数 jordan() 实现。

11.2.3 符号多项式的简化

符号工具箱中还提供了符号矩阵因式分解、展开、合并、简化及通分等符号操作函数。

1. 因式分解

符号矩阵因式分解通过函数 factor() 来实现，其调用格式见表 11-5。

表 11-5 函数 factor() 的调用格式

调用格式	说明
F = factor(x)	在行向量 F 中返回 x 的所有不可约因子。如果 x 是整数，factor 返回 x 的素数因子分解。如果 x 是符号表达式，factor 返回 x 的因子子表达式
F = factor(x,vars)	返回因子 F 的数组，其中 vars 表示指定的变量
F = factor(…,Name,Value)	用由包含一个或多个的名称-值对组参数指定附加选项

如果输入参数 x 为一个符号矩阵，此函数将因式分解此矩阵的各个元素。

实例——表达式因式分解

源文件：yuanwenjian\ch11\ysfj1.m

本实例求解 $f = x^3 - 1$ 因式分解。

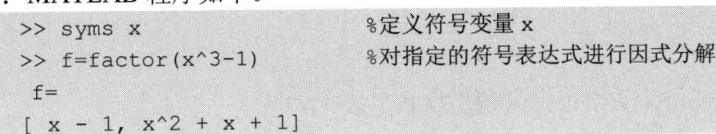

解：MATLAB 程序如下。
```
>> syms x                  %定义符号变量 x
>> f=factor(x^3-1)         %对指定的符号表达式进行因式分解
 f=
[ x - 1, x^2 + x + 1]
```

实例——符号矩阵因式分解

源文件：yuanwenjian\ch11\ysfj2.m

本实例求解 x^9-1+x^8 因式分解。

解：MATLAB 程序如下。

```
>> syms x                    %定义符号变量 x
>> factor(x^9-1+x^8)         %对指定的多项式进行因式分解
 ans =
x^9 + x^8 - 1
```

如果输入参数包含的所有元素为整数，则计算最佳因式分解式。为了分解大于 2^{25} 的整数，可使用 factor(sym('N'))。

```
>> factor(sym('12345678901234567890'))
 ans =
[2, 3, 3, 5, 101, 3541, 3607, 3803, 27961]
```

2. 符号矩阵的展开

符号多项式的展开可以通过函数 expand() 来实现，其调用格式见表 11-6。

表 11-6 函数 expand() 的调用格式

调用格式	说明
expand(S)	对符号矩阵的各元素的符号表达式进行展开
expand(S,Name,Value)	使用由一个或多个名称-值对组参数设置展开选项

对符号矩阵的各元素的符号表达式进行展开。此函数经常用于展开多项式的表达式，也常用于三角函数、指数函数、对数函数的展开。

实例——幂函数的展开

源文件：yuanwenjian\ch11\zk.m

本实例练习幂函数多项式 $y=(x+3)^4$ 的展开。

解：MATLAB 程序如下。

```
>> syms x y                  %定义符号变量 x 和 y
>> expand((x+3)^4)           %展开幂函数多项式
 ans =
  x^4+12*x^3+54*x^2+108*x+81
>> expand(cos(x+y))          %展开三角函数
 ans =
cos(x)*cos(y)-sin(x)*sin(y)
```

3. 符号简化

符号简化可以通过函数 simplify() 来实现，其调用格式见表 11-7。

表 11-7　函数 simplify() 的调用格式

调用格式	说明
S=simplify(expr)	执行 expr 的代数简化。expr 可以是矩阵或符号变量组成的函数多项式
S=simplify(expr,Name,Value)	使用名称-值对组参数设置选项。可设置的选项包括以下几个。 All：等效结果的选项，可选值为 false（默认）、true。 Criterion：简化标准，可选值为 default（默认）、preferReal。 IgnoreAnalyticConstraints：简化规则，可选值为 false（默认）、true。 Seconds：简化过程的时间限制，可选值为 Inf（默认）、positive number。 Steps：简化步骤的数量，可选值为 1（默认）、positive number

例如，下面的程序对表达式 $\sin^2 x + \cos^2 x$ 进行代数简化。

```
>> syms x
>> simplify(sin(x)^2+cos(x)^2)
ans =
1
```

4．分式通分

求解符号表达式的分子和分母可以通过函数 numden() 来实现，其调用格式如下：

```
[N,D]=numden(A)
```

把 A 的各元素转换为分子和分母都是整系数的最佳多项式型。

实例——提取表达式的分子和分母

源文件：yuanwenjian\ch11\tq.m

本实例求解符号表达式 $y = \dfrac{x}{y} - \dfrac{y}{x} + x^2$ 的分子和分母。

解：MATLAB 程序如下。

```
>> syms x y                     %定义符号变量 x 和 y
>> [n,d]=numden(x/y-y/x+x.^2)   %提取表达式的分子 n 和分母 d
n =
x^3*y + x^2 - y^2
d =
x*y
```

5．符号表达式的"秦九韶型"重写

符号表达式的"秦九韶型"重写可以通过函数 horner() 来实现，其调用格式见表 11-8。

表 11-8　函数 horner() 的调用格式

调用格式	说明
horner(p)	返回多项式 p 的 Horner 形式，将符号多项式转换成嵌套形式的表达式
horner(p,var)	使用 var 指定的变量显示多项式的"秦九韶型"

实例——秦九韶型

源文件：yuanwenjian\ch11\qjsx.m

本实例求解符号表达式 $y = x^4 - 3x^2 + 1$ 的"秦九韶型"。

解：MATLAB 程序如下。

```
>> syms x                          %定义符号变量 x
>> horner(x^4-3*x^2+1)             %将符号多项式转换成嵌套形式的表达式
 ans =
x^2*(x^2 - 3) + 1
```

动手练一练——多项式运算

求多项式 $y^2 - x^3 - 2x^2 + \sin x$ 的分子、分母，以及展开与因式分解。

思路点拨：

源文件：yuanwenjian\ch11\dxsys.m
（1）直接生成表达式。
（2）求解展开式。
（3）求解分子、分母。
（4）求解因式分解。

11.3 综合实例——符号矩阵

源文件：yuanwenjian\ch11\fhjz.m

矩阵的应用不单是数值的计算，还包括转换成符号矩阵并进行符号运算，这样可以解决更多的工程应用问题。

【操作步骤】

1. 生成符号矩阵

符号矩阵中的元素都是符号表达式，符号表达式是由符号变量与数值组成的。本节通过将表达式 $\cos(x) + \sin(x)$ 与帕斯卡矩阵进行转换，生成符号矩阵。

```
>> A=pascal(5)                     %创建 5 阶帕斯卡矩阵
A =
     1     1     1     1     1
     1     2     3     4     5
     1     3     6    10    15
     1     4    10    20    35
     1     5    15    35    70
>> syms x                          %定义符号变量 x
>> a = @(x)(sin(x) + cos(x));      %定义函数句柄 a
>> f = sym(a);                     %将函数句柄 a 转换为符号矩阵 f
>> f = cos(x) + sin(x);            %符号矩阵重新赋值
>> h = @(x)(x*A);                  %定义函数句柄 h
>> C = sym(h);                     %将函数句柄 h 转换为符号矩阵 C
C =
```

```
[x,   x,   x,   x,   x]
[x, 2*x, 3*x, 4*x, 5*x]
[x, 3*x, 6*x, 10*x, 15*x]
[x, 4*x, 10*x, 20*x, 35*x]
[x, 5*x, 15*x, 35*x, 70*x]
```

2. 符号矩阵的基本运算

将帕斯卡矩阵转换成符号矩阵后，进行基本运算。

（1）求逆运算。

```
>> inv(C)
ans =
[ 5/x, -10/x,  10/x,  -5/x,  1/x]
[-10/x,  30/x, -35/x,  19/x, -4/x]
[ 10/x, -35/x,  46/x, -27/x,  6/x]
[ -5/x,  19/x, -27/x,  17/x, -4/x]
[  1/x,  -4/x,   6/x,  -4/x,  1/x]
```

（2）求转置。

```
>> transpose(C)
ans =
[x,   x,   x,   x,   x]
[x, 2*x, 3*x, 4*x, 5*x]
[x, 3*x, 6*x, 10*x, 15*x]
[x, 4*x, 10*x, 20*x, 35*x]
[x, 5*x, 15*x, 35*x, 70*x]
```

（3）求秩运算。

```
>> rank(C)
ans =
     5
```

（4）求行列式。

```
>> det(C)
ans =
x^5
```

（5）提取分子、分母。

```
>> [n,d]=numden(C)
n =
[x,   x,   x,   x,   x]
[x, 2*x, 3*x, 4*x, 5*x]
[x, 3*x, 6*x, 10*x, 15*x]
[x, 4*x, 10*x, 20*x, 35*x]
[x, 5*x, 15*x, 35*x, 70*x]
d =
[ 1, 1, 1, 1, 1]
[ 1, 1, 1, 1, 1]
[ 1, 1, 1, 1, 1]
[ 1, 1, 1, 1, 1]
[ 1, 1, 1, 1, 1]
```

（6）矩阵的赋值。

```
>> subs(C,x,6)                    %将符号矩阵C中的所有x赋值为6
ans =
[ 6,  6,  6,   6,   6]
[ 6, 12, 18,  24,  30]
[ 6, 18, 36,  60,  90]
[ 6, 24, 60, 120, 210]
[ 6, 30, 90, 210, 420]
```

3. 符号矩阵的其他运算

（1）符号矩阵的特征值、特征向量运算。

```
>> eig(C)
ans =
 x
    (49*x)/2 - (2^(1/2)*((1225*3^(1/2)*x + 2136*(x^2)^(1/2))*(x^2)^(1/2))
^(1/2))/2 + (25*3^(1/2)*(x^2)^(1/2))/2
    (49*x)/2 + (2^(1/2)*((1225*3^(1/2)*x + 2136*(x^2)^(1/2))*(x^2)^(1/2))
^(1/2))/2 + (25*3^(1/2)*(x^2)^(1/2))/2
    (49*x)/2 - (2^(1/2)*(-(1225*3^(1/2)*x - 2136*(x^2)^(1/2))*(x^2)^(1/2))
^(1/2))/2 - (25*3^(1/2)*(x^2)^(1/2))/2
    (49*x)/2 + (2^(1/2)*(-(1225*3^(1/2)*x - 2136*(x^2)^(1/2))*(x^2)^(1/2))
^(1/2))/2 - (25*3^(1/2)*(x^2)^(1/2))/2
```

（2）符号矩阵的奇异值运算。

```
>> svd(C)
ans =
                             (x*conj(x))^(1/2)
    (1225*3^(1/2)*(x^2*conj(x)^2)^(1/2) + 2137*x*conj(x) + (x*conj(x)*(5235650*3
^(1/2)*(x^2*conj(x)^2)^(1/2) + 9068643*x*conj(x)))^(1/2))^(1/2)
    (2137*x*conj(x) - 1225*3^(1/2)*(x^2*conj(x)^2)^(1/2) + (-x*conj(x)*(5235650*3^
(1/2)*(x^2*conj(x)^2)^(1/2) - 9068643*x*conj(x)))^(1/2))^(1/2)
    (1225*3^(1/2)*(x^2*conj(x)^2)^(1/2) + 2137*x*conj(x) - (x*conj(x)*(5235650*3^
(1/2)*(x^2*conj(x)^2)^(1/2) + 9068643*x*conj(x)))^(1/2))^(1/2)
    (2137*x*conj(x) - 1225*3^(1/2)*(x^2*conj(x)^2)^(1/2) - (-x*conj(x)*(5235650*3^
(1/2)*(x^2*conj(x)^2)^(1/2) - 9068643*x*conj(x)))^(1/2))^(1/2)
```

（3）符号矩阵的若尔当标准形运算。

```
>> jordan(C)
ans =
[x,0, 0, 0, 0]
[0, (49*x)/2-(2^(1/2)*((1225*3^(1/2)*x + 2136*(x^2)^(1/2))*(x^2)^(1/2))^
(1/2))/2 + (25*3^(1/2)*(x^2)^(1/2))/2, 0, 0, 0]
[0, 0, (49*x)/2 + (2^(1/2)*((1225*3^(1/2)*x + 2136*(x^2)^(1/2))*(x^2)^(1/2))^
(1/2))/2 + (25*3^(1/2)*(x^2)^(1/2))/2, 0, 0]
[0, 0, 0, (49*x)/2 - (2^(1/2)*(-(1225*3^(1/2)*x - 2136*(x^2)^(1/2))*(x^2)^(1/2))
^ (1/2))/2 - (25*3^(1/2)*(x^2)^(1/2))/2, 0]
[0, 0, 0, 0, (49*x)/2 + (2^(1/2)*(-(1225*3^(1/2)*x - 2136*(x^2)^(1/2))*(x^2)^
(1/2))^(1/2))/2 - (25*3^(1/2)*(x^2)^(1/2))/2]
```

第 12 章 数列与极限

内容简介

数列、级数与极限是数学的基本概念，是数学对象与计算方法较为简单的数学计算。高等数学是以此为基础，由微积分学、较深入的代数学、几何学及交叉内容所形成的一门科学。本章主要讲解其中的数列、极限、级数等相关知识。

内容要点

- 数列
- 极限和导数
- 级数求和
- 综合实例——极限函数图形

案例效果

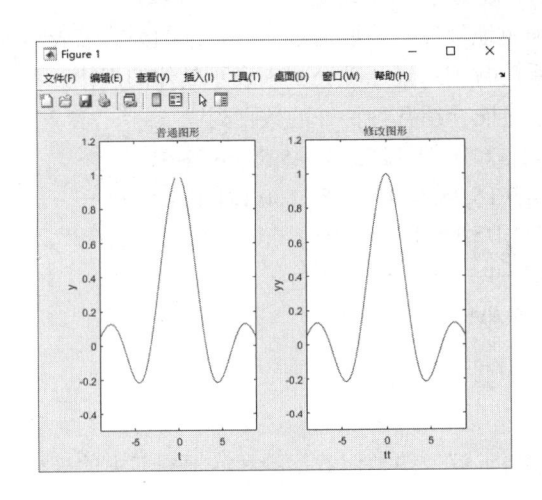

12.1 数 列

数列是指按一定次序排列的一列数，数列的一般形式可以写为 $a_1, a_2, a_3, \ldots a_n, a_{n+1}, \ldots$。简记为 $\{a_n\}$，数列中的每一个数称为这个数列的项，数列中的项必须是数，它可以是实数，也可以是复数。

> **注意:**
> {a_n}本身是集合的表示方法,但两者有本质的区别。集合中的元素是无序的,而数列中的项必须按一定顺序排列。

排在第一位的数称为这个数列的第一项(通常也称为首项),记作 a_1;排在第二位的数称为这个数列的第二项,记作 a_2;排在第 n 位的数称为这个数列的第 n 项,记作 a_n。

数列是按照一定顺序排列的,通过不同学者的研究,根据不同的排列顺序,数列有很多分类。

1. 根据数列的个数分类

- 项数有限的数列为"有穷数列"。
- 项数无限的数列为"无穷数列"。

2. 根据数列的每一项值符号分类

- 数列的各项都是正数的数列为正项数列。
- 数列的各项都是负数的数列为负项数列。

3. 根据数列的每一项值变化分类

- 各项相等的数列称为常数列,如 1,1,1,1,1,1,1,1,1。
- 从第二项起,每一项都大于它的前一项的数列称为递增数列,如 1,2,3,4,5,6,7。
- 从第二项起,每一项都小于它的前一项的数列称为递减数列,如 8,7,6,5,4,3,2,1。
- 从第二项起,有些项大于它的前一项,有些项小于它的前一项的数列称为摆动数列。
- 各项呈周期性变化的数列称为周期数列(如三角函数)。

有些数列的变化不能简单地叙述,需要通过一些复杂的公式来表达项值之间的关系,有些则不能。可以表达项值之间关系的数列通过通项公式来表示具体的规律,不能表达项值关系的数列则通过名称来表示其中的规律。下面介绍几种特殊的数据列。

- 三角形点阵数列: 1,3,6,10,15,21,28,36,45,55,66,78,91,…
- 正方形数数列: 1,4,9,16,25,36,49,64,81,100,121,144,169,…
- $a_n=1/n$: 1,1/2,1/3,1/4,1/5,1/6,1/7,1/8,…
- $a_n=(-1)^n$: -1,1,-1,1,-1,1,-1,1,…
- $a_n=(10^n)-1$: 9,99,999,9999,99999,…

12.1.1 数列求和

在实际工程问题中,需要求解一些类似数据的和,根据其中的规律,将这些数据转换成数列,再进行计算求解。

对于数列{S_n},数列累计和 S 可以表示为 $\sum S_i$,其中 i 为当前项,n 为数列中元素的个数,即项数。$\sum S_i = S_1 + S_2 + S_3 + \cdots + S_n$,对于数列 1,2,3,4,5,$S$=1+2+3+4+5=15。

在 MATLAB 中,直接提供了求数列中所有元素和的函数,根据需要计算的元素不同有以下 4 个不同的求和函数。

1. 累计求和函数 sum()

➢ S = sum(A)。

(1) 若 A 是向量，则 S 返回所有元素的和，结果是一个数值。
```
>> A=[1:10]
A =
     1     2     3     4     5     6     7     8     9    10
>> S=sum(A)
S =
    55
```

(2) 若 A 是矩阵，则 S 返回每一列所有元素的和，结果组成行向量，数值的个数等于列数。
```
>> A = [1 3 2; 9 2 6; 5 1 7]
A =
     1     3     2
     9     2     6
     5     1     7
>> S = sum(A)
S =
    15     6    15
```

(3) 若 A 是 n 维阵列，相当于 n 个矩阵，则 S 返回 n 个矩阵的累计和。
```
>> A = ones(4,2,5)
A(:,:,1) =
     1     1
     1     1
     1     1
     1     1
A(:,:,2) =
     1     1
     1     1
     1     1
     1     1
A(:,:,3) =
     1     1
     1     1
     1     1
     1     1
A(:,:,4) =
     1     1
     1     1
     1     1
     1     1
A(:,:,5) =
     1     1
     1     1
     1     1
     1     1
>> S=sum(A)
```

```
    S(:,:,1) =
         4    4
    S(:,:,2) =
         4    4
    S(:,:,3) =
         4    4
    S(:,:,4) =
         4    4
    S(:,:,5) =
         4    4
```

➢ S = sum(A,dim)：返回不同情况的矩阵和。

（1）对于向量的求和运算，只能有两种情况：求和、不求和。若 dim=1，则不求和，求和结果等于原数列；若 dim=2，则求和，求和结果等于数列所有元素之和。

```
>> a=[2:6]
a =
     2    3    4    5    6
>> s = sum(a,1)
s =
     2    3    4    5    6
>> s = sum(a,2)
s =
    20
```

（2）对于矩阵的求和运算，也有两种情况：对行求和、对列求和。若 dim=1，则对列求和，结果组成行向量；若 dim=2，则对行求和，结果显示为列向量。

```
>> A = [1 3 2; 9 2 6; 5 1 7]
A =
     1    3    2
     9    2    6
     5    1    7
>> S = sum(A,1)
S =
    15    6   15
>> S = sum(A,2)
S =
     6
    17
    13
```

➢ S = sum(A,vecdim)：根据向量 vecdim 中指定的维度对 A 中的元素求和。

➢ S = sum(A,'all')：计算 A 中的所有元素的总和，是所有行列与维度的和，结果是单个数值。

➢ S = sum(…,outtype)：可以设置特殊格式的累计和值，输出类型 outtype 包括 default、double 和 native 3 种。

➢ S = sum(…,nanflag)：若向量或矩阵中包含 NaN，在此格式下，nanflag 可以设置是否计算 NaN，nanflag 参数设置为 includenan 或 includemissing 表示计算，设置为 omitnan 或 omitmissing 表示忽略。

```
>> A = [2 -0.5 3 -2.95 NaN 34 NaN 10];
>> S = sum(A,'omitnan')
S =
   45.5500
>> S = sum(A,'includenan')
S =
   NaN
```

2. 忽略 NaN 累计求和函数 nansum()

➤ S = nansum(A)：累计和中不包括 NaN。

```
>> A = [2 -0.5 3 -2.95 NaN 34 NaN 10];
>> y = nansum(A)
y =
   45.5500
```

➤ S = nansum(A,dim)：忽略 NaN 后是否累计和。

对于包含 NaN 的数列忽略 NaN 后进行求和运算，只能有两种情况：求和、不求和。若 dim=1，则显示忽略 NaN 后的数列；若 dim=2，则显示忽略 NaN 后的数列求和结果。

```
>> A = [2 -0.5 3 -2.95 NaN 34 NaN 10]
A =
    2.0000   -0.5000    3.0000   -2.9500      NaN   34.0000      NaN   10.0000
>> S = nansum(A,1)
S =
    2.0000   -0.5000    3.0000   -2.9500        0   34.0000        0   10.0000
>> S = nansum(A,2)
S =
   45.5500
```

注意：
nansum(A)函数与 sum(…, omitnan)函数可以通用，前者步骤更为简洁。

➤ S = nansum(A,'all')：移除 NaN 值后计算所有元素的累计和，结果为单个数值。

➤ S = nansum(A,vecdim)：计算 vecdim 指定的维度内所有元素的累计和，其中不包括 NaN。

3. 求此元素位置之前的元素和函数 cumsum()

一般的求和函数 sum()求解的是当前项及该项之前的元素和，函数 cumsum()求解的是新定义的累计和，即每个位置的新元素值不包括当前项的元素之和。

函数 cumsum()的调用格式如下。

➤ B = cumsum(A)：返回不包括当前项的元素和。

➤ B = cumsum(A,dim)：返回不同情况的元素和。元素和的求取包括两种情况：求元素和、不求元素和，即当 dim=1 时，不求和，结果为原数列；当 dim=2 时，求和。

```
>> A=cumsum(1:5,1)
A =
     1     2     3     4     5
>> A=cumsum(1:5,2)
```

```
A =
     1     3     6    10    15
```

- B = cumsum(…,direction)：返回翻转方向后的元素和。翻转的方向包括两种：forward 或 reverse。

```
>> A=cumsum(1:5,'forward')
A =
     1     3     6    10    15
>> B=cumsum(1:5,'reverse')
B =
    15    14    12     9     5
```

- B = cumsum(…,nanflag)：nanflag 值控制是否移除 NaN 值，为 includenan 或 includemissing 时，表示在计算中包括所有 NaN 值；为 omitnan 或 omitmissing 时，则表示移除 NaN 值。

4. 求梯形累计和函数 cumtrapz()

- Q = cumtrapz(Y)：通过梯形法按单位间距计算 Y 的近似累计积分。如果 Y 是向量，则 cumtrapz(Y)是 Y 的累计积分；如果 Y 是矩阵，则 cumtrapz(Y)是每一列的累计积分；如果 Y 是多维数组，则对大小不等于 1 的第一个维度求积分。

```
>> A=[1:5]
A =
     1     2     3     4     5
>> Z = cumtrapz(A)
Z =
          0    1.5000    4.0000    7.5000    12.0000
>> Z = cumtrapz(A,B)
Z =
          0   14.5000   27.5000   38.0000    45.0000
```

- Q = cumtrapz(X,Y)：根据 X 指定的坐标或标量间距对 Y 进行积分。

```
>> A=int64(1:10)
A =
  1×10 int64 行向量
   1   2   3   4   5   6   7   8   9   10
>> Z = cumtrapz(A,1./A)
Z =
  1×10 int64 行向量
   0   2   3   3   3   3   3   3   3   3
```

- Q = cumtrapz(…,dim)：沿维度 dim 求积分。当 dim=1 时，按列进行积分；当 dim=2 时，按行进行积分。

```
>> A=magic(4)
A =
    16     2     3    13
     5    11    10     8
     9     7     6    12
     4    14    15     1
>> B= cumtrapz(A,1)
B =
```

```
             0         0         0         0
       10.5000    6.5000    6.5000   10.5000
       17.5000   15.5000   14.5000   20.5000
       24.0000   26.0000   25.0000   27.0000
>> B= cumtrapz(A,2)
B =
            0    9.0000   11.5000   19.5000
            0    8.0000   18.5000   27.5000
            0    8.0000   14.5000   23.5000
            0    9.0000   23.5000   31.5000
>> B= cumtrapz(A,3)
B =
     0     0     0     0
     0     0     0     0
     0     0     0     0
     0     0     0     0
```

实例——三角形点阵数列求和

源文件： yuanwenjian\ch12\slqh1.m

本实例求解三角形点阵数列在不同情况下的求和运算。

三角形点阵数列如下：1,3,6,10,15,21,28,36,45,55,66,78,…，将该数列每 4 组为 1 行排列进行计算。

解： MATLAB 程序如下。

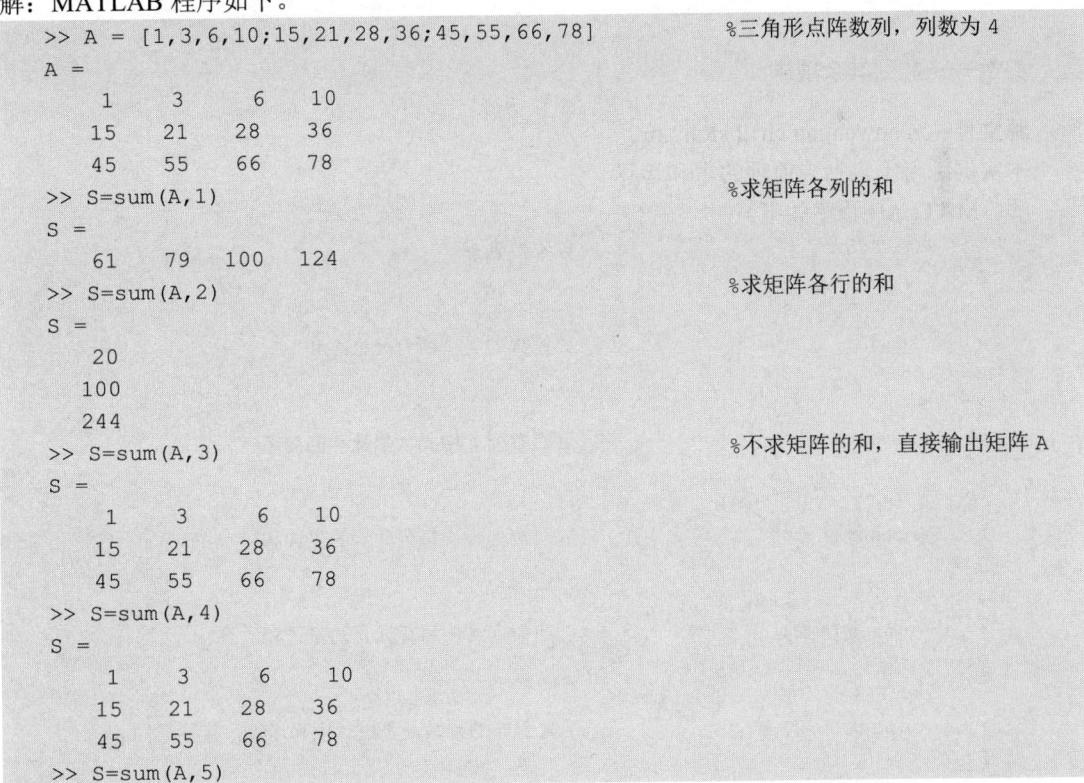

```
>> A = [1,3,6,10;15,21,28,36;45,55,66,78]    %三角形点阵数列，列数为 4
A =
     1     3     6    10
    15    21    28    36
    45    55    66    78
>> S=sum(A,1)                                %求矩阵各列的和
S =
    61    79   100   124
>> S=sum(A,2)                                %求矩阵各行的和
S =
    20
   100
   244
>> S=sum(A,3)                                %不求矩阵的和，直接输出矩阵 A
S =
     1     3     6    10
    15    21    28    36
    45    55    66    78
>> S=sum(A,4)
S =
     1     3     6    10
    15    21    28    36
    45    55    66    78
>> S=sum(A,5)
```

```
S =
     1     3     6    10
    15    21    28    36
    45    55    66    78
```

实例——数列类型转换

源文件：yuanwenjian\ch12\lxzh.m

本实例练习矩阵求和的类型转换运算。

解：MATLAB 程序如下。

```
>> A=int32(1:5)                %将线性分隔值向量的数据类型转换为32位有符号整数
A =
  1×5 int32 行向量
     1     2     3     4     5
>> B = sum(A,'native')         %求向量A所有元素之和,输出的数据类型与输入的数据类型相同
B =
  int32
     15
>> S = sum(A,'default')        %求向量A所有元素之和,输出的数据类型为默认的双精度
S =
     15
>> S = sum(A,'double')         %求向量A所有元素之和,输出的数据类型为双精度
S =
     15
```

实例——数列其余项求和

源文件：yuanwenjian\ch12\slqh2.m

本实例练习不包括当前项的求和运算。

解：MATLAB 程序如下。

```
>> A = 1:5                     %创建数列A
A =
     1     2     3     4     5
>> B=sum(A)                    %计算数列A中所有元素之和
B =
     15
>> C=cumsum(A)                 %返回数列A中元素累计和的向量
C =
     1     3     6    10    15
>> D=cumsum(A,1)               %返回数列A中每列元素的累计和
D =
     1     2     3     4     5
>> D=cumsum(A,2)               %返回数列A中每行元素的累计和
D =
     1     3     6    10    15
>> D=cumsum(A,3)               %3大于A的维数,不进行求和运算,直接返回A
D =
```

```
         1     2     3     4     5
>> E=cumsum(A,'reverse')       %从活动维度的 end 到 1 运算,返回翻转方向后的元素和
E =
        15    14    12     9     5
```

12.1.2 数列求积

1. 元素连续相乘函数

➢ B = prod(A):将矩阵 A 不同维度的元素的乘积返回到矩阵 B。

(1) 若 A 为向量,返回的是其所有元素的积。

```
>> prod(1:4)
ans =
    24
```

(2) 若 A 为矩阵,返回的是按列向量的所有元素的积,然后组成一行向量。若 A 为 0×0 空矩阵,则返回 1。

```
>> [1 2 3;4 5 6]
ans =
     1     2     3
     4     5     6
>> prod([1 2 3;4 5 6])
ans =
     4    10    18
```

➢ B = prod(A,dim):若 A 为向量,当 dim=1 时,不求元素的积,返回输入值;当 dim=2 时,求元素的积。若 A 为矩阵,当 dim=1 时,按列求乘积;当 dim=2 时,按行求乘积。

```
>> prod(1:4,1)
ans =
     1     2     3     4
>> prod(1:4,2)
ans =
    24
```

➢ B = prod(A,'all'):计算 A 的所有元素的乘积。

➢ B = prod(A,vecdim):计算 vecdim 指定的维度内所有元素的乘积,其中不包括 NaN。

➢ B = prod(…,outtype):设置输出的积类型,一般包括 3 种,即 double、native 和 default。

```
>> A = single([12 15 16; 13 16 19; 14 17 20])
A =
3×3 single 矩阵
    12    15    16
    13    16    19
    14    17    20
>> B = prod(A,2,'double')
B =
        2880
        3952
        4760
```

2. 求累计积函数

求当前元素与所有前面元素的积函数 cumprod() 的调用格式见表 12-1。

表 12-1 函数 cumprod() 的调用格式

调用格式	说 明
B = cumprod (A)	从 A 中的第一个大小不等于 1 的数组维度开始返回 A 的累计乘积。 如果 A 是向量，则 cumprod(A) 返回包含 A 元素累计乘积的向量。 如果 A 是矩阵，则 cumprod(A) 返回包含 A 每列的累计乘积的矩阵。 如果 A 为多维数组，则 cumprod(A) 沿第一个非单一维运算
B = cumprod (A,dim)	返回不同情况的元素乘积。即当 dim=1 时，按列求乘积；当 dim=2 时，按行求乘积；当 dim≥3 时，返回 A
B = cumprod (…,direction)	返回翻转方向后的元素乘积，翻转的方向包括两种：forward（默认值）或 reverse。forward 表示从活动维度的 1 到 end 进行运算；reverse 表示从活动维度的 end 到 1 进行运算
B = cumprod (…,nanflag)	nanflag 值控制是否移除 NaN 值，includenan 或 includemissing 在计算中包括所有 NaN 值，omitnan 或 omitmissing 则移除 NaN 值

例如，下面的命令计算从 1 到 5 的线性间隔值行向量的累计积。

```
>> B = cumprod(1:5)
B =
     1     2     6    24   120
```

3. 阶乘函数

若数列是递增数列，同时递增量为 1，如数列 1,2,3,4,5,6,7,…,n，则求该特殊数列中元素积的方法称为阶乘，即阶乘是累计积的特例。

使用"!"来表示阶乘。n 的阶乘就表示为"n!"。例如，6 的阶乘记作 6!，即 1×2×3×4×5×6＝720。

MATLAB 中阶乘函数是 factorial()，调用格式见表 12-2。

表 12-2 函数 factorial() 的调用格式

调用格式	说 明
f = factorial(n)	返回所有小于或等于 n 的正整数的乘积，其中 n 为非负整数值

```
>> factorial(6)
ans =
   720
```

阶乘函数不但可以计算整数，还可以计算向量、矩阵等。

```
>> factorial(magic(3))
ans =
       40320           1         720
           6         120        5040
          24      362880           2
>> factorial(1:10)
ans =
  1 至 5 列
           1           2           6          24         120
  6 至 10 列
```

```
               720        5040       40320      362880     3628800
    B = cumprod(1:10)
    B =
      1 至 5 列
              1           2           6          24         120
      6 至 10 列
              720        5040       40320      362880     3628800
```

> **注意：**
> 对比相同的向量与矩阵的累计积与阶乘结果，发现向量运算结果相同、矩阵运算结果不同。

4．伽玛函数

伽玛函数（Gamma Function）又称欧拉第二积分，是阶乘函数在实数与复数上扩展的一类函数。一般情况下，阶乘是定义在正整数和零（大于等于零）范围里的，小数没有阶乘，这里将函数 gamma() 定义为非整数的阶乘，如 0.5!。

函数 gamma() 作为阶乘的延拓，是定义在复数范围内的亚纯函数，通常写成 $\Gamma(x)$。

在实数域上伽玛函数定义为 $\Gamma(x) = \int_0^{+\infty} t^{x-1} e^{-t} dt$。

在复数域上伽玛函数定义为 $\Gamma(z) = \int_0^{+\infty} t^{z-1} e^{-t} dt$。

同时，函数 gamma() 也适用于正整数，即当 x 是正整数 n 时，函数 gamma() 的值是 $n-1$ 的阶乘。也就是说，当输入变量 n 为正整数时，存在下面的关系。

```
factorial(n)=n*gamma(n)
```

例如：

```
>> factorial(6)
ans =
   720
>> gamma(6)
ans =
   120
>> 6*gamma(6)
ans =
   720
```

> **注意：**
> 这里介绍与伽玛函数相似的不完全伽玛函数 gammainc，其中：
> $$\text{gammainc}(x,a) = \frac{1}{\Gamma(a)} \int_0^x t^{a-1} e^{-t} dt$$
> 具体调用方法读者自行练习，这里不再赘述。

实例——累计积运算

源文件：yuanwenjian\ch12\ljys.m
本实例练习魔方矩阵的累计积运算。

解：MATLAB 程序如下。

```
>> magic(3)                              %创建3阶魔方矩阵
ans =
     8     1     6
     3     5     7
     4     9     2
>> B= cumprod(magic(3))                  %求累计积
B =
     8     1     6
    24     5    42
    96    45    84
>> C= cumprod(magic(3),1)                %第一种情况，求累计积
C =
     8     1     6
    24     5    42
    96    45    84
>> C= cumprod(magic(3),2)                %第二种情况，求每一行的累计积
C =
     8     8    48
     3    15   105
     4    36    72
>> C= cumprod(magic(3),3)                %第三种情况，不求累计积，保持原矩阵
C =
     8     1     6
     3     5     7
     4     9     2
```

实例——随机矩阵的和与积

源文件：yuanwenjian\ch12\hyj.m

本实例练习矩阵的和与积运算。

解：MATLAB 程序如下。

```
>> A = floor(rand(6,7) * 100)    %随机矩阵，每个元素四舍五入到小于或等于该元素的最接近整数
A =
    76    70    11    75    54    81    61
    79    75    49    25    13    24    47
    18    27    95    50    14    92    35
    48    67    34    69    25    34    83
    44    65    58    89    84    19    58
    64    16    22    95    25    25    54
>> A(1:4,1)=95;  A(5:6,1)=76;  A(2:4,2)=7;  A(3,3)=73    %替换矩阵元素组成新矩阵
A =
    95    70    11    75    54    81    61
    95     7    49    25    13    24    47
    95     7    73    50    14    92    35
    95     7    34    69    25    34    83
    76    65    58    89    84    19    58
```

```
            76    16    22    95    25    25    54
>> sum(A)                                                       %求矩阵列向和
ans =
   532   172   247   403   215   275   338
>> sum(A,2)                                                     %求矩阵行向和
ans =
   447
   260
   366
   347
   449
   313
>> cumtrapz(A)                                                  %A 每一列的累计和
ans =
        0         0         0         0         0         0         0
  95.0000   38.5000   30.0000   50.0000   33.5000   52.5000   54.0000
 190.0000   45.5000   91.0000   87.5000   47.0000  110.5000   95.0000
 285.0000   52.5000  144.5000  147.0000   66.5000  173.5000  154.0000
 370.5000   88.5000  190.5000  226.0000  121.0000  200.0000  224.5000
 446.5000  129.0000  230.5000  318.0000  175.5000  222.0000  280.5000
>> cumprod(A)                                                   %A 每一列的累计积
ans =
  1.0e+11 *
   0.0000    0.0000    0.0000    0.0000    0.0000    0.0000    0.0000
   0.0000    0.0000    0.0000    0.0000    0.0000    0.0000    0.0000
   0.0000    0.0000    0.0000    0.0000    0.0000    0.0000    0
   0.0008    0.0000    0.0000    0.0001    0.0000    0.0000    0.0001
   0.0619    0.0000    0.0010    0.0004    0.0004    0.0005    0
   4.7046    0.0000    0.0784    0.0262    0.0363    0.0199    0
```

实例——随机矩阵阶乘

源文件：yuanwenjian\ch12\jzjc.m

本实例练习随机矩阵阶乘运算。

解：MATLAB 程序如下。

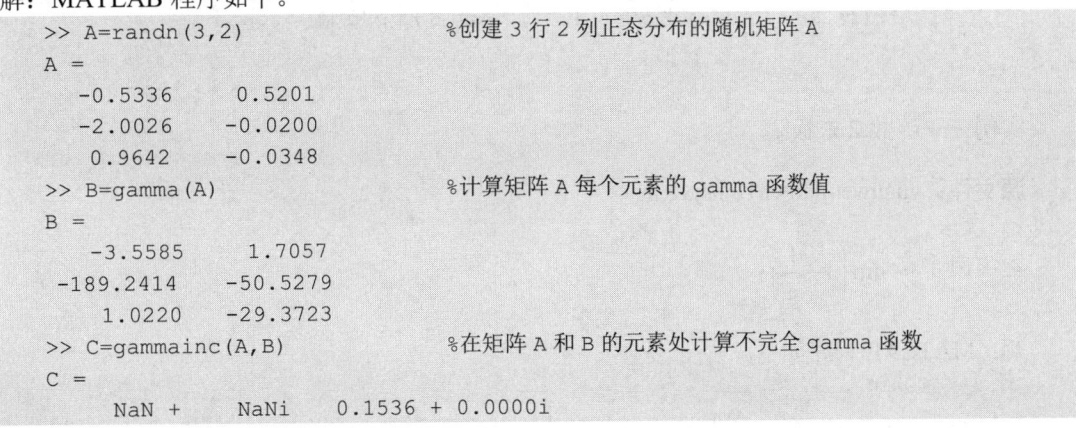

```
>> A=randn(3,2)                          %创建 3 行 2 列正态分布的随机矩阵 A
A =
   -0.5336    0.5201
   -2.0026   -0.0200
    0.9642   -0.0348
>> B=gamma(A)                            %计算矩阵 A 每个元素的 gamma 函数值
B =
   -3.5585    1.7057
 -189.2414  -50.5279
    1.0220  -29.3723
>> C=gammainc(A,B)                       %在矩阵 A 和 B 的元素处计算不完全 gamma 函数
C =
    NaN +    NaNi    0.1536 + 0.0000i
```

```
    NaN +       NaNi        NaN +      NaNi
 0.6091 + 0.0000i           NaN +      NaNi
```

12.2 极限和导数

在工程计算中，经常会研究某一函数随自变量的变化趋势与相应的变化率，也就是要研究函数的极限与导数问题。本节主要讲述如何用 MATLAB 来解决这些问题。

12.2.1 极限

极限是数学分析最基本的概念与出发点，在工程实际中，其计算往往比较烦琐，而运用 MATLAB 提供的 limit 命令则可以很轻松地解决这些问题。

limit 命令的调用格式见表 12-3。

表 12-3　limit 命令的调用格式

调 用 格 式	说　　明
limit (f,x,a) 或 limit (f,a)	求解 $\lim\limits_{x \to a} f(x)$
limit (f)	求解 $\lim\limits_{x \to 0} f(x)$
limit (f,x,a,'right')	求解 $\lim\limits_{x \to a+} f(x)$
limit (f,x,a,'left')	求解 $\lim\limits_{x \to a-} f(x)$

实例——函数 1 求极限

源文件：yuanwenjian\ch12\hsjx1.m

本实例计算 $\lim\limits_{x \to 0} \dfrac{\sin x}{x}$。

解：MATLAB 程序如下。

```
>> clear
>> syms x;              %定义符号变量
>> f=sin(x)/x;          %定义符号表达式 f
>> limit(f)             %求 x 趋近于 0 时，表达式 f 的极限值
  ans =
     1
```

实例——函数 2 求极限

源文件：yuanwenjian\ch12\hsjx2.m

本实例计算 $\lim\limits_{n \to \infty} \left(1+\dfrac{1}{n}\right)^n$。

解：MATLAB 程序如下。

```
>> clear
```

```
>> syms n                              %定义符号变量
>> limit((1+1/n)^n,inf)                %计算当 n 趋近于正无穷时，符号表达式的极限值
 ans =
     exp(1)
```

实例——函数 3 求极限

源文件：yuanwenjian\ch12\hsjx3.m

本实例计算 $\lim\limits_{x \to 0+} \dfrac{\ln(1+x)}{x}$。

解：MATLAB 程序如下。

```
>> clear
>> syms x                              %定义符号变量
>> limit(log(1+x)/x,x,0,'right')       %计算 x 趋近于 0 时，表达式的右极限
ans =
    1
```

实例——函数 4 求极限

源文件：yuanwenjian\ch12\hsjx4.m

本实例计算 $\lim\limits_{x \to 0} \dfrac{1-\cos x}{3x^2}$。

解：MATLAB 程序如下。

```
>> clear
>> syms x;                             %定义符号变量
>> f=(1-cos(x))/(3*x^2);               %定义符号表达式 f
>> limit(f)                            %计算当 x 趋近于 0 时，符号表达式 f 的极限值
ans =
    1/6
```

实例——函数 5 求极限

源文件：yuanwenjian\ch12\hsjx5.m

本实例计算 $\lim\limits_{x \to 0} \dfrac{\sin\left(\dfrac{\pi}{2}+x\right)-1}{x}$。

解：MATLAB 程序如下。

```
>> clear
>> syms x;                             %定义符号变量
>> f=(sin(pi/2+x)-1)/x;                %定义符号表达式 f
>> limit(f)                            %计算当 x 趋近于 0 时，符号表达式 f 的极限值
  ans =
      0
```

实例——函数 6 求极限

源文件：yuanwenjian\ch12\hsjx6.m

本实例计算 $\lim\limits_{x \to \infty} \dfrac{\sqrt{x^2+1}-3x}{x+\sin x}$。

解：MATLAB 程序如下。

```
>> clear
>> syms x                                    %定义符号变量
>> limit((sqrt(x^2+1)-3*x)/(x+sin(x)),inf)   %计算当x趋近于正无穷时，表达式的极限值
 ans =
     -2
```

实例——函数 7 求极限

源文件：yuanwenjian\ch12\hsjx7.m

本实例计算 $\lim\limits_{(x,y) \to (0,0)} \dfrac{e^x + e^y}{\cos x - \sin y}$。

解：MATLAB 程序如下。

```
>> syms x y                                  %定义符号变量
>> f=(exp(x)+exp(y))/(cos(x)-sin(y));        %定义符号表达式 f
>> limit(limit(f,x,0),y,0)   %先求x趋近于0时符号表达式f的极限值，再求y趋近于0时的极限值
 ans =
     2
```

动手练一练——计算极限值

计算下面表达式中的极限。

（1）$\lim\limits_{x \to 0+} \dfrac{\ln(1+x)}{x(1+x)}$。

（2）$\lim\limits_{x \to 1} \dfrac{\sqrt{3x+1}-2}{x-1}$。

（3）$\lim\limits_{n \to \infty} \sqrt{n}\left(\sqrt{n+2}-\sqrt{n-1}\right)$。

（4）$\lim\limits_{(x,y) \to (0,0)} \dfrac{e^x + e^y}{x^2 - y^2}$。

思路点拨：

源文件：yuanwenjian\ch12\jxz.m

（1）利用 syms 定义变量。

（2）编写极限函数。

（3）调用极限函数 limit()。

12.2.2 导数

导数是数学分析的基础内容之一，在工程应用中用于描述各种各样的变化率。可以根据导数的定义，利用 12.2.1 小节的 limit 命令来求解已知函数的导数，同时 MATLAB 也提供了专门的函数求导命令 diff。

diff 命令的调用格式见表 12-4。

表 12-4 diff 命令的调用格式

调 用 格 式	说 明
Y=diff(X)	计算沿大小不等于 1 的第一个数组维度的 X 相邻元素之间的差分
Y=diff(X,n)	通过递归应用 diff(X) 运算符 n 次来计算 n 阶导数
Y=diff(X,n,dim)	求沿 dim 指定的维度计算的第 n 个差分

实例——求函数 1 阶导数

源文件：yuanwenjian\ch12\hsds1.m
本实例计算 $y = 2^x + \sqrt{x}\ln x$ 的导数。

解：MATLAB 程序如下。

```
>> clear
>> syms x                    %定义符号变量 x
>> f=2^x+x^(1/2)*log(x);     %定义符号表达式 f
>> diff(f)                   %求表达式 f 的导数
ans =
log(x)/(2*x^(1/2)) + 2^x*log(2) + 1/x^(1/2)
```

实例——求函数 2 阶导数

源文件：yuanwenjian\ch12\hsds2.m
本实例计算 $y = \sin(2x+3)$ 的 2 阶导数。

解：MATLAB 程序如下。

```
>> clear
>> syms x                    %定义符号变量 x
>> f=sin(2*x+3);             %定义符号表达式 f
>> diff(f,2)                 %计算表达式 f 的 2 阶导数
ans =
-4*sin(2*x + 3)
```

实例——求函数 3 阶导数

源文件：yuanwenjian\ch12\hsds3.m
本实例计算 $y = \dfrac{1-\cos x}{3x^2}$ 的 1 阶、2 阶和 3 阶导数。

解：MATLAB 程序如下。

```
>> clear
>> syms x;                      %定义符号变量 x
>> f=(1-cos(x))/(3*x^2);        %定义符号表达式 f
>> diff(f,1)                    %计算表达式 f 的 1 阶导数
ans =
sin(x)/(3*x^2) + (2*(cos(x) - 1))/(3*x^3)
>> diff(f,2)                    %计算表达式 f 的 2 阶导数
ans =
cos(x)/(3*x^2) - (4*sin(x))/(3*x^3) - (2*(cos(x) - 1))/x^4
>> diff(f,3)                    %计算表达式 f 的 3 阶导数
ans =
(6*sin(x))/x^4 - sin(x)/(3*x^2) - (2*cos(x))/x^3 + (8*(cos(x) - 1))/x^5
```

实例——求函数 5 阶导数

源文件：yuanwenjian\ch12\hsds4.m

本实例计算 $y = \dfrac{\sin\left(\dfrac{\pi}{2}+x\right)-1}{x}$ 对 x 的 5 阶导数。

解：MATLAB 程序如下。

```
>> clear
>> syms x;                      %定义符号变量 x
>> f=(sin(pi/2+x)-1)/x;         %定义符号表达式 f
>> diff(f,5)                    %计算表达式 f 的 5 阶导数
 ans =
 cos(x + pi/2)/x - (20*cos(x + pi/2))/x^3 + (120*cos(x + pi/2))/x^5 - (5*sin(x
+ pi/2))/x^2 + (60*sin(x + pi/2))/x^4 - (120*(sin(x + pi/2) - 1))/x^6
```

实例——求函数导数

源文件：yuanwenjian\ch12\hsds5.m

本实例计算 $f = \ln\left[e^{2(x+y^2)} + (x^2+y) + \sin(1+x^2)\right]$ 对 x、y 的 1 阶、2 阶偏导数。

解：MATLAB 程序如下。

```
>> clear
>> syms x y                                         %定义符号变量 x、y
>> f=log(exp(2*(x+y^2))+(x^2+y)+sin(1+x^2));        %定义符号表达式 f
>> fx=diff(f,x)                                     %计算 f 对 x 的 1 阶导数
fx =
 (2*x+2*exp(2*y^2+2*x)+2*x*cos(x^2+1))/(y+sin(x^2+1)+exp(2*y^2+2*x)
>> fy=diff(f,y)                                     %计算 f 对 y 的 1 阶导数
fy =
 (4*y*exp(2*y^2+2*x)+1)/(y+sin(x^2+1)+exp(2*y^2+2*x)+x^2)
>> fxy=diff(fx,y)                                   %对 x 求导后，再对 y 求导
fxy =
 (8*y*exp(2*y^2+2*x))/(y+sin(x^2+1)+exp(2*y^2+2*x)+x^2)-((4*y*exp(2*y^2+2*x)+1)
```

```
*(2*x+2*exp(2*y^2+2*x)+2*x*cos(x^2+1)))/(y+sin(x^2+1)+exp(2*y^2+2*x)+x^2)^2
    >> fyx=diff(fy,x)                           %对 y 求导后，再对 x 求导
    fyx =
    (8*y*exp(2*y^2+2*x))/(y+sin(x^2+1)+exp(2*y^2+2*x)+x^2)-((4*y*exp(2*y^2+2*x)+1)
*(2*x+2*exp(2*y^2+2*x)+2*x*cos(x^2+1)))/(y+sin(x^2+1)+exp(2*y^2+2*x)+x^2)^2
    >> fxx=diff(fx,x)                           %再次对 x 求导
    fxx =
    (2*cos(x^2+1)+4*exp(2*y^2+2*x)-4*x^2*sin(x^2+1)+2)/(y+sin(x^2+1)+exp(2*y^2+2*x)+
x^2)-(2*x+2*exp(2*y^2+2*x)+2*x*cos(x^2+1))^2/(y+sin(x^2+1)+exp(2*y^2+2*x)+x^2)^2
    >> fyy=diff(fy,y)                           %再次对 y 求导
    fyy =
    (4*exp(2*y^2+2*x)+16*y^2*exp(2*y^2+2*x))/(y+sin(x^2+1)+exp(2*y^2+2*x)+x^2)-(4
*y*exp(2*y^2+2*x)+1)^2/(y+sin(x^2+1)+exp(2*y^2+2*x)+x^2)^2
    >> fxx=diff(f,x,2)                          %直接求对 x 的 2 阶导数
    fxx =
    (2*cos(x^2+1)+4*exp(2*y^2+2*x)-4*x^2*sin(x^2+1)+2)/(y+sin(x^2+1)+exp(2*y^2+2*x)+
x^2)-(2*x+2*exp(2*y^2+2*x)+2*x*cos(x^2+1))^2/(y+sin(x^2+1)+exp(2*y^2+2*x)+x^2)^2
    >> fyy=diff(f,y,2)                          %直接求对 y 的 2 阶导数
    fyy =
    (4*exp(2*y^2+2*x)+16*y^2*exp(2*y^2+2*x))/(y+sin(x^2+1)+exp(2*y^2+2*x)+x^2)-(4
*y*exp(2*y^2+2*x)+1)^2/(y+sin(x^2+1)+exp(2*y^2+2*x)+x^2)^2
```

动手练一练——求多阶偏导数

计算 $f = \ln\left[e^{x(x+y^2)} + (\sqrt{x^2+4} + y^2) + \tan(1+x+x^2)\right]$ 对 x、y 的 1 阶、2 阶偏导数。

思路点拨：

源文件：yuanwenjian\ch12\djpd.m

（1）利用 sym 或 syms 定义变量。

（2）输入表达式。

（3）调用函数 diff()分别对 x、y 求解 1 阶导数。

（4）使用两种方法求 2 阶偏导数。

（5）直接对 f 求 2 阶偏导数。

12.3 级 数 求 和

级数是数学分析中的重要内容，无论对于数学理论本身还是在科学技术的应用中都是一个有力工具。MATLAB 拥有强大的级数求和命令，在本节中，将详细介绍如何用它来处理工程计算中的各种级数求和问题。

将数列{a_n}的各项依次以"+"连接起来所组成的式子称为级数。其中：

➢ 2,8,125,79,-16 是数列。

➢ 2+8+125+79+(-16)是级数。

12.3.1 有限项级数求和

MATLAB 提供的主要的求级数命令为 symsum，其调用格式见表 12-5。

表 12-5 symsum 命令的调用格式

调用格式	说明
F=symsum (f,k)	返回级数 f 关于指数 k 的有限项和
F=symsum (f,k,a,b)	返回级数 f 关于指数 k 从 a 到 b 的有限项和

实例——等比数列与等差数列求和

源文件：yuanwenjian\ch12\slqh3.m

本实例求级数 $s = a^n + bn$ 的前 6 项之和（n 从 0 开始）。

解：MATLAB 程序如下。

```
>> syms a b n            %定义符号变量
>> s=a^n+b*n;            %定义级数表达式 s
>> symsum(s,n,0,5)       %计算级数 s 关于指数 n 从 0 到 5，共 6 项的有限项和
ans =
a^5 + a^4 + a^3 + a^2 + a + 15*b + 1
```

📖 说明：

这是我们最熟悉的级数之一，即一个等比数列与等差数列相加构成的数列，它的前 n−1 项和为 $\frac{1-a^n}{1-a} + \frac{n(n-1)b}{2}$。

实例——三角函数列求和

源文件：yuanwenjian\ch12\slqh4.m

本实例求级数 $s = \sin nx$ 的前 10 项之和（n 从 0 开始）。

解：MATLAB 程序如下。

```
>> syms n x              %定义符号变量 n 和 x
>> s=sin(n*x);           %定义级数表达式 s
>> symsum(s,n,0,9)       %计算级数 s 关于指数 n 从 0 到 9 的有限项和
ans =
sin(2*x) + sin(3*x) + sin(4*x) + sin(5*x) + sin(6*x) + sin(7*x) + sin(8*x) + sin(9*x) + sin(x)
```

📖 说明：

这是一个三角函数列，是数学分析中傅里叶级数部分常见的一个级数，在工程应用中具有重要的地位。

实例——幂数列求和运算

源文件：yuanwenjian\ch12\slqh5.m

本实例求级数 $s = 2\sin 2n + 4\cos 4n + 2^n$ 的前 10 项的和（n 从 0 开始）。

解：MATLAB 程序如下。

```
>> syms n                              %定义符号变量 n
>> s=2*sin(2*n)+4*cos(4*n)+2^n;        %定义级数表达式 s
>> sum10=symsum(s,n,0,9)               %计算级数 s 关于指数 n 从 0 到 9，即前 10 项的和
sum10 =
4*cos(4) + 4*cos(8) + 4*cos(12) + 4*cos(16) + 4*cos(20) + 4*cos(24) + 4*cos(28) 
+ 4*cos(32) + 4*cos(36) + 2*sin(2) + 2*sin(4) + 2*sin(6) + 2*sin(8) + 2*sin(10) + 2*
sin(12) + 2*sin(14) + 2*sin(16) + 2*sin(18) + 1027
>> vpa(sum10)                          %控制级数前 10 项的和的精度
ans =
1025.1189836764323068404106299539
```

小技巧：

如果不知道级数 s 中的变量是什么该怎么办呢？很简单，只需用 MATLAB 的 symvar 命令即可解决，其具体的格式为 C = symvar(expr)，搜索表达式 expr，查找除 i、j、pi、inf、nan、eps 和公共函数之外的标识符。这些标识符是表达式中变量的名称。

12.3.2 无穷级数求和

MATLAB 提供的 symsum 命令还可以求无穷级数，这时只需将命令参数中的求和区间端点改成无穷即可，具体做法可参见下面的例子。

实例——无穷数列 1 求和

源文件：yuanwenjian\ch12\slqh6.m

本实例求级数 $\sum_{n=1}^{+\infty} \frac{1}{n}$ 与 $\sum_{n=1}^{+\infty} \frac{1}{n^3}$。

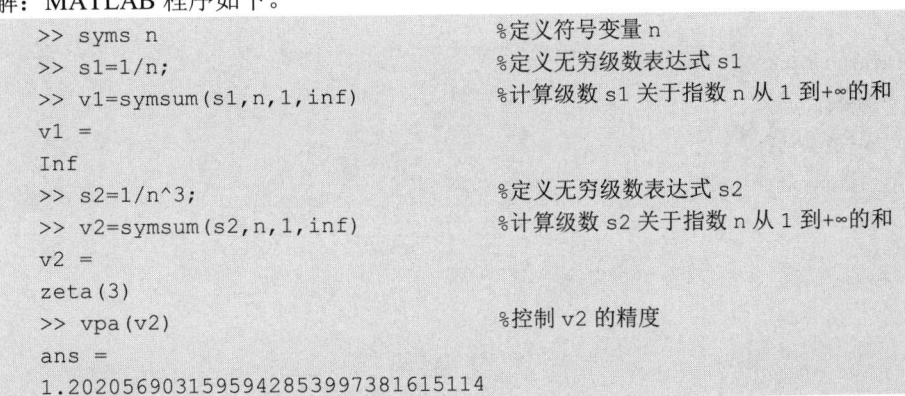

解：MATLAB 程序如下。

```
>> syms n                              %定义符号变量 n
>> s1=1/n;                             %定义无穷级数表达式 s1
>> v1=symsum(s1,n,1,inf)               %计算级数 s1 关于指数 n 从 1 到+∞的和
v1 =
Inf
>> s2=1/n^3;                           %定义无穷级数表达式 s2
>> v2=symsum(s2,n,1,inf)               %计算级数 s2 关于指数 n 从 1 到+∞的和
v2 =
zeta(3)
>> vpa(v2)                             %控制 v2 的精度
ans =
1.2020569031595942853997381615114
```

注意：

（1）从数学分析中的级数理论来看，可以知道第一个级数是发散的，因此用 MATLAB 求出的值为 inf。
（2）zeta(3)表示函数 zeta()在 3 处的值，其中函数 zeta()的定义为

$$\zeta(w) = \sum_{k=1}^{\infty} \frac{1}{k^w}$$

zeta(3)的值为 1.2021。

小技巧：

在工程应用中，有时还需要借助 abs 命令来判断某个级数是否绝对收敛。

需要说明的一点是，MATLAB 并不是对所有的级数都能够计算出结果，当求不出级数和时，它会给出求和形式。

实例——无穷数列 2 求和

源文件：yuanwenjian\ch12\slqh7.m

本实例求级数 $\sum\limits_{n=1}^{+\infty}(-1)^n\dfrac{\sin n}{n^2+1}$。

解：MATLAB 程序如下。

```
>> syms n                          %定义符号变量 n
>> s1=(-1)^n*sin(n)/(n^2+1);       %定义无穷级数表达式 s1
>> v1=symsum(s1,n,1,inf)           %计算级数 s1 关于指数 n 从 1 到+∞的和
v1 =
symsum(((-1)^n*sin(n))/(n^2 + 1), n, 1, Inf)
```

动手练一练——级数求和

当 x>0 时，求 $\sum\limits_{k=0}^{+\infty}\dfrac{2}{2k+1}\left(\dfrac{x-1}{x+1}\right)^{2k+1}$。

思路点拨：

源文件：yuanwenjian\ch12\jsqh.m
（1）定义变量。
（2）输入级数表达式。
（3）使用函数 symsum()求和。

12.4 综合实例——极限函数图形

源文件：yuanwenjian\ch12\jxhstx.m、极限函数图形.fig

本节通过采用近似极限的方法显示 $\lim\limits_{t\to 0}\dfrac{\sin t}{t}$ 函数在 $t=0$ 处的图形，连续连接两侧图形。

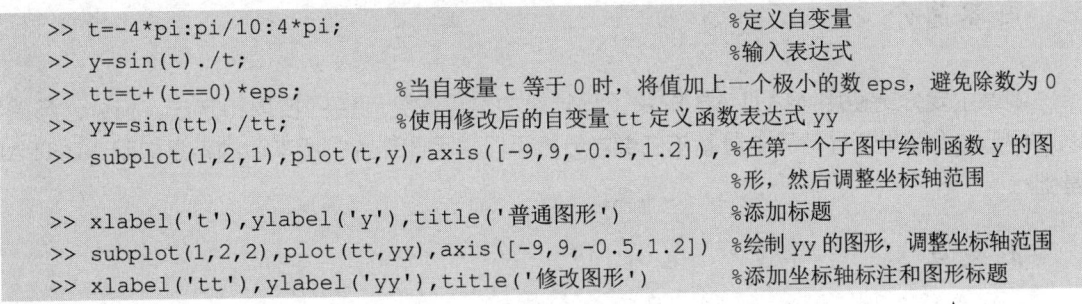

```
>> t=-4*pi:pi/10:4*pi;                                  %定义自变量
>> y=sin(t)./t;                                         %输入表达式
>> tt=t+(t==0)*eps;          %当自变量 t 等于 0 时，将值加上一个极小的数 eps，避免除数为 0
>> yy=sin(tt)./tt;           %使用修改后的自变量 tt 定义函数表达式 yy
>> subplot(1,2,1),plot(t,y),axis([-9,9,-0.5,1.2]),  %在第一个子图中绘制函数 y 的图
                                                    %形，然后调整坐标轴范围
>> xlabel('t'),ylabel('y'),title('普通图形')        %添加标题
>> subplot(1,2,2),plot(tt,yy),axis([-9,9,-0.5,1.2]) %绘制 yy 的图形，调整坐标轴范围
>> xlabel('tt'),ylabel('yy'),title('修改图形')      %添加坐标轴标注和图形标题
```

运行结果如图 12-1 所示。

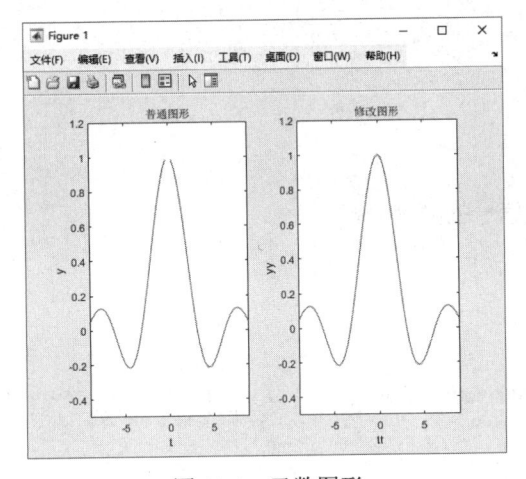

图 12-1　函数图形

第 13 章 积 分

内容简介

本章主要介绍使用 MATLAB 解决工程计算中常见积分问题的技巧和方法。积分、多重积分以及积分变换都是工程计算中最基本的数学分析手段,因此熟练掌握本章内容是应用 MATLAB 的基础。

内容要点

- 积分简介
- 多重积分
- 泰勒展开
- 傅里叶展开
- 积分变换
- 综合实例——时域信号的频谱分析

案例效果

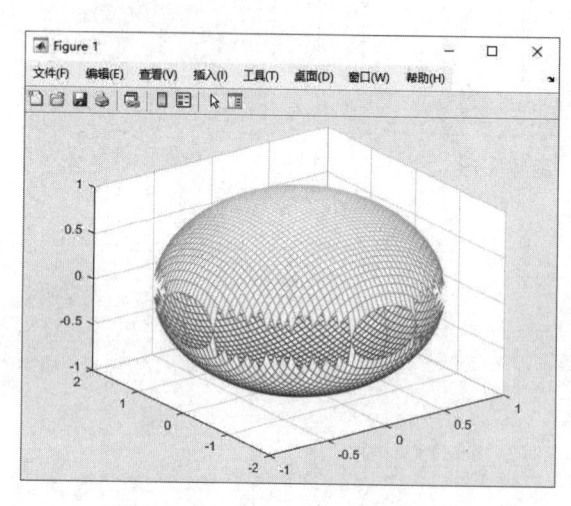

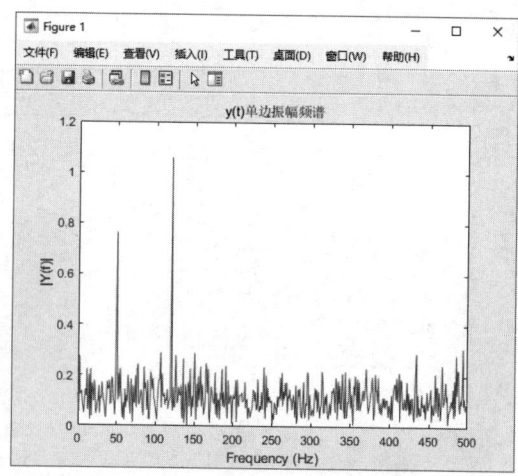

13.1 积分简介

与微分不同，积分主要用于研究函数的整体性态，因此在工程中的作用是不言而喻的。理论上可以用牛顿-莱布尼茨公式求解对已知函数的积分，但在工程中这并不可取，因为实际应用中遇到的大多数函数都不能找到其积分函数，有些函数的表达式非常复杂，用牛顿-莱布尼茨公式求解会相当复杂。因此，在工程中大多数情况下都使用 MATLAB 提供的积分运算函数来计算，在少数情况下也可以通过 MATLAB 编程实现。

13.1.1 定积分与广义积分

定积分是工程中用得最多的积分运算，利用 MATLAB 提供的 int 命令可以很容易地求已知函数在已知区间的积分值。

int 命令求定积分的调用格式见表 13-1。

表 13-1 int 命令求定积分的调用格式

调用格式	说明
int (f,a,b)	计算函数 f 在区间[a,b]上的定积分
int (f,x,a,b)	计算函数 f 关于 x 在区间[a,b]上的定积分
int(…,Name,Value)	使用名-值对组参数指定选项设置定积分。设置的选项包括下面几种。 IgnoreAnalyticConstraints：将纯代数简化应用于被积函数的指示符，取值包括 false（默认）、true； IgnoreSpecialCases：忽略特殊情况，取值包括 false（默认）、true； PrincipalValue：返回主体值，取值包括 false（默认）、true； Hold：未评估集成，取值包括 false（默认）、true

实例——函数 1 求积分

源文件：yuanwenjian\ch13\hsjf1.m

本实例求 $\int_0^1 \frac{\sin x}{x} dx$。

解：MATLAB 程序如下。

```
>> syms x;                      %定义符号变量
>> v=int(sin(x)/x,0,1)          %计算函数在[0,1]上的定积分
v =
sinint(1)
>> vpa(v)                       %控制数值的输出精度
ans =
0.94608307036718301494135331382318
```

✍ 说明：

本实例中的被积函数在[0,1]上显然是连续的，因此它在[0,1]上肯定是可积的，但若按数学分析中的方法确实无法积分，这就更体现了 MATLAB 的实用性。

实例——函数 2 求积分

源文件：yuanwenjian\ch13\hsjf2.m

本实例求 $\int_0^1 e^{-2x} dx$。

解：MATLAB 程序如下。

```
>> clear                          %清除工作区的变量
>> syms x;                        %定义符号变量 x
>> v=int(exp(-2*x),0,1)           %计算指数函数在[0,1]上的定积分
v =
1/2 - exp(-2)/2
>> vpa(v)                         %控制数值的输出精度
ans =
0.43233235838169365405300025251376
```

函数 int() 还可以求广义积分，方法是只要将相应的积分限改为正（负）无穷即可。

> **说明**：
> 对于本例中的被积函数，很多软件都无法求解，用 MATLAB 则很容易求解。

实例——函数 3 求积分

源文件：yuanwenjian\ch13\hsjf3.m

本实例求 $\int_1^{+\infty} \frac{1}{x} dx$ 与 $\int_1^{+\infty} \frac{1}{1+x^2} dx$。

解：MATLAB 程序如下。

```
>> syms x;                        %定义符号变量 x
>> int(1/x,1,inf)                 %计算表达式在[1,∞]上的积分
ans =
Inf
>>v= int(1/(1+x^2),1,inf)         %计算表达式在[1,∞]上的积分
v =
pi/4
>> vpa(v)                         %控制数值的输出精度
ans =
0.78539816339744830961566084581988
```

> **注意**：
> 第一个积分结果是无穷大，说明这个广义积分是发散的，与我们熟悉的理论结果是一致的。

实例——函数 4 求积分

源文件：yuanwenjian\ch13\hsjf4.m

本实例用 MATLAB 求解热辐射理论中反常积分 $\int_0^{+\infty} \frac{x^3}{e^x-1} dx$ 的计算问题。

解：MATLAB 程序如下。

```
>> syms x                    %定义符号变量
>> f=x^3/(exp(x)-1);         %定义函数表达式 f
>> int(f,0,inf)              %计算函数 f 在[0,∞]上的积分
ans =
pi^4/15
```

实例——函数 5 求积分

源文件：yuanwenjian\ch13\hsjf5.m

本实例求 $\int_{-\infty}^{+\infty} \dfrac{1}{x^2+2x+3} \mathrm{d}x$。

解：MATLAB 程序如下。

```
>> syms x;                   %定义符号变量
>> f=1/(x^2+2*x+3);          %定义函数表达式 f
>> v=int(f,-inf,inf)         %计算函数 f 在[-∞,∞]上的积分
v =
(pi*2^(1/2))/2
>> vpa(v)                    %控制数值的输出精度
ans =
2.2214414690791831235079404950303
```

动手练一练——表达式定积分

分别计算下列表达式的积分。

（1）$\int_{-\infty}^{+\infty} (4-3x^2)^2 \mathrm{d}x$。

（2）$\int_{-\infty}^{+\infty} \dfrac{x}{x+y} \mathrm{d}x$。

（3）$\int_{-\infty}^{+\infty} \dfrac{x}{x+y} \mathrm{d}y$。

（4）$\int_{-\infty}^{+\infty} \dfrac{x^2}{x+2} \mathrm{d}x$。

思路点拨：

源文件：yuanwenjian\ch13\bdjf.m
（1）定义变量。
（2）输入表达式。
（3）求定积分。

13.1.2 不定积分

在实际的工程计算中，有时也会用到求不定积分的问题。利用 int 命令同样可以求不定积分，其调用格式见表 13-2。

表 13-2 int 命令求不定积分的调用格式

调用格式	说明
int (f)	计算函数 f 的不定积分
int (f,x)	计算函数 f 关于变量 x 的不定积分

实例——函数 1 求不定积分

源文件：yuanwenjian\ch13\hsbdjf1.m

本实例求 $\sin(xy+z+1)$ 对 x 的不定积分。

解：MATLAB 程序如下。

```
>> syms x y z              %定义符号变量
>> f=sin(x*y+z+1);         %定义符号表达式
>> int(f)                  %计算函数 f 的不定积分，默认为对变量 x 的不定积分
ans =
 -cos(z + x*y + 1)/y
```

实例——函数 2 求不定积分

源文件：yuanwenjian\ch13\ hsbdjf2.m

本实例求 $\sin(xy+z+1)$ 对 z 的不定积分。

解：MATLAB 程序如下。

```
>> clear                   %清除工作区变量
>> syms x y z              %定义符号变量
>> int(sin(x*y+z+1),z)     %计算函数对变量 z 的不定积分
 ans =
-cos(z + x*y + 1)
```

实例——函数 3 求不定积分

源文件：yuanwenjian\ch13\hsbdjf3.m

本实例求 $\dfrac{yx^3}{e^x-1}+y$ 对 x 的不定积分。

解：MATLAB 程序如下。

```
>> syms x y                %定义符号变量
>> f=(y*(x^3))/(exp(x)-1)+y;   %定义函数表达式 f
>> int(f)                  %计算函数 f 对默认变量 x 的不定积分
ans =
6*y*polylog(4, exp(x)) + x*y - (x^4*y)/4 - 6*x*y*polylog(3, exp(x)) + x^3*y*log(1 - exp(x)) + 3*x^2*y*polylog(2, exp(x))
```

实例——函数 4 求不定积分

源文件：yuanwenjian\ch13\hsbdjf4.m

本实例求 $\int \dfrac{\sin x + xy}{x} \mathrm{d}x$。

解：MATLAB 程序如下。

```
>> syms x y                              %定义符号变量
>> v= int((sin(x)+x*y)/x,x)              %计算函数对变量 x 的不定积分
v =
sinint(x)+ x*y
```

实例——函数 5 求不定积分

源文件：yuanwenjian\ch13\hsbdjf5.m
本实例求 $\int (y\sin x + x\cos y + x)\,\mathrm{d}x$。

解：MATLAB 程序如下。

```
>> syms x y                              %定义符号变量
>> v= int(y*sin(x)+x*cos(y)+x,x)         %计算函数对变量 x 的不定积分
v =
x^2*(cos(y)/2+1/2)-y*cos(x)
```

动手练一练——表达式不定积分

本实例求 $\int \dfrac{\sin x + \cos y}{x}\,\mathrm{d}x$。

思路点拨：

源文件：yuanwenjian\ch13\bbdjf.m
（1）定义变量。
（2）输入表达式。
（3）求不定积分。

13.2 多重积分

多重积分与一重积分在本质上是相通的，但是多重积分的积分区域比较复杂。可以利用前面讲解的 int 命令结合对积分区域的分析进行多重积分计算，也可以利用 MATLAB 自带的多重积分命令进行计算。

13.2.1 二重积分

MATLAB 专门用于进行二重积分数值计算的命令是 integral2。这是一个在矩形范围内计算二重积分的命令。

integral2 命令的调用格式见表 13-3。

表 13-3　integral2 命令的调用格式

调用格式	说　明
q=integral2(fun,xmin,xmax,ymin,ymax)	在 xmin≤x≤xmax，ymin≤y≤ymax 的矩形内计算 fun(x,y)的二重积分，此时默认的求解积分的数值方法为 quad，默认的公差为 10^{-6}
q=integral2 (fun,xmin,xmax,ymin,ymax,Name,Value)	在指定范围的矩形内计算 fun(x,y)的二重积分，并使用名称-值对组参数设置二重积分选项

实例——函数 1 求二重积分

源文件：yuanwenjian\ch13\ecjf1.m

本实例计算 $\int_0^\pi \int_\pi^{2\pi}(y\sin x + x\cos y)dxdy$。

解：MATLAB 程序如下。

```
>> clear                                    %清除工作区的变量
>> fun = @(x,y)(y.*sin(x)+x.*cos(y));       %定义函数名柄 fun
>> integral2(fun,pi,2*pi,0,pi)              %在指定区间计算函数的二重积分
ans =
   -9.8696
```

如果使用 int 命令进行二重积分计算，则需要先确定积分区域以及积分的上下限，然后再进行积分计算。

实例——函数 2 求二重积分

源文件：yuanwenjian\ch13\ ecjf2.m、函数 2 求二重积分.fig

本实例计算 $\iint_D x dx dy$，其中 D 是由直线 $y = 2x$，$y = 0.5x$，$y = 3-x$ 所围成的平面区域。

解：MATLAB 程序如下。

```
>> clear                    %清除工作区的变量
>> syms x y                 %定义符号变量
>> f=x;                     %定义函数表达式 f
>> f1=2*x;
>> f2=0.5*x;
>> f3=3-x;                  %输入三条直线的函数表达式 f1、f2、f3
>> fplot(f1);               %绘制函数 f1 的图形
>> hold on                  %保留当前图窗中的绘图
>> fplot(f2);               %绘制函数 f2 的图形
>> fplot(f3);               %绘制函数 f3 的图形
>> hold off                 %关闭保持命令
>> axis([-2 3 -1 3]);       %调整坐标轴范围
```

积分区域就是图 13-1 中所围成的区域。

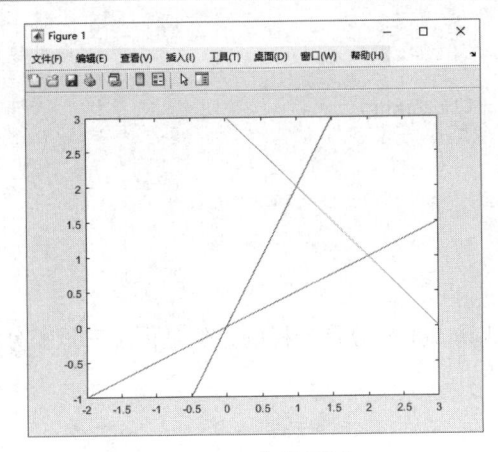

图 13-1 积分区域

下面确定积分限。

```
>> A=fzero('2*x-0.5*x',0)      %求 f1 和 f2 在 0 附近的交点
A =
    0
>> B=fzero('2*x-(3-x)',1)      %求 f1 和 f3 在 1 附近的交点
B =
    1
>> C=fzero('3-x-0.5*x',2)      %求 f3 和 f2 在 2 附近的交点
C =
    2
```

即 $A=0$,$B=1$,$C=2$,找到积分限。下面进行积分计算。

根据图 13-1 可以将积分区域分成两个部分,计算过程如下。

```
>> ff1=int(f,y,0.5*x,2*x)      %在第一个积分区域对 y 进行积分
ff1 =
(3*x^2)/2
>> ff11=int(ff1,x,0,1)          %在区间[0,1]对 x 进行积分
ff11 =
1/2
>> ff2=int(f,y,0.5*x,3-x)       %在第二个积分区域对 y 进行积分
ff2 =
-(3*x*(x-2))/2
>> ff22=int(ff2,x,1,2)          %在区间[1,2]对 x 进行积分
ff22 =
1
>> ff11+ff22                    %积分求和
ans =
3/2
```

本题的计算结果就是 3/2。

动手练一练——表达式二重积分

求 $\int_0^1 \int_0^1 (\sin x + e^{y+x}) dx dy$。

思路点拨：

源文件：yuanwenjian\ch13\becjf.m
（1）定义函数句柄。
（2）求二重积分。

13.2.2 三重积分

计算三重积分的过程和计算二重积分是一样的，但是由于三重积分的积分区域更加复杂，所以计算三重积分的过程更加烦琐。

实例——椭球体积分

源文件：yuanwenjian\ch13\tqtjf.m、三维积分区域.fig、x轴侧视图.fig、y轴侧视图.fig

本实例计算 $\iiint\limits_V (x^2 + y^2 + z^2) dxdydz$，其中 V 是由椭球体 $x^2 + \dfrac{y^2}{4} + \dfrac{z^2}{9} = 1$ 围成的内部区域。

解：MATLAB 程序如下。

```
>> clear                       %清除工作区的变量
>> x=-1:2/50:1;
>> y=-2:4/50:2;                %定义椭球体函数 x、y 的取值范围和取值点
>> z=-3;
for i=1:51
        for j=1:51
                z(j,i)=(9*(1-x(i)^2-y(j)^2/4))^0.5;   %根据椭球体函数计算 z 轴坐标值,如果
                                                      %z 轴坐标值不是实数,则赋值为 nan
                if imag(z(j,i))<0
                    z(j,i)=nan;
                end
                if imag(z(j,i))>0;
                    z(j,i)=nan;
                end
        end
end
>> mesh(x,y,z)                 %绘制由坐标矩阵 x、y、z 指定的三维网格曲面图
>> hold on                     %保留当前图窗的绘图,调整坐标方向,绘制椭球体的曲面
>> mesh(x,y,-z)
>> mesh(x,-y,z)
>> mesh(x,-y,-z)
>> mesh(-x,y,z)
>> mesh(-x,y,-z)
>> mesh(-x,-y,-z)
>> mesh(-x,-y,z)
```

积分区域如图 13-2 所示。

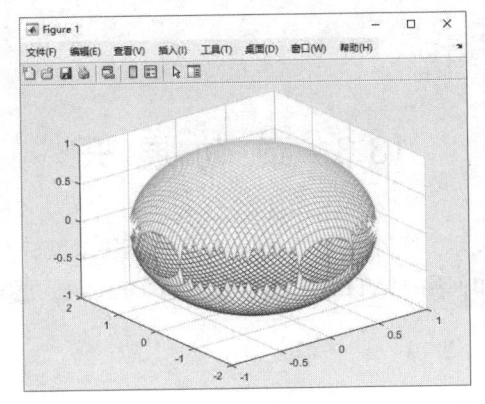

图 13-2　三维积分区域

下面确定积分限。

```
>>view(0,90)                    %显示 x 轴侧视图
>>title('沿 x 轴侧视')
>>view(90,0)                    %显示 y 轴侧视图
>>title('沿 y 轴侧视')
```

积分限如图 13-3 和图 13-4 所示。

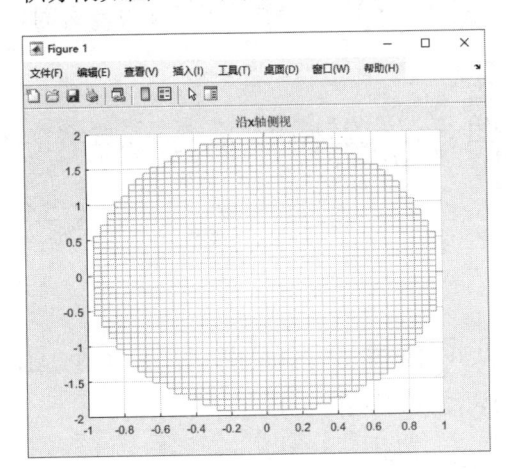

图 13-3　x 轴侧视图 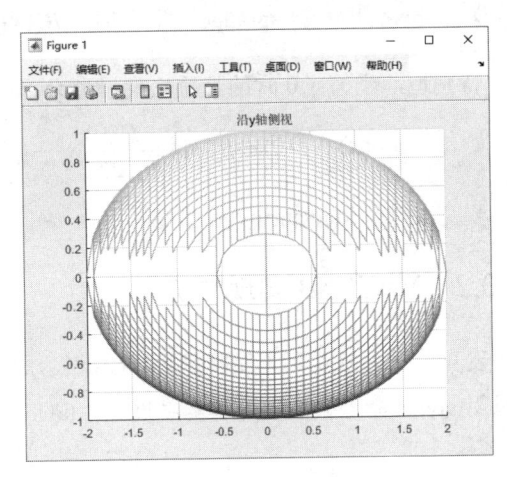　　　　　　　　　图 13-4　y 轴侧视图

由图 13-3 和图 13-4 以及椭球面的性质，可以得到：

```
>> syms x y z                           %定义符号变量
>> f=x^2+y^2+z^2;                       %定义函数表达式 f
>> a1=-sqrt(1-(x^2));
>> a2=sqrt(1-(x^2));                    %设置对 y 积分的区间下限和上限
>> b1=-3*sqrt(1-x^2-(y/2)^2);
>> b2=3*sqrt(1-x^2-(y/2)^2);            %设置对 z 积分的区间下限和上限
>> fdz=int(f,z,b1,b2);                  %在指定区间求 f 对 z 的定积分
>> fdzdy=int(fdz,y,a1,a2);              %在指定区间求对 y 的定积分
>> fdzdydx=int(fdzdy,x,-1,1);           %在指定区间求对 x 的定积分
>> simplify(fdzdydx)                    %对积分结果进行代数简化
```

```
ans =
(112*pi)/15 + 10*3^(1/2)
```

13.3 泰勒展开

用简单函数逼近（近似表示）复杂函数是数学中的一种基本思想方法，也是工程中常常要用到的技术手段。本节主要介绍如何用 MATLAB 来实现泰勒（Taylor）展开的操作。

13.3.1 泰勒定理

为了更好地说明下面的内容，让读者更易理解本小节内容，先介绍著名的泰勒定理。

若函数 $f(x)$ 在 x_0 处 $n+1$ 阶可微，则 $f(x) = \sum_{k=0}^{n} \frac{f^{(k)}(x_0)}{k!}(x-x_0)^k + R_n(x)$。式中，$R_n(x)$ 称为 $f(x)$ 的余项，常用的余项公式如下。

- 皮亚诺（Peano）型余项：$R_n(x) = o((x-x_0)^n)$。
- 拉格朗日（Lagrange）型余项：$R_n(x) = \frac{f^{(n+1)}(\xi)}{(n+1)!}(x-x_0)^{n+1}$，其中 ξ 介于 x 与 x_0 之间。

特别地，当 $x_0 = 0$ 时的带拉格朗日型余项的泰勒公式

$$f(x) = f(0) + f'(0)x + \frac{f''(0)}{2!}x^2 + \cdots + \frac{f^{(n)}(0)}{n!}x^n + \frac{f^{(n+1)}(\xi)}{(n+1)!}x^{n+1} \quad (0 < \xi < x)$$

称为麦克劳林（Maclaurin）公式。

13.3.2 MATLAB 实现方法

麦克劳林公式实际上是将函数 $f(x)$ 表示成 x^n（n 从 0 到无穷大）的和的形式。在 MATLAB 中，可以用 taylor 命令来实现这种泰勒展开。taylor 命令的调用格式见表 13-4。

表 13-4　taylor 命令的调用格式

调用格式	说　　明
taylor(f)	关于系统默认变量 x 求 $\sum_{n=0}^{5} \frac{f^{(n)}(0)}{n!}x^n$
taylor(f,m)	关于系统默认变量 x 求 $\sum_{n=0}^{m} \frac{f^{(n)}(0)}{n!}x^n$，这里的 m 要求为一个正整数
taylor(f,a)	关于系统默认变量 x 求 $\sum_{n=0}^{5} (x-a)^n \frac{f^{(n)}(a)}{n!}x^n$，这里的 a 要求为一个实数
taylor(f,m,a)	关于系统默认变量 x 求 $\sum_{n=0}^{m} (x-a)^n \frac{f^{(n)}(a)}{n!}x^n$，这里的 m 要求为一个正整数，a 要求为一个实数
taylor(f,y)	关于函数 $f(x,y)$ 求 $\sum_{n=0}^{5} \frac{y^n}{n!} \frac{\partial^n}{\partial y^n} f(x, y=0)$

续表

调用格式	说明
taylor(f,y,m)	关于函数 $f(x,y)$ 求 $\sum_{n=0}^{m}\dfrac{y^n}{n!}\dfrac{\partial^n}{\partial y^n}f(x,y=0)$，这里的 m 要求为一个正整数
taylor(f,y,a)	关于函数 $f(x,y)$ 求 $\sum_{n=0}^{5}\dfrac{(y-a)^n}{n!}\dfrac{\partial^n}{\partial y^n}f(x,y=a)$，这里的 a 要求为一个实数
taylor(f,m,y,a)	关于函数 $f(x,y)$ 求 $\sum_{n=0}^{m}\dfrac{(y-a)^n}{n!}\dfrac{\partial^n}{\partial y^n}f(x,y=a)$，这里的 m 要求为一个正整数，a 要求为一个实数
taylor(…,Name,Value)	用一个或多个名称-值对组参数指定属性

实例——6 阶麦克劳林型近似展开

源文件：yuanwenjian\ch13\mkll6.m

本实例求 e^{-x} 的 6 阶麦克劳林型近似展开。

解：MATLAB 程序如下。

```
>> syms x                    %定义符号变量 x
>> f=exp(-x);                %创建以 x 为自变量的符号表达式 f
>> f6=taylor(f)              %求函数 f 的麦克劳林型近似展开，默认为 6 阶展开
f6 =
- x^5/120 + x^4/24 - x^3/6 + x^2/2 - x + 1
```

实例——5 阶麦克劳林型近似展开

源文件：yuanwenjian\ch13\mkll5.m

本实例求 $\dfrac{\sin x}{x}$ 的 5 阶麦克劳林型近似展开。

解：MATLAB 程序如下。

```
>> syms x;                   %定义符号变量 x
>> f=sin(x)/x;               %定义函数表达式 f
>> f5=taylor(f,'order',5)    %求函数 f 的 5 阶麦克劳林型近似展开
f5 =
x^4/120 - x^2/6 + 1
```

实例——函数展开

源文件：yuanwenjian\ch13\hszk.m

本实例对于 $f(x)=a\sin x+b\cos x$，

（1）求 $f(x)$ 的 10 阶麦克劳林型近似展开。

（2）求 $f(x)$ 在 $\dfrac{\pi}{2}$ 处的 10 阶泰勒展开。

解：MATLAB 程序如下。

```
>> syms a b x                      %定义符号变量
>> f=a*sin(x)+b*cos(x);            %定义函数表达式 f
>> f1=taylor(f,'Order',10)         %求函数 f 的 10 阶麦克劳林型近似展开
f1 =
```

```
            (a*x^9)/362880 + (b*x^8)/40320 - (a*x^7)/5040 - (b*x^6)/720 + (a*x^5)/120 +
(b*x^4)/ 24 - (a*x^3)/6 - (b*x^2)/2 + a*x + b
>> f2=taylor(f,x,pi/2,'Order',10)            %求表达式 f 在 π/2 处的 10 阶泰勒展开
    f2 =
    a - b*(x - pi/2) - (a*(x - pi/2)^2)/2 + (a*(x - pi/2)^4)/24 - (a*(x - pi/2)^6)/
720 + (a*(x - pi/2)^8)/40320 + (b*(x - pi/2)^3)/6 - (b*(x - pi/2)^5)/120 + (b*(x -
pi/2)^7)/5040 - (b*(x - pi/2)^9)/362880
```

实例——4 阶泰勒展开

源文件：yuanwenjian\ch13\tl4.m

本实例求 $f(x,y)=x^y$ 关于 y 在 0 处的 4 阶泰勒展开，关于 x 在 1.5 处的 4 阶泰勒展开。

解：MATLAB 程序如下。

```
>> syms x y                                  %定义符号变量
>> f=x^y;                                    %定义函数表达式 f
>> f1=taylor(f,y,0,'Order',4)                %求函数 f 关于 y 在 0 处的 4 阶泰勒展开
    f1 =
    (y^2*log(x)^2)/2 + (y^3*log(x)^3)/6 + y*log(x) + 1
>> f2=taylor(f,x,1.5,'Order',4)              %求函数 f 关于 x 在 1.5 处的 4 阶泰勒展开
    f2 =
exp(y*log(3/2)) + (2*y*exp(y*log(3/2))*(x - 3/2))/3 - exp(y*log(3/2))*((2*y)/
9 - (2*y^2)/9)*(x - 3/2)^2 - exp(y*log(3/2))*(x - 3/2)^3*((2*y*(y/9 - (2*y^2)/27))/
3 - (8*y)/81 + (2*y^2)/27)
```

注意：

当 a 为正整数，求函数 $f(x)$ 在 a 处的 4 阶麦克劳林型近似展开时，不要用 taylor(f,a)，否则 MATLAB 得出的结果将是 $f(x)$ 在 0 处的 4 阶麦克劳林型近似展开。

13.4 傅里叶展开

MATLAB 中不存在现成的傅里叶（Fourier）级数展开命令，可以根据傅里叶级数的定义编写一个函数文件来完成这个计算。

傅里叶级数的定义如下：

设函数 $f(x)$ 在区间 $[0,2\pi]$ 上绝对可积，且令

$$\begin{cases} a_n = \dfrac{1}{\pi}\int_0^{2\pi} f(x)\cos nx\, dx & (n=0,1,2,\cdots) \\ b_n = \dfrac{1}{\pi}\int_0^{2\pi} f(x)\sin nx\, dx & (n=1,2,\cdots) \end{cases}$$

以 a_n、b_n 为系数作三角级数

$$\dfrac{a_0}{2} + \sum_{n=1}^{\infty}(a_n\cos nx + b_n\sin nx)$$

称为 $f(x)$ 的傅里叶级数，a_n、b_n 称为 $f(x)$ 的傅里叶系数。

根据以上定义，编写计算区间$[0,2\pi]$上傅里叶系数的 Fourierzpi.m 文件，内容如下：

```
function [a0,an,bn]=Fourierzpi(f)
syms x n
a0=int(f,0,2*pi)/pi;
an=int(f*cos(n*x),0,2*pi)/pi;
bn=int(f*sin(n*x),0,2*pi)/pi;
```

实例——平方函数傅里叶系数

源文件：yuanwenjian\ch13\pffly.m

本实例计算 $f(x) = x^2$ 在区间$[0,2\pi]$上的傅里叶系数。

解：MATLAB 程序如下。

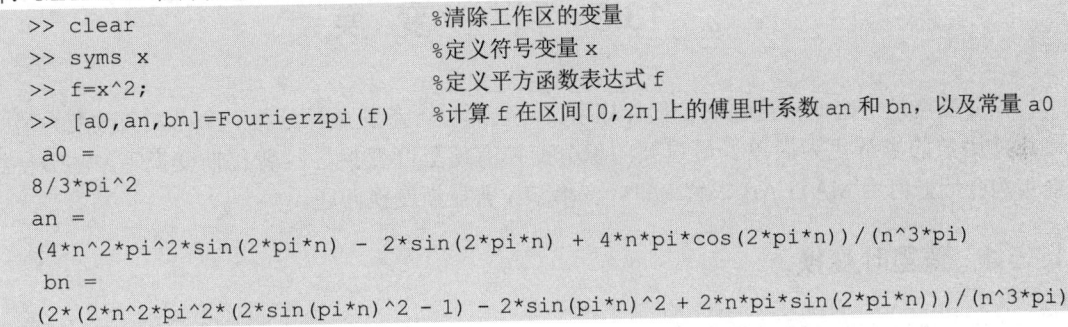

```
>> clear                                %清除工作区的变量
>> syms x                               %定义符号变量 x
>> f=x^2;                               %定义平方函数表达式 f
>> [a0,an,bn]=Fourierzpi(f)             %计算 f 在区间[0,2π]上的傅里叶系数 an 和 bn，以及常量 a0
 a0 =
 8/3*pi^2
 an =
 (4*n^2*pi^2*sin(2*pi*n) - 2*sin(2*pi*n) + 4*n*pi*cos(2*pi*n))/(n^3*pi)
 bn =
 (2*(2*n^2*pi^2*(2*sin(pi*n)^2 - 1) - 2*sin(pi*n)^2 + 2*n*pi*sin(2*pi*n)))/(n^3*pi)
```

实例——平方函数傅里叶系数 2

源文件：yuanwenjian\ch13\pffly2.m

本实例计算 $f(x) = x^2$ 在区间$[-\pi,\pi]$上的傅里叶系数。

解：MATLAB 程序如下。

编写计算区间$[-\pi,\pi]$上傅里叶系数的 Fourierzpipi.m 文件。

```
function [a0,an,bn]=Fourierzpipi(f)
syms x n
a0=int(f,-pi,pi)/pi;
an=int(f*cos(n*x),-pi,pi)/pi;
bn=int(f*sin(n*x),-pi,pi)/pi;
```

在命令行中输入以下命令。

```
>> clear
>> syms x                               %定义符号变量 x
>> f=x^2;                               %定义平方函数表达式 f
>> [a0,an,bn]=Fourierzpipi(f)           %计算 f 在区间[-π,π]上的傅里叶系数 an 和 bn，以及常量 a0
 a0 =
    (2*pi^2)/3
 an =
 (2*(n^2*pi^2*sin(pi*n) - 2*sin(pi*n) + 2*n*pi*cos(pi*n)))/(n^3*pi)
 bn =
 0
```

动手练一练——表达式傅里叶系数

求 $\dfrac{\sin x + e^x}{x^2}$ 在区间 $[-\pi, \pi]$ 上的傅里叶系数。

思路点拨：

> 源文件：yuanwenjian\ch13\bfly.m
> （1）定义变量。
> （2）输入表达式。
> （3）调用傅里叶系数函数。

13.5 积分变换

积分变换是一个非常重要的工程计算手段，它通过含参变量积分将一个已知函数变为另一个函数，使函数的求解更为简单。最重要的积分变换有傅里叶变换、拉普拉斯变换等。本节将结合工程实例介绍如何用 MATLAB 求解傅里叶变换和拉普拉斯变换问题。

13.5.1 傅里叶变换

傅里叶变换是将函数表示成一组具有不同幅值的正弦函数的和或者积分，在物理学、数论、信号处理、概率论等领域都有着广泛的应用。MATLAB 提供的傅里叶变换命令是 fourier，其调用格式见表 13-5。

表 13-5 fourier 命令的调用格式

调用格式	说明
fourier (f)	返回 f 对默认自变量 x 的符号傅里叶变换，默认的返回形式是 $f(w)$，即 $f = f(x) \Rightarrow F = F(w)$；如果 $f = f(x)$，则返回 $F = F(t)$，即求 $F(w) = \int_{-\infty}^{\infty} f(x) e^{-iwx} dx$
fourier (f,v)	返回的傅里叶变换以 v 代替 w 为默认变量，即求 $F(v) = \int_{-\infty}^{\infty} f(x) e^{-ivx} dx$
fourier (f,u,v)	返回的傅里叶变换以 v 代替 w，自变量以 u 代替 x，即求 $F(v) = \int_{-\infty}^{\infty} f(u) e^{-ivu} du$

实例——傅里叶变换 1

源文件：yuanwenjian\ch13\flybh1.m

本实例计算 $f(x) = e^{-x^2}$ 的傅里叶变换。

解： MATLAB 程序如下。

```
>> clear
>> syms x              %定义符号变量 x
>> f = exp(-x^2);      %定义函数表达式 f
>> fourier(f)          %返回函数 f 对默认自变量 x 的傅里叶变换，结果是以转换变量 w 为自变量的函数
ans =
```

```
pi^(1/2)*exp(-w^2/4)
```

实例——傅里叶变换 2

源文件：yuanwenjian\ch13\flybh2.m

本实例计算 $f(w) = e^{-|w+1|}$ 的傅里叶变换。

解：MATLAB 程序如下。

```
>> clear
>> syms w                  %定义符号变量 w
>> f = exp(-abs(w+1));     %定义函数表达式 f
>> fourier(f)              %计算函数 f 对自变量 w 的傅里叶变换。返回以转换变量 v 为自变量的函数
ans =
- exp(v*1i)/(-1 + v*1i) + exp(v*1i)/(1 + v*1i)
```

实例——傅里叶变换 3

源文件：yuanwenjian\ch13\flybh3.m

本实例计算 $f(x) = xe^{-|x|}$ 的傅里叶变换。

解：MATLAB 程序如下。

```
>> clear
>> syms x u                %定义符号变量 x 和 u
>> f = x*exp(-abs(x));     %定义以 x 为自变量的函数表达式 f
>> fourier(f,u)            %用变量 u 代替转换变量 w，返回函数对自变量 x 的傅里叶变换
ans =
-(u*4i)/(u^2 + 1)^2
```

实例——傅里叶变换 4

源文件：yuanwenjian\ch13\flybh4.m

本实例计算 $f(x,v) = e^{-x^2|v|} \cdot \dfrac{\sin v}{v}$ 的傅里叶变换，x 是实数。

解：MATLAB 程序如下。

```
>> clear
>> syms x v u real              %定义符号变量 x、v、u 为实数
>> f=exp(-x^2*abs(v))*sin(v)/v; %定义符号表达式 f
>> fourier(f,v,u)               %用转换变量 u 计算表达式对自变量 v 的傅里叶变换
ans =
piecewise(x ~= 0, atan((u + 1)/x^2) - atan((u - 1)/x^2))
```

13.5.2 傅里叶逆变换

MATLAB 提供的傅里叶逆变换命令是 ifourier，其调用格式见表 13-6。

表 13-6　ifourier 命令的调用格式

调用格式	说　明
ifourier (F)	f 返回对默认自变量 w 的傅里叶逆变换，默认变换变量为 x，默认的返回形式是 $f(w)$，即 $F = F(w) \Rightarrow f = f(x)$；如果 $F = F(x)$，则返回 $f = f(t)$，即求 $f(w) = \frac{1}{2\pi}\int_{-\infty}^{\infty} F(x) \mathrm{e}^{iwx} \mathrm{d}w$
ifourier (F,u)	返回的傅里叶逆变换以 u 代替 x 作为默认变换变量，即求 $f(w) = \frac{1}{2\pi}\int_{-\infty}^{\infty} F(x) \mathrm{e}^{-iux} \mathrm{d}x$
ifourier (F,v,u)	返回以 v 代替 w，u 代替 x 的傅里叶逆变换，即求 $f(v) = \frac{1}{2\pi}\int_{-\infty}^{\infty} F(u) \mathrm{e}^{iuv} \mathrm{d}v$

实例——傅里叶逆变换 1

源文件：yuanwenjian\ch13\flyn1.m

本实例计算 $f(w) = \mathrm{e}^{-\frac{w^2}{4a^2}}$ 的傅里叶逆变换。

解：MATLAB 程序如下。

```
>> clear
>> syms a w real          %定义符号变量 a、w
>> f=exp(-w^2/(4*a^2));   %符号表达式 f
>> F = ifourier(f)        %函数 f 对默认自变量 w 的傅里叶逆变换，返回以转换变量 x 为自变量的函数
F =
exp(-a^2*x^2)/(2*pi^(1/2)*(1/(4*a^2))^(1/2))
```

实例——傅里叶逆变换 2

源文件：yuanwenjian\ch13\flyn2.m

本实例计算 $g(w) = \mathrm{e}^{-|x|}$ 的傅里叶逆变换。

解：MATLAB 程序如下。

```
>> clear
>> syms x real            %定义符号变量
>> g = exp(-abs(x));      %定义函数表达式 g
>> ifourier(g)            %计算函数 g 的傅里叶逆变换，返回以转换变量 t 为自变量的函数
ans =
1/(pi*(t^2 + 1))
```

实例——傅里叶逆变换 3

源文件：yuanwenjian\ch13\flyn3.m

本实例计算 $f(w) = 2\mathrm{e}^{-|w|} - 1$ 的傅里叶逆变换。

解：MATLAB 程序如下。

```
>> clear
>> syms w t real          %定义符号变量 w 和 t
>> f = 2*exp(-abs(w)) - 1;  %定义以 w 为自变量的函数表达式 f
>> ifourier(f,t)          %使用 t 作为转换变量，计算表达式 f 的傅里叶逆变换
ans =
-(2*pi*dirac(t) - 4/(t^2 + 1))/(2*pi)
```

实例——傅里叶逆变换 4

源文件：yuanwenjian\ch13\flyn4.m

本实例计算 $f(w,v) = e^{-w^2\frac{|v|\sin v}{v}}$ 的傅里叶逆变换，w 是实数。

解： MATLAB 程序如下。

```
>> clear
>> syms w v t real                      %定义符号变量
>> f = exp(-w^2*abs(v))*sin(v)/v;       %定义函数表达式 f
>> ifourier(f,v,t)                      %以 v 为自变量、t 为转换变量计算 f 的傅里叶逆变换
ans =
piecewise(w ~= 0, -(atan((t - 1)/w^2) - atan((t + 1)/w^2))/(2*pi))
```

13.5.3 快速傅里叶变换

快速傅里叶变换（Fast Fourier Transform，FFT）是离散傅里叶变换的快速算法，它是根据离散傅里叶变换的奇、偶、虚、实等特性，对离散傅里叶变换的算法进行改进获得的。

MATLAB 提供了多种快速傅里叶变换的命令，见表 13-7。

表 13-7 快速傅里叶变换命令的调用格式

命令	意义	命令调用格式
fft	一维快速傅里叶变换	Y=fft(X)，计算对向量 X 的快速傅里叶变换。如果 X 是矩阵，fft 返回对每一列的快速傅里叶变换
		Y=fft(X,n)，计算向量 X 的 n 点 FFT。当 X 的长度小于 n 时，系统将在 X 的尾部补 0，以构成 n 点数据；当 X 的长度大于 n 时，系统进行截尾
		Y=fft(X,n,dim)，计算对指定的第 dim 维的快速傅里叶变换
fft2	二维快速傅里叶变换	Y=fft2(X)，计算对 X 的二维快速傅里叶变换。结果 Y 与 X 的维数相同
		Y=fft2(X,m,n)，计算结果为 m×n 阶，系统将视情况对 X 进行截尾或者以 0 来补齐
fftshift	将快速傅里叶变换（fft、fft2）的 DC（直流）分量移到谱中心	Y=fftshift(X)，将 DC 分量转移至谱中心
		Y=fftshift(X,dim)，将 DC 分量转移至 dim 维谱中心，若 dim 为 1，则上下转移；若 dim 为 2，则左右转移
ifft	一维逆快速傅里叶变换	Y=ifft(X)，计算 X 的逆快速傅里叶变换
		Y=ifft(X,n)，计算向量 X 的 n 点逆 FFT
		Y=ifft(…,symflag)，计算对指定 X 的对称性的逆 FFT
		Y=ifft(X,n,dim)，计算对 dim 维的逆 FFT
		Y=ifft2(X)，计算 X 的二维逆快速傅里叶变换
		Y=ifft2(X,m,n)，计算向量 X 的 m×n 维逆快速傅里叶变换
		Y=ifft2(…,symflag)，计算对指定 X 的对称性的二维逆快速傅里叶变换

续表

命令	意义	命令调用格式
ifftn	多维逆快速傅里叶变换	Y=ifftn(X),计算 X 的 n 维逆快速傅里叶变换
		Y=ifftn(X,sz),系统将视情况对 X 进行截尾或者以 0 来补齐
		Y= ifftn(…,symflag),计算对指定 X 的对称性的 n 维逆快速傅里叶变换
ifftshift	逆 fft 平移	Y=ifftshift(X),同时转移行与列
		Y=ifftshift(X,dim),若 dim 为 1,则行转移;若 dim 为 2,则列转移

实例——快速卷积

源文件:yuanwenjian\ch13\ksjj.m

本实例利用快速傅里叶变换实现快速卷积。

解:MATLAB 程序如下。

```
>> clear
>> A=magic(4);              %生成 4*4 的魔方矩阵
>> B=ones(3);               %生成 3*3 的全 1 矩阵
>> A(6,6)=0;                %将 A 用 0 补全为(4+3-1)*(4+3-1)维
>> B(6,6)=0;                %将 B 用 0 补全为(4+3-1)*(4+3-1)维
>> C=ifft2(fft2(A).*fft2(B)) %对 A、B 进行二维快速傅里叶变换,并将结果相乘,对乘积
                            %进行二维逆快速傅里叶变换,得到卷积
C =
   16.0000   18.0000   21.0000   18.0000   16.0000   13.0000
   21.0000   34.0000   47.0000   47.0000   34.0000   21.0000
   30.0000   50.0000   69.0000   72.0000   52.0000   33.0000
   34.0000   68.0000  102.0000  102.0000   68.0000   34.0000
   18.0000   50.0000   81.0000   84.0000   52.0000   21.0000
   13.0000   34.0000   55.0000   55.0000   34.0000   13.0000
    4.0000   18.0000   33.0000   30.0000   16.0000    1.0000
```

下面是利用 MATLAB 自带的卷积计算命令 conv2 进行的验算。

```
>> A=magic(4);               %创建 4 阶魔方矩阵 A
>> B=ones(3);                %创建 3 阶全一矩阵 B
>> D=conv2(A,B)              %计算矩阵 A 和 B 的二维卷积
D =
   16   18   21   18   16   13
   21   34   47   47   34   21
   30   50   69   72   52   33
   34   68  102  102   68   34
   18   50   81   84   52   21
   13   34   55   55   34   13
    4   18   33   30   16    1
```

13.5.4 拉普拉斯变换

拉普拉斯变换是工程数学中常用的一种积分变换,又名拉氏变换,该变换是一个线性变换,可将一个引数为实数 t($t \geq 0$)的函数转换为一个引数为复数 s 的函数。

MATLAB 提供的拉普拉斯变换命令是 laplace，其调用格式见表 13-8。

表 13-8　laplace 命令的调用格式

调用格式	说　　明
laplace (F)	计算默认自变量 t 的符号拉普拉斯变换，默认的转换变量为 s，默认的返回形式是 $L(s)$，即 $F = F(t) \Rightarrow L = L(s)$；如果 $F = F(s)$，则返回 $L = L(t)$，即求 $L(s) = \int_0^\infty F(t)\mathrm{e}^{-st}\mathrm{d}t$
laplace (F,z)	计算结果以 z 替换 s 为新的转换变量，即求 $L(z) = \int_0^\infty F(t)\mathrm{e}^{-tz}\mathrm{d}t$
laplace (F,w,z)	以 z 代替 s 作为转换变量，以 w 代替 t 作为自变量，并进行拉普拉斯变换，即求 $L(z) = \int_0^\infty F(w)\mathrm{e}^{-zw}\mathrm{d}w$

实例——拉普拉斯变换 1

源文件：yuanwenjian\ch13\lpls1.m

本实例计算 $f(t) = t^4$ 的拉普拉斯变换。

解：MATLAB 程序如下。

```
>> clear
>> syms t            %定义符号变量 t
>> f=t^4;            %定义以 t 为自变量的函数表达式 f
>> laplace(f)        %计算函数 f 的拉普拉斯变换，返回以转换变量 s 为自变量的函数
ans =
24/s^5
```

实例——拉普拉斯变换 2

源文件：yuanwenjian\ch13\lpls2.m

本实例计算 $g(s) = x^2 - x$ 的拉普拉斯变换。

解：MATLAB 程序如下。

```
>> clear
>> syms x z          %定义符号变量 x 和 z
>> g=x^2-x;          %定义函数表达式 g
>> laplace(g,z)      %以 z 为转换变量，计算函数 g 的拉普拉斯变换
ans =
2/z^3 - 1/z^2
```

实例——拉普拉斯变换 3

源文件：yuanwenjian\ch13\lpls3.m

本实例计算 $g(s) = \dfrac{\sin s}{s}$ 的拉普拉斯变换。

解：MATLAB 程序如下。

```
>> clear
>> syms s z          %定义符号变量 s 和 z
>> g=sin(s)/s;       %定义以 s 为自变量的函数表达式 g
>> laplace(g,z)      %以 z 为转换变量，返回函数 g 的拉普拉斯变换
ans =
atan(1/z)
```

实例——拉普拉斯变换 4

源文件：yuanwenjian\ch13\lpls4.m

本实例计算 $g(s) = \dfrac{1}{s+1}$ 的拉普拉斯变换。

解：MATLAB 程序如下。

```
>> clear
>> syms s z              %定义符号变量 s 和 z
>> g=1/(s+1);            %定义以 s 为自变量的函数表达式 g
>> laplace(g,z)          %以 z 为转换变量，返回函数 g 的拉普拉斯变换
ans =
exp(z)*expint(z)
```

实例——拉普拉斯变换 5

源文件：yuanwenjian\ch13\lpls5.m

本实例计算 $g(s) = \dfrac{1}{\sqrt{s}}$ 的拉普拉斯变换。

解：MATLAB 程序如下。

```
>> clear
>> syms s t              %定义符号变量 s 和 t
>> g=1/sqrt(s);          %定义以 s 为自变量的函数表达式 g
>> laplace(g,t)          %用转换变量 t 计算函数 g 的拉普拉斯变换
ans =
pi^(1/2)/t^(1/2)
```

实例——拉普拉斯变换 6

源文件：yuanwenjian\ch13\lpls6.m

本实例计算 $f(t) = e^{-at}$ 的拉普拉斯变换。

解：MATLAB 程序如下。

```
>> clear
>> syms t a x            %定义符号变量 t、a、x
>> f=exp(-a*t);          %定义函数表达式 f
>> laplace(f,x)          %以 x 为转换变量，返回函数 f 的拉普拉斯变换
ans =
1/(x+a)
```

13.5.5 拉普拉斯逆变换

MATLAB 提供的拉普拉斯逆变换命令是 ilaplace，其调用格式见表 13-9。

表 13-9 ilaplace 命令的调用格式

调用格式	说 明
ilaplace (L)	计算对默认自变量 s 的拉普拉斯逆变换，默认转换变量为 t，默认的返回形式是 $F(t)$，即 $L = L(s) \Rightarrow F = F(t)$；如果 $L = L(t)$，则返回 $F = F(x)$，即求 $F(t) = \frac{1}{2\pi i}\int_{c-i\infty}^{c+i\infty} L(s)e^{st}ds$
ilaplace (L,y)	计算结果以 y 代替 t 作为新的转换变量，即求 $F(y) = \frac{1}{2\pi i}\int_{c-i\infty}^{c+i\infty} L(s)e^{sy}ds$
ilaplace (L,x,y)	计算转换变量以 y 代替 t，以自变量 x 代替 s 的拉普拉斯逆变换，即求 $F(y) = \frac{1}{2\pi i}\int_{c-iw}^{c+iw} L(x)e^{xy}dx$

实例——拉普拉斯逆变换 1

源文件：yuanwenjian\ch13\lplsn1.m

本实例计算 $f(t) = \dfrac{1}{s^2}$ 的拉普拉斯逆变换。

解：MATLAB 程序如下。

```
>> clear
>> syms s              %定义符号变量 s
>> f=1/(s^2);          %定义函数表达式 f
>> ilaplace(f)         %以 s 为自变量，t 为转换变量，返回函数 f 的拉普拉斯逆变换
ans =
t
```

实例——拉普拉斯逆变换 2

源文件：yuanwenjian\ch13\lplsn2.m

本实例计算 $g(a) = \dfrac{1}{(t-a)^2}$ 的拉普拉斯逆变换。

解：MATLAB 程序如下。

```
>> clear
>> syms a t            %定义符号变量 a 和 t
>> g=1/(t-a)^2;        %定义函数表达式 g
>> ilaplace(g)         %用转换变量 x 返回函数 g 的拉普拉斯逆变换
ans =
x*exp(a*x)
```

实例——拉普拉斯逆变换 3

源文件：yuanwenjian\ch13\lplsn3.m

本实例计算 $f(u) = \dfrac{1}{u^2 - a^2}$ 的拉普拉斯逆变换。

解：MATLAB 程序如下。

```
>> clear
>> syms x u a          %定义符号变量 x、u、a
>> f=1/(u^2-a^2);      %定义函数表达式 f
>> ilaplace(f,x)       %以 x 为转换变量，返回函数 f 的拉普拉斯逆变换
ans =
exp(a*x)/(2*a) - exp(-a*x)/(2*a)
```

实例——拉普拉斯变换与逆变换

源文件：yuanwenjian\ch13\lplsyn.m

本实例计算 $f(x) = -x^3$ 的拉普拉斯变换与逆变换。

解：MATLAB 程序如下。

```
>> clear
>> syms x t              %定义符号变量x、t
>> f=-x^3;               %定义函数表达式 f
>> laplace(f,x,t)        %以 x 为自变量，t 为转换变量，返回函数 f 的拉普拉斯变换
ans =
-6/t^4
>> ilaplace(f,x,t)       %以 x 为自变量，t 为转换变量，返回函数 f 的拉普拉斯逆变换
ans =
-dirac(3, t)
```

实例——拉普拉斯逆变换 4

源文件：yuanwenjian\ch13\lplsn4.m

本实例计算 $g(s) = \dfrac{1}{(s^2+1)^2}$ 的拉普拉斯逆变换。

解：MATLAB 程序如下。

```
>> clear
>> syms s                %定义符号变量s
>> g=1/(s^2+1)^2;        %定义函数表达式 g
>> ilaplace(g)           %以默认转换变量 t 返回函数 f 的拉普拉斯逆变换
ans =
sin(t)/2 - (t*cos(t))/2
```

实例——拉普拉斯逆变换 5

源文件：yuanwenjian\ch13\lplsn5.m

本实例计算 $g(s) = \dfrac{s^4+1}{s}$ 的拉普拉斯逆变换。

解：MATLAB 程序如下。

```
>> clear
>> syms s                %定义符号变量 s
>> g=(s^4+1)/s;          %定义函数表达式 g
>> ilaplace(g)           %以默认转换变量 t 返回函数 g 的拉普拉斯逆变换
ans =
dirac(3, t) + 1
```

实例——拉普拉斯逆变换 6

源文件：yuanwenjian\ch13\lplsn6.m

本实例计算 $g(s) = \dfrac{1}{s+1}$ 的拉普拉斯逆变换。

解：MATLAB 程序如下。

```
>> clear
>> syms s                    %定义符号变量 s
>> g=1/(s+1);                %定义函数表达式 g
>> ilaplace(g)               %以默认转换变量 t 返回函数 g 的拉普拉斯逆变换
ans =
exp(-t)
```

实例——拉普拉斯逆变换 7

源文件：yuanwenjian\ch13\lplsn7.m

本实例计算 $g(s) = \dfrac{1}{\sqrt{s}}$ 的拉普拉斯逆变换。

解：MATLAB 程序如下。

```
>> clear
>> syms s                    %定义符号变量 s
>> g=1/sqrt(s);              %定义函数表达式 g
>> ilaplace(g)               %以默认转换变量 t 返回函数 g 的拉普拉斯逆变换
ans =
1/(t^(1/2)*pi^(1/2))
```

13.6 综合实例——时域信号的频谱分析

源文件：yuanwenjian\ch13\syxh.m

傅里叶变换经常被用于计算存在噪声的时域信号的频谱。假设数据采样频率为 1000Hz，一个信号包含两个正弦波，频率为 50Hz、120Hz，振幅为 0.7、1，噪声为零平均值的随机噪声。试采用快速傅里叶变换方法分析其频谱。

解：MATLAB 程序如下。

```
>> clear
>> Fs = 1000;                                    %采样频率
>> T = 1/Fs;                                     %采样时间
>> L = 1000;                                     %信号长度
>> t = (0:L-1)*T;                                %时间向量
>> x = 0.7*sin(2*pi*50*t) + sin(2*pi*120*t);     %正弦信号表达式
>> y = x + 2*randn(size(t));                     %加噪声正弦信号
>> plot(Fs*t(1:50),y(1:50))                      %绘制添加了随机噪声的信号波
>> title('零平均值噪声信号');
>> xlabel('time (milliseconds)')                 %标注 x 轴
>> NFFT = 2^nextpow2(L);                         %传递给 fft 的信号长度
>> Y = fft(y,NFFT)/L;                            %对信号进行快速傅里叶变换，将时域信号转换为频谱
>> f = Fs/2*linspace(0,1,NFFT/2);                %快速傅里叶变换后的频率
>> plot(f,2*abs(Y(1:NFFT/2)))                    %绘制单边振幅频谱
>> title('y(t)单边振幅频谱')
>> xlabel('Frequency (Hz)')
```

```
>> ylabel('|Y(f)|')
```

计算结果的图形如图 13-5 和图 13-6 所示。

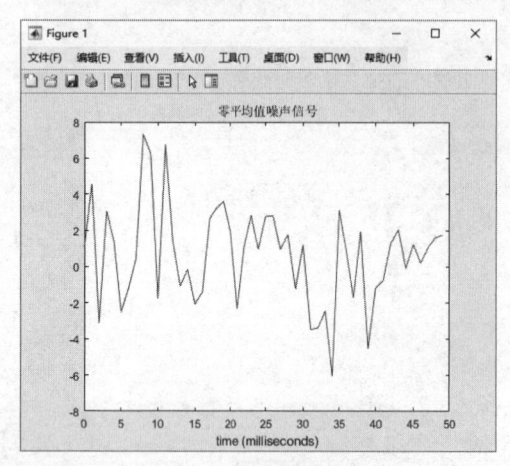

图 13-5　零平均值噪声信号

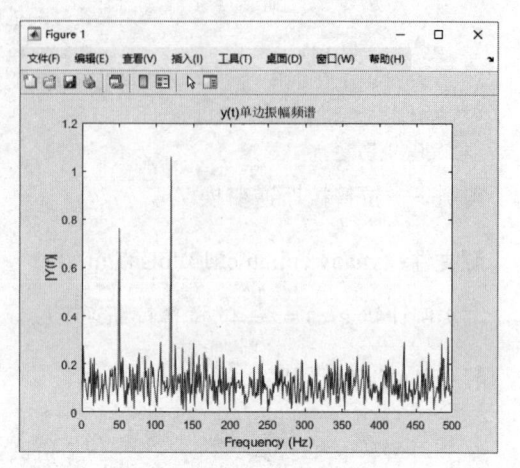

图 13-6　y(t)单边振幅频谱

第 14 章 方程求解

内容简介

本章介绍线性方程求解、非线性方程以及非线性方程组的优化解。通过对实例的分析,具体介绍了 MATLAB 优化工具箱函数的应用。

内容要点

- ➡ 方程组简介
- ➡ 线性方程组求解
- ➡ 方程与方程组的优化解
- ➡ 综合实例——带雅可比矩阵的非线性方程组求解

案例效果

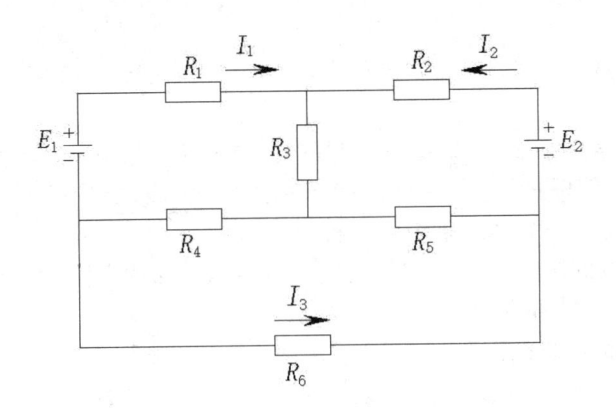

14.1 方程组简介

方程是表示两个数学式之间相等关系的一种含有未知数的等式。方程中的未知数称为"元",根据元的个数和幂次不同,方程具有多种形式,如一元一次方程、二元一次方程等。

在实际应用中,通常将两个或两个以上的方程组合在一起研究,使其中的未知数同时满足每一个方程,这样的组合称为方程组,也称"联立方程"。

1. 一元方程

（1）一元一次方程 $ax+b=c$ 直接使用四则运算进行计算，$x=\dfrac{c-b}{a}$。

（2）设一元二次方程 $ax^2+bx+c=0$（$a,b,c\in R, a\neq 0$）的两根 x_1、x_2 有如下关系。

$$x_1+x_2=-\dfrac{b}{a} \tag{14-1}$$

$$x_1 x_2=\dfrac{c}{a} \tag{14-2}$$

由一元二次方程求根公式可知 $x_{1,2}=\dfrac{-b\pm\sqrt{b^2-4ac}}{2a}$。

（3）一元三次方程的解法只能用归纳思维得到，即根据一元一次方程、一元二次方程及特殊的高次方程的求根公式归纳出一元三次方程的求根公式。

归纳出形如 $x^3+px+q=0$ 的一元三次方程的求根公式为 $x=\sqrt[3]{A}+\sqrt[3]{B}$ 型，即一元三次方程求根公式的形式。

2. 二元一次方程

将方程组中一个方程的一个未知数用含有另一个未知数的代数式表示，代入另一个方程中，消去一个未知数，得到一个一元一次方程，最后求得方程组的解。这种解方程组的方法称为代入消元法。

具体步骤如下：

（1）选取一个系数较简单的二元一次方程进行变形，用含有一个未知数的代数式表示另一个未知数。

（2）将变形后的方程代入另一个方程中，消去一个未知数，得到一个一元一次方程（在代入时，要注意不能代入原方程，只能代入另一个没有变形的方程中，以达到消元的目的）。

（3）解这个一元一次方程，求出未知数的值。

（4）将求得的未知数的值代入式（14-1）或式（14-2）变形后的方程中，求出另一个未知数的值。

（5）用"{"联立两个未知数的值，就是方程组的解。

（6）最后检验求得的结果是否正确（代入原方程组中检验方程是否满足左边等于右边）。

14.2 线性方程组求解

能同时满足方程组中每个方程的未知数的值，称为方程组的"解"，求出它所有解的过程称为"解方程组"。在《线性代数》中，求解线性方程组是一个基本内容，在实际应用中，许多工程问题都可以化为线性方程组的求解问题。本节将讲述如何用 MATLAB 来解各种线性方程组。为了使读者能够更好地掌握本节内容，本节首先简单介绍一下线性方程组的基础知识，然后讲述利用 MATLAB 求解线性方程组的几种方法。

14.2.1 利用矩阵除法求解

在自然科学和工程技术中，很多问题的解决常常归结为解线性代数方程组。例如，电学中的网络问题，船体数学放样中建立三次样条函数问题，用最小二乘法求实验数据的曲线拟合问题，解非线性方程组问题，用差分法或有限元方法求解常微分方程、偏微分方程边值问题等，最终都是求解线性代数方程组。

线性方程组的一般形式为

$$a_{11}x_1 + a_{12}x_2 + \cdots + a_{1n}x_n = b_1$$
$$a_{21}x_1 + a_{22}x_2 + \cdots + a_{2n}x_n = b_2$$
$$\vdots$$
$$a_{n1}x_1 + a_{n2}x_2 + \cdots + a_{nn}x_n = b_n$$

或者表示为矩阵形式 $\mathbf{A}x = \mathbf{b}$。其中，$\mathbf{A}$ 为矩阵；x 和 $\mathbf{b}$ 为向量。

实例——方程组求解 1

源文件：yuanwenjian\ch14\fczqj1.m

本实例求解下列方程组

$$\begin{cases} x_1 + x_2 + x_3 = 6 \\ 4x_2 - x_3 = 5 \\ 2x_1 - 2x_2 + x_3 = 1 \end{cases}$$

将上述形式化成矩阵形式

$$\begin{bmatrix} 1 & 1 & 1 \\ 0 & 4 & -1 \\ 2 & -2 & 1 \end{bmatrix} \begin{bmatrix} x_1 \\ x_2 \\ x_3 \end{bmatrix} = \begin{bmatrix} 6 \\ 5 \\ 1 \end{bmatrix}$$

在命令行窗口中输入系数向量并调用求解命令得到解。

解：MATLAB 程序如下。

```
>> A=[1  1  1
     0  4 -1
     2 -2  1];        %方程组的系数矩阵A，0不能省略
>> b=[6;5;1];         %方程组的右端项
>> x=A\b              %利用矩阵除法求解方程组
x =
    1
    2
    3
```

也就是说，方程组的解为 x = [1,2,3]，代入方程组验证也可以满足。

实例——方程组求解 2

源文件：yuanwenjian\ch14\fczqj2.m

本实例求解下列方程组

$$\begin{cases} 2x_1 - x_2 + x_3 = 4 \\ -x_1 - 2x_2 + 3x_3 = 5 \\ x_1 + 3x_2 + x_3 = 6 \end{cases}$$

将上述形式化成矩阵形式：

$$\begin{bmatrix} 2 & -1 & 1 \\ -1 & -2 & 3 \\ 1 & 3 & 1 \end{bmatrix} \begin{bmatrix} x_1 \\ x_2 \\ x_3 \end{bmatrix} = \begin{bmatrix} 4 \\ 5 \\ 6 \end{bmatrix}$$

在命令行窗口中输入系数向量并调用求解命令得到解。

解：MATLAB 程序如下。

```
>> A=[ 2 -1 1
       -1 -2 3
        1  3 1];           %方程组的系数矩阵 A
>> b=[4;5;6];              %方程组的右端项
>> x=A\b                   %利用矩阵除法求解方程组
x =
    1.1111
    0.7778
    2.5556
```

方程组的解为 $x = [1.1111, 0.7778, 2.5556]$。

14.2.2 判断线性方程组解

对于线性方程组 $Ax = b$，其中，$A \in \mathbf{R}^{m \times n}$，$b \in \mathbf{R}^m$。若 $m=n$，称为恰定方程组；若 $m>n$，称为超定方程组；若 $m<n$，称为欠定方程组。若 $b=0$，则相应的方程组称为齐次线性方程组，否则称为非齐次线性方程组。

对于齐次线性方程组解的个数有下面的定理。

定理 1：设方程组系数矩阵 A 的秩为 r，则

（1）若 $r = n$，则齐次线性方程组有唯一解。

（2）若 $r < n$，则齐次线性方程组有无穷解。

对于非齐次线性方程组解的存在性有下面的定理。

定理 2：设方程组系数矩阵 A 的秩为 r，增广矩阵 $[A\ b]$ 的秩为 s，则

（1）若 $r = s = n$，则非齐次线性方程组有唯一解。

（2）若 $r = s < n$，则非齐次线性方程组有无穷解。

（3）若 $r \neq s$，则非齐次线性方程组无解。

关于齐次线性方程组与非齐次线性方程组之间的关系有下面的定理。

定理 3：非齐次线性方程组的通解等于其一个特解与对应齐次方程组的通解之和。

若线性方程组有无穷多解，则需要找到一个基础解系 $\eta_1, \eta_2, \cdots, \eta_r$，以此来表示相应齐次方程组的通解 $k_1\eta_1 + k_2\eta_2 + \cdots + k_r\eta_r (k_r \in \mathbf{R})$。然后可以通过求矩阵 A 的核空间矩阵得到这个基础解系，在 MATLAB 中，可以用 null 命令得到 A 的核空间矩阵。null 命令的调用格式见表 14-1。

表 14-1 null 命令的调用格式

调用格式	说 明
Z= null(A)	返回矩阵 A 的核空间矩阵 Z，即其列向量为方程组 Ax=0 的一个基础解系，Z 还满足 Z'Z=I
Z= null(A,'rational')	Z 的列向量是方程 Ax=0 的有理基，与上面的命令不同的是，Z 不满足 Z^TZ=I

实例——方程组求解3

源文件：yuanwenjian\ch14\fczqj3.m

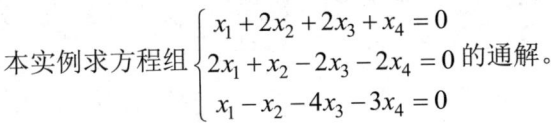

本实例求方程组 $\begin{cases} x_1 + 2x_2 + 2x_3 + x_4 = 0 \\ 2x_1 + x_2 - 2x_3 - 2x_4 = 0 \\ x_1 - x_2 - 4x_3 - 3x_4 = 0 \end{cases}$ 的通解。

解：MATLAB 程序如下。

```
>> clear
>> A=[1 2 2 1;2 1 -2 -2;1 -1 -4 -3];     %输入系数矩阵 A
>> format rat                             %指定以有理形式输出
>> Z=null(A,'rational')                   %求方程组的基础解系
Z =
     2          5/3
    -2         -4/3
     1          0
     0          1
>> format                                 %恢复默认的数据显示格式
```

所以该方程组的通解为

$$x = k_1 \begin{bmatrix} 2 \\ -2 \\ 1 \\ 0 \end{bmatrix} + k_2 \begin{bmatrix} 5/3 \\ -4/3 \\ 0 \\ 1 \end{bmatrix} \quad (k_1, k_2 \in \mathbf{R})$$

在本小节的最后，给出一个判断线性方程组 $Ax = b$ 解的存在性的函数文件 isexist.m。

```
function y=isexist(A,b)
%该函数用于判断线性方程组 Ax=b 的解的存在性
%若方程组无解，则返回 0；若有唯一解，则返回 1；若有无穷多解，则返回 Inf
[m,n]=size(A);
[mb,nb]=size(b);
if m~=mb
    error('输入有误!');
    return;
end
r=rank(A);
s=rank([A,b]);
if r==s&r==n
    y=1;
elseif r==s&r<n
```

```
        y=Inf;
    else
        y=0;
    end
```

14.2.3 利用矩阵的逆（伪逆）与除法求解

对于线性方程组 $Ax = b$，若其为恰定方程组且 A 是非奇异的，则求 x 最直接的方法便是利用矩阵的逆，即 $x = A^{-1}b$；若不是恰定方程组，则可以利用伪逆来求其一个特解。

实例——方程组求解 4

源文件：yuanwenjian\ch14\fczqj4.m

本实例求线性方程组 $\begin{cases} x_1 + 2x_2 + 2x_3 = 1 \\ x_2 - 2x_3 - 2x_4 = 2 \\ x_1 + 3x_2 - 2x_4 = 3 \end{cases}$ 的通解。

解：MATLAB 程序如下。

```
>> clear                              %清除工作区的变量
>> format rat                         %指定数据以有理形式输出
>> A=[1 2 2 0;0 1 -2 -2;1 3 0 -2];
>> b=[1 2 3]';                        %系数矩阵 A 和右端项 b
>> x0=pinv(A)*b                       %利用伪逆求方程组的一个特解
x0 =
    13/77
    46/77
    -2/11
    -40/77
>> Z=null(A,'rational')               %求相应齐次方程组的基础解系
Z =
    -6        -4
     2         2
     1         0
     0         1
>> format                             %恢复默认的数据显示格式
```

因此原方程组的通解为

$$x = \begin{bmatrix} 13/77 \\ 46/77 \\ -2/11 \\ -40/77 \end{bmatrix} + k_1 \begin{bmatrix} -6 \\ 2 \\ 1 \\ 0 \end{bmatrix} + k_2 \begin{bmatrix} -4 \\ 2 \\ 0 \\ 1 \end{bmatrix} \quad (k_1, k_2 \in \mathbf{R})$$

若系数矩阵 A 非奇异，还可以利用矩阵除法来求解方程组的解，即 $x = A \backslash b$。虽然这种方法与上面的方法都采用高斯（Gauss）消去法，但该方法不对矩阵 A 求逆，因此可以提高计算精度且节省计算时间。

实例——比较求逆法与除法

源文件：yuanwenjian\ch14\bjsf.m、compare.m

编写一个 M 文件，用于比较上面两种方法求解线性方程组在时间与精度上的区别。

解：MATLAB 程序如下。

创建 M 文件 compare.m，MATLAB 程序如下。

```
%该 M 文件用于演示求逆法与除法求解线性方程组在时间与精度上的区别
A=1000*rand(1000,1000);                %随机生成一个 1000 维的系数矩阵
x=ones(1000,1);
b=A*x;
disp('利用矩阵的逆求解所用时间及误差为：');
tic                                    %启动秒表计时器
y=inv(A)*b;                            %使用求逆法求解方程
t1=toc                                 %记录所用时间
error1=norm(y-x)                       %利用 2-范数刻画结果与精确解的误差
disp('利用除法求解所用时间及误差为：')
tic                                    %启动秒表计时器
y=A\b;                                 %利用矩阵除法求解方程
t2=toc                                 %记录所用时间
error2=norm(y-x)                       %利用 2-范数刻画结果与精确解的误差
```

该 M 文件的运行结果如下：

```
>> compare
利用矩阵的逆求解所用时间及误差为
t1 =
    0.2719
error1 =
    1.3925e-09
利用除法求解所用时间及误差为
t2 =
    0.0106
error2 =
    4.8598e-10
```

由这个例子可以看出，利用除法来解线性方程组所用时间仅约为求逆法的 1/25，其精度要比求逆法高出一个数量级左右，因此在实际应用中应尽量避免使用求逆法。

📢 **提示**：

本实例调用 M 文件 compare.m 中的系数矩阵 A 是由随机矩阵生成的，每次生成的矩阵不同，因此求出的时间与误差不同，允许读者运行该程序得出与书中不同的结果。本书中其余的章节调用随机矩阵函数 rand()，每次得到的矩阵是不同的，同时也与书中不同。

✍ **小技巧**：

如果线性方程组 $Ax = b$ 的系数矩阵 A 奇异且该方程组有解，那么也可以利用伪逆来求其一个特解，即 x = pinv(A)*b。

14.2.4 利用行阶梯形求解

利用行阶梯形求解只适用于恰定方程组,且系数矩阵非奇异,否则这种方法只能简化方程组的形式,若要求解,还需进一步编程实现,因此本小节内容假设系数矩阵都是非奇异的。

将一个矩阵化为行阶梯形的命令是 rref,其调用格式见表 14-2。

表 14-2 rref 命令的调用格式

调用格式	说明
R=rref(A)	利用 Gauss-Jordan 消去法和部分主元消去法得到矩阵 A 的简化行阶梯形矩阵 R
R=rref(A,tol)	在上一种调用格式的基础上,tol 指定算法可忽略列的主元容差
[R,p]=rref(A)	在第一种调用格式的基础上,还返回非零主元列 p

上面命令中的向量 p 满足下列条件。

(1) length(p) 是矩阵 A 的秩的估计值。

(2) x(p) 为线性方程组 $Ax=b$ 的主元变量。

(3) A(:,p) 为矩阵 A 所在空间的基。

(4) R(1:r,p) 是 $r \times r$ 单位矩阵,其中 r=length(p)。

当系数矩阵非奇异时,可以利用这个命令将增广矩阵[$A\ b$]化为行阶梯形,那么矩阵 R 的最后一列即为方程组的解。

实例——方程组求解 5

源文件:yuanwenjian\ch14\fczqj5.m

本实例求方程组 $\begin{cases} 5x_1 + 6x_2 & = 1 \\ x_1 + 5x_2 + 6x_3 & = 2 \\ x_2 + 5x_3 + 6x_4 & = 3 \\ x_3 + 5x_4 + 6x_5 & = 4 \\ x_4 + 5x_5 & = 5 \end{cases}$ 的解。

解:MATLAB 程序如下。

```
>> clear
>> format                              %恢复数据输出默认格式
>> A=[5 6 0 0 0;1 5 6 0 0;0 1 5 6 0;0 0 1 5 6;0 0 0 1 5];
>> b=[1 2 3 4 5]';                     %系数矩阵 A 和右端项 b
>> r=rank(A)                           %求 A 的秩,看其是否非奇异
r =
     5
>> B=[A,b];                            %B 为增广矩阵
>> R=rref(B)                           %将增广矩阵化为阶梯形
R =
    1.0000         0         0         0         0    5.4782
```

```
             0    1.0000         0         0         0   -4.3985
             0         0    1.0000         0         0    3.0857
             0         0         0    1.0000         0   -1.3383
             0         0         0         0    1.0000    1.2677
>> x=R(:,6)                                   %R 的最后一列即为解
x =
    5.4782
   -4.3985
    3.0857
   -1.3383
    1.2677
>> A*x                                        %验证解的正确性
ans =
    1.0000
    2.0000
    3.0000
    4.0000
    5.0000
```

14.2.5　利用矩阵分解法求解

利用矩阵分解法来求解线性方程组，可以节省内存和计算时间，因此它也是在工程计算中最常用的技术。本小节将讲述如何利用 LU 分解、QR 分解与楚列斯基（Cholesky）分解来求解线性方程组。

1．LU 分解法

LU 分解法的思路是先将系数矩阵 **A** 进行 LU 分解，得到 **LU=PA**，然后解 **Ly=Pb**，最后再解 **Ux=y** 得到原方程组的解。因为矩阵 **L**、**U** 的特殊结构，所以可以很容易地求出上面两个方程组。下面给出一个利用 LU 分解法求解线性方程组 **Ax=b** 的函数文件 solvebyLU.m。

```
function x=solvebyLU(A,b)
%该函数利用 LU 分解法求线性方程组 Ax=b 的解
flag=isexist(A,b);                    %调用函数 isexist()判断方程组解的情况
if flag==0
    disp('该方程组无解!');
    x=[];
    return;
else
    r=rank(A);
    [m,n]=size(A);
    [L,U,P]=lu(A);
    b=P*b;
    
    %解 Ly=b
    y(1)=b(1);
    if m>1
        for i=2:m
            y(i)=b(i)-L(i,1:i-1)*y(1:i-1)';
```

```
            end
        end
        y=y';

        %解Ux=y得原方程组的一个特解
        x0(r)=y(r)/U(r,r);
        if r>1
            for i=r-1:-1:1
                x0(i)=(y(i)-U(i,i+1:r)*x0(i+1:r)')/U(i,i);
            end
        end
        x0=x0';

        if flag==1                              %若方程组有唯一解
            x=x0;
            return;
        else                                    %若方程组有无穷多解
            format rat;
            Z=null(A,'rational');               %求出对应齐次方程组的基础解系
            [mZ,nZ]=size(Z);
            x0(r+1:n)=0;
            for i=1:nZ
                t=sym(char([107 48+i]));
                k(i)=t;                         %取k=[k1,k2,…]
            end
            x=x0;
            for i=1:nZ
                x=x+k(i)*Z(:,i);                %将方程组的通解表示为特解加对应齐次通解形式
            end
        end
end
format                                          %恢复数据显示格式
```

将该文件复制到当前文件夹路径下，方便读者运行书中实例时调用。

实例——LU分解法求方程组

源文件：yuanwenjian\ch14\lufcfj.m

本实例利用LU分解法求方程组 $\begin{cases} x_1 + x_2 - 3x_3 - x_4 = 1 \\ 3x_1 - x_2 - 3x_3 + 4x_4 = 4 \\ x_1 + 5x_2 - 9x_3 - 8x_4 = 0 \end{cases}$ 的通解。

解：MATLAB程序如下。

```
>> clear
>> A=[1 1 -3 -1;3 -1 -3 4;1 5 -9 -8];
>> b=[1 4 0]';                                  %方程组的系数矩阵A和右端项b
>> x=solvebyLU(A,b)                             %调用自定义函数求解线性方程组的解
```

```
x =
(3*k1)/2 - (3*k2)/4 + 5/4
(3*k1)/2 + (7*k2)/4 - 1/4
                       k1
                       k2
```

实例——"病态"矩阵

源文件：yuanwenjian\ch14\btjz.m

A 是一个 6 维的希尔伯特（Hilbert）矩阵，取

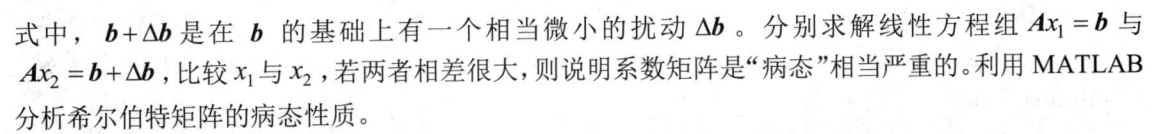

$$b = \begin{bmatrix} 1 & 2 & 1 & 1.414 & 1 & 2 \end{bmatrix}^T, \quad b + \Delta b = \begin{bmatrix} 1 & 2 & 1 & 1.4142 & 1 & 2 \end{bmatrix}^T$$

式中，$b + \Delta b$ 是在 b 的基础上有一个相当微小的扰动 Δb。分别求解线性方程组 $Ax_1 = b$ 与 $Ax_2 = b + \Delta b$，比较 x_1 与 x_2，若两者相差很大，则说明系数矩阵是"病态"相当严重的。利用 MATLAB 分析希尔伯特矩阵的病态性质。

解：MATLAB 程序如下。

```
>> format rat                       %将希尔伯特矩阵以有理形式表示出来
>> A=hilb(6)                        %创建 6 阶希尔伯特矩阵 A
A =
    1       1/2     1/3     1/4     1/5     1/6
    1/2     1/3     1/4     1/5     1/6     1/7
    1/3     1/4     1/5     1/6     1/7     1/8
    1/4     1/5     1/6     1/7     1/8     1/9
    1/5     1/6     1/7     1/8     1/9     1/10
    1/6     1/7     1/8     1/9     1/10    1/11
>> b1=[1 2 1 1.414 1 2]';           %创建列向量 b1
>> b2=[1 2 1 1.4142 1 2]';          %在 b1 的基础上添加一个相当微小的扰动
>> format                           %恢复数据的默认输出格式
>> x1=solvebyLU(A,b1)               %利用 LU 分解法求解 Ax1=b1
x1 =
  1.0e+006 *
   -0.0065
    0.1857
   -1.2562
    3.2714
   -3.6163
    1.4271
>> x2=solvebyLU(A,b2)               %利用 LU 分解法求解 Ax2=b2
x2 =
  1.0e+006 *
   -0.0065
    0.1857
   -1.2565
    3.2721
   -3.6171
    1.4274
```

```
>> errb=norm(b1-b2)                    %求b1与b2差的2-范数,以此来度量扰动的大小
errb =
  2.0000e-004
>> errx=norm(x1-x2)                    %求x1与x2差的2-范数,以此来度量解扰动的大小
errx =
  1.1553e+003
```

从计算结果可以看出,解的扰动相比于 b 的扰动要剧烈得多,前者大约是后者的近 10^7 倍。由此可知,希尔伯特矩阵是"病态"严重的矩阵。

2. QR 分解法

利用 QR 分解法解方程组的思路与前面的 LU 分解法是一样的,也是先将系数矩阵 A 进行 QR 分解 $A = QR$,然后解 $Qy = b$,最后解 $Rx = y$ 得到原方程组的解。对于这种方法,需要注意 Q 是正交矩阵,因此 $Qy = b$ 的解即 $y = Q'b$。下面给出一个利用 QR 分解法求解线性方程组 $Ax = b$ 的函数文件 solvebyQR.m。

```
function x=solvebyQR(A,b)
%该函数利用QR分解法求线性方程组Ax=b的解
flag=isexist(A,b);                     %调用函数isexist()判断方程组解的情况
if flag==0
    disp('该方程组无解!');
    x=[];
    return;
else
    r=rank(A);
    [m,n]=size(A);
    [Q,R]=qr(A);
    b=Q'*b;
    
    %解Rx=b得原方程组的一个特解
    x0(r)=b(r)/R(r,r);
    if r>1
        for i=r-1:-1:1
            x0(i)=(b(i)-R(i,i+1:r)*x0(i+1:r)')/R(i,i);
        end
    end
    x0=x0';
    
    if flag==1                         %若方程组有唯一解
        x=x0;
        return;
    else                               %若方程组有无穷多解
        format rat;
        Z=null(A,'rational');          %求出对应齐次方程组的基础解系
        [mZ,nZ]=size(Z);
        x0(r+1:n)=0;
        for i=1:nZ
            t=sym(char([107 48+i]));
```

```
            k(i)=t;                    %取 k=[k1,…,kr]
        end
        x=x0;
        for i=1:nZ
            x=x+k(i)*Z(:,i);           %将方程组的通解表示为特解加对应齐次通解形式
        end
    end
end
format                                 %恢复数据显示格式
```

将该文件复制到当前文件夹路径下，方便读者运行书中实例时调用。

实例——QR 分解法求方程组

源文件：yuanwenjian\ch14\qrfjfc.m

本实例利用 QR 分解法求方程组 $\begin{cases} x_1 - 2x_2 + 3x_3 + x_4 = 1 \\ 3x_1 - x_2 + x_3 - 3x_4 = 2 \\ 2x_1 + x_2 + 2x_3 - 2x_4 = 3 \end{cases}$ 的通解。

解：MATLAB 程序如下。

```
>> A=[1 -2 3 1;3 -1 1 -3;2 1 2 -2];
>> b=[1 2 3]';                         %系数矩阵 A 和右端项 b
>> x=solvebyQR(A,b)                    %调用自定义函数求解线性方程组的解
x =
 (13*k1)/10 + 7/10
   (2*k1)/5 + 3/5
        1/2 - k1/2
                k1
```

3．楚列斯基分解法

与上面两种矩阵分解法不同的是，楚列斯基分解法只适用于系数矩阵 A 是对称正定的情况。

解方程思路是先将矩阵 A 进行楚列斯基分解 $A = R'R$，然后解 $R'y = b$，最后再解 $Rx = y$ 得到原方程组的解。下面给出一个利用楚列斯基分解法求解线性方程组 $Ax = b$ 的函数文件 solvebyCHOL.m。

```
function x=solvebyCHOL(A,b)
%该函数利用楚列斯基分解法求线性方程组 Ax=b 的解
lambda=eig(A);
if lambda>eps&isequal(A,A')
    [n,n]=size(A);
    R=chol(A);
    %解 R'y=b
    y(1)=b(1)/R(1,1);
    if n>1
        for i=2:n
            y(i)=(b(i)-R(1:i-1,i)'*y(1:i-1)')/R(i,i);
        end
```

```
        end
    %解 Rx=y
    x(n)=y(n)/R(n,n);
    if n>1
        for i=n-1:-1:1
            x(i)=(y(i)-R(i,i+1:n)*x(i+1:n)')/R(i,i);
        end
    end
    x=x';
else
    x=[];
    disp('该方法只适用于对称正定的系数矩阵!');
end
```

将该文件复制到当前文件夹路径下，方便读者运行书中实例时调用。

实例——楚列斯基分解法求方程组

源文件：yuanwenjian\ch14\clsjfc.m

本实例利用楚列斯基分解法求 $\begin{cases} 3x_1+3x_2-3x_3=1 \\ 3x_1+5x_2-2x_3=2 \\ -3x_1-2x_2+5x_3=3 \end{cases}$ 的解。

解：MATLAB 程序如下。

```
>> A=[3 3 -3;3 5 -2;-3 -2 5];
>> b=[1 2 3]';                          %系数矩阵 A 和右端项 b
>> x=solvebyCHOL(A,b)                   %调用自定义函数求解线性方程组的解
x =
    3.3333
   -0.6667
    2.3333
>> A*x                                  %验证解的正确性
ans =
    1.0000
    2.0000
    3.0000
```

在本小节的最后再给出一个函数文件 solvelineq.m。对于这个函数，读者可以通过输入参数来选择用前面的哪种矩阵分解法求解线性方程组。

```
function x=solvelineq(A,b,flag)
%该函数是矩阵分解法汇总，通过 flag 的取值来调用不同的矩阵分解
%若 flag='LU'，则调用 LU 分解法
%若 flag='QR'，则调用 QR 分解法
%若 flag='CHOL'，则调用楚列斯基分解法
if strcmp(flag,'LU')
    x=solvebyLU(A,b);
elseif strcmp(flag,'QR')
    x=solvebyQR(A,b);
```

```
elseif strcmp(flag,'CHOL')
    x=solvebyCHOL(A,b);
else
    error('flag 的值只能为 LU,QR,CHOL!');
end
```

将该文件复制到当前文件夹路径下，方便读者运行书中实例时调用。

14.2.6 非负最小二乘解

在实际问题中，用户往往会要求线性方程组的解是非负的，若此时方程组没有精确解，则希望找到一个能够尽量满足方程组的非负解。对于这种情况，可以利用 MATLAB 中求非负最小二乘解的命令 lsqnonneg 来实现。该命令实际上用于解以下二次规划问题

$$\min_x \ \|Cx-d\|_2^2$$
$$\text{s.t.} \quad x_i \geq 0, i=1,2,\cdots,n \tag{14-3}$$

来得到线性方程组 ***Ax=b*** 的非负最小二乘解，其调用格式见表 14-3。

表 14-3 lsqnonneg 命令的调用格式

调用格式	说明
x=lsqnonneg(C,d)	返回在 x≥0 的约束下，使 norm(C*x-d)最小的向量 x
x=lsqnonneg(C,d,options)	使用结构体 options 中指定的优化选项求最小值。使用 optimset 可设置这些选项
x = lsqnonneg(problem)	求结构体 problem 的最小值
[x,resnorm,residual] = lsqnonneg(…)	对于上述任何语法，还返回残差的 2-范数平方值 norm(C*x-d)^2 以及残差 d−C*x
[x,resnorm,residual,exitflag,output] = lsqnonneg(…)	在上一种调用格式的基础上，还返回描述 lsqnonneg 终止算法的条件值 exitflag，以及优化摘要信息的结构体 output
[x,resnorm,residual,exitflag,output,lambda] = lsqnonneg(…)	在上一种调用格式的基础上，还返回解 x 处的拉格朗日乘数向量 lambda

实例——最小二乘解求解方程组

源文件：yuanwenjian\ch14\zxec.m

本实例求方程组 $\begin{cases} x_2-x_3+2x_4=1 \\ x_1-x_3+x_4=0 \\ -2x_1+x_2+x_4=1 \end{cases}$ 的最小二乘解。

解：MATLAB 程序如下。

```
>> A=[0 1 -1 2;1 0 -1 1;-2 1 0 1];           %系数矩阵 A 和右端项 b
>> b=[1 0 1]';
>> x=lsqnonneg(A,b)                           %求线性方程组的最小二乘解
x =
         0
    1.0000
         0
```

```
       0.0000
>> A*x                                                    %验证解的正确性
ans =
    1.0000
    0.0000
    1.0000
```

14.3 方程与方程组的优化解

在数学、物理中的许多问题可以归结为解非线性方程 $F(x)=0$，方程的解称为根或零点。

非线性方程的求解问题可以看作单变量的极小化问题，通过不断地缩小搜索区间来逼近问题的真解。

在 MATLAB 中，非线性方程求解所用的函数为 fzero()，使用的算法为二分法、secant 法和逆二次插值法的组合。

非线性方程组的数学模型为

$$F(x)=0$$

式中，x 为向量，$F(x)$ 一般为多个非线性函数组成的向量值函数。即

$$F(x)=\begin{bmatrix} f_1(x) \\ f_2(x) \\ \vdots \\ f_n(x) \end{bmatrix}$$

14.3.1 非线性方程基本函数

1. 调用格式 1

```
x = fzero(fun,x0)
```

功能：如果 x0 为标量，函数找到 x0 附近函数 fun(x)的零点。函数 fzero()返回的 x 为函数 fun(x)改变符号处邻域内的点，或者是 NaN（如果搜索失败）。当函数发现 Inf、NaN 或者复数时，搜索终止。如果 x0 是一个长度为 2 的向量，函数 fzero()假设 x0 为一个区间，其中函数 fun(x)在区间的两个端点处异号，即 fun(x0(1))的符号和 fun(x0(2))的符号相反；否则，出现错误。

```
>> X = fzero(@sin,3)
X =
    3.1416
>> X = fzero(@(x)sin(3*x),2)
X =
    2.0944
```

2. 调用格式 2

```
x = fzero(fun,x0,options)
```

功能：解上述问题，同时将默认优化参数改为 options 指定值。options 的可用值为 Display、TolX、

FunValCheck、PlotFcns 和 OutputFcn。

3．调用格式 3

```
x= fzero(problem)
```

功能：返回 problem 指定的求根问题的解。求根问题 problem 指定为含有 objective、x0、solver 和 options 等所有字段的结构体。

4．调用格式 4

```
[x,fval,exitflag,output] = fzero(…)
```

功能：返回 exitflag 值，描述函数计算的退出条件，以及包含有关求解过程信息的输出结构体。其中，exitflag 取值和相应的含义见表 14-4。

表 14-4　exitflag 取值和相应的含义

exitflag 取值	含　义
1	函数收敛到解 x
−1	算法由输出函数或绘图函数终止
−3	搜索过程中遇到函数值为 NaN 或 Inf
−4	搜索过程中遇到复数函数值
−5	算法可能收敛到一个奇异点
−6	fzero 未检测到变号

实例——函数零点值

源文件： yuanwenjian\ch14\hsldz.m

本实例求解含参数函数 cos(a*x) 在 a=2 时的解。

解： MATLAB 程序如下。

```
>> myfun=@(x,a)cos(a*x);         %定义函数句柄
>> a = 2;                         %初始化参数 a
>> fun=@(x)myfun(x,a);            %代入参数
>> [x,fval,exitflag]=fzero(fun,0.1)   %调用函数求解
x =
    0.7854
fval =
  6.1232e-17
exitflag =
    1
```

实例———元二次方程根求解

源文件： yuanwenjian\ch14\yyecqg.m

本实例求方程 $x^2 - x - 1 = 0$ 的正根。

解： MATLAB 程序如下。

```
>> fun=@(x)x^2-x-1;      %定义函数句柄 fun
>> x=fzero(fun,1)        %求函数在初始点 1 附近的根
```

x =
    1.6180

x=1.6180 为方程的一个正根。

实例——函数零点求解

源文件：yuanwenjian\ch14\hsldqj.m

本实例找出下面函数的零点。

$$f(x) = e^x + 10x - 2$$

解：MATLAB 程序如下。

```
>> fun=@(x)exp(x)+10*x-2;           %定义函数句柄 fun
>> x0=1;                             %设置初始值
>> [x,fval,exitflag]= fzero(fun,x0)  %求函数在初始值附近的解
x =
    0.0905
fval =
    0
exitflag =
    1
```

在 x=0.0905 时，函数值等于 0。

实例——一元三次方程函数零点求解

源文件：yuanwenjian\ch14\yysc.m、funsc.m

本实例找出下面函数的零点。

$$f(x) = x^3 - 3x - 1$$

解：MATLAB 程序如下。

```
>> fun=@(x)x^3-3*x-1;                                %定义函数句柄 fun
>> [x,fval,exitflag,output]=fzero(fun,2)             %求函数在初始值 2 附近，函数值为 0 的解
x =
    1.8794
fval =
    -8.8818e-16
exitflag =
    1
output =
包含以下字段的 struct:
    intervaliterations: 4
             iterations: 6
              funcCount: 14
              algorithm: 'bisection, interpolation'
                message: '在区间 [1.84, 2.11314] 中发现零'
```

经过 6 次迭代，函数在 x=1.8794 处最接近 0，此时的函数值为 fval =-8.8818e-16。这是一个很接近 0 的数，在应用中可以看作 0。

14.3.2 非线性方程组基本函数

在 MATLAB 中，用函数 fsolve()来求解非线性方程组。具体的调用格式如下。

1．调用格式 1

```
x=fsolve(fun,x0)
```

功能：给定初始点 x0，求方程组 fun(x)=0 的解。

2．调用格式 2

```
x=fsolve(fun,x0,options)
```

功能：解上述问题，同时将默认优化参数改为 options 指定值。例如，下面的代码通过设置优化参数，不显示优化求解的迭代计算过程。

```
>> x = fsolve(@(x) sin(3*x),[1 4],optimset('Display','off'));
```

3．调用格式 3

```
x=fsolve(problem)
```

功能：返回 problem 指定的求根问题的解。求根问题 problem 指定为含有 objective、x0、solver 和 options 等所有字段的结构体。

4．调用格式 4

```
[x,fval]=fsolve(…)
```

功能：返回在解 x 处的目标函数值。

5．调用格式 5

```
[x,fval,exitflag,output]=fsolve(…)
```

功能：返回在解 x 处的目标函数值和描述函数计算的退出条件 exitflag，另外，返回包含 output 结构的输出。

exitflag 取值和相应的含义见表 14-5。

表 14-5　exitflag 取值和相应的含义

exitflag 取值	含　义
1	函数 fsolve 收敛到解 x 处，此时一阶最优性很小
2	x 的变化小于容差，或 x 处的雅可比（Jacobian）矩阵未定义，方程已解
3	残差的变化小于指定容差，方程已解
4	重要搜索方向小于指定容差，方程已解
0	超出最大迭代次数或允许的函数计算的最大次数
−1	算法由输出函数或绘图函数终止
−2	算法好像收敛到不是解的点，方程未得解
−3	信赖域半径太小，方程未得解

6. 调用格式6

[x,fval,exitflag,output,jacobian]=fsolve(…)

功能：返回函数 fun 在解 x 处的雅可比矩阵。

实例——方程求解

源文件：yuanwenjian\ch14\fcqj.m

本实例求解方程 $\cos(x)+x=0$。

解：MATLAB 程序如下。

```
>> fsolve('cos(x)+x',0)            %求方程在初始值 0 附近的解
方程已解。
fsolve 已完成，因为按照函数容差的值衡量，
函数值向量接近于零，并且按照梯度的值衡量，
问题似乎为正则问题。
<停止条件详细信息>
ans =
    -0.7391
```

实例——非线性方程组求解 1

源文件：yuanwenjian\ch14\fxxfczqj1.m

本实例求解下列方程组。

$$\begin{cases} 2x_1 - x_2 = e^{-x_1} \\ -3x_1 + 6x_2 = e^{-x_2} \end{cases}$$

首先，将上述方程组化成标准形式

$$F(x) = \begin{cases} 2x_1 - x_2 - e^{-x_1} \\ -3x_1 + 6x_2 - e^{-x_2} \end{cases}$$

解：MATLAB 程序如下。

```
>> F=@(x) [2*x(1)-x(2)-exp(-x(1));
    -3*x(1)+6*x(2)-exp(-x(2))];          %定义函数
>> x0=[-5;-4];                            %给定初始数据
>> options=optimset('Display','iter');    %设置优化参数，显示每次优化迭代信息
>> [X,FVAL,EXITFLAG,OUTPUT,JACOB]=fsolve(F,x0,options)   %调用函数求解
                                     Norm of      First-order   Trust-region
 Iteration  Func-count    ||f(x)||^2    step       optimality     radius
     0          3         27888.1                   2.3e+04          1
     1          6         6855.59        1          3.23e+03         1
     2          9         1970.87        1           946             1
     3         12          588.084       1           272             1
     4         15          173.191       1            85.6           1
     5         18           45.3352      1            26.6           1
     6         21            8.35697     1             7.73          1
     7         24            0.261723    0.97057       1.01          1
```

8	27	0.000333112	0.249307	0.0307	2.43
9	30	5.31423e-10	0.00956059	3.58e-05	2.43
10	33	1.32809e-21	1.20995e-05	5.47e-11	2.43

方程已解。

fsolve 已完成，因为按照函数容差的值衡量，
函数值向量接近于零，并且按照梯度的值衡量，
问题似乎为正则问题。
<停止条件详细信息>
X =
    0.4871
    0.3599   %解向量
FVAL =
   1.0e-10 *
    -0.3447
    -0.1181   %目标函数值
EXITFLAG =
    1   %函数收敛到解 x 处
OUTPUT =
  包含以下字段的 struct:
       iterations: 10
        funcCount: 33
        algorithm: 'trust-region dogleg'
    firstorderopt: 5.4686e-11
          message: '方程已解。fsolve 已完成，因为按照函数容差的值衡量，函数值向量接近于零，并且按照梯度的值衡量，问题似乎为正则问题。<停止条件详细信息>方程已解。函数值的平方和 r = 1.328090e-21 小于 sqrt(options.FunctionTolerance) = 1.000000e-03。r 的梯度的相对范数 5.468588e-11 小于 options.OptimalityTolerance = 1.000000e-06。'
JACOB =
    2.6144   -1.0000
   -3.0000   6.6978   %函数在解 x 处的雅可比矩阵

所得列表中各项的含义见表 14-6。

表 14-6 所得列表中各项的含义

列　　名	含　　义
Iteration	迭代次数
Func-count	目标函数的计算次数
‖f(x)‖^2	目标函数值范数的平方
Norm of step	当前步长的范数
First-order optimality	当前梯度的无穷范数
Trust-region radius	当前信赖域半径

由于 exitflag =1，说明函数收敛到解 X 处，X=[0.4871;0.3599]，函数值非常接近于 0。

实例——非线性方程组求解 2

源文件：yuanwenjian\ch14\fxxfczqj2.m
本实例求以下带参数的非线性方程组的解。

$$\begin{cases} 2x_1 - x_2 = e^{ax_1} \\ -x_1 + 2x_2 = e^{ax_2} \end{cases}$$

同样，首先化成标准形式

$$F(x) = \begin{cases} 2x_1 - x_2 - e^{ax_1} \\ -x_1 + 2x_2 - e^{ax_2} \end{cases}$$

解：MATLAB 程序如下。

```
>> a=-1;                                              %给出参数 a 的值
>> F=@(x)[2*x(1)-x(2)-exp(a*x(1));
   -x(1)+2*x(2)-exp(a*x(2))];                         %定义函数句柄
>> x0=[-5;-4];                                        %给出初始点
>> options=optimset('Display','iter');                %设置优化参数,显示每次优化迭代信息
>> [X,FVAL,EXITFLAG,OUTPUT,JACOB]=fsolve(F,x0,options)     %调用函数求解
                                        Norm of      First-order    Trust-region
 Iteration  Func-count   ||f(x)||^2      step        optimality     radius
     0         3         27161                       2.32e+04        1
     1         6         6164.23    1                3.33e+03        1
     2         9         1651.58    1                804             1
     3        12         456.647    1                210             1
     4        15         128.888    1                58.61
     5        18         34.8853    1                17.11
     6        21         7.36537    1                4.911
     7        24         0.403333   1                0.921
     8        27         0.00102477                  0.363195   0.0419    2.5
     9        30         6.95286e-09                 0.0202703  0.000107  2.5
    10        33         3.20749e-19                 5.31042e-05  7.14e-10  2.5
方程已解。

fsolve 已完成,因为按照函数容差的值衡量,
函数值向量接近于零,并且按照梯度的值衡量,
问题似乎为正则问题。
<停止条件详细信息>
X =
    0.5671
    0.5671
FVAL =
   1.0e-09 *
   -0.4242
   -0.3753
EXITFLAG =
     1
OUTPUT =
  包含以下字段的 struct:
       iterations: 10
        funcCount: 33
        algorithm: 'trust-region-dogleg'
```

```
        firstorderopt: 7.1369e-10
              message: '方程已解。fsolve 已完成，因为按照函数容差的值衡量，函数值向量接近于
零，并且按照梯度的值衡量，问题似乎为正则问题。<停止条件详细信息>方程已解。函数值的平方和 r =
3.207487e-19 小于 sqrt(options.FunctionTolerance) = 1.000000e-03。r 的梯度的相对范数
7.136858e-10 小于 options.OptimalityTolerance = 1.000000e-06。'
    JACOB =
        2.5671   -1.0000
       -1.0000    2.5671
```

表中各含义同上例，由于 EXITFLAG =1，说明函数收敛到解 x 处，经过 10 次迭代，x =[0.5671; 0.5671]，函数值非常接近于 0。算法中同样使用了信赖域算法技术。

实例——电路电流求解

源文件：yuanwenjian\ch14\dldl.m

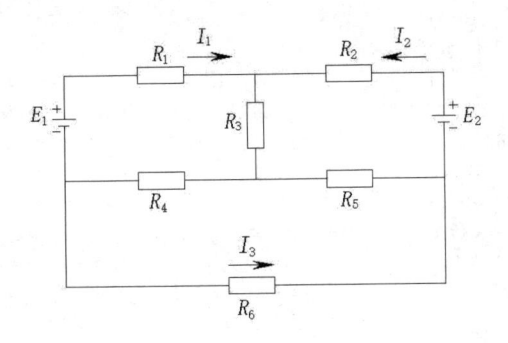

图 14-1 所示为某个电路的网格图，其中 $R_1 = 1$，$R_2 = 2$，$R_3 = 4$，$R_4 = 3$，$R_5 = 1$，$R_6 = 5$，$E_1 = 41$，$E_2 = 38$，利用基尔霍夫定律求解电路中的电流 I_1、I_2、I_3。

图 14-1 电路网格图

基尔霍夫定律说明电路网格中任意单向闭路的电压和为 0，由此对图 14-1 所示电路分析可得如下线性方程组

$$\begin{cases} (R_1+R_3+R_4)I_1 + R_3 I_2 + R_4 I_3 = E_1 \\ R_3 I_1 + (R_2+R_3+R_5)I_2 - R_5 I_3 = E_2 \\ R_4 I_1 - R_5 I_2 + (R_4+R_5+R_6)I_3 = 0 \end{cases}$$

将电阻及电压相应的取值代入，可得该线性方程组的系数矩阵及右端项分别为

$$A = \begin{bmatrix} 8 & 4 & 3 \\ 4 & 7 & -1 \\ 3 & -1 & 9 \end{bmatrix}, \quad b = \begin{bmatrix} 41 \\ 38 \\ 0 \end{bmatrix}$$

解：MATLAB 程序如下。

方法 1：系数矩阵 A 是一个对称正定矩阵（读者可以通过 eig 命令来验证），因此可以利用楚列斯基分解法求这个线性方程组的解，具体操作如下：

```
>> A=[8 4 3;4 7 -1;3 -1 9];
>> b=[41 38 0]';                              %系数矩阵 A 和右端项 b
```

```
>> I=solvelineq(A,b,'CHOL')              %调用求解线性方程组的函数solvelineq()
I =
    4.0000
    3.0000
   -1.0000
```

其中，I_3是负值，这说明电流的方向与图中箭头方向相反。

方法2：利用 MATLAB 将 I_1、I_2、I_3 的具体表达式写出来，具体操作如下：

```
>> syms R1 R2 R3 R4 R5 R6 E1 E2                           %定义电阻和电压的符号变量
>> A=[R1+R3+R4 R3 R4;R3 R2+R3+R5 -R5;R4 -R5 R4+R5+R6];    %系数矩阵A
>> b=[E1 E2 0]';                                          %右端项b
>> I=inv(A)*b                                             %利用求逆法求解
I =
 (conj(E1)*(R2*R4 + R2*R5 + R3*R4 + R2*R6 + R3*R5 + R3*R6 + R4*R5 + R5*R6))/(R1*R2*
R4 + R1*R2*R5 + R1*R3*R4 + R1*R2*R6 + R1*R3*R5 + R2*R3*R4 + R1*R3*R6 + R1*R4*R5 +
R2*R3*R5 + R2*R3*R6 + R2*R4*R5 + R1*R5*R6 + R2*R4*R6 + R3*R4*R6 + R3*R5*R6 + R4*R5*
R6) - (conj(E2)*(R3*R4 + R3*R5 + R3*R6 + R4*R5))/(R1*R2*R4 + R1*R2*R5 + R1*R3*R4 +
R1*R2* R6 + R1*R3*R5 + R2*R3*R4 + R1*R3*R6 + R1*R4*R5 + R2*R3*R5 + R2*R3*R6 + R2*R4*
R5 + R1*R5*R6 + R2*R4*R6 + R3*R4*R6 + R3*R5*R6 + R4*R5*R6)
 (conj(E2)*(R1*R4 + R1*R5 + R1*R6 + R3*R4 + R3*R5 + R3*R6 + R4*R5 + R4*R6))/(R1*R2*
R4 + R1*R2*R5 + R1*R3*R4 + R1*R2*R6 + R1*R3*R5 + R2*R3*R4 + R1*R3*R6 + R1*R4*R5 +
R2*R3*R5 + R2*R3*R6 + R2*R4*R5 + R1*R5*R6 + R2*R4*R6 + R3*R4*R6 + R3*R5*R6 + R4*R5*
R6) - (conj(E1)*(R3*R4 + R3*R5 + R3*R6 + R4*R5))/(R1*R2*R4 + R1*R2*R5 + R1*R3*R4 +
R1*R2*R6 + R1*R3*R5 + R2*R3*R4 + R1*R3*R6 + R1*R4*R5 + R2*R3*R5 + R2*R3*R6 + R2*R4*
R5 + R1*R5*R6 + R2*R4*R6 + R3*R4*R6 + R3*R5*R6 + R4*R5*R6)
 (conj(E2)*(R1*R5 + R3*R4 + R3*R5 + R4*R5))/(R1*R2*R4 + R1*R2*R5 + R1*R3*R4 + R1*R2*
R6 + R1*R3*R5 + R2*R3*R4 + R1*R3*R6 + R1*R4*R5 + R2*R3*R5 + R2*R3*R6 + R2*R4*R5 +
R1*R5*R6 + R2*R4*R6 + R3*R4*R6 + R3*R5*R6 + R4*R5*R6) - (conj(E1)*(R2*R4 + R3*R4 +
R3*R5 + R4*R5))/(R1*R2*R4 + R1*R2*R5 + R1*R3*R4 + R1*R2*R6 + R1*R3*R5 + R2*R3*R4 +
R1*R3*R6 + R1*R4*R5 + R2*R3*R5 + R2*R3*R6 + R2*R4*R5 + R1*R5*R6 + R2*R4*R6 + R3*R4*
R6 + R3*R5*R6 + R4*R5*R6)
```

14.4 综合实例——带雅可比矩阵的非线性方程组求解

源文件：yuanwenjian\ch14\ykbfxx.m、nlsf1.m

方程组求解在工程计算、纯数学、优化、计算数学等各个领域都有着重要的应用。在本章的最后一节，通过综合的例子，读者应当仔细琢磨并上机实现程序，从中体会 MATLAB 在实际应用中的强大功能。

本节考查带有稀疏雅可比矩阵的非线性方程组的求解。下面的例子中，问题的维数为 1000，目标是求 x，满足 $F(x) = 0$。

设 $n=1000$，求下列非线性方程组的解。

$$\begin{cases} F(x) = 3x_1 - 2x_1^2 - 2x_2 + 1 \\ F(i) = 3x_i - 2x_i^2 - x_{i-1} - 2x_{i+1} + 1 \\ F(n) = 3x_n - 2x_n^2 - x_{n-1} + 1 \end{cases}$$

【操作步骤】

可以使用函数 fsolve() 求解大型方程组 $F(x) = 0$。

(1) 建立目标函数和雅可比矩阵文件 nlsf1.m。

```
%创建矩阵文件 nlsf1.m，保存在 MATLAB 的搜索路径下。
function [F,J] = nlsf1(x);
%这是演示的功能
%该文件包含该函数及其雅可比行列式
%评估矢量函数
n = length(x);
F = zeros(n,1);
i = 2:(n-1);
F(i) = (3-2*x(i)).*x(i)-x(i-1)-2*x(i+1)+ 1;
F(n) = (3-2*x(n)).*x(n)-x(n-1) + 1;
F(1) = (3-2*x(1)).*x(1)-2*x(2) + 1;
%如果 nargout> 1，则评估雅可比行列式
if nargout > 1
    d = -4*x + 3*ones(n,1); D = sparse(1:n,1:n,d,n,n);
    c = -2*ones(n-1,1); C = sparse(1:n-1,2:n,c,n,n);
    e = -ones(n-1,1); E = sparse(2:n,1:n-1,e,n,n);
    J = C + D + E;
end
```

(2) 在命令行窗口中初始化各输入参数。

```
>> xstart = -ones(1000,1);              %初始值
>> fun = @nlsf1;                        %定义函数句柄
>> options =optimset('Display','iter','LargeScale','on','Jacobian','on');
%显示每次优化迭代信息，启用大规模寻优搜索算法，在计算目标函数时，使用自定义的雅可比矩阵
```

(3) 调用函数求解问题。

```
>> [x,fval,exitflag,output] = fsolve(fun,xstart,options)   %调用函数求解
                              Norm of      First-order   Trust-region
 Iteration  Func-count  ||f(x)||^2   step      optimality      radius
     0          1          1011                    19            1
     1          2         774.963       1         10.5           1
     2          3         343.695      2.5        4.63          2.5
     3          4         2.93752     5.20302    0.429          6.25
     4          5       0.000489408   0.590027   0.0081          13
     5          6        1.62688e-11  0.00781347 3.01e-06        13
     6          7        6.70094e-26  1.41828e-06 5.84e-13       13

方程已解。

fsolve 已完成，因为按照函数容差的值衡量，
函数值向量接近于零，并且按照梯度的值衡量，
问题似乎为正则问题。
<停止条件详细信息>
x =
   -0.5708
   -0.6819
   -0.7025
```

```
        ...
    -0.6658
    -0.5960
    -0.4164
fval =
   1.0e-12 *
    -0.0033
    -0.0075
    -0.0069
    -0.0049
    -0.0042
        ...
    -0.1563
    -0.1319
    -0.0187
exitflag =
     1
output =
  包含以下字段的 struct:
       iterations: 6
        funcCount: 7
        algorithm: 'trust-region-dogleg'
    firstorderopt: 5.8373e-13
          message: '方程已解。

fsolve 已完成，因为按照函数容差的值衡量，函数值向量接近于零，并且按照梯度的值衡量，问题似乎为正则问题。

<停止条件详细信息>

方程已解。函数值的平方和 r = 6.700940e-26 小于 sqrt(options.FunctionTolerance) = 1.000000e-03。r 的梯度的相对范数 5.837299e-13 小于 options.OptimalityTolerance = 1.000000e-06。'
```

第 15 章 微分方程

内容简介

在工程实际中，很多问题是用微分方程的形式建立数学模型，微分方程是描述动态系统最常用的数学工具，因此微分方程的求解具有很实际的意义。本章将详细介绍用 MATLAB 求解微分方程的方法与技巧。

内容要点

- 微分方程简介
- 常微分方程的数值解法
- 偏微分方程

案例效果

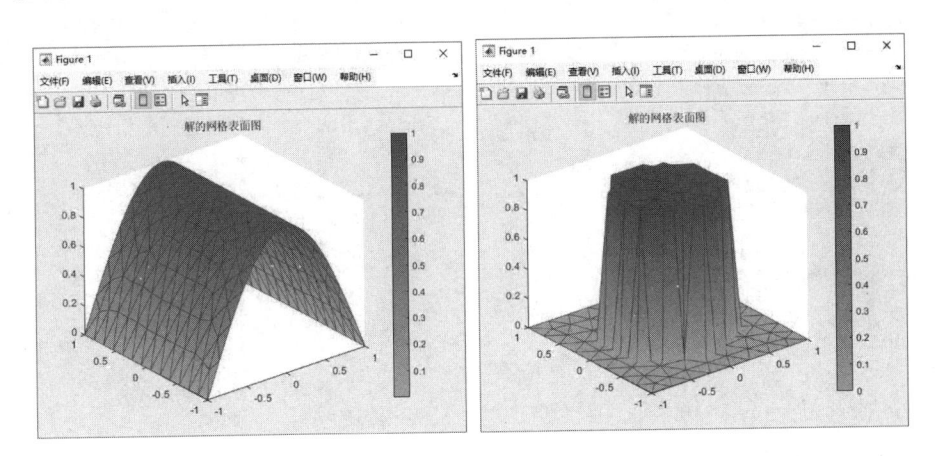

15.1 微分方程简介

微分方程论是数学的重要分支之一。大致和微积分同时产生，并随实际需要而发展。含自变量、未知函数和微商（或偏微商）的方程称为常（或偏）微分方程。

含有未知函数的导数$\left(\text{如}\ \dfrac{dy}{dx}=2x、\dfrac{ds}{dt}=0.4\right)$的方程都是微分方程。一般凡是表示未知函数、未

知函数的导数与自变量之间的关系的方程称为微分方程。未知函数是一元函数的方程称为常微分方程；未知函数是多元函数的方程称为偏微分方程。微分方程有时也简称方程。

在 MATLAB 中，实现微分方程求解的命令是 dsolve，其调用格式如下。

- S = dsolve(eqn)：求解常微分方程，eqn 是一个含有 diff 的符号方程来指示导数。
- S = dsolve(eqn,cond)：用初始条件或边界条件求解常微分方程。
- S = dsolve(eqn,cond,Name,Value)：使用一个或多个名称-值对组参数指定附加选项。
- Y = dsolve(eqns)：求解常微分方程组，并返回包含解的结构数组。结构数组中的字段数量对应系统中独立变量的数量。
- Y = dsolve(eqns,conds)：用初始或边界条件 conds 求解常微分方程 eqns。
- Y = dsolve(eqns,conds,Name,Value)：使用一个或多个名称-值对组参数指定附加选项。
- [y1,…,yN] = dsolve(eqns)：求解常微分方程组，并将解分配给变量。
- [y1,…,yN] = dsolve(eqns,conds)：用初始或边界条件 conds 求解常微分方程 eqns。
- [y1,…,yN] = dsolve(eqns,conds,Name,Value)：使用一个或多个名称-值对组参数指定附加选项。

实例——微分方程求解

源文件：yuanwenjian\ch15\wffc1.m

本实例显示微分方程 $\begin{cases} Dx = y \\ Dy = -x \end{cases}$ 的解。

解：MATLAB 程序如下。

```
>> clear all
>> syms x(t) y(t)                              %定义符号函数
>> eqns=[diff(x,t)==y,diff(y,t)==-x];          %定义微分方程组
>> S=dsolve(eqns)                              %求解微分方程，返回解结构体
>> disp(' ')
>> disp(['微分方程的解',blanks(2),'x',blanks(22),'y'])
>> disp([S.x,S.y])                             %显示方程的解
S =
  包含以下字段的 struct:
    y: C2*cos(t) - C1*sin(t)
    x: C1*cos(t) + C2*sin(t)
微分方程的解    x                      y
[ C1*cos(t) + C2*sin(t), C2*cos(t) - C1*sin(t)]
```

实例——微分方程求通解

源文件：yuanwenjian\ch15\wffc2.m

本实例求微分方程 $y'' - xy' + y = 0$ 的通解。

解：MATLAB 程序如下。

```
>> clear all
>> syms y(x)                                   %定义符号函数
>> eqn=diff(y,x,2)-x*diff(y,x)+y==0;            %定义微分方程
```

```
>> y=dsolve(eqn)                                     %求解微分方程
y =
     C1*x - C2*x*(exp(x^2/2)/x + (pi^(1/2)*(-x^2/2)^(1/2))/x - (pi^(1/2)*erfc
((-x^2/2)^(1/2))*(-x^2/2)^(1/2))/x)
```

实例——微分方程边值求解

源文件：yuanwenjian\ch15\vvfc3.m、微分方程边值求解.fig

本实例求微分方程 $xy'' - 5y' + x^3 = 0$ 中 $y(1) = 0, y(5) = 0$ 的解。

解：MATLAB 程序如下。

（1）求方程解。

```
>> syms y(x)                                        %定义符号函数
>> eqn=x*diff(y,x,2)-5*diff(y,x)+x^3==0;             %定义微分方程
>> y=dsolve(eqn,'y(1)=0,y(5)=0','x')                 %指定初始条件求解微分方程
y =
- (13*x^6)/2604 + x^4/8 - 625/5208
```

（2）绘制曲线。

```
>> xn=-1:6;                                          %创建-1~6的向量，默认间隔值为1
>> yn=subs(y,'x',xn)                                 %将方程解y中的所有x赋值为指定的向量xn，求方程数值解
yn =
[0, -625/5208, 0, 387/248, 592/93, 2835/248, 0, -1705/24]
>> fplot(y,[-1 6])                                   %在指定区间绘制解的图像
>> axis([-1 6 -10 15])                               %调整坐标轴的范围
>> hold on                                           %保留当前坐标区的绘图
>> plot([1,5],[0,0],'.r','MarkerSize',20)  %使用大小为20的红色点标记绘制初始条件
>> text(1,1,'y(1)=0')
>> text(4,1,'y(5)=0')                                %在指定位置为数据点添加文本说明
>> title(['x*D2y - 5*Dy = -x^3,',' y(1)=0,y(5)=0'])
>> hold off                                          %关闭保持命令
```

结果图像如图 15-1 所示。

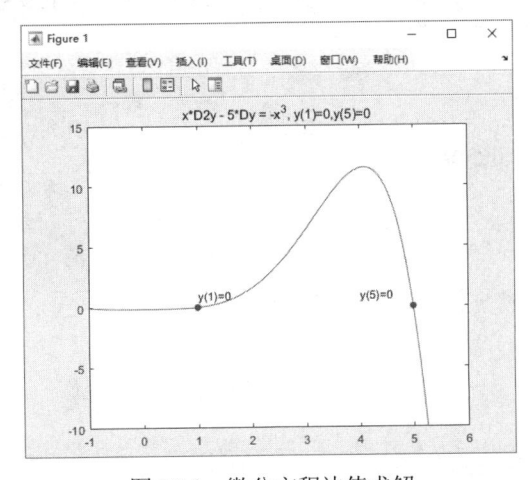

图 15-1 微分方程边值求解

15.2 常微分方程的数值解法

常微分方程的常用数值解法主要包括欧拉（Euler）方法和龙格-库塔（Runge-Kutta）方法等。

15.2.1 欧拉方法

从积分曲线的几何解释出发，推导出了欧拉公式 $y_{i+1} = y_i + hf(x_i, y_i)$。MATLAB 中没有专门使用欧拉方法进行常微分方程求解的函数，下面是根据欧拉公式编写的 M 文件 euler.m。

```
function [x,y]=euler(f,x0,y0,xf,h)
n=fix((xf-x0)/h);
y(1)=y0;
x(1)=x0;
for i=1:n
    x(i+1)=x0+i*h;
    y(i+1)=y(i)+h*feval(f,x(i),y(i));
end
```

将该文件复制到当前文件夹路径下，方便读者运行书中实例时调用。

实例——欧拉方法求解初值 1

源文件：yuanwenjian\ch15\qj1.m、ol1.m

本实例求解初值问题 $\begin{cases} y' = y - \dfrac{2x}{y} \\ y(0) = 1 \end{cases}$ $(0 < x < 1)$。

解：MATLAB 程序如下。

（1）将方程建立成一个 M 文件 qj1.m。

```
function f=qj(x,y)
f=y-2*x/y;                               %创建以 x、y 为自变量的符号表达式 f
```

（2）在命令行窗口中输入以下命令。

```
>> [x,y]=euler(@qj1,0,1,1,0.1)           %调用自定义函数计算微分方程数值解
x =
         0    0.1000    0.2000    0.3000    0.4000    0.5000    0.6000    0.7000
    0.8000    0.9000    1.0000
y =
    1.0000    1.1000    1.1918    1.2774    1.3582    1.4351    1.5090    1.5803
    1.6498    1.7178    1.7848
```

（3）为了验证该方法的精度，求出该方程的解析解为 $y = \sqrt{1+2x}$，在 MATLAB 中求解的结果如下：

```
>> y1=(1+2*x).^0.5
y1 =
    1.0000    1.0954    1.1832    1.2649    1.3416    1.4142    1.4832    1.5492
    1.6125    1.6733    1.7321
```

(4) 通过图像来显示精度。

```
>> plot(x,y,x,y1,'--')                %在同一图窗中分别绘制数值解 y 和解析解 y1 的图形
```

图像如图 15-2 所示。

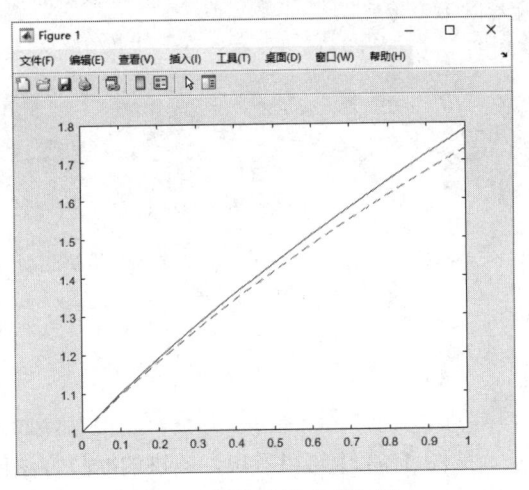

图 15-2 欧拉方法求解初值 1

从图 15-2 可以看出，欧拉方法的精度还不够高。

为了提高精度，人们建立了一个预测-校正系统，也就是改进的欧拉公式，如下：

$$y_p = y_i + hf(x_i, y_i)$$
$$y_c = y_i + hf(x_{i+1}, y_i)$$
$$y_{i+1} = \frac{1}{2}(y_p + y_c)$$

利用改进的欧拉公式可以编写 M 文件 adeuler.m。

```
function [x,y]=adeuler(f,x0,y0,xf,h)
n=fix((xf-x0)/h);
x(1)=x0;
y(1)=y0;
for i=1:n
    x(i+1)=x0+h*i;
    yp=y(i)+h*feval(f,x(i),y(i));
    yc=y(i)+h*feval(f,x(i+1),yp);
    y(i+1)=(yp+yc)/2;
end
```

实例——欧拉方法求解初值 2

源文件：yuanwenjian\ch15\qj2.m、ol2.m

本实例求解初值问题 $\begin{cases} y' = y - \dfrac{2x}{y} \\ y(0) = 1 \end{cases}$ $(0 < x < 1)$。

解：MATLAB 程序如下。

(1) 将方程建立成一个 M 文件 qj2.m。

```
function f=qj2(x,y)
f=y-2*x/y;
```

(2) 在命令行窗口中输入以下命令。

```
>> [x,y]=adeuler(@qj2,0,1,1,0.1)                %求数值解
x =
         0    0.1000    0.2000    0.3000    0.4000    0.5000    0.6000    0.7000
    0.8000    0.9000    1.0000
  y =
    1.0000    1.0959    1.1841    1.2662    1.3434    1.4164    1.4860    1.5525
    1.6165    1.6782    1.7379
>> y1=(1+2*x).^0.5                              %求解析解
y1 =
    1.0000    1.0954    1.1832    1.2649    1.3416    1.4142    1.4832    1.5492
    1.6125    1.6733    1.7321
```

(3) 通过图像来显示精度。

```
>> plot(x,y,x,y1,'--')                          %绘制数值解曲线与解析解曲线
```

结果图像如图 15-3 所示。从图 15-3 中可以看出，改进的欧拉方法比欧拉方法要优秀，数值解曲线和解析解曲线基本能够重合。

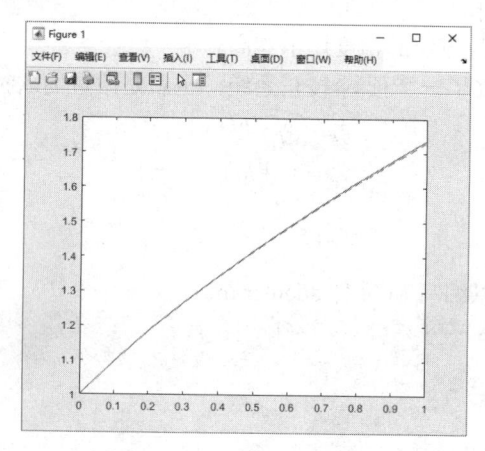

图 15-3 欧拉方法求解初值 2

15.2.2 龙格-库塔方法

龙格-库塔方法是求解常微分方程的经典方法，MATLAB 提供了多个采用该方法的函数命令，见表 15-1。

表 15-1 采用龙格-库塔方法的命令

求解器命令	问题类型	说　　明
ode23	非刚性	二阶、三阶 R-K 函数，求解非刚性微分方程的低阶方法
ode45		四阶、五阶 R-K 函数，求解非刚性微分方程的中阶方法
ode113		求解更高阶或大的标量计算

续表

求解器命令	问题类型	说明
ode15s	刚性	采用多步法求解刚性方程，精度较低
ode23s		采用单步法求解刚性方程，速度比较快
ode23t		用于解决难度适中的问题
ode23tb		用于解决难度较大的问题，对于系统中存在常量矩阵的情况很有用
ode15i	完全隐式	用于解决完全隐式问题 $f(t,y,y')=0$ 和微分指数为 1 的微分代数方程

函数 odeset() 为 ODE 和 PDE 求解器创建或修改 options 结构体，其调用格式见表 15-2。

表 15-2 函数 odeset() 的调用格式

调用格式	说明
options = odeset(Name,Value,…)	创建一个参数结构，对指定的参数名进行设置，未设置的参数将使用默认值
options = odeset(oldopts,Name,Value,…)	对已有的参数结构 oldopts 进行修改
options = odeset(oldopts,newopts)	将已有的参数结构 oldopts 完整转换为 newopts
odeset	显示所有参数的可能值与默认值

名称-值对组具体的设置参数见表 15-3。

表 15-3 名称-值对组具体的设置参数

参数	说明
RelTol	求解方程允许的相对误差，默认值为 1e-3
AbsTol	求解方程允许的绝对误差，默认值为 1e-6
Refine	与输入点相乘的因子
OutputFcn	一个带有输入函数名的字符串，将在求解函数的每一步被调用：odephas2（二维相位图）、odephas3（三维相位图）、odeplot（解图形）、odeprint（中间结果）
OutputSel	输出函数的分量选择，以对组形式指定应传递的元素，尤其是传递给 OutputFcn 的元素
Stats	求解器统计信息，默认值为 off。若为 on，统计并显示计算过程中的资源消耗
Jacobian	雅可比矩阵，对于刚性 ODE 求解器，提供雅可比矩阵信息对可靠性和效率至关重要
JConstant	若 df/dy 为常量，设置为 on
JPattern	雅可比稀疏模式。对于无法提供整个分析雅可比矩阵的超大型方程组，以逗号分隔的对组形式指定
Vectorized	向量化函数切换，默认值为 off。若要编写 ODE 文件返回[F(t,y1) F(t,y2)…]，设置为 on
Mass	质量矩阵，以逗号分隔的对组形式指定，其中包含 Mass 和一个矩阵或函数句柄
MassSingular	奇异质量矩阵切换，以逗号分隔的对组形式指定
MaxStep	定义算法使用的区间最大步长
MStateDependence	质量矩阵的状态依赖性，取值有 weak（默认）、none、strong
MvPattern	质量矩阵的稀疏模式
InitialStep	定义初始步长，若给定区间太大，算法就使用一个较小的步长
MaxOrder	公式的最大阶次，应为 1～5 的整数，默认值为 5

参　数	说　明
BDF	将后向差分公式用于 ode15s 的开关，默认值为 off
NormControl	若要根据 norm(e)<=max(Reltol*norm(y),Abstol)来控制误差，设置为 on，默认值为 off
NonNegative	非负解分量。不适用于 ode23s 或 ode15i，对于 ode15s、ode23t 和 ode23tb，不适用于涉及质量矩阵的问题

实例——计算二氧化碳的百分比

源文件：yuanwenjian\ch15\co2.m、lk.m、二氧化碳的百分比.fig

某厂房容积为 45m×15m×6m。经测定，空气中含有 0.2%的二氧化碳。开动通风设备，以 360m³/s 的速度输入含有 0.05%二氧化碳的新鲜空气，同时又排出同等数量的室内空气。求 30min 后室内含有二氧化碳的百分比。

设在时刻 t 车间内二氧化碳的百分比为 $x(t)\%$，时间经过 dt 之后，室内二氧化碳浓度改变量为 $45×15×6×\mathrm{d}x\% = 360×0.05\%×\mathrm{d}t − 360×x\%×\mathrm{d}t$，得到

$$\begin{cases} \mathrm{d}x = \dfrac{4}{45} \times (0.05 - x)\mathrm{d}t \\ x(0) = 0.2 \end{cases}$$

解：MATLAB 程序如下。

（1）创建 M 文件 co2.m。

```
function co2=co2(t,x)
co2=4*(0.05-x)/45;
```

（2）在命令行窗口中输入以下命令。

```
>> [t,x]=ode45('co2',[0,1800],0.2)      %求微分方程在[0,1800]上的积分，初始值为0.2
t =
  1.0e+003 *
         0
    0.0008
    0.0015
    0.0023
    0.0030
    0.0054
    ...
    1.7793
    1.7897
    1.8000                               %求值点列向量
x =
    0.2000
    0.1903
    0.1812
    0.1727
    0.1647
    0.1424
    ...
```

```
         0.0500
         0.0500
    0.0500                                %解向量
>> plot(t,x)                              %绘制解 x 在对应求值点 t 的二维线图
```

可以得到，在 30min（即 1800s）之后，车间内二氧化碳的浓度为 0.05%。二氧化碳的浓度变化如图 15-4 所示。

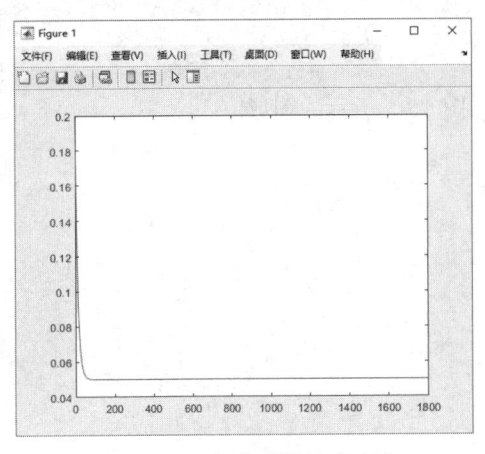

图 15-4 二氧化碳的浓度变化

实例——R-K 方法求解方程组 1

源文件：yuanwenjian\ch15\rkfc1.m、R-K 方法求解方程 1.fig

本实例利用 R-K 方法对 $\begin{cases} y' = 2t \\ y(0) = 0 \end{cases}$ $(0 < x < 5)$ 方程组进行求解。

解：MATLAB 程序如下。

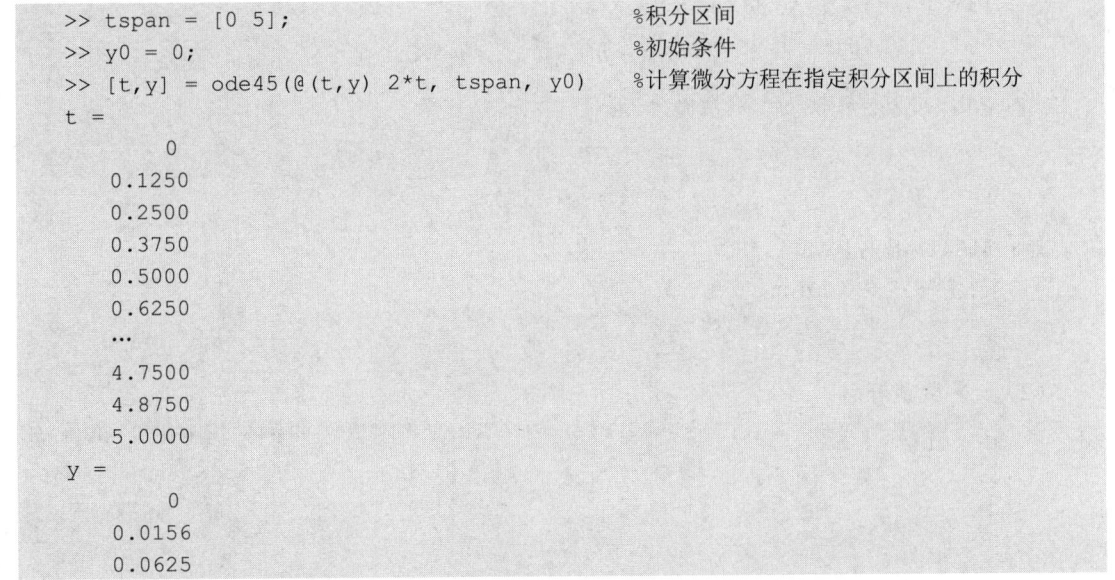

```
>> tspan = [0 5];                         %积分区间
>> y0 = 0;                                %初始条件
>> [t,y] = ode45(@(t,y) 2*t, tspan, y0)   %计算微分方程在指定积分区间上的积分
t =
         0
    0.1250
    0.2500
    0.3750
    0.5000
    0.6250
     ...
    4.7500
    4.8750
    5.0000
y =
         0
    0.0156
    0.0625
```

```
    0.1406
    0.2500
    0.3906
     ...
   22.5625
   23.7656
   25.0000
```

画图观察其计算精度。

```
>> plot(t,y,'-o')          %使用蓝色实线绘制解向量 y 在对应求值点 t 的二维线图，标记为圆圈
```

将方程组的解绘制得到如图 15-5 所示的图形。

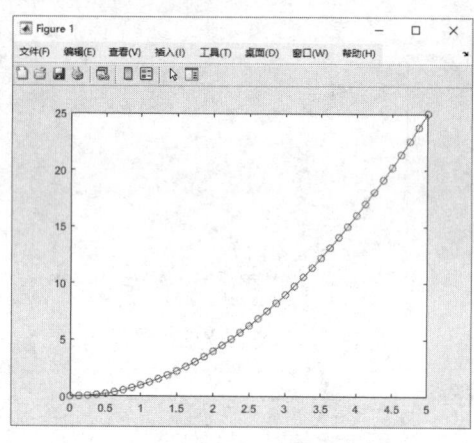

图 15-5　方程组的解

实例——R-K 方法求解范德波尔方程

源文件：yuanwenjian\ch15\rkfdbe.m、vdp1.m

本实例对于范德波尔（Van Der Pol）方程

$$y_1'' - \mu(1-y_1^2)y_1' + y_1 = 0$$

当 $\mu > 0$，将方程转换为一阶常微分方程

$$y_1' = y_2$$
$$y_2' = \mu(1-y_1^2)y_2 - y_1$$

解：MATLAB 程序如下。

（1）创建 M 文件 vdp1.m。

```
function dydt = vdp1(t,y)
dydt = [y(2); (1-y(1)^2)*y(2)-y(1)];
```

（2）计算数值解。

```
>> [t,y] = ode45(@vdp1,[0 20],[2; 0])    %求方程的数值解,积分区间为[0,20],初值为[2; 0]
t =
        0
   0.0000
   0.0001
```

```
        0.0001
        0.0001
        0.0002
         …
       19.9559
       19.9780
       20.0000
 y =
        2.0000         0
        2.0000   -0.0001
        2.0000   -0.0001
         …
        2.0133    0.1413
        2.0158    0.0892
        2.0172    0.0404
```

（3）绘制解的图形。

```
>> plot(t,y(:,1),'-o',t,y(:,2),'-o')      %在同一图窗中分别绘制 y1 和 y2 的图形
>> title('用 ode45 函数求解范德波尔方程(\mu = 1)');
>> xlabel('时间 t');
>> ylabel('解 y');                         %标注坐标轴
>> legend('y_1','y_2')                    %添加图例
```

结果如图 15-6 所示。

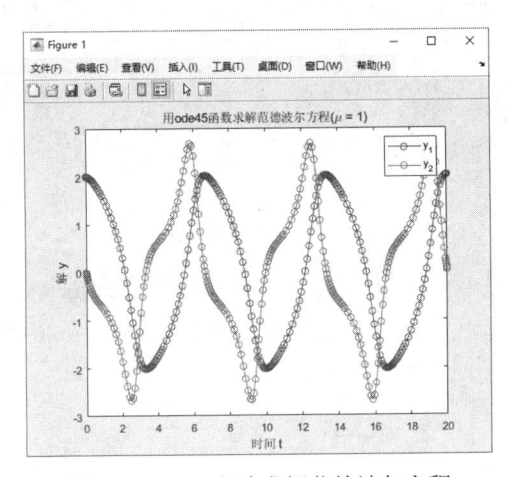

图 15-6　R-K 方法求解范德波尔方程

实例——R-K 方法求解方程组 2

源文件：yuanwenjian\ch15\rkfc2.m、rk2.m、R-K 方法求解方程 2.fig

本实例利用 R-K 方法对 $\begin{cases} y' = y - \dfrac{2x}{y} \\ y(0) = 1 \end{cases}$ （$0 < x < 1$）方程组进行求解。

解：MATLAB 程序如下。

（1）创建 M 文件 rk2.m。

```
function  f=rk2(x,y)
f=y-2*x/y;
```

（2）计算数值解。

```
>> [t,x]=ode45(@rk2,[0,1],1)         %求微分方程在积分区间[0,1]上的积分,初值为1
t =
         0
    0.0250
    0.0500
    ...
    0.9500
    0.9750
    1.0000                             %求值点
x =
    1.0000
    1.0247
    1.0488
    ...
    1.7029
    1.7176
    1.7321                             %数值解
```

（3）计算解析解。

```
>> y1=(1+2*t).^0.5
y1 =
    1.0000
    1.0247
    1.0488
    ...
    1.7029
    1.7176
    1.7321
```

（4）画图观察其计算精度。

```
>> plot(t,x,t,y1,'o')                 %在求值点分别绘制数值解 x 和解析解 y1 的图形
```

从结果和图 15-7 中可以看到，R-K 方法的计算精度很优秀，数值解和解析解的曲线完全重合。

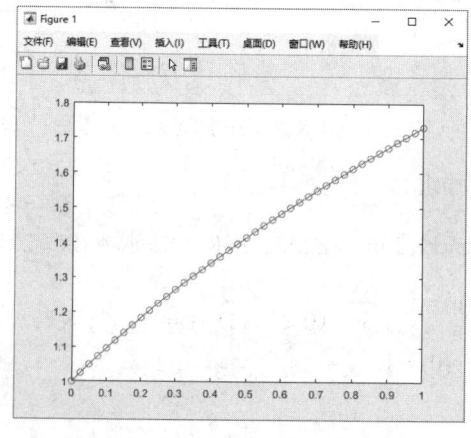

图 15-7　R-K 方法求解方程组 2

实例——R-K 方法求解方程组 3

源文件：yuanwenjian\ch15\rkfc3.m、rigid.m、R-K 方法解方程组 3.fig

本实例在[0,12]内求解下列方程：

$$\begin{cases} y_1' = y_2 y_3 & y_1(0) = 0 \\ y_2' = -y_1 y_3 & y_2(0) = 1 \\ y_3' = -0.51 y_1 y_2 & y_3(0) = 1 \end{cases}$$

解：MATLAB 程序如下。

(1) 创建要求解的方程的 M 文件 rigid.m。

```
function dy = rigid(t,y)
dy = zeros(3,1);
dy(1) = y(2) * y(3);
dy(2) = -y(1) * y(3);
dy(3) = -0.51 * y(1) * y(2);
```

(2) 对计算用的误差限进行设置，然后进行方程解算。

```
>> options = odeset('RelTol',1e-4,'AbsTol',[1e-4 1e-4 1e-5])%相对误差限和绝对误差限
options = 
  包含以下字段的 struct:
             AbsTol: [1.0000e-04 1.0000e-04 1.0000e-05]
                BDF: []
             Events: []
        InitialStep: []
           Jacobian: []
          JConstant: []
           JPattern: []
               Mass: []
       MassSingular: []
           MaxOrder: []
            MaxStep: []
         NonNegative: []
        NormControl: []
          OutputFcn: []
          OutputSel: []
             Refine: []
             RelTol: 1.0000e-04
              Stats: []
         Vectorized: []
     MStateDependence: []
          MvPattern: []
       InitialSlope: []
>> [T,Y] = ode45('rigid',[0 12],[0 1 1],options)%求微分方程在满足指定的误差限的条件
                                               %下,在积分区间[0,12]上的积分,初值为[0 1 1]
T =
         0
    0.0317
```

```
              0.0634
              0.0951
              ...
             11.7710
             11.8473
             11.9237
             12.0000
Y =
                   0    1.0000    1.0000
              0.0317    0.9995    0.9997
              0.0633    0.9980    0.9990
              0.0949    0.9955    0.9977
              ...
             -0.5472   -0.8373    0.9207
             -0.6041   -0.7972    0.9024
             -0.6570   -0.7542    0.8833
             -0.7058   -0.7087    0.8639
>> plot(T,Y(:,1),'-',T,Y(:,2),'-.',T,Y(:,3),'.')     %绘制数值解的图形
```

结果图像如图 15-8 所示。

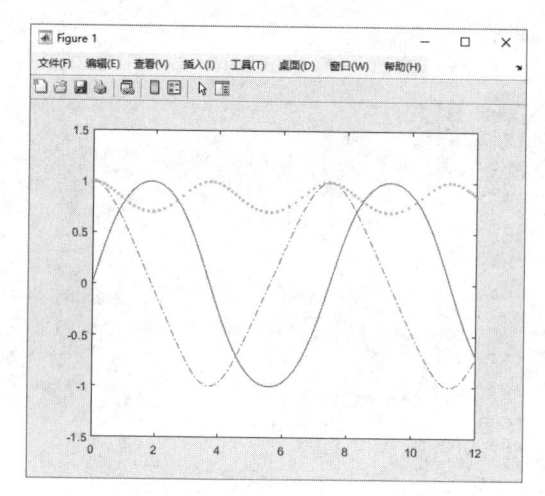

图 15-8　R-K 方法求解方程组 3

15.2.3　龙格-库塔方法解刚性问题

在求解常微分方程组时，经常出现解的分量数量级别差别很大的情形，给数值求解带来很大的困难。这种问题称为刚性问题，常见于化学反应、自动控制等领域。下面介绍如何对刚性问题进行求解。

实例——求解松弛振荡方程

源文件： yuanwenjian\ch15\sczdfc.m、vdp1000.m、求解松弛振荡方程.fig

本实例求解方程 $y'' + 1000(y^2 - 1)y' + y = 0$，初值为 $y(0) = 2, y'(0) = 0$。

解：MATLAB 程序如下。

（1）这是一个处在松弛振荡的范德波尔方程。要将该方程进行标准化处理，令 $y_1 = y, y_2 = y'$，有

$$\begin{cases} y_1' = y_2 \\ y_2' = 1000(1-y_1^2)y_2 - y_1 \end{cases} \qquad \begin{matrix} y_1(0) = 2 \\ y_2(0) = 0 \end{matrix}$$

（2）建立该方程组的 M 文件 vdp1000.m。

```
function dy = vdp1000(t,y)
dy = zeros(2,1);
dy(1) = y(2);
dy(2) =1000*(1 - y(1)^2)*y(2) - y(1);
```

（3）使用函数 ode15s() 进行求解。

```
>> [T,Y] = ode15s(@vdp1000,[0 3000],[2 0]);    %积分区间为[0,3000],初始条件为[2 0]
>> plot(T,Y(:,1),'-o')                          %绘制解的图形
```

方程的解如图 15-9 所示。

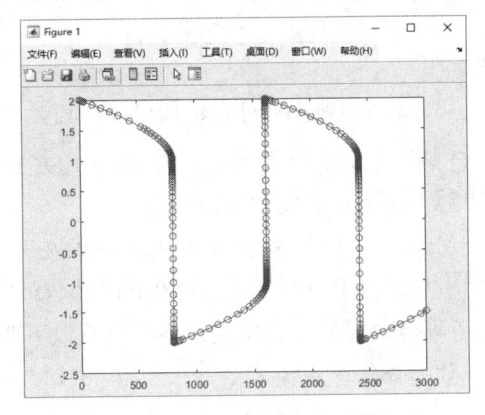

图 15-9 松弛振荡方程的解

15.3 偏微分方程

偏微分方程（Partial Differential Equation，PDE）在 19 世纪得到迅速发展，那时的许多数学家都对数学物理问题的解决做出了贡献。现在，偏微分方程已经是工程及理论研究不可或缺的数学工具（尤其是在物理学中），因此解偏微分方程也成了工程计算中的一部分。本节主要讲述如何利用 MATLAB 来求解一些常用的偏微分方程问题。

15.3.1 偏微分方程简介

为了更加清楚地讲述下面几节，首先简单介绍偏微分方程。MATLAB 可以求解的偏微分方程类型如下。

（1）椭圆型，公式如下：

$$-\nabla \cdot (c\nabla u) + au = f \qquad (15-1)$$

式中，$u = u(x, y)$，$(x, y) \in \Omega$，Ω 是平面上的有界区域；c、a、f 是标量复函数形式的系数。

（2）抛物线型，公式如下：

$$d\frac{\partial u}{\partial t} - \nabla \cdot (c\nabla u) + au = f \tag{15-2}$$

式中，$u = u(x, y)$，$(x, y) \in \Omega$，Ω 是平面上的有界区域；c、a、f、d 是标量复函数形式的系数。

（3）双曲线型，公式如下：

$$d\frac{\partial^2 u}{\partial t^2} - \nabla \cdot (c\nabla u) + au = f \tag{15-3}$$

式中，$u = u(x, y)$，$(x, y) \in \Omega$，Ω 是平面上的有界区域；c、a、f、d 是标量复函数形式的系数。

（4）特征值方程，公式如下：

$$-\nabla \cdot (c\nabla u) + au = \lambda du \tag{15-4}$$

式中，$u = u(x, y)$，$(x, y) \in \Omega$，Ω 是平面上的有界区域；λ 是待求特征值；c、a、f、d 是标量复函数形式的系数。

（5）非线性椭圆型，公式如下：

$$-\nabla \cdot (c(u)\nabla u) + a(u)u = f(u) \tag{15-5}$$

式中，$u = u(x, y)$，$(x, y) \in \Omega$，Ω 是平面上的有界区域；c、a、f 是关于 u 的函数。

此外，MATLAB 还可以求解下面形式的偏微分方程组

$$\begin{cases} -\nabla \cdot (c_{11}\nabla u_1) - \nabla \cdot (c_{12}\nabla u_2) + a_{11}u_1 + a_{12}u_2 = f_1 \\ -\nabla \cdot (c_{21}\nabla u_1) - \nabla \cdot (c_{22}\nabla u_2) + a_{21}u_1 + a_{22}u_2 = f_2 \end{cases} \tag{15-6}$$

边界条件是解偏微分方程所不可缺少的，常用的边界条件有以下两种。

（1）狄利克雷（Dirichlet）边界条件：$hu = r$。
（2）诺依曼（Neumann）边界条件：$n \cdot (c\nabla u) + qu = g$。

式中，n 为边界（$\partial\Omega$）外法向单位向量；g、q、h、r 是在边界（$\partial\Omega$）上定义的函数。

在有的偏微分参考书中，狄利克雷边界条件也称为第一类边界条件，诺依曼边界条件也称为第三类边界条件，如果 $q = 0$，则称为第二类边界条件。对于特征值问题仅限于齐次条件：$g = 0$，$r = 0$；对于非线性情况，系数 g、q、h、r 可以与 u 有关；对于抛物线型与双曲线型偏微分方程，系数可以是关于 t 的函数。

对于偏微分方程组，狄利克雷边界条件为

$$\begin{cases} h_{11}u_1 + h_{12}u_2 = r_1 \\ h_{21}u_1 + h_{22}u_2 = r_2 \end{cases}$$

诺依曼边界条件为

$$\begin{cases} n \cdot (c_{11}\nabla u_1) + n \cdot (c_{12}\nabla u_2) + q_{11}u_1 + q_{12}u_2 = g_1 \\ n \cdot (c_{21}\nabla u_1) + n \cdot (c_{22}\nabla u_2) + q_{21}u_1 + q_{22}u_2 = g_2 \end{cases}$$

混合边界条件为

$$\begin{cases} n \cdot (c_{11}\nabla u_1) + n \cdot (c_{12}\nabla u_2) + q_{11}u_1 + q_{12}u_2 = g_1 + h_{11}\mu \\ n \cdot (c_{21}\nabla u_1) + n \cdot (c_{22}\nabla u_2) + q_{21}u_1 + q_{22}u_2 = g_2 + h_{21}\mu \end{cases}$$

式中，μ 的计算要满足狄利克雷边界条件。

15.3.2 区域设置及网格化

在利用 MATLAB 求解偏微分方程时，可以利用 M 文件来创建偏微分方程定义的区域，如果该 M 文件名为 pdegeom，则它的编写要满足下面的法则。

(1) 该 M 文件必须能用下面的 3 种调用格式。
- ne=pdegeom。
- d=pdegeom(bs)。
- [x,y]=pdegeom(bs,s)。

(2) 输入变量 bs 是指定的边界线段，s 是相应线段弧长的近似值。

(3) 输出变量 ne 表示几何区域边界的线段数。

(4) 输出变量 d 是一个区域边界数据的矩阵。

(5) d 的第 1 行是每条线段起始点的值。第 2 行是每条线段结束点的值。第 3 行是沿线段方向左边区域的标识值，如果标识值为 1，则表示选定左边区域；如果标识值为 0，则表示不选定左边区域。第 4 行是沿线段方向右边区域的值，其规则同上。

(6) 输出变量[x,y]是每条线段的起点和终点所对应的坐标。

实例——绘制心形线区域

源文件： yuanwenjian\ch15\xxx.m、cardg.m

本实例编写一个绘制心形线所围区域的 M 文件，心形线的函数表达式为

$$r = 2(1+\cos\phi)$$

解： MATLAB 程序如下。

将这条心形线分为 4 段：第 1 段的起点为 $\phi=0$，终点为 $\phi=\pi/2$；第 2 段的起点为 $\phi=\pi/2$，终点为 $\phi=\pi$；第 3 段的起点为 $\phi=\pi$，终点为 $\phi=3\pi/2$；第 4 段的起点为 $\phi=3\pi/2$，终点为 $\phi=2\pi$。

下面是完整的 M 文件 cardg.m。

```
function [x,y]=cardg(bs,s)
%此函数用于编写心形线所围成的区域
nbs=4;
if nargin==0                        %如果没有输入参数
  x=nbs;
  return
end
dl=[ 0       pi/2    pi      3*pi/2
     pi/2    pi      3*pi/2  2*pi
     1       1       1       1
     0       0       0       0];
if nargin==1                        %如果只有一个输入参数
  x=dl(:,bs);
  return
```

```
    end

    x=zeros(size(s));
    y=zeros(size(s));
    [m,n]=size(bs);
    if m==1 & n==1,
      bs=bs*ones(size(s));                              %扩展bs
    elseif m~=size(s,1) | n~=size(s,2),
      error('bs 必须是标量或其数组大小与 s 相同');
    end

    nth=400;
    th=linspace(0,2*pi,nth);
    r=2*(1+cos(th));
    xt=r.*cos(th);
    yt=r.*sin(th);
    th=pdearcl(th,[xt;yt],s,0,2*pi);
    r=2*(1+cos(th));
    x(:)=r.*cos(th);
    y(:)=r.*sin(th);
```

为了验证 M 文件的正确性，可在 MATLAB 的命令行窗口中输入以下命令。

```
>> nd=cardg          %调用自定义函数的第一种格式，返回几何区域边界的线段数
nd =
     4
>> d=cardg([1 2 3 4])   %调用自定义函数的第二种格式，返回边界线段围成的区域的边界数据矩阵
d =
         0    1.5708    3.1416    4.7124
    1.5708    3.1416    4.7124    6.2832
    1.0000    1.0000    1.0000    1.0000
         0         0         0         0
>> [x,y]=cardg([1 2 3 4],[2 1 1 2])   %调用自定义函数的第三种格式，返回每条边界线段的起
                                      %点坐标和终点坐标
x =
    0.4506    2.8663    2.8663    0.4506
y =
    2.3358    2.1694    2.1694    2.3358
```

有了区域的 M 文件，接下来要做的就是网格化，创建网格数据。这可以通过 generateMesh 命令来实现，其调用格式见表 15-4。

表 15-4 generateMesh 命令的调用格式

调用格式	说　　明
generateMesh(model)	创建网格并将其存储在模型对象中，模型必须包含几何图形。其中 model 可以是一个分解几何矩阵，还可以是 M 文件
generateMesh(model,Name,Value)	在上面调用格式的基础上加上属性设置，表 15-5 给出了常用属性名及相应的属性值
mesh = generateMesh(…)	使用前面的任何语法将网格返回到 MATLAB 工作区

表 15-5　generateMesh 常用属性名及属性值

属 性 名	属 性 值	默 认 值	说　明
GeometricOrder	quadratic|linear	quadratic	几何秩序
Hmax	正实数	估计值	边界的最大尺寸
Hgrad	数值[1,2]	1.5	网格增长比率
Hmin	非负实数	估计值	边界的最小尺寸

在得到网格数据后，可以利用 pdemesh 命令来绘制 PDE 网格图，其调用格式见表 15-6。

表 15-6　pdemesh 命令的调用格式

调 用 格 式	含　义
pdemesh(model)	绘制包含在 PDEModel 类型的二维或三维模型对象中的网格
pdemesh(mesh)	绘制定义为 PDEModel 类型的二维或三维模型对象的网格属性的网格
pdemesh(nodes,elements)	绘制由节点和元素定义的网格
pdemesh(model,u)	用网格图绘制模型或三角形数据 u，仅适用于二维几何图形
pdemesh (…,Name,Value)	通过参数来绘制网格
pdemesh(p,e,t)	绘制由网格数据 p、e、t 指定的网格图
pdemesh(p,e,t,u)	用网格图绘制节点或三角形数据 u。若 u 是列向量，则组装节点数据；若 u 是行向量，则组装三角形数据
h= pdemesh(…)	绘制网格数据，并返回一个轴对象句柄

实例——心形线网格区域

源文件： yuanwenjian\ch15\xxxwg.m、心形线网格.fig

本实例对于心形线所围区域，观察修改边界尺寸、几何秩序和增长率后与原网格的区别。

解： MATLAB 程序如下。

```
>> model = createpde;                                  %创建一个由 1 个方程组成的系统的 PDE 模型对象
>> geometryFromEdges(model,@cardg);                    %根据自定义函数 cardg()的几何形状创建模型对象
                                                       %的几何图形
>> mesh=generateMesh(model);                           %创建模型对象的网格数据
>> subplot(2,2,1),pdemesh(model)                       %根据模型数据绘制模型的网格图
>> title('初始网格图')
>> mesh=generateMesh(model,'Hmax',2);                  %修改边界的最大尺寸
>> subplot(2,2,2),pdemesh(model)                       %绘制网格图
>> title('修改网格边界最大值')
>> mesh=generateMesh(model,'Hmin',2);                  %修改网格边界最小值
>> subplot(2,2,3),pdemesh(model),title('修改网格边界最小值')
>> mesh=generateMesh(model,'GeometricOrder','linear','Hgrad',1);
%修改网格几何秩序和增长率
>> subplot(2,2,4),pdemesh(model)                       %绘制网格图
>> title('修改网格几何秩序和增长率')
```

运行结果如图 15-10 所示。

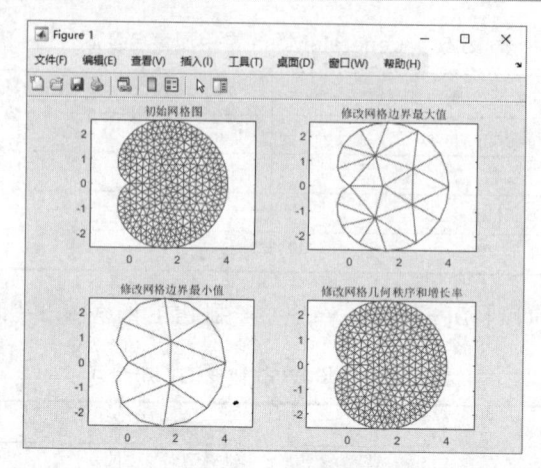

图 15-10 网格图

15.3.3 边界条件设置

15.3.2 小节讲解了区域的 M 文件编写及网格化，下面讲解边界条件的设置。边界条件的一般形式为

$$hu = r$$
$$n \cdot (c \otimes \nabla u) + qu = g + h'\mu$$

式中，符号 $n \cdot (c \otimes \nabla u)$ 表示 $N \times 1$ 矩阵，其第 i 行元素为

$$\sum_{j=1}^{n} \left(\cos\alpha c_{i,j,1,1} \frac{\partial}{\partial x} + \cos\alpha c_{i,j,1,2} \frac{\partial}{\partial y} + \sin\alpha c_{i,j,2,1} \frac{\partial}{\partial x} + \sin\alpha c_{i,j,2,2} \frac{\partial}{\partial y} \right) u_j$$

式中，$n = (\cos\alpha, \sin\alpha)$ 是外法线方向。有 M 个狄利克雷条件，且矩阵 h 是 $M \times N$ 型（$M \geqslant 0$）。广义的诺依曼条件包含一个要计算的拉格朗日乘子 μ。若 $M = 0$，即为诺依曼条件；若 $M = N$，即为狄利克雷条件；若 $M < N$，即为混合边界条件。

边界条件也可以通过 M 文件的编写来实现，如果边界条件的 M 文件名为 pdebound，那么它的编写必须满足的调用格式为

```
[q,g,h,r]=pdebound(p,e,u,time)
```

该边界条件的 M 文件在边界 e 上算出 q、g、h、r 的值，其中，p、e 是网格数据，且仅需要 e 是网格边界的子集；输入变量 u 和 time 分别用于非线性求解器和时间步长算法；输出变量 q、g 必须包含每个边界中点的值，即 size(q)=[N^2 ne]（N 是方程组的维数，ne 是 e 中边界数，size(h)=[N ne]）；对于狄利克雷条件，相应的值一定为 0；h 和 r 必须包含在每条边上的第 1 点的值，接着是在每条边上第 2 点的值，即 size(h)=[N^2 2*ne]（N 是方程组的维数，ne 是 e 中边界数，size(r)=[N 2*ne]），当 M<N 时，h 和 r 一定有 N−M 行元素是 0。

下面是 MATLAB 的偏微分方程工具箱中自带的一个区域为单位正方形，其左右边界为 u=0、上下边界 u 的法向导数为 0 的 M 文件 squareb3.m。

```
function [q,g,h,r]=squareb3(p,e,u,time)
%squareb3()函数用于输入边界条件数据
```

```
bl=[
1 1 1 1
0 1 0 1
1 1 1 1
1 1 1 1
48 1 48 1
48 1 48 1
48 48 42 48
48 48 120 48
49 49 49 49
48 48 48 48
];
if any(size(u))
  [q,g,h,r]=pdeexpd(p,e,u,time,bl);
else
  [q,g,h,r]=pdeexpd(p,e,time,bl);
end
```

该 M 文件中的函数 pdeexpd() 为一个估计表达式在边界上的值的函数。

15.3.4 PDE 求解

对于椭圆型偏微分方程或相应方程组，可以利用 solvepde 命令进行求解，solvepde 命令的调用格式见表 15-7。求解双曲线型和抛物线型偏微分方程或相应方程组，也可以利用 solvepde 命令进行求解。

表 15-7 solvepde 命令的调用格式

调 用 格 式	说　　明
result = solvepde(model)	返回模型表达的稳态偏微分方程的解
result = solvepde(model,tlist)	返回模型表达的时间相关的偏微分方程的解。tlist 必须是单调递增或递减的向量

实例——求解拉普拉斯方程

源文件：yuanwenjian\ch15\lplsfc.m、用 solvepde 命令进行求解.fig

本实例利用 solvepde 命令求解扇形区域上的拉普拉斯方程，其在弧上满足狄利克雷条件 $u=\cos\dfrac{2}{3}*a\tan 2(y,x)$，在直线上满足 $u=0$。

解：MATLAB 程序如下。

```
>> model = createpde();
>> geometryFromEdges(model,@cirsg);%区域函数cirsg()是MATLAB偏微分方程工具箱自带的
>> specifyCoefficients(model,'m',0,'d',0,'c',0,'a',1,'f',0);        %方程系数
>> rfun=@(location,state) cos(2/3*atan2(location.y,location.x));    %初始条件
>> applyBoundaryCondition(model,'dirichlet','Edge',...
1:model.Geometry.NumEdges,'r',rfun,'h',1);
%在所有边缘设置狄利克雷条件
```

```
>> generateMesh(model,'Hmax',0.25);            %设置最大边界尺寸，生成模型网格
>> results=solvepde(model);                    %求解模型对应的偏微分方程
>> u=results.NodalSolution;                    %返回节点处的解
>> pdeplot(model,'XYData',u,'ZData',u(:,1))    %绘制解的三维表面图
>> hold on                                     %保留当前图窗中的绘图
>> pdemesh(model,u)                            %绘制解的三维网格图
>> title('解的网格表面图')
```

运行结果如图 15-11 所示。

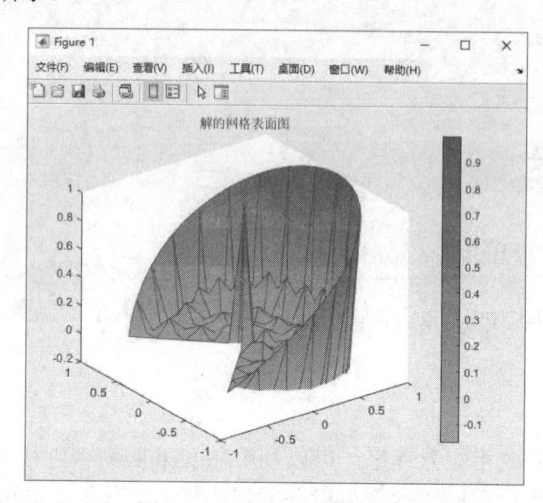

图 15-11　解的网格表面图

实例——求解热传导方程

源文件：yuanwenjian\ch15\rcd.m、求解热传导方程.fig

本实例在几何区域 $-1 \leq x, y \leq 1$ 上，当 $x^2+y^2<0.4$ 时，$u(0)=1$；在其他区域上，$u(0)=0$ 且满足狄利克雷边界条件 $u=0$，求在时刻 $0,0.005,0.01,\cdots,0.1$ 处热传导方程 $\dfrac{\partial u}{\partial t}=\Delta u$ 的解。

解：MATLAB 程序如下。

```
>> clear
>> model = createpde();                        %创建 PDE 模型对象
>> geometryFromEdges(model,@squareg);          %偏微分方程工具箱中自带的正方形区域
>> applyBoundaryCondition(model,'dirichlet','Face',1:model.Geometry.NumFaces, 'u',1);
                                               %在所有面应用狄利克雷边界条件
>> specifyCoefficients(model,'m',0, 'd',1,'c',1,'a',0,'f',0);   %方程系数
>> u0=@(location) location.x.^2+location.y.^2<0.4;              %定义初始条件
>> setInitialConditions(model,u0);             %设置初始条件
>> generateMesh(model,'Hmax',0.25);            %生成网格
>> tlist = linspace(0,0.1,20);                 %时间列表
>> results = solvepde(model,tlist);            %求解带时序的偏微分方程
>> u=results.NodalSolution;                    %返回节点处的解
>> pdeplot(model,'XYData',u,'ZData',u(:,1))    %绘制解的三维表面图
>> hold on                                     %保留当前图窗中的绘图
```

```
>> pdemesh(model,u)                    %绘制解的三维网格图
>> title('解的网格表面图')
```

运行结果如图 15-12 所示。

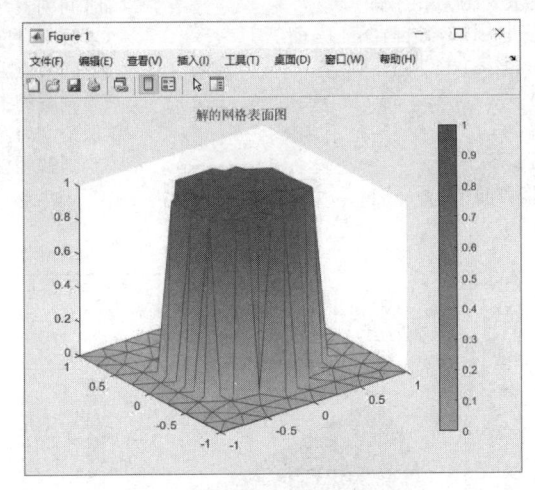

图 15-12　解的网格表面图

注意：

在边界条件的表达式和偏微分方程的系数中，符号 t 用于表示时间；变量 t 通常用于存储网格的三角矩阵。事实上，可以用任何变量来存储三角矩阵，但在偏微分方程工具箱的表达式中，t 总是表示时间。

实例——求解波动方程

源文件：yuanwenjian\ch15\bdfc.m、求解波动方程.fig

本实例已知在正方形区域 $-1 \leqslant x, y \leqslant 1$ 上的波动方程

$$\frac{\partial^2 u}{\partial t^2} = \Delta u$$

边界条件为当 $x = \pm 1$ 时，$u = 0$；当 $y = \pm 1$ 时，$\frac{\partial u}{\partial n} = 0$。

初始条件为 $u(0) = \cos\frac{\pi}{2}x$，$\frac{\mathrm{d}u(0)}{\mathrm{d}t} = 3\sin \pi x \mathrm{e}^{\cos \pi y}$。

求该方程在时间 $t = 0, 1/6, 1/3, \cdots, 29/6, 5$ 时的值。

解：MATLAB 程序如下。

```
>> model = createpde();                              %创建 PDE 模型对象
>> geometryFromEdges(model,@squareg);                %偏微分方程工具箱中自带的正方形区域
>> applyBoundaryCondition(model,'dirichlet','Face',...
   1:model.Geometry.NumFaces,'u',@squareg);          %在所有面应用狄利克雷边界条件
>> specifyCoefficients(model,'m',1, 'd',0,'c',1,'a',0,'f',0);    %方程系数
>> u0=@(location) cos(pi/2.*location.x);
```

```
>> ut0=@(location) 3*sin(pi.*location.x.*exp(cos(pi.*location.y)));   %定义初始条件
>> setInitialConditions(model,u0,ut0);                                %设置初始条件
>> generateMesh(model,'Hmax',0.15);                                   %设置边界尺寸最大值,生成模型的网格
>> tlist = linspace(0,1/6,5);                                         %时间列表
>> results = solvepde(model,tlist);                                   %求解带时序的偏微分方程
>> u=results.NodalSolution;                                           %返回节点处的解
>> pdeplot(model,'XYData',u,'ZData',u(:,1))                           %绘制解的三维表面图
>> hold on                                                            %保留当前图窗中的绘图
>> pdemesh(model,u)                                                   %绘制解的三维网格图
>> title('解的网格表面图')
```

运行结果如图 15-13 所示。

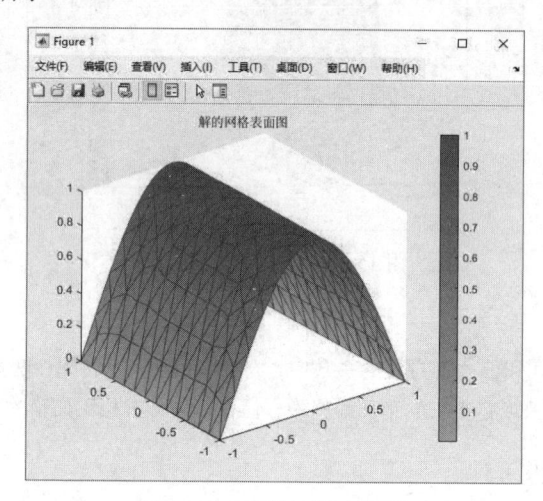

图 15-13 解的网格表面图

15.3.5 解特征值方程

对于特征值偏微分方程或相应方程组,可以利用 solvepdeeig 命令求解,其调用格式见表 15-8。

表 15-8 solvepdeeig 命令的调用格式

调 用 格 式	说 明
result = solvepdeeig (model,evr)	解决模型中的 PDE 特征值问题,evr 表示特征值范围

实例——计算特征值及特征模态

源文件：yuanwenjian\ch15\tzzmt.m、第 1 个特征模态图.fig、第 16 个特征模态图.fig

本实例在 L 形区域上,计算 $-\Delta u = \lambda u$ 小于 100 的特征值及其对应的特征模态,并显示第一和第 16 个特征模态。

解：MATLAB 程序如下。

```
>> clear
>> model = createpde();                          %创建 PDE 模型对象
>> geometryFromEdges(model,@lshapeg);
```

```
                       %创建模型,其中lshapeg为MATLAB偏微分方程工具箱中自带的L形区域文件
>> Mesh=generateMesh(model);                    %生成模型的网格
>> pdegplot(model,'FaceLabels','on','FaceAlpha',0.5)   %绘制模型,显示面名称,透明度为0.5
>> applyBoundaryCondition(model,'dirichlet','Edge',...
         1:model.Geometry.NumEdges,'u',0);      %在所有边添加边界条件
>> specifyCoefficients(model,'m',0,'d',1,'c',1,'a',1,'f',0);   %指定方程系数
>> evr = [-Inf,100];                            %指定区间
>> generateMesh(model,'Hmax',0.25);             %创建网格
>> results = solvepdeeig(model,evr)             %在区间范围内求解特征值
>> results
results =
 EigenResults - 属性:
    Eigenvectors: [273×16 double]
     Eigenvalues: [16×1 double]
            Mesh: [1×1 FEMesh]
>> V = results.Eigenvectors;                    %特征值向量
>> pdeplot(model,'XYData',V,'ZData',V(:,1));    %绘制第1个特征模态图
>> title('第1个特征模态图')
```

运行结果如图15-14所示。

```
>> figure                                       %新建一个图窗
>> pdeplot(model,'XYData',V,'ZData',V(:,16));   %绘制第16个特征模态图
>> title('第16个特征模态图')
```

运行结果如图15-15所示。

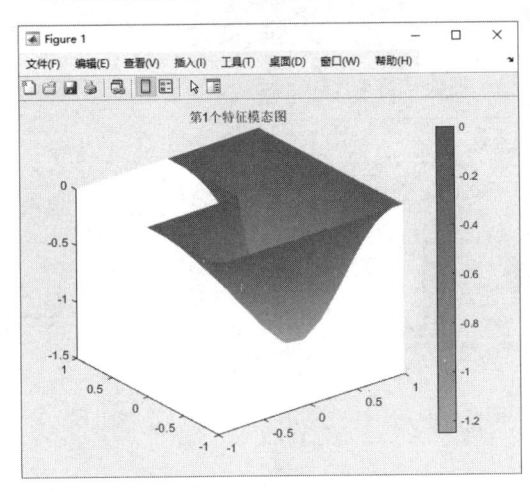

图15-14 第1个特征模态图 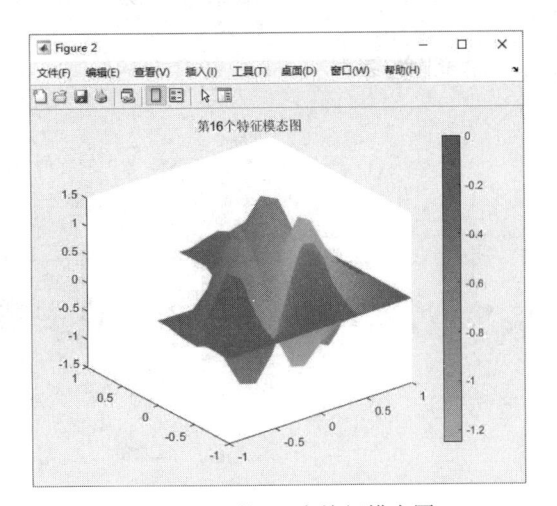   图15-15 第16个特征模态图

第 16 章　数据可视化分析

内容简介

在工程试验与工程测量中，会对离散数据与连续数据进行分析处理，MATLAB 具有强大的数值计算记录和卓越的数据可视化能力，为数据的可视化分析提供了良好的基础。本章详细讲解了数据实验分析过程中需要解决的问题和使用的功能函数。

内容要点

- 样本空间
- 数据可视化
- 正交试验分析
- 综合实例——盐泉的钾性判别

案例效果

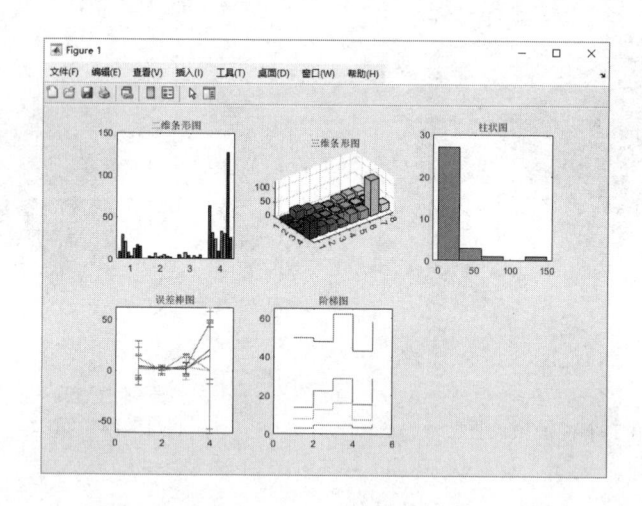

16.1 样本空间

设 E 是随机试验，S 是样本空间，对于 E 的每一事件 A 赋予一个实数，记作 $p(A)$，称为事件 A 的概率，集合函数 p 满足下列条件。

(1) 非负性：对于每一个事件 A，有 $p(A) \geqslant 0$。
(2) 规范性：对于必然事件 S，有 $p(S) = 1$。
(3) 可列可加性：设 $A_1 A_2 \cdots$ 是两两互不相容的事件，即对于 $A_1 A_2 \neq \varphi, i \neq j, i, j = 1, 2, \cdots$，有 $p(A_1 \bigcup A_2 \bigcup \cdots) = p(A_1) + p(A_2) + \cdots$。

当 $n \to \infty$ 时，频率 $f_n(A)$ 在一定意义下接近于频率 $p(A)$，基于这一事实，可以将概率 $p(A)$ 用于表征事件 A 在一次实验中发生的可能性的大小。

16.2 数据可视化

在工程计算中，往往会遇到大量的数据，单从这些数据表面是看不出事物内在关系的，这时便会用到数据可视化。它的字面意思就是将用户所收集或通过某些实验得到的数据反映到图像上，以此来观察数据所反映的各种内在关系。

设随机试验的样本空间为 $S = (e), X = X(e)$ 是定义在样本空间 S 上的实值单值函数，称 $X = X(e)$ 为随机变量。

16.2.1 离散情况

有些随机变量的所有可能取值是有限个或可列无限多个，这种随机变量称为离散型随机变量。

要掌握一个离散型随机变量 X 的统计规律，必须且只需 X 的所有可能取值以及取每一个可能值的概率。

设离散型随机变量 X 的所有可能取值为 $x_k(k=1,2,\cdots)$，X 取各个可能值的概率，即事件 $(X = x_k)$ 的概率，为

$$P(X = x_k) = p_k, k = 1, 2, \cdots \tag{16-1}$$

由概率的定义，p_k 满足如下两个条件：

$$p_k \geqslant 0, k = 1, 2, \cdots \tag{16-2}$$

$$\sum_{k=1}^{\infty} p_k = 1 \tag{16-3}$$

由于 $(X = x_1) \bigcup (X = x_2) \bigcup \cdots$ 是必然事件，且 $(X = x_j) \bigcap (X = x_k) = \varnothing, k \neq j$，故 $1 = P\left[\bigcup_{k=1}^{\infty} \{X = x_k\}\right]$
$= \sum_{k=1}^{\infty} p\{X = x_k\}$，即 $\sum_{k=1}^{\infty} p_k = 1$。

称式 (16-1) 为离散型随机变量 X 的分布律，分布律也可以用下面的形式来表示：

$$\begin{array}{cccc} X & x_1 & x_2 \cdots x_n \cdots \\ p_k & p_1 & p_2 \cdots p_n \cdots \end{array} \tag{16-4}$$

式 (16-4) 直观地表示了随机变量 X 取各个值的概率的规律，X 取各个值各占一些概率，这

些概率合起来是 1，可以想象成：概率 1 以一定的规律分布在各个可能值上，这就是式（16-4）称为分布律的缘故。

在实际应用中，得到的数据往往是一些有限的离散数据。例如，用最小二乘法估计某一函数，需要将它们以点的形式描述在图上，以此来反映一定的函数关系。

实例——游标卡尺测量结果

源文件：yuanwenjian\ch16\ybkc.m、游标卡尺测量结果.fig

本实例观察使用游标卡尺对同一零件进行不同次数测量后，其结果的变化关系。

进行 12 次独立测量，测得次数 t 与测量结果 L 的数据关系见表 16-1。

表 16-1　次数 t 与测量结果 L 的数据关系

次数 t	1	2	3	4	5	6	7	8	9	10	11	12
测量结果 L/mm	6.24	6.28	6.28	6.20	6.22	6.24	6.24	6.26	6.28	6.20	6.20	6.24

解：MATLAB 程序如下。

```
>> t=1:12;                                              %输入次数 t 的数据
>> L=[6.24 6.28 6.28 6.20 6.22 6.24 6.24 6.26 6.28 6.20 6.20 6.24];
                                                        %输入测量结果 L 的数据
>> plot(t,L,'ro')                                       %用红色的 o 描绘出相应的数据点
>> title('游标卡尺测量数据')
>> grid on                                              %画出坐标方格
```

运行结果如图 16-1 所示。

实例——城市居民家庭消费情况

源文件：yuanwenjian\ch16\xfqk.m、城市居民家庭消费情况.fig

本实例随机抽取了 11 个城市居民家庭关于收入与食品支出的样本，收入 x 与支出 y 的关系见表 16-2。

表 16-2　收入 x 与支出 y 的关系

收入 x/元	82	93	105	130	144	150	160	180	270	300	400
支出 y/元	75	85	92	105	120	130	145	156	200	200	240

解：MATLAB 程序如下。

```
>> x=[82 93 105 130 144 150 160 180 270 300 400];       %输入收入 x 的数据
>> y=[75 85 92 105 120 130 145 156 200 200 240];        %输入支出 y 的数据
>> plot(x,y,'bo')                                       %用蓝色的 o 描绘出相应的数据点
>> title('城市居民家庭消费情况')
>> grid on                                              %画出坐标方格
```

运行结果如图 16-2 所示。

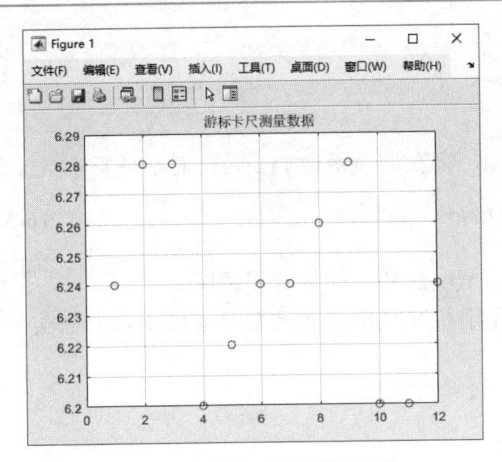

图 16-1　游标卡尺测量结果

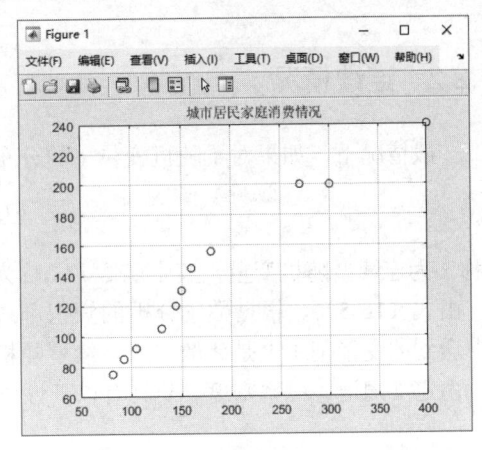

图 16-2　城市居民家庭消费情况

实例——尼古丁含量测试结果

源文件： yuanwenjian\ch16\ngdhl.m、尼古丁含量测试结果.fig

某卷烟厂生产两种香烟，化验室分别对两种香烟的尼古丁含量进行了 13 次测量，结果数据见表 16-3。

表 16-3　甲、乙两种香烟尼古丁含量 x 与 y 的关系

甲含量 x/%	25	28	26	26	29	22	21	22	26	27	30	28	29
乙含量 y/%	28	23	35	21	24	32	35	34	31	30	28	29	27

解： MATLAB 程序如下。

```
>> x=[25 28 26 26 29 22 21 22 26 27 30 28 29];    %输入甲含量 x 的数据
>> y=[28 23 35 21 24 32 35 34 31 30 28 29 27];    %输入乙含量 y 的数据
>> plot(x,y,'r^')                                  %用红色的△描绘出相应的数据点
>> title('尼古丁含量测试情况')
>> grid on                                         %画出坐标方格
```

运行结果如图 16-3 所示。

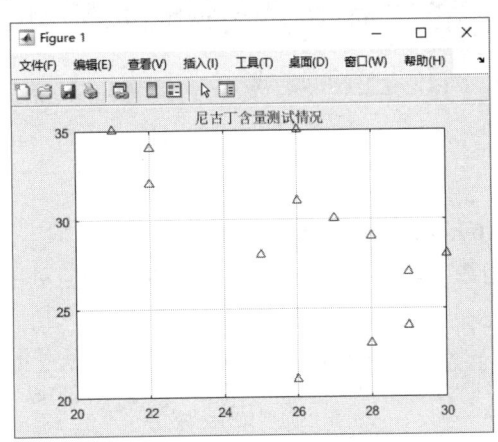

图 16-3　尼古丁含量测试结果

16.2.2 连续情况

一般情况下，如果对于随机变量 x 的分布函数 $F(x)$，存在非负函数 $f(x)$，使对于任意实数 x 有

$$F(x) = \int_{-\infty}^{x} f(x) \mathrm{d}x \qquad (16\text{-}5)$$

则称 x 为连续型随机变量，其中函数 $f(x)$ 称为 x 的概率密度函数，简称概率密度。

由式（16-5），根据数学分析的知识可知，连续型随机变量的分布函数是连续函数，在实际应用中遇到的变量基本上是离散型或连续型随机变量。

由定义知道，概率密度 $f(x)$ 具有以下性质：

$$f(x) \geqslant 0$$

$$\int_{-\infty}^{x} f(x) \mathrm{d}x = 1$$

对于任意实数 $x_1, x_2 (x_1 \leqslant x_2)$，若

$$P(x_1 < X \leqslant x_2) = F(x_2) - F(x_2) = \int_{x_1}^{x_2} f(x) \mathrm{d}x$$

中的 $f(x)$ 在点 x 处连续，则有 $F'(x) = f(x)$。

用 MATLAB 可以画出连续函数的图像，不过此时自变量的取值间隔要足够小，否则所画出的图像可能会与实际情况有很大的偏差。这一点读者可从下面的例子中体会。

实例——三角函数曲线

源文件：yuanwenjian\ch16\sjhs.m、三角函数曲线.fig

本实例用图形表示连续函数 $y = \sin x + \cos x$ 在区间 $[0, 2\pi]$ 20 等分点处的值。

解：MATLAB 程序如下。

```
>> x=0:0.1*pi:2*pi;          %定义取值区间，将取值区间 20 等分
>> y=sin(x)+cos(x);          %定义函数的表达式
>> plot(x,y,'b*')            %用蓝色星号描绘函数各个取值点对应的函数值
>> title('三角函数')
>> grid on                   %显示分隔线
```

运行结果如图 16-4 所示。

实例——幂函数曲线

源文件：yuanwenjian\ch16\mhs.m、幂函数曲线.fig

本实例用图形表示连续函数 $y = \mathrm{e}^x + \mathrm{e}^{-x}$ 在区间 $[-1, 1]$ 20 等分点处的值。

解：MATLAB 程序如下。

```
>> x=-1:0.1:1;               %定义取值区间，将取值区间 20 等分
>> y=exp(x)+exp(-x);         %定义函数的表达式
>> plot(x,y,'b*')            %用蓝色星号描绘函数各个取值点对应的函数值
>> title('幂函数')
>> grid on                   %显示分隔线
```

运行结果如图 16-5 所示。

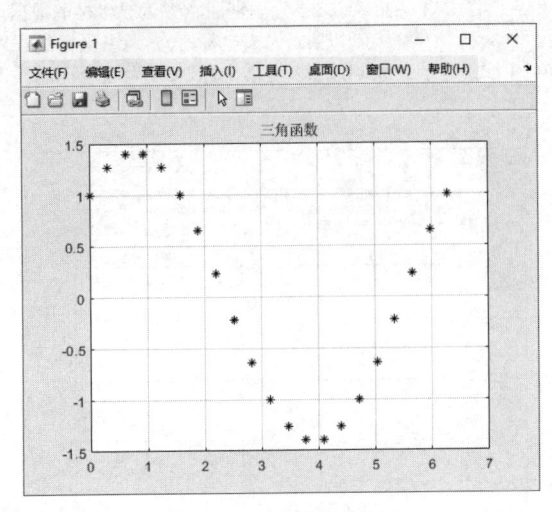

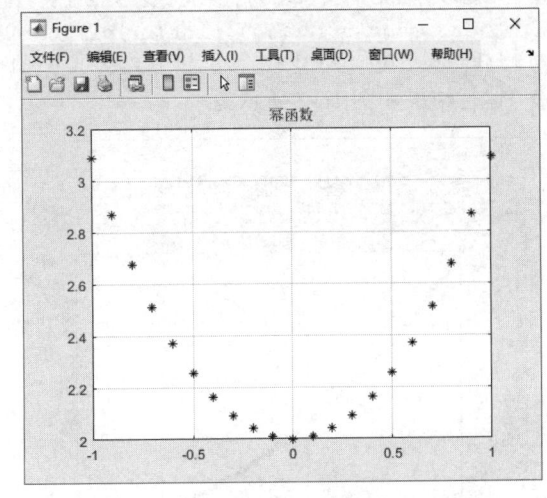

图 16-4　三角函数曲线　　　　　　　　图 16-5　幂函数曲线

实例——连续函数曲线

源文件：yuanwenjian\ch16\dxshs.m、连续函数曲线.fig

本实例用图形表示连续函数 $y = \dfrac{x^2+1}{x+1} - x + 1$ 在区间[0,1] 100 等分点处的值。

解：MATLAB 程序如下。

```
>> x=0:0.01:1;                  %定义取值区间，将取值区间100等分
>> y=(x.^2+1)./(x+1)-x+1;       %定义函数的表达式
>> plot(x,y,'b*')               %用蓝色星号描绘函数各个取值点对应的函数值
>> title('连续函数')
>> grid on                      %显示分隔线
```

运行结果如图 16-6 所示。

实例——参数方程曲线

源文件：yuanwenjian\ch16\csfct.m、参数方程曲线.fig

本实例画出下面含参数方程的图形。

$$\begin{cases} x = 2(\cos t + e^t) \\ y = 2(\sin t - e^t) \end{cases} \quad t \in [0, 4\pi]$$

解：MATLAB 程序如下。

```
>> t1=0:pi/5:4*pi;              %创建向量t1，定义取值区间和取值点序列
>> t2=0:pi/20:4*pi;             %创建向量t2，通过缩小元素间隔，得到更多的取值点
>> x1=2*(cos(t1)+exp(t1));
>> y1=2*(sin(t1)-exp(t1));      %以t1为自变量，定义参数方程
>> x2=2*(cos(t2)+exp(t2));
>> y2=2*(sin(t2)-exp(t2));      %以t2为自变量，定义参数方程
```

```
>> subplot(2,2,1),plot(x1,y1,'r.'),title('图1')    %描绘以 x1 为横坐标，y1 为纵坐标的数据点
>> subplot(2,2,2),plot(x2,y2,'r.'),title('图2')    %描绘以 x2 为横坐标，y2 为纵坐标的数据点
>> subplot(2,2,3),plot(x1,y1),title('图3')          %绘制以 x1 为横坐标，y1 为纵坐标的线图
>> subplot(2,2,4),plot(x2,y2),title('图4')          %绘制以 x2 为横坐标，y2 为纵坐标的线图
```

运行结果如图 16-7 所示。

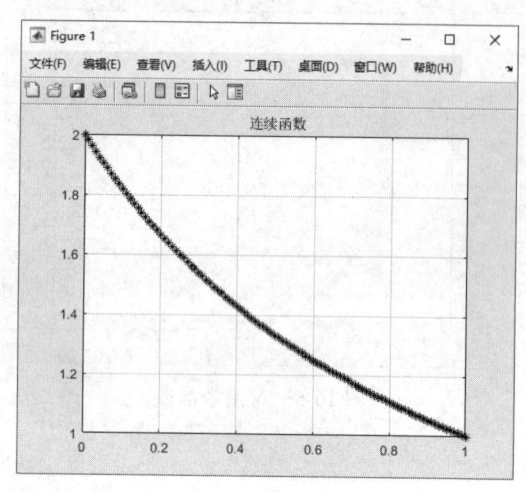

图 16-6　连续函数曲线

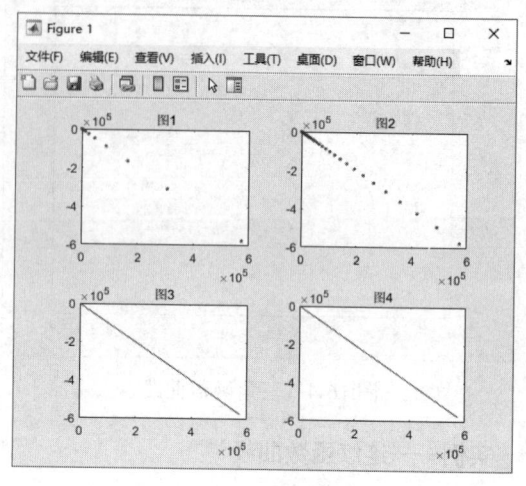

图 16-7　参数方程曲线

说明：

在图 16-7 中，"图 4"的曲线要比"图 3"光滑得多，因此要使图形更精确，一定要多选一些数据点。

动手练一练——设置曲线的连续区间

绘制函数 $f = (x - x^3)\sin \pi x$ 在区间[0,2]上的图形。

思路点拨：

源文件：yuanwenjian\ch16\lxqj.m、设置曲线的连续区间.fig

（1）确定自变量区间。

（2）输入表达式。

（3）绘制曲线。

16.3　正交试验分析

在科学研究和生产中，经常要做很多试验，这就存在如何安排试验和如何分析试验结果的问题。试验安排得好，即使试验次数不多，也能得到满意的结果；试验安排得不好，即使试验次数多，也很难得到满意的结果。因此，合理安排试验是一个很值得研究的问题。正交设计法就是一种科学安排与分析多因素试验的方法，它主要利用一套现成的规格化表（正交表）科学地挑选试验条件。正

交试验方法的基础理论这里不做介绍，感兴趣的读者可以参考《应用数理统计》（韩於羹编，北京航空航天大学出版社）。

16.3.1 正交试验的极差分析

极差分析又称直观分析，通过计算每个因素水平下的指标最大值和指标最小值之差（极差）的大小，说明该因素对试验指标影响的大小。极差越大说明影响越大。MATLAB 没有专门进行正交极差分析的函数命令，下面的 M 文件 zjjc.m 是作者编写的进行正交试验极差分析的函数。

```matlab
function [result,sum0]=zjjc(s,opt)
%对正交试验进行极差分析，s 是输入矩阵，opt 是最优参数
%其中，若 opt=1，表示最优取最大；若 opt=2，表示最优取最小
%s=[1     1   1   1    857;
%    1    2   2   2    951;
%    1    3   3   3    909;
%    2    1   2   3    878;
%    2    2   3   1    973;
%    2    3   1   2    899;
%    3    1   3   2    803;
%    3    2   1   3    1030;
%    3    3   2   1    927];
%s 的最后一列是各个正交组合的试验测量值，前几列是正交表
 [m,n]=size(s);
 p=max(s(:,1));                                              %取水平数
 q=n-1;                                                      %取列数
 sum0=zeros(p,q);
 for i=1:q
   for k=1:m
     for j=1:p
       if(s(k,i)==j)
         sum0(j,i)=sum0(j,i)+s(k,n);                         %求和
       end
     end
   end
 end
maxdiff=max(sum0)-min(sum0);                                 %求极差
result(1,:)=maxdiff;
if(opt==1)
    maxsum0=max(sum0);
    for kk=1:q
      modmax=mod(find(sum0==maxsum0(kk)),p);                 %求最大水平数
      if modmax==0
         modmax=p;
      end
      result(2,kk)=(modmax);
    end
else
```

```
        minsum0=min(sum0);
         for kk=1:q
            modmin=mod(find(sum0==minsum0(kk)),p);              %求最小水平数
            if modmin==0
                modmin=p;
            end
            result(2,kk)=(modmin);
        end
    end
```

实例——油泵柱塞组合件质量极差分析

源文件：yuanwenjian\ch16\zhjzl.m

某厂生产的油泵柱塞组合件存在质量不稳定、拉脱力波动大的问题。该组合件要求满足承受拉脱力大于 900kgf。为了寻找最优工艺条件，提高产品质量，决定进行试验。根据经验，得出柱塞头的外径、高度、倒角、收口油压（分别记为 A、B、C、D）等 4 个因素对拉脱力可能有影响，因此决定在试验中考查这 4 个因素，并根据经验，确定了各个因素的 3 种水平，试验方案采用 $L_9(3^4)$ 正交表，试验结果见表 16-4。对影响油泵柱塞组合件质量原因的试验结果进行极差分析。

表 16-4 试验结果

序号	A	B	C	D	拉脱力数据/kgf
1	1	1	1	1	857
2	1	2	2	2	951
3	1	3	3	3	909
4	2	1	2	3	878
5	2	2	3	1	973
6	2	3	1	2	890
7	3	1	3	2	803
8	3	2	1	3	1030
9	3	3	2	1	927

解：MATLAB 程序如下。

```
>> clear
>> s=[1    1  1  1   857;
     1    2  2  2   951;
     1    3  3  3   909;
     2    1  2  3   878;
     2    2  3  1   973;
     2    3  1  2   899;
     3    1  3  2   803;
     3    2  1  3   1030;
     3    3  2  1   927];             %4 个因素 3 种水平下的拉脱力测量数据 s
>> [result,sum0]=zjjc(s,1)            %调用自定义函数对测量数据 s 进行极差分析，最优取最大
result =
```

```
           43        416         101        164
            3          2           1          3
sum0 =
         2717        2538        2786        2757
         2750        2954        2756        2653
         2760        2735        2685        2817
```

result 的第一行是每个因素的极差，反映的是该因素波动对整体质量波动的影响大小。从结果可以看出，影响整体质量的大小顺序为 BDCA。result 的第二行是相应因素的最优生产条件，在本题中选择的是最大为最优，所以最优的生产条件是 $B_3D_2C_1A_3$。sum0 的每一行是相应因素每个水平的数据和。

16.3.2 正交试验的方差分析

极差分析简单易行，却并不能把试验中由于试验条件的改变引起的数据波动同试验误差引起的数据波动区别开来。也就是说，不能区分因素各水平间对应的试验结果的差异究竟是由于因素水平不同还是试验误差引起的，因此不能知道试验的精度。同时，对于各因素对试验结果影响的重要程度，也不能给予精确的数量估计。为了弥补这种不足，要对正交试验结果进行方差分析。

下面的 M 文件 zjfc.m 就是进行方差分析的函数。

```
function [result,error,errorDim]=zjfc(s,opt)
%对正交试验进行方差分析，s 是输入矩阵，opt 是空列参数向量，给出 s 中是空白列的列序号
%s=[1  1  1  1  1  1  83.4;
%   1  1  1  2  2  2  2    84;
%   1  2  2  1  1  2  2  87.3;
%   1  2  2  2  2  1  1  84.8;
%   2  1  2  1  2  1  2  87.3;
%   2  1  2  2  1  2  1    88;
%   2  2  1  1  2  2  1  92.3;
%   2  2  1  2  1  1  2  90.4;
%];
%opt=[3,7];
%s 的最后一列是各个正交组合的试验测量值，前几列是正交表
[m,n]=size(s);
p=max(s(:,1));                                          %取水平数
q=n-1;                                                  %取列数
sum0=zeros(p,q);
for i=1:q
   for k=1:m
      for j=1:p
         if(s(k,i)==j)
            sum0(j,i)=sum0(j,i)+s(k,n);                 %求和
         end
      end
   end
end
totalsum=sum(s(:,n));
```

```
    ss=sum0.*sum0;
    levelsum=m/p;                            %水平重复数
    ss=sum(ss./levelsum)-totalsum^2/m;       %每一列的s
    ssError=sum(ss(opt));
    for i=1:q
        f(i)=p-1;
    end                                      %自由度
    fError=sum(f(opt));                      %误差自由度
    ssbar=ss./f;
    Errorbar=ssError/fError;
    index=find(ssbar<Errorbar);
    index1=find(index==opt);
    index(index==index(index1))=[];          %剔除重复
    ssErrorNew=ssError+sum(ss(index));       %并入误差
    fErrorNew=fError+sum(f(index));          %新误差自由度
    F=(ss./f)/(ssErrorNew./fErrorNew);       %F值
    errorDim=[opt,index];
    errorDim=sort(errorDim);                 %误差列的序号
    result=[ss',f',ssbar',F'];
    error=[ssError,fError;ssErrorNew,fErrorNew];
```

实例——农作物品种试验结果极方差分析

源文件： yuanwenjian\ch16\nzwpz.m

在农作物品种试验中，参加试验的有甲、乙、丙、丁4个品种，各品种所试种的小区个数不相等。每个品种选取两个小区，试验方案采用$L_6(2^4)$正交表，试验结果见表16-5。

表16-5 试验结果

序 号	甲	乙	丙	丁
1	51	25	18	32
2	40	23	13	35
3	43	24	12	34
4	48	26	16	30
5	35	30	11	35
6	32	31	10	37

解：MATLAB程序如下。

```
>> clear
>> s=[51 25 18 32;
     40 23 13 35;
     43 24 12 34;
     48 26 16 30;
     35 30 11 35;
     32 31 10 37];              %4个品种的测量数据s
>> [result,sum0]=zjfc(s,1)       %调用自定义函数对测量数据s进行极方差分析。第1列为空白列，以考
                                 %查试验误差进行方差分析
```

```
result =
   1.0e+04 *
    5.1773    0.0050    0.1035    0.0001
    5.1773    0.0050    0.1035    0.0001
    5.1773    0.0050    0.1035    0.0001          %方差分析结果
sum0 =
   1.0e+04 *
    5.1773    0.0050
    5.1773    0.0050                              %误差
```

实例——生产率因素极方差分析

扫一扫，看视频

源文件：yuanwenjian\ch16\sclys.m

某化工厂为提高苯酚的生产率，选取了合成工艺条件中的 7 个因素进行研究，分别记为 A、B、C、D、E、F、G，每个因素选取两种水平，试验方案采用 $L_8(2^7)$正交表，试验结果见表 16-6。对提高苯酚的生产率因素进行极方差分析。

表 16-6　试验结果

序　号	A	B	C	D	E	F	G	数　据
1	1	1	1	1	1	1	1	83.4
2	1	1	1	2	2	2	2	84
3	1	2	2	1	1	2	2	87.3
4	1	2	2	2	2	1	1	84.8
5	2	1	2	1	2	1	2	87.3
6	2	1	2	2	1	2	1	88
7	2	2	1	1	2	2	1	92.3
8	2	2	1	2	1	1	2	90.4

解：MATLAB 程序如下。

```
>> clear
>> s=[    1  1   1   1  1 1 1 83.4;
          1  1   1   2  2 2 2 84;
          1  2   2   1  1 2 2 87.3;
          1  2   2   2  2 1 1 84.8;
          2  1   2   1  2 1 2 87.3;
          2  1   2   2  1 2 1 88;
          2  2   1   1  2 2 1 92.3;
          2  2   1   2  1 1 2 90.4;
];                                          %测量数据 s
>> opt=[3,7];                               %第 3 列和第 7 列为空列
>> [result,error,errorDim]=zjfc(s,opt)    %使用自定义函数 zjfc()对正交试验进行方差分析
result =
   42.7813    1.0000   42.7813  127.8643
   18.3013    1.0000   18.3013   54.6986
    0.9113    1.0000    0.9113    2.7235
```

```
         1.2013    1.0000    1.2013    3.5903
         0.0613    1.0000    0.0613    0.1831
         4.0613    1.0000    4.0613   12.1382
         0.0313    1.0000    0.0313    0.0934
error =
         0.9425    2.0000
         1.0038    3.0000
errorDim =
     3     5     7
```

result 中每列的含义分别是 S、f、$\bar{S}$、F；error 的两行分别为初始误差的 S、f 以及最终误差的 S、f；errorDim 给出的是正交表中误差列的序号。

由于 $F_{0.95}(1,3)=10.13$，$F_{0.99}(1,3)=34.12$，而 $127.8643>34.12$，$54.6986>34.12$，$12.1382>10.13$，所以 A、B 因素高度显著，E 因素显著，C 不显著。

> **注意：**
>
> 正交试验的数据分析还有几种，如重复试验、重复取样的方差分析、交互作用分析等，都可以在简单修改以上函数之后完成。

16.4　综合实例——盐泉的钾性判别

源文件： yuanwenjian\ch16\mpbfx.m、yqjxpb.m、盐泉的钾性判别.fig

某地区经勘探证明，A 盆地是一个钾盐矿区，B 盆地是一个钠盐（不含钾）矿区，其他盆地是否含钾盐有待判断。从 A 和 B 两个盆地各取 5 个盐泉样本，从其他盆地取得 8 个盐泉样本，其数据见表 16-7，试对后 8 个待判盐泉进行钾性判别。

表 16-7　测量数据

盐泉类别	序　号	特征 1	特征 2	特征 3	特征 4
第一类：含钾盐泉，A 盆地	1	13.85	2.79	7.8	49.6
	2	22.31	4.67	12.31	47.8
	3	28.82	4.63	16.18	62.15
	4	15.29	3.54	7.5	43.2
	5	28.79	4.9	16.12	58.1
第二类：含钠盐泉，B 盆地	1	2.18	1.06	1.22	20.6
	2	3.85	0.8	4.06	47.1
	3	11.4	0	3.5	0
	4	3.66	2.42	2.14	15.1
	5	12.1	0	15.68	0
待判盐泉	1	8.85	3.38	5.17	64
	2	28.6	2.4	1.2	31.3
	3	20.7	6.7	7.6	24.6

续表

盐泉类别	序 号	特征 1	特征 2	特征 3	特征 4
待判盐泉	4	7.9	2.4	4.3	9.9
	5	3.19	3.2	1.43	33.2
	6	12.4	5.1	4.43	30.2
	7	16.8	3.4	2.31	127
	8	15	2.7	5.02	26.1

【操作步骤】

1. 输入数据

X、Y 是总体 G 中抽取的样品，而 G 服从 p 维正态分布 $N_p(\mu,V)$。X、Y 两点间的距离为 $D(X,Y)$，满足 $D^2(X,Y)=(X-Y)'V^{-1}(X-Y)$；$X$、$G$ 两点间的距离为 $D(X,G)$，满足 $D^2(X,G)=(X-\mu)'V^{-1}(X-\mu)$。

```
>> clear
>> X1=[13.85 22.31 28.82 15.29 28.79;
       2.79 4.67 4.63 3.54 4.9;
       7.8 12.31 16.18 7.5 16.12;
       49.6 47.8 62.15 43.2 58.1];        %A 盆地的测量数据
>> X2=[2.18 3.85 11.4 3.66 12.1;
       1.06 0.8 0    2.42 0;
       1.22 4.06 3.5 2.14 15.68;          %B 盆地的测量数据
       20.6 47.1 0 15.1 0];
>> X=[8.85 28.6 20.7 7.9 3.19 12.4 16.8 15;
      3.38 2.4 6.7 2.4 3.2 5.1 3.4 2.7;
      5.17 1.2 7.6 4.3 1.43 4.43 2.31 5.02;
      64 31.3 24.6 9.9 33.2 30.2 127 26.1];  %8 个待判盐泉的测量数据
```

2. 编写距离判别函数

距离判别是定义一个样本到某个总体的"距离"的概念，然后根据样本到各个总体的"距离"的远近来判断样本的归属。最常用的是马氏距离，其定义如下：

对于两个协方差相同的正态总体 G_1 和 G_2，设 $x_1,x_2,\cdots,x_n$ 来自 G_1，$y_1,y_2,\cdots,y_n$ 来自 G_2。给定一个样本 X，判别函数 $W(X)=(X-\bar{\mu})'V^{-1}(\bar{X}-\bar{Y})$，当 $W(X)>0$ 时判断 X 属于 G_1；当 $W(X)<0$ 时判断 X 属于 G_2。其中，$\bar{X}=\frac{1}{n_1}\sum_{k=1}^{n_1}x_k$；$\bar{Y}=\frac{1}{n_2}\sum_{k=1}^{n_2}y_k$；$S_1=\sum_{k=1}^{n_1}(x_k-\bar{X})(x_k-\bar{X})'$，$S_2=\sum_{k=1}^{n_2}(y_k-\bar{Y})(y_k-\bar{Y})'$；$V=\frac{1}{n_1+n_2-2}(S_1+S_2)$；$\bar{\mu}=\frac{1}{2}(\bar{X}+\bar{Y})$。

下面这个 M 文件是进行协方差相同的两总体判别分析函数 mpbfx.m。

```
function [W,d,r1,r2,alpha,r]=mpbfx(X1,X2,X)
%对两个协方差相等的样本 X1、X2 和给定的样本 X 进行距离判别分析
%W 是判别系数矩阵，前两个元素是判别系数，第三个元素是常数项
%d 是马氏距离，r1 是对 X1 的回判结果，r2 是对 X2 的回判结果
```

```
%alpha 是误判率，r 是对 X 的判别结果
miu1=mean(X1,2);
miu2=mean(X2,2);
miu=(miu1+miu2)/2;
[m,n1]=size(X1);
[m,n2]=size(X2);
 for i=1:m
    ss1(i,:)=X1(i,:)-miu1(i);
    ss2(i,:)=X2(i,:)-miu2(i);
 end
s1=ss1*ss1';
s2=ss2*ss2';
V=(s1+s2)/(n1+n2-2);
W(1:m)=inv(V)*(miu1-miu2);
W(m+1)=(-miu)'*inv(V)*(miu1-miu2);
d=(miu1-miu2)'*inv(V)*(miu1-miu2);
r1=W(1:m)*X1+W(m+1);
r2=W(1:m)*X2+W(m+1);
r1(r1>0)=1;
r1(r1<0)=2;
r2(r2>0)=1;
r2(r2<0)=2;
num1=n1-length(find(r1==1));
num2=n2-length(find(r2==2));
alpha=(num1+num2)/(n1+n2);
r=W(1:m)*X+W(m+1);
r(r>0)=1;
r(r<0)=2;
```

3. 协方差判定钾性

```
>> [W,d,r1,r2,alpha,r]=mpbfx(X1,X2,X)    %调用自定义函数 mpbfx() 判定钾性
W =
   0.5034    2.2353   -0.1862    0.1259  -15.4222
d =
  18.1458
r1 =
    1    1    1    1    1
r2 =
    2    2    2    2
alpha =
    0
r =
    1    1    1    2    2    1    1    1
```

从结果中可以看出，$W(X) = 0.5034x_1 + 2.2353x_2 - 0.1862x_3 + 0.1259x_4 - 15.4222$，回判结果对两个盆地的盐泉都判别正确，误判率为 0；对待判盐泉的判别结果为第 4 个和第 5 个为含钠盐泉；其余都是含钾盐泉。

4．绘制统计图形

（1）绘制条形图。
```
>> subplot(2,3,1)
>> bar(X)                                  %绘制待判盐泉测量数据的二维条形图，每个分组为一个特征的测量值
>> title('二维条形图')
>> subplot(2,3,2)
>> bar3(X),title('三维条形图')              %绘制三维条形图
```
运行结果见图 16-8。

（2）绘制柱状图。
```
>> subplot(2,3,3)
>> histogram(X,'FaceColor','r')            %设置柱状图的颜色为红色
>> title('柱状图')
```
运行结果如图 16-9 所示。

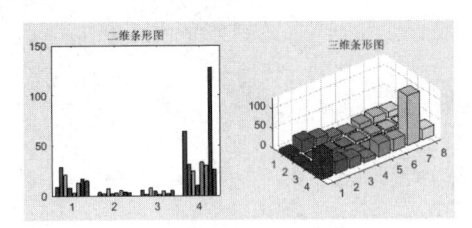

图 16-8　条形图

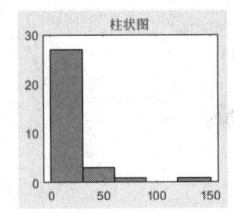

图 16-9　直角坐标系下的柱状图

5．绘制离散图形

（1）绘制误差棒图。
```
>> subplot(2,3,4)
>> e=abs(X1-X2);                           %设置误差条的长度
>> errorbar(X2,e)                          %绘制 B 盆地 5 个盐泉样本的误差棒图
>> title('误差棒图')
>> xlim([0 5])                             %调整 x 轴的坐标范围
```
运行结果如图 16-10 所示。

（2）绘制阶梯图。
```
>> subplot(2,3,5)
>> stairs(X1')                             %绘制 A 盆地盐泉 4 个特征测量数据的阶梯图
>> ylim([0 65])                            %调整 y 轴的坐标范围
>> title('阶梯图')
```
运行结果如图 16-11 所示。

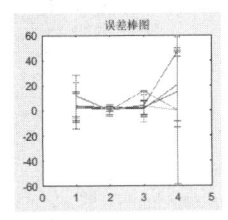

图 16-10　误差棒图

图 16-11　阶梯图

拓展：当两总体的协方差矩阵不相等时，判别函数取

$$W(X)=(X-\mu_2)'V_2^{-1}(X-\mu_2)-(X-\mu_1)'V_1^{-1}(X-\mu_1)$$

式中，

$$V_1=\frac{1}{n_1}S_1$$

$$V_2=\frac{1}{n_2}S_2$$

下面的 M 文件是当两总体的协方差不相等时计算函数 mpbfx2.m。

```
function [r1,r2,alpha,r]=mpbfx2(X1,X2,X)
X1=X1';
X2=X2';
miu1=mean(X1,2);
miu2=mean(X2,2);
[m,n1]=size(X1);
[m,n2]=size(X2);
[m,n]=size(X);
 for i=1:m
    ss11(i,:)=X1(i,:)-miu1(i);
    ss12(i,:)=X1(i,:)-miu2(i);
    ss22(i,:)=X2(i,:)-miu2(i);
    ss21(i,:)=X2(i,:)-miu1(i);
    ss2(i,:)=X(i,:)-miu2(i);
    ss1(i,:)=X(i,:)-miu1(i);
 end
s1=ss11*ss11';
s2=ss22*ss22';
V1=(s1)/(n1-1);
V2=(s2)/(n2-1);
for j=1:n1
    r1(j)=ss12(:,j)'*inv(V2)*ss12(:,j)-ss11(:,j)'*inv(V1)*ss11(:,j);
end
```

第 17 章　回归分析和方差分析

内容简介

在生产实践或工程应用中，回归分析与方差分析都是分析判断实验中因素作用的统计方法。无论是在经济管理、社会科学、工程技术或医学、生物学中，回归分析与方差分析都是被普遍应用的统计分析和预测技术。

内容要点

- 回归分析
- MATLAB 数理统计基础
- 多元数据相关分析
- 方差分析
- 综合实例——白炽灯测量数据分析

案例效果

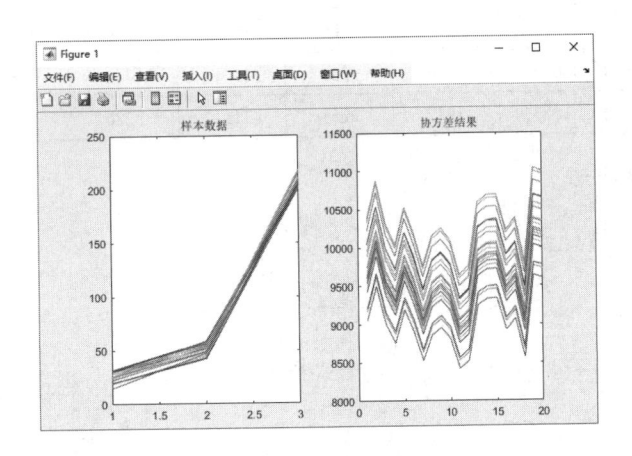

17.1　回归分析

在客观世界中，变量之间的关系可以分为两种：确定性函数关系与不确定性统计关系。统计分析是研究统计关系的一种数学方法，可以由一个变量的值估计另外一个变量的值。本节主要针对目前应用最普遍的部分最小回归进行一元线性回归、多元线性回归；同时，还将介绍如何用 MATLAB 实现近几年开始流行的部分最小二乘回归。

17.1.1 一元线性回归

在总体中，如果因变量 y 与自变量 x 的统计关系符合一元线性的正态误差模型，即对给定的 x_i 有 $y_i = b_0 + b_1 x_i + \varepsilon_i$，那么 b_0 和 b_1 的估计值可以由下列公式得到

$$\begin{cases} b_1 = \dfrac{\sum\limits_{i=1}^{n}(x_i-\bar{x})(y_i-\bar{y})}{\sum\limits_{i=1}^{n}(x_i-\bar{x})^2} \\ b_0 = \bar{y} - b_1 \bar{x} \end{cases}$$

式中，$\bar{x}=\dfrac{1}{n}\sum\limits_{i=1}^{n}x_i$；$\bar{y}=\dfrac{1}{n}\sum\limits_{i=1}^{n}y_i$。这就是部分最小二乘线性一元线性回归的公式。

MATLAB 提供的一元线性回归函数为 polyfit()，因为一元线性回归其实就是一阶多项式拟合。

实例——钢材消耗与国民经济线性回归分析

源文件：yuanwenjian\ch17\xxhg1.m、钢材消耗与国民经济线性回归分析.fig

表 17-1 列出了 16 年间钢材消耗量与国民收入之间的关系，试对它们进行线性回归。

表 17-1 钢材消耗量与国民收入之间的关系

钢材消耗量 x/万吨	549	429	538	698	872	988	807	738
国民收入 y/亿元	910	851	942	1097	1284	1502	1394	1303
钢材消耗量 x/万吨	1025	1316	1539	1561	1785	1762	1960	1902
国民收入 y/亿元	1555	1917	2051	2111	2286	2311	2003	2435

解：MATLAB 程序如下。

```
>> clear
>> x=[549 429 538 698 872 988 807 738 1025 1316 1539 1561 1785 1762 1960 1902];        %钢材消耗量统计数据
>> y=[910 851 942 1097 1284 1502 1394 1303 1555 1917 2051 2111 2286 2311 2003 2435];   %国民收入统计数据
>> [p,s]=polyfit(x,y,1)      %对统计数据进行线性回归
p =
    0.9847  485.3616          %次数为1的多项式的系数向量p
s =
  包含以下字段的 struct:
        R: [2x2 double]
       df: 14
    normr: 522.4439
  rsquared: 0.9374             %用于获取误差估计值的结构体 s
```

```
>> plot(x,y,'o')              %描绘钢材消耗量对应的国民收入数据点
>> x0=[min(x):1:max(x)];      %重新设置钢材消耗量统计数据的取值点,元素间隔值为1
>> y0=p(1)*x0+p(2);           %使用系数向量构建一阶多项式
>> hold on                    %保留当前图窗中的绘图
>> plot(x0,y0)                %绘制一阶多项式的曲线
```

运行结果如图 17-1 所示。

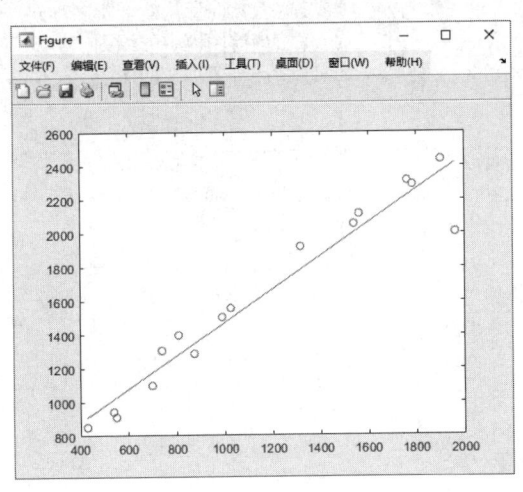

图 17-1　一元线性回归

实例——药剂喷洒含量与苗高线性回归分析

源文件：yuanwenjian\ch17\xxhg2.m、药剂喷洒含量与苗高线性回归分析.fig

表 17-2 列出了同一块水稻试验田不同药剂喷洒量与处理过的种子苗高的关系，试对它们进行线性回归。

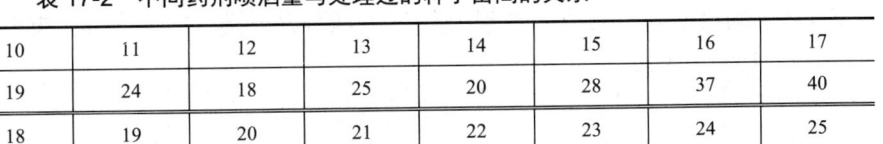

表 17-2　不同药剂喷洒量与处理过的种子苗高的关系

药剂喷洒量/mL	10	11	12	13	14	15	16	17
苗高/cm	19	24	18	25	20	28	37	40
药剂喷洒量/mL	18	19	20	21	22	23	24	25
苗高/cm	30	20	15	26	23	17	14	17

解：MATLAB 程序如下。

```
>> clear
>> x=[10 11 12 13 14 15 16 17 18 19 20 21 22 23 24 25];   %药剂喷洒量
>> y=[19 24 18 25 20 28 37 40 30 20 15 26 23 17 14 17];   %种子苗高
>> [p,s]=polyfit(x,y,1)       %对统计数据进行线性回归
p =
    -0.4015   30.3382         %次数为1的多项式的系数向量
s =
包含以下字段的 struct:
        R: [2x2 double]
```

```
        df: 14
     normr: 28.1538
   rsquared: 0.0647           %用于获取误差估计值的结构体 s
>> plot(x,y,'o')              %以圆圈标记描绘药剂喷洒量对应的种子苗高数据点
>> x0=[min(x):1:max(x)];      %重新定义药剂喷洒量统计数据的取值点,元素间隔值为 1

>> y0=p(1)*x0+p(2);           %使用系数向量构建一阶多项式
>> hold on                    %保留当前图窗中的绘图
>> plot(x0,y0)                %绘制一阶多项式的曲线
```

运行结果如图 17-2 所示。

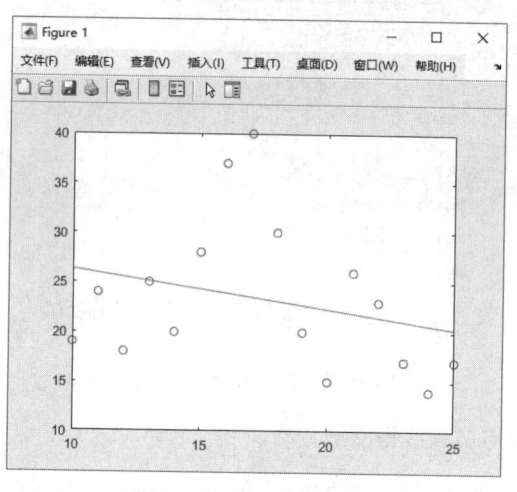

图 17-2 一元线性回归

实例——城市居民家庭线性回归分析

源文件：yuanwenjian\ch17\xxhg3.m、城市居民家庭线性回归分析.fig

本实例随机抽取了 11 个城市居民家庭关于收入与食品支出的样本，其具体数据见表 16-2。

解：MATLAB 程序如下。

```
>> x=[82 93 105 130 144 150 160 180 270 300 400];     %收入数据
>> y=[75 85 92 105 120 130 145 156 200 200 240];      %支出数据
>> [p,s]=polyfit(x,y,1)   %对样本数据进行线性回归,返回次数为 1 的多项式的系数向量 p,以及
                          %用于获取误差估计值的结构体 s
p =
    0.5269   44.2547
s =
  包含以下字段的 struct:
        R: [2x2 double]
       df: 9
    normr: 36.8058
  rsquared: 0.9529
>> plot(x,y,'o')              %以圆圈为标记,描绘居民收入对应的食品支出数据点
>> x0=[min(x):1:max(x)];      %重新定义居民收入取值点,元素间隔值为 1
>> y0=p(1)*x0+p(2);           %使用系数向量构建一阶多项式
```

```
>> hold on                       %保留当前图窗中的绘图
>> plot(x0,y0)                   %绘制一阶多项式的曲线
```

运行结果如图 17-3 所示。

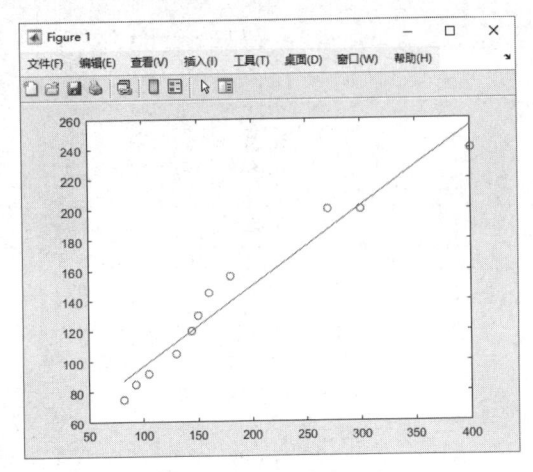

图 17-3 一元线性回归

实例——硝酸钠溶解量线性回归分析

源文件：yuanwenjian\ch17\xxhg4.m、硝酸钠溶解量线性回归分析.fig

在不同温度 x 下，溶解于 100 份水中的硝酸钠含量 y 的数据见表 17-3。

表 17-3 温度 x 与溶解量 y 的关系

温度 x	0	4	10	15	21	29	36	51	68
溶解量 y	66.7	71.0	76.3	80.6	85.7	92.9	99.4	113.6	125.1

解：MATLAB 程序如下。

```
>> x=[0 4 10 15 21 29 36 51 68];                            %温度
>> y=[66.7 71.0 76.3 80.6 85.7 92.9 99.4 113.6 125.1];      %硝酸钠含量
>> [p,s]=polyfit(x,y,1)   %对样本数据进行线性回归，返回次数为 1 的多项式的系数向量 p，以
                          %及用于获取误差估计值的结构体 s

p =
    0.8706   67.5078
s =
  包含以下字段的 struct:
        R: [2x2 double]
       df: 7
    normr: 2.5382
  rsquared: 0.9979
>> plot(x,y,'o')             %描绘温度对应的硝酸钠含量数据点
>> x0=[min(x):1:max(x)];     %重新定义温度取值点，元素间隔值为 1
>> y0=p(1)*x0+p(2);;         %使用系数向量构建一阶多项式
>> hold on                   %保留当前图窗中的绘图
>> plot(x0,y0)               %绘制一阶多项式的曲线
```

运行结果如图17-4所示。

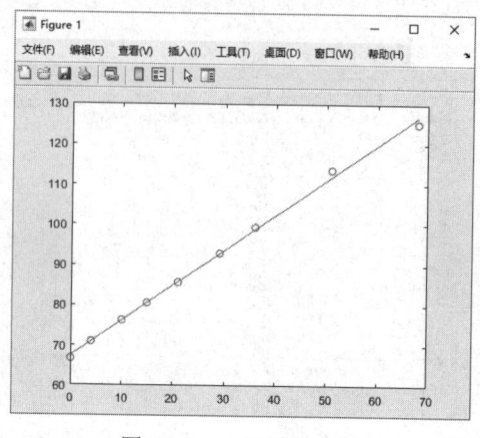

图 17-4　一元线性回归

17.1.2　多元线性回归

在大量的社会、经济、工程问题中，对于因变量 y 的全面解释往往需要多个自变量的共同作用。当有 p 个自变量 $x_1, x_2, ..., x_p$ 时，多元线性回归的理论模型为

$$y = \beta_0 + \beta_1 x_1 + \cdots + \beta_p x_p + \varepsilon$$

式中，ε 是随机误差，$E(\varepsilon) = 0$。

若对 y 和 $x_1, x_2, ..., x_p$ 分别进行 n 次独立观测，记

$$Y = \begin{bmatrix} y_1 \\ y_2 \\ \vdots \\ y_n \end{bmatrix}, \quad X = \begin{bmatrix} 1 & x_{11} & \cdots & x_{1p} \\ 1 & x_{21} & \cdots & x_{2p} \\ \vdots & \vdots & \ddots & \vdots \\ 1 & x_{n1} & \cdots & x_{np} \end{bmatrix}, \quad \beta = \begin{bmatrix} \beta_0 \\ \beta_1 \\ \vdots \\ \beta_p \end{bmatrix}$$

则 β 的最小二乘估计量为 $(X'X)^{-1}X'Y$，Y 的最小二乘估计量为 $X(X'X)^{-1}X'Y$。

MATLAB 提供了函数 regress() 进行多元线性回归，其调用格式见表17-4。

表 17-4　函数 regress() 的调用格式

调用格式	说　明
b = regress(y,X)	对因变量 y 和自变量 X 进行多元线性回归，b 是对回归系数的最小二乘估计
[b,bint] = regress(y,X)	bint 是回归系数 b 的 95% 置信度的置信区间
[b,bint,r] = regress(y,X)	r 为残差
[b,bint,r,rint] = regress(y,X)	rint 为 r 的置信区间
[b,bint,r,rint,stats] = regress(y,X)	stats 是检验统计量，其中第一个值为回归方程的置信度，第二个值为 F 统计量，第三个值为与 F 统计量对应的 p 值。如果 F 很大而 p 很小，说明回归系数不为 0
[...] = regress(y,X,alpha)	alpha 指定的是置信水平

> **注意**：计算 F 统计量及其 p 值时会假设回归方程含有常数项，所以在计算 stats 时，X 矩阵应该包含一个全 1 的列。

实例——健康女性的测量数据线性回归

源文件：yuanwenjian\ch17\xxhg5.m

表 17-5 所列是对 20 位 25～34 周岁的健康女性的测量数据，试利用这些数据对身体脂肪与大腿围长、三头肌皮褶厚度、中臂围长的关系进行线性回归。

表 17-5 测量数据

受试验者 i	1	2	3	4	5	6	7	8	9	10
三头肌皮褶厚度 x_1	19.5	24.7	30.7	29.8	19.1	25.6	31.4	27.9	22.1	25.5
大腿围长 x_2	43.1	49.8	51.9	54.3	42.2	53.9	58.6	52.1	49.9	53.5
中臂围长 x_3	29.1	28.2	37	31.1	30.9	23.7	27.6	30.6	23.2	24.8
身体脂肪 y	11.9	22.8	18.7	20.1	12.9	21.7	27.1	25.4	21.3	19.3
受试验者 i	11	12	13	14	15	16	17	18	19	20
三头肌皮褶厚度 x_1	31.1	30.4	18.7	19.7	14.6	29.5	27.7	30.2	22.7	25.2
大腿围长 x_2	56.6	56.7	46.5	44.2	42.7	54.4	55.3	58.6	48.2	51
中臂围长 x_3	30	28.3	23	28.6	21.3	30.1	25.6	24.6	27.1	27.5
身体脂肪 y	25.4	27.2	11.7	17.8	12.8	23.9	22.6	25.4	14.8	21.1

解：MATLAB 程序如下。

```
>> clear
>> y=[11.9   22.8   18.7   20.1   12.9   21.7   27.1   25.4   21.3   19.3
25.4   27.2   11.7   17.8   12.8   23.9   22.6   25.4   14.8   21.1];
%身体脂肪测量数据
>> x=[1 1 1 1 1 1 1 1 1 1 1 1 1 1 1 1 1 1 1 1;19.5   24.7   30.7   29.8   19.1
25.6   31.4   27.9   22.1   25.5   31.1   30.4   18.7   19.7   14.6   29.5
27.7   30.2   22.7   25.2;43.1   49.8   51.9   54.3   42.2   53.9   58.6
52.1   49.9   53.5   56.6   56.7   46.5   44.2   42.7   54.4   55.3   58.6
48.2   51;29.1   28.2   37   31.1   30.9   23.7   27.6   30.6   23.2   24.8
30   28.3   23   28.6   21.3   30.1   25.6   24.6   27.1   27.5];
%构建分析数据矩阵，第一行元素设置为 1
>> [b,bint,r,rint,stats]=regress(y',x')           %对测量数据进行多元线性回归
b =
  107.8763
    4.0599
   -2.6200
   -2.0402                                         %多元线性回归的系数估计值
bint =
 -100.7196   316.4721
   -2.2526    10.3723
```

```
    -8.0200      2.7801
    -5.3790      1.2986                          %系数估计值的置信边界下限和上限
r =
    -2.8541
     2.6523
    -2.3515
    -3.0467
     1.0842
    -0.5405
     1.5828
     3.1830
     1.7691
    -1.3383
     0.7572
     2.1928
    -3.3433
     4.0958
     0.9780
     0.1931
    -0.6220
    -1.3659
    -3.6641
     0.6382                                      %残差
rint =
    -7.0569      1.3488
    -2.1810      7.4856
    -6.2623      1.5593
    -7.9378      1.8444
    -3.2626      5.4310
    -5.6469      4.5659
    -3.1194      6.2849
    -1.5201      7.8862
    -3.0732      6.6113
    -6.0888      3.4121
    -4.3244      5.8388
    -2.8440      7.2297
    -7.8489      1.1623
    -0.3044      8.4960
    -3.4144      5.3703
    -4.9673      5.3534
    -5.7883      4.5444
    -6.1250      3.3932
    -8.3703      1.0420
    -4.6541      5.9305                          %用于诊断离群值的区间
stats =
    0.7993    21.2383    0.0000    6.2145        %模型统计量
```

实例——质量指标线性回归

源文件：yuanwenjian\ch17\xxhg6.m、质量指标线性回归.fig

扫一扫，看视频

表 17-6 所列是从 20 家工厂抽取同类产品，每个产品测量两个质量指标得到的测量数据。试利用这些数据对两个质量指标的关系进行线性回归。

表 17-6　测量数据

工厂 *i*	1	2	3	4	5	6	7	8	9	10
指标 1（x_1）	0	0	2	2	4	4	5	6	6	7
指标 2（x_2）	6	5	5	3	4	3	4	2	1	0
工厂 *i*	11	12	13	14	15	16	17	18	19	20
指标 1（x_1）	−2	−3	−4	−5	1	0	0	−1	−1	−3
指标 2（x_2）	2	2	0	2	1	−2	−1	−1	−3	−5

解：MATLAB 程序如下。

```
>> clear
>> i=[1 2 3 4 5 6 7 8 9 10 11 12 13 14 15 16 17 18 19 20];       %工厂编号
>> x=[0 0 2 2 4 4 5 6 6 7 -2 -3 -4 -5 1 0 0 -1 -1 -3;6 5 5 3 4 3 4 2 1 0 2 2 0
2 1 -2 -1 -1 -3 -5];                                 %质量指标测量数据
>> plot(i,x)                                         %绘制质量指标线条图，每个质量指标显示为一条曲线
>> x=[ones(size(i));x];                              %构建分析数据矩阵，第一行元素值均为 1
>> [b,bint,r,rint,stats]=regress(i',x') %对测量数据进行多元线性回归
b =
   13.3077
   -0.3617
   -1.7730
bint =
   12.1945   14.4209
   -0.6634   -0.0601
   -2.1452   -1.4007
r =
   -1.6700
   -2.4429
   -0.7195
   -3.2654
    0.2311
   -0.5419
    2.5928
    0.4086
   -0.3644
   -0.7756
    0.5148
    1.1530
   -1.7546
    2.4296
```

```
       3.8270
      -0.8536
       1.9193
       2.5576
       0.0117
      -3.2577
rint =
      -5.6230    2.2831
      -6.4450    1.5592
      -4.9650    3.5261
      -7.3352    0.8045
      -4.0760    4.5381
      -4.8876    3.8038
      -1.4273    6.6128
      -3.7761    4.5933
      -4.5099    3.7812
      -4.6778    3.1267
      -3.8278    4.8573
      -3.0722    5.3782
      -5.8684    2.3591
      -1.3873    6.2465
      -0.1467    7.8006
      -5.1137    3.4064
      -2.3369    6.1756
      -1.5911    6.7063
      -4.1475    4.1709
      -6.5989    0.0836
stats =
       0.8877   67.1735    0.0000    4.3939
```

运行结果如图 17-5 所示。

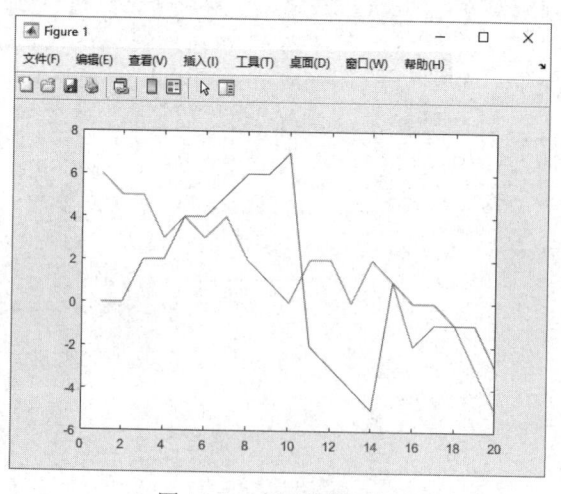

图 17-5　多元线性回归

17.1.3 部分最小二乘回归

在经典最小二乘多元线性回归中，Y 的最小二乘估计量为 $X(X'X)^{-1}X'Y$，这就要求 $(X'X)$ 是可逆的，所以当 X 中的变量存在严重的多重相关性，或者在 X 样本点与变量个数相比明显过少时，经典最小二乘多元线性回归就失效了。针对这个问题，人们提出了部分最小二乘回归方法，也称偏最小二乘回归方法。它产生于化学领域的光谱分析，目前已被广泛应用于工程技术和经济管理的分析、预测研究中，被誉为"第二代多元统计分析技术"。限于篇幅的原因，这里对部分最小二乘回归方法的原理不作详细介绍，感兴趣的读者可以参考《偏最小二乘回归方法及其应用》（王惠文著，国防工业出版社）。

设有 q 个因变量 $\{y_1,...,y_q\}$ 和 p 个自变量 $\{x_1,...,x_p\}$。为了研究因变量与自变量的统计关系，观测 n 个样本点，构成了自变量与因变量的数据表 $X=[x_1,...,x_p]_{n \times p}$ 和 $Y=[y_1,...,y_q]_{n \times q}$。部分最小二乘回归分别在 X 和 Y 中提取成分 t_1 和 u_1，它们分别是 $x_1,...,x_p$ 和 $y_1,...,y_q$ 的线性组合。提取这两个成分有以下要求。

➢ 两个成分尽可能多地携带它们各自数据表中的变异信息。
➢ 两个成分的相关程度达到最大。

也就是说，它们能够尽可能有效地代表各自的数据表，同时自变量成分 t_1 对因变量成分 u_1 有最强的解释能力。

在第一个成分被提取之后，分别实施 X 对 t_1 的回归和 Y 对 u_1 的回归。如果回归方程达到满意的精度则终止算法；否则，利用残余信息进行第二轮的成分提取，直到达到一个满意的精度。

下面的 M 文件 pls.m 是对自变量 X 和因变量 Y 进行部分最小二乘回归的函数文件。

```
function [beta,VIP]= pls(X,Y)
[n,p]=size(X);
[n,q]=size(Y);
meanX=mean(X);                               %均值
varX=var(X);                                 %方差
meanY=mean(Y);                               %均值
varY=var(Y);                                 %方差

%%%%数据标准化过程
for i=1:p
    for j=1:n
        X0(j,i)=(X(j,i)-meanX(i))/((varX(i))^0.5);
    end
end
for i=1:q
    for j=1:n
        Y0(j,i)=(Y(j,i)-meanY(i))/((varY(i))^0.5);
    end
end
%%%%%%%%%%%%%%%%%%%%%%%%%%%%%%%%%%
```

```matlab
    [omega(:,1),t(:,1),pp(:,1),XX(:,:,1),rr(:,1),YY(:,:,1)]=plsfactor(X0,Y0);
    [omega(:,2),t(:,2),pp(:,2),XX(:,:,2),rr(:,2),YY(:,:,2)]=plsfactor(XX(:,:,1),YY(:,:,1));

    PRESShj=0;
    tt0=ones(n-1,2);

    for i=1:n
        YY0(1:(i-1),:)=Y0(1:(i-1),:);
        YY0(i:(n-1),:)=Y0((i+1):n,:);
        tt0(1:(i-1),:)=t(1:(i-1),:);
        tt0(i:(n-1),:)=t((i+1):n,:);
        expPRESS(i,:)=(Y0(i,:)-t(i,:)*inv((tt0'*tt0))*tt0'*YY0);
        for m=1:q
            PRESShj=PRESShj+expPRESS(i,m)^2;
        end
    end
    sum1=sum(PRESShj);
    PRESSh=sum(sum1);

    for m=1:q
        for i=1:n
            SShj(i,m)=YY(i,m,1)^2;
        end
    end
    sum2=sum(SShj);
    SSh=sum(sum2);

    Q=1-(PRESSh/SSh);

    k=3;
    %%%%%%%%%%%%%%%%%%循环，提取主元
    while Q>0.0975
        [omega(:,k),t(:,k),pp(:,k),XX(:,:,k),rr(:,k),YY(:,:,k)]=plsfactor(XX(:,:,k-1),YY(:,:,k-1));
        PRESShj=0;
        tt00=ones(n-1,k);
    for i=1:n
        YY0(1:(i-1),:)=Y0(1:(i-1),:);
        YY0(i:(n-1),:)=Y0((i+1):n,:);
        tt00(1:(i-1),:)=t(1:(i-1),:);
        tt00(i:(n-1),:)=t((i+1):n,:);
        expPRESS(i,:)=(Y0(i,:)-t(i,:)*((tt00'*tt00)^(-1))*tt00'*YY0);
        for m=1:q
            PRESShj=PRESShj+expPRESS(i,m)^2;
        end
```

```
        end
    
    for m=1:q
        for i=1:n
            SShj(i,m)=YY(i,m,k-1)^2;
        end
    end

sum2=sum(SShj);
 SSh=sum(sum2);
  Q=1-(PRESSh/SSh);

  if Q>0.0975
     k=k+1;
  end

 end
%%%%%%%%%%%%%%%%%%%
h=k-1;%%%%%%%%%提取主元的个数

%%%%%%%%%%%%%%%%还原回归系数
omegaxing=ones(p,h,q);
for m=1:q
omegaxing(:,1,m)=rr(m,1)*omega(:,1);
    for i=2:(h)
        for j=1:(i-1)
           omegaxingi =(eye(p)-omega(:,j)*pp(:,j)');
           omegaxingii=eye(p);
           omegaxingii=omegaxingii*omegaxingi;
        end
        omegaxing(:,i,m)=rr(m,i)*omegaxingii*omega(:,i);
    end
beta(:,m)=sum(omegaxing(:,:,m),2);
end
%%%%%%%%计算相关系数
for i=1:h
    for j=1:q
       relation(i,j)=sum(prod(corrcoef(t(:,i),Y(:,j))))/2;
    end
end
%%%%%%%%%%%%%%%%%%%%%%%%
Rd=relation.*relation;
RdYt=sum(Rd,2)/q;
Rdtttt=sum(RdYt);
omega22=omega.*omega;
VIP=((p/Rdtttt)*(omega22*RdYt)).^0.5; %%%计算 VIP 系数
```

下面的 M 文件 plsfactor.m 是专门用于提取主元的函数文件。

```
function [omega,t,pp,XXX,r,YYY]=plsfactor(X0,Y0)
XX=X0'*Y0*Y0'*X0;
[V,D]=eig(XX);
Lamda=max(D);
[MAXLamda,I]=max(Lamda);
omega=V(:,I);                              %最大特征值对应的特征向量
  %%%第一主元
t=X0*omega;
pp=X0'*t/(t'*t);
XXX=X0-t*pp';
r=Y0'*t/(t'*t);
YYY=Y0-t*r';
```

部分最小二乘回归提供了一种多因变量对多自变量的回归建模方法，可以有效解决变量之间的多重相关性问题，适合在样本容量小于变量个数的情况下进行回归建模，可以实现多种多元统计分析方法的综合应用。

实例——男子的体能数据部分最小二乘回归分析

源文件：yuanwenjian\ch17\hgfx1.m

Linnerud 曾经对某健身俱乐部 20 名中年男子的体能数据进行了统计分析，测量数据分为两组，第一组是身体特征指标 X，包括体重、腰围、脉搏；第二组是训练结果指标 Y，包括单杠、弯曲、跳高，见表 17-7。试利用部分最小二乘回归方法，对这些数据进行部分最小二乘回归分析。

表 17-7 男子体能数据

编号 i	1	2	3	4	5	6	7	8	9	10
体重 x_1	191	189	193	162	189	182	211	167	176	154
腰围 x_2	36	37	38	35	35	36	38	34	31	33
脉搏 x_3	50	52	58	62	46	56	56	60	74	56
单杠 y_1	5	2	12	12	13	4	8	6	15	17
弯曲 y_2	162	110	101	105	155	101	101	125	200	251
跳高 y_3	60	60	101	37	58	42	38	40	40	250
编号 i	11	12	13	14	15	16	17	18	19	20
体重 x_1	169	166	154	247	193	202	176	157	156	138
腰围 x_2	34	33	34	46	36	37	37	32	33	33
脉搏 x_3	50	52	64	50	46	62	54	52	54	68
单杠 y_1	17	13	14	1	6	12	4	11	15	2
弯曲 y_2	120	210	215	50	70	210	60	230	225	110
跳高 y_3	38	115	105	50	31	120	25	80	73	43

解：MATLAB 程序如下。

```
>> clear
X=[191 36 50;
189 37 52;
```

```
193 38 58;
162 35 62;
189 35 46;
182 36 56;
211 38 56;
167 34 60;
176 31 74;
154 33 56;
169 34 50;
166 33 52;
154 34 64;
247 46 50;
193 36 46;
202 37 62;
176 37 54;
157 32 52;
156 33 54;
138 33 68
];                          %身体特征指标
>> Y=[5 162 60;
2 110 60;
12 101 101;
12 105 37;
13 155 58;
4 101 42;
8 101 38;
6 125 40;
15 200 40;
17 251 250;
17 120 38;
13 210 115;
14 215 105;
1 50 50 ;
6 70 31;
12 210 120;
4 60 25;
11 230 80;
15 225 73;
2 110 43];                  %训练结果指标
>> [beta,VIP]=pls(X,Y)      %调用自定义函数,以身体特征指标为自变量,训练结果指标为因变量,对测
                            %量数据进行部分最小二乘回归
beta =
   -0.0778   -0.1385   -0.0604
   -0.4989   -0.5244   -0.1559
   -0.1322   -0.0854   -0.0073
VIP =
    0.9982
    1.2977
0.5652
```

实例——碳酸岩标本数据部分最小二乘回归分析

源文件：yuanwenjian\ch17\hgfx2.m

从珠穆朗玛峰地区采集不同地质时代的碳酸岩标本，进行化学分析，碳酸岩标本数据见表 17-8。试利用部分最小二乘回归方法，对这些数据进行部分最小二乘回归分析。

表 17-8 碳酸岩标本数据

时期	编号	SiO_2	Al_2O_3	MgO	CaO	K_2O	Na_2O
古生代	JBR_{52}	20.92	4.50	3.13	36.7	1.20	0.75
	$JSAR_3$	31.09	7.02	2.16	30.6	2.55	0.95
	JBR_{12}	6.01	3.10	1.30	29.8	2.05	0.20
	$JSAR_{24}$	20.21	2.26	1.73	48.28	0.60	0.40
新生代	$JSAR_{33}$	18.86	1.83	2.59	37.30	0.95	0.25
	$JSAR_{35}$	8.98	1.41	1.41	45.56	0.45	0.40
	$JSARA_{40}$	20.30	4.35	1.70	37.58	0.20	0.40
	$JSRF_{22}$	9.52	3.37	1.52	37.20	0.60	0.50

解：MATLAB 程序如下。

```
>> clear
>> X=[20.92    4.50    3.13    36.7     1.20    0.75;
     31.09    7.02    2.16    30.6     2.55    0.95;
      6.01    3.10    1.30    29.8     2.05    0.20;
     20.21    2.26    1.73    48.28    0.60    0.40
     ];                                                      %古生代标本数据
>> Y=[18.86    1.83    2.59    37.30    0.95    0.25;
      8.98    1.41    1.41    45.56    0.45    0.40;
     20.30    4.35    1.70    37.58    0.20    0.40;
      9.52    3.37    1.52    37.20    0.60    0.50];        %新生代标本数据
>> [beta,VIP]= pls(X,Y)    %以古生代标本数据为自变量，新生代标本数据为因变量，对测量数
                           %据进行部分最小二乘回归
beta =
   -0.1008   -0.2612    0.0154    0.2310    0.0815   -0.1166
   -0.0934   -0.2191   -0.0688    0.2966   -0.0445   -0.0775
   -0.0950   -0.3468    0.3769   -0.1417    0.6003   -0.2434
    0.0152   -0.0004    0.1410   -0.1770    0.1947   -0.0352
   -0.0244    0.0105   -0.2625    0.3200   -0.3647    0.0698
   -0.1135   -0.3142    0.0894    0.1888    0.1959   -0.1579
VIP =
    0.9422
    0.9824
    1.3424
    0.5441
    0.9942
    1.0299
```

17.2 MATLAB 数理统计基础

数理统计工具箱是 MATLAB 工具箱中较为简单的一个，其涉及的数学知识是大家都很熟悉的数理统计，如求均值与方差等。下面将对 MATLAB 数理统计工具箱中的一些函数进行简单介绍。

17.2.1 样本均值

MATLAB 中计算样本均值的函数为 mean()，其调用格式见表 17-9。

表 17-9 函数 mean() 的调用格式

调用格式	说 明
M = mean(A)	如果 A 为向量，输出 M 为 A 中所有参数的平均值；如果 A 为矩阵，输出 M 是一个行向量，其每一个元素是对应列的元素的平均值
M = mean(A,dim)	按指定的维数求平均值
M = mean(A,'all')	计算 A 的所有元素的均值
M = mean(A,vecdim)	计算 A 中向量 vecdim 所指定的维度上的均值
M = mean(…,outtype)	使用前面语法中的任何输入参数返回指定的数据类型的均值。outtype 可以是 default、double 或 native
M = mean(…,missingflag)	指定在上述任意语法的计算中包括还是忽略 NaN 值，默认情况下包括 NaN 值

MATLAB 还提供了表 17-10 所列的其他几个求平均数的函数，其调用格式与函数 mean() 相似。

表 17-10 其他求平均数的函数

函 数	说 明
nanmean()	求算术平均值，忽略 NaN 值
geomean()	求几何平均值
harmmean()	求调和平均值
trimmean()	求调整平均值

实例——材料应力平均值

源文件：yuanwenjian\ch17\jzjs1.m、材料应力平均值.fig

求表 17-11 中 40Cr 的不同系数下的许用抗压、弯应力许用剪切应力、许用端面承压应力的几种平均值。

表 17-11 材料应力数据

系 数	许用抗压	弯应力许用剪切应力	许用端面承压应力
1.48	311.1	192.2	496.7
1.34	365.7	211.1	548.6
1.22	401.7	231.9	602.6

解：MATLAB 程序如下。

```
>> A=[311.1 192.2 496.7;365.7 211.1 548.6;401.7 231.9 602.6];    %材料应力数据
>> A1=mean(A)                        %沿列计算测量数据的均值
A1 =
  359.5000  211.7333  549.3000
>> A2=mean(A,2)                      %沿行计算同一系数下测量数据的均值
A2 =
  333.3333
  375.1333
  412.0667
>> A3=nanmean(A)                     %沿列计算测量数据的算术平均值
A3 =
  359.5000  211.7333  549.3000
>> A4=geomean(A)                     %沿列计算测量数据的几何平均值
A4 =
  357.5271  211.1126  547.5953
>> A5=harmmean(A)                    %沿列计算测量数据的调和平均值
A5 =
  355.5218  210.4937  545.8927
>> A6=trimmean(A,1)                  %沿列除去测量数据中1%的最高值和最低值数据点,求平均值
A6 =
  359.5000  211.7333  549.3000
>> subplot(3,2,1),plot(A,'k-')       %绘制3种不同系数下的测量数据
>> hold on                           %保留当前子图中的绘图
>> plot(A1,'bo')                     %绘制同一测量指标在不同系数下的样本平均值
>> hold off                          %关闭保持命令
>> title('样本平均')
>> subplot(3,2,2),plot(A,'k-')
>> hold on
>> plot(A2,'r+')                     %绘制同一系数下各种应力数据的算术平均值
>> hold off
>> title('算术平均')
>> subplot(3,2,3),plot(A,'k-')
>> hold on
>> plot(A3,'c>')                     %绘制同一测量指标在不同系数下的算术平均值
>> hold off
>> title('忽略NaN值的算术平均')
>> subplot(3,2,4),plot(A,'k-')
>> hold on
>> plot(A4,'m<')                     %绘制同一测量指标在不同系数下的几何平均值
>> hold off
>> title('几何平均')
>> subplot(3,2,5),plot(A,'k-')
>> hold on
>> plot(A5,'kp')                     %绘制同一测量指标在不同系数下的调和平均值
>> hold off
>> title('调和平均')
```

```
>> subplot(3,2,6),plot(A,'k-')
>> hold on
>> plot(A6,'gv')                    %绘制同一测量指标在不同系数下的调整平均值
>> hold off
>> title('调整平均')
```

在图形窗口中显示了平均值与原数据的对比情况，如图 17-6 所示。

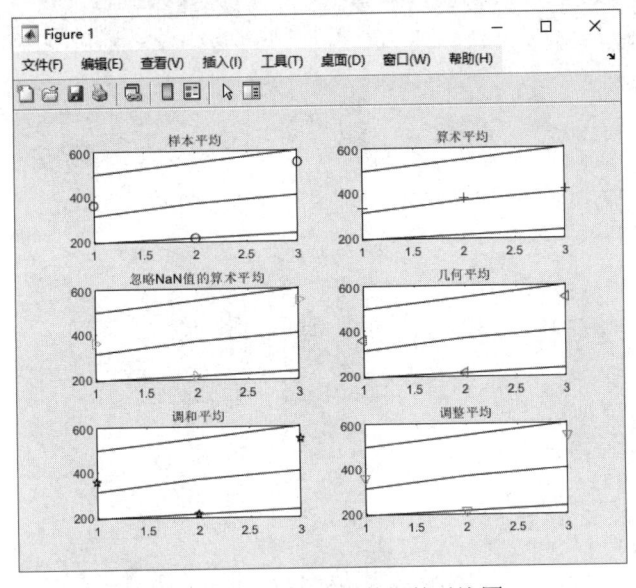

图 17-6 平均值与原数据的对比图

实例——样本均值分析

源文件：yuanwenjian\ch17\jzjs2.m、样本均值分析.fig

根据表 17-5 所列的 20 位 25～34 周岁健康女性的测量数据，试求解前十位数据的样本均值。

【操作步骤】

（1）创建所有测试数据矩阵。

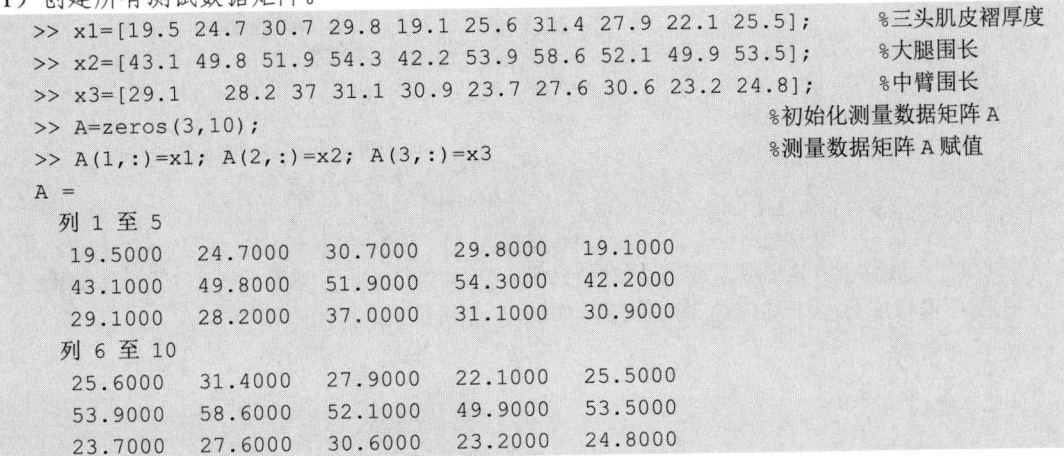

```
>> x1=[19.5 24.7 30.7 29.8 19.1 25.6 31.4 27.9 22.1 25.5];   %三头肌皮褶厚度
>> x2=[43.1 49.8 51.9 54.3 42.2 53.9 58.6 52.1 49.9 53.5];   %大腿围长
>> x3=[29.1  28.2 37 31.1 30.9 23.7 27.6 30.6 23.2 24.8];    %中臂围长
>> A=zeros(3,10);                                             %初始化测量数据矩阵 A
>> A(1,:)=x1; A(2,:)=x2; A(3,:)=x3                            %测量数据矩阵 A 赋值
A =
  列 1 至 5
   19.5000   24.7000   30.7000   29.8000   19.1000
   43.1000   49.8000   51.9000   54.3000   42.2000
   29.1000   28.2000   37.0000   31.1000   30.9000

  列 6 至 10
   25.6000   31.4000   27.9000   22.1000   25.5000
   53.9000   58.6000   52.1000   49.9000   53.5000
   23.7000   27.6000   30.6000   23.2000   24.8000
```

(2) 求解均值。

```
>> A1=mean(A)                                    %样本平均值
A1 =
  列 1 至 5
    30.5667    34.2333    39.8667    38.4000    30.7333
  列 6 至 10
    34.4000    39.2000    36.8667    31.7333    34.6000
>> A2=nanmean(A)                                 %忽略 NaN 值的算术平均值
A2 =
  列 1 至 5
    30.5667    34.2333    39.8667    38.4000    30.7333
  列 6 至 10
    34.4000    39.2000    36.8667    31.7333    34.6000
>> A3=geomean(A)                                 %几何平均值
A3 =
  列 1 至 5
    29.0270    32.6131    38.9197    36.9198    29.2035
  列 6 至 10
    31.9786    37.0321    35.4314    29.4664    32.3431
>> A4=harmmean(A)                                %调和平均值
A4 =
  列 1 至 5
    27.5613    31.2412    38.0382    35.6601    27.6714
  列 6 至 10
    30.0573    35.2345    34.2013    27.6772    30.5406
>> A5=trimmean(A,1)                              %调整平均值
A5 =
  列 1 至 5
    30.5667    34.2333    39.8667    38.4000    30.7333
  列 6 至 10
    34.4000    39.2000    36.8667    31.7333    34.6000
```

(3) 绘制均值曲线。

```
>> plot(A1,'bo')                                 %使用蓝色小圆圈标记绘制样本平均值
>> hold on                                       %打开保持命令
>> plot(A2,'r-')                                 %使用红色实线绘制算术平均值
>> plot(A3,'m--')                                %使用品红色的虚线绘制几何平均值
>> plot(A4,'b-.')                                %使用蓝色点画线绘制和谐平均值
>> plot(A5,'g-..')                               %使用绿色点线绘制调整平均值
>> hold off                                      %关闭保持命令
>> title('均值曲线')
>> xlabel('测试数据'),ylabel('身体脂肪')         %添加坐标轴标注
>> legend('样本平均','算术平均','几何平均','调和平均','调整平均')    %添加图例
```

在图形窗口中显示平均值结果对比图，如图 17-7 所示。

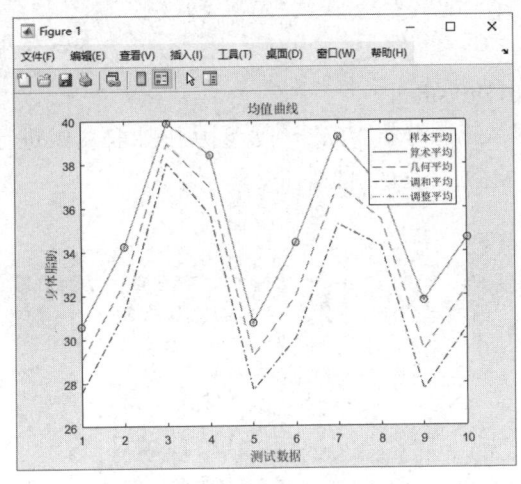

图 17-7　平均值结果对比图

17.2.2　样本方差与标准差

MATLAB 中计算样本方差的函数为 var()，其调用格式见表 17-12。

表 17-12　函数 var() 的调用格式

调　用　格　式	说　　明
V = var(A)	如果 A 是向量，输出 V 是 A 中所有元素的样本方差；如果 A 是矩阵，输出 V 是行向量，其每一个元素是对应列的元素的样本方差，按观测值数量−1 实现归一化
V = var(A,w)	w 是权重向量，其元素必须为正，长度与 A 匹配
V = var(A,w,dim)	返回沿 dim 指定的维度的方差
V = var(A,w,'all')	当 w 为 0 或 1 时，计算 A 的所有元素的方差
V = var(A,w,vecdim)	当 w 为 0 或 1 时，计算向量 vecdim 中指定维度的方差
V = var(…,nanflag)	指定在上述任意语法的计算中包括还是忽略 NaN 值

MATLAB 中计算样本标准差的函数为 std()，其调用格式见表 17-13。

表 17-13　函数 std() 的调用格式

调　用　格　式	说　　明
S = std(A)	按照样本方差的无偏估计计算样本标准差，如果 A 是向量，输出 S 是 A 中所有元素的样本标准差；如果 A 是矩阵，输出 S 是行向量，其每一个元素是对应列的元素的样本标准差
S = std(A,w)	为上述语法指定一个权重方案。当 w = 0 时（默认值），S 按 $N-1$ 进行归一化；当 w = 1 时，S 按观测值数量 N 进行归一化
S = std(A,w,'all')	当 w 为 0 或 1 时，计算 A 的所有元素的标准差
S = std(A,w,dim)	使用上述任意语法沿维度 dim 返回标准差
S = std(A,w,vecdim)	当 w 为 0 或 1 时，计算向量 vecdim 中指定维度的标准差
S = std(…,missingflag)	指定在上述任意语法的计算中包括还是忽略 NaN 值

实例——电线寿命分析

源文件： yuanwenjian\ch17\dxsm.m

已知某批电线的寿命服从正态分布 $N(\mu,\sigma^2)$，现从中抽取 4 组进行寿命试验，测得数据如下（单位：h）：2501、2253、2467、2650。试估计参数 μ 和 σ。

解： MATLAB 程序如下。

```
>> clear
>> A=[2501,2253,2467,2650];        %4 组电线的寿命测量数据
>> miu=mean(A)                     %样本平均值
miu =
   2.4678e+03
>> sigma=var(A,1)                  %样本方差
sigma =
   2.0110e+04
>> sigma^0.5                       %计算标准差
ans =
   141.8086
>> sigma2=std(A,1)                 %使用函数计算标准差
sigma2 =
   141.8086
```

可以看出，两个估计值分别为 2467.8 和 141.8086。在这里使用的是二阶中心矩。

17.2.3 协方差和相关系数

MATLAB 中计算协方差的函数为 cov()，其调用格式见表 17-14。

表 17-14 函数 cov() 的调用格式

调用格式	说明
C = cov(A)	当 A 为向量时，计算其方差；当 A 为矩阵时，计算其协方差矩阵，其中协方差矩阵的对角元素是 A 矩阵的列向量的方差，按观测值数量 -1 实现归一化
C = cov(A,B)	返回两个随机变量 A 和 B 之间的协方差
C = cov(…,w)	为之前的任何语法指定归一化权重。如果 w = 0（默认值），则 C 按观测值数量 -1 实现归一化；w = 1 时，按观测值数量对它实现归一化
C = cov(…,nanflag)	指定一个条件，用于在之前的任何语法的计算中忽略 NaN 值

MATLAB 中计算相关系数的函数为 corrcoef()，其调用格式见表 17-15。

表 17-15 函数 corrcoef() 的调用格式

调用格式	说明
R = corrcoef(A)	返回 A 的相关系数的矩阵，其中 A 的列表示随机变量，行表示观测值
R = corrcoef(A,B)	返回两个随机变量 A 和 B 之间的相关系数矩阵 R
[R,P]=corrcoef(…)	返回相关系数的矩阵和 p 值矩阵，用于测试观测到的现象之间没有关系的假设
[R,P,RL,RU]=corrcoef(…)	RL、RU 分别是相关系数 95%置信度的估计区间上限和下限。如果 R 包含复数元素，此语法无效
…=corrcoef(…,Name,Value)	在上述语法的基础上，通过一个或多个名称-值对组参数指定其他选项

实例——存活时间协方差分析

源文件：yuanwenjian\ch17\xfc1.m

表 17-16 显示了不同微生物在低温、常温、高温下的存活时间，求数据的协方差。

表 17-16 给定数据　　　　　　　　　　　　　　　　　单位：min

低　温	常　温	高　温
128.8	334.7	385.5
246.4	142	369.7
270.6	156.3	406

解：MATLAB 程序如下。

```
>> A = [128.8 334.7 385.5;246.4 142 369.7;270.6 156.3 406];    %测量数据
>> cov(A)                              %计算测量数据的协方差
ans =
   1.0e+04 *
    0.5754   -0.7935    0.0321
   -0.7935    1.1527   -0.0016
    0.0321   -0.0016    0.0331
>> corrcoef(A)                         %测量数据矩阵 A 的相关系数的矩阵
ans =
    1.0000   -0.9744    0.2327
   -0.9744    1.0000   -0.0080
    0.2327   -0.0080    1.0000
```

动手练一练——钢材消耗量与国民收入样本均值与方差

表 17-1 列出了 16 年间钢材消耗量与国民收入之间的关系，试求解样本均值与方差。

思路点拨：

源文件：yuanwenjian\ch17\xfc2.m
（1）输入矩阵数据。
（2）求解算术平均值、几何平均值。
（3）求解协方差。

17.3　多元数据相关分析

多元数据相关分析主要研究随机向量之间的相互依赖关系，比较实用的有主成分分析和典型相关分析。

17.3.1 主成分分析

主成分分析是将多个指标化为少数指标的一种多元数据处理方法。

设有某个 p 维总体 G，其每个样品都是一个 p 维随机向量的实现，即每个样品都测得 p 个指标，这 p 个指标之间往往互有影响。能否将这 p 个指标综合成很少几个综合性指标，而且这几个综合性指标既能充分反映原有指标的信息，彼此之间还相互无关？答案是肯定的，这就是主成分分析要完成的工作。

设 $X=(x_1,x_2,\cdots,x_p)'$ 为 p 维随机向量，V 是协方差阵。若 V 是非负定阵，则其特征根皆是非负实数，将它们依大小顺序排列 $\lambda_1 \geq \lambda_2 \geq \cdots \geq \lambda_p \geq 0$，设前 m 个为正，且 $\lambda_1,\lambda_2,\cdots,\lambda_m$ 相应的特征向量为 $a_1,a_2,\cdots,a_m$，则 $a_1'X$，$a_2'X$，$\cdots$，$a_m'X$ 分别为第 $1,2,\cdots,m$ 个主成分。

下面的 M 文件 mainfactor.m 是对向量 X 进行主成分分析的函数。

```
function [F,rate,maxlamda]=mainfactor(X)
[n,p]=size(X);
meanX=mean(X);
varX=var(X);
for i=1:p
    for j=1:n
        X0(j,i)=(X(j,i)-meanX(i))/((varX(i))^0.5);
    end
end
V=corrcoef(X0);
[VV0,lamda0]=eig(V);
lamda1=sum(lamda0);
lamda=lamda1(find(lamda1>0));
VV=VV0(:,find(lamda1>0));
k=1;
while(k<=length(lamda))
    [maxlamda(k),I]=max(lamda);
    maxVV(:,k)=VV(:,I);
    lamda(I)=[];
    VV(:,I)=[];
    k=k+1;
end
lamdarate=maxlamda/sum(maxlamda);
rate=(zeros(1,length(maxlamda)));
for l=1:length(maxlamda)
    F(:,l)=maxVV(:,1)'*X';
    for m=1:l
        rate(l)=rate(l)+lamdarate(m);
    end
end
end
```

实例——健康女性的测量数据主成分分析

源文件：yuanwenjian\ch17\zcffx.m

健康女性的测量数据见表 17-5，对其进行主成分分析。

解：MATLAB 程序如下。

```
>> clear
>> X=[19.5 24.7 30.7 29.8 19.1 25.6 31.4 27.9 22.1 25.5 31.1 30.4 18.7 19.7
      14.6 29.5 27.7 30.2 22.7 25.2;43.1 49.8 51.9 54.3 42.2 53.9 58.6 52.1
      49.9 53.5 56.6 56.7 46.5 44.2 42.7 54.4 55.3 58.6 48.2 51;29.1 28.2 37 31.1
      30.9 23.7 27.6 30.6 23.2 24.8 30 28.3 23 28.6 21.3 30.1 25.6 24.6 27.1
      27.5];
>> [F,rate,maxlamda]=mainfactor(X)    %调用自定义函数对测量数据矩阵 X 进行主成分分析
F =
  113.2766   113.2766   113.2766   113.2766   113.2766
  229.0117   229.0117   229.0117   229.0117   229.0117
  123.3809   123.3809   123.3809   123.3809   123.3809
rate =
    0.9681     1.0000     1.0000     1.0000     1.0000
maxlamda =
   19.3620     0.6380     0.0000     0.0000     0.0000
```

由分析结果可以看出，maxlamda 是从大到小排列的协方差阵特征值，rate 是每个主成分的贡献率，F 是对应的主成分。第一个主成分的贡献率就达到了 0.9681。

17.3.2 典型相关分析

主成分分析是在一组数据内部进行成分提取，使所提取的主成分尽可能地携带原数据的信息，能对原数据的变异情况具有最强的解释能力。本小节要介绍的典型相关分析是对两组数据进行分析，分析它们之间是否存在相关关系。分别从两组数据中提取相关性最大的两个成分，通过测定这两个成分之间的相关关系来推测两个数据表之间的相关关系。典型相关分析有着重要的应用背景，如在宏观经济分析中，研究国民经济的投入要素与产出要素这两组变量之间的联系情况；在市场分析中，研究销售情况与产品性能之间的关系等。

对于数据表 $X_{n \times p}$ 和 $Y_{n \times q}$，有

$$V_1 = (X'X)^{-1}X'Y(Y'Y)^{-1}Y'X, V_2 = (Y'Y)^{-1}Y'X(X'X)^{-1}X'Y$$

式中，V_1、V_2 的特征值是相同的，则对应它们最大特征值的特征向量 a_1，b_1 就是 X 和 Y 的第一典型主轴，$F_1 = Xa_1$ 和 $G_1 = Xb_1$ 是第一典型成分，以此类推。

下面的 M 文件 dxxg.m 就是对 X 和 Y 进行典型相关分析的函数文件。

```
function [maxVV1,maxVV2,F,G]=dxxg(X,Y)
[n,p]=size(X);
[n,q]=size(Y);
meanX=mean(X);
varX=var(X);
meanY=mean(Y);
```

```
        varY=var(Y);
        for i=1:p
            for j=1:n
                X0(j,i)=(X(j,i)-meanX(i))/((varX(i))^0.5);
            end
        end
        for i=1:q
            for j=1:n
                Y0(j,i)=(Y(j,i)-meanY(i))/((varY(i))^0.5);
            end
        end
        V1=inv(X0'*X0)*X0'*Y0*inv(Y0'*Y0)*Y0'*X0;
        V2=inv(Y0'*Y0)*Y0'*X0*inv(X0'*X0)*X0'*Y0;
        [VV1,lamda1]=eig(V1);
        [VV2,lamda2]=eig(V2);
        lamda11=sum(lamda1);
        lamda21=sum(lamda2);
        k=1;
        while(k<=(length(lamda1))^0.5)
            [maxlamda1(k),I]=max(lamda11);
            maxVV1(:,k)=VV1(:,I);
            lamda11(I)=[];
            VV1(:,I)=[];
             [maxlamda2(k),I]=max(lamda21);
            maxVV2(:,k)=VV2(:,I);
            lamda21(I)=[];
            VV2(:,I)=[];
            k=k+1;
        end
        F=X0*maxVV1;
        G=Y0*maxVV2;
```

实例——男子的体能典型相关分析

源文件：yuanwenjian\ch17\xgfx.m

对男子的体能数据中的自变量数据进行典型相关分析（表17-7）。

解： MATLAB程序如下。

```
>> X=[191 36 50; 189 37 52; 193 38 58; 162 35 62; 189 35 46; 182 36 56; 211 38 56;
167 34 60; 176 31 74; 154 33 56; 169 34 50; 166 33 52; 154 34 64; 247 46 50; 193 36 46;
202 37 62; 176 37 54; 157 32 52; 156 33 54; 138 33 68];%体重、腰围、脉搏测量数据
   Y=[5 162 60; 2 110 60; 12 101 101; 12 105 37; 13 155 58; 4 101 42; 8 101 38; 6 125
40; 15 200 40; 17 251 250; 17 120 38; 13 210 115; 14 215 105; 1 50 50 ; 6 70 31; 12 210
120; 4 60 25; 11 230 80; 15 225 73; 2 110 43];         %单杠、弯曲、跳高测量数据
>> [maxVV1,maxVV2,F,G]=dxxg(X,Y)     %调用自定义函数dxxg()对数据矩阵X和Y进行典型相关分析
maxVV1 =
    0.4405
   -0.8971
    0.0336
```

```
maxVV2 =
   -0.2645
   -0.7976
    0.5421
F =
    0.0247
   -0.2819
   -0.4627
   -0.1566
    0.2506
   -0.1079
   -0.1510
    0.2035
    1.2698
    0.2331
    0.1926
    0.4286
   -0.0098
   -1.7782
    0.0417
   -0.0034
   -0.5045
    0.5482
    0.2595
    0.0036
G =
   -0.0960
    0.7170
    0.7649
    0.0373
   -0.4281
    0.5414
    0.2990
    0.1142
   -1.2921
    0.1779
   -0.3935
   -0.5266
   -0.7461
    1.4262
    0.7202
   -0.4237
    0.8843
   -1.0515
   -1.2619
    0.5373
```

maxVV1 和 maxVV2 为 X 与 Y 的典型主轴，F 和 G 为 X 与 Y 的典型成分。

17.4 方差分析

在工程实践中，影响一个事务的因素有很多。例如，在化工生产中，原料成分、原料剂量、催化剂、反应温度、压力、反应时间、设备型号以及操作人员等因素都会对产品的质量和产量产生影响。有的因素影响大些，有的因素影响小些。为了保证优质、高产、低能耗，必须找出对产品的质量和产量有显著影响的因素，并研究出最优工艺条件。为此需要做科学试验，以取得一系列试验数据。如何利用试验数据进行分析，推断某个因素的影响是否显著，在最优工艺条件中如何选用显著性因素。这些都是方差分析要完成的工作。方差分析已被广泛应用于气象预报、农业、工业、医学等许多领域中，同时其思想也渗透到了数理统计的许多方法中。

试验样本的分组方式不同，采用的方差分析方法也不同，一般常用的有单因素方差分析与双因素方差分析。

17.4.1 单因素方差分析

为了考查某个因素对事务的影响，把影响事务的其他因素相对固定，而让所考查的因素改变，从而观察由于该因素改变所造成的影响，并由此分析、推断该因素的影响是否显著以及应该如何选用该因素。这种把其他因素相对固定，只有一个因素变化的试验称为单因素试验。在单因素试验中进行方差分析称为单因素方差分析。单因素方差分析表见表 17-17。

表 17-17　单因素方差分析表

方差来源	平方和 S	自由度 f	均方差 $\overline{S}$	F 值
因素 A 的影响	$S_A = r \sum_{j=1}^{p}(\overline{x}_j - \overline{x})^2$	$p-1$	$\overline{S}_A = \dfrac{S_A}{p-1} b$	$F = \dfrac{\overline{S}_A}{S_E}$
误差	$S_E = \sum_{j=1}^{p}\sum_{i=1}^{r}(x_{ij} - \overline{x}_j)^2$	$n-p$	$\overline{S}_E = \dfrac{S_E}{n-p}$	
总和	$S_T = \sum_{j=1}^{p}\sum_{i=1}^{r}(x_{ij} - \overline{x})^2$	$n-1$		

MATLAB 提供了 anova1 命令进行单因素方差分析，其调用格式见表 17-18。

表 17-18　anova1 命令的调用格式

调用格式	说　　明
p = anova1(X)	X 的各列为彼此独立的样本观察值，其元素个数相同。p 为各列均值相等的概率值，若 p 值接近于 0，则原假设受到怀疑，说明至少一列均值与其余列均值有明显不同
p = anova1(X,group)	group 数组中的元素可以用于标识箱线图中的坐标
p = anova1(X,group,displayopt)	displayopt 有两个值：on 和 off。其中，on 为默认值，此时系统将自动给出方差分析表和箱线图
[p,tbl] = anova1(…)	tbl 返回的是方差分析表
[p,tbl,stats] = anova1(…)	stats 为统计结果量，是结构体变量，包括每组的均值等信息

实例——布的缩水率方差分析

源文件：yuanwenjian\ch17\fcfx.m

为了考查染整工艺对布的缩水率是否有影响，选用 5 种不同的染整工艺，分别用 A_1、A_2、A_3、A_4、A_5 表示，每种工艺处理 4 块布样，测得的缩水率见表 17-19，试对其进行方差分析。

表 17-19　测量数据　　　　　　　　　　　　　　　　单位：%

序号	A_1	A_2	A_3	A_4	A_5
1	4.3	6.1	6.5	9.3	9.5
2	7.8	7.3	8.3	8.7	8.8
3	3.2	4.2	8.6	7.2	11.4
4	6.5	4.1	8.2	10.1	7.8

解：MATLAB 程序如下。

```
>> clear
>> X=[4.3 6.1 6.5 9.3 9.5;7.8 7.3 8.3 8.7 8.8;3.2 4.2 8.6 7.2 11.4;
6.5 4.1 8.2 10.1 7.8];         %测量数据
>> mean(X)                      %5 种不同染整工艺的缩水率样本均值
ans =
    5.4500    5.4250    7.9000    8.8250    9.3750
>> [p,table,stats]=anova1(X)    %对测量数据进行单因素方差分析
p =
    0.0042                      %各列均值相等的概率值
table =
  4×6 cell 数组
 列 1 至 5
    {'来源'}    {'SS'     }    {'df'}    {'MS'     }    {'F'      }
    {'列'  }    {[55.5370]}    {[ 4]}    {[13.8843]}    {[ 6.0590]}
    {'误差'}    {[34.3725]}    {[15]}    {[ 2.2915]}    {0×0 double}
    {'合计'}    {[89.9095]}    {[19]}    {0×0 double}   {0×0 double}
 列 6
    {'p 值(F)' }
    {[ 0.0042]}
    {0×0 double}
    {0×0 double}                %方差分析表
stats =
  包含以下字段的 struct:
    gnames: [5x1 char]
         n: [4 4 4 4 4]
    source: 'anova1'
     means: [5.4500 5.4250 7.9000 8.8250 9.3750]
        df: 15
         s: 1.5138              %结果结构体
```

运行结果如图 17-8 和图 17-9 所示，可以看到 $F = 6.06 > 4.89 = F_{0.99}(4,15)$，故可以认为染整工艺对缩水率的影响高度显著。

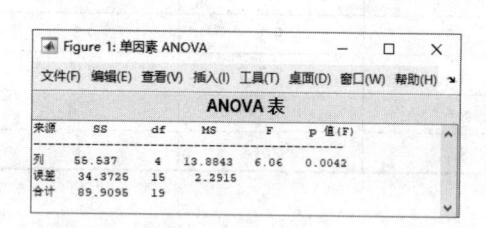

图 17-8 方差分析表

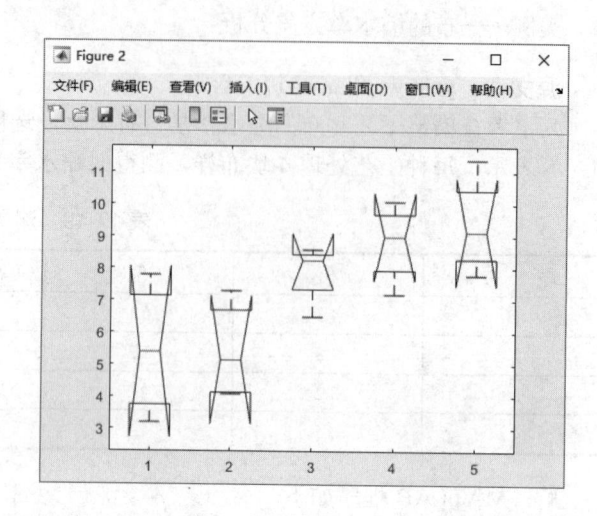

图 17-9 箱线图

实例——碳酸岩标本数据方差分析

源文件：yuanwenjian\ch17\zxecfx.m

从珠穆朗玛峰地区采集不同地质时代的碳酸岩标本测量数据（表 17-8），试对其进行方差分析。

解：MATLAB 程序如下。

```
>> clear
>> X=[20.92    4.50    3.13    36.7    1.20    0.75;
      31.09    7.02    2.16    30.6    2.55    0.95;
       6.01    3.10    1.30    29.8    2.05    0.20;
      20.21    2.26    1.73    48.28   0.60    0.40
    ];                                              %古生代的测量数据
>> Y=[18.86    1.83    2.59    37.30   0.95    0.25;
       8.98    1.41    1.41    45.56   0.45    0.40;
      20.30    4.35    1.70    37.58   0.20    0.40;
       9.52    3.37    1.52    37.20   0.60    0.50];  %新生代的测量数据
>> mean(X)                                          %古生代标本各项测量数据的均值
ans =
   19.5575    4.2200    2.0800    36.3450    1.6000    0.5750
>> [p,table,stats]=anova1(X)                        %对古生代的测量数据进行单因素方差分析
p =
   9.1617e-08
table =
  4×6 cell 数组
    列 1 至 5
    {'来源'}    {'SS'          }    {'df'}    {'MS'       }    {'F'         }
    {'列'  }    {[4.1509e+03]}      {[ 5]}    {[830.1892]}     {[  26.9401]}
    {'误差'}    {[   554.6895]}     {[18]}    {[  30.8161]}    {0×0 double}
    {'合计'}    {[4.7056e+03]}      {[23]}    {0×0 double}     {0×0 double}
    列 6
```

```
                {'p 值(F)'       }
                {[9.1617e-08]}
                {0×0 double }
                {0×0 double }
     stats =
       包含以下字段的 struct:
         gnames: [6×1 char]
              n: [4 4 4 4 4 4]
         source: 'anova1'
          means: [19.5575 4.2200 2.0800 36.3450 1.6000 0.5750]
             df: 18
              s: 5.5512
```

运行结果如图 17-10 和图 17-11 所示。可以看到 $F = 26.94 > 4.89 = F_{0.99}(4,15)$，故可以认为不同时代的地质对碳酸标本的交互作用对应的检验 p 值小于给定的显著性水平 0.01，不同时代的地质对碳酸盐标本的影响高度显著。

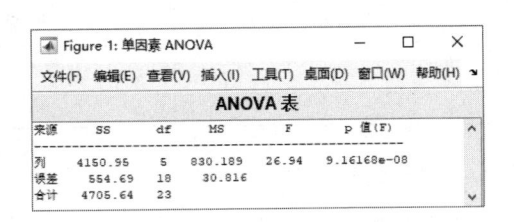

图 17-10　方差分析表

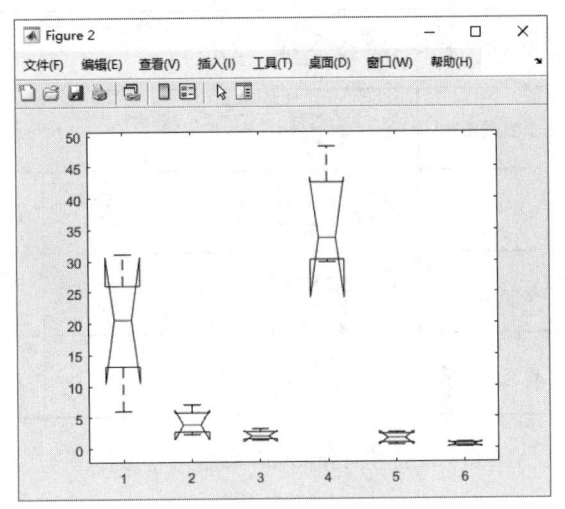

图 17-11　箱线图

17.4.2　双因素方差分析

在许多实际问题中，常常要研究几个因素同时变化时的方差分析。例如，在农业试验中，有时既要研究几种不同品种的种子对农作物的影响，还要研究几种不同种类的肥料对农作物收获量的影响。这里就有种子和肥料两种因素在变化，必须在这两种因素同时变化的情况下来分析对收获量的影响，以便找到最合适的种子和肥料种类的搭配。这就是双因素方差分析要完成的工作。双因素方差分析包括没有重复试验的方差分析（即无重复双因素方差分析）和具有相等重复试验次数的方差分析（即等重复双因素方差分析），其分析分别见表 17-20 和表 17-21。

表 17-20 无重复双因素方差分析

方差来源	平方和 S	自由度 f	均方差 $\bar{S}$	F 值
因素 A 的影响	$S_A = q\sum_{i=1}^{p}(\bar{x}_{i\bullet} - \bar{x})^2$	$p-1$	$\bar{S}_A = \dfrac{S_A}{p-1}$	$F = \dfrac{\bar{S}_A}{\bar{S}_E}$
因素 B 的影响	$S_B = p\sum_{j=1}^{q}(\bar{x}_{\bullet j} - \bar{x})^2$	$q-1$	$\bar{S}_A = \dfrac{S_B}{q-1}$	$F = \dfrac{\bar{S}_B}{\bar{S}_E}$
误差	$S_E = \sum_{i=1}^{p}\sum_{j=1}^{q}(x_{ij} - \bar{x}_{i\bullet} - \bar{x}_{\bullet j} + \bar{x})^2$	$(p-1)(q-1)$	$\bar{S}_E = \dfrac{S_E}{(p-1)(q-1)}$	
总和	$S_T = \sum_{i=1}^{p}\sum_{j=1}^{q}(x_{ij} - \bar{x})^2$	$pq-1$		

表 17-21 等重复双因素方差分析（r 为试验次数）

方差来源	平方和 S	自由度 f	均方差 $\bar{S}$	F 值
因素 A 的影响	$S_A = qr\sum_{i=1}^{p}(\bar{x}_{i\bullet} - \bar{x})^2$	$p-1$	$\bar{S}_A = \dfrac{S_A}{p-1}$	$F_A = \dfrac{\bar{S}_A}{\bar{S}_E}$
因素 B 的影响	$S_B = pr\sum_{j=1}^{q}(\bar{x}_{\bullet j} - \bar{x})^2$	$q-1$	$\bar{S}_A = \dfrac{S_B}{q-1}$	$F_B = \dfrac{\bar{S}_B}{\bar{S}_E}$
A×B	$S_{A\times B} = r\sum_{i=1}^{p}\sum_{j=1}^{q}(x_{ij} - \bar{x}_{i\bullet\bullet} - \bar{x}_{\bullet j\bullet} + \bar{x})^2$	$(p-1)(q-1)$	$\bar{S}_{A\times B} = \dfrac{S_{A\times B}}{(p-1)(q-1)}$	$F_{A\times B} = \dfrac{\bar{S}_{A\times B}}{\bar{S}_E}$
误差	$S_E = \sum_{k=1}^{r}\sum_{i=1}^{p}\sum_{j=1}^{q}(x_{ijk} - \bar{x}_{ij\bullet})^2$	$pq(r-1)$	$\bar{S}_E = \dfrac{S_E}{pq(r-1)}$	
总和	$S_T = \sum_{k=1}^{r}\sum_{i=1}^{p}\sum_{j=1}^{q}(x_{ijk} - \bar{x})^2$	$pqr-1$		

MATLAB 提供了 anova2 命令进行双因素方差分析，其调用格式见表 17-22。

表 17-22 anova2 命令的调用格式

调用格式	说明
p = anova2(X,reps)	reps 定义的是试验重复的次数，必须为正整数，默认是 1
p = anova2(X,reps,displayopt)	displayopt 有两个值：on 和 off。其中，on 为默认值，此时系统将自动给出方差分析表
[p,tbl] = anova2(…)	tbl 返回的是方差分析表
[p,tbl,stats] = anova2(…)	stats 为统计结果量，是结构体变量，包括每组的均值等信息

执行平衡的双因素试验的方差分析来比较 **X** 中两个或多个列（行）的均值，不同列的数据表示因素 A 的差异，不同行的数据表示另一因素 B 的差异。如果行列对有多于一个的观察点，则变量 reps 指出每一单元观察点的数目，每一单元包含 reps 行。例如：

$$\begin{matrix} & A=1 & A=2 \\ \begin{bmatrix} x_{111} & x_{112} \\ x_{121} & x_{122} \\ x_{211} & x_{212} \\ x_{221} & x_{222} \\ x_{311} & x_{312} \\ x_{321} & x_{322} \end{bmatrix} & \begin{matrix} \}B=1 \\ \\ \}B=2 \\ \\ \}B=3 \end{matrix} \end{matrix}$$

实例——燃料种类方差分析

源文件：yuanwenjian\ch17\rlzl.m

火箭使用了 4 种燃料和 3 种推进器进行射程试验。每种燃料和每种推进器的组合各进行了一次试验，得到火箭射程，见表 17-23。试检验燃料种类与推进器种类对火箭射程有无显著性影响（A 为燃料，B 为推进器）。

表 17-23 测量数据

因素 A	因素 B		
	B_1	B_2	B_3
A_1	58.2	56.2	65.3
A_2	49.1	54.1	51.6
A_3	60.1	70.9	39.2
A_4	75.8	58.2	48.7

解：MATLAB 程序如下。

```
>> clear
>> X=[58.2    56.2    65.3;49.1    54.1    51.6;60.1    70.9    39.2;75.8    58.2    48.7];
>> [p,table,stats]=anova2(X',1)       %对测量数据进行双因素方差分析，试验重复的次数为 1
p =
    0.7387    0.4491                   %各列均值相等的概率值
table =

  5×6 cell 数组
    列 1 至 5
      {'来源'}    {'SS'          }    {'df'}    {'MS'         }    {'F'          }
      {'列'  }    {[157.5900]}       {[ 3]}    {[ 52.5300]}       {[  0.4306]}
      {'行'  }    {[223.8467]}       {[ 2]}    {[111.9233]}       {[  0.9174]}
      {'误差'}    {[731.9800]}       {[ 6]}    {[121.9967]}       {0×0 double}
      {'合计'}    {[1.1134e+03]}     {[11]}    {0×0 double}       {0×0 double}
    列 6
      {'p 值(F)' }
      {[  0.7387]}
      {[  0.4491]}
      {0×0 double}
```

```
              {0×0 double}                          %方差分析表
       stats = 
       包含以下字段的 struct:
           source: 'anova2'
          sigmasq: 121.9967
         colmeans: [59.9000 51.6000 56.7333 60.9000]
             coln: 3
         rowmeans: [60.8000 59.8500 51.2000]
             rown: 4
            inter: 0
             pval: NaN
               df: 6                                %统计结果
```

运行结果如图 17-12 所示。

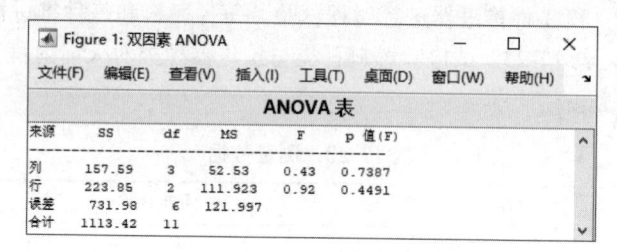

图 17-12 双因素方差分析

由图 17-12 可以看出，$F_A = 0.43 < 3.29 = F_{0.9}(3,6)$，$F_B = 0.92 < 3.46 = F_{0.9}(2,6)$，所以会得到一个这样的结果：燃料种类和推进器种类对火箭的影响都不显著，这是不合理的。究其原因是没有考虑燃料种类的搭配作用。这时就要进行重复试验。

重复两次试验的数据见表 17-24。

表 17-24 重复两次试验测量数据

因素 A	因素 B		
	B₁	B₂	B₃
A₁	58.2 52.6	56.2 41.2	65.3 60.8
A₂	49.1 42.8	54.1 50.5	51.6 48.4
A₃	60.1 58.3	70.9 73.2	39.2 40.7
A₄	75.8 71.5	58.2 51	48.7 41.4

下面是对重复两次试验的计算程序。

```
>> X=[58.2  52.6  56.2  41.2  65.3  60.8;49.1  42.8  54.1  50.5  51.6  48.4;60.1
      58.3  70.9  73.2  39.2  40.7;75.8  71.5  58.2  51  48.7  41.4];
>> [p,table,stats]=anova2(X',2)       %对测量数据进行双因素方差分析,试验重复的次数为2
p =
    0.0260    0.0035    0.0001
```

```
table = 
  6×6 cell 数组
   列 1 至 5
    {'来源'      }    {'SS'          }    {'df'}    {'MS'          }    {'F'           }
    {'列'        }    {[261.6750]    }    {[ 3]}    {[  87.2250]   }    {[   4.4174]   }
    {'行'        }    {[370.9808]    }    {[ 2]}    {[ 185.4904]   }    {[   9.3939]   }
    {'交互效应'  }    {[1.7687e+03] }    {[ 6]}    {[ 294.7821]   }    {[  14.9288]   }
    {'误差'      }    {[236.9500]    }    {[12]}    {[  19.7458]   }    {0×0 double    }
    {'合计'      }    {[2.6383e+03] }    {[23]}    {0×0 double    }    {0×0 double    }
   列 6
    {'p 值(F)'    }
    {[   0.0260]}
    {[   0.0035]}
    {[6.1511e-05]}
    {0×0 double  }
    {0×0 double  }
stats = 
  包含以下字段的 struct:
      source: 'anova2'
     sigmasq: 19.7458
    colmeans: [55.7167 49.4167 57.0667 57.7667]
        coln: 6
    rowmeans: [58.5500 56.9125 49.5125]
        rown: 8
       inter: 1
        pval: 6.1511e-005
          df: 12
```

运行结果如图 17-13 所示。可以看到，交互作用是非常显著的。

图 17-13 重复试验双因素方差分析

17.5 综合实例——白炽灯测量数据分析

源文件：yuanwenjian\ch17\bzdcl.m

工厂生产一种 220V 25W 的白炽灯泡，对其色温、寿命、光通量、光强等指标进行测量，试利用所得数据（表 17-25）进行回归分析与方差分析。

表 17-25 测量数据

抽取 i	1	2	3	4	5	6	7	8	9	10
色温 x_1（100）	19.5	24.7	30.7	29.8	19.1	25.6	31.4	27.9	22.1	25.5
寿命 x_2（100）	43	49	51	54	42	59	58	52	49	53
光通量 x_3	201	215	210	206	203	208	204	206	203	204
光强 y	113.5	110.2	115.3	16.2	115.2	140.2	135.2	103.6	150.7	120.3
抽取 i	11	12	13	14	15	16	17	18	19	20
色温 x_1（100）	31.1	30.4	18.7	19.7	14.6	29.5	27.7	30.2	22.7	25.2
寿命 x_2（100）	56	57	45	42	47	54	55	58	48	51
光通量 x_3	201	203	205	206	205	209	211	204	216	218
光强 y	135.2	132.5	137.1	120.9	127.5	130.5	136.5	124.8	120.4	134.5

【操作步骤】

1. 输入基本数据

```
>> y=[113.5 110.2 115.3 16.2 115.2 140.2 135.2 103.6 150.7 120.3 135.2 132.5 137.1 120.9 127.5 130.5 136.5 124.8 120.4 134.5];                         %光强数据
>> x1=[19.5 24.7 30.7 29.8 19.1 25.6 31.4 27.9 22.1 25.5 31.1 30.4 18.7 19.7 14.6 29.5 27.7 30.2 22.7 25.2];                                           %色温数据
>> x2=[43 49 51 54 42 59 58 52 49 53 56 57 45 42 47 54 55 58 48 51];   %寿命数据
>> x3=[201 215 210 206 203 208 204 206 203 204 201 203 205 206 205 209 211 204 216 218];                                                               %光通量数据
```

本实例的测试数据包括 20 组，完成图形分析后，需要对这 20 组数据进行样本分析，得到数据之间的差异。

2. 创建所有测试数据矩阵

```
>> A(1,:)=x1; A(2,:)=x2; A(3,:)=x3
A =

  列 1 至 6

   19.5000   24.7000   30.7000   29.8000   19.1000   25.6000
   43.0000   49.0000   51.0000   54.0000   42.0000   59.0000
  201.0000  215.0000  210.0000  206.0000  203.0000  208.0000

  列 7 至 12

   31.4000   27.9000   22.1000   25.5000   31.1000   30.4000
   58.0000   52.0000   49.0000   53.0000   56.0000   57.0000
  204.0000  206.0000  203.0000  204.0000  201.0000  203.0000

  列 13 至 18
```

```
    18.7000    19.7000    14.6000    29.5000    27.7000    30.2000
    45.0000    42.0000    47.0000    54.0000    55.0000    58.0000
   205.0000   206.0000   205.0000   209.0000   211.0000   204.0000

  列 19 至 20

    22.7000    25.2000
    48.0000    51.0000
   216.0000   218.0000
```

3. 求解均值

```
>> A1=mean(A)                                                    %样本平均值
A1 =

  列 1 至 6

    87.8333    96.2333    97.2333    96.6000    88.0333    97.5333

  列 7 至 12

    97.8000    95.3000    91.3667    94.1667    96.0333    96.8000

  列 13 至 18

    89.5667    89.2333    88.8667    97.5000    97.9000    97.4000

  列 19 至 20

    95.5667    98.0667
>> A2=nanmean(A)                                                 %算术平均值
A2 =

  列 1 至 6

    87.8333    96.2333    97.2333    96.6000    88.0333    97.5333

  列 7 至 12

    97.8000    95.3000    91.3667    94.1667    96.0333    96.8000

  列 13 至 18

    89.5667    89.2333    88.8667    97.5000    97.9000    97.4000

  列 19 至 20

    95.5667    98.0667
```

```
>> A3=geomean(A)                                                    %几何平均值
A3 =

  列 1 至 6

    55.2374    63.8426    69.0202    69.2084    54.6084    67.9806

  列 7 至 12

    71.8890    66.8588    60.3524    65.0852    70.4771    70.5908

  列 13 至 18

    55.6676    55.4448    52.0078    69.3086    68.5028    70.9613

  列 19 至 20

    61.7410    65.4348
>> A4=harmmean(A)                                                   %调和平均值
A4 =

  列 1 至 6

    37.7297    45.7700    52.6842    52.6964    36.9952    49.3264

  列 7 至 12

    55.5654    50.0605    42.5031    47.6300    54.5587    54.1861

  列 13 至 18

    37.2318    37.7713    31.6965    52.4462    50.8283    54.2928

  列 19 至 20

    43.1556    46.9649
>> A5=trimmean(A,1)                                                 %调整平均值
A5 =

  列 1 至 6

    87.8333    96.2333    97.2333    96.6000    88.0333    97.5333

  列 7 至 12

    97.8000    95.3000    91.3667    94.1667    96.0333    96.8000
```

```
    列 13 至 18

     89.5667    89.2333    88.8667    97.5000    97.9000    97.4000

    列 19 至 20

     95.5667    98.0667
```

4．绘制均值曲线

```
>> plot(A1,'mo')                %使用品红色的小圆圈绘制样本平均值
>> hold on                      %打开保持命令
>> plot(A2,'r-')                %使用红色实线绘制算术平均值
>> plot(A3,'b--')               %使用蓝色虚线绘制几何平均值
>> plot(A4,'m-.')               %使用品红色点画线绘制调和平均值
>> plot(A5,'g-..')              %使用绿色带圆点标记的点画线绘制调整平均值
>> hold off                     %关闭保持命令
>> title('均值曲线')
>> xlabel('测试数据'),ylabel('白炽灯测量数据')      %添加坐标轴标注
>> legend('样本平均','算术平均','几何平均','调和平均','调整平均')    %添加图例
```

在图形窗口中显示了平均值结果对比图，如图 17-14 所示。

5．数据条形图

```
>> M(1:4,1)=0.05.*sum(y);  M(1:4,2)=0.05.*sum(x1);  M(1:4,3)=0.05.*sum(x2);
M(1:4,4)=0.05.*sum(x3);         %创建数据矩阵 M
>> bar(M)                       %创建数据矩阵 M 的二维条形图
```

运行结果如图 17-15 所示。

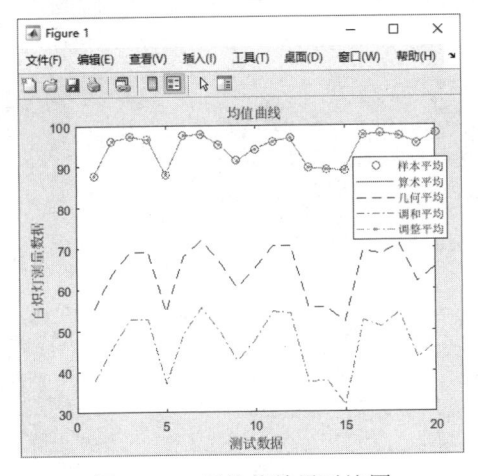

图 17-14　平均值结果对比图　　　　　　图 17-15　条形图

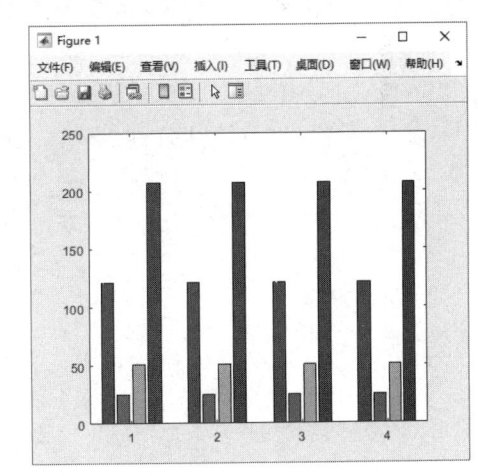

6．样本方差的分析

```
>> miu=mean(A)                  %计算每个抽样的样本平均值
miu =
```

列 1 至 6

　　87.8333　　96.2333　　97.2333　　96.6000　　88.0333　　97.5333

列 7 至 12

　　97.8000　　95.3000　　91.3667　　94.1667　　96.0333　　96.8000

列 13 至 18

　　89.5667　　89.2333　　88.8667　　97.5000　　97.9000　　97.4000

列 19 至 20

　　95.5667　　98.0667

```
>> sigma=var(A,1)              %计算样本方差
sigma =
```

　　1.0e+03 *

列 1 至 6

　　6.4954　　7.1512　　6.4268　　6.0818　　6.6961　　6.2874

列 7 至 12

　　5.7571　　6.2240　　6.3516　　6.1577　　5.6123　　5.7571

列 13 至 18

　　6.7777　　6.9001　　6.9184　　6.3162　　6.5200　　5.8106

列 19 至 20

　　7.3588　　7.3029

(1) 协方差计算。

```
>> B=cov(A)
B =
```

　　1.0e+04 *

列 1 至 6

　　0.9743　　1.0223　　0.9690　　0.9427　　0.9892　　0.9572
　　1.0223　　1.0727　　1.0168　　0.9892　　1.0380　　1.0043
　　0.9690　　1.0168　　0.9640　　0.9375　　0.9840　　0.9512
　　0.9427　　0.9892　　0.9375　　0.9123　　0.9572　　0.9266

0.9892	1.0380	0.9840	0.9572	1.0044	0.9716
0.9572	1.0043	0.9512	0.9266	0.9716	0.9431
0.9170	0.9621	0.9117	0.8875	0.9309	0.9021
0.9537	1.0007	0.9485	0.9229	0.9683	0.9373
0.9633	1.0107	0.9578	0.9322	0.9780	0.9473
0.9484	0.9950	0.9429	0.9178	0.9628	0.9329
0.9055	0.9501	0.9004	0.8763	0.9193	0.8904
0.9170	0.9621	0.9117	0.8875	0.9309	0.9021
0.9952	1.0442	0.9896	0.9630	1.0104	0.9783
1.0042	1.0536	0.9989	0.9716	1.0196	0.9860
1.0047	1.0541	0.9986	0.9725	1.0199	0.9892
0.9607	1.0081	0.9554	0.9297	0.9754	0.9442
0.9760	1.0240	0.9704	0.9445	0.9908	0.9598
0.9211	0.9664	0.9157	0.8915	0.9351	0.9064
1.0370	1.0881	1.0314	1.0035	1.0529	1.0189
1.0331	1.0840	1.0274	0.9997	1.0489	1.0152

列7 至 12

0.9170	0.9537	0.9633	0.9484	0.9055	0.9170
0.9621	1.0007	1.0107	0.9950	0.9501	0.9621
0.9117	0.9485	0.9578	0.9429	0.9004	0.9117
0.8875	0.9229	0.9322	0.9178	0.8763	0.8875
0.9309	0.9683	0.9780	0.9628	0.9193	0.9309
0.9021	0.9373	0.9473	0.9329	0.8904	0.9021
0.8636	0.8978	0.9070	0.8931	0.8526	0.8636
0.8978	0.9336	0.9430	0.9285	0.8865	0.8978
0.9070	0.9430	0.9527	0.9381	0.8956	0.9070
0.8931	0.9285	0.9381	0.9237	0.8818	0.8931
0.8526	0.8865	0.8956	0.8818	0.8419	0.8526
0.8636	0.8978	0.9070	0.8931	0.8526	0.8636
0.9369	0.9742	0.9842	0.9690	0.9251	0.9369
0.9449	0.9829	0.9926	0.9772	0.9331	0.9449
0.9465	0.9837	0.9941	0.9789	0.9344	0.9465
0.9044	0.9405	0.9500	0.9353	0.8930	0.9044
0.9190	0.9555	0.9653	0.9504	0.9074	0.9190
0.8676	0.9018	0.9112	0.8972	0.8565	0.8676
0.9761	1.0151	1.0253	1.0095	0.9639	0.9761
0.9724	1.0113	1.0215	1.0057	0.9602	0.9724

列13 至 18

0.9952	1.0042	1.0047	0.9607	0.9760	0.9211
1.0442	1.0536	1.0541	1.0081	1.0240	0.9664
0.9896	0.9989	0.9986	0.9554	0.9704	0.9157
0.9630	0.9716	0.9725	0.9297	0.9445	0.8915
1.0104	1.0196	1.0199	0.9754	0.9908	0.9351

0.9783	0.9860	0.9892	0.9442	0.9598	0.9064
0.9369	0.9449	0.9465	0.9044	0.9190	0.8676
0.9742	0.9829	0.9837	0.9405	0.9555	0.9018
0.9842	0.9926	0.9941	0.9500	0.9653	0.9112
0.9690	0.9772	0.9789	0.9353	0.9504	0.8972
0.9251	0.9331	0.9344	0.8930	0.9074	0.8565
0.9369	0.9449	0.9465	0.9044	0.9190	0.8676
1.0167	1.0256	1.0267	0.9814	0.9971	0.9412
1.0256	1.0350	1.0351	0.9901	1.0057	0.9490
1.0267	1.0351	1.0378	0.9910	1.0072	0.9510
0.9814	0.9901	0.9910	0.9474	0.9625	0.9085
0.9971	1.0057	1.0072	0.9625	0.9780	0.9232
0.9412	0.9490	0.9510	0.9085	0.9232	0.8716
1.0593	1.0688	1.0695	1.0226	1.0388	0.9804
1.0553	1.0647	1.0655	1.0187	1.0349	0.9768

列19 至 20

1.0370	1.0331
1.0881	1.0840
1.0314	1.0274
1.0035	0.9997
1.0529	1.0489
1.0189	1.0152
0.9761	0.9724
1.0151	1.0113
1.0253	1.0215
1.0095	1.0057
0.9639	0.9602
0.9761	0.9724
1.0593	1.0553
1.0688	1.0647
1.0695	1.0655
1.0226	1.0187
1.0388	1.0349
0.9804	0.9768
1.1038	1.0996
1.0996	1.0954

（2）绘制对比图。

```
>> subplot(1,2,1),plot(A)      %绘制每次抽样的测量数据
>> title('样本数据')
>> subplot(1,2,2),plot(B)      %绘制测量数据的协方差图形
>> title('协方差结果')
```

在图形窗口中显示了样本数据与协方差结果对比图，如图17-16所示。

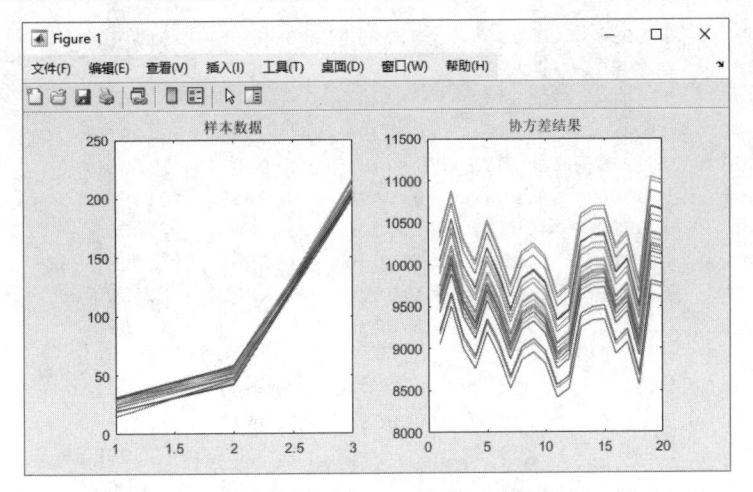

图 17-16　样本数据与协方差结果对比图

（3）计算相关系数。

```
>> C=corrcoef(A)                    %测量数据矩阵 A 的相关系数
C =

  列 1 至 6

    1.0000    1.0000    0.9999    1.0000    1.0000    0.9986
    1.0000    1.0000    0.9999    1.0000    1.0000    0.9985
    0.9999    0.9999    1.0000    0.9997    0.9999    0.9976
    1.0000    1.0000    0.9997    1.0000    0.9999    0.9990
    1.0000    1.0000    0.9999    0.9999    1.0000    0.9983
    0.9986    0.9985    0.9976    0.9990    0.9983    1.0000
    0.9997    0.9997    0.9992    0.9999    0.9996    0.9996
    1.0000    1.0000    0.9998    1.0000    0.9999    0.9989
    0.9998    0.9998    0.9994    0.9999    0.9997    0.9994
    0.9997    0.9997    0.9992    0.9999    0.9996    0.9996
    0.9999    0.9998    0.9995    1.0000    0.9998    0.9993
    0.9997    0.9997    0.9992    0.9999    0.9996    0.9996
    0.9999    0.9999    0.9996    1.0000    0.9999    0.9991
    1.0000    1.0000    1.0000    0.9999    1.0000    0.9980
    0.9992    0.9991    0.9984    0.9995    0.9990    0.9999
    1.0000    1.0000    0.9997    1.0000    0.9999    0.9989
    0.9998    0.9998    0.9994    0.9999    0.9997    0.9994
    0.9995    0.9995    0.9989    0.9997    0.9994    0.9997
    1.0000    1.0000    0.9999    1.0000    1.0000    0.9986
    1.0000    1.0000    0.9998    1.0000    1.0000    0.9988

  列 7 至 12

    0.9997    1.0000    0.9998    0.9997    0.9999    0.9997
    0.9997    1.0000    0.9998    0.9997    0.9998    0.9997
```

0.9992	0.9998	0.9994	0.9992	0.9995	0.9992
0.9999	1.0000	0.9999	0.9999	1.0000	0.9999
0.9996	0.9999	0.9997	0.9996	0.9998	0.9996
0.9996	0.9989	0.9994	0.9996	0.9993	0.9996
1.0000	0.9998	1.0000	1.0000	1.0000	1.0000
0.9998	1.0000	0.9999	0.9998	0.9999	0.9998
1.0000	0.9999	1.0000	1.0000	1.0000	1.0000
1.0000	0.9998	1.0000	1.0000	1.0000	1.0000
1.0000	0.9999	1.0000	1.0000	1.0000	1.0000
1.0000	0.9998	1.0000	1.0000	1.0000	1.0000
0.9999	1.0000	1.0000	0.9999	1.0000	0.9999
0.9994	0.9999	0.9996	0.9994	0.9997	0.9994
0.9999	0.9994	0.9998	0.9999	0.9997	0.9999
0.9998	1.0000	0.9999	0.9998	1.0000	0.9998
1.0000	0.9999	1.0000	1.0000	1.0000	1.0000
1.0000	0.9997	0.9999	1.0000	0.9999	1.0000
0.9997	1.0000	0.9998	0.9997	0.9999	0.9997
0.9998	1.0000	0.9999	0.9998	0.9999	0.9998

列 13 至 18

0.9999	1.0000	0.9992	1.0000	0.9998	0.9995
0.9999	1.0000	0.9991	1.0000	0.9998	0.9995
0.9996	1.0000	0.9984	0.9997	0.9994	0.9989
1.0000	0.9999	0.9995	1.0000	0.9999	0.9997
0.9999	1.0000	0.9990	0.9999	0.9997	0.9994
0.9991	0.9980	0.9999	0.9989	0.9994	0.9997
0.9999	0.9994	0.9999	0.9998	1.0000	1.0000
1.0000	0.9999	0.9994	1.0000	0.9999	0.9997
1.0000	0.9996	0.9998	0.9999	1.0000	0.9999
0.9999	0.9994	0.9999	0.9998	1.0000	1.0000
1.0000	0.9997	0.9997	1.0000	1.0000	0.9999
0.9999	0.9994	0.9999	0.9998	1.0000	1.0000
1.0000	0.9998	0.9996	1.0000	1.0000	0.9998
0.9998	1.0000	0.9988	0.9999	0.9996	0.9992
0.9996	0.9988	1.0000	0.9994	0.9998	0.9999
1.0000	0.9999	0.9994	1.0000	0.9999	0.9997
1.0000	0.9996	0.9998	0.9999	1.0000	0.9999
0.9998	0.9992	0.9999	0.9997	0.9999	1.0000
0.9999	0.9999	0.9992	1.0000	0.9998	0.9996
1.0000	0.9999	0.9993	1.0000	0.9999	0.9997

列 19 至 20

1.0000	1.0000
1.0000	1.0000
0.9999	0.9998

```
    1.0000    1.0000
    1.0000    1.0000
    0.9986    0.9988
    0.9997    0.9998
    1.0000    1.0000
    0.9998    0.9999
    0.9997    0.9998
    0.9999    0.9999
    0.9997    0.9998
    0.9999    1.0000
    0.9999    0.9999
    0.9992    0.9993
    1.0000    1.0000
    0.9998    0.9999
    0.9996    0.9997
    1.0000    1.0000
    1.0000    1.0000
>> plot(C)                        %绘制A的相关系数
>> title('系数结果对比图')
```

在图形窗口中显示了系数结果对比图，如图 17-17 所示。

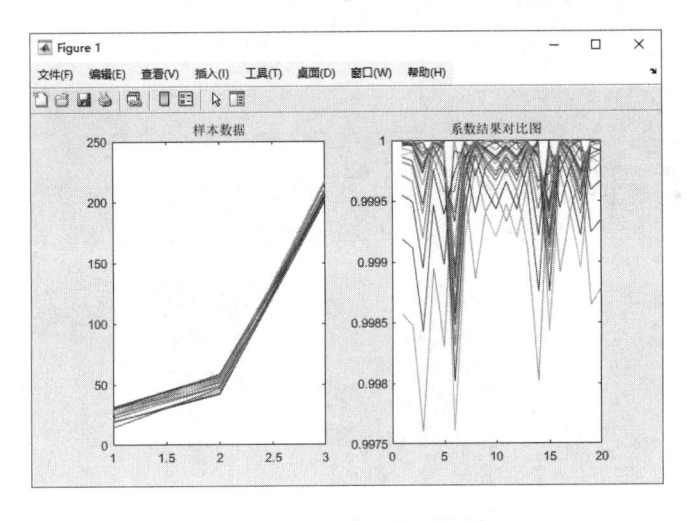

图 17-17 系数结果对比图

第 18 章 数据拟合与插值

内容简介

数据分析需要大量的反复试验，因此大量的数值需要进行计算，MATLAB 提供了关于曲线拟合和插值分析的相关内容，以便用于工程实践。

内容要点

- 数值插值
- 曲线拟合
- 综合实例——飞机速度拟合分析

案例效果

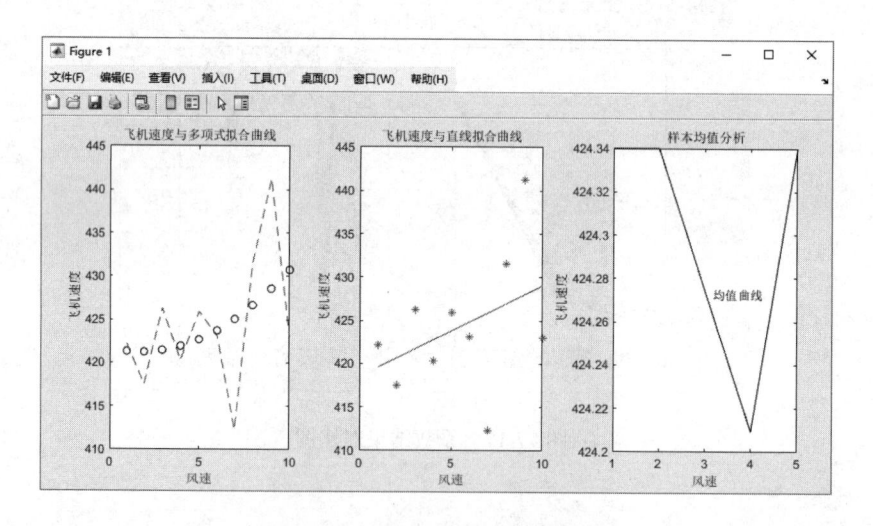

18.1 数值插值

在工程实践中，能够测量到的数据通常是一些不连续的点，而实际应用中往往需要知道这些离散点以外的其他点的数值。例如，现代机械工业中进行零件的数控加工，根据设计可以给出零件外形曲线的某些型值点，加工时为控制每步的走刀方向及步数，要求计算出零件外形曲线中其他点的函数值，这样才能加工出外表光滑的零件。这就是函数插值的问题，数值插值包括拉格朗日插值、埃尔米特插值、分段线性插值、三次样条插值和多维插值等，下面将分别进行介绍。

18.1.1 拉格朗日插值

给定 n 个插值节点 $x_1, x_2, \cdots, x_n$ 和对应的函数值 $y_1, y_2, \cdots, y_n$，利用 n 次拉格朗日插值多项式公式 $L_n(x) = \sum_{k=0}^{n} y_k l_k(x)$，其中，$l_k(x) = \dfrac{(x-x_0)\cdots(x-x_{k-1})(x-x_{k+1})\cdots(x-x_n)}{(x_k-x_0)\cdots(x_k-x_{k-1})(x_k-x_{k+1})\cdots(x_k-x_n)}$，可以得到插值区间内任意 x 的函数值为 $y(x) = L_n(x)$。从公式中可以看出，生成的多项式与用于插值的数据密切相关，数据变化则函数就要重新计算，所以当插值数据特别多时，计算量会比较大。MATLAB 中并没有现成的拉格朗日插值命令，下面是用 M 语言编写的函数文件 lagrange.m。

```
function yy=lagrange(x,y,xx)
%拉格朗日插值，求数据(x,y)所表达的函数在插值点 xx 处的值
 m=length(x);
n=length(y);
if m~=n, error('向量 x 与 y 的长度必须一致');
end
s=0;
for i=1:n
  t=ones(1,length(xx));
  for j=1:n
    if j~=i,
      t=t.*(xx-x(j))/(x(i)-x(j));
    end
  end
  s=s+t*y(i);
end
yy=s;
```

实例——拉格朗日插值

源文件： yuanwenjian\ch18\lglr.m、拉格朗日插值.fig

测量点数据见表 18-1，用拉格朗日插值在[-0.2,0.3]区间以 0.01 为步长进行插值。

表 18-1　测量点数据

x	0.1	0.2	0.15	0	-0.2	0.3
y	0.95	0.84	0.86	1.06	1.5	0.72

解： MATLAB 程序如下。

```
>> clear
>> x=[0.1,0.2,0.15,0,-0.2,0.3];
>> y=[0.95,0.84,0.86,1.06,1.5,0.72];       %测量点数据
>> xi=-0.2:0.01:0.3;                        %定义插值点
>> yi=lagrange(x,y,xi)                      %计算数据(x,y)表示的函数在插值点 xi 处的值
```

```
          yi =
             列 1 至 12
               1.5000    1.2677    1.0872    0.9515    0.8539    0.7884    0.7498    0.7329
        0.7335    0.7475    0.7714    0.8022
             列 13 至 24
               0.8371    0.8739    0.9106    0.9456    0.9777    1.0057    1.0291    1.0473
        1.0600    1.0673    1.0692    1.0660
             列 25 至 36
               1.0582    1.0464    1.0311    1.0130    0.9930    0.9717    0.9500    0.9286
        0.9084    0.8898    0.8735    0.8600
             列 37 至 48
               0.8496    0.8425    0.8387    0.8380    0.8400    0.8441    0.8493    0.8546
        0.8583    0.8586    0.8534    0.8401
             列 49 至 51
               0.8158    0.7770    0.7200
        >> plot(x,y,'r*',xi,yi,'b');           %分别使用红色星号和蓝色实线描绘原始数据点和插值曲线
        >> title('lagrange');
```

运行结果如图 18-1 所示。

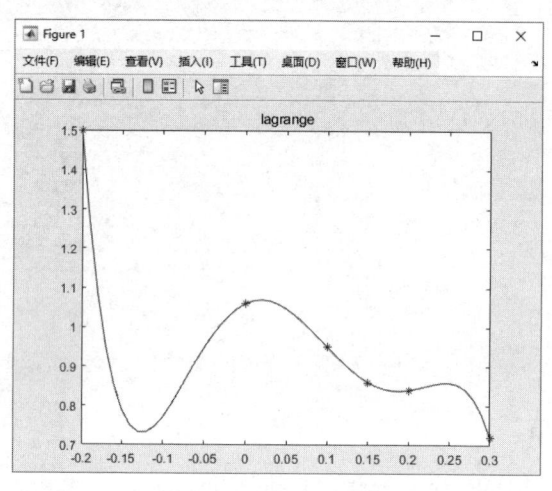

图 18-1 拉格朗日插值

从图 18-1 中可以看出，拉格朗日插值的一个特点是：拟合出的多项式通过每一个测量数据点。

18.1.2 埃尔米特插值

很多实际的插值问题既要求节点上的函数值相等，又要求对应的导数值也相等，甚至要求高阶导数也相等，满足这种要求的插值多项式就是埃尔米特插值多项式。

已知 n 个插值节点 $x_1, x_2, \cdots, x_n$ 和对应的函数值 $y_1, y_2, \cdots, y_n$ 以及一阶导数值 $y_1', y_2', \cdots, y_n'$，则在插值区域内任意 x 的函数值为

$$y(x) = \sum_{i=1}^{n} h_i \left[(x_i - x)(2a_i y_i - y_i') + y_i \right]$$

式中，$h_i = \prod_{j=1, j \neq i}^{n} \left(\dfrac{x - x_j}{x_i - x_j} \right)^2$；$a_i = \sum_{i=1, j \neq i}^{n} \dfrac{1}{x_i - x_j}$。

MATLAB 中没有内置的埃尔米特插值命令，下面是用 M 语言编写的函数文件 hermite.m。

```
function yy=hermite(x0,y0,y1,x)
%埃尔米特插值，求数据(x0,y0)所表达的函数、y1 所表达的导数值，以及在插值点 x 处的值
n=length(x0);
m=length(x);
for k=1:m
    yy0=0;
    for i=1:n
        h=1;
        a=0;
        for j=1:n
            if j~=i
                h=h*((x(k)-x0(j))/(x0(i)-x0(j)))^2;
                a=1/(x0(i)-x0(j))+a;
            end
        end
        yy0=yy0+h*((x0(i)-x(k))*(2*a*y0(i)-y1(i))+y0(i));
    end
    yy(k)=yy0;
end
```

实例——求质点的速度

源文件：yuanwenjian\ch18\zdsd.m、求质点的速度.m

已知某次实验中测得的某质点的速度和加速度随时间变化，实验数据见表 18-2，求质点在时刻 1.8 处的速度。

表 18-2　实验数据

t	0.1	0.5	1	1.5	2	2.5	3
y	0.95	0.84	0.86	1.06	1.5	0.72	1.9
y_1	1	1.5	2	2.5	3	3.5	4

解：MATLAB 程序如下。

```
>> clear
>> t=[0.1 0.5 1 1.5 2 2.5 3];
>> y=[0.95 0.84 0.86 1.06 1.5 0.72 1.9];
>> y1=[1 1.5 2 2.5 3 3.5 4];    %时间、速度和加速度的实验数据
>> yy=hermite(t,y,y1,1.8)       %调用自定义函数求数据(t,y)表示的函数在插值点 1.8 处的值
yy =
    1.3298
>> t1=[0.1:0.01:3];             %定义插值点
>> yy1=hermite(t,y,y1,t1);      %求数据(t,y)表示的函数在各个插值点处的值
>> plot(t,y,'o',t,y1,'b*',t1,yy1,'k')  %绘制速度曲线、加速度曲线和速度插值曲线
```

运行结果如图 18-2 所示。

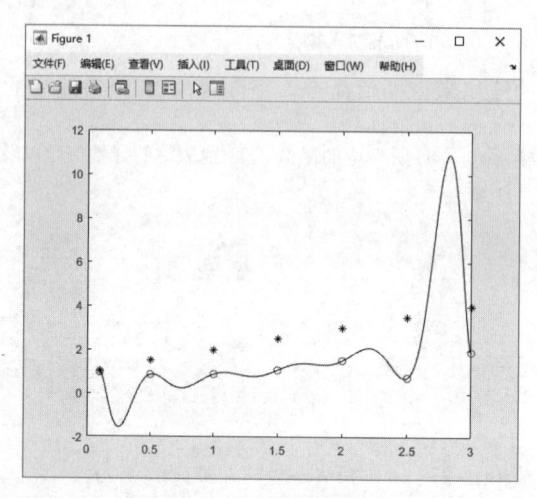

图 18-2　埃尔米特插值

实例——求机器鉴别效率

源文件：yuanwenjian\ch18\jqjb.m、求机器鉴别效率.fig

为了鉴别甲、乙两种型号的分离机析出某元素的效率高低，取出 8 批溶液，分别给甲、乙两机处理，实验数据见表 18-3，比较溶液在两机上的析出结果。

表 18-3　实验数据

批号	1	2	3	4	5	6	7	8
甲 x	4.0	3.5	4.1	5.5	4.6	6.0	5.1	4.3
乙 y	3.0	3.0	3.8	2.1	4.9	5.3	3.1	2.7

解：MATLAB 程序如下。

```
>> clear
>> t=[1 2 3 4 5 6 7 8];                              %输入溶液批号
>> x=[4.0 3.5 4.1 5.5 4.6 6.0 5.1 4.3];              %甲型号分离机的测量结果
>> y=[3.0 3.0 3.8 2.1 4.9 5.3 3.1 2.7];              %乙型号分离机的测量结果
>> y1=hermite(t,x,y,5)     %对测量数据进行埃尔米特插值,计算 5 号溶液在甲型号分离机的析出结果
y1 =
    4.6000
>> y2=hermite(t,y,x,5)     %计算 5 号溶液在乙型号分离机的析出结果
y2 =
    4.9000
>> t1=1:0.1:8;             %重新定义插值点
>> yy1=hermite(t,x,y,t1);  %求数据(t,x)表示的函数在各个插值点处的值
>> yy2=hermite(t,y,x,t1);  %求数据(t,y)表示的函数在各个插值点处的值
>> plot(t,x,'o',t,y,'^',t1,yy1,'r--',t1,yy2,'b')    %绘制甲、乙两种分离机的测量数据,
                                                    %以及插值曲线
>> legend('甲实验数据','乙实验数据','甲插值曲线','乙插值曲线')          %添加图例
```

运行结果如图 18-3 所示。

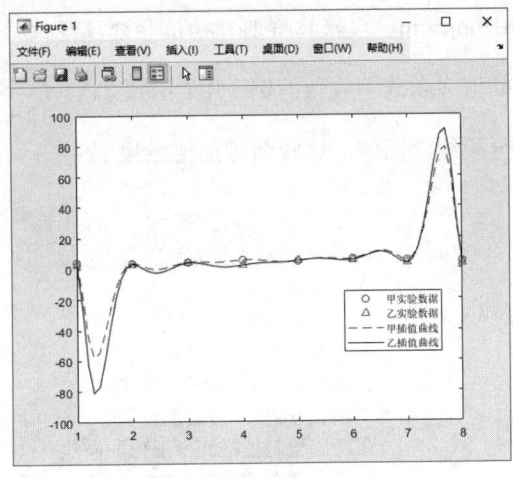

图 18-3 机器鉴别效率

18.1.3 分段线性插值

利用多项式进行函数的拟合与插值并不是次数越高精度越高。早在 20 世纪初，龙格就给出了一个等距节点插值多项式不收敛的例子，从此这种高次插值的病态现象被称为龙格现象。针对这种问题，人们用折线将插值点连接起来逼近原曲线，这就是分段线性插值。

MATLAB 提供了函数 interp1() 进行分段线性插值，其调用格式见表 18-4。

表 18-4 函数 interp1() 的调用格式

调用格式	说明
vq = interp1(x,v,xq)	对一组节点 (x,v) 进行插值，计算插值点 xq 的函数值。x 为节点向量值，v 为对应的节点函数值。如果 v 为矩阵，则插值对 v 的每一列进行；如果 v 的维数超过 x 或 xq 的维数，则返回 NaN
vq = interp1(v,xq)	默认 x=1:n，n 为 v 的元素个数值
vq = interp1(x,v,xq,method)	method 指定的是插值使用的算法，包括 linear、nearest、next、previous、pchip、cubic、v5cubic、makima 和 spline 几种，默认算法为 linear
vq=interp1(v,xq,method)	指定备选插值方法中的任意一种，并使用默认样本点

其中，对于 nearest 和 linear 方法，如果 xq 超出 x 的范围，返回 NaN；而对于其他几种方法，系统将对超出范围的值进行外推计算，见表 18-5。

表 18-5 外推计算

调用格式	说明
vq = interp1(x,v,xq,method,'extrap')	利用指定的方法对超出范围的值进行外推计算
vq = interp1(x,v,xq,method,extrapolation)	为所有落在 x 域范围外的点返标量值 extrapolation
pp = interp1(x,v,method,'pp')	使用 method 算法返回分段多项式形式的 v(x)

实例——比较拉格朗日插值和分段线性插值 1

源文件：yuanwenjian\ch18\bjcz.m、比较拉格朗日插值和分段线性插值 1.fig

在龙格给出的等距节点插值多项式不收敛的例子中，函数 $f(x) = \dfrac{x^2}{5+x}$，在[-4,4]区间以 0.1 为步长分别进行拉格朗日插值和分段线性插值，比较两种插值结果。

解：MATLAB 程序如下。

```
>> clear
>> x=[-4:0.1:4];              %定义取值区间和取值点
>> y=x.^2./(5+x);             %定义函数表达式
>> x0=[-4:0.1:4];             %定义插值区间和步长
>> y0=lagrange(x,y,x0);       %对函数 y 进行拉格朗日插值
>> y1=x0.^2./(5+x0);          %计算插值点 x0 对应的函数值
>> y2=interp1(x,y,x0);        %对函数 y 进行分段线性插值
>> plot(x0,y0,'o');           %用圆圈绘制拉格朗日插值的曲线
>> hold on                    %保留当前图窗中的绘图
>> plot(x0,y1,'b-');          %用蓝色实线绘制以插值点为自变量的函数 y1 的曲线
>> plot(x0,y2,'ro')           %用红色圆圈描绘分段线性插值的曲线
```

运行结果如图 18-4 所示。

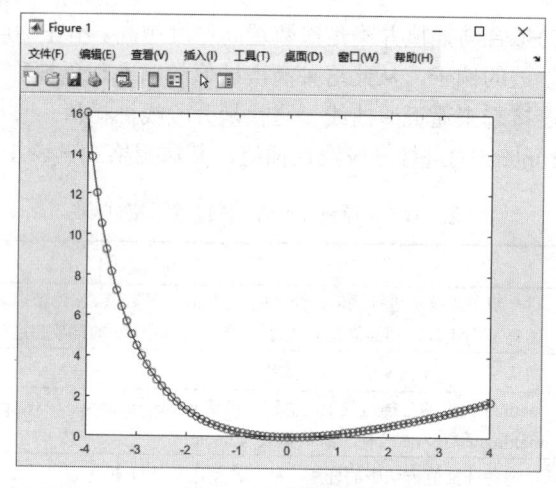

图 18-4 龙格现象

从图 18-4 中可以看出，拉格朗日插值得出的圆圈线与原函数的虚线重合，拉格朗日插值、分段线性插值得出的圆圈线是收敛的。

实例——余弦函数插值

源文件：yuanwenjian\ch18\yxcz.m、余弦函数插值.fig

本实例演示如何对 cos$x$ 进行插值。

解：MATLAB 程序如下。

```
>> clear
>> x = 0:10;                  %定义取值区间和取值点
```

```
>> y = cos(x);                  %定义余弦函数表达式
>> xi = 0:.25:10;               %定义插值点，步长值为0.25
>> yi = interp1(x,y,xi);        %对余弦函数进行分段线性插值
>> plot(x,y,'o',xi,yi)          %绘制余弦函数在指定区间的数据点和插值曲线
```

运行结果如图18-5所示。

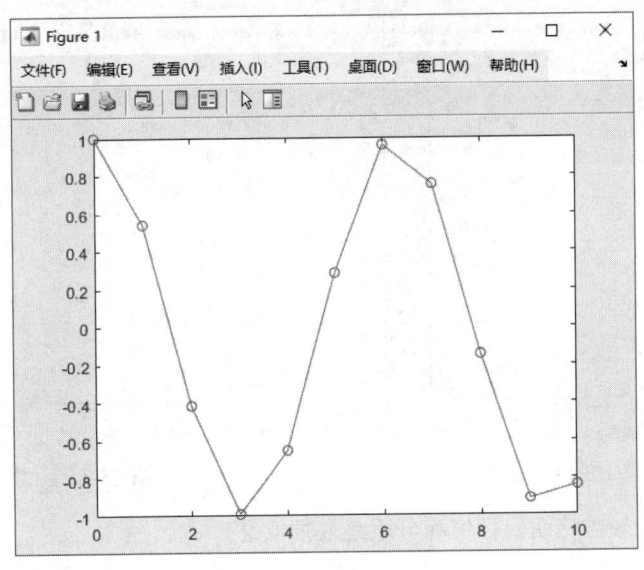

图18-5　余弦函数插值

实例——指数函数分段插值

源文件：yuanwenjian\ch18\mhscz.m、指数函数分段插值.fig

本实例演示如何对 e^x 进行插值。

解：MATLAB 程序如下。

```
>> clear
>> x = 0:10;                    %定义取值区间和取值点
>> y = exp(x);                  %定义函数表达式
>> xi = 0:0.01:10;              %定义插值点，步长值为0.01
>> yi = interp1(x,y,xi);        %对函数进行分段线性插值
>> plot(x,y,'o',xi,yi)          %绘制函数在指定区间的数据点和插值曲线
```

运行结果如图18-6所示。

实例——函数分段插值

源文件：yuanwenjian\ch18\fdcz.m、函数分段插值.m

本实例演示如何对 $\dfrac{\sin x + x}{x}$ 进行插值。

解：MATLAB 程序如下。

```
>> clear all
>> x = 0:10;                    %定义取值区间和取值点
>> y =(sin(x)+x)./x;            %定义函数表达式
```

```
>> xi = 0:0.01:10;              %定义插值点
>> yi = interp1(x,y,xi);        %对函数进行分段线性插值
>> plot(x,y,'o',xi,yi)          %绘制函数在指定区间的数据点和插值曲线
```

运行结果如图 18-7 所示。

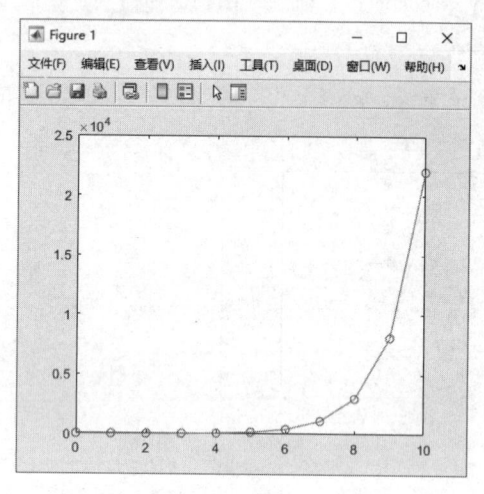

图 18-6　指数函数分段插值

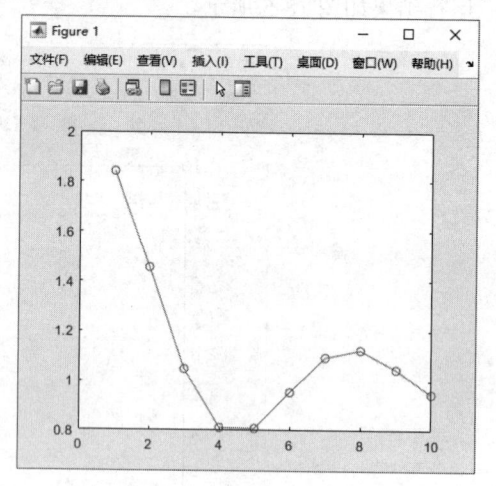

图 18-7　函数分段插值

动手练一练——比较拉格朗日插值和分段线性插值 2

函数 $f(x)=\dfrac{1}{1+x^2}$，在[-5,5]区间以 0.1 为步长分别进行拉格朗日插值和分段线性插值，并绘制曲线比较两种插值结果。

思路点拨：

源文件：yuanwenjian\ch18\bjlfcz1.m、比较拉格朗日插值和分段线性插值 2.fig

（1）确定自变量区间。
（2）输入表达式。
（3）计算拉格朗日插值。
（4）计算分段线性插值。
（5）绘制曲线。

18.1.4　三次样条插值

在工程实际中，往往要求一些图形是二阶光滑的，如高速飞机的机翼形线。早期的工程制图在作这种图形时，将样条（富有弹性的细长木条）固定在样点上，其他地方自由弯曲，然后画出长条的曲线，称为样条曲线。样条曲线实际上是由分段三次曲线连接而成，在连接点上要求二阶导数连续。这种方法在数学上被概括发展为数学样条，其中最常用的是三次样条函数。

在 MATLAB 中，提供了函数 spline()进行三次样条插值，其调用格式见表 18-6。

表 18-6 函数 spline()的调用格式

调 用 格 式	说 明
pp = spline(x,y)	计算出三次样条插值的分段多项式,可以用函数 ppval(pp,x)计算多项式在 x 处的值
s = spline(x,y,xq)	用三次样条插值利用 x 和 y 在 xq 处进行插值,等同于 vq = interp1(x,v,xq, 'spline')

实例——三次样条插值 1

源文件： yuanwenjian\ch18\ytcz1.m、三次样条插值 1.fig

本实例演示如何对正弦函数和余弦函数进行三次样条插值。

解： MATLAB 程序如下。

```
>> clear
>> x = 0:.25:1;                                        %定义取值点
>> Y = [sin(x); cos(x)];                               %定义函数
>> xx = 0:.1:1;                                        %定义插值点
>> YY = spline(x,Y,xx);                                %对函数在插值点 xx 处进行三次样条插值
>> plot(x,Y(1,:),'o',xx,YY(1,:),'-'); hold on;         %绘制正弦函数的数据点和插值曲线,打开保持命令
>> plot(x,Y(2,:),'mo',xx,YY(2,:),'b:');                %绘制余弦函数的数据点和插值曲线
```

运行结果如图 18-8 所示。

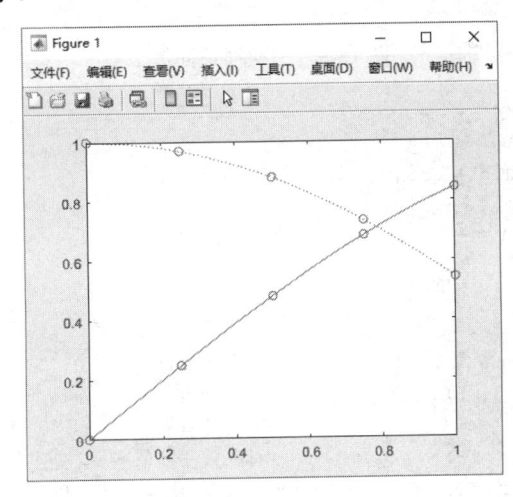

图 18-8 三次样条插值 1

实例——三次样条插值 2

源文件： yuanwenjian\ch18\ ytcz2.m、三次样条插值 2.fig

本实例演示如何对函数 $f(x) = \dfrac{x^2}{5+x}$ 进行三次样条插值,求解在 $x = [-4, 4]$ 处的值。

解： MATLAB 程序如下。

```
>> clear all
>> x =-4:0.05:4;              %定义取值点
>> Y =x.^2./(5+x);            %定义函数
>> xx = -4:.1:4;              %定义插值点
```

```
>> YY = spline(x,Y,xx);            %对函数在插值点 xx 处进行三次样条插值
>> plot(x,Y,'o',xx,YY,'-')         %绘制函数的数据点和插值曲线
```

运行结果如图 18-9 所示。

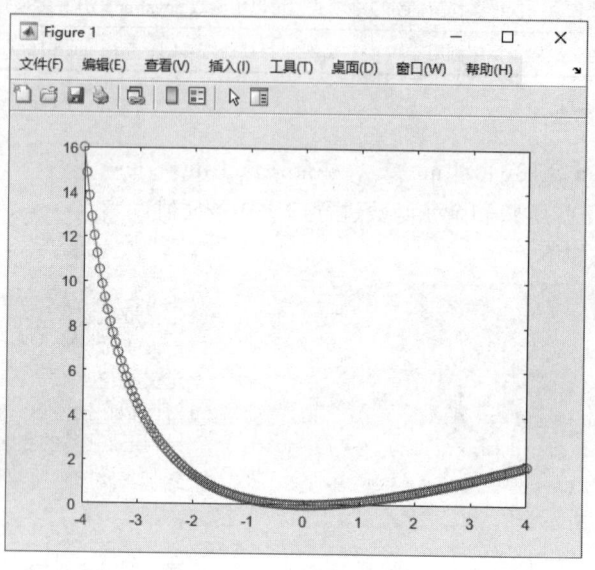

图 18-9　三次样条插值 2

实例——三次样条插值 3

源文件：yuanwenjian\ch18\ ytcz3.m、三次样条插值 3.fig

本实例演示如何对函数 $y = \dfrac{e^x + e^{-x}}{2}$ 进行三次样条插值。

解：MATLAB 程序如下。

```
>> clear
>> x = 0:.25:1;                    %定义取值点
>> Y =(exp(x)+exp(-x))./2;         %定义函数
>> xx = 0:.1:1;                    %定义插值点
>> YY = spline(x,Y,xx);            %对函数在插值点 xx 处进行三次样条插值
>> plot(x,Y,'o',xx,YY,'-')         %分别使用圆圈标记和实线绘制函数的数据点和插值曲线
```

运行结果如图 18-10 所示。

实例——三次样条插值 4

源文件：yuanwenjian\ch18\ ytcz4.m、三次样条插值 4.fig

本实例演示如何对函数 $f(x) = xe^{-|x|}$ 进行三次样条插值。

解：MATLAB 程序如下。

```
>> clear
>> x =-1:.25:1;                    %定义取值点
>> Y =x.*exp(-abs(x));             %定义函数
>> xx =-1:.1:1;                    %定义插值点
```

```
>> YY = spline(x,Y,xx);           %对函数在插值点 xx 处进行三次样条插值
>> plot(x,Y,'b^',xx,YY,'r-')      %绘制函数的数据点和插值曲线
```

运行结果如图 18-11 所示。

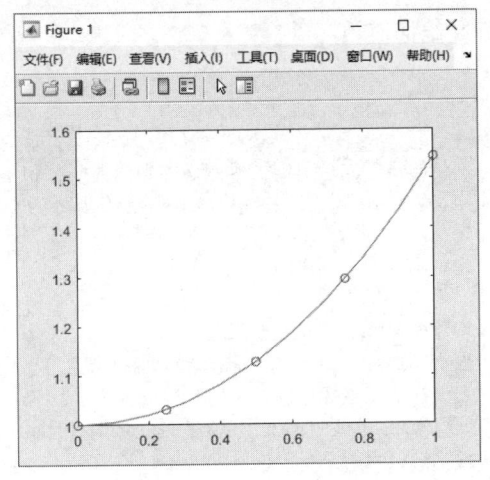

图 18-10　三次样条插值 3　　　　　　　　图 18-11　三次样条插值 4

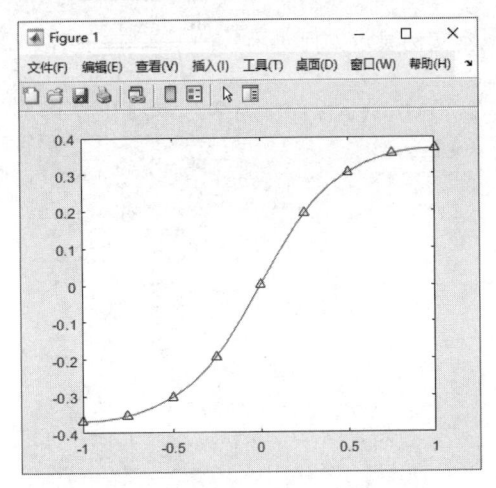

18.1.5　多维插值

在工程实际中，一些比较复杂的问题通常是多维问题，因此多维插值就愈显重要。这里重点介绍二维插值。

MATLAB 中用于进行二维插值和三维插值的函数分别是 interp2() 和 interp3()。

函数 interp2() 的调用格式见表 18-7。

表 18-7　函数 interp2() 的调用格式

调 用 格 式	说　　　明
Vq= interp2(X,Y,V,Xq,Yq)	返回以 X、Y 为自变量，V 为函数值，对位置 Xq、Yq 的插值。X、Y 必须为单调的向量或用单调的向量以 meshgrid 格式形成的网格格式
Vq = interp2(V,Xq,Yq)	X=1:n，Y=1:m，[m,n]=size(V)
Vq= interp2(V)	将每个维度上样本值 V 之间的间隔分割一次，形成优化网格，并在这些网格上返回插入值
Vq = interp2(V,k)	将每个维度上样本值 V 之间的间隔分割 k 次，形成优化网格，并在这些网格上返回插入值
Vq = interp2(…,method)	method 指定的是插值使用的算法，其值可以是以下几种类型。 nearest：线性最近项插值。 linear：线性插值（默认）。 spline：三次样条插值。 cubic：三次样条插值。 makima：修正 Akima 三次埃尔米特插值
Vq= interp2(…,method, extrapval)	为处于样本点域范围外的所有查询点赋予标量值 extrapval

实例——函数二维插值

源文件：yuanwenjian\ch18\ewcz.m、原始抽样.fig、二维插值.fig

本实例演示如何对函数 $\dfrac{\sin\sqrt{x^2+y^2}}{\sqrt{x^2+y^2}}$ 在 $[-2,2]$ 进行二维插值。

解：MATLAB 程序如下。

```matlab
>> clear all
>> [X,Y] = meshgrid(-2:0.75:2);        %基于给定的向量返回二维网格的坐标数据 X 和 Y
>> R = sqrt(X.^2 + Y.^2)+eps;          %定义表达式 R，加上极小数 eps，避免除数为 0
>> V = sin(R)./(R);                    %定义函数表达式 V
>> surf(X,Y,V)                         %绘制函数的三维表面图
>> xlim([-4 4])
>> ylim([-4 4])                        %调整 x 轴和 y 轴的坐标范围
>> title('原始抽样')                    %显示图 18-12（a）所示的原始抽样图形
>> [Xq,Yq] = meshgrid(-3:0.2:3);        %定义插值点坐标
>> Vq = interp2(X,Y,V,Xq,Yq,'cubic',0); %使用二维插值返回双变量函数在特定插值点的插入值
>> surf(Xq,Yq,Vq)                       %绘制插值点的三维表面图
>> title('在 X 和 Y 样本点域范围外 Vq=0 的三次插值');
```

运行结果如图 18-12 所示。

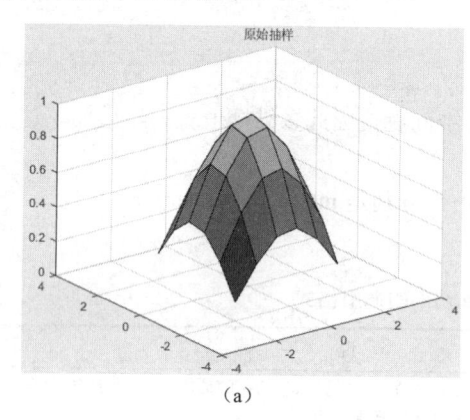

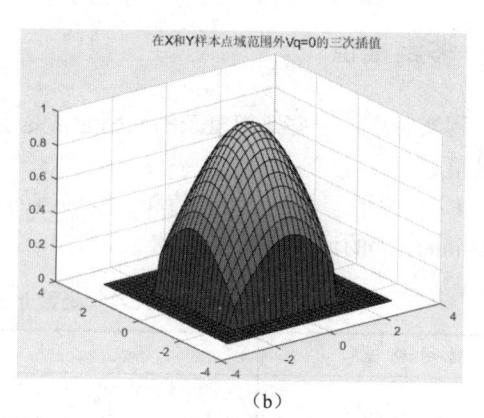

图 18-12 函数二维插值

实例——山峰函数插值

源文件：yuanwenjian\ch18\sfcz.m、山峰函数插值.fig

本实例演示如何对函数 peak() 进行二维插值。

解：MATLAB 程序如下。

```matlab
>> clear
>> [X,Y] = meshgrid(-3:.25:3);          %基于给定的向量返回二维网格的坐标数据 X 和 Y
>> Z = peaks(X,Y);                      %在矩阵 X 和 Y 处计算峰值，并返回大小相同的矩阵 Z
>> [Xi,Yi] = meshgrid(-3:.125:3);       %定义插值点坐标
>> Zi = interp2(X,Y,Z,Xi,Yi);           %使用二维线性插值返回函数在特定插值点的插入值
>> mesh(X,Y,Z), hold, mesh(Xi,Yi,Zi+15) %创建三维网格
>> axis([-3 3 -3 3 -5 20])              %调整坐标范围
```

运行结果如图 18-13 所示。

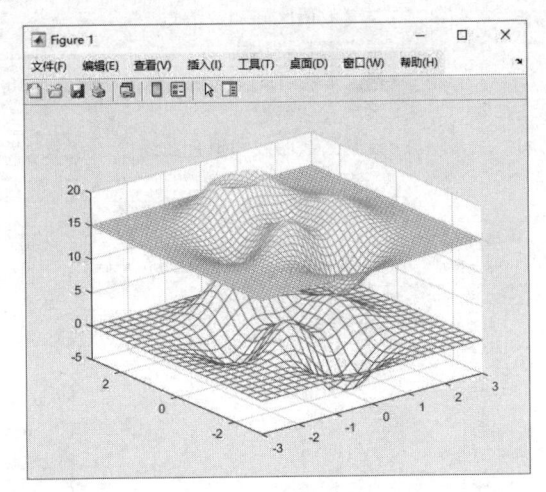

图 18-13　山峰函数插值

> **注意：**
> MATLAB 提供一个 interp3 命令进行三维插值，其用法与 interp2 命令相似，感兴趣的读者可以自己动手练习。

18.2　曲线拟合

在工程实践中，只能通过测量得到一些离散的数据，然后利用这些数据得到一个光滑的曲线来反映某些工程参数的规律。这就是曲线拟合的过程。本节将介绍 MATLAB 的曲线拟合命令以及用 MATLAB 实现的一些常用拟合算法。

18.2.1　多项式拟合

用 polyfit 命令来实现多项式拟合，其调用格式见表 18-8。

表 18-8　polyfit 命令的调用格式

调用格式	说　明
polyfit(x,y,n)	用二乘法对已知数据 x、y 进行拟合，以求得 n 阶多项式系数向量
[p,s]=polyfit(x,y,n)	p 为拟合多项式系数向量，s 为拟合多项式系数向量的信息结构
[p,s,mu]=polyfit(x,y,n)	在上述语法的基础上还返回一个包含中心化值和缩放值的二元素向量 mu

实例——5 阶多项式最小二乘拟合

源文件：yuanwenjian\ch18\nh5.m、5 阶多项式最小二乘拟合.fig
本实例用 5 阶多项式对 $y = \sin x, x \in (0, \pi)$ 进行最小二乘拟合。

解：MATLAB 程序如下。

```
>> x=0:pi/20:pi;              %定义取值区间和取值点
>> y=sin(x);                  %定义函数表达式
>> a=polyfit(x,y,5);          %用二乘法对以 x 为自变量的函数进行拟合，返回 5 阶多项式系数向量 a
>> y1=polyval(a,x);           %多项式估值运算
>> plot(x,y,'ro',x,y1,'b--')  %绘制函数曲线和拟合曲线
```

运行如图 18-14 所示。

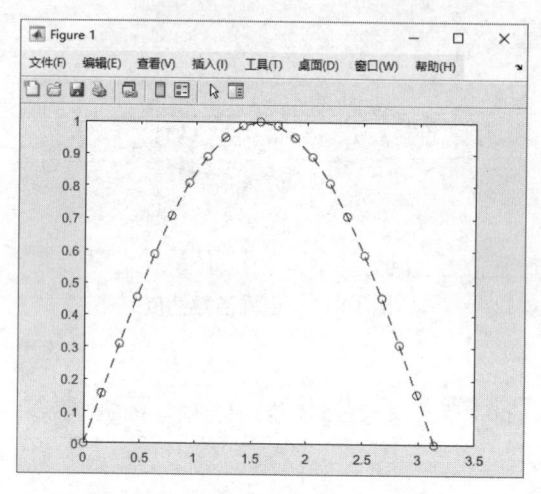

图 18-14　5 阶多项式最小二乘拟合

由图 18-14 可知，由多项式拟合生成的图形与原始曲线可以很好地吻合，这说明多项式的拟合效果很好。

动手练一练——多项式拟合

用 5 阶多项式对 $y = \cos x + \sin x$，$x \in (-\pi, \pi)$ 进行最小二乘拟合。

思路点拨：

源文件：yuanwenjian\ch18\nh4.m、多项式拟合.fig
（1）确定自变量区间。
（2）输入表达式。
（3）多项式估值运算。
（4）绘制拟合曲线。

18.2.2　直线的最小二乘拟合

一组数据 $[x_1, x_2, \cdots, x_n]$ 和 $[y_1, y_2, \cdots, y_n]$，已知 x 和 y 成线性关系，即 $y = kx + b$，对该直线进行拟合，就是求出待定系数 k 和 b 的过程。如果将直线拟合看作一阶多项式拟合，那么可以直接利用直线拟合的方法进行计算。

由于最小二乘法直线拟合在数据处理中有其特殊的重要作用，这里再单独介绍另外一种方法：

利用矩阵除法进行最小二乘拟合。

编写一个 M 文件 linefit.m，内容如下：

```
function [k,b]=linefit(x,y)
n=length(x);
x=reshape(x,n,1);                          %生成列向量
y=reshape(y,n,1);
A=[x,ones(n,1)];                           %连接矩阵 A
bb=y;
B=A'*A;
bb=A'*bb;
yy=B\bb;
k=yy(1);                                   %得到 k
b=yy(2);                                   %得到 b
```

实例——4 阶指数函数最小二乘拟合

源文件：yuanwenjian\ch18\mhsnh4.m、4 阶指数函数最小二乘拟合.fig

本实例用 4 阶多项式对 $y=e^x, x\in(0,1)$ 进行最小二乘拟合。

解：MATLAB 程序如下。

```
>> x=0:1/20:1;                 %定义取值区间和取值点
>> y=exp(x);                   %定义函数表达式 y
>> a=polyfit(x,y,4);           %对以 x 为自变量的函数 y 进行拟合，返回 4 阶多项式系数向量 a
>> y1=polyval(a,x);            %计算多项式在取值点处的值
>> plot(x,y,'go',x,y1,'rh')    %绘制函数曲线和拟合曲线
```

运行结果如图 18-15 所示。

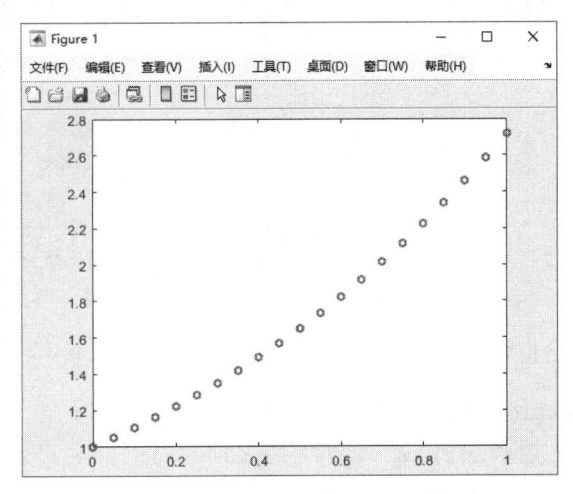

图 18-15 4 阶指数函数最小二乘拟合

实例——直线拟合

源文件：yuanwenjian\ch18\zxnh.m、直线拟合.fig

本实例将表 18-9 中的实验数据进行直线拟合。

表 18-9　实验数据

x	0.5	1	1.5	2	2.5	3
y	1.75	2.45	3.81	4.8	8	8.6

解：MATLAB 程序如下。

```
>> clear
>> x=[0.5 1 1.5 2 2.5 3];
>> y=[1.75 2.45 3.81 4.8 8 8.6];        %实验数据
>> [k,b]=linefit(x,y)                    %调用自定义函数对实验数据进行直线拟合,返回系数 k 和 b
k =
    2.9651
b =
   -0.2873
>> y1=polyval([k,b],x);                  %计算多项式在 x 每个点处的值
>> plot(x,y1);                           %绘制拟合曲线
>> hold on                               %保留当前图窗中的绘图
>> plot(x,y,'*')                         %用星号标记绘制原始数据点
```

运行结果如图 18-16 所示。

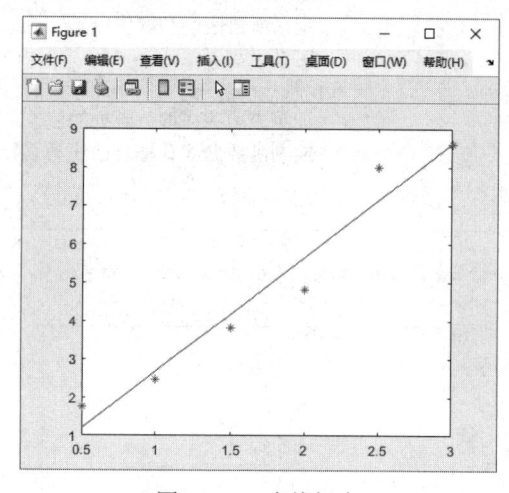

图 18-16　直线拟合

实例——函数线性组合拟合

源文件：yuanwenjian\ch18\hsnh.m、函数线性组合拟合.fig

已知存在一个函数线性组合 $g(x) = c_1 + c_2 e^{-2x} + c_3 \cos(-2x)e^{-4x} + c_4 x^2$，求出待定系数 c_i，实验数据见表 18-10。

表 18-10　实验数据

x	0	0.2	0.4	0.7	0.9	0.92
y	2.88	2.2576	1.9683	1.9258	2.0862	2.109

> **提示：**
> 如果存在以下函数的线性组合 $g(x)=c_1 f_1(x)+ c_2 f_2(x)+\cdots+ c_n f_n(x)$，其中 $i=(1,2,\cdots,n)$ 为已知函数，$c_i=(1,2,\cdots,n)$ 为待定系数，则对这种函数线性组合的曲线拟合，也可以采用直线的最小二乘拟合。

【操作步骤】

（1）编写 M 文件 linefit2.m。

```
function yy=linefit2(x,y,A)
n=length(x);
y=reshape(y,n,1);
A=A';
yy=A\y;
yy=yy';
```

（2）在命令行窗口中输入向量数据。

```
>> clear
>> x=[0 0.2 0.4 0.7 0.9 0.92];
>> y=[2.88 2.2576 1.9683 1.9258 2.0862 2.109];            %实验数据
```

（3）输入表达式。

```
>> A=[ones(size(x));exp(-2*x);cos(-2*x).*exp(-4*x);x.^2];
```

（4）调用函数 linefit2()。

```
>> yy=linefit2(x,y,A)          %求系数向量
yy =
    1.1652    1.3660    0.3483    0.8608
```

（5）绘制图形。

```
>> plot(x,y,'or')                      %使用红色圆圈标记测量数据点
>> hold on                             %打开保持命令
>> x=[0:0.01:0.92]';                   %定义取值范围和取值点
>> A1=[ones(size(x)) exp(-2*x),cos(-2*x).*exp(-4*x) x.^2];    %定义函数组合
>> y1=A1*yy';                          %计算取值点对应的函数值
>> plot(x,y1)                          %绘制拟合曲线
>> hold off                            %关闭保持命令
```

运行结果如图 18-17 所示。从图 18-17 中可以看出，拟合效果良好。

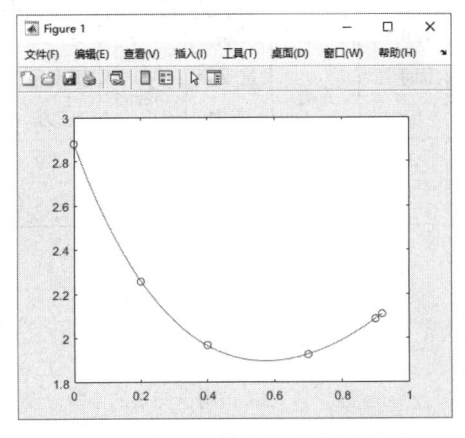

图 18-17　函数线性组合拟合

18.2.3 最小二乘法曲线拟合

在科学实验与工程实践中，经常进行测量数据 $\{(x_i, y_i), i=0,1,\cdots,m\}$ 的曲线拟合，其中 $y_i = f(x_i), i=0,1,\cdots,m$。要求一个函数 $y = S^*(x)$ 与所给数据 $\{(x_i, y_i), i=0,1,\cdots,m\}$ 拟合，若记误差 $\delta_i = S^*(x_i) - y_i, \quad i=0,1,\cdots,m$，$\delta = (\delta_0, \delta_1, \cdots, \delta_m)^T$，设 $\phi_0, \phi_1, \cdots, \phi_n$ 是 $C[a,b]$ 上的线性无关函数族，在 $\phi = \text{span}\{\phi_0(x), \phi_1(x), \cdots, \phi_n(x)\}$ 中找一个函数 $S^*(x)$，使误差平方和

$$\|\delta\|^2 = \sum_{i=0}^{m} \delta_i^2 = \sum_{i=0}^{m}[S^*(x_i) - y_i]^2 = \min_{S(x)\in\varphi}\sum_{i=0}^{m}[S(x_i)-y_i]^2$$

这里，$S(x) = a_0\phi_0(x) + a_1\phi_1(x) + \cdots + a_n\phi_n(x), n < m$。

这就是曲线拟合的最小二乘方法，是曲线拟合最常用的一种方法。

MATLAB 提供了函数 polyfit() 进行最小二乘的曲线拟合，其调用格式见表 18-11。

表 18-11 函数 polyfit() 的调用格式

调用格式	说明
p = polyfit(x,y,n)	对 x 和 y 进行 n 维多项式的最小二乘拟合，输出结果 p 为含有 n+1 个元素的行向量，该向量以维数递减的形式给出拟合多项式的系数
[p,S] = polyfit(x,y,n)	结果中的 S 包括 R、df、normr 和 rsquared，分别表示对 x 进行 QR 分解的三角元素、自由度、残差的范数、决定系数（R 方）
[p,S,mu] = polyfit(x,y,n)	在拟合过程中，首先对 x 进行数据标准化处理，以在拟合中消除量纲等的影响，mu 包含两个元素，分别是标准化处理过程中使用的 x 的均值和标准差

实例——金属材料应力拟合数据

源文件：yuanwenjian\ch18\jsnh.m、金属材料应力拟合数据.fig

本实例用二次多项式拟合数据，金属材料应力数据见表 18-12。

表 18-12 金属材料应力数据

金属材料	组合 I				组合 II				组合 III			
	安全系数	许用抗压弯应力	许用剪切应力	许用端面承压应力	安全系数	许用抗压弯应力	许用剪切应力	许用端面承压应力	安全系数	许用抗压弯应力	许用剪切应力	许用端面承压应力
Q235-A	1.48	152.0	87.8	228	1.34	167.9	96.9	251.9	1.2	184.4	406.5	276.6
16Mn	1.48	185.8	107.3	278.7	1.34	205.2	118.5	307.8	1.22	225.4	130.1	338.1

解：MATLAB 程序如下。

```
>> clear
>> x=[1.48,152.0,87.8,228,1.34,167.9,96.9,251.9,1.2,184.4,406.5,276.6];
>> y=[1.48,185.8,107.3,278.7,1.34,205.2,118.5,307.8,1.22,225.4,130.1,338.1];
>> p=polyfit(x,y,2)           %对以 x 为自变量的函数 y 进行拟合，返回 2 阶多项式系数向量
p =
```

```
     -0.0043    2.2108  -19.0493
>> xi=1.48:10:276.6;              %定义取值范围和取值点
>> yi=polyval(p,xi);              %计算多项式在取值点的值
>> plot(x,y,'o',xi,yi,'k');       %绘制测量数据点和拟合曲线
>> title('多项式拟合')
```

运行结果如图 18-18 所示。

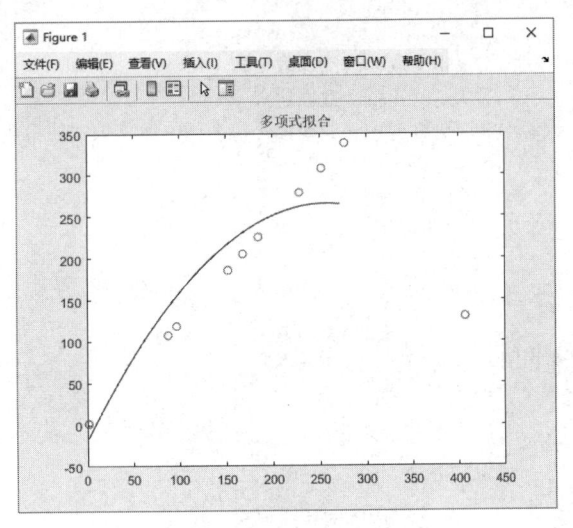

图 18-18　金属材料应力拟合

实例——二次多项式拟合数据

源文件： yuanwenjian\ch18\ecnh.m

本实例用二次多项式拟合数据，拟合数据见表 18-13。

表 18-13　拟合数据

x	1.4	1.5	1.6	1.7	1.8	1.9	2.0	2.1	2.2	2.3	2.4	2.5
y	1.48	192.0	110.9	288	1.34	212.1	122.5	318.2	1.22	232.9	134.5	319.4

解： MATLAB 程序如下。

```
>> clear
>> x=1.4:0.1:2.5;                 %拟合数据 x 和 y
>> y=[1.48,192.0,110.9,288,1.34,212.1,122.5,318.2,1.22,232.9,134.5,319.4];
>> [p,s]=polyfit(x,y,2)           %对以 x 为自变量的函数 y 进行曲线拟合
p =
    6.5010   88.6566  -37.1634
s =
包含以下字段的 struct:
         R: [3×3 double]
        df: 9
     normr: 370.4611
   rsquared: 0.1193
```

实例——正弦函数拟合

源文件：yuanwenjian\ch18\zxnhqx.m、正弦函数拟合.fig

在区间[0,π]上对正弦函数进行拟合，然后在区间[0,2π]上画出图形，比较拟合区间和非拟合区间的图形，考查拟合的有效性。

解：MATLAB 程序如下。

```
>> clear
>> x=0:0.1:pi;              %定义取值区间和取值点
>> y=sin(x);                %定义正弦函数表达式 y
>> [p,s]=polyfit(x,y,9)     %进行多项式曲线拟合，返回9阶多项式的系数向量p及误差估计结构体s
p =
  列 1 至 5
    0.0000    0.0000   -0.0003    0.0002    0.0080
  列 6 至 10
    0.0002   -0.1668    0.0000    1.0000    0.0000
s =
  包含以下字段的 struct:
         R: [10×10 double]
        df: 22
     normr: 1.6178e-07
  rsquared: 1.0000
>> x1=0:0.1:2*pi;           %定义绘图区间和取值点
>> y1=sin(x1);
>> y2=polyval(p,x1);        %计算多项式在绘图点的值
>> plot(x1,y1,'kh',x1,y2,'b-')    %绘制正弦函数在区间[0,2π]的数据点和拟合曲线
>> legend('sin(x)','拟合曲线')    %添加图例
```

运行结果如图 18-19 所示。从图 18-19 中可以看出，区间[0,π]经过了拟合，图形的符合性就比较优秀；区间[0,2π]没有经过拟合，图形就有了偏差。

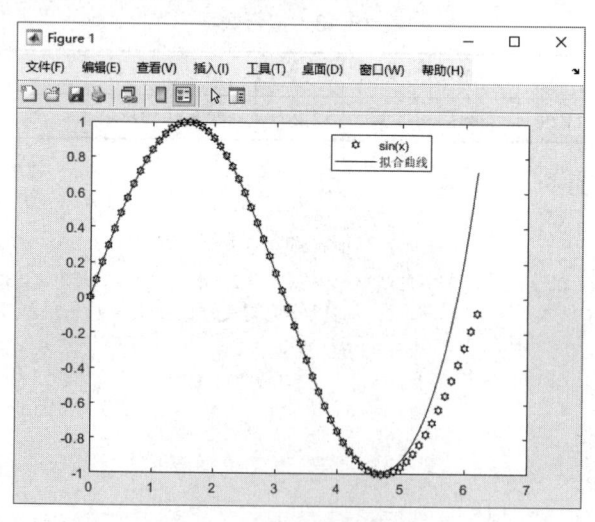

图 18-19 正弦函数拟合

18.3 综合实例——飞机速度拟合分析

源文件：yuanwenjian\ch18\fjsdnh.m、飞机速度拟合分析.fig

对某型号飞机速度进行 10 次测试，飞机速度测量数据见表 18-14。试利用这些数据对每次的风速关系进行数理统计。

表 18-14 飞机速度测量数据

风速次数 x	1	2	3	4	5	6	7	8	9	10
飞机速度 y	422.2	417.5	426.3	420.3	425.9	423.1	412.3	431.5	441.3	423.0

【操作步骤】

(1) 输入数据向量。

```
>> x=[1 2 3 4 5 6 7 8 9 10];                                    %风速次数数据
>> y=[422.2 417.5 426.3 420.3 425.9 423.1 412.3 431.5 441.3 423.0];  %飞机速度数据
```

(2) 绘制二次多项式拟合曲线。

```
>> [p,s]=polyfit(x,y,2)     %对函数 y 进行拟合，返回 2 阶多项式系数向量 p 和误差估计结构体 s
p =
    0.1409   -0.5015  421.6733
s =
  包含以下字段的 struct:
         R: [3x3 double]
        df: 7
     normr: 21.4473
   rsquared: 0.1803
>> x1=1:1:10;                %定义取值点向量
>> y1=polyval(p,x1);         %计算多项式在取值点的值
>> subplot(1,3,1),plot(x,y,'r--',x1,y1,'ko')   %绘制飞机速度对风速的曲线和拟合曲线
>> title('飞机速度与多项式拟合曲线')
>> xlabel('风速')
>> ylabel('飞机速度')        %标注坐标轴
```

在图形窗口中显示拟合结果，如图 18-20 所示。

(3) 直线拟合分析。

创建直线拟合函数文件 linefit3.m。

```
function [k,b]=linefit3(x,y)
n=length(x);
x=reshape(x,n,1);            %生成列向量
y=reshape(y,n,1);
A=[x,ones(n,1)];             %连接矩阵 A
bb=y;
B=A'*A;
bb=A'*bb;
yy=B\bb;
k=yy(1);                     %得到 k
b=yy(2);                     %得到 b
```

（4）调用函数。

```
>> [k,b]=linefit3(x,y)           %对给定的测量数据进行直线拟合，返回系数k和b
k =
    1.0485
b =
  418.5733
>> y2=polyval([k,b],x);          %计算多项式在x每个点处的值
>> subplot (1,3,2),plot(x,y2, x,y,'*');  %绘制直线拟合曲线和测量数据点
>> title('飞机速度与直线拟合曲线')
>> xlabel('风速')
>> ylabel('飞机速度')            %标注坐标轴
```

运行结果如图18-21所示。

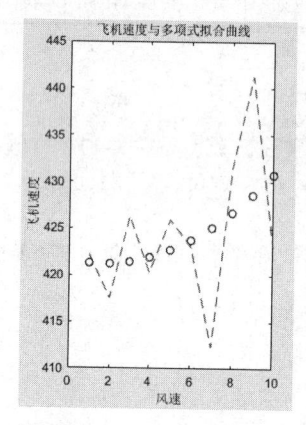

图18-20　多项式拟合曲线

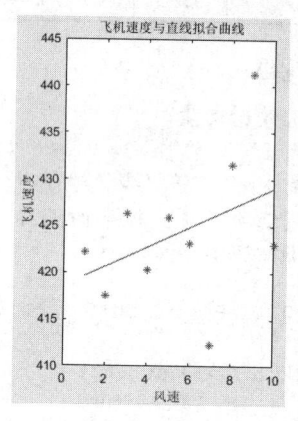

图18-21　直线拟合曲线

（5）线性回归分析。

```
>> [b,bint,r,rint,stats]=regress(y',x')   %对测量数据进行多元线性回归
b =
   60.8447
bint =
   37.2827   84.4066
r =
  361.3553
  295.8106
  243.7660
  176.9213
  121.6766
   58.0319
  -13.6127
  -55.2574
 -106.3021
 -185.4468
rint =
  -41.6620  764.3727
 -139.0541  730.6754
```

```
    -208.4825    696.0144
    -290.7085    644.5511
    -351.4001    594.7533
    -415.5344    531.5983
    -480.4567    453.2313
    -509.4620    398.9472
    -541.9476    329.3434
    -588.0725    217.1790
stats =
    1.0e+04 *
    -0.0669      NaN      NaN    4.1767
```

（6）样本均值分析。

```
>> y1=mean(y)                              %样本平均值
y1 =
    424.3400
>> y2=nanmean(y)                           %算术平均值
y2 =
    424.3400
>> y3=geomean(y)                           %几何平均值
y3 =
    424.2744
>> y4=harmmean(y)                          %调和平均值
y4 =
    424.2094
>> y5=trimmean(y,1)                        %调整平均值
y5 =
    424.3400
```

（7）绘制均值曲线。

```
>> A(1,1)=y1; A(1,2)=y2; A(1,3)=y3; A(1,4)=y4; A(1,5)=y5;  %构建均值向量A
>> subplot (1,3,3),plot(A,'k-')            %在第3个子图中用黑色实线绘制均值曲线
>> gtext('均值曲线')                        %单击添加标注文本
>> title('样本均值分析')
>> xlabel('风速')
>> ylabel('飞机速度')                       %标注坐标轴
```

运行结果如图18-22所示。

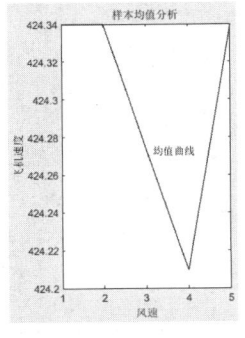

图18-22　均值曲线

(8) 样本方差的分析。
```
>> miu=mean(y)              %计算飞机速度的平均值
miu =
    424.3400
>> sigma=var(y,1)           %计算飞机速度的方差
sigma =
    56.1164
```
(9) 协方差分析。
```
>> cov(y)                   %计算飞机速度的协方差
ans =
    62.3516
>> corrcoef(y)              %计算飞机速度的相关系数
ans =
    1
```

第 19 章 优化设计

内容简介

在生活和工作中，人们对于同一个问题往往会提出多个解决方案，并通过各方面的论证从中提取最佳方案。优化设计用于专门研究如何从多个方案中科学合理地提取出最佳方案。

内容要点

- 优化问题概述
- MATLAB 中的工具箱
- 优化工具箱中的函数
- 优化函数的变量
- 参数设置
- 优化算法简介
- 综合实例——建设费用计算

案例效果

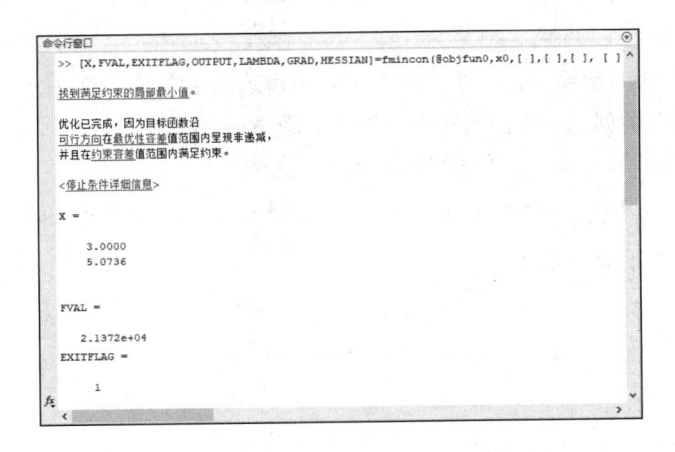

19.1 优化问题概述

最优化方法就是专门研究如何从多个方案中科学合理地提取出最佳方案的科学。

19.1.1 最优化问题的步骤

用最优化方法解决最优化问题的技术称为最优化技术,它包含两个方面的内容。

(1)建立数学模型。用数学语言来描述最优化问题,模型中的数学关系式反映了最优化问题所要达到的目标和各种约束条件。

(2)数学求解。数学模型建好以后,选择合理的最优化方法进行求解。

最优化方法的发展很快,现在已经包含多个分支,如线性规划、整数规划、非线性规划、动态规划、多目标规划等。利用 MATLAB 的优化工具箱可以求解线性规划、非线性规划和多目标规划问题,具体而言,包括线性及非线性最小化、最大最小化、二次规划、半无限、线性及非线性方程(组)的求解、线性及非线性的最小二乘问题。另外,该工具箱还提供了线性及非线性最小化、方程求解、曲线拟合、二次规划等问题中大型课题的求解方法,为优化方法在工程中的实际应用提供了更方便快捷的途径。

假设某种产品有 3 个产地 A_1、A_2、A_3,它们的产量分别为 100t、170t、200t,该产品有 3 个销售地 B_1、B_2、B_3,各地的需求量分别为 120t、170t、180t,把产品从第 i 个产地 A_i 运到第 j 个销售地 B_j 的单位运费见表 19-1。

表 19-1 运费表

产地	销售地			产量/t
	B_1	B_2	B_3	
A_1(元/t)	80	90	75	100
A_2(元/t)	60	85	95	170
A_3(元/t)	90	80	110	200
需求量/t	120	170	180	470

如何安排从 A_i 到 B_j 的运输方案,才能既满足各销售地的需求又能使总运费最少?

这是一个产销平衡的问题,下面对这个问题建立数学模型。

设从 A_i 到 B_j 的运输量为 x_{ij},显然总运费的表达式为

$$80x_{11}+90x_{12}+75x_{13}+60x_{21}+85x_{22}+95x_{23}+90x_{31}+80x_{32}+110x_{33}$$

考虑到产量应该有下面的要求。

$$x_{11}+x_{12}+x_{13}=100$$
$$x_{21}+x_{22}+x_{23}=170$$
$$x_{31}+x_{32}+x_{33}=200$$

考虑到需求量又应该有下面的要求。

$$x_{11}+x_{21}+x_{31}=120$$
$$x_{12}+x_{22}+x_{32}=170$$
$$x_{13}+x_{23}+x_{33}=180$$

此外，运输量不能为负数，即 $x_{ij} \geq 0, i,j = 1,2,3$。

综上所述，原问题的数学模型可以写为

$$\min \quad 80x_{11} + 90x_{12} + 75x_{13} + 60x_{21} + 85x_{22} + 95x_{23} + 90x_{31} + 80x_{32} + 110x_{33}$$

$$\text{s.t.} \begin{cases} x_{11} + x_{12} + x_{13} = 100 \\ x_{21} + x_{22} + x_{23} = 170 \\ x_{31} + x_{32} + x_{33} = 200 \\ x_{11} + x_{21} + x_{31} = 120 \\ x_{12} + x_{22} + x_{32} = 170 \\ x_{13} + x_{23} + x_{33} = 180 \\ x_{ij} \geq 0, i,j = 1,2,3 \end{cases}$$

这个例子中的数学模型就是一个优化问题，属于优化中的线性规划问题，对于这种问题，利用 MATLAB 可以很容易地找到它的解。通过上面的例子，读者可能已经对优化有了一个模糊的概念。事实上，优化问题的一般形式如下：

$$\begin{aligned} &\min \quad f(x) \\ &\text{s.t.} \quad x \in X \end{aligned} \tag{19-1}$$

式中，$x \in \mathbf{R}^n$ 是决策变量（相当于上例中的 x_{ij}）；$f(x)$ 是目标函数（相当于上例中的运费表达式）；$X \subseteq \mathbf{R}^n$ 是约束集或可行域（相当于上例中的线性方程组的解集与非负极限的交集）。特别地，如果约束集 $X = \mathbf{R}^n$，则上述优化问题称为无约束优化问题，即

$$\min_{x \in R^n} f(x)$$

而约束最优化问题通常写为

$$\begin{aligned} &\min \quad f(x) \\ &\text{s.t.} \quad \begin{aligned} c_i(x) &= 0, \quad i \in E \\ c_i(x) &\leq 0, \quad i \in I \end{aligned} \end{aligned} \tag{19-2}$$

式中，E、I 分别为等式约束指标集与不等式约束指标集；$c_i(x)$ 为约束函数。

如果对于某个 $x^* \in X$，以及每个 $x \in X$ 都有 $f(x) \geq f(x^*)$ 成立，则称 x^* 为式（19-1）的最优解（全局最优解），相应的目标函数值称为最优值；若只是在 X 的某个子集内有上述关系，则 x^* 称为式（19-1）的局部最优解。最优解并不是一定存在的，通常，求出的解只是一个局部最优解。

对于优化问题，当目标函数和约束函数均为线性函数时，式（19-2）称为线性规划问题；当目标函数和约束函数中至少有一个是变量 x 的非线性函数时，式（19-2）称为非线性规划问题。此外，根据决策变量、目标函数和要求不同，优化问题还可以分为整数规划、动态规划、网络优化、非光滑规划、随机优化、几何规划、多目标规划等若干分支。

下面主要讲述如何利用 MATLAB 提供的优化工具箱来求解一些常见的优化问题。

19.1.2 模型输入时需要注意的问题

使用优化工具箱时，由于优化函数要求目标函数和约束条件满足一定的格式，所以需要用户在

进行模型输入时注意以下几个问题。

1. 目标函数最小化

优化函数 fminbnd()、fminsearch()、fminunc()、fmincon()、fgoalattain()、fminimax()和 lsqnonlin()都要求目标函数最小化；如果优化问题要求目标函数最大化，可以通过使该目标函数的负值最小化，即 $-f(x)$ 最小化来实现。近似地，对于函数 quadprog()提供 $-H$ 和 $-f$，对于函数 linprog()提供 $-f$。

2. 约束非正

优化工具箱要求非线性不等式约束的形式为 $C_i(x) \leqslant 0$，通过对不等式取负可以达到使大于 0 的约束形式变为小于 0 的不等式约束形式的目的，如 $C_i(x) \geqslant 0$ 形式的约束等价于 $-C_i(x) \leqslant 0$，$C_i(x) \geqslant b$ 形式的约束等价于 $-C_i(x)+b \leqslant 0$。

3. 避免使用全局变量

在 MATLAB 中，函数内部定义的变量除特殊声明外均为局部变量，即不加载到工作空间中。如果需要使用全局变量，则应使用 global 命令进行定义，而且在任何时候使用该全局变量的函数中都应该对其加以定义。在命令行窗口中也不例外。当程序比较复杂时，难免会在无意中修改全局变量的值而导致错误，这样的错误很难查找。因此，在编程时应该尽量避免使用全局变量。

19.2 MATLAB 中的工具箱

MATLAB 工具箱（Toolbox）已经成为一个系列产品，MATLAB 主工具箱和各种功能型工具箱主要用于扩充 MATLAB 的数值计算、符号运算功能、图形建模仿真功能、文字处理功能以及与硬件实时交互功能，能够用于多种学科。

领域型工具箱是学科专用工具箱，其专业性很强，如控制系统工具箱、信号处理工具箱、财政金融工具箱和下面将要介绍的优化工具箱等。领域型工具箱只适用于本专业。

19.2.1 MATLAB 中常用的工具箱

MATLAB 中常用的工具箱如下。
- MATLAB Main Toolbox：MATLAB 主工具箱。
- Control System Toolbox：控制系统工具箱。
- Communication Toolbox：通信工具箱。
- Financial Toolbox：财政金融工具箱。
- System Identification Toolbox：系统辨识工具箱。
- Fuzzy Logic Toolbox：模糊逻辑工具箱。
- Higher-Order Spectral Analysis Toolbox：高阶谱分析工具箱。
- Image Processing Toolbox：图像处理工具箱。
- LMI Control Toolbox：线性矩阵不等式工具箱。

- Model Predictive Control Toolbox：模型预测控制工具箱。
- μ-Analysis and Synthesis Toolbox：μ 分析工具箱。
- Neural Network Toolbox：神经网络工具箱。
- Optimization Toolbox：优化工具箱。
- Partial Differential Toolbox：偏微分方程工具箱。
- Robust Control Toolbox：鲁棒控制工具箱。
- Signal Processing Toolbox：信号处理工具箱。
- Spline Toolbox：样条工具箱。
- Statistics Toolbox：统计工具箱。
- Symbolic Math Toolbox：符号数学工具箱。
- Simulink Toolbox：动态仿真工具箱。
- Wavelet Toolbox：小波工具箱。

19.2.2　工具箱和工具箱函数的查询

1．MATLAB 的目录结构

首先，简单介绍一下 MATLAB 的目录树。
- …\MATLAB\R2024a\bin。
- …\MATLAB\R2024a\extern。
- …\MATLAB\R2024a\simulink。
- …\MATLAB\R2024a\toolbox\comm。
- …\MATLAB\R2024a\toolbox\control。
- …\MATLAB\R2024a\toolbox\symbolic。
- R2024a\bin：该目录包含 MATLAB 系统运行文件、配置文件及一些必需的二进制文件。
- R2024a\extern：包含 MATLAB 与 C、FORTRAN 等语言的交互所需的函数定义和连接库。
- R2024a\simulink：包含建立 simulink MEX 文件所必需的函数定义及接口软件。
- R2024a\toolbox：各种工具箱，toolbox 目录下的子目录数量是随安装情况而变的。

另外，MATLAB 工具箱可在 Windows 下由目录检索得到，也可以在 MATLAB 下得到。

2．工具箱函数清单的获得

在 MATLAB 中，所有工具箱中都有函数清单文件 contents.m，可用各种方法得到工具箱函数清单。
- 执行在线帮助命令。

```
help 工具箱名称
```

功能：列出该工具箱中 contents.m 的内容，显示该工具箱中所有函数清单。

实例——优化工具箱

源文件：yuanwenjian\ch19\yhgjxm
本实例列出优化工具箱的内容。

解：MATLAB 程序如下。

```
>> help optim
  Optimization Toolbox
  Version 24.1 (R2024a) 19-Nov-2023
  Nonlinear minimization of functions.
    fminbnd      - Scalar bounded nonlinear function minimization.
    fmincon      - Multidimensional constrained nonlinear minimization.
    fminsearch   - Multidimensional unconstrained nonlinear minimization,
                   by Nelder-Mead direct search method.
    fminunc      - Multidimensional unconstrained nonlinear minimization.
    fseminf      - Multidimensional constrained minimization, semi-infinite
                   constraints.
  Nonlinear minimization of multi-objective functions.
    fgoalattain  - Multidimensional goal attainment optimization
    fminimax     - Multidimensional minimax optimization.
  Linear least squares (of matrix problems).
    lsqlin       - Linear least squares with linear constraints.
    lsqnonneg    - Linear least squares with nonnegativity constraints.
  Nonlinear least squares (of functions).
    lsqcurvefit  - Nonlinear curvefitting via least squares (with bounds).
    lsqnonlin    - Nonlinear least squares with upper and lower bounds.
  Nonlinear zero finding (equation solving).
    fzero        - Scalar nonlinear zero finding.
    fsolve       - Nonlinear system of equations solve (function solve).
  Minimization of matrix problems.
    coneprog     - Second-order cone programming.
    intlinprog   - Mixed integer linear programming.
    linprog      - Linear programming.
    quadprog     - Quadratic programming.
  Controlling defaults and options.
optimoptions   - Create or alter optimization options.
Accelerate solver over multiple problems.
optimwarmstart - Create a warm start object for solver acceleration.
Problem-based workflow functions and class methods.
eqnproblem     - Create EquationProblem object.
optimconstr    - Create array of OptimizationConstraints.
optimexpr      - Create array of OptimizationExpressions.
optimproblem   - Create OptimizationProblem object.
optimvar       - Create array of OptimizationVariables.
solve          - Solve problem contained in a given OptimizationProblem
                 or EquationProblem.
Live Editor task and plot functions.
Optimize                 - Optimization Toolbox Live Editor task
                           (available in the Live Editor only).
optimplotconstrviolation - Plot max. constraint violation at each
                           iteration.
optimplotfirstorderopt   - Plot first-order optimality at each
```

```
                                 iteration.
    optimplotresnorm             - Plot value of the norm of residuals at
                                   each iteration.
    optimplotstepsize            - Plot step size at each iteration.

  Optimization Toolbox 文档
     名为 optim 的文件夹
```

上述内容即为 MATLAB 优化工具箱的全部函数内容。

📢 **注意：**

优化工具箱的名称为 optim.m。

➢ 使用 type 命令得到工具箱函数的清单，显示工具箱函数所在文件内容。

例如：

```
>> type optim\contents
%Optimization Toolbox
% Version 24.1 (R2024a) 19-Nov-2023
%
%Nonlinear minimization of functions.
%   fminbnd      - Scalar bounded nonlinear function minimization.
%   fmincon      - Multidimensional constrained nonlinear minimization.
%   fminsearch   - Multidimensional unconstrained nonlinear minimization,
%                  by Nelder-Mead direct search method.
%   fminunc      - Multidimensional unconstrained nonlinear minimization.
%   fseminf      - Multidimensional constrained minimization, semi-infinite
%                  constraints.
%
%Nonlinear minimization of multi-objective functions.
%   fgoalattain  - Multidimensional goal attainment optimization
%   fminimax     - Multidimensional minimax optimization.
%
% Linear least squares (of matrix problems).
%   lsqlin       - Linear least squares with linear constraints.
%   lsqnonneg    - Linear least squares with nonnegativity constraints.
%
% Nonlinear least squares (of functions).
%   lsqcurvefit  - Nonlinear curvefitting via least squares (with bounds).
%   lsqnonlin    - Nonlinear least squares with upper and lower bounds.
%
% Nonlinear zero finding (equation solving).
%   fzero        - Scalar nonlinear zero finding.
%   fsolve       - Nonlinear system of equations solve (function solve).
%
% Minimization of matrix problems.
%   coneprog     - Second-order cone programming.
%   intlinprog   - Mixed integer linear programming.
%   linprog      - Linear programming.
```

```
%   quadprog      - Quadratic programming.
%
% Controlling defaults and options.
%   optimoptions - Create or alter optimization options.
%
% Accelerate solver over multiple problems.
%   optimwarmstart - Create a warm start object for solver acceleration.
%
% Problem-based workflow functions and class methods.
%   eqnproblem    - Create EquationProblem object.
%   optimconstr   - Create array of OptimizationConstraints.
%   optimexpr     - Create array of OptimizationExpressions.
%   optimproblem  - Create OptimizationProblem object.
%   optimvar      - Create array of OptimizationVariables.
%   solve         - Solve problem contained in a given OptimizationProblem
%                   or EquationProblem.
%
% Live Editor task and plot functions.
%   Optimize                  - Optimization Toolbox Live Editor task
%                               (available in the Live Editor only).
%   optimplotconstrviolation  - Plot max. constraint violation at each
%                               iteration.
%   optimplotfirstorderopt    - Plot first-order optimality at each
%                               iteration.
%   optimplotresnorm          - Plot value of the norm of residuals at
%                               each iteration.
%   optimplotstepsize         - Plot step size at each iteration.
%
% Copyright 1990-2023 The MathWorks, Inc.
```

> **注意:** 使用 type 命令得出的结果，其内容与执行在线帮助命令得出的结果相同，输出的格式稍有不同。

19.3 优化工具箱中的函数

利用 MATLAB 的优化工具箱可以求解线性规划、非线性规划和多目标规划问题。具体而言，包括线性、非线性最小化、最大最小化、二次规划、半无限问题，以及线性、非线性方程（组）的求解和线性、非线性的最小二乘问题。另外，该工具箱还提供了线性与非线性最小化、方程求解、曲线拟合、二次规划等问题中大型课题的求解方法，为优化方法在工程中的应用提供了更方便快捷的途径。

优化工具箱中的函数包括下面几类。

1. 最小化函数

最小化函数及说明见表 19-2。

表 19-2　最小化函数及说明

函　数	说　明
fminsearch、fminunc	无约束非线性最小化
fminbnd	有边界的标量非线性最小化
fmincon	有约束的非线性最小化
linprog	线性规划
quadprog	二次规划
fgoalattain	多目标规划
fminimax	极大极小约束
fseminf	半无限问题

2．最小二乘问题函数

最小二乘问题函数及说明见表 19-3。

表 19-3　最小二乘问题函数及说明

函　数	说　明
\	线性最小二乘
lsqnonlin	非线性最小二乘
lsqnonneg	非负线性最小二乘
lsqlin	有约束线性最小二乘
lsqcurvefit	非线性曲线拟合

3．方程求解函数

方程求解函数及说明见表 19-4。

表 19-4　方程求解函数及说明

函　数	说　明
\	线性方程求解
fzero	标量非线性方程求解
fsolve	非线性方程求解

4．演示函数

部分中型问题方法演示函数及说明见表 19-5。

表 19-5　部分中型问题方法演示函数及说明

函　数	说　明
tutdemo	教程演示
OfficeAssignmentsBinaryIntegerProgrammingProblemBasedExample	求解整数规划
goaldemo	目标达到举例
dfildemo	过滤器设计的有限精度

部分大型问题方法演示函数及说明见表19-6。

表19-6　部分大型问题方法演示函数及说明

函　　数	说　　明
circustent	马戏团帐篷问题——二次规划问题
optdeblur	用有边界线性最小二乘法进行图形处理

19.4　优化函数的变量

在MATLAB的优化工具箱中定义了一系列的标准变量，通过这些标准变量，用户可以使用MATLAB来求解在工作中遇到的问题。

MATLAB优化工具箱中的变量主要有3类：输入变量、输出变量和优化参数。

1．输入变量

调用MATLAB优化工具箱，首先需要给出一些输入变量，优化工具箱函数通过对这些输入变量的处理得到用户需要的结果。

优化工具箱中的输入变量大体上分成两类：输入系数和输入参数。输入系数见表19-7，输入参数见表19-8。

表19-7　输入系数

变量名	作用和含义	主要的调用函数
A,b	矩阵A和向量b分别为线性不等式约束的系数矩阵和右端项	fgoalattain、fmincon、fminimax、fseminf、linprog、lsqlin、quadprog
Aeq,beq	矩阵Aeq和向量beq分别为线性方程约束的系数矩阵和右端项	fgoalattain、fmincon、fminimax、fseminf、linprog、lsqlin、quadprog
C,d	矩阵C和向量d分别为超定或不定线性系统方程组的系数和进行求解的右端项	lsqlin、lsqnonneg
f	线性方程或二次方程中线性项的系数向量	linprog、quadprog
H	二次方程中二次项的系数	quadprog
lb,ub	变量的上下界	fgoalattain、fmincon、fminimax、fseminf、linprog、quadprog、lsqlin、lsqcurvefit、lsqnonlin
fun	待优化的函数	fgoalattain、fminbnd、fmincon、fminimax、fminsearch、fminunc、fseminf、fsolve、fzero、lsqcurvefit、lsqnonlin
nonlcon	计算非线性不等式和等式	fgoalattain、fmincon、fminimax
seminfcon	计算非线性不等式约束、等式约束和半无限约束的函数	fseminf

表 19-8 输入参数

变量名	作用和含义	主要的调用函数
goal	目标试图达到的值	fgoalattain
ntheta	半无限约束的个数	fseminf
options	优化选项参数结构	所有
P1,P2,…	传给函数 fun、变量 nonlcon、变量 seminfcon 的其他变量	fgoalattain、fminbnd、fmincon、fminimax、fsearch、fminunc、fseminf、fsolve、fzero、lsqcurvefit、lsqnonlin
weight	控制对象未达到或超过的加权向量	fgoalattain
xdata,ydata	拟合方程的输入数据和测量数据	lsqcurvefit
x0	初始点	除 fminbnd 所有
x1,x2	函数最小化的区间	fminbnd

2．输出变量

调用 MATLAB 优化工具箱的函数后，函数给出一系列的输出变量，提供给用户相应的输出信息。输出变量见表 19-9。

表 19-9 输出变量

变量名	作用和含义
x	由优化函数求得的解
fval	解 x 处的目标函数值
exitflag	退出条件
output	包含优化结果信息的输出结构
lambda	解 x 处的拉格朗日乘子
grad	解 x 处函数 fun() 的梯度值
hessian	解 x 处函数 fun() 的海森矩阵
jacobian	解 x 处函数 fun() 的雅可比矩阵
maxfval	解 x 处函数的最大值
attainfactor	解 x 处的达到因子
residual	解 x 处的残差值
resnorm	解 x 处残差的平方范数

3．优化参数

优化参数的含义见表 19-10。

表 19-10 优化参数的含义

参数名	含义
DerivativeCheck	对自定义的解析导数与有限差分导数进行比较
Diagnostics	输出进行最小化或求解的诊断信息

续表

参 数 名	含 义
DiffMaxChange	有限差分求导的变量最大变化
DiffMinChange	有限差分求导的变量最小变化
Display	值为 off 时，不显示输出；值为 iter 时，显示迭代信息；值为 final 时，只显示结果；值为 notify 时，函数不收敛时输出
GoalsExactAchieve	精确达到的目标个数
GradConstr	用户定义的非线性约束的梯度
MaxFunEvals	允许进行函数评价的最大次数
GradObj	用户定义的目标函数的梯度
Hessian	用户定义的目标函数的海森矩阵
HessPattern	有限差分的海森矩阵的稀疏模式
HessUpdate	海森矩阵修正结构
Jacobian	用户定义的目标函数的雅可比矩阵
JacobPattern	有限差分的雅可比矩阵的稀疏模式
LargeScale	使用大型算法（如果可能）
LevenbergMarquardt	用 Levenberg-Marquardt（列文伯格-马夸特）法代替 Gauss-Newton（高斯-牛顿）法
LineSearchType	一维搜索算法的选择
MaxIter	允许进行迭代的最大次数
MaxPCGIter	允许进行 PCG 迭代的最大次数
MeritFunction	使用多目标函数
MinAbsMax	使最坏情况绝对值最小化的 F(x)的个数
PrecondBandWidth	PCG 前提的上带宽
TolCon	违背约束的终止容限
TolFun	函数值的终止容限
TolPCG	PCG 迭代的终止容限
TolX	X 处的终止容限
TypicalX	典型 x 值

在 MATLAB 中，创建优化变量使用 optimvar 命令。优化变量是一个符号对象，根据变量为目标函数和问题约束创建表达式。optimvar 命令的调用格式也非常简单，见表 19-11。

表 19-11　optimvar 命令的调用格式

调 用 格 式	说　明
x = optimvar(name)	创建标量优化变量 x
x = optimvar(name,n)	创建优化变量 x，x 是 n×1 向量
x = optimvar(name,cstr)	创建优化变量向量 x，使用 cstr 进行索引。x 的元素数量与 cstr 向量的长度相同，x 的方向与 cstr 的方向相同。当 cstr 是行向量时，x 是行向量；当 cstr 是列向量时，x 是列向量
x = optimvar(name,cstr1,n2,···,cstrk) x = optimvar(name,{cstr1,cstr2,···,cstrk}) x = optimvar(name,[n1,n2,···,nk])	对于正整数 nj 和名称 cstrk 的任意组合，创建一个优化变量数组，其维数等于整数 nj 和条目 cstrk 的长度
x = optimvar(···,Name,Value)	一个或多个名称-值对组参数指定优化变量 x 的属性

19.5 参数设置

对于优化控制，MATLAB 提供了 18 个参数。本节重点讲解函数 optimoptions()、optimset()和 optimget()。

19.5.1 函数 optimoptions()

函数 optimoptions()的功能是创建优化选项，为 Optimization Toolbox 或 Global Optimization Toolbox 解算器设置选项。函数 optimoptions()的调用格式见表 19-12。

表 19-12 函数 optimoptions()的调用格式

调用格式	说明
options = optimoptions(SolverName)	返回解算器 SolverName 的默认优化选项
options = optimoptions(SolverName,Name,Value)	利用名称-值对组参数设置优化选项属性
options = optimoptions(oldoptions,Name,Value)	返回 oldoptions 的副本，利用名称-值对组参数设置优化选项属性
options = optimoptions(SolverName,oldoptions)	返回 SolverName 解算器的默认选项，并将 oldoptions 中适用的选项复制到 options 中
options = optimoptions(prob)	返回 prob 优化问题或方程问题的一组默认优化选项
options = optimoptions(prob,Name,Value)	利用名称-值对组参数设置优化选项属性

19.5.2 函数 optimset()

函数 optimset()的功能是创建或编辑优化选项参数结构，具体的调用格式如下。

1. 调用格式 1

```
options = optimset(Name,Value)
```

功能：创建一个名为 options 的优化选项参数，其中指定的参数具有指定值。所有未指定的参数都设置为空矩阵[ ]（将参数设置为[ ]表示当 options 传递给优化函数时给参数赋默认值）。赋值时只需输入参数前面的字母。

2. 调用格式 2

```
options = optimset(oldopts,Name,Value)
```

功能：创建一个 oldopts 的副本，用指定的数值修改参数。

3. 调用格式 3

```
options = optimset(oldopts,newopts)
```

功能：将已经存在的选项结构 oldopts 与新的选项结构 newopts 进行合并。newopts 参数中的所有元素将覆盖 oldopts 参数中的所有对应元素。

4. 调用格式4

```
optimset
```

功能：没有任何输入/输出参数，将显示一张完整的带有有效值的参数列表，如下所示。

```
>> optimset
                Display: [ off | iter | iter-detailed | notify | notify-detailed | final | final-detailed ]
             MaxFunEvals: [ positive scalar ]
                 MaxIter: [ positive scalar ]
                  TolFun: [ positive scalar ]
                    TolX: [ positive scalar ]
              FunValCheck: [ on | {off} ]
                OutputFcn: [ function | {[]} ]
                 PlotFcns: [ function | {[]} ]
                Algorithm: [ active-set | interior-point | interior-point-convex | levenberg-marquardt | ...
        sqp | trust-region-dogleg | trust-region-reflective ]
   AlwaysHonorConstraints: [ none | {bounds} ]
          DerivativeCheck: [ on | {off} ]
              Diagnostics: [ on | {off} ]
             DiffMaxChange: [ positive scalar | {Inf} ]
             DiffMinChange: [ positive scalar | {0} ]
           FinDiffRelStep: [ positive vector | positive scalar | {[]} ]
              FinDiffType: [ {forward} | central ]
         GoalsExactAchieve: [ positive scalar | {0} ]
                GradConstr: [ on | {off} ]
                   GradObj: [ on | {off} ]
                    HessFcn: [ function | {[]} ]
                   Hessian: [ user-supplied | bfgs | lbfgs | fin-diff-grads | on | off ]
                   HessMult: [ function | {[]} ]
                HessPattern: [ sparse matrix | {sparse(ones(numberOfVariables))} ]
                 HessUpdate: [ dfp | steepdesc | {bfgs} ]
           InitBarrierParam: [ positive scalar | {0.1} ]
       InitTrustRegionRadius: [ positive scalar | {sqrt(numberOfVariables)} ]
                   Jacobian: [ on | {off} ]
                   JacobMult: [ function | {[]} ]
                JacobPattern: [ sparse matrix | {sparse(ones(Jrows,Jcols))} ]
                  LargeScale: [ on | off ]
                    MaxNodes: [ positive scalar | {1000*numberOfVariables} ]
                   MaxPCGIter: [ positive scalar | {max(1,floor(numberOfVariables/2))} ]
                MaxProjCGIter: [ positive scalar | {2*(numberOfVariables-numberOfEqualities)} ]
                   MaxSQPIter: [ positive scalar | {10*max(numberOfVariables,numberOfInequalities+numberOfBounds)} ]
                     MaxTime: [ positive scalar | {7200} ]
               MeritFunction: [ singleobj | {multiobj} ]
                    MinAbsMax: [ positive scalar | {0} ]
```

```
              ObjectiveLimit: [ scalar | {-1e20} ]
           PrecondBandWidth: [ positive scalar | 0 | Inf ]
             RelLineSrchBnd: [ positive scalar | {[]} ]
     RelLineSrchBndDuration: [ positive scalar | {1} ]
               ScaleProblem: [ none | obj-and-constr | jacobian ]
         SubproblemAlgorithm: [ cg | {ldl-factorization} ]
                     TolCon: [ positive scalar ]
                  TolConSQP: [ positive scalar | {1e-6} ]
                     TolPCG: [ positive scalar | {0.1} ]
                  TolProjCG: [ positive scalar | {1e-2} ]
               TolProjCGAbs: [ positive scalar | {1e-10} ]
                   TypicalX: [ vector | {ones(numberOfVariables,1)} ]
                UseParallel: [ logical scalar | true | {false} ]
```

5．调用格式 5

```
options = optimset
```

功能：创建一个选项结构体 options，其中所有的元素被设置为[ ]。

6．调用格式 6

```
options = optimset(optimfun)
```

功能：创建一个含有所有参数名和与优化函数 optimfun()相关的默认值的选项结构 options。

实例——设置优化选项 1

源文件： yuanwenjian\ch19\yhxx1.m

函数 optimset()使用举例 1。

解： MATLAB 程序如下。

```
>> options = optimset('Display','iter','TolFun',1e-8)
%显示每次迭代的信息，函数值的终止容差为 1e-8
```

上面的语句创建一个名为 options 的优化选项结构，其中显示参数设置为 iter，TolFun 参数设置为 1e−8。结果如下：

```
options = 
  包含以下字段的 struct:
                  Display: 'iter'
              MaxFunEvals: []
                  MaxIter: []
                   TolFun: 1.0000e-08
                     TolX: []
              FunValCheck: []
                OutputFcn: []
                  PlotFcns: []
           ActiveConstrTol: []
                Algorithm: []
     AlwaysHonorConstraints: []
          DerivativeCheck: []
              Diagnostics: []
```

```
              DiffMaxChange: []
              DiffMinChange: []
             FinDiffRelStep: []
                FinDiffType: []
          GoalsExactAchieve: []
                 GradConstr: []
                    GradObj: []
                    HessFcn: []
                    Hessian: []
                   HessMult: []
                HessPattern: []
                 HessUpdate: []
            InitBarrierParam: []
        InitTrustRegionRadius: []
                   Jacobian: []
                  JacobMult: []
               JacobPattern: []
                 LargeScale: []
                   MaxNodes: []
                  MaxPCGIter: []
               MaxProjCGIter: []
                 MaxSQPIter: []
                    MaxTime: []
               MeritFunction: []
                  MinAbsMax: []
            NoStopIfFlatInfeas: []
              ObjectiveLimit: []
         PhaseOneTotalScaling: []
              Preconditioner: []
             PrecondBandWidth: []
               RelLineSrchBnd: []
        RelLineSrchBndDuration: []
                ScaleProblem: []
           SubproblemAlgorithm: []
                      TolCon: []
                   TolConSQP: []
                  TolGradCon: []
                      TolPCG: []
                   TolProjCG: []
                TolProjCGAbs: []
                    TypicalX: []
                  UseParallel: []
```

实例——设置优化选项 2

源文件：yuanwenjian\ch19\yhxx2.m

函数 optimset()使用举例 2。

解：MATLAB 程序如下。
```
>> optnew = optimset(options,'TolX',1e-4)
```
上面的语句创建一个名为 options 的优化结构的备份，改变 TolX 参数的值，将新值保存到 optnew 参数中。得到的结果如下：

```
optnew = 
  包含以下字段的 struct:
                  Display: 'iter'
               MaxFunEvals: []
                   MaxIter: []
                    TolFun: 1.0000e-08
                      TolX: 1.0000e-04
               FunValCheck: []
                 OutputFcn: []
                   PlotFcns: []
            ActiveConstrTol: []
                  Algorithm: []
      AlwaysHonorConstraints: []
             DerivativeCheck: []
                 Diagnostics: []
               DiffMaxChange: []
               DiffMinChange: []
              FinDiffRelStep: []
                  FinDiffType: []
            GoalsExactAchieve: []
                   GradConstr: []
                      GradObj: []
                      HessFcn: []
                      Hessian: []
                     HessMult: []
                  HessPattern: []
                    HessUpdate: []
              InitBarrierParam: []
           InitTrustRegionRadius: []
                     Jacobian: []
                    JacobMult: []
                 JacobPattern: []
                   LargeScale: []
                     MaxNodes: []
                   MaxPCGIter: []
                MaxProjCGIter: []
                    MaxSQPIter: []
                      MaxTime: []
                MeritFunction: []
                    MinAbsMax: []
            NoStopIfFlatInfeas: []
                ObjectiveLimit: []
          PhaseOneTotalScaling: []
```

```
              Preconditioner: []
            PrecondBandWidth: []
               RelLineSrchBnd: []
       RelLineSrchBndDuration: []
                 ScaleProblem: []
           SubproblemAlgorithm: []
                       TolCon: []
                    TolConSQP: []
                   TolGradCon: []
                       TolPCG: []
                    TolProjCG: []
                 TolProjCGAbs: []
                     TypicalX: []
                   UseParallel: []
```

实例——设置优化选项 3

源文件：yuanwenjian\ch19\yhxx3.m

函数 optimset()使用举例 3。

解：MATLAB 程序如下。

```
>> options = optimset('fminbnd')
```

上面的语句返回 options 优化结构，其中包含所有的参数名及与函数 fminbnd()相关的默认值。结果如下：

```
options = 
包含以下字段的 struct:
          Display: 'notify'
       MaxFunEvals: 500
           MaxIter: 500
            TolFun: []
              TolX: 1.0000e-04
       FunValCheck: 'off'
          ...
```

19.5.3 函数 optimget()

函数 optimget()的功能是获得 options 优化参数，具体的调用格式如下。

1. 调用格式 1

```
val = optimget(options,'param')
```

功能：返回优化参数 options 中指定的参数的值。参数名称忽略大小写。只需用参数开头的字母来定义参数即可。

2. 调用格式 2

```
val = optimget(options,'param',default)
```

功能：若 options 结构参数中没有定义指定参数，则返回默认值。需要注意的是，这种形式的函数主要用于其他优化函数。

设置了参数 options 后可以用上述调用格式完成指定任务。

实例——optimget()使用示例 1

源文件：yuanwenjian\ch19\yhhq1.m
函数 optimget()使用举例 1。
解：MATLAB 程序如下。

```
>> options = optimset('fminbnd');
>> val = optimget(options,'Display')
```

上面的命令行将显示优化参数 options 返回到 options 结构中。结果如下：

```
val =
        'notify'
```

实例——optimget()使用示例 2

源文件：yuanwenjian\ch19\yhhq2.m
函数 optimget()使用举例 2。
解：继续上例，MATLAB 程序如下。

```
>> optnew = optimget(options,'Display','final')
```

上面的命令行返回显示优化参数 options 到 optnew 结构中（就像前面的例子一样），但如果显示参数 Display 没有定义，则返回值 final。结果如下：

```
optnew =
        'notify'
```

19.6 优化算法简介

19.6.1 参数优化问题

参数优化就是求一组设计参数 $x = (x_1, x_2, \cdots, x_n)$，以满足在某种意义下最优。一个简单的情况就是对某依赖于 x 的问题求极大值或极小值。复杂一点的情况是进行优化的目标函数 $f(x)$ 受到以下限定条件的约束。

（1）等式约束条件，如下：

$$c_i(x) = 0, i = 1, 2, \cdots, m_e$$

（2）不等式约束条件，如下：

$$c_i(x) \leqslant 0, i = m_e + 1, \cdots, m$$

（3）参数有界约束。
参数有界约束问题的一般数学模型为

$$\min_{x \in R^n} f(x)$$

约束条件为

$$\begin{cases} c_i(x)=0, i=1,2,\cdots,m_e \\ c_i(x)\leqslant 0, i=m_e+1,\cdots,m \\ lb\leqslant x\leqslant ub \end{cases}$$

式中，x 是变量；$f(x)$ 是目标函数；$c(x)$ 是约束条件向量；lb、ub 分别是变量 x 的下界和上界。

要有效且精确地解决这类问题，不仅依赖于问题的大小，即约束条件和设计变量的数目，而且依赖目标函数和约束条件的性质。当目标函数和约束条件都是变量 x 的线性函数时，这类问题称为线性规划问题。在线性约束条件下，最大化或最小化二次目标函数称为二次规划问题。对于线性规划问题和二次规划问题都能得到可靠的解，而解决非线性规划问题要困难得多，此时的目标函数和限定条件可能是设计变量的非线性函数，非线性规划问题的求解一般是通过求解线性规划、二次规划或者没有约束条件的子问题来解决的。

19.6.2 无约束优化问题

无约束优化问题是在上述数学模型中没有约束条件的情况。无约束最优化是一个十分古老的课题，至少可以追溯到微积分的时代。无约束优化问题在实际应用中也十分常见。

搜索法是对非线性或不连续问题求解的合适方法，当要优化的函数具有连续一阶导数时，梯度法一般来说更为有效，高阶法（如牛顿法）仅适用于目标函数的二阶信息能计算出来的情况。

梯度法使用函数的斜率信息给出搜索的方向。一个简单的方法是沿负梯度方向 $-\nabla f(x)$ 搜索，其中，$\nabla f(x)$ 是目标函数的梯度。当要最小化的函数具有窄长形的谷值时，这一方法的收敛速度极慢。

1. 拟牛顿法

在使用梯度信息的方法中，最为有效的方法是拟牛顿方法（Quasi-Newton Method）。此方法的实质是建立每次迭代的曲率信息，以此来解决如下形式的二次模型问题。

$$\min_{x\in R^n} f(x) = \frac{1}{2}x^T \boldsymbol{H}_x + \boldsymbol{b}^T x + c$$

式中，$\boldsymbol{H}$ 为目标函数的海森矩阵，$\boldsymbol{H}$ 为对称正定；$\boldsymbol{b}$ 为常数向量；c 为常数。这个问题的最优解在 x 的梯度为 0 的位置处，

$$\nabla f(x^*) = \boldsymbol{H}x^* + \boldsymbol{b} = 0$$

从而最优解为

$$x^* = -\boldsymbol{H}^{-1}\boldsymbol{b}$$

对应于拟牛顿法，牛顿法直接计算 $\boldsymbol{H}$，并使用线性搜索策略沿下降方向经过一定次数的迭代后确定最小值，为了得到矩阵 $\boldsymbol{H}$，需要经过大量的计算；拟牛顿法则不同，它通过使用 $f(x)$ 和它的梯度来修正 $\boldsymbol{H}$ 的近似值。

拟牛顿法发展到现在已经出现了很多经典实用的海森矩阵修正方法。Broyden、Fletcher、Goldfarb 和 Shannon 等提出的 BFGS 方法被认为是解决一般问题最为有效的方法，修正公式为

$$H_{k+1} = H_k + \frac{q_k q_k^{\mathrm{T}}}{q_k^{\mathrm{T}} s_k} - \frac{H_k^{\mathrm{T}} s_k^{\mathrm{T}} s_k H_k}{s_k^{\mathrm{T}} H_k s_k}$$

式中，

$$s_k = x_{k+1} - x_k$$
$$q_k = \nabla f(x_{k+1}) - \nabla f(x_k)$$

另外一个比较著名的构造海森矩阵的方法是由 Davidon、Fletcher、Powell 提出的 DFP 方法，这种方法的计算公式为

$$H_{k+1} = H_k + \frac{s_k s_k^{\mathrm{T}}}{s_k^{\mathrm{T}} q_k} - \frac{H_k^{\mathrm{T}} q_k^{\mathrm{T}} q_k H_k}{s_k^{\mathrm{T}} H_k S_k}$$

2．多项式近似

多项式近似方法用于目标函数比较复杂的情况。在这种情况下寻找一个与它近似的函数来代替目标函数，并用近似函数的极小点作为原函数极小点的近似。常用的近似函数为二次多项式和三次多项式。

（1）二次内插。二次内插涉及用数据来满足如下形式的单变量函数问题。

$$f(x) = ax^2 + bx + c$$

式中，步长极值为

$$x^* = \frac{b}{2a}$$

此点可能是最小值或者最大值。当执行内插或 a 为正时是最小值。只要利用 3 个梯度或者函数方程组即可确定系数 a 和 b，从而可以确定 x^*。得到该值以后，进行搜索区间的收缩。

二次内插的一般问题是，在定义域空间给定 3 个点 x_1、x_2、x_3 和它们所对应的函数值 $f(x_1)$、$f(x_2)$、$f(x_3)$，由二阶匹配得出的最小值如下：

$$x^k + 1 = \frac{1}{2} \frac{\beta_{23} f(x_1) + \beta_{13} f(x_2) + \beta_{12} f(x_3)}{\gamma_{23} f(x_1) + \gamma_{31} f(x_2) + \gamma_{12} f(x_3)}$$

式中，

$$\beta_{ij} = x_i^2 - x_j^2$$
$$\gamma_{ij} = x_i - x_j$$

二次插值法的计算速度比黄金分割搜索法快，但是对于一些强烈扭曲或者可能多峰的函数，这种方法的收敛速度会变得很慢，甚至失败。

（2）三次插值。三次插值法需要计算目标函数的导数，优点是计算速度快。同类的方法还有牛顿切线法、对分法、割线法等。优化工具箱中使用比较多的方法是三次插值法。

三次插值的基本思想和二次插值一致，它是用 4 个已知点构造一个三次多项式来逼近目标函数，同时以三次多项式的极小点作为目标函数极小点的近似。一般来讲，三次插值法比二次插值法的收敛速度快，但是每次迭代需要计算两个导数值。

三次插值法的迭代公式为

$$x_{k+1} = x_2 - (x_2 - x_1)\frac{\nabla f(x_2) + \beta_1 - \beta_2}{\nabla f(x_2) - \nabla f(x_1) + 2\beta_2}$$

式中，

$$\beta_1 = \nabla f(x_1) + \nabla f(x_2) - 3\frac{f(x_1) - f(x_2)}{x_1 - x_2}$$

$$\beta_2 = (\beta_1^2 - \nabla f(x_1)\nabla f(x_2))^{\frac{1}{2}}$$

如果导数容易求得，一般来说，首先考虑使用三次插值法，因为它具有较高的效率；在只需计算函数值的方法中，二次插值是一个很好的方法，它的收敛速度较快，在极小点所在的区间较小时尤其如此；黄金分割法是一种十分稳定的方法，并且计算简单。由于上述原因，MATLAB 优化工具箱中较多的使用方法包括二次插值法、三次插值法、二次三次混合插值法和黄金分割法。

19.6.3 拟牛顿法实现

在函数 fminunc()中使用拟牛顿法，算法的实现过程包括两个阶段。
➢ 确定搜索方向。
➢ 进行线性搜索过程。
下面具体讲解这两个阶段。

1. 确定搜索方向

要确定搜索方向首先必须完成对海森矩阵的修正。牛顿法由于需要多次计算海森矩阵，所以计算量很大。拟牛顿法通过构建一个海森矩阵的近似矩阵来避开这个问题。

搜索方向由选择的 BFGS 方法或 DFP 方法来决定，在优化工具箱中，通过将 options 参数 HessUpdate 设置为 BFGS 或 DFP 来确定搜索方向。海森矩阵 H 总是保持正定，使搜索方向总是保持为下降方向。这意味着，对于任意小的步长，在上述搜索方向上，目标函数值总是减小的。只要 H 的初始值为正定并且计算出的 $q_k^T s_k$ 总是正的，则 H 的正定性可以得到保证，并且只要执行足够精度的线性搜索，$q_k^T s_k$ 为正的条件总能得到满足。

2. 一维搜索过程

在优化工具箱中有两种线性搜索方法可以使用，这取决于是否可以得到梯度信息。当可以直接得到梯度值时，默认情况下使用三次多项式方法；当不能直接得到梯度值时，默认情况下采用混合二次和三次插值法。

另外，三次插值法在每一个迭代周期都要计算梯度和函数。

19.6.4 最小二乘优化

前面介绍了函数 fminunc()中使用的是在拟牛顿法中介绍的线性搜索方法，在最小二乘优化程序 lsqnonlin 中也部分地使用这一方法。最小二乘问题的优化描述如下：

$$\min_{x\in R^n} f(x) = \frac{1}{2}\gamma(x)^T\gamma(x)$$

在实际应用中，特别是数据拟合时存在大量这种类型的问题，如非线性参数估计等。控制系统中也经常会遇见这类问题。例如，希望系统输出的 $y(x,t)$ 跟踪某一个连续的期望轨迹，这个问题可以表示为

$$\min \int_{t_1}^{t_2} (y(x,t) - \phi(t))^2 dt$$

将问题离散化得到

$$\min F(x) = \sum_{i=1}^{m} \overline{y}(x,t_i) - \overline{\phi}(t_i)$$

最小二乘问题的梯度和海森矩阵具有特殊的结构，定义 $f(x)$ 的雅可比矩阵，则 $f(x)$ 的梯度和 $f(x)$ 的海森矩阵定义为

$$\nabla f(x) = 2J(x)^T f(x)$$
$$H(x) = 4J(x)^T J(x) + Q(x)$$

式中，

$$Q(x) = \sum_{i=1}^{m} \sqrt{2f_i(x)H_i(x)}$$

1. 高斯-牛顿法

在高斯-牛顿法中，每个迭代周期均会得到搜索方向 d，它是最小二乘问题的一个解。

高斯-牛顿法用于求解如下问题。

$$\min \| J(x_k)d_k - f(x_k) \|$$

当 $Q(x)$ 有意义时，高斯-牛顿法经常会遇到一些问题，而这些问题可以用列文伯格-马夸特法来求解。

2. 列文伯格-马夸特法

列文伯格-马夸特法使用的搜索方向是一组线性等式的解，如下：

$$J(x_k)^T J(x_k) + (\lambda_k I)d_k = -J(x_k)f(x_k)$$

19.6.5 非线性最小二乘实现

1. 高斯-牛顿法实现

高斯-牛顿法是用前面求无约束问题中讨论过的多项式线性搜索策略来实现的。使用雅可比矩阵的 QR 分解，可以避免在求解线性最小二乘问题中等式条件恶化的问题。

高斯-牛顿法中包含一项鲁棒性检测技术，这种技术步长低于限定值或当雅可比矩阵的条件数很小时，将改为使用列文伯格-马夸特法。

2. 列文伯格-马夸特法实现

实现列文伯格-马夸特法的主要困难是在每一次迭代中如何控制 λ 的大小的策略问题，这种控制可以使它对于宽谱问题有效。实现的方法是使用线性预测平方总和与最小函数值的三次插值估计，估计目标函数的相对非线性，用这种方法使 λ 的大小在每一次迭代中都能确定。

列文伯格-马夸特法在大量的非线性问题中成功得到了应用，并被证明比高斯-牛顿法具有更好的鲁棒性，无约束条件方法具有更好的迭代效率。在使用 lsqnonlin()函数时，默认算法是列文伯格-马夸特法；当 options(5)=1 时，使用高斯-牛顿法。

19.6.6 约束优化

在约束最优化问题中，一般方法是先将问题变换为较容易的子问题，然后再求解。前面所述方法的一个特点是可以用约束条件的函数将约束优化问题转换为基本的无约束优化问题，按照这种方法，条件极值问题可以通过参数化无约束优化序列来求解。但这些方法效率不高，目前已经被求解 Kuhn-Tucker 方程的方法所取代。Kuhn-Tucker 方程是条件极值问题的必要条件，如果要解决的问题是所谓的凸规划问题，那么 Kuhn-Tucker 方程有解是极值问题有全局解的充分必要条件。

求解 Kuhn-Tucker 方程是很多非线性规划算法的基础，这些方法试图直接计算拉格朗日乘子。因为在每一次迭代中都要求解一次 QP 子问题，这些方法一般又被称为逐次二次规划方法。

给定一个约束最优化问题，求解的基本思想是基于拉格朗日函数的二次近似求解二次规划子问题。

$$L(x,\lambda) = f(x) + \sum_{i=1}^{m} \lambda_i c_i(x)$$

从而得到二次规划子问题

$$\min \frac{1}{2} d^\mathrm{T} H_k d + \nabla f(x_k)^\mathrm{T} d$$

这个问题可以通过任何求解二次规划问题的算法来解。

使用序列二次规划方法，非线性约束条件的极值问题经常可以比无约束优化问题用更少的迭代得到解。造成这种现象的一个原因是：对于在可变域的限制，考虑搜索方向和步长后，优化算法可以有更好的决策。

19.6.7 SQP 实现

MATLAB 工具箱的 SQP 实现由 3 个部分组成。
- 修正拉格朗日函数的海森矩阵。
- 求解二次规划问题。
- 初始化（线性搜索）。

1. 修正拉格朗日函数的海森矩阵

在每一次迭代中，均进行拉格朗日函数的海森矩阵的正定拟牛顿近似，通过 BFGS 方法进行计算，其中，λ 是拉格朗日乘子的估计。

用 BFGS 公式修正海森矩阵：

$$H_{k+1} = H_k + \frac{q_k q_k^T}{q_k^T s_k} - \frac{H_k^T s_k^T s_k H_k}{s_k^T H_k s_k}$$

式中，

$$s_k = x_{k+1} - x_k$$

$$q_k = \nabla f(x_{k+1}) - \sum_{i=1}^{m} \lambda_i \nabla g_i(x_k+1) - \left(\nabla f(x_k) + \sum_{i=1}^{m} \lambda_i \nabla g_i(x_k) \right)$$

2．求解二次规划问题

在逐次二次规划方法中，每一次迭代都要解一个二次规划问题。

$$\min_{x} \frac{1}{2} x^T H x + f^T x$$

约束条件为

$$A_x \leqslant b$$
$$Aeqx = beq$$

3．初始化

初始化算法要求有一个合适的初始值，如果由逐次二次规划方法得到的当前计算点是不合适的，则通过求解线性规划问题可以得到合适的计算点

$$\min_{\gamma \in R, x \in R^n} \gamma$$

约束条件为

$$Ax = b$$
$$Aeqx - \gamma \leqslant beq$$

如果上述问题存在要求的点，就可以通过将 x 赋值为满足等式条件的值来得到。

19.7　综合实例——建设费用计算

源文件：yuanwenjian\ch19\jsfy.m、objfun0.m、confun0.m

某农场拟修建一批半球壳顶的圆筒形谷仓，计划每座谷仓的容积为 200m³，圆筒半径不得超过 3m，高度不得超过 10m。按照造价分析材料，半球壳顶的建筑造价为 150 元/m²，圆筒仓壁的建筑造价为 120 元/m²，地坪造价为 50 元/m²，试求造价最小的谷仓尺寸应为多少？

解：设谷仓的圆筒半径为 R，壁高为 H，则半球壳的面积为

$$2\pi R^2$$

圆筒壁的面积为

$$2\pi R H$$

地坪面积为

$$\pi R^2$$

每座谷仓的建筑造价为

$$150(2\pi R^2)+120(2\pi RH)+50(\pi R^2)$$

此即为本题的目标函数,根据题意要求,目标函数越小越好,所以,是一个极小值最优化问题。

由于谷仓的容积拟定为 200m³,故有如下限制

$$2\pi R^3/3+\pi R^2 H=200$$

另外,对高度和半径的限制为

$$0<R\leqslant 3$$
$$0<H\leqslant 10$$

至此,可以写出本题的数学模型如下:

$$\min 10\pi R(35R+24H)$$

约束条件为

$$2\pi R^3+3\pi R^2 H=600$$
$$0<R\leqslant 3$$
$$0<H\leqslant 10$$

下面利用 MATLAB 求解上述问题。

【操作步骤】

首先,编制目标函数文件和约束函数文件。

(1) 编制目标函数文件 objfun0.m。

```
function f=objfun0(x)
%这是一个目标函数文件
f=10*pi*x(1)*(35*x(1)+24*x(2));
```

(2) 编制约束函数文件 confun0.m。

```
function [c,ceq]=confun0(x)
%这是一个约束函数文件
c=[ ];
ceq=2*pi*x(1)*x(1)*x(1)+3*pi*x(1)*x(1)*x(2)-600;
```

(3) 在命令行窗口中设置初始参数。

```
>> x0=[3;3];              %初始值
>> ub=[3;10];             %上界约束
>> lb=zeros(2,1);         %下界约束
```

(4) 调用工具箱函数求解。

```
>> [X,FVAL,EXITFLAG,OUTPUT,LAMBDA,GRAD,HESSIAN]=fmincon(@objfun0,x0,[ ],[ ],[ ],
[ ],lb,ub,@confun0)        %以 x0 为初始点,求解多元约束优化问题,没有线性函数和不等式约束
找到满足约束的局部最小值。

优化已完成,因为目标函数沿
可行方向在最优性容差值范围内呈现非递减,
并且在约束容差值范围内满足约束。
```

```
<停止条件详细信息>
X =
    3.0000
    5.0736                        %最优解
FVAL =
    2.1372e+04                    %最优值
EXITFLAG =
    1                             %解满足一阶最优性条件
OUTPUT =
  包含以下字段的 struct:
         iterations: 7
          funcCount: 25
     constrviolation: 1.3642e-12
           stepsize: 3.4971e-07
          algorithm: 'interior-point'
      firstorderopt: 3.1911e-05
       cgiterations: 0
            message: '找到满足约束的局部最小值…'
       bestfeasible: [1×1 struct]
LAMBDA =
  包含以下字段的 struct:
              eqlin: [0×1 double]
           eqnonlin: -26.6667
            ineqlin: [0×1 double]
              lower: [2×1 double]
              upper: [2×1 double]
         ineqnonlin: [0×1 double]   %相应的拉格朗日乘子
GRAD =
   1.0e+04 *
    1.0423
    0.2262                        %目标函数在最优解处的梯度
HESSIAN =
  985.4407  -319.8232
 -319.8232   103.7983              %目标函数在最优解处的海森矩阵
```

由上面的结果，谷仓的尺寸应选为半径 3m、壁高 5.0736m。这种谷仓的造价最小，每座约为 21372 元。

第 20 章 GUI 程序设计

内容简介

图形用户界面（Graphical User Interface，GUI）是指用户与计算机或计算机程序的接触点或交互方式，是用户与计算机进行信息交流的方式。

本章将介绍利用 MATLAB 提供的 App 设计工具设计图形用户界面，并为图形用户界面中的 UI 组件编写行为控制代码的操作方法。

内容要点

- 图形用户界面概述
- 设计图形用户界面
- 组件行为编程

案例效果

20.1 图形用户界面概述

图形用户界面是用户与计算机进行信息交流的方式，计算机在屏幕上显示图形和文本。用户通过输入设备与计算机进行通信，设定了如何观看和感知计算机、操作系统或应用程序。

图形用户界面是由窗口、菜单、图标、光标、按键、对话框和文本等各种图形对象组成的用户界面。

20.1.1 图形用户界面对象

1. 控件

控件是显示数据或接收数据输入的相对独立的图形用户界面元素，常用控件介绍如下。

（1）按钮（Push Button）：按钮是对话框中最常用的控件对象，其特征是在矩形框上加上文字说明。一个按钮代表一种操作，所以有时也称命令按钮。

（2）双位按钮（Toggle Button）：在矩形框上加上文字说明。这种按钮有两个状态，即按下状态和弹起状态，每单击一次其状态将改变一次。

（3）单选按钮（Radio Button）：单选按钮是一个圆圈加上文字说明。它是一种选择性按钮，当被选中时，圆圈的中心有一个实心的黑点；否则，圆圈为空白。在一组单选按钮中，通常只能有一个被选中，如果选中了其中一个，则原来被选中的就不再处于被选中状态，这就像收音机一次只能选中一个电台一样，故称作单选按钮。在有些文献中，也称作无线电按钮或收音机按钮。

（4）复选框（Check Box）：复选框是一个小方框加上文字说明。它的作用和单选按钮相似，也是一组选择项，被选中的项其小方框中有√。与单选按钮不同的是，复选框一次可以选择多项，这也是"复选框"名字的由来。

（5）列表框（List Box）：列表框列出可供选择的一些选项，当选项很多而列表框无法全部列出时，可使用列表框右端的滚动条进行选择。

（6）弹出框（Pop-up Menu）：弹出框平时只显示当前选项，单击其右端的向下箭头即弹出一个列表框，列出全部选项。其作用与列表框类似。

（7）编辑框（Edit Box）：编辑框可供用户输入数据。在编辑框内可提供默认的输入值，随后用户可以进行修改。

（8）滑块（Slider）：滑块可以用图示的方式输入指定范围内的一个数量值。用户可以移动滑动条中间的游标来改变它对应的参数。

（9）静态文本（Static Text）：静态文本是在对话框中显示的说明性文字，一般用于给用户提供必要的提示。因为用户不能在程序执行过程中改变文字说明，所以将其称为静态文本。

2. 菜单

在 Windows 程序中，菜单（Uimenu）是一个必不可少的程序元素。通过使用菜单，可以把对程序的各种操作命令非常规范有效地表示给用户，单击菜单项程序将执行相应的功能。菜单对象是图形窗口的子对象，所以菜单设计总在某一个图形窗口中进行。MATLAB 的各个图形窗口有自己的菜单栏，包括"文件""编辑""查看""插入""工具""桌面""窗口"和"帮助"共 8 个菜单项。

3. 快捷菜单

快捷菜单（Uicontextmenu）是右击某对象时在屏幕上弹出的菜单。这种菜单出现的位置是不固定的，而且总是和某个图形对象相联系。

4. 按钮组

按钮组（Uibuttongroup）是一种容器，用于对图形窗口中的单选按钮和双位按钮集合进行逻辑分组。例如，要分出若干组单选铵钮，在一组单选按钮内部选中一个按钮后不影响在其他组内继续选择。按钮中的所有控件，其控制代码必须写在按钮组的 SelectionChangeFcn() 响应函数中，而不是控件的回调函数中。按钮组会忽略其中控件的原有属性。

5. 面板

面板（Uipanel）对象用于对图形窗口中的控件和坐标轴进行分组，便于用户对一组相关的控件和坐标轴进行管理。面板可以包含各种控件，如按钮、坐标系及其他面板等。面板中的控件与面板之间的位置为相对位置，当移动面板时，这些控件在面板中的位置不改变。

6. 工具栏

通常情况下，工具栏（Uitoolbar）包含的按钮和窗体菜单中的菜单项相对应，以便提供对应用程序的常用功能和命令进行快速访问。

7. 表格

用表格（Uitable）的形式显示数据。

20.1.2 预置的图形用户界面

MATLAB 本身提供了很多种图形用户界面。在 MATLAB 中，图形用户界面提供了体现新的设计分析理念的设计分析工具，以进行某种技术、方法的演示。

1. 单输入单输出控制系统设计环境

在命令行窗口中输入 sisotool，弹出如图 20-1 所示的图形用户界面。

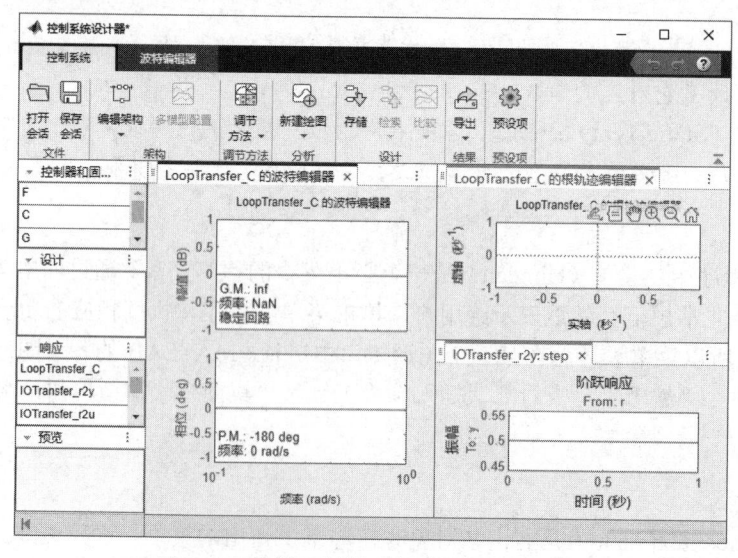

图 20-1　单输入单输出控制系统设计环境

2. 滤波器设计和分析环境

在命令行窗口中输入 filterDesigner，弹出图 20-2 所示的图形用户界面。

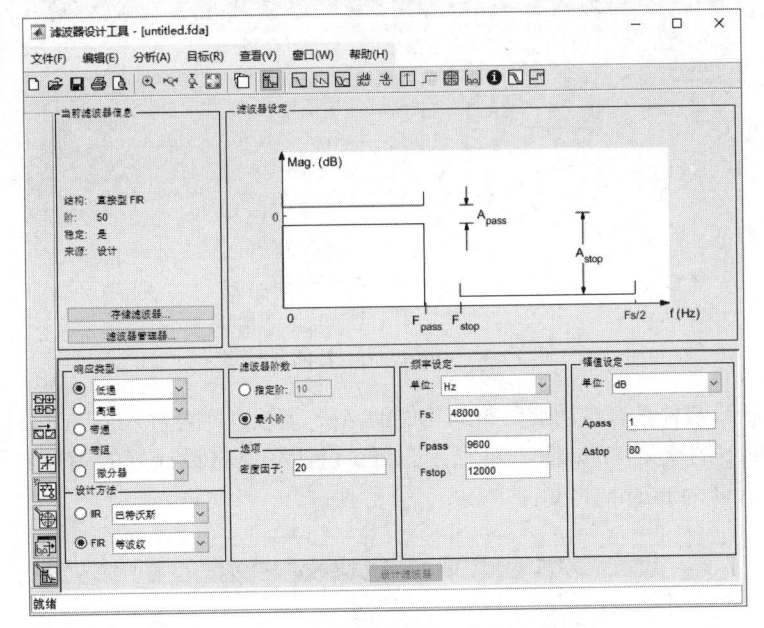

图 20-2　滤波器设计和分析环境

这些工具的出现不仅提高了设计和分析效率，而且改变了原有的设计模式，引出了新的设计思想，改变了和正在改变着人们的设计、分析理念。

20.1.3　启动 App 设计工具

自 R2019b 开始，MathWorks 宣布将在以后的版本中删除原来用于在 MATLAB 中设计图形用户界面的拖放式环境 GUIDE，替换为 App 设计工具。

GUI 应用程序包括界面设计和组件编程两部分，主要步骤如下：

（1）启动 App 设计工具。
（2）在设计画布中拖放组件或直接编写代码进行界面设计。
（3）编写组件行为的相应控制代码（回调函数）。

对于 GUI 应用程序，用户只需通过与界面交互就可以正确执行指定的行为，而无须知道程序是如何执行的。

MATLAB 为 GUI 开发提供了一个方便高效的界面设计集成环境——App 设计工具，将所有 GUI 支持的控件都集成在这个环境中，并提供界面外观、属性和行为响应方式的设置方法。

在 MATLAB 命令行窗口中输入 appdesigner 命令，或在功能区的 App 选项卡中单击"设计 App"按钮，即可打开 App 设计工具的起始页，如图 20-3 所示。

App 设计工具的起始页预置了具有自动调整布局功能的 App 模板，基于模板创建的 App 会根据不同设备的屏幕大小自动对内容调整大小和布局。

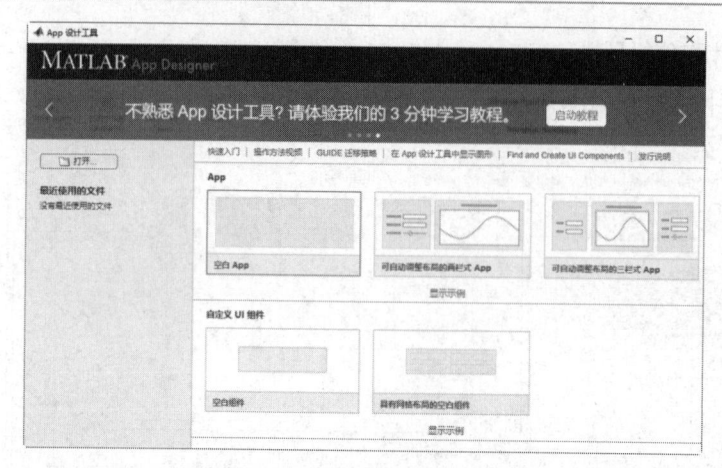

图 20-3　App 设计工具的起始页

选择空白 App 或某种具有自动调整布局功能的 App 模板，即可进入 GUI 编辑界面，自动新建一个名为 app1.mlapp 的新文件，如图 20-4 所示。App 设计工具将设计好的图形界面和事件处理程序保存在一个扩展名为.mlapp 的文件中。

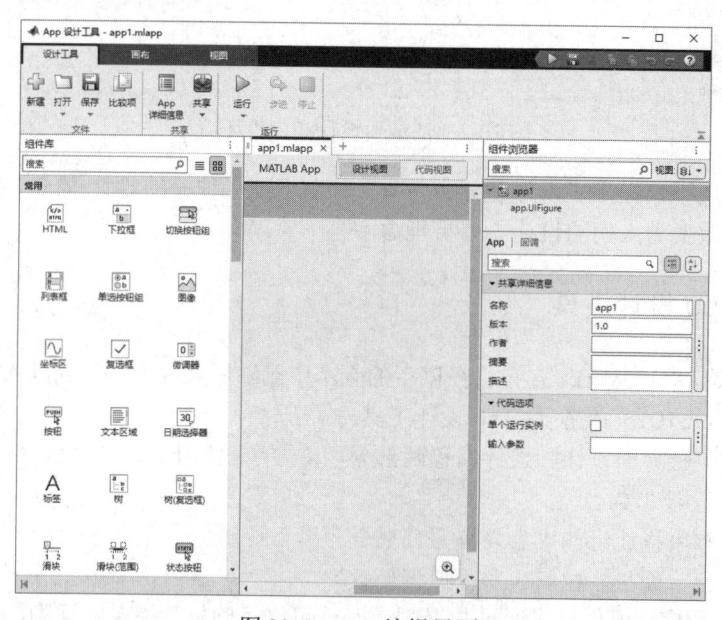

图 20-4　GUI 编辑界面

从图 20-4 中可以看出，App 设计工具是一个功能丰富的开发环境，它提供布局和代码视图、完整集成的 MATLAB 编辑器版本、大量的交互式组件、网格布局管理器和自动调整布局选项，使 App 能够检测和响应屏幕大小的变化。可以直接从 App 设计工具的工具条打包 App 安装程序文件，也可以创建独立的桌面 App 或 Web App（需要 MATLAB Compiler）。

如果要编辑已有的 App 文件，在命令行窗口中输入 appdesigner(filename)命令，其中，filename 为要打开的.mlapp 文件。如果.mlapp 文件不在 MATLAB 搜索路径中，需要指定完整路径。

实例——打开现有应用程序文件

源文件：yuanwenjian\ch20\openapp.m

本实例打开 MATLAB 预置的一个 App 文件。

解：在 MATLAB 命令行窗口中输入如下命令。

```
>> appdesigner("C:\ProgramData\MATLAB\SupportPackages\R2024a\examples\matlab\main\TableDataAppExample.mlapp")
    %通过指定文件的完整路径打开并显示现有的应用程序
```

运行结果如图 20-5 所示。

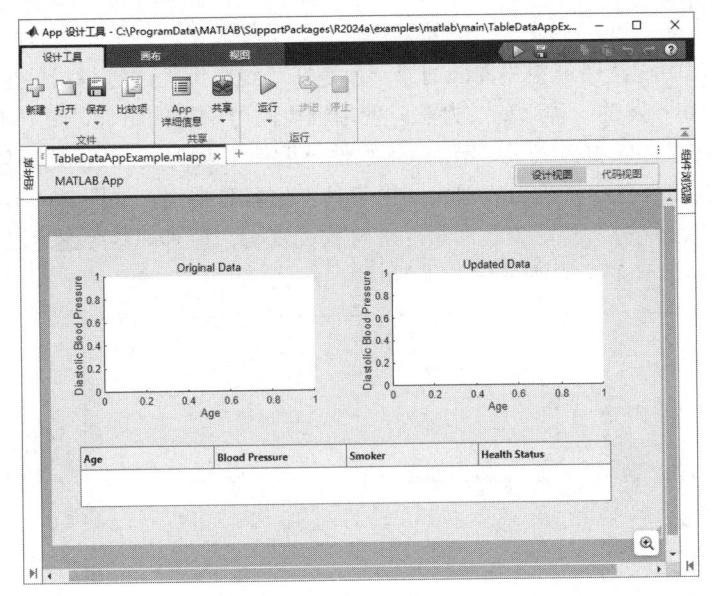

图 20-5 打开现有的应用程序

单击"运行"按钮▷，在设计画布中运行程序，结果如图 20-6 所示。

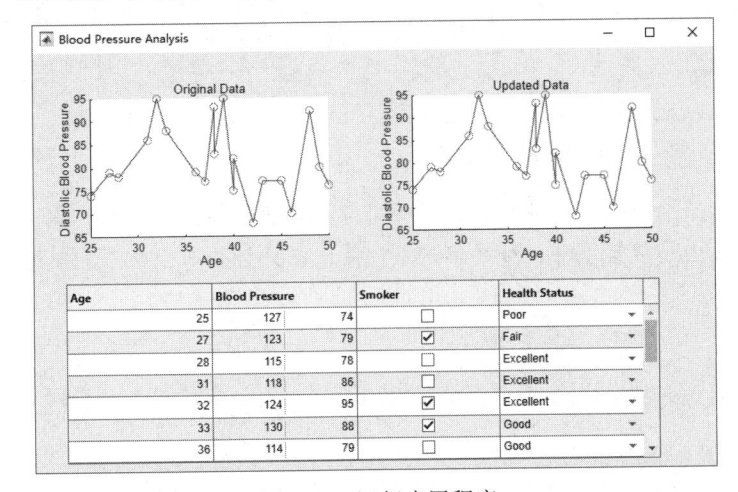

图 20-6 运行应用程序

20.2 设计图形用户界面

App 设计工具中的设计视图提供了丰富的布局工具，用于设计具有专业外观的现代化应用程序。在设计视图中所做的任何更改都会自动反映在代码视图中。因此，用户可以在不编写任何代码的情况下配置 App。本节主要介绍在设计视图中设计图形用户界面的方法。

20.2.1 放置组件

在 App 设计工具中构建图形用户界面的第一步是在"组件库"中选择组件拖动到设计画布上。组件是用于 UI 设计和开发的一种很好的办法，使用较少的可重用的组件，更好地实现一致性。

App 设计工具在组件库中提供了丰富的 UI 组件，组件库默认位于 App 设计工具界面的左侧。组件库的组件分类列出，包含常用、容器、图窗工具、仪器等类别，如图 20-7 所示。

（1）在"搜索"栏中输入需要查找的组件名称或关键词，即可在组件显示区显示符合条件的搜索结果，如图 20-8 所示（以搜索"按钮"为例）。

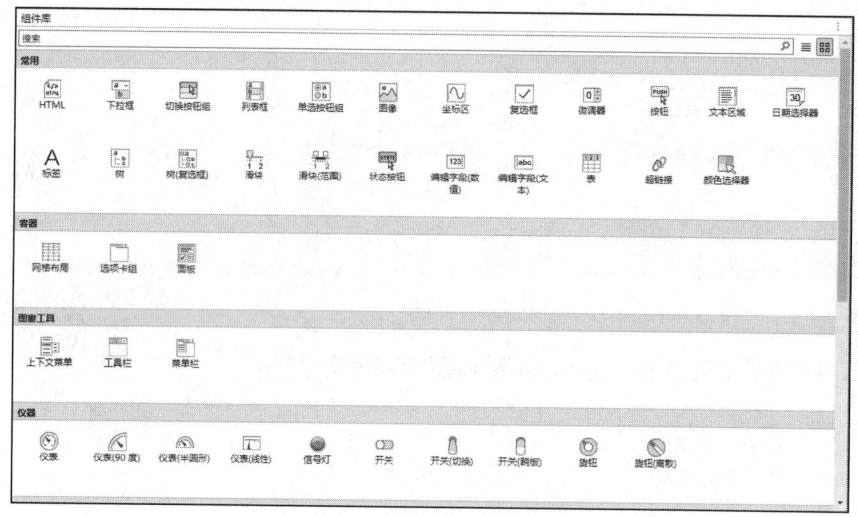

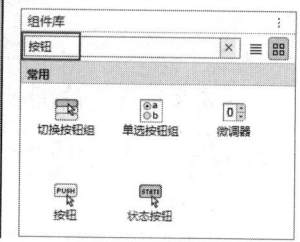

图 20-7　组件库　　　　　　　　　　图 20-8　搜索组件

（2）在"组件库"中单击需要的组件，此时鼠标指针显示为十字准线，在设计画布中单击，即可在指定位置以默认大小放置组件。如果单击组件后，在设计画布上按下左键拖动，可以添加一个指定大小的组件。

📢 注意：

有些组件只能以其默认大小添加到设计画布中。

20.2.2 设置组件属性

将组件添加到设计画布中后，在组件浏览器顶部可以看到添加的组件和组件结构。在设计画布或组件浏览器中单击选中一个组件，可以在组件浏览器中查看、设置该组件的属性，图 20-9 所示为 UIFigure 组件的属性。

不同的组件其属性参数也有所不同，下面简单介绍编辑组件的标签和名称的方法，其他属性操作读者可自行练习。

1．设置组件标签

在设计画布中双击组件或子组件标签，需要编辑的标签边界自动添加蓝色编辑框，名称变为可编辑状态，如图 20-10 所示。在蓝色编辑框内输入标签内容，按 Enter 键即可。

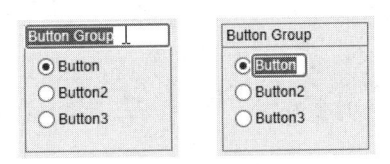

图 20-9　组件浏览器　　　　图 20-10　编辑参数

也可以选中组件后，在组件浏览器中设置组件的 Title 或 Text 属性，修改组件的标签。

设置组件标签后，还可以在组件浏览器中设置标签文本的对齐方式。HorizontalAlignment（水平对齐）用于设置标签文本在水平方向上的对齐方式；Verticalignment（垂直对齐）用于设置标签文本在垂直方向上的对齐方式。

在这里要提请读者注意的是，将某些组件（如滑块）添加到设计画布中时，系统会自动添加一个标签与之组合在一起，但默认情况下，这些标签不会出现在组件浏览器中，如图 20-11 所示。

这种情况下，可以在组件浏览器中的任意位置右击，从弹出快捷菜单中选择"在组件浏览器中包括组件标签"命令（图 20-12），将组件标签添加到列表中，如图 20-13 所示。

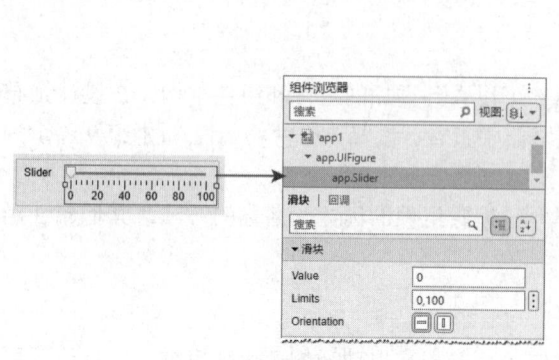

图 20-11 添加滑块组件 　　图 20-12 选择"在组件浏览器中包括组件标签"命令 　　图 20-13 在组件浏览器中显示组件标签

> **提示：**
> 如果不希望组件有标签，可以在将组件拖到设计画布中时按住 Ctrl 键。

如果组件有标签，并且在设计画布或组件浏览器中更改了标签文本，则组件浏览器中组件的名称会更改以匹配该文本，如图 20-14 所示。

2．修改组件名称

（1）在组件目录区域以树形结构显示组件的层次关系，直接双击组件名称"app.组件名"，组件名称变为可编辑状态，即可修改组件名称，如图 20-15 所示。

（2）右击组件目录区域的组件名称"app.组件名"，在弹出的快捷菜单中选择"重命名"命令（图 20-16），即可编辑组件名称。

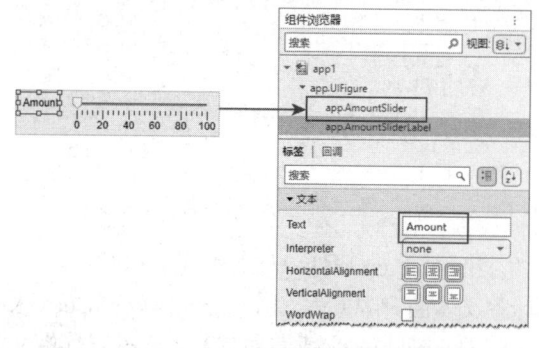

图 20-14 更改组件名称 　　图 20-15 修改组件名称 　　图 20-16 快捷菜单

20.2.3 布局组件

在设计画布中放置组件后，通常还需要调整组件的大小，对组件进行对齐、分布，根据需要还可以将多个组件进行组合。

1. 调整大小

（1）选中单个组件，组件四周显示蓝色编辑框，将鼠标指针放置在编辑框的控制手柄上，鼠标指针变为拉伸图标，如图 20-17 所示。此时按下鼠标左键并拖动，即可沿拖动的方向调整组件的大小。

（2）如果要将多个同类组件调整为等宽或等高，可以用鼠标框选或按 Shift 键选中多个组件，此时激活功能区"画布"选项卡下"排列"选项组中的"相同大小"命令。单击该按钮，在图 20-18 所示的下拉菜单中选择需要的调整命令，即可同时调整选中的多个组件的大小。

图 20-17　调整组件大小　　　　　　图 20-18　调整大小命令

2. 对齐组件

在设计面布中对齐组件有多种方法，下面简单介绍常用的两种。

（1）利用智能参考线。在设计画布中拖动组件时，组件周围会显示橙色的智能参考线。通过多个组件中心的橙色虚线表示它们的中心是对齐的，边缘的橙色实线表示边缘是对齐的。如果组件在其父容器中水平居中或垂直居中，组件上也会显示一条穿过中心的垂直虚线或水平虚线，如图 20-19 所示。

（2）利用对齐工具。使用鼠标框选需要对齐的多个组件，激活功能区"画布"选项卡下"对齐"选项组中的命令，如图 20-20 所示。其中，对齐工具包括 6 个命令，从左至右、从上到下依次为左对齐、居中对齐、右对齐、顶端对齐、中间对齐、底端对齐。多个组件右对齐前、后的效果如图 20-21 所示。

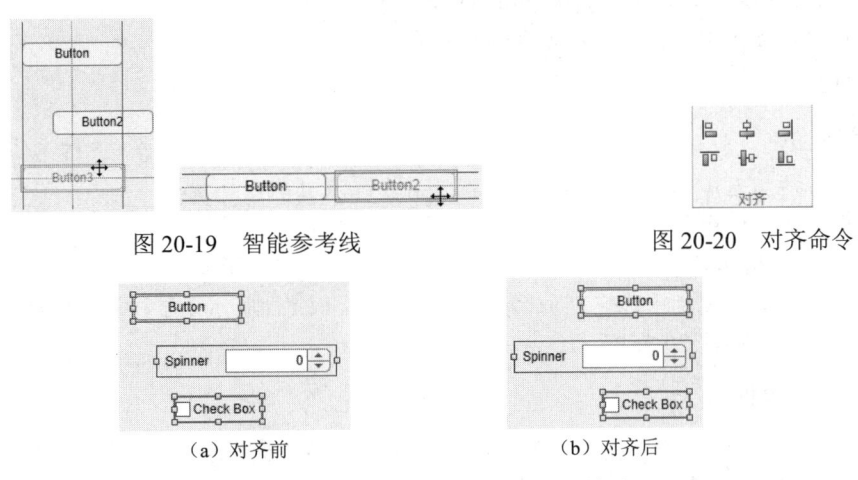

图 20-19　智能参考线　　　　　　图 20-20　对齐命令

（a）对齐前　　　　　　（b）对齐后

图 20-21　多个组件右对齐前、后的效果

3. 均匀分布多个组件

在排列组件时,如果要在水平方向或垂直方向等距分布多个组件,可以选中组件后,在"画布"选项卡下"间距"选项组中单击"水平应用"按钮 或"垂直应用"按钮 ,如图 20-22 所示。除了默许的等距均匀分布,在下拉列表框中选择 20,如图 20-23 所示,可以指定组件之间的间距为 20。

图 20-22 组件垂直方向均匀分布

图 20-23 指定间距为 20

4. 组合

某些情况下,可以将两个或多个组件组合在一起,将它们作为一个单元进行修改。在最后确定组件的相对位置后对其进行分组,在不更改关系的情况下移动组件。

若要将多个组件组合在一起,需要在设计画布中选择组件,激活功能区内"画布"选项卡下"排列"选项组中的"组合"命令,然后在下拉菜单中选择"组合"命令。

"组合"与"取消组合"是一组互逆运算,如图 20-24 所示;执行"组合"或"添加到组"命令,向组合中添加选中的组件;执行"从组中删除"命令,从组合中删除选中组件;"添加到组"与"从组中删除"命令也是一组互逆运算,如图 20-25 所示。

图 20-24 "组合"与"取消组合"

图 20-25 "添加到组"与"从组中删除"

实例——设计公司执勤表界面

源文件:yuanwenjian\ch20\gongsizhiqinbiao.mlapp

本实例在设计视图中设计公司执勤表的界面。

【操作步骤】

1. 放置组件

(1) 在命令行窗口中执行以下命令,打开 App 设计工具的起始页。

```
>> appdesigner
```

(2) 选择空白 App,新建一个 .mlapp 文件,进入 App 设计工具窗口。

(3) 在"组件库"侧栏中选择 1 个标签、1 个按钮、1 个日期选择器和 1 个编辑字段(文本),放置到设计画布中,如图 20-26 所示。

2. 设置组件属性

(1) 在设计画布中单击"标签"组件 Label,或在组件浏览器中单击选中组件 app.Label,在 Text 文本框中修改标签内容,输入"公司执勤表",在 HorizontalAlignment(水平对齐方式)选项组中单击 Center（中心对齐）按钮，在 FontSize（字体大小）文本框中输入字体大小 30，在 FontWeight（字体粗细）选项组中单击"加粗"按钮，在 FontColor（字体颜色）选项组中单击颜色块，弹出"颜色选择"对话框，选择黄色；在 BackgroundColor（背景色）选项组中单击颜色块，弹出"颜色选择"对话框，选择红色，如图 20-27 所示。

（2）选中标签组件，按下鼠标左键并拖动调整位置，利用智能参考线使标签组件在设计画布中水平居中对齐，如图 20-28 所示。

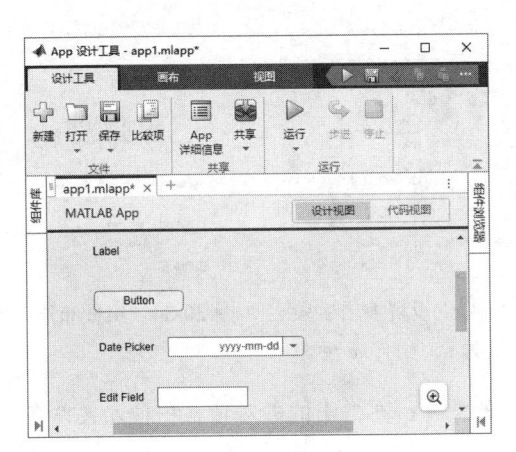

图 20-26　放置组件 　　　　图 20-27　组件属性设置 　　　　图 20-28　标签在画布中水平居中

（2）在设计画布中选中"按钮"组件 Button，在组件浏览器的 Text 文本框中设置按钮标签为"查询"，在 FontSize（字体大小）文本框中输入字体大小 20，在 Icon（图标）选项组中单击"浏览"按钮，弹出"打开图像文件"对话框，选择搜索路径下的 chaxunt.jpg 文件。单击"打开"按钮，即可在按钮组件上插入图标，如图 20-29 所示。在 IconAlignment（图标对齐方式）选项组中选择 right（右侧）选项，使图标显示在按钮标签右侧，如图 20-30 所示。

图 20-29　设置按钮组件的图标 　　　　图 20-30　设置图标右对齐的效果

（3）在设计画布中选中"日期选择器"组件 Date Picker，在组件浏览器中将"标签"文本修改为"执勤日期"。然后单击 Value（值）选项右侧的下拉按钮，在弹出的下拉列表中选择要查询的执勤日期，如图 20-31 所示。在 FontSize（字体大小）文本框中输入字体大小 20，在 FontWeight（字体粗细）选项组中单击"加粗"按钮，如图 20-32 所示。

（4）在设计画布中选中"编辑字段（文本）"组件 Edit Field，然后在组件浏览器的"标签"文本框中修改标签文本为"执勤人员"，在 FontSize（字体大小）文本框中输入字体大小 20，在 FontWeight（字体粗细）选项组中单击"加粗"按钮 B ，如图 20-33 所示。

（5）调整按钮组件和编辑字段（文本）组件的位置，然后框选除标签组件外的三个组件，在"画布"选项卡中依次单击"左对齐"按钮 和"垂直应用"按钮 垂直应用 ，组件布局效果如图 20-34 所示。

图 20-31　选择日期　　　图 20-32　组件属性设置效果　　　图 20-33　设置编辑字段（文本）组件属性　　　图 20-34　组件布局效果

（6）单击"保存"按钮 ，系统生成以 .mlapp 为后缀的文件，在弹出的对话框中输入文件名称 gongsizhiqinbiao.mlapp，完成文件的保存，如图 20-35 所示。

图 20-35　设计画布编辑结果

20.3 组件行为编程

设计好图形用户界面后，就可以编写 GUI 中各种组件的行为控制代码，这通常在"代码视图"中完成。"代码视图"不但提供了 MATLAB 编辑器中的大多数编程功能，还可以浏览代码，避免许多烦琐的任务。

20.3.1 代码视图编辑环境

单击设计画布顶部的"代码视图"按钮，即可进入代码视图编辑环境，在左侧显示"代码浏览器"侧栏与"App 的布局"侧栏，中间为代码编辑器，右侧显示组件浏览器，如图 20-36 所示。

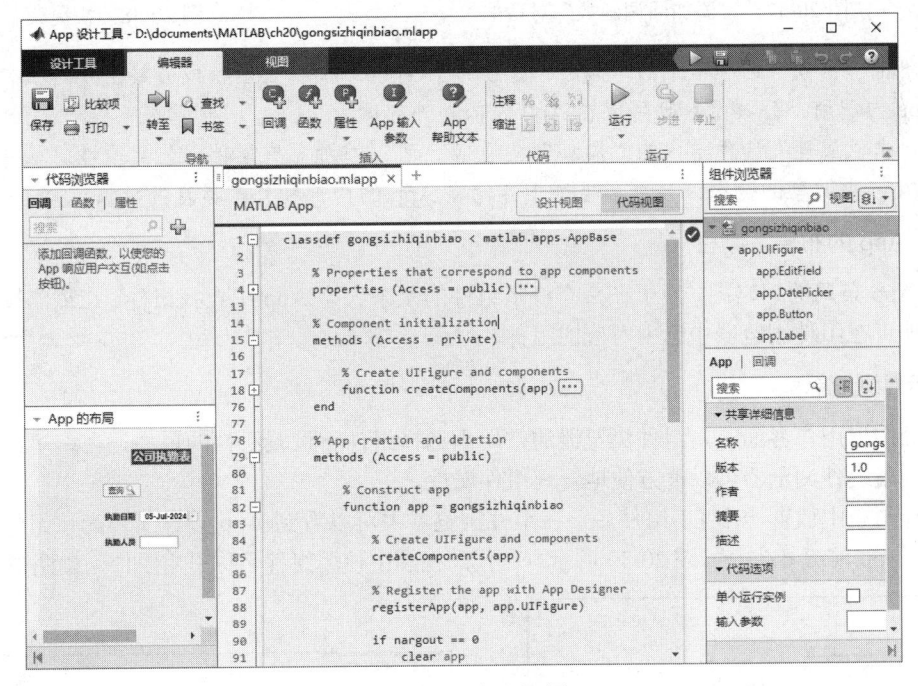

图 20-36　代码视图

1．"代码浏览器"侧栏

"代码浏览器"包括三个选项卡：回调、函数和属性，使用这些选项卡可以添加、删除或重命名 App 中的任何回调、辅助函数或自定义属性。

"回调"表示用户与应用程序中的 UI 组件交互时执行的函数；"函数"表示 MATLAB 中执行操作的辅助函数；"属性"表示存储数据并在回调和函数之间共享数据的变量，使用前缀 app.指定属性名称来访问属性值。

（1）单击"回调"或"函数"选项卡下的某个项目，编辑器将自动滚动到代码中的对应部分。通过将回调拖放到列表中的新位置，可重新排列回调的顺序。

（2）如果要搜索回调，可以在搜索栏中输入部分名称，然后单击搜索结果，编辑器将滚动到该回调的定义。如果更改了某个回调的名称，App设计工具会自动更新代码中对该回调的所有引用。

（3）单击"回调"选项卡中的"添加"按钮➕，弹出图20-37所示的"添加回调函数"对话框，以选择在组件或UI图形中添加回调函数。右击回调函数，利用图20-38所示的快捷菜单可以删除或重命名选中的回调、在光标处插入指定的回调，或将光标自动定位到代码中该回调的位置。

图20-37　"添加回调函数"对话框

图20-38　快捷菜单

（5）单击"函数"选项卡中的"添加"按钮➕，可以添加私有函数或公共函数。私有函数只能在当前App内调用，公共函数则可以在App内部和外部调用。

（4）单击"属性"选项卡中的"添加"按钮➕，可以添加私有属性或公共属性。私有属性用于存储仅在App中共享的数据，公共属性用于存储在App的内部和外部共享的数据。

2．"App的布局"侧栏

显示App布局的缩略图，便于在具有许多组件的复杂大型App中查找组件。在缩略图中单击某个组件，即可在组件浏览器中选中对应的组件。

3．组件浏览器

在设计图形用户界面时，组件浏览器通常用于选择组件、设置组件的属性。在编写组件的行为代码时，利用组件浏览器可以很方便地管理组件属性。

在设计画布中放置一个UI组件后，在组件浏览器中可以看到App设计工具为该组件指定的默认名称，以app.前缀开头，如图20-39所示。在代码视图中使用组件名称引用组件，如图20-40所示。

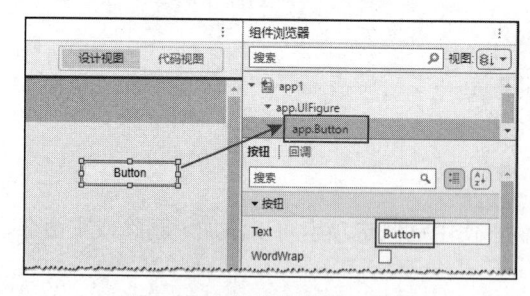

图20-39　指定组件默认名称

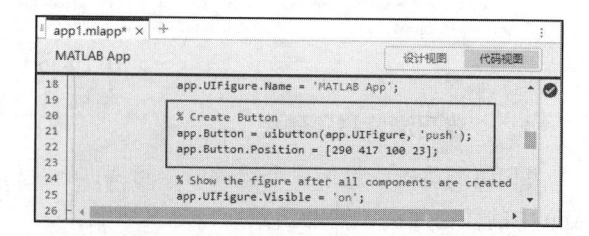

图20-40　使用组件名称引用组件

如果在组件浏览器中更改了组件名称，App设计工具会自动更新对该组件的所有引用，如图20-41所示。

同样的，在组件浏览器中修改组件的其他属性，在代码编辑器中会自动更新相应的代码。

图 20-41　更改组件名称

20.3.2　管理回调

回调是用户与应用程序中的 UI 组件交互时执行的函数，大多数组件至少可以有一个回调。但是，某些组件（如标签）没有回调，只显示信息。

选中一个组件，在组件浏览器的"回调"选项卡中可以查看该组件受支持的回调属性列表，如图 20-42 所示。

回调属性右侧的文本字段显示对应的回调函数的名称。如果没有添加相应的回调函数，则显示为空。如果有多个 UI 组件需要执行相同的代码，可以从中选择一个现有回调。

1．添加回调

如果要为选中的组件添加回调，有以下两种常用的方法。

（1）在组件浏览器的"回调"选项卡中，单击回调属性右侧的下拉列表框按钮，然后在弹出的列表中选择"<添加（回调属性）回调>"命令，如图 20-43 所示。

（2）在设计画布或组件浏览器中右击要添加回调的组件，从弹出的快捷菜单中选择"回调"→"添加（回调属性）回调"命令，如图 20-44 所示。

为组件添加回调后，在代码视图中会自动添加相应的函数，如图 20-45 所示。

图 20-42　"回调"选项卡

图 20-43　添加回调方法 1

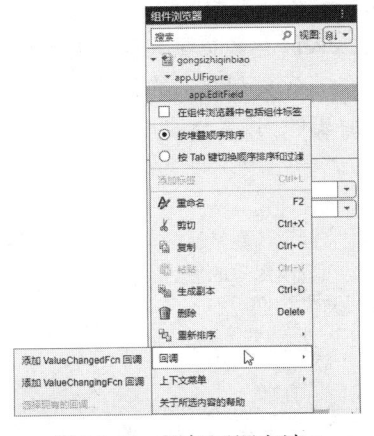

图 20-44　添加回调方法 2

图 20-45　添加回调

2. 删除回调

在 App 设计工具中删除回调有以下两种常用的方法。

（1）在代码浏览器的"回调"选项卡中右击回调函数名称，从弹出的快捷菜单中选择"删除"命令，如图 20-46 所示，即可在代码中删除指定的回调。

（2）在组件浏览器的"回调"选项卡中，单击回调属性右侧的下拉列表框按钮，从弹出的下拉列表中选择"<没有回调>"选项，如图 20-47 所示，即可删除指定组件的回调，但回调的代码并不会从代码中删除。

图 20-46　删除回调 1 　　　　　图 20-47　删除回调 2

提示：

> 如果从 App 中删除组件，仅当关联的回调未被编辑且未与其他组件共享时，App 设计工具才会删除关联的回调。

20.3.3　回调参数

App 设计工具中的所有回调在函数签名中均包括以下输入参数。

（1）app：App 对象，使用此对象访问 App 中的 UI 组件以及存储为属性的其他变量。可以使用圆点语法访问任何回调中的任何组件（以及特定于组件的所有属性），如 app.Component.Property，若定义仪表的名称为 PressureGauge，app.PressureGauge.Value=50;表示将仪表的 Value 属性设置为 50。

（2）event：包含有关用户与 UI 组件交互的特定信息的对象。event 参数提供具有不同属性的对象，具体取决于正在执行的特定回调。对象属性包含与回调响应的交互类型相关的信息。例如，滑块的 ValueChangingFcn 回调中的 event 参数包含一个名为 Value 的属性。该属性在用户移动滑块（释放鼠标之前）时存储滑块值。

以下是一个滑块回调函数，表示使用 event 参数使仪表跟踪滑块的值。

```
function SliderValueChanged(app, event)      %定义回调函数
    latestvalue = event.Value;               %定义滑动组件的值
    app.PressureGauge.Value = latestvalue;   %更新滑块值
end
%改变 Switch 组件的值
    function SwitchValueChanged(app, event)
        value = app.Switch.Value;            %获取 Switch 组件当前的值
```

```
            app.Lamp.Value = value;              %设置 Lamp 组件的值
        end
```

20.3.4 辅助函数

辅助函数是 MATLAB 在应用程序中定义的函数，以便在代码中的不同位置调用。辅助函数包含两种类型：私有函数和公共函数。私有函数通常用于单窗口应用程序，而公共函数通常用于多窗口应用程序。

在代码视图中添加辅助函数有以下两种常用的方法。

（1）在代码浏览器的"函数"选项卡中单击"添加"按钮➕，添加私有函数或公共函数，如图 20-48 所示。私有函数只能在 App 中调用，公共函数可以在 App 的内部和外部调用。

（2）在功能区的"编辑器"选项卡中单击"函数"按钮，展开下拉菜单，如图 20-49 所示，选择私有函数或公共函数。

图 20-48　选择函数 　　　　　　　　　　　图 20-49　下拉菜单

添加辅助函数后，代码中会自动添加一个模板函数，Access 参数指定函数为私有函数（private）或公共函数（public），如图 20-50 所示。用户可以根据需要修改函数名称及其参数，并在函数体中编写实现某一操作的代码。

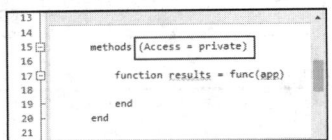

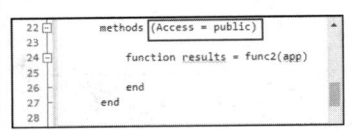

图 20-50　创建模板函数

在代码浏览器的"函数"选项卡中双击函数名称，可以修改函数名称。

实例——旋转 MATLAB 启动界面

源文件：yuanwenjian\ch20\Start.mlapp、Start.fig
本实例演示 MATLAB 启动界面的旋转效果。

【操作步骤】

1．布置界面

（1）在命令行窗口中输入以下命令。

```
>> appdesigner
```

弹出 App 设计工具的起始页，在 App 模板列表中单击"空白 App"，进入 GUI 图形窗口，进行界面设计。

(2)在组件库中,将按钮组件拖放到设计画布中,如图 20-51 所示。

(3)在设计画布中选中按钮组件,将 Text 属性修改为"显示启动界面",如图 20-52 所示。

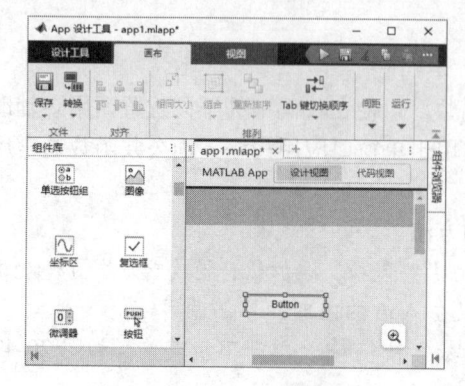

图 20-51　创建普通按钮控件

图 20-52　按钮控件属性设置

(4)在功能区单击"保存"按钮,将 App 保存为 Start.mlapp。

2. 编写程序

在设计画布中右击按钮组件,从弹出的快捷菜单中选择"回调"→"添加 ButtonPushedFcn 回调"命令,如图 20-53 所示,即可自动切换到图形界面的代码视图,并添加回调函数的相应代码,如图 20-54 所示。

图 20-53　为按钮添加回调函数

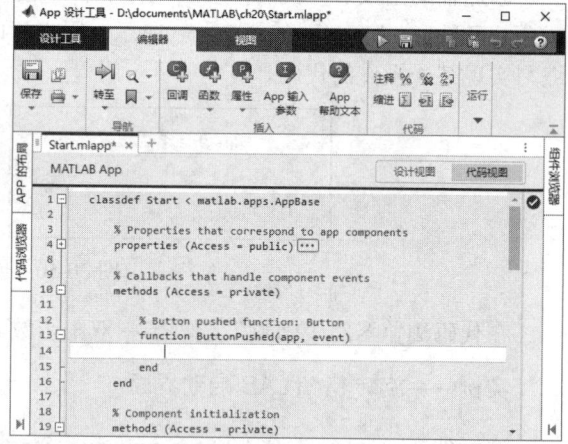

图 20-54　代码视图

在图 20-54 所示的回调函数程序中添加以下程序。

```
[bpath,bname,index]=uigetfile('*.jpg',"选中 MATLAB 启动界面")  %选择启动界面图片
if index
    tp=[bname bpath];
    I=imread(tp);                                           %将该图片读取的数据保存到矩阵 I 中
    imshow(I); title('MATLAB 2024 启动');                   %显示启动图片
%创建启动动画
```

```
M=moviein(20);                          %建立一个 20 列的大矩阵
for i=1:20
    view(10*(i-1),20)                   %改变视点
    M(:,i)=getframe;                    %将图形保存到 M 矩阵
end
movie(M,3)                              %播放画面 3 次
end
```

3. 程序运行

保存文件后，在功能区单击"保存并运行当前 App"按钮▷，显示如图 20-55 所示的运行界面。

单击"显示启动界面"按钮，弹出"选中 MATLAB 启动界面"对话框，选择要显示的图片 2024.jpg，如图 20-56 所示；单击"打开"按钮，即可打开一个图窗，显示图 20-57 所示的启动界面旋转动画。

图 20-55　显示运行界面 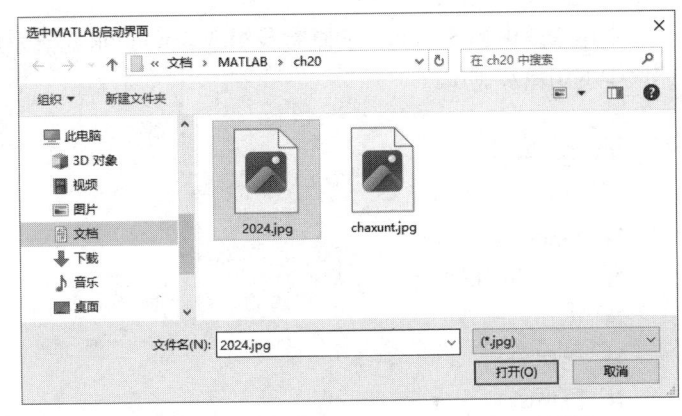　　　　　　　图 20-56　"选中 MATLAB 启动界面"对话框

图 20-57　程序运行结果

第 21 章　Simulink 仿真设计

内容简介

　　Simulink 是 MATLAB 的重要组成部分，可以非常容易地实现可视化建模，并把理论研究和工程实践有机地结合在一起，不需要书写大量的程序，只需使用鼠标对已有模块进行简单的操作，以及使用键盘设置模块的属性。

　　本章着重讲解 Simulink 的概念及组成、Simulink 搭建系统模型的模块及参数设置，以及 Simulink 环境中的仿真及调试。

内容要点

- Simulink 简介
- Simulink 模块库
- 模块的创建
- 仿真分析
- 回调函数
- 综合实例——轴系扭转振动仿真

案例效果

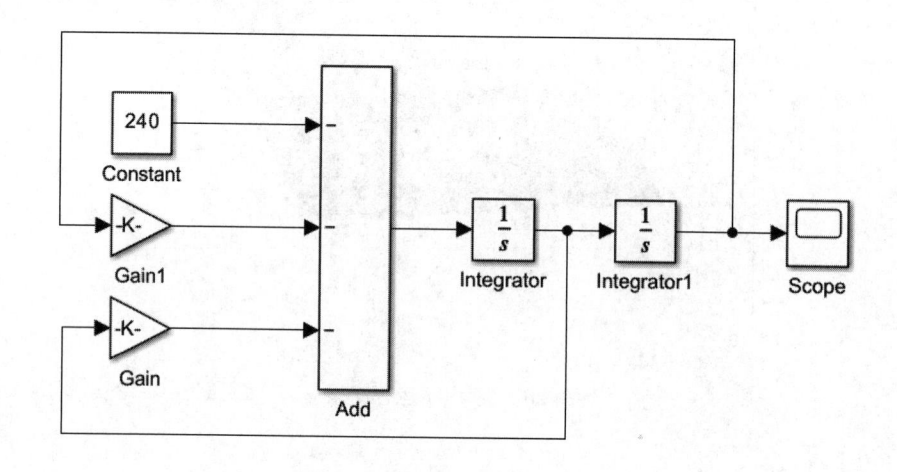

21.1　Simulink 简介

Simulink 是 MATLAB 软件的扩展，它提供了集动态系统建模、仿真和综合分析于一体的图形用户环境，是实现动态系统建模和仿真的一个软件包。它与 MATLAB 的主要区别在于，其与用户的交互接口基于 Windows 的模型化图形输入，其结果是用户可以把更多的精力投入到系统模型的构建，而非语言的编程上。

Simulink 提供了大量的系统模块，包括信号、运算、显示和系统等多方面的功能，可以创建各种类型的仿真系统，实现丰富的仿真功能。用户也可以定义自己的模块，进一步扩展模型的范围和功能，以满足不同的需求。为了创建大型系统，Simulink 提供了系统分层排列的功能，类似于系统的设计，在 Simulink 中可以将系统分为从高级到低级的几个层次，每层又可以细分为几个部分，每层系统构建完成后，将各层连接起来构成一个完整的系统。模型创建完成之后，可以启动系统的仿真功能分析系统的动态特性，Simulink 内置的分析工具包括各种仿真算法、系统线性化、寻求平衡点等，仿真结果可以以图形的方式显示在示波器窗口，以便于用户观察系统的输出结果；Simulink 也可以将输出结果以变量的形式保存起来，并输入 MATLAB 工作空间中以完成进一步的分析。

Simulink 可以支持多采样频率系统，即不同的系统能够以不同的采样频率进行组合，可以仿真较大、较复杂的系统。

1. 图形化模型与数学模型间的关系

现实中每个系统都有输入、输出和状态 3 个基本要素，它们之间随时间变化的数学函数关系即数学模型。图形化模型也体现了输入、输出和状态随时间变化的某种关系，如图 21-1 所示。只要这两种关系在数学上是等价的，就可以用图形化模型代替数学模型。

图 21-1　模块的图形化表示

2. 图形化模型的仿真过程

Simulink 的仿真过程包括以下几个阶段。

（1）模型编译阶段。Simulink 引擎调用模型编译器，将模型翻译成可执行文件。其中编译器主要完成以下任务。

- ➤ 计算模块参数的表达式，以确定它们的值。
- ➤ 确定信号属性（如名称、数据类型等）。
- ➤ 传递信号属性，以确定未定义信号的属性。
- ➤ 优化模块。
- ➤ 展开模型的继承关系（如子系统）。
- ➤ 确定模块运行的优先级。
- ➤ 确定模块的采样时间。

（2）连接阶段。Simulink 引擎按执行次序创建运行列表，初始化每个模块的运行信息。

（3）仿真阶段。Simulink 引擎从仿真的开始到结束，在每一个采样点按运行列表计算各模块的状态和输出。该阶段又分成以下两个子阶段。

> 初始化阶段：该阶段只运行一次，用于初始化系统的状态和输出。
> 迭代阶段：该阶段在定义的时间段内按采样点间的步长重复运行，并将每次的运算结果用于更新模型。在仿真结束时获得最终的输入、输出和状态值。

21.1.1 Simulink 模型的特点

Simulink 建立的模型具有以下 3 个特点。
（1）仿真结果的可视化。
（2）模型的层次性。
（3）可封装子系统。

实例——演示模型仿真

本实例演示 Simulink 仿真模型的操作。

【操作步骤】

（1）通过在"主页"选项卡中选择"新建"→"Simulink 模型"命令，或直接单击 Simulink 按钮，打开图 21-2 所示的 Simulink 起始页。

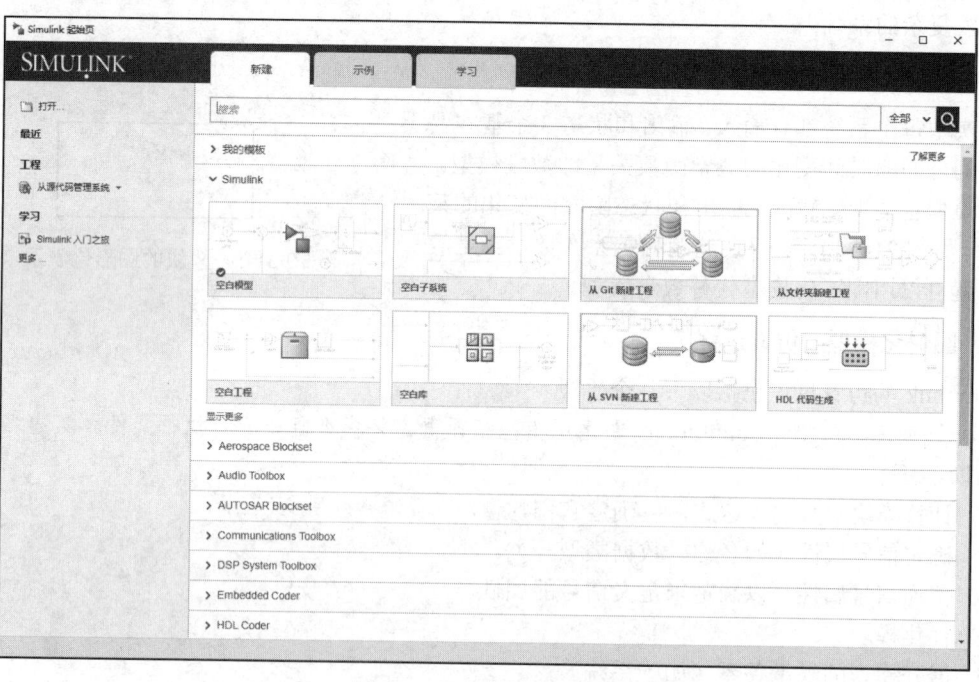

图 21-2　Simulink 起始页

（2）单击"示例"选项卡，选择 Simulink→"单液压缸仿真"，即可打开模型文件 sldemo_hydcyl.slx，如图 21-3 所示。

（3）单击"运行"按钮，可以看到图 21-4 所示的仿真结果。

（4）双击模型图标中的 control valve orifice area（控制阀孔口面积）模块，即可显示图 21-5 所示的子系统模块。

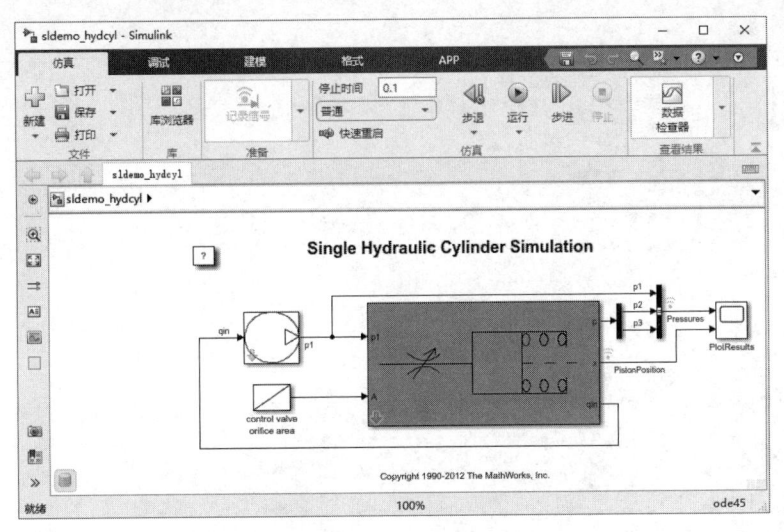

图 21-3　示例模型

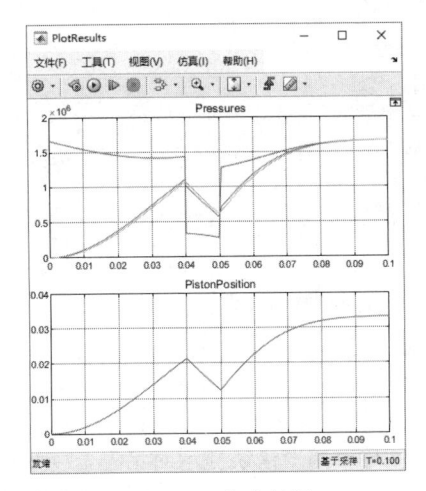

图 21-4　仿真结果

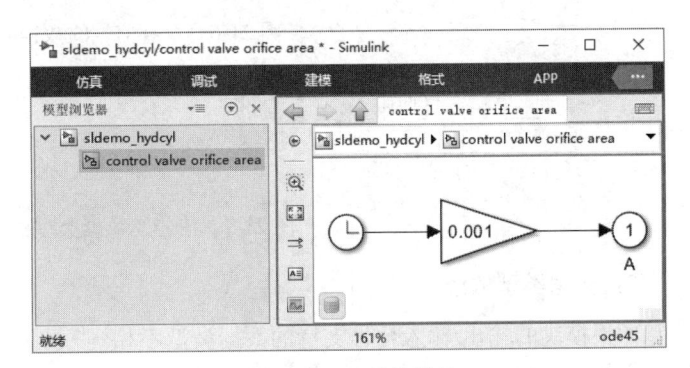

图 21-5　子系统模块

21.1.2　Simulink 的数据类型

Simulink 在仿真开始之前和运行过程中会自动确认模型的类型安全性，以保证该模型产生的代码不会出现上溢或下溢。

1．Simulink 支持的数据类型

Simulink 支持所有的 MATLAB 内置数据类型，除此之外，Simulink 还支持布尔类型。绝大多数模块都默认为 double 类型的数据，但有些模块需要布尔类型和复数类型等。

在 Simulink 模型窗口中右击，在弹出的快捷菜单中选择"其他显示"→"信号和端口"→"端

口数据类型"命令（图 21-6），查看信号的数据类型和模块输入/输出端口的数据类型，如图 21-7 所示。

图 21-6　查看信号的数据类型

（a）执行命令前　　　　　　　　　（b）执行命令后

图 21-7　信号的数据类型的显示

2．数据类型的统一

如果模块的输出/输入信号支持的数据类型不相同，则在仿真时会弹出错误提示对话框，告知出现冲突的信号和端口。此时可以尝试在冲突的模块间插入 DataTypeConversion（数据类型转换）模块来解决类型冲突。

实例——信号冲突

源文件：yuanwenjian\ch21\xinhaochongtu.slx
本实例演示解决信号冲突的方法。

【操作步骤】

（1）在图 21-8 所示的示例模型中，当 Constant（常数）模块的输出信号类型设置为 boolean 类型时，由于连续信号积分器只接收 double 类型信号，所以弹出错误提示框。

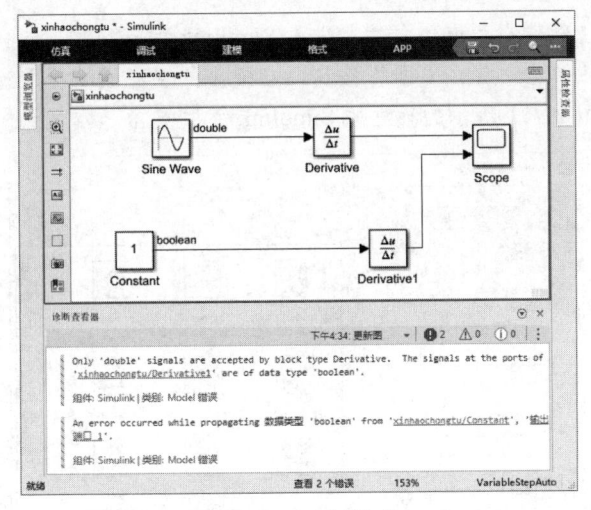

图 21-8　示例模型

（2）在"仿真"选项卡单击"库浏览器"按钮，打开 Simulink 库浏览器，搜索 DataTypeConversion（数据类型转换）模块，并拖放到示例模型中，将其输出改成 double 类型，如图 21-9 所示。

（3）双击模型文件中的 Scope（示波器）模型，即可打开示波器，显示运行结果，如图 21-10 所示。

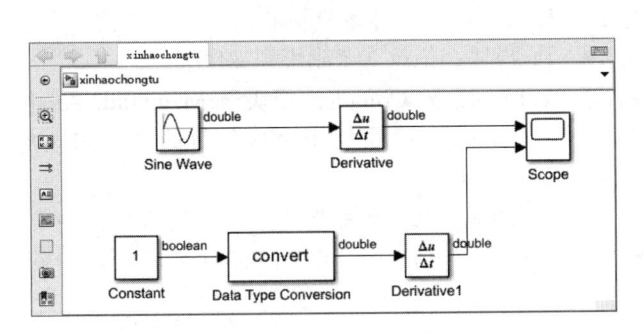

图 21-9　修改后的示例

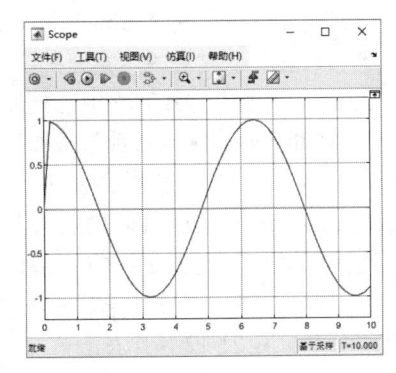

图 21-10　运行结果

3. 复数类型

Simulink 默认的信号值都是实数，但在实际问题中有时需要处理复数信号。在 Simulink 中通常用 Real-Imag to Complex 模块和 Magnitude-Angle to Complex 模块来建立处理复数信号的模型。

实例——输出复数

源文件：yuanwenjian\ch21\fushu.slx
本实例创建输出复数的仿真模型。

【操作步骤】

（1）创建模型文件。在 MATLAB "主页"选项卡中单击 Simulink 按钮，打开 Simulink 起始页。

单击"空白模型"按钮，创建空白模块文件，进入 Simulink 编辑环境。

（2）打开库浏览器。单击"库浏览器"按钮，在弹出的"库浏览器"窗口中单击"启动独立的库浏览器"按钮，弹出图 21-11 所示的独立的 Simulink 库浏览器。

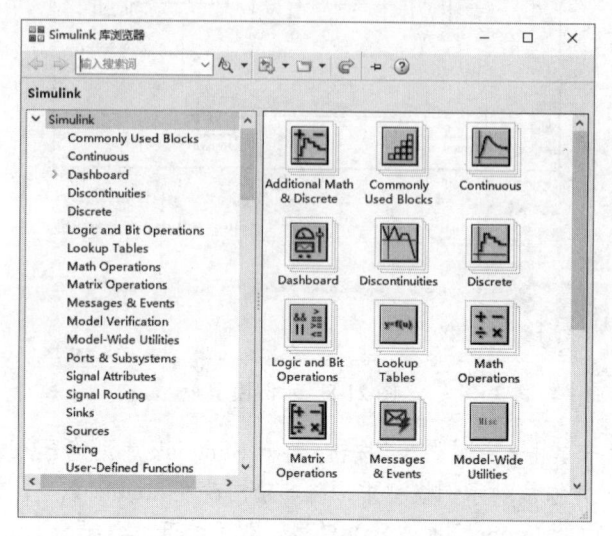

图 21-11　独立的 Simulink 库浏览器

（3）放置模块。选择 Simulink（仿真）→Sources（资源）库，在模型中加入 3 个 Constant（常数）模块，将 3 个模块的参数分别设置为复数 1+3i、5 和 2，并显示模块名称。

在 Sinks（输出方式）库中选择 Display（显示）模块，拖放 3 个到模型文件中。

在 Math Operations（数学操作符）库中将 Real-Imag to Complex 模块和 Magnitude-Angle to Complex 模块拖放到模型文件中。Real-Imag to Complex 模块用于生成复数的实部和虚部；Magnitude-Angle to Complex 模块用于生成复数的幅值和辐角。

连接模型，分别生成复数的虚部和实部、幅值和辐角，联合生成复数。

（4）仿真分析。单击工具栏中的"运行"按钮▶，运行结束后，在 Display（显示）模块中显示输出结果，如图 21-12 所示。

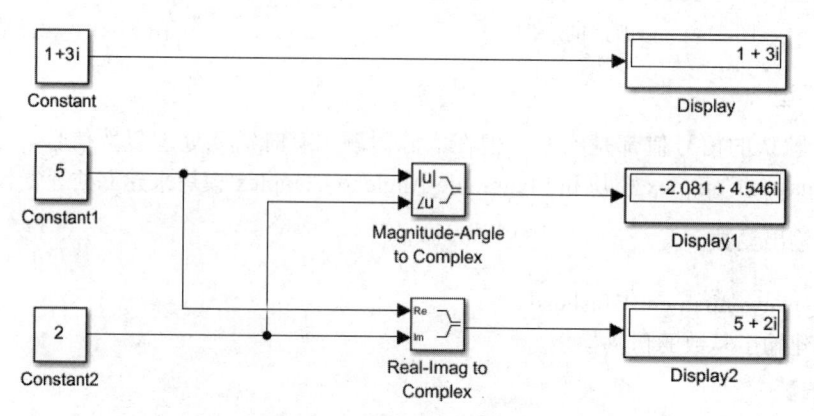

图 21-12　复数信号模型

21.2 Simulink 模块库

Simulink 模块库提供了各种基本模块，它按应用领域以及功能组成若干子库，大量封装子系统模块并按照功能分门别类地存储，以方便查找，每一类即为一个模块库。图 21-11 所示的 Simulink 库浏览器按树状结构显示，以方便查找模块。本节介绍 Simulink 常用子库中常用模块的功能。

21.2.1 常用模块子库

1. Commonly Used Blocks 子库（常用模块子库）

单击 Simulink 库浏览器中的 Commonly Used Blocks，即可打开常用模块子库，如图 21-13 所示。常用模块子库中各模块的功能见表 21-1。

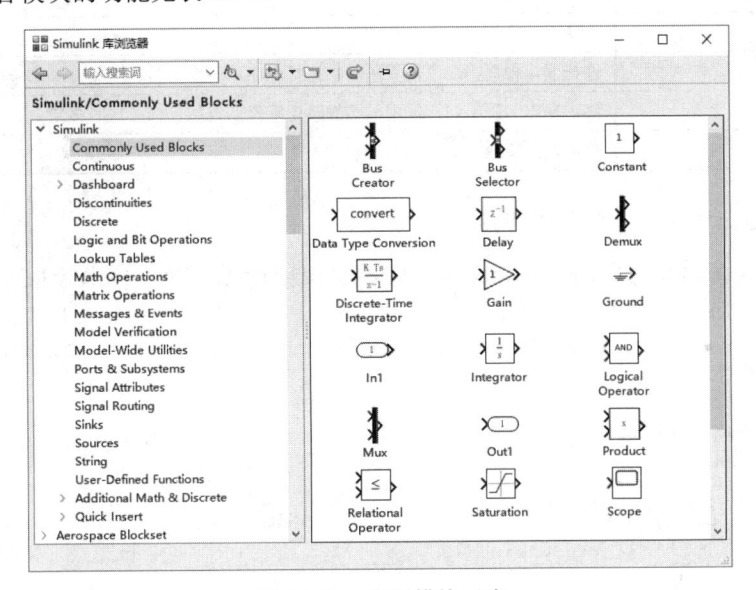

图 21-13 常用模块子库

表 21-1 常用模块子库中各模块的功能

模 块 名	功 能
Bus Creator	将输入信号合并成向量信号
Bus Selector	将输入向量分解成多个信号，输入只接收从 Mux 和 Bus Creator 输出的信号
Constant	输出常量信号
Data Type Conversion	数据类型的转换
Delay	延迟输入信号
Demux	将输入向量转换成标量或更小的标量
Discrete-Time Integrator	离散积分器模块

续表

模 块 名	功 能
Gain	增益模块
In1	输入模块
Integrator	连续积分器模块
Logical Operator	逻辑运算模块
Mux	将输入的向量、标量或矩阵信号进行合成
Out1	输出模块
Product	乘法器，执行标量、向量或矩阵的乘法
Relational Operator	关系运算，输出布尔类型数据
Saturation	定义输入信号的最大值和最小值
Scope	在示波器中输出
Subsystem	创建子系统
Sum	加法器
Switch	选择器，根据第二个输入信号来选择输出第一个信号还是第三个信号
Terrainator	终止输出，用于防止模型最后的输出端没有连接任何模块时报错
Unit Delay	单位时间延迟

2．Continuous 子库（连续系统子库）

单击 Simulink 库浏览器中的 Continuous，即可打开连续系统子库，如图 21-14 所示。连续系统子库中部分模块的功能见表 21-2。

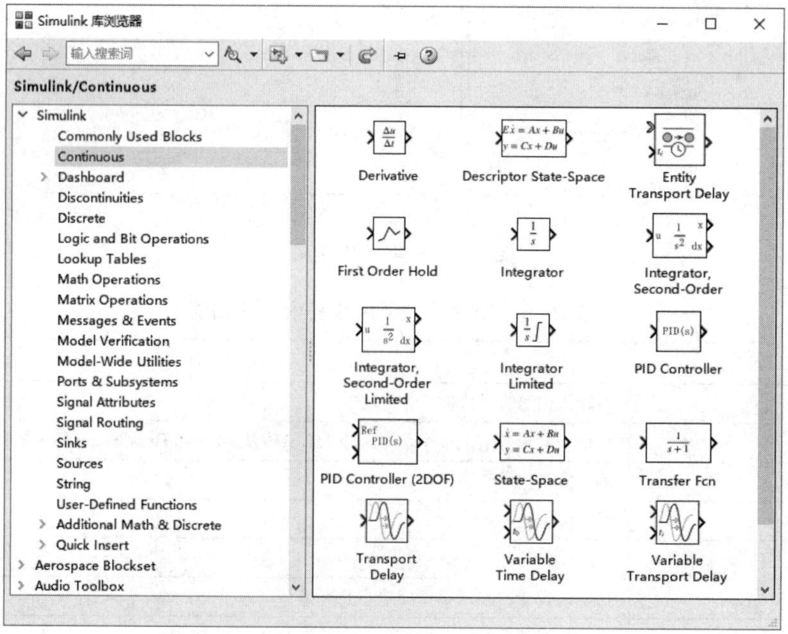

图 21-14　连续系统子库

表 21-2 连续系统子库中部分模块的功能

模 块 名	功 能
Derivative	数值微分
Integrator	积分器，与常用模块子库中的同名模块一样
State-Space	创建状态空间模型 $dx/dt = Ax + Bu$ $y = Cx + Du$
Transport Delay	定义传输延迟，如果将延迟设置得比仿真步长大，就可以得到更精确的结果
Transfer Fcn	用矩阵形式描述的传输函数
Variable Transport Delay	定义传输延迟，第一个输入接收输入，第二个输入接收延迟时间
Zero-Pole	用矩阵描述系统零点，用向量描述系统极点和增益

21.2.2 子系统及其封装

若模型的结构过于复杂，则需要将功能相关的模块组合在一起形成几个小系统，即子系统，然后在这些子系统之间建立连接关系，从而完成整个模块的设计。这种设计方法实现了模型图表的层次化，使整个模型变得非常简洁，使用起来非常方便。

用户可以把一个完整的系统按照功能划分为若干个子系统，而每一个子系统又可以进一步划分为更小的子系统，这样依次细分下去，就可以把系统划分成多层。

图 21-15 所示为一个二级系统图的基本结构。

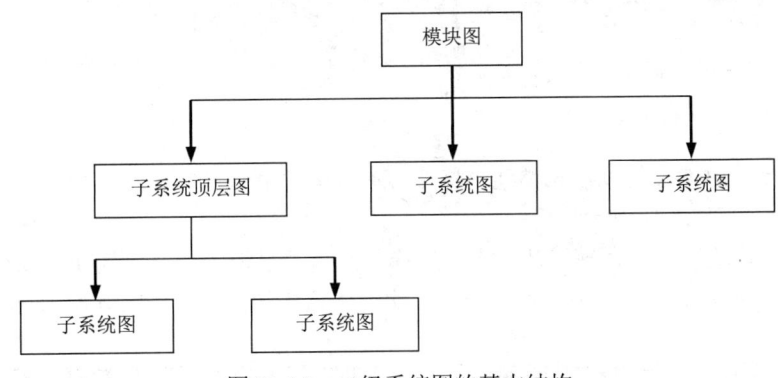

图 21-15 二级系统图的基本结构

模块的层次化设计既可以采用自上而下的设计方法，又可以采用自下而上的设计方法。

1. 子系统的创建方法

在 Simulink 中有两种创建子系统的方法。

（1）通过子系统模块来创建子系统。打开 Simulink 库浏览器中的 Ports & Subsystems（端口与子系统）子库，如图 21-16 所示。选中 Subsystem 模块，将其拖动到模块文件中，如图 21-17 所示。

双击 Subsystem（子系统）模块，打开 Subsystem（子系统）文件，如图 21-18 所示。在该文件中绘制子系统图，然后保存即可。

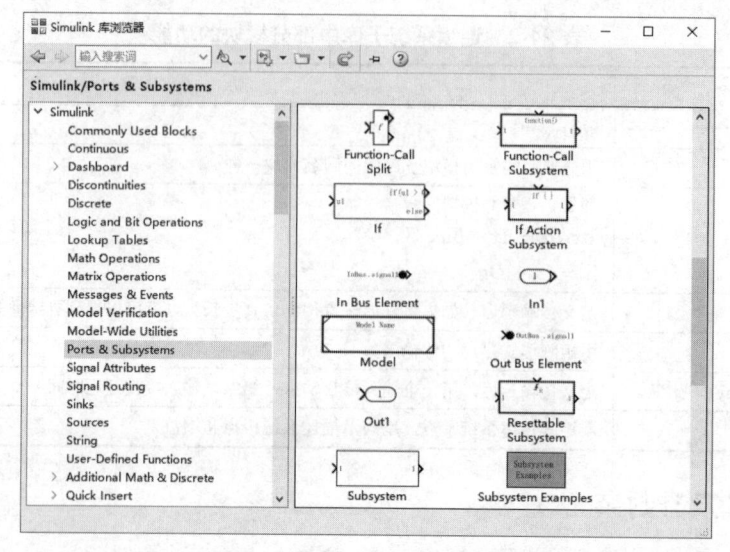

图 21-16 端口与子系统子库

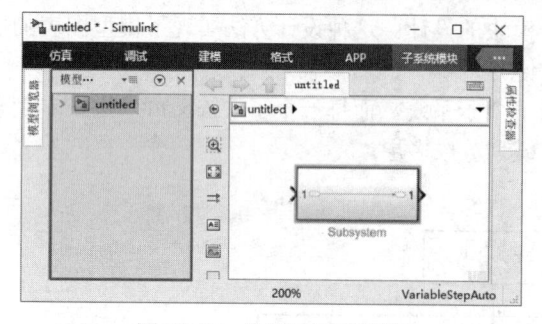

图 21-17 放置子系统模块

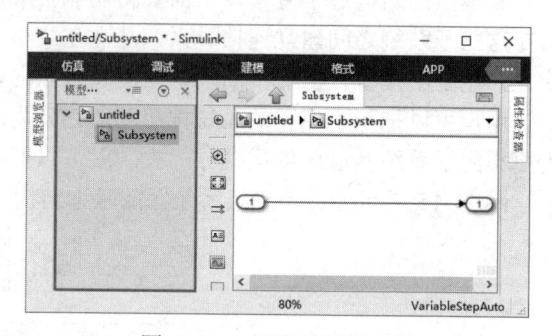

图 21-18 打开子系统文件

（2）组合已存在的模块集。打开模型浏览器，单击面板中相应的模块文件名，在编辑区就会显示对应的系统图，如图 21-19 所示。

选中其中一个模块，在"建模"选项卡中选择"创建子系统"命令，模块自动变为 Subsystem 模块，同时在左侧的模型浏览器中显示下一个层次的子系统图，如图 21-20 所示。

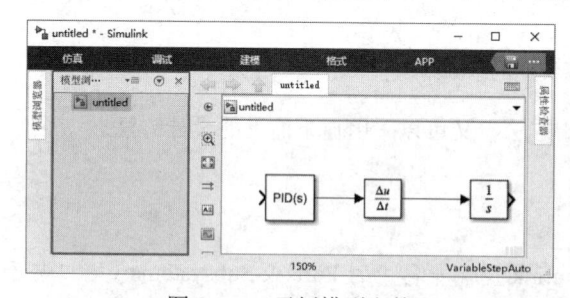

图 21-19 示例模型文件

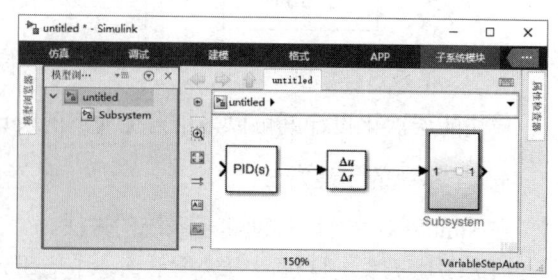

图 21-20 显示子系统图层次结构

在模型浏览器中单击子系统图，或在编辑区双击变为 Subsystem 的模块，即可打开子系统图，如图 21-21 所示。

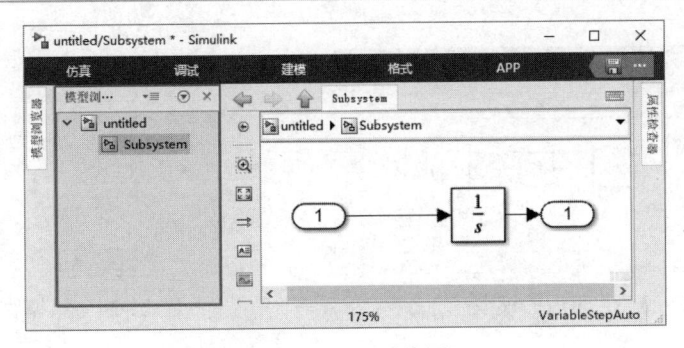

图 21-21　子系统图

2. 封装子系统

封装子系统能为子系统创建可以反映其系统功能的图标，可以避免用户在无意中修改子系统中模块的参数。

右击需要封装的子系统，在弹出的快捷菜单中选择"封装"→"创建封装"命令，弹出图 21-22 所示的"封装编辑器"窗口，从中设置子系统中的参数。

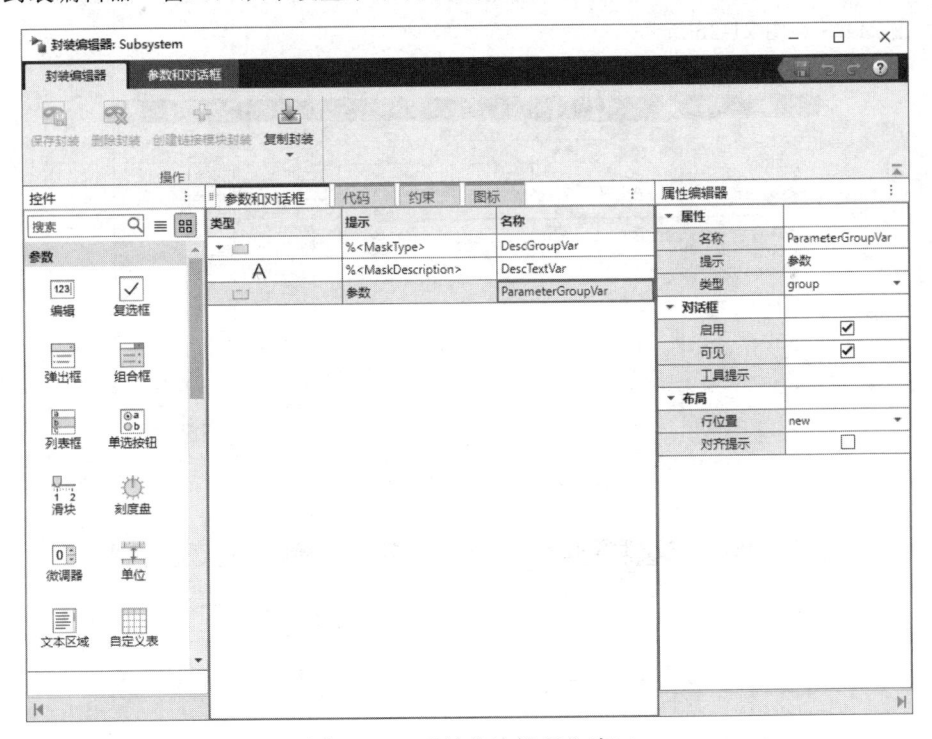

图 21-22　"封装编辑器"窗口

单击"保存封装"按钮，保存参数设置，然后关闭"封装编辑器"窗口。此时的模型图标左下角显示"查看封装内部"按钮⬇，如图 21-23 所示。单击"查看封装内部"按钮⬇，即可进入子系统模型。

双击封装后的子系统图，会弹出图 21-24 所示的"模块参数"对话框。

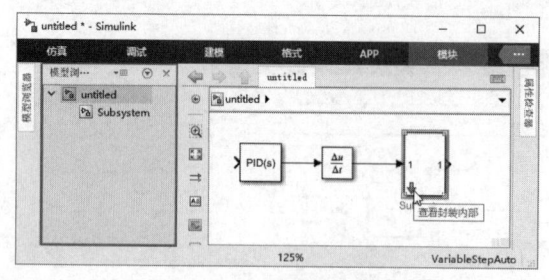

图 21-23　封装后的模型　　　　　　　　　　图 21-24　"模块参数"对话框

实例——封装信号选择输出

源文件：yuanwenjian\ch21\min_max.slx

本实例演示封装信号选择输出子系统。

【操作步骤】

（1）右击需要封装的 Subsystem 模块，在弹出的快捷菜单中选择"封装"→"创建封装"命令，弹出"封装编辑器"窗口。选择"参数和对话框"选项卡，添加最小值和最大值参数，值分别为 0.1 和 0.8，如图 21-25 和图 21-26 所示。

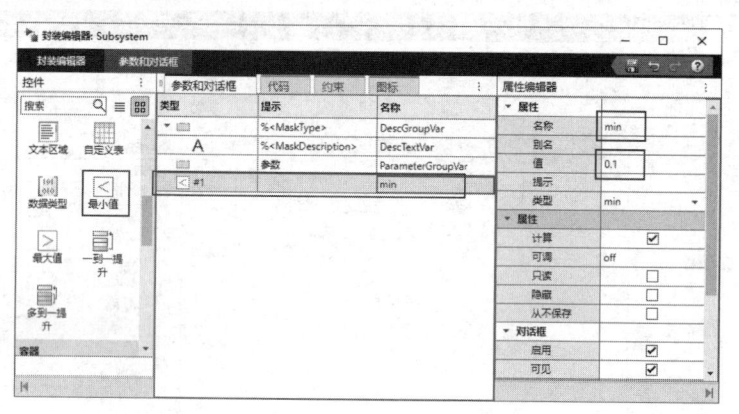

图 21-25　添加最小值参数

图 21-26　添加最大值参数

（2）单击"保存封装"按钮，保存参数设置，然后关闭"封装编辑器"窗口。

（3）双击 Subsystem 模块，弹出"模块参数"对话框，显示添加的封装参数。将鼠标指针移到参数值文本框上，可显示对应参数的名称，如图 21-27 所示。

图 21-27　"模块参数"对话框

21.3　模块的创建

模块是 Simulink 建模的基本元素，了解各个模块的作用是熟练掌握 Simulink 的基础。下面介绍利用 Simulink 进行系统建模和仿真的基本步骤。

（1）绘制系统流程图。首先将所要建模的系统根据功能划分成若干子系统，然后用模块搭建每个子系统。
（2）启动 Simulink 模块库浏览器，新建一个空白模型窗口。
（3）将所需模块放入空白模型窗口中，按系统流程图的布局连接各模块，并封装子系统。
（4）设置各模块的参数以及与仿真有关的各种参数。
（5）保存模型，模型文件的后缀名为 .slx（或 .mdl）。
（6）运行并调试模型。

21.3.1　创建模块文件

在 MATLAB 工作界面的"主页"选项卡中选择"新建"命令下的"Simulink 模型"命令，或直接单击 Simulink 按钮启动 Simulink，打开 Simulink 起始页，如图 21-28 所示。

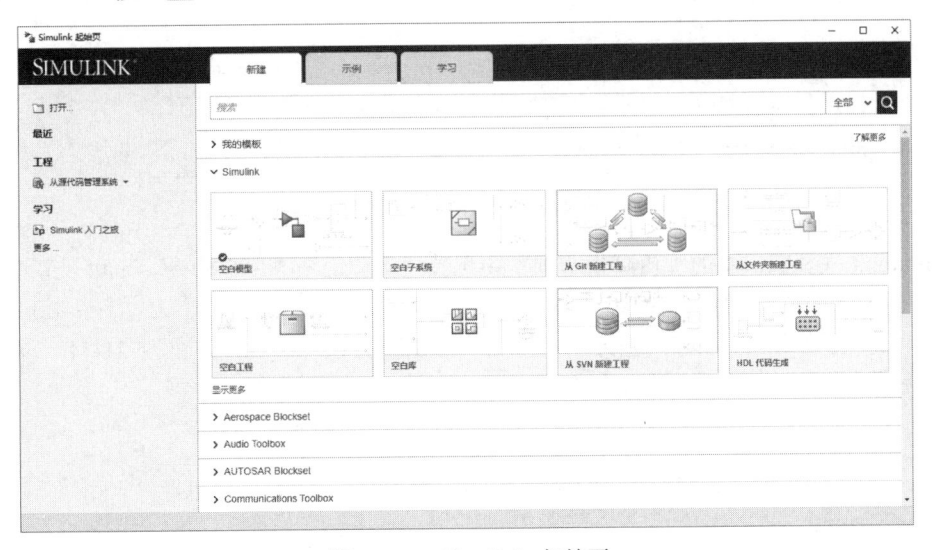

图 21-28　Simulink 起始页

（1）单击"空白模型"按钮，创建空白模块文件，如图 21-29 所示。后面详细介绍模块的编辑。

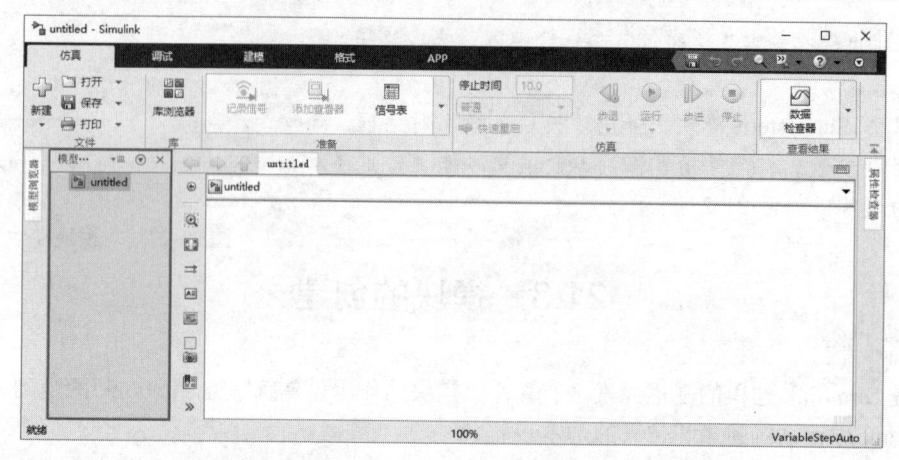

图 21-29　空白模块文件

（2）单击"空白库"按钮，创建空白模块库文件，如图 21-30 所示。通过自定义模块库，可以集中存放为某个领域服务的所有模块。

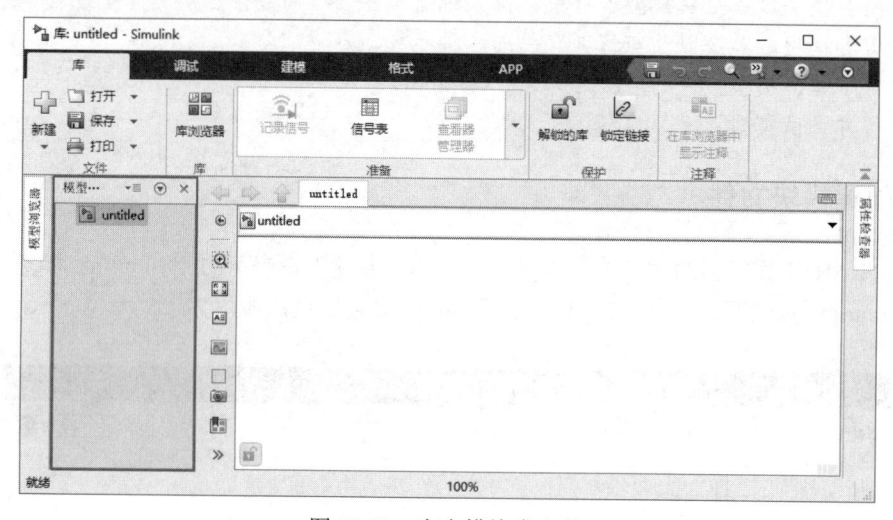

图 21-30　空白模块库文件

在 Simulink 模型窗口中的"仿真"选项卡中选择"新建"→"库"命令，也可以新建一个空白的库窗口，将需要的模块复制到模块库窗口中即可创建模块库。

（3）单击"空白工程"按钮，新建空白工程文件。执行该命令后，弹出图 21-31 所示的"创建工程"对话框，设置工程文件的路径与名称。

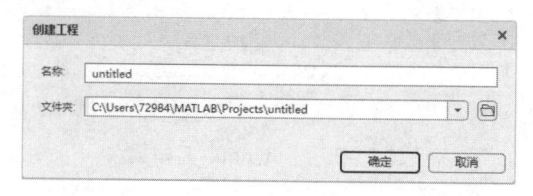

图 21-31　"创建工程"对话框

单击"确定"按钮,即可创建一个工程文件,如图 21-32 所示。

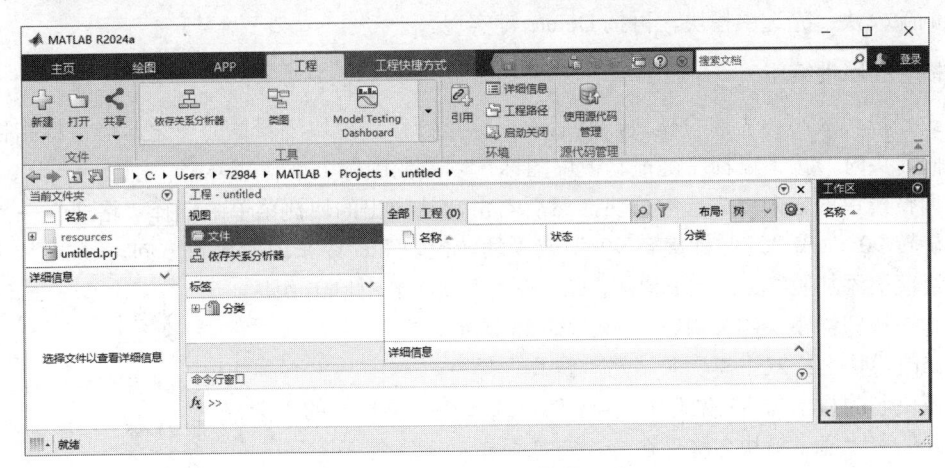

图 21-32　工程文件编辑环境

21.3.2　模块的基本操作

打开"Simulink 库浏览器"窗口,在左侧的列表框中选择特定的库,在右侧显示对应的模块。

1. 模块的选择

- 选择一个模块:单击要选择的模块,当选择一个模块后,之前选择的模块被放弃。
- 选择多个模块:按住鼠标左键不放拖动鼠标,将要选择的模块包括在画出的方框中;或者按住 Shift 键,然后逐个选择。

2. 模块的放置

放置模块有以下两种方式。

- 将选中的模块拖动到模块文件中。
- 右击选中的模块,弹出图 21-33 所示的快捷菜单,选择"向模型<模型名称>添加模块"命令,完成放置的模块如图 21-34 所示。

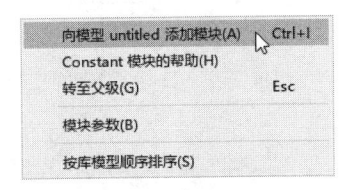

图 21-33　快捷菜单 　　　　　　　　图 21-34　放置模块

3. 模块的位置调整

- 在不同窗口之间复制模块:直接将模块从一个窗口拖动到另一个窗口。
- 同一模型窗口内复制模块:先选中模块,然后按 Ctrl+C 组合键,再按 Ctrl+V 组合键;还可以在选中模块后右击,在弹出的快捷菜单中选择"复制"和"粘贴"命令来实现。

- 移动模块：按下鼠标左键直接拖动模块。
- 删除模块：先选中模块，再按 Delete 键实现。

4．模块的属性编辑

- 改变模块大小：先选中模块，然后将鼠标指针移到模块编辑框的一角，当鼠标指针变成双向箭头时，按下鼠标左键拖动模块图标，以改变图标大小。
- 调整模块的方向：先选中模块，然后右击，从弹出的快捷菜单中选择"格式"→"顺时针旋转 90°"或"逆时针旋转 90°"或"翻转模块"命令来改变模块方向。
- 给模块添加阴影：先选中模块，在"格式"选项卡中单击"阴影"按钮给模块添加阴影，如图 21-35 所示。
- 修改模块名：双击模块名，然后修改。
- 模块名的显示与否：先选中模块，然后通过快捷菜单中的"格式"→"显示模块名称"命令决定是否显示模块名。
- 翻转模块名称：先选中模块，在"格式"选项卡中单击"翻转名称"按钮。

图 21-35　给模块添加阴影

21.3.3　模块参数设置

1．参数设置

双击模块或选择快捷菜单中的"模块参数"命令，弹出对应的"模块参数"对话框，如图 21-36 所示。

2．属性设置

在模块的快捷菜单中选择"属性"命令，弹出"模块属性"对话框，如图 21-37 所示。

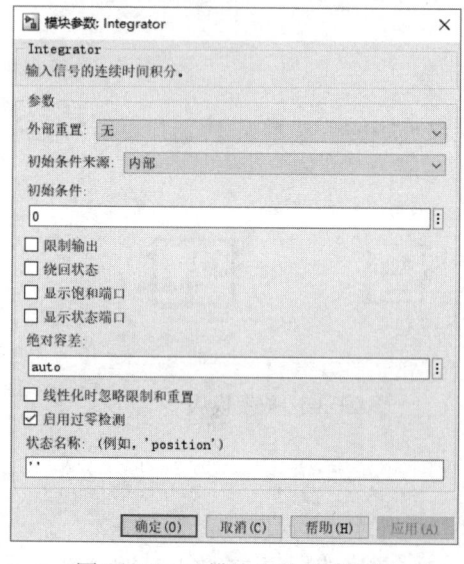

图 21-36　"模块参数"对话框

图 21-37　"模块属性"对话框

"模块属性"对话框中包括以下 3 个选项卡。

(1)"常规"选项卡。
- 描述:用于注释该模块在模型中的用法。
- 优先级:定义该模块在模型中执行的优先顺序,其中优先级的数值必须是整数,且数值越小(可以是负整数),优先级越高,一般由系统自动设置。
- 标记:为模块添加文本格式的标记。

(2)"模块注释"选项卡。
指定在图标下显示模块的参数、取值及格式。

(3)"回调"选项卡。
用于定义该模块发生某种指定行为时所要执行的回调函数。
对信号进行标注和对模型进行注释的方法分别见表 21-3 和表 21-4。

表 21-3 标注信号的方法

任 务	Microsoft Windows 环境下的操作
建立信号标签	直接在直线上双击,然后输入
复制信号标签	按住 Ctrl 键,然后按住鼠标左键选中标签并拖动
移动信号标签	按住鼠标左键选中标签并拖动
编辑信号标签	在标签框内双击,然后编辑
删除信号标签	按住 Shift 键,然后单击选中标签,再按 Delete 键
用粗线表示向量	在快捷菜单中选择"其他显示"→"信号和端口"→"宽非标量线"命令
显示数据类型	在快捷菜单中选择"其他显示"→"信号和端口"→"端口数据类型"命令

表 21-4 注释模型的方法

任 务	Microsoft Windows 环境下的操作
建立注释	在模型图标中双击,然后输入文字
复制注释	按住 Ctrl 键,然后按住鼠标左键选中注释文字并拖动
移动注释	按住鼠标左键选中注释并拖动
编辑注释	单击注释文字,然后编辑
删除注释	按住 Shift 键,然后选中注释文字,再按 Delete 键

实例——滤波信号输出

源文件:yuanwenjian\ch21\lbxh.slx
本实例演示示波器中的正弦、余弦信号,如图 21-38 所示。

【操作步骤】

在 MATLAB"主页"选项卡中单击 Simulink 按钮,打开 Simulink 起始页。单击"空白模型"按钮,新建一个模型文件。

(1)打开库文件。单击"库浏览器"按钮,打开 Simulink 库浏览器。

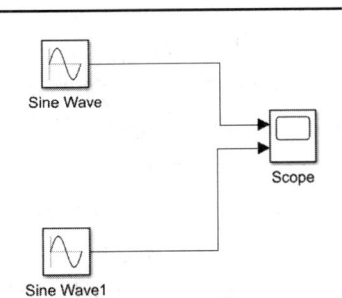

图 21-38 创建模型图

（2）放置模块。在模块库中选择 Simulink→Sources（资源）中的 Sine Wave（正弦信号）模块，拖动两个到模型中。

选择 Simulink→Sinks（输出方式）库中的 Scope（示波器）模块，将其拖动到模型中。

选中模型文件中的所有模块，在"格式"选项卡中单击"自动名称"下拉按钮，在弹出的下拉菜单中选择"名称打开"单选按钮。

（3）仿真模型中参数的设定。选中第二个 Sine Wave1（正弦信号），双击打开参数设置对话框，设置"相位"为 pi/2，单击"应用"和"确定"按钮关闭对话框。然后连接模块，结果如图 21-38 所示。

（4）仿真分析。单击工具栏中的"运行"按钮 ▶，编译完成后双击 Scope（示波器）模块弹出 Scope（示波器）窗口，在示波器中显示分析结果，如图 21-39 所示。

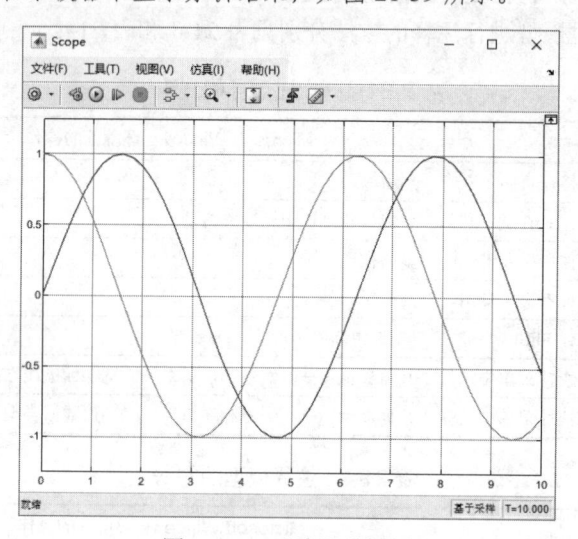

图 21-39 示波器分析图

实例——正弦波信号输出

源文件：yuanwenjian\ch21\zxbxh.slx

本实例演示 $x=\cos t, y=\int_0^t x(t)\mathrm{d}t$，用正弦波发生器显示信号。

【操作步骤】

在 MATLAB"主页"选项卡中单击 Simulink 按钮，打开 Simulink 起始页。单击"空白模型"按钮，新建一个模型文件。

（1）打开库文件。单击"库浏览器"按钮，打开 Simulink 库浏览器。

（2）放置模块。在模块库中选择 Simulink→Sources（资源）库中的 Sine Wave（正弦信号）模块，将其拖动到模型中。

选择 Simulink→Sinks（输出方式）库中的 XY Graph（XY 绘图）模块，将其拖动到模型中。

XY Graph 模块是 Record 模块的另一种配置，它在 XY 绘图上绘制两个输入信号，具有 Record 模块的所有功能，包括将数据记录到工作区和文件。

选择 Simulink→Commonly Used Blocks（常用模块）库中的 Integrator（积分）模块，将其拖动到模型中。

选中模型文件中的所有模块，在"格式"选项卡中单击"自动名称"下拉按钮，在弹出的下拉菜单中选择"名称打开"单选按钮。

（3）仿真模型中参数的设定。设置 Sine Wave（正弦信号）模块中的"相位"为 pi/2，Integrator（积分）模块和 XY Graph（XY 绘图）模块的参数保留默认设置。连接模块，结果如图 21-40 所示。

（4）仿真分析。单击工具栏中的"运行"按钮，编译完成后，双击打开 XY Graph（XY 绘图）模块显示绘图结果，在"格式"选项卡中单击"线条"按钮，结果如图 21-41 所示。

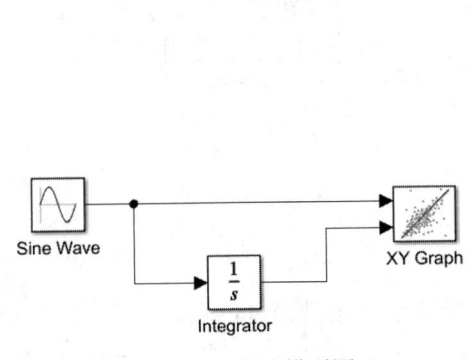

图 21-40　创建模型图

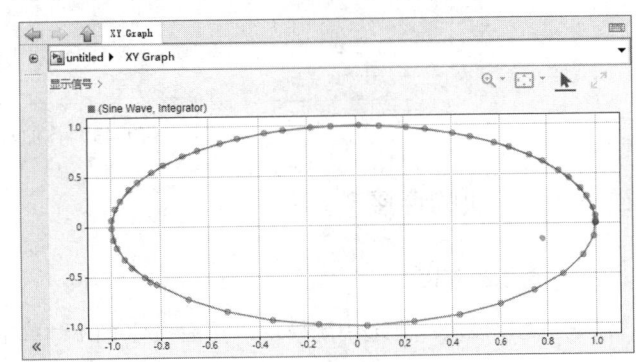

图 21-41　XY 绘图结果

接下来将子图添加到 XY Graph（XY 绘图）模块的布局中，以查看 x 数据和 y 数据随时间的变化。

在"格式"选项卡中单击"布局"下拉按钮，在弹出的布局列表中选择"叠加"组中的"底部"选项。此时绘图区底部会显示两个子图，如图 21-42 所示。

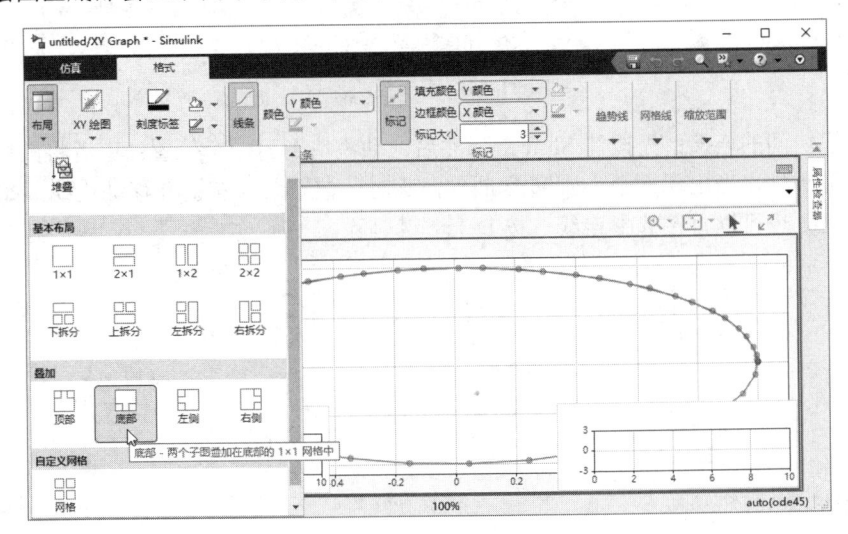

图 21-42　设置子图布局

单击绘图区左上角的"显示信号"按钮，在绘图区左侧显示信号。选择左侧叠加的子图，然后在信号区选中 x 信号（Sine Wave）旁边的复选框，绘制 x 信号；选择右侧叠加的子图，然后在信号

☑选中 y 信号（Integrator）旁边的复选框，绘制 y 信号。结果如图 21-43 所示。

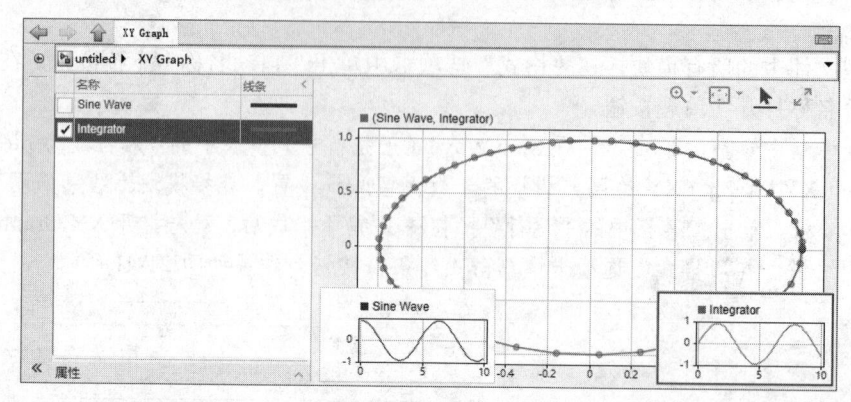

图 21-43　叠加子图

21.3.4　模块的连接

1. 直线的连接

➢ 连接模块：先选中源模块，然后按住 Ctrl 键单击目标模块，如图 21-44 所示。

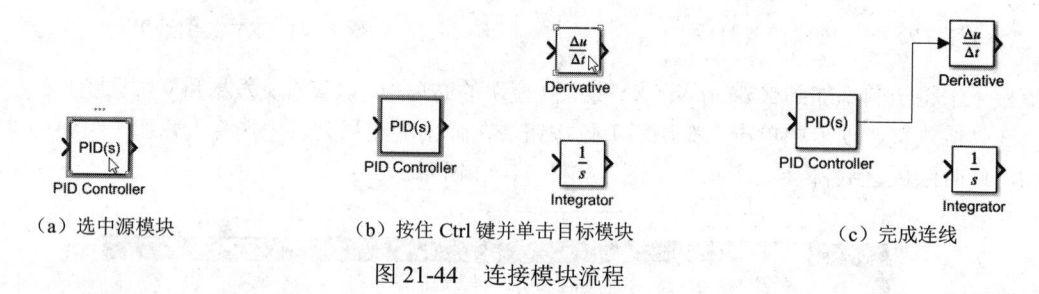

（a）选中源模块　　　　（b）按住 Ctrl 键并单击目标模块　　　　（c）完成连线

图 21-44　连接模块流程

➢ 断开模块间的连接：先按住 Shift 键，然后拖动模块到另一个位置；或者将鼠标指针指向连线的箭头处，当出现一个小圆圈 ○ 圈住箭头时，按下鼠标左键并移动连线，如图 21-45 所示。同时也可以直接选中连线，按 Delete 键删除。

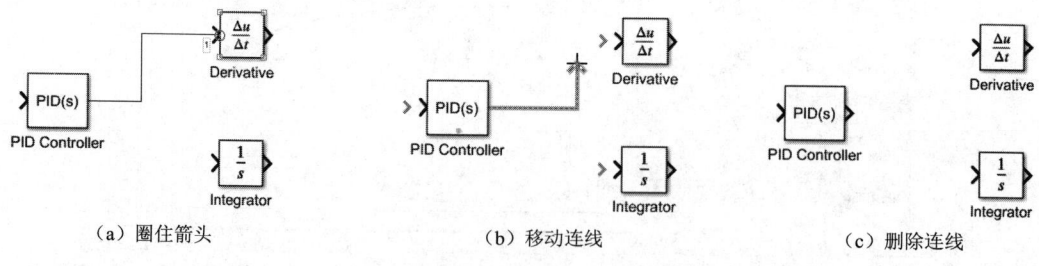

（a）圈住箭头　　　　　　（b）移动连线　　　　　　（c）删除连线

图 21-45　断开模块间的连接流程

➢ 在连线之间插入模块：拖动模块到连线上，使模块的输入/输出端口对准连线，如图 21-46 所示。

（a）未连接前　　　　　　　（b）拖动模块到连线上　　　　　　（c）完成连线

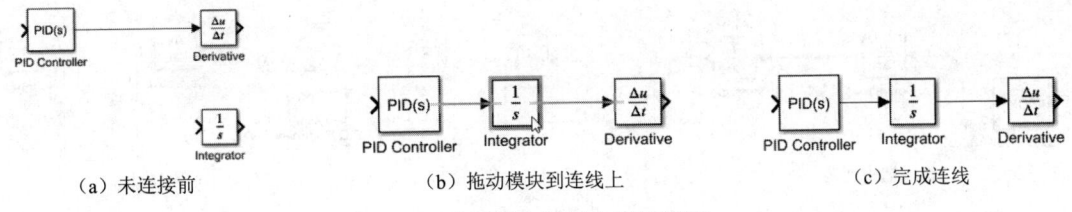

图 21-46　在连线之间插入模块流程

知识拓展：

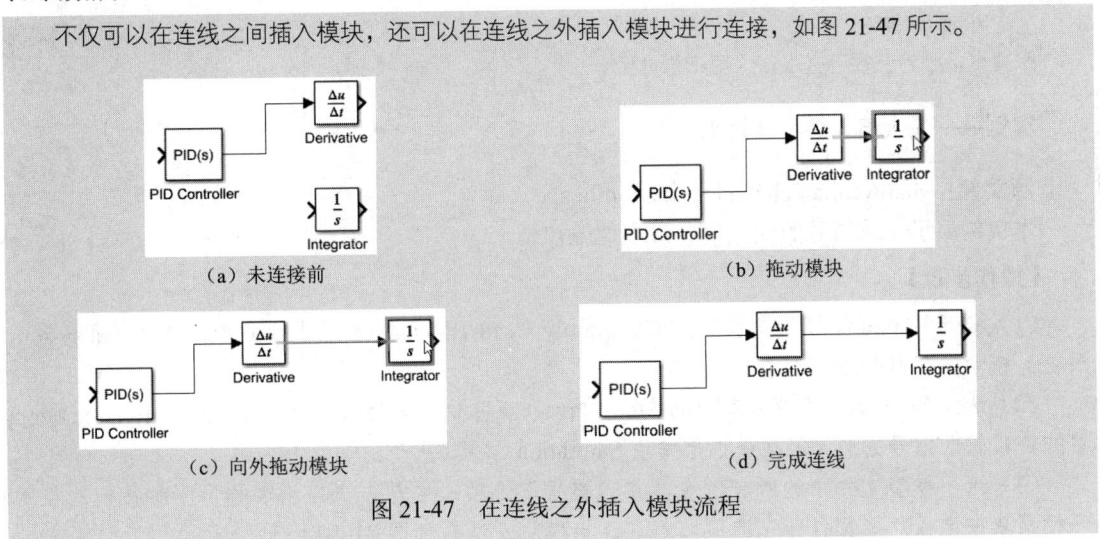

不仅可以在连线之间插入模块，还可以在连线之外插入模块进行连接，如图 21-47 所示。

（a）未连接前　　　　　　　　　　　　　　　（b）拖动模块

（c）向外拖动模块　　　　　　　　　　　　　（d）完成连线

图 21-47　在连线之外插入模块流程

2．直线的编辑

- 选择多条直线：与选择多个模块的方法一样。
- 选择一条直线：单击要选择的连线，选择一条连线后，之前选择的连线被放弃。
- 连线的分支：按住 Ctrl 键，然后拖动直线，或者按下鼠标左键并拖动直线。
- 移动直线段：按住鼠标左键直接拖动直线。
- 移动直线顶点：将鼠标指针指向连线的箭头处，当出现一个小圆圈○圈住箭头时，按住鼠标左键移动连线。
- 直线调整为斜线段：按住 Shift 键，鼠标变为圆圈，将圆圈指向需要移动的直线上的一点，并按下鼠标左键直接拖动直线，如图 21-48 所示。

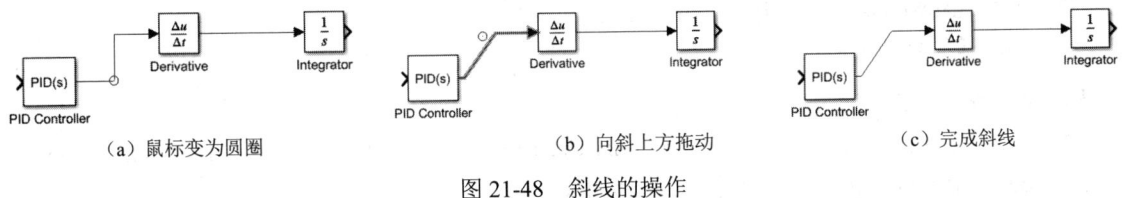

（a）鼠标变为圆圈　　　　　　（b）向斜上方拖动　　　　　　（c）完成斜线

图 21-48　斜线的操作

- 直线调整为折线段：按住鼠标左键不放直接拖动直线，如图 21-49 所示。

图 21-49　折线的操作

> **知识拓展：**
> Simulink 提供了通过命令行建立模型和设置模型参数的方法。一般情况下，用户不需要使用这种方式来建模，因为它很不直观，这里不再介绍。

实例——最大值、最小值输出

源文件：yuanwenjian\ch21\sine_max_min.slx

本实例演示正弦信号的最大值、最小值输出。

【操作步骤】

（1）打开 Simulink 库浏览器中的 Commonly Used Blocks（常用模块）库，选中 Subsystem（子系统）模块，将其拖动到模型中。

（2）选择 Sources（资源）库中的 Sine Wave（正弦信号）模块，选择 Commonly Used Blocks 库中的定义输入信号的最大值和最小值模块 Saturation，将其拖动到模型中。

（3）选中模型文件中的所有模块，在"格式"选项卡中单击"自动名称"下拉按钮，在弹出的下拉菜单中选择"名称打开"选项。然后连接模块，结果如图 21-50 所示。

（4）双击 Subsystem（子系统）模块图标，打开 Subsystem 模块编辑窗口。

（5）在新的空白窗口创建子系统，选择 Commonly Used Blocks（常用模块）库中的将输入信号合并成向量信号模块 Bus Creator，拖放到模型文件中，然后连接模块，结果如图 21-51 所示。

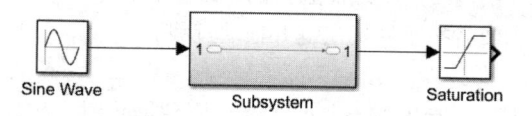

图 21-50　创建子系统图

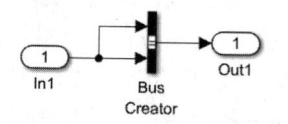

图 21-51　绘制 Subsystem 模块

实例——信号输出

源文件：yuanwenjian\ch21\signal_output.slx

本实例演示信号输出。

【操作步骤】

（1）打开 Simulink 库浏览器中的 Commonly Used Blocks（常用模块）库，选中 Switch（选择器）模块、Scope（示波器）模块，将其拖动到模型中。

（2）选择 Sources（资源）库中的 Sine Wave（正弦信号）模块、Constant（常数）模块、Chirp Signal

（线性调频信号）模块，添加到模型文件中。

（3）选中模型文件中的所有模块，在"格式"选项卡中单击"自动名称"下拉按钮，在弹出的下拉菜单中选择"名称打开"选项。然后连接模块，结果如图 21-52 所示。

（4）选中要创建成子系统的模块，如图 21-53 所示。右击，在弹出的快捷菜单中选择"基于所选内容创建子系统"命令，模块自动变为 Subsystem（子系统）模块，结果如图 21-54（a）所示。双击 Subsystem（子系统）模块，可查看子系统图，如图 21-54（b）所示。

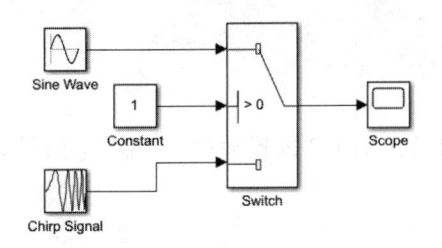

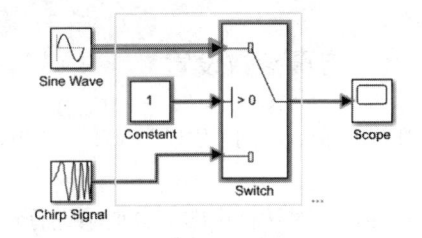

图 21-52　模块绘制结果　　　　　　　图 21-53　选中要创建为子系统的模块

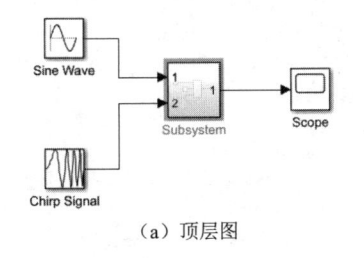

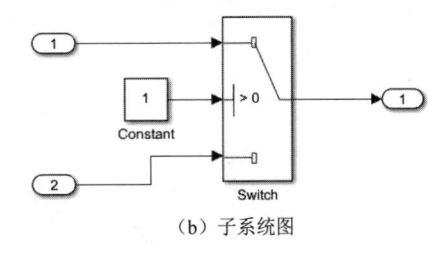

（a）顶层图　　　　　　　　　　　　（b）子系统图

图 21-54　创建子系统

动手练一练——创建线性定常离散时间系统

创建图 21-55 所示的线性定常离散时间系统进行建模与仿真。

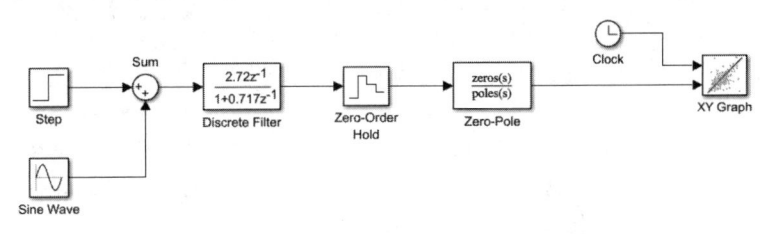

图 21-55　线性定常离散时间系统模型

📋 **思路点拨：**

> 源文件：yuanwenjian\ch21\Discrete_time.slx
> （1）打开模块库。
> （2）放置模块。
> （3）设置模块参数。
> （4）连接模块。

21.4 仿真分析

Simulink 的仿真性能和精度受许多因素的影响，包括模型的设计、仿真参数的设置等。可以通过设置不同的相对误差或绝对误差参数值，比较仿真结果，并判断解是否收敛，设置较小的绝对误差参数。

21.4.1 仿真参数设置

在模型窗口中的"建模"选项卡中单击"模型设置"按钮，打开"配置参数"对话框，如图 21-56 所示。

下面对该对话框中的部分选项进行讲解。

（1）"求解器"面板。"求解器"面板主要用于设置仿真开始和结束时间，选择求解器，并设置相应的参数，如图 21-57 所示。

图 21-56　"配置参数"对话框　　　　图 21-57　"求解器"面板

Simulink 支持两类求解器：定步长求解器和变步长求解器。"类型"下拉列表用于设置求解器类型，"求解器"下拉列表用于选择相应类型的具体求解器。

（2）"数据导入/导出"面板。"数据导入/导出"面板主要用于向 MATLAB 工作空间输出模型仿真结果，或从 MATLAB 工作空间读入数据到模型，如图 21-58 所示。

- ➢ 从工作区加载：设置从 MATLAB 工作空间向模型导入数据。
- ➢ 保存到工作区或文件：设置向 MATLAB 工作空间输出仿真时间、系统状态、输出和最终状态等。

图 21-58 "数据导入/导出"面板

21.4.2 仿真的运行和分析

仿真结果的可视化是 Simulink 建模的一个特点，而且 Simulink 还可以分析仿真结果。仿真运行方法包括以下三种。

- 单击工具栏中的"运行"按钮 ▶。
- 通过命令行窗口运行仿真。
- 从 M 文件中运行仿真。

为了使仿真结果能达到一定的效果，仿真分析还可以采用几种不同的分析方法。

1．仿真结果输出分析

在 Simulink 中输出模型的仿真结果有以下三种方法。

- 在模型中将信号输入 Scope（示波器）模块或 XY Graph（XY 绘图）模块。
- 将输出写入 To Workspace（到工作区）模块，然后使用 MATLAB 绘图功能。
- 将输出写入 To File（到文件）模块，然后使用 MATLAB 文件读取和绘图功能。

2．线性化分析

线性化就是将所建模型用以下的线性时不变模型进行近似表示：

$$\begin{cases} \dot{x} = Ax + Bu \\ y = Cx + Du \end{cases}$$

式中，x、u、y 分别表示状态、输入和输出的向量。模型中的输入/输出必须使用 Simulink 提供的输入（In1）和输出（Out1）模块。

一旦将模型近似表示成线性时不变模型，大量关于线性的理论和方法就可以用于分析模型。

在 MATLAB 中用函数 linmod()和 dlinmod()来实现模型的线性化，其中，函数 linmod()用于在工作点附近提取连续时间线性状态空间模型，函数 dlinmod()用于在工作点附近提取离散时间线性状态空间模型。其具体使用方法如下：
- [A,B,C,D] =linmod('sys')。
- [A,B,C,D]=dlinmod('sys',Ts)。

其中，参量 Ts 表示采样周期。

3．平衡点分析

Simulink 通过函数 trim()来计算动态系统的平衡点。所谓平衡点，就是当动态系统处于稳定状态时该系统的参数空间中的点，满足 $x=f(x)$。并不是所有时候都有解，如果无解，则函数 trim()返回搜索过程中遇到的状态导数在极小化极大意义上最接近 0 的点，也就是离期望状态最近的解。

21.4.3 仿真错误诊断

在运行过程中遇到错误，程序停止仿真，并弹出"诊断查看器"窗口，显示运行结果的完整内容，包括出错原因和模块，如图 21-59 所示。通过该窗口，可以了解模型出错的位置和原因。

单击错误信息中的超链接文字，模块文件中对应的错误模型元素用黄色加亮显示，如图 21-60 所示。

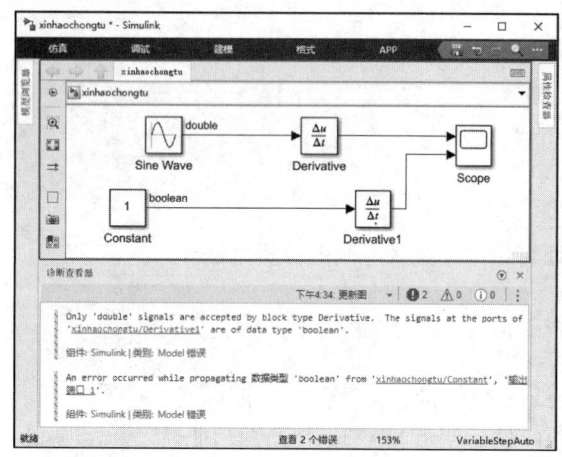

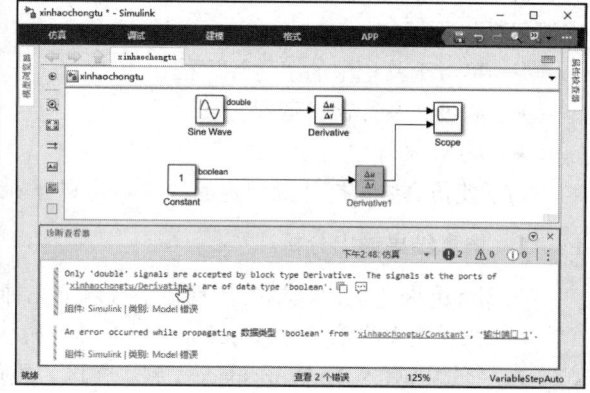

图 21-59 "诊断查看器"窗口　　　　　图 21-60 查看产生错误的模块

21.5 回 调 函 数

为模型或模块设置回调函数的方法有以下两种。
- 通过模型或模块的编辑对话框来设置。
- 通过 MATLAB 相关的命令来设置。

在图 21-61 和图 21-62 所示的"模型属性"对话框"回调"选项卡中给出了回调函数列表，分别见表 21-5 和表 21-6。

图 21-61 "模型属性"对话框 1

图 21-62 "模块属性"对话框 2

表 21-5 模型的回调函数 1

模型回调函数名称	说　　明
PreLoadFcn	在模型载入之前调用，用于预先载入模型使用的变量
PostLoadFcn	在模型载入之后调用
InitFcn	在模型仿真开始时调用
StartFcn	在模型仿真开始之前调用
PauseFcn	在模型仿真暂停之后调用
ContinueFcn	在模型仿真继续之前调用
StopFcn	在模型仿真停止之后，在 StopFcn 执行前，仿真结果先写入工作空间中的变量和文件中
PreSaveFcn	在模型保存之前调用
PostSaveFcn	在模型保存之后调用
CloseFcn	在模型图表被关之前调用

表 21-6 模块的回调函数 2

模块回调函数名称	说　　明
ClipboardFcn	在模块被复制或剪切到系统粘贴板时调用
CloseFcn	使用 close-system 命令关闭模块时调用
ContinueFcn	在仿真继续之前调用
CopyFcn	模块被复制之后调用，该回调对于子系统是递归的。如果是使用 add-block 命令复制模块，该回调也会被执行
DeleteFcn	在模块删除之前调用
DestroyFcn	模块被毁坏时调用

续表

模块回调函数名称	说明
InitFcn	在模块被编译和模块参数被估值之前调用
LoadFcn	模块载入之后调用，该回调对于子系统是递归的
ModelCloseFcn	模块关闭之前调用，该回调对于子系统是递归的
MoveFcn	模块被移动或调整大小时调用
NameChangeFcn	模块的名称或路径发生改变时调用
OpenFcn	打开模块时调用，通常与 Subsystem 模块结合使用
ParentCloseFcn	在关闭包含该模块的子系统或者用 new-system 命令建立包含该模块的子系统时调用
PauseFcn	在仿真暂停之后调用
PostSaveFcn	模块保存之后调用，该回调对于子系统是递归的
PreCopyFcn	在复制模块之前调用。执行所有 PreCopyFcn 回调后，将调用模块 CopyFcn 回调
PreDeleteFcn	在图形意义上删除模块之前调用。如果包含该模块的模型关闭，不会调用
PreSaveFcn	模块保存之前调用，该回调对于子系统是递归的
StartFcn	模块被编译之后，仿真开始之前调用
StopFcn	仿真结束时调用
UndoDeleteFcn	一个模块的删除操作被取消时调用

21.6 综合实例——轴系扭转振动仿真

源文件：yuanwenjian\ch21\xiangyingquxianyupingmianquxian.fig、niudongzhuanju.slx、verderpol.m、niuzhuan.m

某柴油机 4 级系统振动微分方程如下：

$$I\ddot{\varphi} + C\dot{\varphi} + K\varphi = T$$

式中，φ 是轴系各质量点扭振转角位移；轴系节点扭矩向量 T=1200N·m；轴系转动惯量 I=(0.002−6.7)kg·m²；阻尼 C=13000 (N·m) s/rad；刚度矩阵 K=2000N/m。当 T=0 时，计算系统自由振动；当 $T\neq0$ 时，计算系统强迫振动。

系统强迫振动微分方程表述为

$$5\ddot{\varphi} + 13000\dot{\varphi} + 2000\varphi = 1200$$

将原微分方程修改为

$$\ddot{\varphi} = 240 - 2600\dot{\varphi} - 400\varphi$$

【操作步骤】

1. 创建模型文件

在 MATLAB "主页"选项卡中单击 Simulink 按钮，打开 Simulink 起始页。
单击"空白模型"按钮，创建空白模型文件，进入 Simulink 编辑环境。

2. 打开库文件

单击"库浏览器"按钮，打开 Simulink 库浏览器。

3. 放置模块

在模块库中选择 Simulink（仿真）→Commonly Used Blocks（常用模块）库中的 1 个 Constant（常数）模块、2 个 Gain（增益）模块、2 个 Integrator（积分）模块、1 个 Scope（示波器）模块，将其拖动到模型中。

在 Simulink（仿真）→Math Operations（数学操作符）库中选择 Add（加法）模块，将其拖动到模型中。

选中模型文件中的所有模块，在"格式"选项卡中单击"自动名称"下拉按钮，在弹出的下拉菜单中选择"名称打开"选项，显示所有模块的名称。

4. 仿真模型中参数的设定

设置 Gain（增益）模块的增益值为 400；Gain1 模块的增益值为 4000；设置 Constant（常数）模块的常量值为 240；2 个 Integrator（积分）模块保留默认参数；Add（加法）模块的符号列表为"---"（3 个减号）。然后连接模块，结果如图 21-63 所示。

5. 仿真分析

单击工具栏中的"运行"按钮▶，编译结束后，双击 Scope（示波器）模块，弹出 Scope（示波器）对话框，在示波器中显示分析结果，如图 21-64 所示。

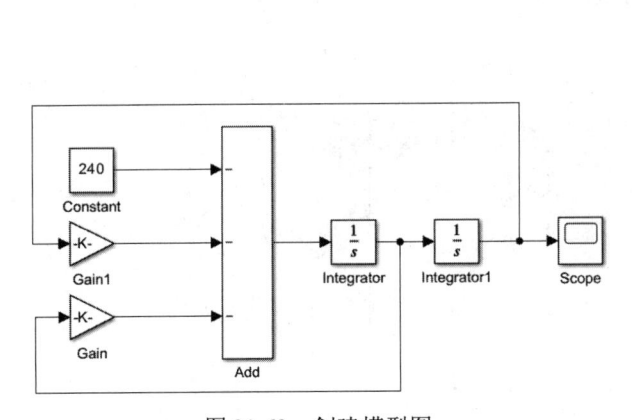

图 21-63　创建模型图 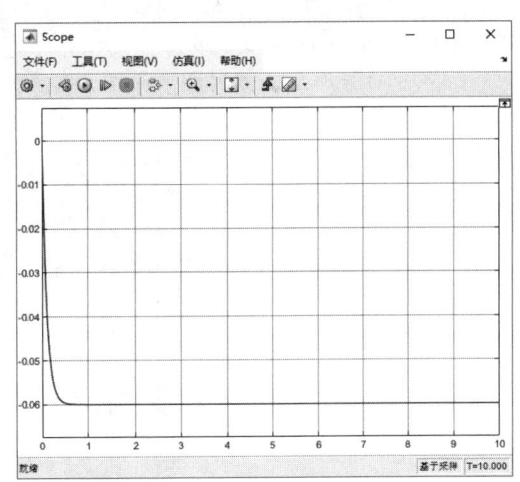　　　　图 21-64　示波器分析图

6. 转换方程组

系统强迫振动微分方程

$$5\ddot{\varphi}+13000\dot{\varphi}+2000\varphi=t$$

$$\varphi(0)=1200,\quad \dot{\varphi}(0)=0,\quad t=1200$$

为高阶微分方程，这里需要将其转换为一阶微分方程组，即状态方程，然后使用函数 ode45() 进行求解。

令 $x_1 = \phi$，$x_2 = \dot{\phi}$，则状态方程为

$$\dot{x}_1 = x_2$$
$$\dot{x}_2 = 0.2t - 400x_1 - 2600x_2$$

7. 绘制时间响应曲线与平面曲线

（1）创建函数文件 verderpol.m。

```
function [xn] = verderpol(t,x)
    global mu;
    xn=[x(2);0.2*mu-400*x(1)-2600*x(2)];
end
```

（2）在命令行窗口中输入以下程序。

```
>> global mu;                              %定义全局变量 mu
>> mu=1200;
>> y0=[1200;0];                            %定义初始条件向量
>> [t,x]=ode45(@verderpol,[0,1200],y0);    %在积分区间[0,1200]求解微分方程,初始条件为 y0
>> subplot(1,2,1);plot(t,x);               %绘制系统时间响应曲线
>> title('时间响应曲线')
>> xlim([-200,1500])                       %调整 x 轴范围
>> subplot(1,2,2);plot(x(:,1),x(:,2))      %绘制平面曲线
>> title('平面曲线')
>>  xlim([0,1500])
```

（3）执行程序后，弹出图形界面，如图 21-65 所示。

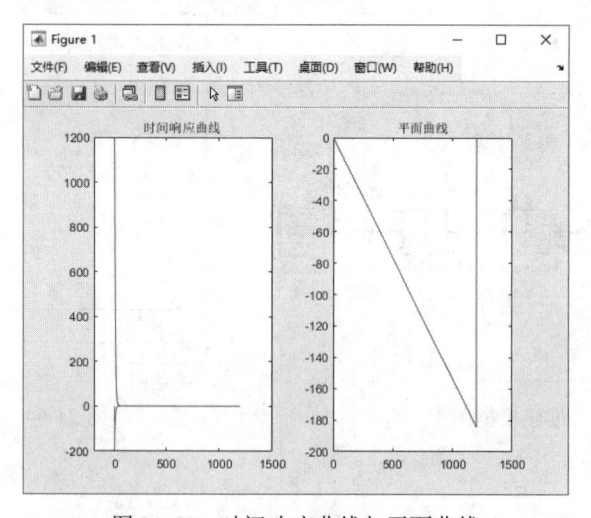

图 21-65　时间响应曲线与平面曲线

在图形界面选择菜单栏中的"文件"→"另存为"命令，将生成的图形文件保存为 xiangyingquxianyupingmianquxian.fig。